# Otto Sterns gesammelte Briefe – Band 2

Otto Stern (Bildquelle: BAL)

Horst Schmidt-Böcking · Alan Templeton ·
Wolfgang Trageser
(Hrsg.)

# Otto Sterns gesammelte Briefe – Band 2

## Sterns wissenschaftliche Arbeiten und zur Geschichte der Nobelpreisvergabe

AKADEMIE DER
WISSENSCHAFTEN
IN HAMBURG

Georg und Franziska Speyer'sche Hochschulstiftung

*Hrsg.*

Horst Schmidt-Böcking
Institut für Kernphysik
Universität Frankfurt
Frankfurt, Deutschland

Wolfgang Trageser
Institut für Kernphysik
Universität Frankfurt
Frankfurt, Deutschland

Alan Templeton
Oakland, USA

Gedruckt mit freundlicher Unterstützung durch die

AKADEMIE DER
WISSENSCHAFTEN
IN HAMBURG

und die
GEORG UND FRANZISKA SPEYER'SCHE HOCHSCHULSTIFTUNG

ISBN 978-3-662-58836-9 ISBN 978-3-662-58837-6 (eBook)
https://doi.org/10.1007/978-3-662-58837-6

Die Deutsche Nationalbibliothek verzeichnet diese Publikation in der Deutschen Nationalbibliografie; detaillierte bibliografische Daten sind im Internet über http://dnb.d-nb.de abrufbar.

Springer Spektrum


Planung und Lektorat: Margit Maly

Springer Spektrum ist ein Imprint der eingetragenen Gesellschaft Springer-Verlag GmbH, DE und ist ein Teil von Springer Nature.
Die Anschrift der Gesellschaft ist: Heidelberger Platz 3, 14197 Berlin, Germany

# Vorwort der Akademie der Wissenschaften in Hamburg

Als die Sprecherin der Akademie-Arbeitsgruppe „Wissenschaftsgeschichte“, die Mathematikhistorikerin Karin Reich, vorschlug, die Edition der zum Teil bisher noch unveröffentlichten Korrespondenzen Otto Sterns als Projekt im Rahmen ihrer Arbeitsgruppe zu unterstützen, haben wir seitens der Akademie der Wissenschaften in Hamburg diesen Vorschlag gerne angenommen.

Denn zu Hamburg hatte Otto Stern enge Beziehungen: Nach einer Reihe von Stationen, u. a. in Frankfurt, wo er Assistent von Max Born war, und Rostock, kam er 1923 als erster Ordinarius und Direktor an das neu gegründete Institut für physikalische Chemie der Universität Hamburg, wo er bis zu seiner Emigration 1933 eng mit Wolfgang Pauli zusammenarbeitete, aber auch diverse Universitätsämter bekleidete. Es waren seine Forschungen in Hamburg, mit denen Stern die Grundlagen für Entwicklungen wie die Kernspintomographie, Atomuhren oder den Laser legte. Heute ist auf dem Campus Jungiusstraße, Sterns ehemaliger Wirkungsstätte, ein Hörsaal nach ihm benannt.

Seine Forschungsleistungen und seine Persönlichkeit – seine Bescheidenheit und Hilfsbereitschaft, seine Verantwortung für seine Mitmenschen, die ganz besonders aus seinen Briefwechseln deutlich werden –, machten Hamburg seinerzeit zu einem Anziehungspunkt für Physiker aus der ganzen Welt. Er war persönlich mit zahlreichen wichtigen Fachkollegen und Geistesgrößen seiner Zeit bekannt. Dies hatte sich bis in die Hamburger Verwaltung herumgesprochen. So schrieb 1929 ein hoher Verwaltungsbeamter zur Unterstützung von Sterns Antrag für einen Institutsneubau (der übrigens bis heute in Benutzung ist): „Abgesehen von seinem internationalen Ruf hat Herr Prof. Stern die seltene Gabe, nicht nur die Kollegen seines eigenen Faches, sondern auch die Kollegen der benachbarten Gebiete an sich zu ziehen, sie zu wissenschaftlichen Arbeiten anzuregen [. . . ].“ Das klingt nach einem geradezu idealtypischen Mitglied einer Wissenschaftsakademie: begeisterungsfähig über die Fachgrenzen hinaus und am interdisziplinären Austausch nicht nur interessiert, sondern darin auch aktiv tätig. Und so wurde Otto Stern auch in diverse Akademien der Wissenschaften in aller Welt gewählt – allerdings nicht in die Hamburger, denn die wurde erst 2004 gegründet.

Dafür halten zwei heutige Hamburger Akademiemitglieder, Peter Toschek und Roland Wiesendanger, das Andenken an Otto Stern in Ehren. Auf ihre Einladungen hin fanden in den letzten Jahren mehrere Otto Stern-Symposien statt, immer unter Beteiligung zahlreicher Nobel-, Kavli- und Millenniumspreisträger, die allesamt auch ein Zeichen setzten als lebendige Aktualisierung und Vergegenwärtigung der großen Bedeutung Otto Sterns für die moderne Physik bis zum heutigen Tag.

Ich danke daher Herrn Prof. Schmidt-Böcking, Herrn Templeton, dem Neffen Otto Sterns, und Herrn Trageser sehr, dass sie uns mit den Briefen Otto Sterns wichtige Quellen zum Verständnis seiner Persönlichkeit, seines Umfeldes und der zeitgenössischen wie der Physikgeschichte erschlossen haben. Mein Dank gilt auch Prof. Karin Reich und Prof. Tilman Sauer von der Johannes Gutenberg-Universität Mainz, die das Projekt mit ihrer wissenschaftshistorischen Expertise begleitet haben. Die Konzeption der Bände ermöglicht es ganz bewusst, dass jeder ganz unterschiedliche Aspekte aus dem Leben Otto Sterns erschließen kann – ich wünsche eine erkenntnisreiche und interessante Lektüre!

Hamburg, im November 2018

Prof. Dr.-Ing. habil. Prof. E.h. Edwin J. Kreuzer
Präsident der Akademie
der Wissenschaften in Hamburg

# Vorwort der Universität Frankfurt

Der Physiknobelpreisträger Otto Stern hat in den Jahren 1919 bis 1922 wegweisende Physikgeschichte an der Frankfurter Universität geschrieben. Bei der Entstehung der modernen Quantenphysik war er einer der ganz großen Pioniere. Mit der 1919 in Frankfurt entwickelten Molekularstrahlmethode führte er dynamische Impulsmessverfahren in die experimentelle Physik ein, die es erstmals ermöglichten, in die innere Dynamik von Atomen und Kernen hineinzuschauen und diese zu vermessen. Mit dieser Methode konnte er 1922 zusammen mit Walther Gerlach erstmals die Quantisierung der Drehimpulse in Atomen und deren Richtungsquantelung nachweisen und damit Frankfurt zu einem der wichtigsten Physikzentren der damaligen Zeit machen.

Seit einigen Jahren liegt Otto Sterns Brief- und Dokumenten-Nachlass in digitaler Form vor und belegt seinen regen Austausch mit den anderen Giganten der damaligen Physik (Einstein, Planck, Nernst, von Laue, Born, Bohr, Pauli, Meitner, etc.). Im vorliegenden ersten Band der insgesamt dreibändigen Edition werden diese Briefe erstmals veröffentlicht und stellen damit einen wichtigen Beitrag zur Erweiterung der modernen Physikgeschichte dar. Die Goethe-Universität dankt den Verantwortlichen für ihre unermüdliche Arbeit an diesem wichtigen historischen Zeugnissen: Prof. Horst Schmidt-Böcking und Wolfgang Trageser (beide Goethe-Universität) sowie Alan Templeton (Großneffe Otto Sterns/Oakland USA), Prof. Karin Reich (Universität Hamburg) sowie Prof. Tilman Sauer (Universität Mainz).

Dank geht auch an die Förderer, ohne deren Engagement diese Edition nicht möglich gewesen wäre: Die Akademie der Wissenschaften der Universität Hamburg, Firma Roentdek/Schmidt-Böcking sowie verschiedene mit der Goethe-Universität verbundene Stiftungen und Einrichtungen: Vereinigung von Freunden und Förderern der Goethe-Universität, Alfons und Gertrud *Kassel-Stiftung*, Johanna-Quandt-Jubiläumsfonds, Georg und Franziska *Speyer*'sche Hochschulstiftung.

Im Namen des Präsidiums der Goethe-Universität wünsche ich den Lesern der Bände dieser Edition spannende Einblicke in ein bisher wenig bekanntes Kapitel der Physikgeschichte.

Herzlichst
Prof. Manfred Schubert-Zsilavecz
Vizepräsident Third Mission

Georg und Franziska Speyer'sche Hochschulstiftung

# Vorwort der Herausgeber

Nachdem im ersten Band, der im Sommer 2018 erschienen ist, die Dokumente zu Otto Sterns Hochschullaufbahn (Briefe mit den Hochschulverwaltungen und Gutachten über ihn etc.) und die Briefe mit Kollegen, Behörden und Freunden etc., die die Folgen der Diktatur des Nationalsozialismus betreffen, veröffentlicht wurden, werden im zweiten Band die Briefe mit wissenschaftlichem Bezug unterteilt nach den beiden Forschungsschwerpunkten Sterns (a. die Beziehung von Thermodynamik (Entropie) zur Quantenphysik und b. die Entwicklung der Molekularstrahlmethode und die damit durchgeführten Forschungen) besprochen. Im zweiten Teil dieses Bandes werden in Abschnitt 3.2 die Nobelpreisnominierungen, die für Stern von 1924 bis 1944 beim Nobelkomitee eingereicht wurden, zusammengestellt und diese wissenschaftshistorisch interessante Nobelpreisgeschichte mithilfe der Unterlagen des Nobelarchivs dargestellt.

Der Nachlass von Otto Stern enthält wichtige wissenschaftliche Briefzeugnisse aus der Entstehungszeit der modernen Quantenphysik. Mit Einstein, Bohr und vor allem Pauli hat Stern zahlreiche Briefe (1916–1956) ausgetauscht, die den Zusammenhang von Entropie und Quantenphysik betreffen. Die Briefe von Pauli zu Entropiefragen sind meist sehr ausführlich und enthalten auch theoretische Ableitungen, die hier nicht kommentiert oder besprochen werden. Fast alle Briefe von Pauli oder an Pauli wurden schon von Karl von Meyenn publiziert. Der Leser findet dort wichtige Hinweise zu diesen Briefen.

Stern und Rabi haben von 1930 bis 1948 in zahlreichen, aber in der Regel sehr kurzen Briefen Ergebnisse der Molekularstrahltechnik diskutiert. Sterns wichtige Experimente mit der Molekularstrahlmethode werden in diesem Band zum Teil ausführlicher erörtert, da Stern nur wenige Briefe mit Kollegen zu diesem Thema, vor allem wegen Sterns bekannter „Schreibfaulheit“, geschrieben und empfangen hat.

Unterstützt durch die Familienangehörigen Otto Sterns, die Familie Templeton, hat die Bancroft Library in Berkeley, wo der wesentliche Teil des Nachlasses Otto Sterns hinterlegt ist, in den vergangenen Jahren dessen schriftlichen Nachlass einmal auf Mikrofilm und dann digital durch Einscannen gesichert und gespeichert. Obwohl wir Herausgeber keine ausgebildeten Wissenschaftshistoriker sind (HSB ist experimenteller Atom- und Molekülphysiker, WT theoretischer Physiker und

AT Historiker) haben wir es trotzdem gewagt, den Briefverkehr des Nachlasses zu transkribieren, auszuwerten und zu einem auch für Nichthistoriker interessanten Manuskript zusammenzustellen. Die Wissenschaftshistoriker müssen uns nachsehen, dass wir uns bei dieser Zusammenstellung der Briefe nicht an deren festgelegte Regeln halten, sondern versuchen, anhand der Briefe eine Art Lebensbiografie über Otto Stern zu erstellen. Da wir nicht über das breite und extrem umfangreiche Grundlagenwissen der physikalischen Wissenschaftsgeschichte verfügen, fehlt dieser „Briefbiografie" an sehr vielen Stellen der Querverweis auf andere publizierte Arbeiten zur Physikgeschichte.

Wir sind vielen Kollegen, Archiven und Institutionen zu großem Dank verpflichtet. Im Vorwort zu Band I (verkürzt auf den folgenden Seiten wiedergegeben) findet man eine Auflistung dieser Personen, Archive und Institutionen. Ohne deren Unterstützung wäre diese Briefzusammenstellung nicht entstanden.

Frankfurt, im September 2018 Die Herausgeber

# Vorwort der Herausgeber zu Band I

Der Nachlass Otto Sterns enthält wichtige wissenschaftliche Briefzeugnisse aus der Entstehungszeit der modernen Quantenphysik und beinhaltet mehr als 1200 Briefdokumente. Fast ein halbes Jahrhundert nach Otto Sterns Tod im Jahre 1969 ist dieser Schatz der Wissenschaftsgeschichte bisher weitgehend verborgen geblieben. Nur kleine Teile seines Briefwechsels sind in den Briefausgaben z. B. Einsteins, Bohrs oder Paulis u. a. publiziert worden. Der Physik-Nobelpreis-Träger Stern hat seine ganz großen Pionierarbeiten auf dem Gebiet der experimentellen Physik vollbracht. Seine experimentellen Nachweise und Entdeckungen einiger der fundamentalsten Quanteneigenschaften (wie Quantisierung der Drehimpulse, Richtungsquantelung, innere Struktur des Protons und Deuterons etc.) sind unter den Physikern weltweit als große Pionierarbeiten anerkannt. Die herausragende Bedeutung seiner Beiträge zur Entwicklung der experimentellen dynamischen Nachweismethoden (Impulsmessung) wird oft nicht richtig eingeschätzt und auch nicht ausreichend gewürdigt.

Unterstützt durch die Familienangehörigen Otto Sterns, die Familie Templeton, hat die Bancroft Library in Berkeley, wo der wesentliche Teil des Nachlasses Otto Sterns hinterlegt ist, in den vergangenen Jahren Otto Sterns schriftlichen Nachlass einmal auf Mikrofilm und dann digital durch Einscannen gesichert und gespeichert. Diese gespeicherten Daten liegen uns, den Herausgebern, seit ca. 2 Jahren vor. Obwohl wir keine ausgebildeten Wissenschaftshistoriker sind (HSB ist experimenteller Atom- und Molekülphysiker, WT theoretischer Physiker und AT Historiker) haben wir es trotzdem gewagt, den Briefverkehr des Nachlasses zu transkribieren (viele Sternbriefe sind in Sütterlinschrift handgeschrieben und meist nur als Briefentwürfe vorhanden), auszuwerten und zu einem auch für Nichthistoriker interessanten Manuskript zusammenzustellen. In drei Bänden mit jeweils ca. 400 Seiten soll der Briefnachlass im Springer Verlag nun veröffentlicht werden.

[. . . ]

Die Briefe sind nach Themenschwerpunkten und in jedem dieser Schwerpunkte dann weitgehend chronologisch geordnet, um auch einer breiten Leserschicht Otto Sterns Wirken durch diese „Briefbiografie“ besser vermitteln zu können. Im ersten Band, der im Sommer 2018 erschienen ist, wird in Abschnitt 2.1 Otto Sterns Hochschullaufbahn (Briefe mit den Hochschulverwaltungen, Gutachten über ihn etc.) dargestellt. In Abschnitt 2.2 erfährt der Leser aus den Briefen mit Kollegen, mit Behörden und mit Freunden etc., wie die Diktatur des Nationalsozialismus Sterns Leben und Wirken verändert hat. Die Folgen des Nationalsozialismus haben Sterns Leben bis zu seinem Tode 1969 beeinflusst.

Im dritten Band werden [...] Sterns zahlreiche Tagungsbesuche und die Briefe mit Freunden (fast ausschließlich nach Sterns Emeritierung im Jahre 1945 geschrieben) dargestellt.

[...]

Wir sind vielen Kollegen zu großem Dank verpflichtet. An vorderster Stelle danken wir der Familie Templeton und besonders Liselotte Templeton geb. Kamm (Nichte Otto Sterns und verstorbene Wissenschaftlerin auf dem Gebiet der physikalischen Chemie an der University of California in Berkeley, die den Nachlass Otto Sterns der Bancroft Library 1970 übergeben hat) und deren Tochter Diana Killen-Templeton für deren sehr wichtige Unterstützung. Für die ständige Hilfe bei der Erstellung der Briefedition sind wir Karin Reich (emeritierte Mathematikprofessorin und Wissenschaftshistorikerin an der Universität Hamburg) zum größten Dank verpflichtet. Sie hat uns eigentlich zu dieser „Mammutaufgabe" inspiriert und war zu jeder Zeit bereit, uns „Nichthistoriker" mit Rat und Tat zu unterstützen. Durch ihr Mitwirken hat uns dann die Akademie der Wissenschaften in Hamburg gebeten und quasi den Auftrag gegeben, den Briefverkehr Sterns erstmals zu transkribieren und dann zu veröffentlichen. In gleicher Weise sind wir Tilman Sauer, Professor für Geschichte der Mathematik an der Universität Mainz, zu großem Dank verpflichtet. Ohne die Möglichkeit, bei beiden immer um Rat fragen zu können, hätten wir die Publikationen der Sternbriefe niemals in Angriff genommen. Beide haben uns durch Korrekturlesen wichtige Verbesserungshinweise gegeben. Große Unterstützung haben wir von Dr. Elke Senne, Referentin für Forschung an der Akademie der Wissenschaften in Hamburg, erhalten.

Wichtige Unterstützung haben wir auch erfahren von Bretislav Friedrich (Professor am Fritz Haber Institut in Berlin) und Dieter Hoffmann (emeritierter Professor am Max Planck Institut für Wissenschaftsgeschichte in Berlin) sowie von Karl Grandin (Direktor des „Centrum för Vetenskapshistory of Science" der „Kungl. Vetenshapsakademien" in Stockholm) und von Reinhold Schuch (emeritierter Professor für Atomphysik an der Stockholm University), der uns schwedische Texte des Nobelarchivs ins Deutsche übersetzt und interpretiert hat. Ohne die ständige Hilfe der Kuratoren Peter Hanff und seines Vorgängers Daniel Farrell (Bancroft Library in Berkeley) sowie Mary Elings bei der Bereitstellung und Digitalisierung der benötigten Dokumente wäre diese Briefedition niemals möglich gewesen.

Ein Teil der Briefe (ca. 250 der hier dargestellten Dokumente) an und von Stern wird in anderen Archiven verwahrt. Diesen Archiven und deren Mitarbeitern sind wir ebenfalls zu sehr großem Dank verpflichtet. Diese Archive sind: das ETH Hochschularchiv in Zürich. Hier danken wir besonders dem jetzt in Zürich wohnenden emeritierten Professor Bruno Lüthi, der uns Zugang zu wichtigen Informationen (Dokumente und Züricher Interview 1961) über Stern ermöglicht hat. Wir danken dem Universitätsarchiv der Goethe Universität in Frankfurt und dessen Leiter Dr.

Michael Maaser sowie der Universitätsbibliothek der Goethe Universität. Den Leitern der Universitätsbibliothek Drs. Angela Hausinger, Mathias Jehn und Heiner Schnelling sind wir zu besonderem Dank verpflichtet, da sie uns finanziell bei der der Datenspeicherung auf Mikrofilm und bei der Digitalisierung der Dokumente unterstützt haben. Dem Staatsarchiv Hamburg und den Professoren Fritz Thieme, Horst Förster, Volkmar Vill, Peter Toschek und Roland Wiesendanger von der Hamburger Universität danken wir für zahlreiche Detailinformationen über Hamburger Wissenschaftler, die mit Otto Stern in Hamburg zusammengearbeitet haben oder ihm dort begegnet sind, und für die Bereitstellung von Fotos aus Sterns Hamburger Zeit.

Den Universitätsarchiven in Rostock, dessen Archivarin Bettina Kleinschmidt und dem Rostocker Physiker Professor Reinhard Mahnke sowie dem Library Archive der Carnegie Mellon University Pittsburgh und den Archivaren Jennie M. Benford und Katherine Barbera sowie dem Physikerkollegen Professor Robert B. Griffiths sind wir zu Dank verpflichtet für die Bereitstellung von Dokumenten aus Sterns Personalakten und von Fotos. Dem Churchill College Cambridge (CCC) Archiv und deren Archivaren Sophie Bridges und Caroline Herbert danken wir für die Überlassung von Kopien von Briefen aus dem Nachlass von Otto Robert Frisch und Lise Meitner. Wir danken dem Niels Bohr Archiv in Kopenhagen und dessen Direktor Finn Aaserud und Felicity Pors für die Kopien von Stern- und Bohrbriefen sowie den New York University Archives und deren Archivarin Katie Ehrlich für die Kopien von Stern- und Courantbriefen. Beim Einstein Papers Project (California Institute of Technology und Hebrew University, Jerusalem) bedanken wir uns für die Kopien von Sterns Briefverkehr mit Einstein. Der Preußischen Staatsbibliothek Berlin danken wir für Kopien von Sterns Briefverkehr mit Born und Landé sowie der Akademie der Wissenschaften zu Göttingen für Informationen zu Sterns Mitgliedschaft und Entlassung aus der Akademie. Dem Deutschen Museum und besonders dessen Mitarbeitern Dr. Michael Eckert und Dr. Joseph Georg Huber danken wir für wichtige Information und Kopien von Briefen aus Walther Gerlachs Nachlass im Deutschen Museum.

Ferner möchten wir Dr. Jost Lemmerich (Berlin) für Informationen zu Max von Laue und James Franck, Dr. Gernot Gruber (früher Duden-Verlag) für viele unterstützende Diskussionen, Professor Louis DiMauro von der Ohio State University für die Überlassung von Fotos von Alfred Landé und Dr. Karsten Krakow (Frankfurt) für die Überlassung von Dokumenten zu Otto Sterns Bruder Kurt Stern vielmals danken.

Den Mitarbeiterinnen Marianne Frey, Claudia Freudenberger und Viorica Zimmer des Instituts für Kernphysik der Goethe Universität und Pia Seyler-Dielmann (Bibliothek der Naturwissenschaften im Otto-Stern-Zentrum der Goethe Universität) danken wir für deren ständige Hilfe bei der Aufbereitung der Briefe.

Last, not least sind wir der Goethe Universität (Präsidium der Universität und hier besonders Vizepräsident Professor Dr. Manfred Schubert-Zsilavecz), der Vereinigung von Freunden und Förderern der Goethe Universität, der Quandt-Stiftung (Johanna Quandt-Jubiläumsfond und Prof. Dr. Werner Müller-Esterl), der Georg und Franziska Speyer'sche-Hochschulstiftung (Frau Präsidentin Professor Birgitta Wolff) und der Alfred und Gertrud-Kassel-Stiftung (Ekkehardt Sättele) für deren wichtige finanzielle Unterstützung zu großem Dank verpflichtet.

[...]

Frankfurt, im August 2017 Die Herausgeber

# Vorbemerkung

Die transkribierten Dokumente stammen aus den folgenden Archiven (Fundstellen).

Die Archive werden wie folgt in gekürzter Form wiedergegeben:

[ACMU] Archives of the Carnegie Mellon University
[AdW] Akademie der Wissenschaften zu Göttingen
[BAL] Bancroft Library, Collection number: Banc MSS 85/96 c
[CCC] Churchill College Cambridge CCC, CB2 1TQ
[CCT] Trinity College Library, Cambridge
[DMA] Deutsches Museum, München
[EIN] Albert Einstein Archives, The Hebrew University of Jerusalem, Israel and Einstein Papers Project, California Institute of Technology MC 20-7, 1200 E. California Blvd., Pasadena, CA 91125, USA
[ETHZ] ETH-Bibliothek Zürich, Archive
[NBA] Niels Bohr Archive Kopenhagen
[NOB] The Nobel Population 1901–1950, A census 2002 The Royal Swedish Academy, Produced by Universal Academy Press, Center for History of Science, The Royal Swedish Academy of Sciences
[NYU] New York University Archives
[SBB] Staatsbibliothek zu Berlin, Preußischer Kulturbesitz
[UAF] Universitätsarchiv Frankfurt am Main (UAF)
[UAHH] Universitätsarchiv Hamburg
[UAR] Universitätsarchiv Rostock Universitätsbibliothek
[UBF] Universitätsbibliothek Johann Christian Senckenberg, Universität Frankfurt
[ULC] University of Chicago Library
[TEM] Privater Nachlass Otto Sterns/Familie Otto Stern
[WIE] Aktives Museum Spiegelgasse für Deutsch-Jüdische Geschichte in Wiesbaden e. V.

Direkt abrufbar über Internet sind die Dokumente in der Bancroft Library unter folgendem Link: https://oac.cdlib.org/findaid/ark:/13030/k6t72h8t/ (Via Google).

Im Abschnitt „Chronologie und Herkunft der Briefe“ wird in der Briefchronologie zum vorliegenden Band in Spalte 8 das jeweilige Archiv, nach folgendem Schema, angegeben.

| Briefchronologie Band I | | | | | | | |
|---|---|---|---|---|---|---|---|
| Nummer | Datum | Band | Kapitel | Seite | Absender | Empfänger | Fundstelle |
| **0001** | 04.07.1906 | I | 3.1 | 12 | Eugenie Stern | Otto Stern | BAL |
| **0002** | 04.07.1906 | I | 3.1 | 12 | Oskar Stern | Otto Stern | BAL |

Außerdem können alle in der Briefedition gezeigten Briefe/Dokumente sowie weitere hier nicht gezeigte Dokumente zu Otto Stern unter der Webseite der Herausgeber [UBF] → Universitätsbibliothek Johann Christian Senckenberg, Universität Frankfurt, abgerufen werden. Link: http://www.ub.uni-frankfurt.de/archive/stern.html.

Hinweis: Viele der von Otto Stern geschriebenen Briefe liegen nur handgeschrieben in Stenogrammform vor und können vom verschickten Brief abweichen. Diese Briefe werden durch die Abkürzung BE (Briefentwurf) kenntlich gemacht. Postkarten werden durch die Buchstaben PK gekennzeichnet.

# Inhaltsverzeichnis

# 3 Wissenschaftlicher Gedankenaustausch mit Kollegen

Horst Schmidt-Böcking, Alan Templeton und Wolfgang Trageser

Otto Sterns wissenschaftliches Interesse galt, wie schon in Band I ausgeführt, zwei Themenschwerpunkten: 1. Der Thermodynamik und im Besonderen der Bedeutung und Verbindung der thermodynamischen Eigenschaft ENTROPIE mit der modernen QUANTENPHYSIK und 2. der Molekularstrahlmethode MSM und was man in der Welt der Quanten damit untersuchen konnte. In den meisten Briefen, die Stern mit den anderen „Giganten der Physik" (wie Einstein, Planck, Bohr, Laue, Nernst, Pauli etc.) ausgetauscht hat, wurden Fragen der Entropie sowie der Reversibilität von Reaktionen zwischen Quantenteilchen diskutiert, Briefe zur Anwendung der Molekularstrahlmethode MSM hat Stern vor allem mit Rabi ausgetauscht. Einstein hatte außerdem ein besonderes Interesse am Ergebnis (Nachweis der Richtungsquantelung) des Stern-Gerlach-Experiments. Die Briefe der beiden Themengebiete werden in zwei Abschnitten getrennt in chronologischer Folge dargestellt, wobei einzelne Unterthemen mit einer bestimmten Person jedoch im Zusammenhang und nicht unbedingt in chronologischer Folge aufgeführt werden. Die oft vorkommenden Personen werden im Personenregister vorgestellt, die oft vorkommenden Sachbegriffe im Sachregister aufgeführt.

Sterns erste [STERN1912] und letzte [STERN1962] Publikation betrafen Fragen der Entropie. Sterns Ergebnisse dazu waren bedeutsam, aber hätten Stern niemals den Nobelpreis eingebracht. Sterns Erfindung der Molekularstrahlmethode jedoch hat die experimentellen Fortschritte auf dem Gebiet der modernen Quantenphysik entscheidend gefördert und Stern zu Recht höchste wissenschaftliche Anerkennung

H. Schmidt-Böcking (✉) · W. Trageser
Institut für Kernphysik, Universität Frankfurt
Frankfurt, Deutschland
E-Mail: hsb@atom.uni-frankfurt.de

W. Trageser
E-Mail: w.trageser@em.uni-frankfurt.de

A. Templeton
Oakland, CA, USA
E-Mail: alantempca@yahoo.com



H. Schmidt-Böcking, A. Templeton, W. Trageser (Hrsg.), *Otto Sterns gesammelte Briefe – Band 2*, https://doi.org/10.1007/978-3-662-58837-6_1

und Ehren eingebracht. Sterns MSM lieferte eine neue dynamische Mikroskop-Technik (oder besser Nano- oder Pikoskop-Technik), die erstmals durch hochpräzise Messungen von transversalen Impulsänderungen im Vakuum fliegender Teilchen den Blick in Grundzustände von Atomen und sogar Kernen ermöglichte.

## 3.1 Korrespondenz zur Entropie und Molekularstrahlmethode

### 3.1.1 Sterns Arbeiten zur Thermodynamik und Entropie

Die Entropie ist in der Physik und Chemie ein Maß für die Ordnung und Unordnung in Gasen, Flüssigkeiten oder Festkörpern und nimmt mit steigender Temperatur zu. Ordnung gibt es in der statischen Struktur, aber auch in der Bewegung. Wenn perfekte Ordnung erreicht ist, ist die Entropie per Definition gleich Null. Damals war jedoch wenig über die Ordnung und den Aufbau der Quantenwelt (Atome, Moleküle und Kristalle) bekannt. Man wusste seit Max Plancks Ableitung seiner Strahlungsformel [PLANCK1899] nur, dass es ein kleinstes Quantum der Wirkung gibt, nämlich $\hbar = h/2\pi$, wo $h$ die Planck'sche Konstante ist. Es gab aber keine klare Erkenntnis darüber, wie $\hbar$ die Bewegung von Elektronen in Atomen beeinflusste. Sackur [SACKUR1911] und unabhängig davon Tetrode [TETRODE1912] hatten mithilfe von $h$ ($h$ wurde von diesen beiden als kleinste Zelle der Ordnung angenommen) die Entropie erstmals absolut auf der Basis der Quantenphysik berechnet. Den frühen Briefen Sterns mit dem Betreuer seiner Dissertation Otto Sackur schließen sich eine Reihe von Briefen an, die nach 1914 mit Sterns Freunden Albert Einstein, Wolfgang Pauli und Max von Laue u. a. über die Entropiefrage ausgetauscht wurden. Einstein (und auch Max Planck) glaubten damals, dass die Entropie bei $T \Rightarrow 0$ nicht gegen Null geht, da wegen der endlichen Nullpunktsenergie ein Rest von ungeordneter Bewegung bleiben sollte. Stern letztlich aber vertrat Sackurs und damit auch Nernsts Ansicht, dass die Entropie für $T \Rightarrow 0$ auch Null sein muss.

Der älteste Brief zu diesem wissenschaftlichen Thema, den Stern in seinem Nachlass aufbewahrt hat, wurde von Aurel Stodola, Professor für Maschinenbau am Eidgenössischen Polytechnikum in Zürich, geschrieben. Stodola befasste sich u. a. mit Wärmekraftmaschinen und suchte offensichtlich Hilfe in Fragen zur Entropie bei dem jungen Otto Stern. Stodola schrieb im Dezember 1911:

Standort: [BAL], bk0016n8p9m; Dokumentnummer: **[0003/05.12.1911]**

*Zürich, 5.12.1911*

*Sehr geehrter Herr Doktor!*
*Da Sie nun zu unserer besonderen Freude dem Verbande unserer Anstalt angehören, fasse ich mir den Mut Ihre Freundlichkeit in folgender Angelegenheit in Anspruch zu nehmen.*
*Ein gewesener Schüler unserer Anstalt sendet mir die beigefügten Studien zur Begutachtung. Es handelt sich darin um die Anwendung des Satzes von den korrespondierenden Zuständen auf die Berechnung speziell der Entropie der technisch*

*wichtigen Stoffe. Die „diagramme" (z. B. sin Fktion v. T und p oder V) sind in der Technik eben sehr viel in Gebrauch, und bilden außerdem wertvolle Hilfsmittel des Konstrukteurs.*
*Ihre große Kenntnis der infrage kommenden Thermoliteratur wird wohl ohne viel Mühe weiteren Nachschlagens zu einem Urteil führen.*
*Ein ganz besonderer Grund meiner Belästigung war aber, wenn etwa zufällig das Thema Ihr eigenes Interesse erregen könnte, so daß für die Technik ein nützliches Nebenprodukt abfiele.*
*Im voraus aufs verbindlichste dankend, begrüßt Sie Hochachtungsvoll*
*Ihr ergebener A. Stodola*[1]

Der 1912 24-jährige Otto Stern hatte den Entwurf seiner ersten Zeitschriftenpublikation über seine Doktorarbeit [STERN1912] Otto Sackur zum Korrekturlesen geschickt. Wie man aus dem folgenden Brief von Sackur an Stern entnehmen kann, war Sackur mit Sterns Doktorarbeit sehr zufrieden. Otto Sackur hatte in der Frage zur Entropie auch Kontakt zu Max Planck und Albert Einstein. Sackur berichtete am 30.10.1912 Stern, wie sein Gespräch mit Planck verlaufen war. Sackur freute sich über das Interesse von Planck und Einstein an seiner Arbeit und auch über Einsteins Anerkennung für Sterns Arbeiten [STERN1912] zur Entropie.

Standort: [BAL], bk0016n8x1t; Dokumentnummer: **[0006/30.10.1912]**

*Lieber Herr Doktor!*
*Besten Dank für Ihren Brief und die Korrekturen. Ich habe, wie Sie sehen, den letzten Satz ein klein wenig geändert, um jedes Missverständnis auszuschliessen.*
*Was Sie mir über Einsteins Beurteilung meines Buches und meiner Arbeit schreiben, freut mich natürlich sehr. Ich habe sie inzwischen an die Annalen* [SACKUR1912a] *abgeschickt und ausserdem, nach vorheriger Korrespondenz mit Planck, am vorigen Freitag in Berlin in der Physikalischen Gesellschaft vorgetragen. Es stimmten alle darin überein, dass die Sache sehr interessant wäre, insbesondere sprach ich sehr ausführlich mit Planck, Nernst und Haber über die Sache. Planck ist allerdings noch nicht ganz einverstanden, er meint, dass meine neue Hypothese, dass nämlich $\Delta\varepsilon \cdot \Delta t = h$, eine universelle Konstante ist, doch auf eine allerdings neue Form der Quantenhypothese herauskommt, doch bin ich der Ansicht, dass eine derartige Hypothese im Wesen der Wahrscheinlichkeitsrechnung, bzw. ihrer Anwendung auf physikalische Dinge liegt. Planck meint, man erhält durch die gewöhnliche Wahrscheinlichkeitsrechnung das Rayleighsche Gesetz, ich behaupte dagegen, dass die Integration unbedingt ein Fehler ist, der nur bei hohen Temperaturen relativ klein ist. Aber selbst wenn Planck recht hat, behält meine Ableitung ihren Wert, was P. auch zugibt. Insbesondere ist er mit meiner Einführung der Zeit durchaus einverstanden. Augenblicklich quäle ich mich mit den Gasen bei tiefen Temperaturen.*

[1] Einen Antwortbrief von Stern an Stodola findet sich nicht im Nachlass.

*Zu Ihren experimentellen Arbeiten wünsche ich Ihnen viel Glück. Lassen Sie bald wieder etwas von sich hören. Hier beginnt grade das Semester, was mir mit Rücksicht auf die theoretischen Arbeiten sehr unangenehm ist.*
*Mit besten Grüssen Ihr Sackur*

Sackur hatte nur eine winzige Korrektur anzumerken, die die Formulierung der Danksagung betraf und die Stern dann in der Zeitschriftenpublikation auch änderte. In Sterns an der Breslauer Universität vorgelegten Dissertationsschrift [STERN1912] (und vermutlich auch im Entwurf der Zeitschriftenpublikation [STERN1912a]) hieß es:

> *Vorliegende Arbeit wurde auf Anregung von Herrn Prof. Dr. Sackur unternommen, dem ich für sein stetes tätiges Interesse bei der Ausführung der Arbeit und an der Förderung meiner wissenschaftlichen Ausbildung zu aufrichtigem und herzlichen Danke verpflichtet bin.*

Der Text in der Zeitschriftenpublikation [STERN1912a] wurde dann folgendermaßen abgeändert: *Vorliegende Untersuchung wurde im chemischen Institut der Universität Breslau ausgeführt. Herrn Prof. Sackur bin für die Anregung zu der Arbeit und sein stetes Interesse an ihr zu größtem Dank verpflichtet.*

Otto Sackur war einer der ersten, der versuchte, die Entropie eines Systems (ideales Gas) quantenmechanisch zu berechnen. Dazu hat er von 1911 bis 1912 fünf Arbeiten publiziert [SACKUR1911, SACKUR1912], die wie Massomiliano Badino und Bretislav Friedrich [BADINO2013] im Detail beschreiben, wichtige Pionierarbeiten zur Berechnung der Entropie auf der Basis der Quantenvorstellung darstellten und unter den Großen der Chemie und Physik (z. B. Walther Nernst und Fritz Haber u. a.) auch Anerkennung fanden. Ziel Sackurs war es, die Entropie auf statistischer Basis aus den Naturkonstanten abzuleiten und absolut zu bestimmen. Für seine statistischen Betrachtungen war es entscheidend, eine elementare Einheitszelle für die Definition von Ordnung im Gas festzulegen. Als Einheitszelle der „Ordnung" wählte er das Planck'sche Wirkungsquantum $h$. Von historischer Bedeutung ist seine Vermutung, dass der Energieübertrag in einer Reaktion mal deren Zeitdauer gleich der Planck'schen Konstante ist. Planck konnte sich jedoch dieser Interpretation von $h$ nicht anschließen. Diese Definition zeigt viel Ähnlichkeit mit Heisenbergs 1927 abgeleiteter Unschärfebeziehung [HEISENBERG1927]. Eine sehr detaillierte Beschreibung von Sackurs Entropieberechnungen wird in [BADINO2013] gegeben. Sackur verunglückte 1914 in Fritz Habers Institut bei einer chemischen Explosion tödlich.

Otto Sackur, der Betreuer von Sterns Dissertation, hatte schon während Sterns Doktorarbeit in Otto Stern großes Interesse für die Frage geweckt, ob man mithilfe der neuen Quantenphysik die Entropie absolut berechnen könnte. Dabei ging es vor allem um die Frage des Verhaltens der Entropie bei sehr tiefen Temperaturen $T$ mit $T \Rightarrow 0\,\mathrm{K}$.

Otto Stern hat sich bis ins hohe Alter mit dem Problemkreis Entropie beschäftigt und hat sich in 11 seiner 71 Zeitschriftenpublikationen mit der Frage der Entropie befasst, darunter sind seine beiden letzten Veröffentlichungen. Die wichtige Frage dabei war: Geht die Entropie gegen Null, oder in anderen Worten geht die Materie für $T \Rightarrow 0$ in einen Zustand perfekter Ordnung über? Heute wissen wir, dass in der Quantenwelt für $T = 0$ nicht nur die Molekül- oder Kristallstruktur, sondern auch die Dynamik aller Quantenteilchen im Zustand perfekter Ordnung ist, d. h. bei tiefen Temperaturen ist auch die Dynamik in der Quantenwelt in Einheiten der Planckkonstante $\hbar = h/2\pi$ quantisiert. Flüssigkeiten und auch Gase (z. B. Bose-Einstein-Kondensate) werden für $T = 0$ durch eine kohärente Wellenfunktion beschrieben und haben damit eine perfekte quantendynamische Ordnung. Somit sollte die Entropie in Übereinstimmung mit Walther Nernst dann per Definition den Wert Null haben.

Um 1913 war jedoch über den quantenmechanischen Aufbau der Materie sehr wenig bekannt. Wie Stern [STERN1914] ausführt, waren selbst Walther Nernst, Albert Einstein und Max Planck unterschiedlicher Meinung, wie die Entropie sich in einer Flüssigkeit für $T \Rightarrow 0$ verhielt. Nach Einstein und Planck hängt die Größe der Entropie bei $T = 0$ von den Anteilen der Atome in einem Molekül ab und ihr Wert ist > 0. Kein Wunder, dass ein Wissenschaftler wie Stern sich an dieser Frage fest biss. Stern befasste sich in der Publikation [STERN1914] mit dieser Frage. Wie Stern dort schreibt, gab Ehrenfest mit der Frage *„Was denn das für eine Art von „prästabilisierter" Harmonie sei, die das Nernstsche Theorem über die empfindlichen Bezirke in Boltzmanns Schema der Gasdissozation verhänge"* den Anstoß zu dieser Untersuchung. In dieser Arbeit berechnet Stern für eine Reaktion zwischen idealen Gasen die Gleichgewichtskonstante $K$ einmal mithilfe der Thermodynamik und der damaligen Quantentheorie sowie dann dynamisch mithilfe der Molekulartheorie (Rotation eines zweiatomigen Moleküls), wobei er zum selben Ergebnis kommt. Sterns Ziel war es, zu bestätigen oder zu widerlegen, ob die Entropie, wie Nernst vorausgesagt hat, gegen Null geht, wenn die absolute Temperatur gegen Null geht. Anstoß zu dieser Arbeit mag auch Sterns und Einsteins gemeinsame Publikation [EINSTEIN1913] über die Nullpunktsenergie gewesen sein. Im zweiten Teil dieser Publikation untersucht Stern mittels seiner hergeleiteten Formeln und experimentellen Daten für die Reaktion $J + J \Leftrightarrow J_2$, wie sich die Entropie bei $T \Rightarrow 0\,K$ verhält. Er äußerte hier jedoch aufgrund von experimentellen Daten anderer Autoren in dieser Publikation die Vermutung, dass die Entropie vielleicht doch nicht gegen Null gehen kann. Sackur akzeptierte in seinem Brief an Stern vom 02.05.1913 diese von Stern aufgestellte Behauptung jedoch nicht, da er die in der Analyse von Stern benutzten experimentellen Daten [STERN1914] nicht für zuverlässig hält. Sackur schrieb am 02.05.1913:

Standort: [BAL], bk0016n8x1t; Dokumentnummer: **[0007/02.05.1913]**

*Lieber Dr. Stern!*
*Ich habe soeben Ihre Korrektur gelesen und beeile mich Ihnen meine Ansicht zu schreiben. Der theoretische Teil hat mir sehr gut gefallen, dagegen habe ich gegen die Zahlenrechnung einen Einwand, nämlich betr. die spez.[ifische] Wärme des Joddampfes. Sie stützen sich vor allem auf Strecker. Wenn Sie dessen Originalzahlen ansehen, so sehen Sie dass ~~Si~~ sie sehr schwanken und vor allem, dass R mit stei-*

*gender Temperatur steigt, $c_0$ also abnimmt. Ich glaube nicht, dass das einen realen Grund hat, die Versuche sind also unsicher. Ausserdem beeinflusst bei den höchsten von Str.[ecker] benutzten Temperaturen die Dissoziation den Wert für $c_{J2}$. Ich habe nach Bodenstein extrapoliert und finde, dass bei 377$^0$, wo Str. $k = 1{,}30$ findet, die wahre spez. Wärme des $J_2$ $c_0$ um 0,3 kleiner sein muss als die scheinbar, gefundene. Ausserdem nehme ich an, dass die spez. Wärme des $J_2$ langsamer mit T ansteigt, als bei den anderen Gasen, weil wir schon auf dem höheren Teil der Einsteinschen Kurve sind, und halte es für sehr fraglich, ob und wann der Wert 7/2 R erreicht wird. Alle diese Bedenken, deren Richtigkeit den Wert für Ihr – $\Sigma$ bedeutend verkleinern Würden, machen es mir ungewiss, ob man mit derartigen Rechnungen so prinzipiell wichtige Fragen entscheiden kann. Mit herzlichen Grüssen in Eile Ihr Sackur*

Da Sackurs Korrekturbrief schon im Mai 1913 geschrieben wurde, Sterns Publikation „Zur Theorie der Gasdissoziation" [STERN1914] aber erst im Februar 1914 eingereicht wurde, hatte Stern Zeit, Sackurs Einwände sehr kritisch zu überdenken. Stern berücksichtigte daher in der dann publizierten Arbeit doch noch auf Sackurs Rat hin Werte aus anderen Messungen, die Stern dann selbst auch für zuverlässiger hielt. Obwohl er entgegen Sackurs Bedenken bei dem Schluss blieb, dass die Entropie nicht wie von Nernst behauptet für $T \Rightarrow 0$ gegen Null gehen müsse, ließ Stern zum Schluss seiner Publikation aber doch offen, ob die Güte der benutzten Daten ausreicht, eine solch wichtige Folgerung zu ziehen.

Im Nachlass Sterns gibt es zwei Briefe von Robert Wichard Pohl an Stern aus dem Jahre 1913, die sich mit der Physik von Alkaliatomen an Oberflächen befassen. Stern hat in seiner Habilitationsschrift [STERN1913] die Verdampfung und Entropie von einatomigen Metallen an Oberflächen behandelt und daher vermutlich fachlichen Rat von Pohl gebraucht.

Wie man aus Pohls Briefen erkennt, konnte dieser Stern jedoch nicht wirklich helfen. Pohl hatte damals schon visionäre Vorstellungen von der Bedeutung von Verunreinigungen (Fremdatomen) in einem Festkörper. Pohl schrieb an Stern: „*Sie wissen, wo ich hinaus will, mir ist der Mikro-Mechanismus nicht klar, mir widerstrebt es das Gemisch unedler und edler Atome einfach makroskopisch wie einen Haufen einheitlicher unedler Atome aufzufassen.*"

Standort: [BAL], bk0016n8x1t; Dokumentnummer: **[0011/20.07.1913]**

*Sehr geehrter Herr Doktor,*
*Ich danke Ihnen, auch in Pringsheims Namen, sehr für Ihre liebenswürdigen Zeilen vom 18. Juli, die mich sehr interessiert haben. Ich fürchte aber, daß Ihre Anschauung einer totalen Anhäufung von K-Atomen in der Oberfläche sich nicht wird halten lassen. Ich schicke Ihnen eine Skizze einer von zahlreichen Messungen an Li-Amalgam sehr kleiner Koncentration, die genau die gleiche Erscheinung wie Kalium-Amalgam aufweist. Leider sind die Zahlen – sie sind über 2 Jahre alt – noch nicht im absoluten Maße aufgenommen, ihre Größenordnung ist aber sich die der an K beobachteten.*

*Den Satz von Gibbs kannte ich nicht, ich hatte aber schon, angeregt durch die Arbeit von Schmidt, Annalen 39, 1073, 1912, versucht, einen Zusammenhang zwischen der Oberflächenspannung und einer anderen an Li-, Ca-Amalgam u. a. beobachteten Erscheinung aufzufinden, die uns viel Kopfzerbrechen macht: nämlich eine zeitliche Verschiebung der langwelligen Grenze der normalen Emission hin zu einer Oktave und mehr. Hier liegt ja die Annahme einer oberflächlichen Konzentrationszunahme besonders nahe, zumal man die Erscheinung durch Umgießen oder Umschütteln des Amalgams rückgängig machen kann. Aber es hilft nichts: Festes Li und festes Ca tun das gleiche, und Pringsheim und ich stehen der Sache einstweilen noch ratlos gegenüber.*
*Ihnen nochmals für Ihren freundlichen Hinweis dankend, bin ich mit besten Grüßen Ihr ergebener R. Pohl*
*Ich finde eben noch einen alten Versuch an Sn-Amalgam: Die Ausbeute ist, im Gegensatz zu Klages, etwa 2 – 3 mal so groß als an reinem Hg, aber es ist nur eine Versuchsreihe, auf Grund deren allein ich die Messung des Herrn Klages nicht anzweifeln will.*

Standort: [BAL], bk0016n8w85; Dokumentnummer: **[0014/31.08.1913]**

*Sehr geehrter Herr Kollege,*
*für Ihre freundlichen Zeilen vom 23.8. danke ich Ihnen sehr. Diesmal bin ich durchaus mit Ihnen einer Meinung, soweit es sich um eine formale Deutung der Versuche handelt. Man kann sicher das Amalgam als ganzes ins Auge faßen und den sehr unedlen Metallen an die Seite stellen. Es gibt eine ganze Menge Arbeiten über das Potential derartiger schwarzer K-Amalgame in seiner Abhängigkeit von der Koncentration. Ich hatte sie mir in Berlin schon alle herausgesucht, habe aber meine Notizen nicht bei mir und kann Ihnen daher keine Citate angeben. Es ist von den Leuten immer die Potentialdifferenz zweier verschiedener Koncentrationen gemessen, meistens, um die Einatomigkeit des gelösten K zu beweisen, es kommen da natürlich solche Formeln nach dem Nernstschen Schema heraus, die für die Potentialdifferenz den log vom Quotienten der Koncentration enthalten. Leider nützt solche Formel ja nichts, wenn die eine Koncentration = Null wird. Sonst könnte man ja direkt sehen, ob die Verschiebung der langwelligen Grenze gegenüber dem reinen Hg, die ja nach dem alten Einsteinschen Ansatz* $eV = h\nu - p$ *(1905) die Spannungsdifferenz zweier Metalle bestimmt, mit den theoretisch berechneten Potentialänderungen der Legierungen übereinstimmt. Ich werde im nächsten Semester die Frage mal experimentell anfassen, in ein Vakuumgefäß zwei Metallflächen reinhängen, die eine aus reinem Hg, die andere mit dem Amalgame, statt des Elektrolyten ein ionisiertes Edelgas benutzen und dann die Potentialdifferenz direkt im Anschluß an die Bestimmung der lichtelektrischen Grenze messen. Das sollte eigentlich schon im Sommer gemacht werden, aber leider haben Pringsheim und ich schon Anfang Juli mit dem Faulenzen begonnen, wir waren über das ständige Misslingen vieler Versuche zu sehr verärgert. – Ich lass es Sie wissen, sobald ich Messungen ausgeführt habe.*

*(1) Für mich bleibt aber immer eine große Schwierigkeit der Vorstellung, ich habe leider keinen Sonderdruck der Arbeit hier, aber ich glaube, wir haben schon etwas davon angedeutet: Bei einer Koncentration von* $10^{-3}$ *ist jedes 10. Atom nur*

*ein Kalium-Atom oder auch aus den Hg-Atomen, können letztere ihr Elektron abgeben, bloß weil in größerem Abstande in der Nachbarschaft ein K-Atom liegt, das stark elektropositiv ist? Sie wissen, wo ich hinaus will, mir ist der Mikro-Mechanismus nicht klar, mir widerstrebt es das Gemisch unedler und edler Atome einfach makroskopisch wie einen Haufen einheitlicher unedler Atome aufzufassen. Das ist mir ein bisschen zu formal. Am meisten Sorge macht mir allerdings zunächst die Inkonstanz der langwelligen Grenze, ich weiß nicht ob Sie die Verhandlungen vom 15. Aug[ust] gesehen haben, wo sie nun ein derartig inkonstantes Zeug als Beispiel publiziert haben. Doppelschichten werden schon sein, aber woraus bestehen die? Das ist auch solcher Begriff, den wir immer benutzen, ohne uns über seinen physikalischen Grund klar zu sein. Da steckt irgendwas chemisches dahinter, aber der Himmel weiß was. Mit diesen Doppelschichten ist in den letzten Semestern im Berliner Institut unendliche Zeit verwurstelt, Franck und Hertz können von allem ein Lied davon singen. Da sind die Dinger sicher, aber woher und wie weg kriegen, das ist die Frage.*

*(2) Kommen Sie nach Wien, es sollte mich freuen, Sie persönlich kennen zu lernen und mich mündlich mit Ihnen zu unterhalten. Sollten Sie Herrn Einstein noch vorher sehen, so sagen Sie ihm bitte recht schönen Dank und beste Empfehlungen. – Aus Berlin werden wir ziemlich zahlreich antreten, Baeyer, Regener, Pringsheim, Franck, Hertz und ich.*

*(3) Ihnen nochmals für Ihre Zeilen dankend, verbleibe ich mit den besten Grüßen*

*Ihr R. Pohl*

Im Nachlass Sterns gibt es auch Briefe von Friedrich Paneth an Stern aus dem Jahre 1913, die sich mit der Absorption und Ausfällbarkeit von Radionukliden an Oberflächen befassen.

Standort: [BAL], bk0016n8m2q; Dokumentnummer: **[0016/08.11.1913]**

*Wien, 8.11.1913*

*Lieber Herr Kollege!*

*Sie waren so freundlich, sich während der Naturforscherversammlung über ein paar in der Radiochemie aufgetauchte schwierige Fragen interpellieren zu lassen und forderten mich auf, Ihnen Nachricht zu geben, wenn neues experimentelles Material vorläge, das Sie dann eventuell theoretisch verwerten könnten.*

*Ich selber habe nur wenige neue Versuche angestellt, aber kürzlich in der Literatus einige unbeachtete Angaben gefunden, die uns im Zusammenhang mit den anderen Fragen von Interesse scheinen.*

*Sie erinnern sich wohl, worin die Hauptschwierigkeit in der Erklärung der Kolloidversuche lag: Die Konzentration der Radioelemente ist zu gering, als daß jemals eine gesättigte Lösung ihrer Hydroxyde erhalten werden könnte und trotzdem geht ihre Neigung, kolloid zu werden, genau parallel der Fällbarkeit ihrer Hydroxyde. Z. B. ist das mit Wismut identische Radium E schon in wässriger Lösung teilweise kolloid, das dem Blei entsprechende Thorium B erst in ammoniakalischer und Radium, das Edelmetall, wird auch durch Zusatz von $NH_3$ nicht kolloid.*

*Nun hat mir Zsigmondy den Einwand gemacht, daß die Radioelemente von Spuren kolloider $LiO_2$ oder $Al(OH)_3$ adsorbiert würden und dadurch selber kolloid zu sein scheinen. Das wäre, wie ich ihm auch erwidert habe, nur dann eine Erklärung, wenn die einzelnen Radioelemente verschieden stark adsorbiert würden und zwar proportional der Fällbarkeit der Hydroxyde.*
*Ich habe nun zunächst die Literatur durchgesehen, ob für eine solche Annahme experimentell Stützen erbracht werden können. Ausgesprochen fand ich Beobachtung nirgends, sondern in einer Arbeit von Szilard sogar das Gegenteil (Unabhängigkeit von der chemischen Natur). Zufällig kam mir aber eine Dissertation in die Hand, von einem Herrn Wojtaszewski[2] in Freiburg bei Prof. Gockel (ist Ihnen etwa der Name bekannt?), die fast nur experimentelles Material enthält, aus dem sich aber eine solche Regel abstrahieren läßt. Etwa in der Form: Sulfate reißen jene Radioelemente gut mit, die schwerlösliche Sulfate bilden (Radium z. B. gut, Uran X schlechter), Oxyde jene, die schwerlösliche Oxyde bilden usw.*
*Ich selber habe den Versuch gemacht, daß aus einer Lösung von Thorium B und Thorium C durch Ausschütteln mit $BaSO_4$ mehr Th B ( = Blei), durch Ausschütteln mit CuO mehr Th C ( = Wismut) adsorbiert wird.*
*Wenn sich diese Regel an einer großen Zahl von Fällen noch bewahrheiten sollte, schien sie mir wichtig, da sie erstens die Erscheinungen bei den Radiokolloiden erklären könnte (mit Ausnahme vielleicht des kolloiden Poloniums in schwach saurer Lösung), ferner die Fällungsreaktion, die Fajans und Beer* [FAJANS1913] *in den Berichten publiziert und schließlich hätte sie auch Bedeutung für die allgemeine Chemie. Und hier komme ich zu dem Punkt, wo uns Ihr Urteil sehr erwünscht wäre. Die erwähnten Beobachtungen stehen in einem grossen Widerspruch zur gewöhnlichen Auffassung der Adsorption, besonders der von Freundlich, wonach das bessere Adsorptionsmittel für alle Stoffe besser sein muß, wenn es es für einen ist, da es ja nur auf die Änderung der Oberflächenspannung ankommt. Gegen diese Auffassung wendet sich ja auch Arrhenius, der eine mehr chemische Ansicht hat (die Konstante a der Gleichung von van der Waals ist maßgebend).*
*Wenn die obige Regel gilt, müßte man aber wohl einen sehr direkten Zusammenhang mit der chemischen Affinität annehmen; hielten Sie die Vorstellung für zulässig, daß z. B. im festen $BaSO_4$ das $SO_4$ noch die Neigung hat, Thorium B = Blei an sich zu ziehen, ebenso wie die Ionen zur Vereinigung streben? $BaSO_4$ kann ja kaum in merklichem Maß in Lösung gehen und im Allgemeinen ist sogar ein Stoff ein umso besseres Adsorptionsmittel, je schwerer er löslich ist. Halten Sie eine derartige chemische Valenzbetätigung eines festen Salzes für denkbar? Ob im Th B adsorbiert wird oder (Th B) $Cl_2$, darüber sagen die radioaktiven Messungen natürlich nichts aus, doch ist die Adsorption von Ionen ja oft beobachtet worden. Ich halte es auch für ausgemacht (obwohl ich noch keine Versuche darüber angestellt habe), daß die Natur der mit dem Radioelement verbundenen Säure ohne Einfluß ist.*

[2] Jan Stephan Wojtaszewski, Über das Ausfällen einiger radioaktiver Stoffe aus wässrigen Lösungen, Dissertation, Freiburg/Schweiz, 1912/13, 65 Seiten.

*Es würde mich sehr interessieren zu hören, was Sie von einer solchen Auffassung denken. Zsigmondy steht ihr, wie ich soeben bemerke, nicht gar fern, da er (Kolloidchemie S. 65) „spezifische Anziehungskräfte" zwischen Kohle und Gold annimmt. Ich muß bald die Korrekturbogen der Kolloid-Arbeit bekommen und möchte eventuell (natürlich mit allem Vorbehalt) diese mögliche Deutung noch hinzuschreiben, damit uns nicht vielleicht von anderer Seite dieser Einwand gemacht wird. Könnten Sie darum die Liebenswürdigkeit haben, uns Ihre Ansicht über die Sache in ein paar Worten mitzuteilen?*
*Es würde mich natürlich besonders freuen, wenn diese Mitteilungen für Ihre eigenen Überlegungen von irgend- einem Wert sein könnten.*
*Mit den besten Grüßen. Ihr aufrichtig ergebener*
*Fritz Paneth*

*Ich werde versuchen, mich mit Herrn Wojtaszewski*[3] *in Verbindung zu setzen, um ihn auf die Wichtigkeit seiner Arbeit aufmerksam zu machen, aber sonst ist es wohl besser, vorläufig mit nicht zu vielen darüber zu reden, sondern lieber weitere Experimente zu machen.*

Am 27.11.1913 folgte ein zweiter Brief von Paneth an Stern:

Standort: [BAL], bk0016n8m2q; Dokumentnummer: **[0017/27.11.1913]**

*Wien, 27.11.1913*

*Lieber Herr Kollege!*
*Sehr vielen Dank für Ihre liebenswürdige Beantwortung meines Briefes.*
*Ich weiß nicht, ob ich Ihre Auffassung ganz verstanden habe. Sie nehmen offenbar an, daß der Lösungsdruck sehr geringer Substanzmengen geringer ist, also etwas Ähnliches wie Herzfeld zur Erklärung der Kurven von Hevesy. (Er machte dieselbe Annahme für den elektrolytischen Lösungs- druck.) Eine Vereinigung der Lösungstension wäre aber wohl nur durch einen Einfluß des Stoffes A auf den an seiner Oberfläche niedergeschlagenen Stoff B erklärlich, da im Allgemeinen die Löslichkeit doch mit sinkender Teilchengröße steigt. Dies ist wohl auch Ihre Meinung.*
*Was nun die zwei Möglichkeiten betrifft, die Sie dann erwähnen, so glaube ich, daß man die erste schon auf Grund des jetzt vorliegenden Materials ausschalten kann. Ra wird in $SO_4$-Lösung wohl nicht von beliebigen Stoffen leichter adsorbiert als in Verbindungmit anderen Anionen, da z. B. bei Ur X sich ergeben hat, daß gerade das am schwersten lösliche Sulfat, $BaSO_4$, das also am wenigsten $SO_4$ Ionen in Lösung sendet, am besten adsorbiert, und ein ähnlich günstiger Einfluß der Schwerlöslichkeit hat sich auch bei anderen Niederschlägen ergeben. Es spielt hier also jedenfalls ein besonderer Einfluß des Adsorptionsmittels hinein.*
*In der Arbeit von Fajans und Beer* [FAJANS1913] *wird nur das Mitausfallen mit Niederschlägen untersucht. Mir scheint nun (auf Grund fremder und eigener Versuche) daß jene Niederschläge, die gut eintreiben auch gut adsorbieren und zwar*

[3] Jan Stephan Wojtaszewski, Über das Ausfällen einiger radioaktiver Stoffe aus wässrigen Lösungen, Dissertation, Freiburg/Schweiz, 1912/13, 65 Seiten.

*ebenso spezifisch bestimmte Radioelemente. Diesen Satz möchte ich zunächst an einem größeren Versuchsmaterial nachprüfen und außerdem untersuchen, ob die für gewöhnliche Adsorption geltende Isotherme hier zutrifft, ob man überhaupt ein Gleichgewicht bekommt usw.*
*Meine Arbeit wird aber – fast hätte ich leider gesagt, was aber doch übertrieben wäre – im Dezember auf ein paar Wochen unterbrochen werden müssen, da ich mich zu verheiraten und wegzureisen gedenke. Im Januar will ich sie dann, unterstützt von einem Dissertanten, wieder aufnehmen und ich hoffe Ihnen bald mehr über die Frage mitteilen zu können.*
*Inzwischen danke ich Ihnen noch einmal bestens für Ihre Gefälligkeit.*
*Herzlich grüßend Ihr sehr ergebener Fritz Paneth*

Wie oben schon erwähnt, hatten Einstein und Stern 1913 eine gemeinsame Arbeit über die Existenz der „Nullpunktsenergie" publiziert [EINSTEIN1913]. In dieser Arbeit wird die spezifische Wärme ausgehend von der Planck'schen Strahlungsformel berechnet. Der folgende Brief Stodolas sollte sich auf diese Publikation bezogen haben. Der von Stodola erwähnte Begriff „Minustheorem" wird in dieser Publikation jedoch nicht erwähnt.

Standort: [BAL], bk0016n8p9m; Dokumentnummer: **[0018/00.00.1914]**

*[Zürich], 1914*

*Sehr geehrter Herr Doktor!*
*Ihre Abhandlung ist ausnehmend interessant und wohl ein sehr wichtiges Argument contra Minustheorem. Herr Einstein war ja im Stillen wohl genau Ihrer Meinung. Es wäre mir bei Gelegenheit ein großes Vergnügen mündlich zu erfahren wie das mit der Ableitung des Theorems aus der Unerreichbarkeit des absoluten Nullpunktes gemeint ist.*
*Mit freundlichen Grüßen [... ]*[4] *A. Stodola*

Standort: [BAL], bk0016n8q28; Dokumentnummer: **[0019/06.05.1914]**

*Berlin, 6.5.1914*

*Sehr geehrter Herr Kollege!*
*Gelegentlich einiger Berechnungen über den Temperaturverlauf spezifischer Wärmen bin ich wieder einmal auf die Kurve II.*[5] *der Fig. 2 Ihrer in Gemeinschaft mit Prof. Einstein veröffentlichten Arbeit* [EINSTEIN1913]*: „Einige Argumente ... " gekommen. Die numerische Berechnung der Kurve ist sehr mühsam, und es wäre denkbar, daß Sie noch im Besitz der Zahlentabelle sind, nach welcher Sie die Figur zeichneten. Ich wäre Ihnen zu größtem Dank verpflichtet, wenn Sie mir dieselbe auf einige Zeit zur Verfügung stellen würden.*
*In größter Hochachtung Ihr ergebener A. Eucken*

[4] Unleserliches Wort.
[5] Nicht Fig. I.

Im Juni 1914 erreichte Stern ein Brief von Einstein aus Berlin, der ebenfalls Sterns Publikation „Zur Theorie der Gasdissoziation“ gelesen und wegen der Klarheit der Theorie und Beweisführung große Freude an dieser Arbeit hatte. Einstein bezweifelte in diesem Brief jedoch Sterns Annahme, dass in Atomen oder Molekülen bestimmte Richtungen (*unnatürliche Konstruktion,* wie Einstein es nennt; s. Brief unten) wegen der symmetrischen Zentralpotentiale ausgezeichnet sein könnten. Wir wissen heute, dass wegen der Quantisierung der Dynamik der Elektronen (Drehimpulse) die Orbitale der Elektronen alle ausgerichtet sind und folglich diese Orbitale alleine die Molekülgeometrie bestimmen und nicht die sphärisch symmetrischen Kernpotentiale. Einstein schrieb:

Standort: [EIN] CPAE10 Dokumentnummer: **[0020/04.06.1914]**

*Lieber Herr Stern!*
*Ich habe Ihre Arbeit mehrmals gelesen und grosse Freude daran gehabt. Sie ist mit ausgezeichneter Klarheit geschrieben. Haber habe ich dringend empfohlen, sich die Sache genau zurecht zu legen. Mir gefällt es dauernd vorzüglich hier. Ich habe eine Fülle von Anregung, nur zu viel. Auf photochemischem Gebiete ist mir einiges eingefallen, aber noch nichts Reifes. Gestern sprach ich mit Gehr[c]ke. Wenn er so viel Intelligenz wie Selbstgefühl hätte, wäre es angenehm mit ihm zu diskutieren. Die Gravitation*[6] *löst ebenso viel Hochachtung wie Ungläubigkeit bei den Kollegen aus. Ich werde nächstens im Kolloquium darüber vortragen. Die Akademie ist amüsant, eigentlich mehr ulkig als ernst. So etwas unterliegt immer der Massenpsychologie.*
*Mit den besten Grüssen und Wünschen für das Semester Ihr Einstein*

*Sackur hat Ihre Arbeit nun auch gelesen, ebenso Haber. Sackur wollte gegen Ihre Rechnung geltend machen, dass Sie vielleicht die spezifische Wärme des $J_2$ (wegen Oszillation) zu hoch angenommen haben könnten. Haber widerlegte ihn aber. Vom theoretischen Standpunkte aus ist das zweifelhafteste das, dass Sie die Rotation von $J_2$ über das als einatomig angesehene $J_2$ so ungeniert übergelagert haben. Aber auf mich wirkt die Deduktion trotzdem überzeugend. Haber machte allerdings geltend, dass die empfindlichen Bezirke der Atome ein Unding seien, vielleicht nicht ganz mit Unrecht.*
*Denn die Vorstellung, dass das Atom ein Ding mit bevorzugten Richtungen sei, befremdet. Aber ich sage mir, dass diese unnatürliche Konstruktion jene der Centralkräfte paralysieren muss. Es sieht nicht so aus, als ob man bei dieser Behandlungsweise (Centralkräfte + empfindliche Bezirke) zu etwas prinzipiell falschem gelangen würde. Endlich denke ich mir, dass Habers Argument das Wesentliche aus folgendem Grunde nicht treffen wird. Um die Entropiedifferenz beim ~~Che~~ Nullpunkt für chemische Verbindungen aus der Welt zu schaffen, muss man räumliche Ordnung im Atomistischen ausschliessen; Zustände räumlicher Ordnung von verschiedenem Grade in makroskopischer Beziehung (Konzentration !) kann man aber nicht ausschliessen. Deshalb wird dieses Auskunftsmittel überhaupt nicht das richtige sein.*

[6] Einsteins allgemeine Relativitätstheorie.

Stern betrachtete in seiner Publikation [STERN1914] dann trotzdem die Möglichkeit, dass nur bestimmte Orientierungswinkel für Moleküle vorkommen könnten und die Kräfte in Molekülen gerichtet sind. Da aber eine solche innermolekulare Drehung einem Freiheitsgrad mit der spezifischen Wärme Null entspricht, sollte die Entropie für $T \Rightarrow 0$ trotzdem den Wert Null haben. Stern merkte an, dass Einstein schon diese Frage angesprochen hatte, ob nämlich der Ordnungsänderung von Freiheitsgraden ohne spezifische Wärme eine Änderung der Entropie entspricht? Stern weist in seiner Publikation darauf hin, dass die Frage von bestimmtem Orientierungswinkeln etwas mit der chemischen Valenz zu tun haben könnte, wie Ludwig Boltzmann es schon lange vorher angedeutet hatte. Wir wissen heute, dass nicht nur bei $T \Rightarrow 0$ die Richtungen von Atombindungen in Molekülen im Winkel orientiert sind, sondern dass magnetische Momente bzw. inneratomare Drehimpulse etc. bei einer Beobachtung immer quantisiert und ausgerichtet sind (Richtungsquantelung) und somit perfekt geordnete Strukturen entstehen lassen.

Der Begründer der chemischen Reaktionskinetik Max Bodenstein, 1914 Direktor des elektrochemischen Instituts und ordentlicher Professor an der TH-Hannover, interessierte sich für Sterns Arbeit über die Gasdissoziation und schrieb an Stern die folgende Postkarte:

Standort: [BAL]; Bk0016 MikrofilmfileNo.680141; Dokumentnummer: **[0021/21.06.1914]**

*[Hannover, 21.6.1914]*

*Sehr geehrter Herr Kollege!*
*Ich danke nachdrücklichst für Ihr Separatum über die Theorie der Gasdissoziation, das ich mit vielem Interesse durchgelesen habe, wenn ich auch alle Einzelheiten Ihres Gedankenganges nicht ganz verarbeitet habe – dazu brauchte ich bei nur bescheidenem Vertrautsein mit dem Gegenstande sehr viel Zeit.*
*Wir sind gerade mit Messungen $Br_2 \leftrightarrow 2Br$ beschäftigt, aber ich fürchte, sie werden nicht so genau werden wie beim Jod, weil die Diss. bei erreichten Temperaturen noch nicht so groß ist – dafür allerdings die [???] inzwischen höher. Ferner hat Dunoyergemessen; aber das ist auch in [???] jeder neuen Veröffentlichung…*
*Mit vielen Grüßen Ihr ergebener Bodenstein*[7]

Alfred Landé war von Sommerfeld nach Göttingen zu Hilbert abgeordnet worden, um Hilbert beim Verstehen physikalischer Vorgänge zu helfen. Hilbert muss an Sterns Arbeiten Interesse gefunden haben und forderte durch Landé Sonderdrucke an.

[7] Postkarte durch Poststempel teilweise unlesbar.

Standort: [BAL], bk0016n8t9p; Dokumentnummer: **[0022/23.06.1914]**

*[Göttingen], 23.6.1914*

*Sehr geehrter Herr Dr.*
*Im Auftrag von Herrn Geh. Rat Hilbert bitte ich Sie, freundlichst ein oder zwei Separata Ihrer beiden Arbeiten über Dampfdruck an Hilbert, Göttingen Wilhelm Weberstr. 29 zu senden, da dieselben wahrscheinlich hier im Kolloquium besprochen werden sollen.*
*Ihr sehr ergebener* *A. Landé*
*Assistent*

Die Frage, warum Stern mit dem holländischen theoretischen Physiker Adriaan Danièl Fokker Briefe ausgetauscht hat, kann aus den Unterlagen des Stern'schen Briefnachlasses nicht beantwortet werden.

Standort: [BAL], bk0016n8m38; Dokumentnummer: **[0023/24.06.1914]**

*Manchester, 24.Juni 1914*

*Lieber Stern,*
*Herzlichen Dank für Ihre Arbeit. Ich schicke Ihnen heute die Nordströmsche*[8] *Gravitationstheorie. Bitte schreiben Sie mir umgehend die genaue Adresse Einsteins? Ich habe hier in Manchester vieles Neue gesehen, und werde nächsten Monat bei Bragg in Leeds verbringen. Rutherford fährt ja in 5 Tagen nach Australien zur British association fort. Gestern erzählte er mir, er habe gerade jetzt gefunden, dass die von den $\gamma$ Strahlen des Ra C aus Metallen lö[o]sgelösten secundären $\beta$ Strahlen dieselben Geschwindigkeiten haben wie die $\beta$ Strahlen des Ra C. Das ist glänzend. Auch ist die Wellenlänge der harten $\gamma$ Strahlen jetzt bestimmt worden. Mit besten Grüssen, auch an Laue und an unsere Freundinnen.*
*Ihr A.D. Fokker*

Standort: [BAL], bk0016n8p9m; Dokumentnummer: **[0024/20.07.1914]**

*Zürich, 20.7.1014*

*Sehr geehrter Herr Doktor!*
*Einer meiner gewesenen Schüler hat folgendes Perpet. mob. II. Art erfunden:*

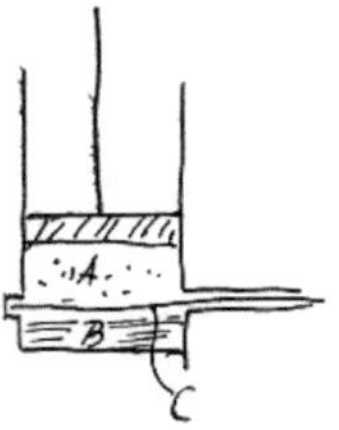


*Im Raume befindet sich hochgesperrtes $NH_3$ und $H_2O$ Dampfgemisch; im Raume B H-Ionen von kleiner Temperatur. Schirm C ist durchlässig, die Wände nicht. Man lässt A unter Wärmemitteilung von B expandieren und gewinnt eine äußere Arbeit.*

[8] Gunnar Nordström (1881–1923), finnischer theoretischer Physiker.

*In der oberen Lage des Kolbens zieht man C heraus, so daß sich $NH_3$ mit dem kalten $H_2O$ in B verbinden kann und lässt den Kolben hinuntergehen. Die hierbei aufgewendete Arbeit ist kleiner als vorhin, da wegen absorbieren von $NH_3$ die Pressungen kleiner sein müssen. In der unteren Grenzlage führt man außen so viel Wärme zu, bis das $NH_3$ (nahezu) ausgetrieben und derselbe Zustand erreicht ist wie am Anfang. (Bezieh. Der Anfangszustand selbst muß diesem Programm angepasst werden). Durch Wiederholung des Prozesses wird Arbeit auf Kosten der äußeren geleistet.*
*Wo liegt hier der Fehlschluß? Ich finde das Beispiel sehr reizvoll, und wäre Ihnen für einen freundlichen Hinweis auf Literaturstellen die sich speziell mit der Absorption von $NH_3$ und ähnlichen Gasen befassen sehr zu Dank verpflichtet.*
*Ihr hochachtungsvoll ergebener A. Stodola*[9]

George de Hevesy (1885–1966) und Fritz Paneth (1887–1958) sind die Mitbegründer der Radiochemie und der sogenannten „Tracermethode", mit deren Hilfe man in der Analytik durch Beimischung von radioaktiven Isotopen chemische Elemente kennzeichnen konnte. Beide arbeiteten in der Zeit kurz vor dem Ersten Weltkrieg im Radium-Institut in Wien zusammen. Dort war Karl Ferdinand Herzfeld (1892–1978) ihr Doktorand (Promotion 1914). Herzfeld hatte vorher in Zürich studiert, wo er Stern getroffen hatte. Dort war eine lebenslange Freundschaft zwischen beiden entstanden. Herzfeld sagte später, dass er bei Stern viel über die Thermodynamik gelernt habe. Stern galt schon in jungen Jahren als ein großer Experte auf dem Gebiet der Thermodynamik und hatte sich durch seine Doktorarbeit auch auf dem Gebiet der Löslichkeit von Stoffen in Flüssigkeiten einen Namen gemacht. Daher ist es nicht verwunderlich, dass Paneth in den folgenden Briefen Stern um Rat fragte. Hevesy und Paneth hatten in dieser Zeit zu diesem Problemkreis die folgenden wichtigen Arbeiten publiziert: [HEVESY1913] und [HEVESY1914].

Standort: [BAL], bk0016n8m2q; Dokumentnummer: **[0025/22.07.1914]**

*Sils-Maria, 22.7.1914*

*Lieber Herr Doktor!*
*Auf Ihre freundliche Karte hin nehme ich mir die Freiheit, Ihnen das Manuskript der Adsorptionsarbeit zuzusenden. Ich werde Ihnen für jede kritische Bemerkung außerordentlich dankbar sein, denn erst kürzlich hat uns ein Brief von Fajans gezeigt, daß die Schlüsse, die ich aus den Versuchsresultaten gezogen habe, vielleicht nicht alle überzeugen werden. Fajans hat nämlich, am Schluß seiner Arbeit mit Beer in den Berliner Berichten, die Hypothese ausgesprochen, daß diejenigen Salze leichter absorbiert werden, die näher dem Sättigungszustand sind; wie in unserer Arbeit erwähnt ist, scheinen unsere Versuche dieser Ansicht zu widersprechen und wir stellten die Regel auf, daß die chemische Natur des Adsorbens in erster Linie für die Stärke der Adsorption maßgebend ist. Fajans schrieb mir nun, daß ihm auch nach Kenntnisnahme unserer Versuche beide Auffassungen gleich gut möglich*

[9] Im Nachlass Sterns wurde kein Antwortbrief gefunden.

*scheinen und seine alte seinem Geschmack mehr zusage. Zu ihren Gunsten führt er an, daß in HCl ThB etwas stärker adsorbiert zu werden scheint als in $HNO_3$; dagegen muß er zugeben, daß die Versuche mit $NaO_2$ und alle mit Radium ausgeführten im Widerspruch stehen, erster möchte er aber durch besonders große Oberflächenentwicklung, letztere durch Isomorphismus erklären.*[10] *Mir scheint, daß an seinem Beharren hauptsächlich die einmal geäußerte Meinung schuld ist, da es aber sehr gut möglich ist, daß auch ich mich bereits zu sehr in eine bestimmte Auffassung hinein-gedacht habe, ist uns Ihr unparteiisches Urteil ganz besonders wertvoll.*
*Fajans Einwände haben mich übrigens veranlaßt, knapp vor meiner Abreise noch ein experimentum crucis zu veranlassen. Wenn die Nähe des Sättigungszustandes maßgebend ist, müßte Ra in $H_2SO_4$ von jedem Adsorbens stark festgehalten werden, da es das am schwersten lösliche Sulfat besitzt. Statt Ra nahm ich das (leichter Barium frei erhältliche) isotope Actinium X und schüttelte mit $BeSO_4$, $Cr_2O_3$ und $MnO_2$. Im ersten Fall wurden 99,4 % adsorbiert, im zweiten 4,4 %, im dritten 5,7 %. Ich würde glauben, daß damit die Unwichtigkeit der $SO_4$ in Lösung für die Adsorption deutlich nachgewiesen ist; ich muß freilich gestehen, daß die Lösung (von ihrer Darstellung) etwas $NH_4Cl$ enthielt; ob man daraufhin „Verdrängung" für das Ausbleiben der Adsorption an Oxyden verantwortlich machen kann?*
*Ein ähnlicher Versuch, der gleichfalls noch nicht in Tabellen steht ist folgender: AgCl adsorbiert in HCl nicht als in $HNO_3$, AgJ in HCl aber nicht mehr als in $HNO_3$. Glauben Sie, daß man auf Grund dieser Versuche riskieren kann, die in der Arbeit formulierte Regel auszusprechen? Vielleicht sollte ich noch deutlicher betonen, daß sie gewiß nicht allein die Adsorptionserscheinungen beherrscht und daß vielleicht in zweiter Linie auch der von Fajans gewollte Umstand von Bedeutung ist.*
*Worauf diese Adsorption beruht, das ist natürlich ebenso interessant wie ungeklärt; uns schien es am besten, vorläufig nur die Tatsachen und keine Hypothesen zu bringen. Das ist auch mehr Sache der Theoretiker; ein Mediziner (!) in Freiburg (sein ungarischer Name ist mir momentan nicht gegenwärtig) soll eine neue thermodynamische Theorie der Adsorption in Bredigs Colloquium vorgetragen haben und in Hannover wiederholen wollen, die die „Fällungsregel" von Fajans und Beer auf Adsorption zurückführt usw. Herr Beer, von dem ich diese Nachricht habe, wußte aber nichts Genaues; ist Ihnen von derartigen Theorien vielleicht etwas bekannt und können Sie damit etwas präzisere Vorstellungen verbinden als ich? Oder möchten Sie nicht vielleicht selber eine schöne Theorie bauen?*
*Für Ihre letzte Arbeit danke ich Ihnen herzlich; ich habe sie, soweit ich sie verstehen konnte, mit großem Interesse gelesen. Ich lege die Kolloid-Arbeit II bei, weil ich mich im Manuskript mehrmals auf das im „Nachtrag" Gesagte beziehe.*
*Bitte schreiben Sie uns ein Wort darüber, ob Sie die Arbeit nicht für zu chemisch für die physikal. Zeitschrift halten. Ich könnte ja für diesen Zweck manche Details etwas über die Ausführung der Versuche streichen, doch fürchte ich, daß sie für Physiker und Chemiker unverständlich wird, wenn man in Stücken weit geht. Sonst kommen die Berliner Berichte (die aber erst im Herbst werden erscheinen), die*

[10] Ganz im Gegensatz zu seiner Auffassung steht auch die geringe Adsorbierung durch $Th_2SO_4$ in Gegenwart von $H_2SO_4$.

*Kolloid Zeitschrift (die wenige lesen) oder die Z. f. physikalische Chemie (die sehr langweilig publiziert) in Betracht. Was hielten Sie für das Beste?*
*Ich will Sie nicht länger mit dem Brief langweilen, bitte fragen Sie mich lieber, falls irgendwelche Punkte noch eines Kommentars bedürfen; ich habe in meinen Notizen noch manche Versuche, die aus irgend einem Grund nicht aufgenommen wurden, aber doch Anhaltspunkte für oder gegen eine bestimmte Theorie geben.*
*Besonders fürchte ich, daß in manchen Fällen elektrische Ladungen des Adsorbens oder Gefäßes und dadurch hervorgerufenen elektrochemischen Ausfällung des Radioelementes die Erscheinungen undurchsichtiger macht. Polonium z. B. wird wahrscheinlich von Chloriden oder Sulfaten gar nicht adsorbiert, die Glaswand allein nimmt so viel aus der Lösung. (Po fällt besonders leicht aus, da die Zersetzungsspannung des Metalls und Superoxyds nahe beieinander sind ($\rho_{Hg}$ + 0,57, resp. + 0,89 Volt). Ich habe sogar schon von einer Zurückführung sämtlicher Adsorptionen des Radioelements auf elektrochemische Vorgänge geträumt, doch scheinen die 2 Vorgänge nur durcheinander zu gehen.*
*Bitte nehmen Sie mir nicht übel, wenn ich Sie nicht nur mit der Arbeit belästige, sondern Sie auch noch ersuche, mir wenigstens das Manuskript, lieber freilich auch schon Ihre Antwort, in nicht zu ferner Zeit zugehen zu lassen, damit ich es dann einschicken kann.*
*Mit sehr herzlichem Dank und vielen Grüßen (auch an Herzfeld)*
*Ihr sehr ergebener Fritz Paneth*

Standort: [BAL], bk0016n8m2q; Dokumentnummer: **[0026/25.07.1914]**

*[Sils Maria], 25.7.1914*

*Lieber Herr Doktor!*
*Mein Gewissen treibt mich noch bevor ich Ihre Antwort erhalte einen Punkt der Arbeit zu widerrufen. Ich habe dort –*
*Allerdings nur als wahrscheinlich – den Satz aufgestellt, daß die Anwesenheit eines Ions in Lösung, das selber einen schwerlöslichen Niederschlag bilden kann, die Adsorbtion verhindert. Die Resultate mit $Ti_2SO_5$ in $H_2SO_4$ scheinen dafür zu sprechen, die mit $Cs_2O_3$ in $H_2SO_4$ scheinen*
*dafür zu sprechen, die mit $Cs_2O_3$ in $H_2SO_4$ – die erst nachträglich erhalten wurden und darum weniger Berücksichtigung fanden – aber dagegen. Darum scheint es mir nun nicht mehr zulässig, den gewissen Satz, wenn auch in noch so vorsichtiger Form, beizubehalten.*
*Ferner ist mir eingefallen, daß der Schluß der Kolloid-Arbeit wahrscheinlich ohne Kommentar unverständlich ist; es steht dort, daß man diese Art Adsorption vielleicht in naher Beziehung zu den Vorstellungen über chemische Affinität bringen muß. Ich dachte dabei an die Nebenvalenzen im Wernerschen Sinn; diese betätigen sich nämlich manchmal in ähnlicher Weise.*
*Ich will mir die Sache jetzt einmal in Ruhe überlegen, ob man auf diesem Weg nicht vielleicht doch zu einer möglichen Deutung gelangen kann.*
*Mit herzlichen Grüßen Ihr Fritz*

**Abb. 3.1** Fritz Paneth (1887–1958) (Bildquelle: https://www.google.com/search?client=safari&channel=iphone_bm&source=hp&ei=PPxZW6LfBoK2sQHU2IuQCQ&q=fritz+paneth&oq=Fritz+Paneth)

Standort: [BAL], bk0016n8m2q; Dokumentnummer: **[0027/25.07.1914]**

*Scheveningen, 25.7.1914*

*Lieber Herr Dr. Stern!*

*Ich erlaube mir Ihnen beiliegend eine Korrektur unserer Arbeit worüber Ihnen Dr. Herzfeld bereits sprach, zu senden.*

*Es wäre sehr lieb von Ihnen diese durchzusehen und mit eventuellen Bemerkungen möglichst bald an Dr. Paneth Sils Maria (Engadin) Hotel Edelweiss weiter zu senden.*

*Letzterer muss die Korrektur bis zum Samstag spätestens druckfertig haben.*

*Ich hoffe, dass Dr. Herzfeld noch in Zürich ist und dass Sie beide und diese Bitte nicht übel nehmen.*

*Es grüsst Sie und Dr. Herzfeld in der Hoffnung eines baldigen Wiedersehens*

*Ihr ganz ergebener Georg Hevesy*

Die Ordnungsstruktur von Molekülen spielte bei Sterns Überlegungen zur Entropiefrage eine wichtige Rolle. Vor allem interessierte ihn, welche Ordnungsstruktur Moleküle bei Abkühlung der Temperatur auf den absoluten Nullpunkt haben. Stern war überzeugt, dass es eine Ordnung z. B. auch in der Winkelorientierung geben müsse (s. unten: Briefwechsel mit Einstein). Diese Orientierung musste nach Vorstellung vieler Chemiker etwas mit der Bindung von benachbarten Molekülen (sogenannten Valenzen) zu tun haben. Erst 1926 konnten die deutschen Physiker Walter Heitler (1904–1981) und Fritz London (1900–1954) auf der Basis der neuen Quantentheorie eine Valenzstrukturtheorie (quantenmechanisches Näherungsverfahren) zur Beschreibung von Atombindungen in mehratomigen Systemen entwickeln [HEITLER1926]. In diesem Modell entsteht eine Valenzbindung zwischen zwei Atomen dadurch, dass jedes dieser Atome ein Elektron für diese Bindung zur Verfügung stellt. Diese beiden Elektronen bilden ein Elektronenpaar (entgegengesetzte Spinrichtungen) in der Valenzschale des Moleküls.

Im folgenden Brief diskutiert Paneth diese Frage:

Standort: [BAL], bk0016n8m2q; Dokumentnummer: **[0028/28.07.1914]**

*[Sils Maria], 28.7.1914*

*Lieber Herr Doktor!*

*Ihr Brief hat mir große Freude gemacht, wie Sie sich wohl denken können, denn Sie werden ja aus Nachtragsschreiben ersehen haben, daß ich gerade auch dabei war zu überlegen, ob sich nicht die Adsorption doch auf eine Valenzbetätigung des festen Niederschlages zurückführen ließen. Das war im Herbst mein Lieblingsgedanke, den ich Fajans in einem Brief des längeren auseinandergesetzt habe; im ersten Brief an Sie habe ich wahrscheinlich etwas Ähnliches – noch recht unklar – ausgedrückt. Von Ihrer Antwort ist mir erinnerlich, daß Ihnen eine spezif. Adsorption von Ihnen nicht sehr sympathisch erschien und mir selber schien auch eine Schwierigkeit darin zu liegen, daß man nach der formalen Valenzlehre dem Niederschlag keine freien Valenzen zuerkennen konnte, da $BaSO_4$, z. B. doch eine völlig gesättigte Verbindung ist.*

*Darum freute es mich, als ich in den zwischen Molekülen wirkenden Nebenvalenzen von Werner ein Mittel glaubte gefunden zu haben, diese Schwierigkeit zu umgehen, denn Werner spricht es ausdrücklich aus, daß die Absättigung von Nebenvalenzen vornehmlich durch solche Elemente erfolgt, deren Hauptvalenzbindungen mit dem betr. Element durch Beständigkeit ausgezeichnet sind. Statt der Nebenvalenzen kann man natürlich auch mit geteilten oder gestreuten Valenzen (nach Kauffmann) operieren.*

*Es war mir nun sehr interessant aus Ihrem Brief zu entnehmen, daß Sie einfach von chemischen Kräften sprechen, die die Atome im Kristallgitter zusammenhalten. Die einschlägigen Arbeiten von Nernst, die Sie erwähnen, sind mir nicht erinnerlich; könnten Sie so freundlich sein, mir genauer anzugeben, welche Untersuchungen Sie meinen?*

*Bei Atomen, z. B. im Fall des Diamanten, kann man sich das gewiß einfach so vorstellen, wie aber bei Molekülen? Aus Untersuchungen von Bragg folgt doch z. B. für*

*NaCl, daß die Na und Cl in speziellen Schichten liegen. Mir scheint es notwendig mit Teilung von Valenzen zu arbeiten.*
*Ob die Ionen oder die undissoziierten Moleküle aus der Lösung angezogen werden, ist keine prinzipielle Frage, wenn man beiden ähnliche Valenzen zuschreibt, läßt sich aber vielleicht experimentell (durch Wahl nicht-dissoziierter Lösungsmittel oder dgl.) entscheiden.*
*Wenn ich also die gewünschte möglichst strenge Kritik ansprechen soll, so kann diese nur so lauten, daß mir Ihre Auffassung ungemein sympathisch ist, daß sie (oder eine ihr ganz ähnliche) mir eigentlich als die wahrscheinlichste erscheint, und daß ich mich an kein einziges Experiment erinnern kann, das ihr widerspräche. Besonders für eine valenztheoretische Erklärung scheint mir der beobachtete sehr rasche Verlauf der Adsorption zu sprechen.*
*Variationen der Konzentration haben wir bisher nur in sehr engen Grenzen ausgeführt und ungefähre Proportionalität gefunden; die systematische Untersuchung (durch Zusatz von Isotopen) steht noch aus.*
*Ich bin dabei mich mit den Anschauungen von Werner, Kauffmann etc. näher vertraut zu machen, ich möchte nämlich gern auch die Unlöslichkeit von Niederschlägen auf eine Art Nebenvalenzen, die zwischen den gleichartigen Molekülen wirken, zurückführen, habe aber noch keine Ahnung, ob das gehen wird; sowie meine Vorstellungen darüber etwas klarer geworden sind, werde ich mir erlauben, Sie Ihnen zu schreiben und um Ihre Kritik zu bitten.*
*Hevesy schrieb mir eben, daß er die Korrekturbogen unserer Arbeit an Sie nach Zürich geschickt hat mit der Bitte, sie dann uns zuzusenden; leider wird durch die falsche Adressierung die Sache verzögert und da Hirzel sehr drängt, werde ich die Korrekturen vielleicht vermutlich kürzen, ehe ich Ihre eventuellen Einwände erhalte, was uns aber sehr leid täte.*
*Hevesy fährt Anfang August nach England. Sie werden doch wohl auch nicht den Sommer über in Berlin bleiben? Sind Sie durch die politischen Ereignisse irgendwie in Mitleidenschaft gezogen? Ich bin z. Glück militärfrei und kann hier bleiben.*
*Mit den herzlichsten Grüßen und besten Wünschen für den Sommer*
*Ihr Fritz Paneth*
*Wissen Sie zufällig die Adresse von Herzfeld?*

Standort: [BAL], bk0016n8m2q; Dokumentnummer: **[0029/28.08.1914]**

Postkarte

*Lieber Dr. Stern!* *Wien, 28.8.1914*

*Auf die Nachricht von der allgemeinen Mobilisierung sind wir Anfang August nach Wien zurück. Ihr letzter Brief nach Sils ist mir heute früh zugekommen; herzlichen Dank! Wissenschaftliche Arbeit ist wohl auf lange Zeit unterbrochen; hier in Wien beteiligen wir, die wir vorläufig nicht einberufen sind, uns an der Einrichtung des Notspitals, in das das Hauptgebäude der Universität verwandelt werden soll. Wie stets mit Ihnen? Sind Sie noch in Berlin unter der alten Adresse? Ihre Andeutung über Ihre thermodynam. Untersuchung über Isotope hat mich sehr interessiert; hoffentlich werden Sie bald Gelegenheit haben, sie zu Ende zu führen. Die „Phys.*

*Zeitschrift" druckt weiter, wegen der gestörten Verbindungen ist die Arbeit von Hevesy u. mir aber noch nicht erschienen.*
*Herzlichste Grüße!* *Ihr Fritz Paneth*

Standort: [BAL], bk0016n8m2q; Dokumentnummer: **[0031/22.10.1914]**

*Wien, 22.10.1914*

*Lieber Herr Kollege!*
*Sind Sie eingerückt oder gehören Sie zu jenen, die nach Möglichkeit das gewohnte Leben an den Universitäten aufrecht erhalten? Ich stehe in der Mitte, bin als landsturmpflichtig in ein Laboratorium einberufen und kann nur hier und da auf eine Stunde ins Radiuminstitut kommen. Im Fall, daß Sie in Charlottenburg ruhig arbeiten, teilen Sie mir's bitte mit; ich würde Ihnen gern eine kurze Notiz über Adsorption schicken, wie ich sie mir jetzt bei den Radioelementen denke. Sind Sie mit der thermodyn. Behandlung der Isotopen fertig geworden? Sie würde mich umso mehr interessieren, als Fajans mir schrieb, daß er von diesem Standpunkt eine Widerlegung von Hevesys und meiner Auffassung schreiben will. Hoffentlich geht es Ihnen gut! Es grüßt Sie herzlich* *Ihr Fritz Paneth*

Aus dieser Zeit gibt es auch einen kurzen Brief von Stern an Lise Meitner, die von Stern die Kopie einer Publikation haben wollte. Im Januar 1915 arbeitete Lise Meitner bei Fritz Haber in der Kaiser-Wilhelm-Gesellschaft in Berlin-Dahlem und war auch an der Überwachung des Giftgaseinsatzes in Belgien beteiligt.

Standort: [CCC] Nachlass Meitner Stern_uk_06; Dokumentnummer: **[0038/22.01.1915]**

*Sehr geehrtes Fräulein Doktor,*
*Herr Prof. Einstein sagte mir, daß Sie meine Adresse zwecks Zusendung einer Arbeit wünschten. Ich bin augenblicklich als Kriegsfreiwilliger bei der Fliegerersatzabteilung 1, Sektion 1, Flugplatz Döberitz.*
*Mit bestem Gruß* *Ihr sehr ergebener Otto Stern*

Sterns Briefverkehr mit Max von Laue in Frankfurt wurde auch während des Ersten Weltkriegs kaum unterbrochen. Die Briefe waren meist sehr kurz gehalten und beinhalteten wissenschaftliche Fragen, private Angelegenheiten oder auch organisatorische Probleme, die oft die Universität Frankfurt betrafen. Laues Briefe waren fast alle auf einer Schreibmaschine geschrieben mit Handunterschrift. Nur ein kleiner Teil der Briefe war handgeschrieben.

Standort: [BAL], bk0016n8t3c; Dokumentnummer: **[0041/13.04.1915]**

*Lieber Herr Stern,* *Frankfurt. 13.4.15*
*Ich bemerke soeben, daß es eine Kleinigkeit wäre, in meiner Arbeit über die Unstetigkeiten auch mehrwertige Ionen zu berücksichtigen. Die einzige Frage ist, ob das einen Zweck hat, oder ob bei denen die physikalischen Voraussetzungen, vor Allem die der Unveränderlichkeit der Beweglichkeiten, etwa zu schlecht dazu erfüllt*

*sind. Es ist überhaupt merkwürdig, wie wenig die theoretische Chemie die Mehrwer[t]igkeit berücksichtigt. Z. B. kann man leicht den Nernstschen Diffusionskoeffizienten entsprechend umgestalten, und doch habe ich den verallgemein[e]erten Ausdruck noch nie gesehen. Hevesy veröffentlicht in einer neuen Arbeit eine solche Verallgemeinerung, aber eine falsche. Lassen Sie sich doch bald einmal wieder bei uns sehen, damit wir darüber sprechen können. Prof. Lorenz hatte übrigens auch Absichten auf Sie.*

Standort: [BAL], bk0016n8t3c; Dokumentnummer: **[0045/01.05.1915]**

*Frankfurt am Main, 1.5.1915*

*Lieber Herr Stern!*
*Dr. Buchwald, der Assistent von Lummer, den die Belgier gleich am Anfang des Krieges ziemlich schwer verletzt haben, ist jetzt zur Kur in Wiesbaden und wird voraussichtlich am Donnerstag den 6. d. M. zu uns zu Besuch kommen. Richten Sie sich, wenn es irgend geht, doch so ein, daß Sie am gleichen Tag zu uns zum Abendessen kommen können. Das soll aber natürlich nicht bedeuten, daß wir uns nicht auch sehr freuen würden, Sie schon vorher wieder einmal bei uns zu sehen. Vorgestern habe ich auch das Wahrscheinlichkeitsgesetz für* $\varepsilon \cos(\nu, T_n)$ *und* $\varepsilon \cos(\nu', T_n)$ *herausgebracht; die Sache ist so einfach, daß man sich fast schämt, es nicht längst gemacht zu haben. Nun wäre ich Ihnen sehr dankbar, wenn Sie mir gelegentlich sagten, welcher Fehler in der Einstein-Hopfschen Arbeit steckt; dann brauche ich ihn nicht erst selbst zu suchen. In der Unstetigkeitsarbeit ist mir zufällig auch noch das Letzte, was ihr zur mathematischen Schönheit fehlte, gelungen; nun bin ich als Theoretiker ganz befriedigt; ob die Experimentatoren viel Nutzen davon haben werden, muß man abwarten, vielleicht sind die experimentellen Schwierigkeiten doch recht große.*
*Mit herzlichem Gruß Ihr M. Laue*

Standort: [BAL], bk0016n8t3c; Dokumentnummer: **[0047/21.06.1915]**

*Frankfurt a. M. 21.6.1915*

*Lieber Herr Stern!*
*Herzlichen Dank für Ihren freundlichen Brief vom 18.d.M. Daß Sie mit Ihrer Determinante nicht zurecht kommen, ist bedauerlich; es ist dann in der Tat wohl das Beste, die Methode ohne die mathematische Ausführung zu veröffentlichen.*
*Hier ist nicht gerade viel passiert. Mit der Quarzdurchleuchtung hapert es noch, weil erst der Mechaniker Bütow andere Arbeit hatte, dann ein paar Zeichnungen von Seddig für ein Gehäuse für die Röntgenröhre auf der Post verloren gingen, und jetzt müßen wir schließlich auch noch unsere Coolidgeröhre wieder hergeben. Die Antikathode ist nämlich aus beschlagnahmtem Wolfram, das im Gegensatz zu dem dazu isotopen beschlagnahmefreien Wolfram nach Aussicht der Behörden keine Röntgenstrahlen gibt. Wohl aber kommt jetzt ein anderer Versuch allmählich und mit Überwindung jeglicher Bosheit, deren die Materie fähig ist, in Gang. Sie kennen doch meine Beugungsversuche an vielen Teilchen und erinnern sich vielleicht, daß ich in Zürich einmal vermutete, die Faserung der Beugungsfigur stimmte nicht*

*mit der T[h]eorie überein. Später habe ich dann eine Theorie veröffentlicht, die rechnerisch auch durchaus richtig ist, nur erklärt sie, wie ich jetzt bemerkt habe, nicht, was man da sieht. Ich bin nach vielen Skrupeln und Zweifeln zu der Überzeugung gekommen, etwas vor sich hat, was mit den Einsteinschen Schwankungen der Strahlung in sachlichem Zusammenhang steht. Die Schwankungen der Schwärzung innerhalb einer bestimmten Fläche auf der photographischen Platte sind, wenn man den Versuch oft wiederholt, weit größer, als nach der Wellentheorie zuläßig.*[11] *Ich habe schon mit Wien, Einstein und Sommerfeld mündlich oder Schriftlich darüber verhandelt; sie haben noch Ihre Bedenken, doch die werden sich noch [be]heben lassen. Ich wiederhole jetzt d[e]n Versuch, um den Spektralbereich des benutzten Lichtes und die Größe der Lichtquelle herabzusetzen. Als Lichtquelle benutze ich die Quecksilberbogenlampe, und heute habe ich mit einem Exemplar dieser Gattung Frieden geschloßen, nachdem ich ein anderes nach hartnäckigem Kampfe glücklich getötet habe. Der Raum, indem ich den Versuch mache, ist der Schacht im großen Turm des Physikalischen Vereins. Zum Glück existiert dicht daneben ein Aufzug, so daß man die 25 Meter nicht immer zu Fuß zurücklegen braucht. Nur bin ich sehr neugierig wie der Versuch geht, besonders, ob ein Menschenleben für die notwendige Belichtungszeit ausreicht. Mit dem Kriegsende ist es allerdings eine eigene Sache. Die Russen sollen mit uns ja ziemlich handelseinig gewesen sein, nur Österreich soll zu viel gefordert haben; man spricht von Kiew; darum nun der neue Angriff der Russen. Natürlich kann das Alles Klatsch sein.*
*Mit herzlichem Gruß, auch von meiner Frau*
*Ihr M. Laue*

Standort: [BAL], bk0016n8t3c; Dokumentnummer: **[0049/12.07.1915]**

*Lieber Herr Stern!* *Frankfurt, a.M. 12.7.15.*
*Darf ich Sie wohl um die Freundlichkeit bitten, die beiliegenden Korrekturen zu meiner statistischen Arbeit mit zu lesen? Ich wäre Ihnen dafür sehr dankbar. Da ich sie erst heute erhalten habe, so stehen Ihnen dafür etwa 14 Tage zu Verfügung.*
*Gleichzeitig möchte ich Ihnen mitteilen, daß übermorgen Trautz*[12] *im Kolloquium vorträgt. Nicht über seine neu[s]est[e] Arbeit über die Aktivität der spec. Wärme, sondern über ältere Untersuchungen über Reactionsgeschwindigkeit.*
*Warum haben Sie Sich so lange nicht bei uns blicken lassen? Ist denn jetzt wegen des Luftschiffes, soviel zu tun? Wir h[a]ben schon immer gehofft, von Ihnen antelephoniert zu werden. Holen Sie es doch bitte bald einmal nach.*
*Mit bestem Gruß, auch von meiner Frau Ihr M. Laue*
(Maschinengeschrieben und Handunterschrift)

[11] Im Brief rot geschrieben.
[12] Max Theodor Trautz (1880–1960) war ein deutscher Chemiker (physikalische Chemie).

Standort: [BAL], bk0016n8t3c; Dokumentnummer: **[0050/24.09.1915]**

*Frankfurt am Main, 24.9.1915*
*Beethovenstr. 33*

*Lieber Herr Stern!*
*....... Der Erfolg ist, daß ich jetzt, nach einer Beratung mit dem Mathematiker Professor Hilb in Würzburg an der Niederschrift einer Arbeit sitze, in der Einstein recht bekommt. Nur wird der Beweis dafür, der mir bei Einstein nie recht überzeugend erschien, so geführt, daß man seine helle Freude haben kann. Es steht also fest, daß es rein mathematisch unmöglich ist, ein Wahrscheinlichkeitsgesetz für Schwingungsfunktionen aufzustellen, das bei einer Veränderung des Entwicklungsbereiches unverändert bleibt, außer dem einen solchen Gesetz, in dem die Koppelungsglieder fehlen. Wie aber, wenn es in der Natur bevorzugte Zeitbereiche für solche Entwicklungen gibt? Die Quantentheorie liefert in dem Quotienten Plancksches h / Energie der Schwingung ohne weiteres eine Zeit. Doch zu einer Ausführung dieses Gedankens komme ich jetzt kaum noch. ..........*
*Mit herzlichem Gruß, auch von meiner Frau Ihr M. Laue*

Standort: [BAL], bk0016n8t3c; Dokumentnummer: **[0052/15.10.1915]**

*Frankfurt am Main, 15.10.1915*

*Lieber Herr Stern!*
*Ich danke Ihnen herzlich für Ihren freundlichen Brief vom 7.10. und Ihr Anerbieten, mich unter Umständen hier zu vertreten. Die Fakultät hat für den Fall meiner Einberufung beschloßen, Ihnen die Vertretung übertragen zu lassen. Ob dieser Fall aber eintritt, ist noch nicht entschieden.*
*Die Erwiderung an Einstein ist gestern an die Annalen eingesandt. Den Durchschlag lege ich Ihnen bei; Sie brauchen ihn mir nicht zurückzugeben. Daß ich einen Augenblick an die Möglichkeit von Entwicklungsbereichen geglaubt habe, welche ihrer Größe nach durch die Natur vorgeschrieben sind, brauchen Sie aber nicht als einen Umschwung bei mir hinzustellen. An der Notwendigkeit, das h einzuführen, zweifelt wohl kein vernünftiger Mensch; dass die bisherigen Arten, dies zu tun, mich nicht befriedigen, bleibt auch bestehen. Nur hätten derartige vorgeschriebene Entwicklungszeiten den Vorteil, daß sie, soweit ich jetzt sehe, mit der üblichen Mechanik und Elektrodynamik verträglich wären.*
*Heute las ich eine Marburger Dissertation von Wilh.[elm] Budde über die Theorie des Magnetismus für tiefe Temperaturen. Er setzt wie Langevin die Permeabilität zur kinetischen Drehungsenergie umgekehrt proportional und führt für den Zusammenhang zwischen Energie und Temperatur eine statistische Betrachtung durch, die an Plancks zweite Ableitung des Strahlungsgesetzes erinnert. Das Ergebnis stimmt mit den Messungen ungefähr ebenso, wie die etwas anderen Berechnungen von Oosterhuis, die Sie wohl kennen. Man kann ja diese Quantenfragen auf die verschiedensten Arten mit dem gleichen Recht behandeln.*
*Heute früh stand in der Frankfurter Zeitung als Meinung irgend einer englischen: Der Krieg tritt mit dem Einmarsch in Serbien in ein ganz neues Stadium, da nach aller Erfahrung zwischen einer österreichischen und einer deutschen Unternehmung*

*nicht der mindeste Vergleich besteht. Noch nie hat mir ein englisches Blatt so aus dem Herzen gesprochen! S'ist ja allerdings traurig.*
*Mit herzlichem Gruß Ihr M. Laue*

*Die Absendung meines Briefes vom 28.9. hatte sich verzögert, weil ich mich mit einer hohen Postbehörde nicht über das Äußere eines Wertbriefes einigen konnte.*

Standort: [BAL], bk0016n8t3c; Dokumentnummer: **[0055/27.11.1915]**

*Frankfurt am Main, 27.11.1915*

*Lieber Herr Stern!*
*Herzlichen Dank für Ihren freundlichen Brief aus Allenstein. Wenn Sie mein Kolleg übernehmen sollten, stelle ich Ihnen selbstverständlich meine Notizblätter, die mit der Maschine geschrieben sind, zur Verfügung. Freilich bisher habe ich immer noch keine Gewißheit über das Ob und Wann meiner Einberufung. Im ersten Kolloquium habe ich über Zeemans Neubestimmung des Fresnelschen Mitführungskoeffizienten gesprochen; das ist eine Arbeit von größter Bedeutung, die Veränderung dieses Koeffizienten im Spektrum und der von Lorentz zuerst in Rechnung gesetzte Dopplereffekt dabei kommt auf das klarste in Messungen zum Ausdruck. Im zweiten Kolloquium hielt und Dessauer einen formvollendeten Vortragüber Rutherfords Arbeit über die Strahlung der Coolidgeröhre; es findet sich dabei wie in Dessauers eigenen Untersuchungen eine untere Grenze für die erreichbare Wellenlänge, die durch die Steigerung der Spannung nicht mehr überschritten werden kann. Sie liegt etwa bei* $1{,}7 \cdot 10^{-9}$ *cm. Lorenz hält jetzt abwechselnd mit dem Wachsmuthschen ein Kolloquium über die Frage, ob die elektrolytischen Ionen hydratisiert sind. Neulich wurde da eine Arbeit von Waschbär oder einem ähnlich lautenden Amerikaner besprochen, an der die Messungen vielleicht ganz gut, aber die der Diskussion zu Grunde gelegten Formeln trotz der Einfachheit der ganzen Verhältnisse falsch waren. Am nächsten Dienstag soll die Diskussion darüber fortgehen. Übrigens nimmt auch Prof. Bethe an beiden Kolloquien teil. – Die Glückwünsche haben noch nicht aufgehört; ihre Beantwortung nimmt viel Zeit in Anspruch.*
*Mit herzlichem Gruß Ihr M. Laue*
(Maschinengeschrieben mit Handunterschrift)

Standort: [BAL], bk0016n8t3c; Dokumentnummer: **[0059/27.01.1916]**

*[Frankfurt am Main, 27.1.1916]*

*Lieber Herr Stern!*
*Herzlichen Dank für Ihren freundlichen Brief vom 19. d. M., der merkwürdig lange, 6 Tage, hierher gebraucht hat. Nach dem Sonderabdruck der Born-Karmanschen Arbeit habe ich sogleich bei mir gesucht, und habe ihn auch gefunden; aber er ist schon mit vielen anderen zusammen zu einem dicken Bande vereinigt. Als ich den als Pa[c]ket auf die Post bringen wollte, machte man mir so viel Schwierigkeiten, daß ich die Absicht aufgab. Dafür habe ich an Born geschrieben, er möchte Ihnen einen Abdruck senden; hoffentlich hat er noch einen. Was Sie mir von Ihrer Ar-*

*beit schreiben macht mich natürlich recht neugierig; ich freue mich schon auf die Korrektur, die Sie mir ankündigen.*
*Sonst nicht viel Neues. Der Buddeeffekt ist mir so unerklärlich, wie früher. Für die Elektrostriktion hat sich die einfache Formel ergeben*

*Zusatzdruck =*

*Was aber unter allen Umständen unbeobachtbar klein ist. Für die Erklärung der Tatsachen kommt das gar nicht in Betracht. Im Kolloquium wurde neulich die Marburg entdeckte Beeinflußung der Schallgeschwindigkeit durch Ionisation besprochen, die übrigens auch schon – und wie! – verquantet ist. Nach Wachs- [...]*[13]
*Mit herzlichem Gruss Ihr M. Laue*

Standort: [BAL], bk0016n8t3c; Dokumentnummer: **[0065/11.03.1916]**

*Frankfurt am Main, 11.3.1916*

*Lieber Herr Stern!*
*Für Ihren freundlichen Brief vom 4.d.M. herzlichen Dank! Ihren vorhergehenden Brief habe ich auch erhalten, nicht aber die Arbeit. Infolgedessen kann ich mir von Ihrem Gedankengang kein rechtes Bild machen. Der einzige Rat, den ich Ihnen geben kann, ist unter diesen Umständen, die Sache ruhig drucken zu lassen, wenn sie Ihrer Überzeugung entspricht.*
*Daß die allgemeine Relativitätstheorie in Göttingen großen Anklang gefunden hat, weiß ich und nehme es nach meiner Kenntnis dieser Universität nicht allzu tragisch. Man ist dort sehr „novarum rerum studiosus", in dem Sinn, daß man leicht etwas für tiefe Wahrheit nimmt, weil es neu und unerhört ist. Wie Planck und Lorentz darüber denken, möchte ich erst einmal selbst feststellen. Mir ist die Relativität der Trägheit und mancher andere Zug darin zunächst nicht sympathisch, und ich würde mich erst dann damit befreunden, wenn man mir den krummen Lichtstrahl zeigte.*
*Die letzten Tage war ich mit Prof. Riesenfeld zusammen auf dem Feldberg im Schwarzwald. Die dortige metereologische Station hatte diesmal für besseres Skiwetter gesorgt, als zu Weihnachten, der Schnee lag wenigstens vorgestern bis zu 400 m herunter und war im Allgemeinen gut. Ende dieses Monats gehe ich wie üblich nach Mittenwald. Inzwischen will ich wieder das Schoenflissche Buch vornehmen.*
*Mit herzlichem Gruß Ihr M. Laue*

Auch von Laue hatte Sterns erste Lomsha-Arbeit gelesen und er schickte Stern per Brief seine kritischen Kommentare. Im Mittelpunkt des Briefes vom 31.03.1916 von Max von Laue an Otto Stern steht die Besprechung von Sterns Arbeit „Die Entropie fester Lösungen" [STERN1916a], die bei den Annalen der Physik am 10.02.1916 eingegangen war und die Allgemeingültigkeit des Nernst'schen Wärmetheorems zum Inhalt hat. Laue bemerkte zu dem Thema Entropie und zu Sterns Publikation [STERN1916a], dass es auch für ihn schwierig sei, den Ausführungen

[13] Das Ende des Briefes fehlt.

Sterns in der Publikation zu folgen. Er bemängelt fehlende Literaturhinweise. Verständlich ist dann auch Laues folgende Kritik an Stern:

> *Sodann aber kommt eine Auseinandersetzung, aus deren Sinn klug zu werden, nicht leicht ist. Denn wenn Sie nun auf einmal das Nernstsche Wärmetheorem „Für diese Art von Reactionen“ voraussetzen, wozu dann noch Ihre Arbeit?*

Von Laue und Stern müssen sich gut verstanden haben, um so offen heftige Kritik zu üben. Laue kritisiert in seinem Brief vom 31.03.1916, dass Stern dem Leser seiner Arbeiten nicht ausreichend Erklärungen gibt.

Standort: [BAL], bk0016n8t3c; Dokumentnummer: **[0069/31.03.1916]**

*Lieber Herr Stern!*
*Gestern hat mich unerwarteter Besuch von auswärts an dem Schreiben des Ihnen versprochenen Briefs gehindert; heute will ich ihn noch schnell vor der Abreise nach Mittenwald fertigstellen.*
*Gegen den Gedankengang Ihrer Arbeit wüßte ich nicht viel zu sagen; es ist natürlich etwas Neues, wenn Sie mit semipermeablen Wänden für derartige Riesenmolekeln arbeiten, und vielleicht wird der Eine oder Andere daran Anstoß nehmen; aber schließlich nimmt man doch immer solche Wände an für Molekeln bis zu den größten der organischen Chemie und wo sollte die Grenze in der Größe sein, bei der diese Annahme unzuläßig wird?*
*Wohl aber habe ich viel gegen Ihre Darstellung; die scheint mir, wie auch sonst meist bei Ihnen, viel zu kurz. Dabei freuen sic[h] die Zeitschriften in diesen schlechten Zeiten doch sehr über dicke Arbeiten! Jemand, der wie etwa Einstein und Nernst in diesen Dingen zu Hause ist, mag wohl Ihre Andeutungen verstehen, aber schon mir gelänge das manchmal nur, wenn ich viel Lit[t]eratur nachschlüge oder selbst rechnete. Ich glaube der großen Mehrzahl Ihrer Leser wäre es sehr angenehm, wenn Sie sogleich noch einen Kommentar zu Ihrer Arbeit schrieben und den mit hinein arbeiteten.*
*Ein solcher Kommentar wäre schon bei Seite 2 erwünscht, wo ich einen Strich am Rand gemacht habe (Stelle 1); ich weiß wohl, was Sie dort meinen, halte aber doch eine Erläuterung mit ein paar Sätzen oder wenigstens einen Hinweis auf die entsprechende Überlegung in einem bekannten Lehrbuch für gut.*
*Auf Seite ~~fr~~ 3 u.f. gefällt es mir nicht, daß die Zahl N einmal die Zahl der Molekeln im Mol und andererseits die Zahl Ihrer Riesenmolekeln im Volumen V bedeutet; das ist natürlich zulässig, ich hätte es aber anders gemacht. Sowie man vielleicht in Fortsetzung Ihrer Überlegungen die letztere Zahl verändern will, kommt man sogleich auf Bezeichnungsschwierigkeiten.*
*Auf Seite 6 (Stelle 2, von mir angestrichen) wäre eine, wenn auch kurze Begründung der zweiten Gleichung von oben notwendig. Ich verstehe wohl, wie die erste Klammer herauskommt, obgleich mir der Faktor 3 in den beiden Summanden 3R lnT bei~~d~~ diesen ~~Atom~~ Molekeln, die doch auch Drehbewegung haben, zweifelhaft erscheint; aber das geht vielleicht nicht jedem Leser so.*

*Wenn Sie nur hinzusetzen, daß dieser Ausdruck aus der Gastheorie stammt, ist schon viel gewonnen. Unbedingt notwendig aber ist eine Begründung, warum $S_0$ in universeller Weise von der Masse und den Trägheitsmomenten des Kristalls abhängt. Dahinter steckt doch eine Unmasse Quantentheorie, und Sie haben noch nicht einmal ein Lit[t]eraturzitat gebracht!*
*An der mit 3 bezeichneten Stelle auf derselben Seite habe ich nicht verstanden, wie Gl. 1) aus der Gibbsschen Statistik herauskommt. Dort ist doch der Exponent immer Energie (statt freie Energie), di[e]vi[e]diert durch kT?*
*Wohl leicht deutlicher zu machen ist, auf Seite 7 an der Stelle 4, wieso das Volumen für die N Mischkristalle l gleich V war. Schon indem ich dies schreibe, verstehe ich es ganz – oder vielmehr doch nicht; also bitte auch hier eine kleine Begründung, die vielleicht schon auf Seite 5 unten gebracht werden kann. Die letzte Gleichung auf Seite 7 ist wohl verdruckt?*
*Das Schlimmste findet sich aber im ersten Absatz von Seite 9. Zunächst steht da ein Ausdruck für die freie Energie, der vermutlich von Born und Karman stammt, aber ohne jeden Lit[t]eraturhinweis ist. Sodann aber kommt eine Auseinandersetzung, aus deren Sinn klug zu werden, nicht leicht ist. Denn wenn Sie nun auf einmal das Nernstsche Wärmetheorem „Für diese Art von Reactionen" voraussetzen, wozu dann noch Ihre Arbeit?*
*Sachliche Bedenken habe ich gegen die Stelle 5 auf Seite 16. Es würde dem Nernst[sch]en Theorem nicht das Mindeste von seinem Wert nehmen, wenn manchmal die Nullpunktsentropie Null, manchmal k $\ln Z_0$ ist, wenn man nur die Bedingungen für beide Fälle kennt.*

*Und nun nehmen Sie es mir bitte nicht krumm, wenn ich Sie so kritisiere. Ich denke, wir stehen so zueinander, das[s] wir uns schon einmal die Meinung sagen dürfen.*
*Mit herzlichem Gruß in großer Eile* *Ihr M. v. Laue*

Standort: [BAL], bk0016n8t3c; Dokumentnummer: **[0071/21.04.1916]**

*Frankfurt am Main, 21.4.1916*

*Lieber Herr Stern!*
*Ich habe nun auch Ihren Brief vom 10.d.M. etwas ausführlicher gelesen. Mit dem 3R.lnT haben Sie ganz Recht. Wie die freie Energie nach Gibbs in den Exponenten kommt, müßen Sie mir aber später einmal mündlich erklären. Vielleicht treffen wir uns in Berlin; Wenn ich dorthin eingezogen werde, komme ich vermutlich zur Ausbildung zunächst dorthin.*

*Mit herzlichem Gruß*
*Ihr M. v. Laue.*
(Maschinengeschrieben mit Handunterschrift)

Standort: [BAL], bk0016n8t3c; Dokumentnummer: **[0073/27.04.1916]**

*Frankfurt am Main, 27.4.1916*

*Lieber Herr Stern!*
*Für Ihren freundlichen Osterglückwunsch herzlichen Dank! Aus meiner Einberufung scheint wieder nichts zu werden, wenigstens habe ich noch keine weitere Benachrichtigung. Wenn Sie wüßten, von wem das und noch Anderes, was mir noch viel mehr am Herzen läge, abhängt, dann – na ich will lieber nicht schreiben, was ich gerade denke. Aber die Sommerfeldsche Arbeit über die Feinstruktur des Wasserstoffs ist trotzdem eine reine Freude! Sie sollten sie möglichst bald einmal ansehen. Ich bin meinerseits überzeugt, daß diese Fassung der Quantentheorie die richtige ist. Daß dabei die Nullpunktsenergie endgültig abgeschafft wird, kann meine Freude nur noch erhöhen. – Wenn Sie nach Berlin fahren, schreiben Sie mir bitte vorher. Ich bin wahrscheinlich um den 19.5. herum dort und würde Sie natürlich gern sprechen.*
*Mit herzlichem Gruß Ihr M. v. Laue*
(Maschinengeschrieben mit Handunterschrift)

Standort: [BAL], bk0016n8t3c; Dokumentnummer: **[0077/07.11.1916]**

*Würzburg, 7.11.1916*

*Lieber Herr Stern!*
*Seit drei Wochen bin ich hier; um mit W. Wien in dessen Institut im Auftrage der verkehrstechnischen Prüfungskommission an Verstärkerröhren zu arbeiten. Vorlesungen halte ich nur am Sonnabend in Frankfurt, und zwar in zwei Stunden nacheinander Thermodynamik. Dabei habe ich bisher weit mehr Hörer als bisher; ob das an der Zweistündigkeit liegt, während 4 Stunden den Leuten zu viel sind?*
*Heute trage ich im hiesigen Kolloquium vor, und zwar über Ihre Entropie der festen Lösungen. Dabei habe ich diese Arbeit zum ersten Mal in Ruhe nachgerechnet, und sie mir in allen Einzelheiten klar gemacht. Nur etwas habe ich daran auszusetzen: Zwei spiegelbildlich gleiche Kristalle, deren Unterschied nur auf der Anordnung der Atome beruht, sind überhaupt als eine Phase zu betrachten, da sie in den thermodynamischen Funktionen völlig übereinstimmen. Sie sind untereinander bei jeder Temperatur und jedem Druck bei beliebigem gegenseitigen Mengenverhältnis im Gleichgewicht, sie gelten für die Gibbssche Phasenregel als eine Phase. Das haben einmal van t'Hoff und Byk in einer Diskussion in der Z. – S. f. phys. Chem. festgestellt. Sie müssen auch hier als eine Phase gelten.*
*Ich betonte Ihnen in Anwendung auf zwei derartige Kristalle die Richtigkeit der Formel.*
*Es ist keineswegs im Gleichgewicht $n_1 = n_2$, in dem das Verhältnis bleibt so, wie es irgendwann einmal war.*
*Am 11. d. M. trage ich in der Deutschen Chemischen Gesellschaft vor (Kristallforschung mit Röntgenstrahlen).*
*Lassen Sie doch wieder einmal von sich hören.*
*Mit herzlichem Gruss Ihr M. v. Laue*

Standort: [BAL], bk0016n8t3c; Dokumentnummer: **[0079/03.01.1917]**

*Würzburg, 3.1.1917*

*Lieber Herr Stern!*
*Für Ihre freundlichen Glückwunsch zum neuen Jahr und Ihren Sonderdruck herzlichen Dank. Dass Sie am 7.12.16 des fehlenden Urlaubs wegen fortblieben, habe ich mir wohl gedacht. Wenn Ihr Herr Vater mich im Hotel Königshof vergeblich angerufen hat, so hat der Pförtner des Hotels gebummelt; ich habe dort gewohnt, war allerdings den ganzen Tag über fort.*
*Jetzt war ich 10 Tage in Frankfurt und habe dort in aller Eile einen Bericht über die Nordströmsche Gravitationstheorie für Starks Jahrbuch geschrieben; er wird ziemlich lang, etwa 50 Seiten. Das war allerdings nur deswegen möglich, weil ich seit 3 Jahren die Darstellung dieser Theorie für das Relativitätsbuch bei mir liegen habe. Seit gestern bin ich wieder hier.*
*Mit herzlichem Gruss* *Ihr M. v. Laue*
(handgeschrieben)

Standort: [BAL], bk0016n8t3c; Dokumentnummer: **[0084/30.11.1918]**

*Würzburg, 30.11.1918*

*Lieber Herr Stern!*
*Ich danke Ihnen bestens für Ihren freundlichen Brief vom 26.11., den ich soeben erst erhalte. Ich finde, Sie haben ganz richtig gewählt. Und ich denke, wir werden uns beide in Berlin wieder zusammenfinden.*
*Wissenschaftlich habe ich Ihnen erfreuliches zu erzählen: Sie erinnern sich, daß in den Arbeiten über die Glühelektronen, die nun hoffentlich endlich einmal herauskommen, immer der wunde Punkt übrigblieb, daß die Bildkraft, welche das einzelne Elektron zur Elektrodenfläche zurückzieht, unberücksichtigt bleiben mußte. Die mathematischen Schwierigkeiten, sie mit in Rechnung zu ziehen, wären sehr groß gewesen, dazu kamen mir immer auch physikalische Bedenken. Jetzt ist mir eingefallen, daß die bei einer einigermaßen dichten Elektronenwolke gar nicht da ist. Das läßt sich m. E. schlagend und überaus leicht beweisen; ich habe die kleine Veröffentlichung darüber schon an Stark gesandt. Abschriften davon haben Debye und Schottky bekommen, von denen der zweite merkwürdigerweise damit nicht zufrieden ist und etwas dagegen veröffentlichen will. Nun, das müßten wir eben abwarten. Debye hat sich noch nicht geäußert. Ich jedenfalls bin der Meinung, daß die Formeln, die ich für die Dichteverteilung und die thermodynamischen Funktionen der Elektronenschichten gegeben habe, streng und ohne Einschränkung richtig sind, sobald sie überhaupt genügend dicht sind, daß ein zeitlich unveränderliches Potential herauskommt. Sobald allerdings nur ein paar Elektronen im Außenraum herumfliegen, ist die ganze Fragestellung unzutreffend. Aber gerade die dichten Elektronenwolken sind ja bei den hohen Temperaturen, die wir z. B. mit Wolfram erhalten können, vorhanden. Ich denke gerade über neue Versuche über Glühelektronen nach, und habe auch in der Beziehung gute Hoffnungen. Im Übrigen – ich meine in politischer Beziehung – muß man wohl eine Hoffnung nach der anderen fahren lassen. Es ist ein Jammer.*
*Mit herzlichem Gruß* *Ihr M. Laue*

Standort: [BAL], bk0016n8t3c; Dokumentnummer: **[0085/23.12.1918]**

*Würzburg, 23.12.1918*

*Lieber Herr Stern!*
*Bitte sehen Sie sich einmal das beiliegende Geschreibsel an. Es fällt, gegen die schon veröffentlichte Arbeit in dem Starkschen Jahrbuch sehr ab; und doch kann ich mich nicht ohne weiteres entschließen, es im Schreibtisch zu behalten, seit ich so viel Arbeit hineingesteckt habe, wie das der Fall ist. Also bitte ich um Ihre Meinung, auch, was die Wahl der Zeitschrift anlangt. Aus Gefälligkeit gegen Wien setzte ich es gern in Annalen, aus dem erwähnten sachlichen Grunde aber lieber in die Verh. d. D. Physik. Ges., oder, falls diese nichts annehmen können, in die Physik. Zeitschr.*
*Im Übrigen wünsche ich Ihnen und Ihren Eltern ein möglichst frohes Weihnachtsfest und ein neues Jahr, das etwas besser ist, als das vergehende.*
*Mit herzlichem Gruß Ihr M. Laue*

Standort: [BAL], bk0016n8n6f; Dokumentnummer: **[0060/28.01.1916]**

*Berlin, 28.1.1916*

*Sehr geehrter Herr College,*
*Herr v. Laue schrieb mir, daß Sie einen Abdruck meiner mit Kármán publizierten Arbeit über spezifische Wärme haben möchten. Da ich noch einige Exemplare gefunden habe, kann ich Ihren Wunsch gern erfüllen. Leider habe ich aber keinen Abdruck der beiden kleinen Ergänzungsarbeiten, die kurz nach der ersten erschienen sind. Inzwischen habe ich alle diese Dinge gründlicher bearbeitet und in einem kleinen Buche (Dynamik der Kristallgitter, bei Teubner) dargestellt. Leider habe ich aber kein Exemplar des Buches, um es Ihnen zu senden. Wenn Sie Interesse daran haben, werden Sie es sich ja leicht besorgen können.*
*Indem ich Ihnen für Ihre militärischen Schicksale alles Gute wünsche, verbleibe ich mit ergebenem Gruße Ihr M. Born*

Ab Juli 1915 tat Otto Stern Dienst auf der Feldwetterstation in Lomsha[14]. Da er dort nicht voll ausgelastet war und „um seinen Verstand aufrechtzuerhalten" (Interview Zürich) [JOST1961], hat er sich nebenbei mit theoretischen Problemen der Entropie beschäftigt und zwei beachtenswerte, sehr ausführliche Arbeiten über Entropie verfasst. 1. „Die Entropie fester Lösungen" (eingereicht im Januar 1916 und erschienen in Ann. Phys. 49, 823 (1916)) [STERN1916] und 2. „Über eine Methode zur Berechnung der Entropie von Systemen elastisch gekoppelter Massenpunkte" (eingereicht im Juli 1916) [STERN1916a]. In der ersten dort verfassten Publikation [STERN1916] über die Entropie fester Lösungen betrachtete Stern alle möglichen Zustände von Molekülen in einem Mischkristall. Die diffundierenden Moleküle werden auf alle möglichen Gitterpunkte verteilt. Die Wahrscheinlichkeit jedes Zustandes und damit die Entropie werden mithilfe der chemischen Gleichgewichtstheorie berechnet. Für hohe Temperaturen wird Übereinstimmung mit der klassischen Theorie erzielt und für tiefe Temperaturen geht die Entropie in Über-

[14] Lomsha (heute Lomza) Kleinstadt in Ostpolen, ca. 150 km nordöstlich von Warschau.

einstimmung mit Nernst gegen Null. In der zweiten dieser Arbeiten [STERN1916a] ist ein Gleichungssystem für $n$ gekoppelte Massenpunkte zu lösen, das auf eine Determinante $n$-ten Grades zurückgeführt wird. In Erinnerung an den Entstehungsort dieser Arbeit hat Wolfgang Pauli diese Determinante immer als die Lomsha-Determinante bezeichnet.

Stern hatte mit Einstein vorab über diese erste der beiden Arbeiten per Brief korrespondiert, um mit ihm die thermodynamischen Probleme zu diskutieren. Dabei ging es vor allem um die Frage: Wie verhält sich die Entropie der festen Lösung, wenn die absolute Temperatur $T$ gegen Null geht, oder, anders gefragt, ist die Struktur der festen Lösung bei $T \Rightarrow 0$ perfekt geordnet oder nicht? Stern stellt in [STERN1916] fest:

> *Die Frage, ob die Entropie von Lösungen dem Nernstschen Theorem gehorcht und bei abnehmender Temperatur T gegen Null konvergiert, war sehr umstritten, Einstein und Planck verneinten sie. Nach Ansicht der letzten beiden Forscher ist beim absoluten Nullpunkt die Entropie $S_0$ eines aus h Komponenten bestehenden Gemisches pro Mol gleich $R \sum^{1-h} x_i$ $\ln 1/x_i h$, wo R die Gaskonstante und $x_i$ der Molenbruch sind. Die Entropie des Gemisches bei der Temperatur würde demnach $S=S_0 + \int c/T\, dT$ sein, nach Nernst dagegen ist $S_0 = 0$ also $S=\int c/T\, dT$.*

Stern zeigte in dieser Arbeit, dass die Planck-Einstein'sche Auffassung [STERN1916] mithilfe der Methode „gekennzeichneter" Moleküle sehr schnell zu einem Widerspruch geführt werden kann. Stern schloss daher aus, dass die spezifische Wärme $c$ eines Mischkristalls als Summe der spezifischen Wärmen seiner Eigenschwingungen nach der Planck-Einstein'schen Formel berechnet werden kann. Stern kam zu dem Schluss:

> *Zusammenfassend läßt sich über die Bedeutung unserer Resultate etwa folgendes sagen: es soll und kann nicht behauptet werden, dass es hier gelungen wäre, die Gültigkeit des Nernstschen Theorems für Lösungen streng zu beweisen. Dagegen glaube ich, in einwandfreier Weise die Bedingung für diese Gültigkeit aufgezeigt und ihr prinzipielles Erfülltsein in der Wirklichkeit zum mindesten als wahrscheinlich nachgewiesen zu haben.*

Die Postkarte von Einstein an Stern vom 15.02.1916 ist als Kommentar zu dieser Arbeit anzusehen. Einstein wollte Stern überzeugen, dass für $T \Rightarrow 0$ die Entropie nicht Null sein kann, sondern dass die Atome oder Moleküle (hier als Bleistift dargestellt, der in verschiedenen Richtungen gegenüber der Schwerkraft orientiert sein kann) immer noch einen Freiheitsgrad haben, in einen anderen Ordnungszustand überzugehen. Einstein schrieb:

Standort: [BAL], bk0016n8q05; Dokumentnummer: **[0061/15.02.1916]**

*Lieber Herr Stern!*

*Diesmal haben Sie daneben geschossen, wie Sie an folgendem Gleichnis erkennen. Auf horizontaler fester Unterlage liegt ein Bleistift (1. Zustand). Er kann auch stehen (2. Zustand). Energieunterschied E für beide Zustände (wegen Schwere) sehr*

*erheblich. $e^{-E/kT}$ für $T = 0$ schwindelhaft klein. Also Behauptung: Der Bleistift kann beim absoluten Nullpunkt nicht stehen!*
*Entsprechende Behauptung. Feste Kohle und fester Sauerstoff können bei $T = 0$ nicht aneinander grenzen. (Es gibt kein $CO_2$). Beweis $e^{-E/kT}$ schauderhaft klein! Sie Schwindelmayer!*

Einstein berichtete dann in der gleichen Postkarte, dass seine Bemühungen, die Gleichungen der allgemeinen Relativitätstheorie abgeleitet zu haben, nun endgültig mit Erfolg abgeschlossen seien.

---

*Die allgemeine Relativität ist nun fast genau seit wir uns das letzte Mal gesehen haben endgültig erledigt.*
*Allgemeine Kovarianz der Feldgleichungen. Perihelbewegung des Merkur genau erklärt. Theorie sehr durchsichtig und schön. Lorentz, Ehrenfest, Planck, Born sind überzeugte Anhänger, ebenso Hilbert.*

Einstein beendete die Karte mit:
*Denken Sie über den Einwand nach; Sie werden sicher zu der Überzeugung kommen, dass er berechtigt ist. Herzlichen Gruss von Ihrem A. Einstein*

---

In einem weiteren Brief an Stern führt Einstein weitere Gründe gegen Sterns Entropieargumente an:

Standort: [BAL], bk0016n8q05; Dokumentnummer: **[0062/15.02.1916]**
*Lieber Herr Stern!*

*Ich bleibe bei dem Beispiel vom Bleistift. Ich behaupte: Dass wir die Thermodynamik überhaupt auf chemische Systeme anwenden können, beruht schliesslich darauf, dass wir eine Aenderung, die so schnell erfolgt, dass die Brown'sche Bewegung nicht Zeit hat, den stehenden Bleistift umzulegen, doch im Sinne der Thermodynamik als unendlich langsame, umkehrbare Aenderung zu behandeln. Sie können auf Grund Ihrer Schlussweise höchstens eine der beiden Behauptungen aufstellen: a. Der Mischkrystall ~~existiert~~ (im Sinne der von Ihnen richtig angegebenen Definition) existiert nicht bei $T = 0$. b. Er existiert zwar; man kann aber nicht von reiner Entropie reden, weil der Zustand nicht auf reversiblem Wege erzeugt werden kann.*

*Nun könnte aber a) mit demselben Recht (mutatis mutandis) von jedem chemischen System behauptet werden, das nicht auf dem absoluten Entropiemaximum ist (System C I $O_2$). Mit b) könnte man fast die ganze physikalische Chemie totschlagen, falls dies zuträfe. Aber für die Behauptung: a. Der Mischkrystall existiert bei $T = 0$ mit der definitionsgemässen Unordnung, lässt sich (genügend exakt) auf reversiblem Wege erzeugen, und hat die Entropie 0, haben Sie nicht das geringste Argument beigebracht.*

*Gerade aus Ihren ausführlichen brieflichen Mitteilungen entnehme ich, dass Sie die Fälle a) b) c) nicht scharf trennen, woraus nach meiner Ansicht Ihr Irrtum entspringt. Sie stehen auf folgendem unmöglichen Standpunkt:*

*„Thermodynamisch existiert nur der geordnete Krystall beim absoluten Nullpunkt. Folglich muss die Entropie des Mischkrystalles auch wenn er echt, d. h. ungeordnet ist, so berechnet werden, wie wenn er geordnet wäre.“* ------------------------------

*Schreiben Sie mir Ihre Antwort kurz und prinzipiell (etwa Postkarte). Dann ist leichter prägnant zu antworten. Mit besten Grüssen Ihr Einstein*

Es wurden zwischen Einstein und Stern in weiteren Briefen die unterschiedlichen Standpunkte dargelegt, aber es konnte zum Schluss keine Übereinstimmung erzielt werden. Einstein beriet sich auch mit Planck, der Einsteins Ansichten teilte. Aber Stern ließ sich nicht von seinem Standpunkt abbringen und publizierte dann die Arbeit ohne Danksagung an Einstein in den Annalen der Physik. Die Wortwahl von Einstein in der Postkarte vom 15.02.1916 hat schon eine gelungene sympathische Witzigkeit. Aus den drei Briefen Einsteins vom 15.02.1916, 15.02.1916 und vom 10.03.1916 kann man Einsteins Bemühungen und Argumente erkennen, Stern unbedingt korrigieren zu wollen.

Standort: [BAL], bk0016n8q05; Dokumentnummer: **[0064/10.03.1916]**

*Lieber Herr Stern! Ihr Beispiel ist sehr instruktiv.*

Schwere

*Bei T = 0 liegt das Molekül unten. Das heisst der Mischkrystall existiert nicht, sondern nur die chemische Verbindung. In diesem Falle verschwindet die Entropie wirklich.*

*Gegenbeispiel (Idealfall)*

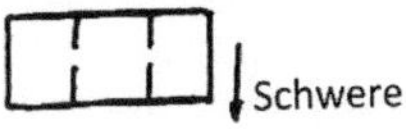

Schwere

*Hier existiert der Mischkrystall sicher. Seine Entropie verschwindet nicht.*

*Nun werden Sie sagen, dass dieser Fall in Wirklichkeit nicht existiert, da niemals die potentiellen Energien der denkbaren Fälle genau gleich sind. Deshalb folgender Fall als echtes Analogon des realen:*

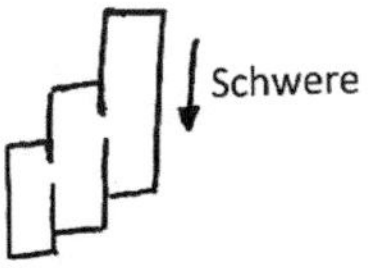

Schwere

*Bei hoher Temperatur ist die Verteilung trotz Schwere praktisch gleichförmig. Wir kühlen nun ab zum absoluten Nullpunkt. Es sind dabei zwei Fälle möglich, nämlich*

**Abb. 3.2** Otto Stern als Soldat ca. 1916 (Bildquelle: Nachlass Stern [BAL], bk0016 Fotogalerie)

*1. Der Übergang von einer Kammer zur anderen ist so selten, dass der Fall sehr selten vorkommt, dass während der Abkühlung ein Übergang von einer Kammer zur anderen stattfindet.*
*2. Der Übergang von einer Kammer zur anderen ist so häufig, dass er während der Abkühlungszeit sehr oft vorkommt.*
*Im Falle 1) existiert der Mischkrystall auch noch bei $T = 0$ und erfüllt das Nernst'sche Theorem nicht.*
*Im Falle 2) liegt das Teilchen bei $T = 0$ sicher unten in der ersten Kammer. Der Mischkrystall existiert als solcher bei $T = 0$ nicht. Das Nernst'sche Theorem gilt.*
*Jedenfalls kann nicht behauptet werden, dass das Nernst'sche Theorem bei $T = 0$ für den Mischkrystall gilt. Denn dieser existiert nach Ihrer Meinung einfach nicht bei $T = 0$. Fall 1) ist nach Ihrer Ansicht nicht vorhanden in der Natur.*
*Ich aber bin anderer Ansicht. Denn ich sehe nicht ein, warum sich Mischkrystalle nicht verhalten sollten wie chemische Gemische, bei denen bekanntlich eine Möglichkeit der thermodynamisch verwertbaren Abkühlung ohne Herstellung des chemischen bzw. statistischen Gleichgewichtes bezüglich der Anordnung existiert.*
*Sind Sie damit nicht einverstanden? Mit den besten Grüssen Ihr Einstein*

Am 13.03.1916 schrieb Stern aus Lomsha an Einstein:

Standort: [BAL], bk0016n8q05; Dokumentnummer: **[0066/13.03.1916]**
*Lieber Herr Prof. Einstein,*

*ich messe die spezif. Wärme (und Entropie) des Modells: Gasmolekül in Schwere, indem ich es auf bis $T = 0$ abkühle. Frage. Was messe ich in Fall 1) und in Fall 2)?*
*Fall 1) Uebergang von einer Kammer zur anderen sehr selten (auch meiner Ansicht nach bei genügend tiefen Temperaturen stets realisiert).*

*Antwort. Ich messe zunächst überhaupt keine Grösse mit der ich als T[h]ermodynamiker etwas anfangen kann. Erst ~~wenn dies~~ von dem Moment an, wo sich das Molekül in der Kammer (z. B. 2) befindet, aus der es weiterhin nicht mehr herauskommt, messe ich die spez. Wärme des Systems in diesem Zustande (2), d. h. die spez. Wärme einer bestimmten chemischen Verbindung.*
*Fall 2) Übergang häufig (praktisch bei genügend tiefen Temperaturen nie, prinzipiell stets durch genügend langsame Abkühlung zu realisieren).*
*Antwort. Ich messe das, was in allen t[h]ermodynamischen Rechnungen als spez. Wärme der Lösung bezeichnet wird.*
*Ich behaupte also: Streng genommen ist in einer für die T[h]ermodynamik brauchbaren Weise nur die ~~Entropie~~ spez. Wärme der Lösung messbar. Daß ich auch die einer bestimmten chemischen Verbindung messen kann, kommt daher, daß ich die Reaktionsgeschwindigkeit in weiten Grenzen beliebig wählen kann. Im vorliegenden Fall kann ich sie z. B. durch Verkleinerung der Verbindungsöffnung zwischen zwei Kammern beliebig herabdrücken und dadurch das Molekül während der ganzen Dauer der Abkühlung in einer bestimmten Kammer halten. Gelingt mir das*

*nicht, so ist meine Messung unbrauchbar, s. Nernst, spez. Wärme des Jods gefälscht durch Umwandlungswärme. Umgekehrt liegt die Sache, wenn ich die spez. Wärme der Lösung messen will. Dann muß ich die Verbindungsöffnungen recht recht groß machen (einen Diffusionskatalysator hinzufügen) und recht langsam abkühlen. Daß bei sinken, der Temperatur bald eine Grenze kommt, wo die Messung praktisch undurchführbar wird, ist klar, das stört aber den theoretischen T[h]ermodynamiker, der unendlich viel Zeit hat, garnicht.*

*Daß diese Geschwindigkeitsfragen keine Rolle spielen, sieht man an dem Modell sehr schön, wenn man die Energiedifferenzen zwischen den Kammern sehr groß macht. Dann ist die Entropie der Lösung schon bei solch hohen Temperaturen, bei denen die Diffusionsgeschwindigkeit noch sehr groß ist, ~~schon~~ sehr nahe gleich Null.*

*Leider ist der Brief wieder sehr lang geworden; mündlich wäre ich gewiß in ein paar Minuten mit Ihnen einig.*

*Mit herzlichen Grüßen Ihr Otto Stern.*

Einstein versuchte mit Beispielen aus der klassischen Physik (auf der Spitze stehender Bleistift oder Atome bzw. Moleküle, die in drei Elementarboxen durch die Schwerkraft noch in einen andern Zustand übergehen können) Stern zu überzeugen, dass für $T \Rightarrow 0$ doch keine perfekte Ordnung erreicht wird und daher die Entropie für $T \Rightarrow 0$ nicht Null sein kann. Für Einstein konnte der stehende „Quantenbleistift“[15] für $T \Rightarrow 0$ auch umfallen! Stern versuchte in seinem Antwortbrief vom 13.03.1916 mit klassischen Argumenten, solche Boxenübergänge als sehr unwahrscheinlich darzustellen.

Der entscheidende Einfluss der unbedingten Drehimpulserhaltung bei dynamischen Übergängen in der Quantenwelt mit Änderungen nur in Einheiten von $\hbar$ wird jedoch weder von Stern noch von Einstein angesprochen. Selbst heute wird diese für die Quantendynamik so entscheidende Tatsache der Drehimpulserhaltung von vielen Physikern nicht genügend Beachtung geschenkt. Nach Sterns resistenter Antwort gab Einstein den Versuch auf, Sterns Ansicht per Briefaustausch zu ändern.

[15] Bemerkung der Herausgeber: Bei einem Übergang von einem Zustand in einen anderen müssen grundsätzlich die physikalischen Erhaltungssätze von Energie, Impuls und Drehimpuls gelten. In der klassischen und auch in der Quantenphysik können die Änderungsbeträge von Energie und Impuls beliebig klein sein. In der klassischen Physik reicht es in der Regel, nur die Energie- und Impulserhaltung zu berücksichtigen. In der Quantenphysik aber kann der Drehimpuls nur in Vielfachen von $\hbar$ ausgetauscht werden. Außerdem muss die Drehimpulserhaltung in Abhängigkeit von der Zeit in jedem Augenblick des Überganges perfekt erfüllt sein. Da für den Drehimpuls des Quantenbleistifts wegen der Richtungsquantelung nur diskrete Richtungen erlaubt sind, kann der stehende Quantenbleistift nicht kontinuierlich (wie in der klassischen Physik) umfallen. Ebenso können die Atome von einer Box nicht kontinuierlich in eine andere übergehen. Darum sind Bewegungszustände in Atomen perfekt stabil und können keine Energie abstrahlen, außer wenn sich dabei die Drehimpulse in ganzzahligen Vielfachen von $\hbar$ „plötzlich“, z. B. durch Emission eines Photons, ändern können. Zwischen Einstein und Stern wurde die Bedeutung der Drehimpulsquantisierung nicht diskutiert.

Einstein und Stern blieben letztlich unterschiedlicher Meinung und Einstein beendete die Diskussion mit dem folgenden kurzen in freundschaftlichem Ton gehaltenen Brief:

Standort: [BAL], bk0016n8q05; Dokumentnummer: **[0068/27.03.1916]**

*Lieber Herr Stern!*

*Ihr letzter Brief zeigt mir, dass wir uns jetzt schriftlich nicht werden einigen können. Da ich Ihnen meine Gründe bereits mitgeteilt habe, und ich nichts eigentlich Neues mehr vorzubringen habe, so schliesse ich daher einstweilen unsere Diskussion. Mit Planck habe ich den Gegenstand neulich besprochen; er sieht die Sache wie ich. Wenn Sie wieder nach Berlin kommen, wollen wir alles ins Reine bringen.*

*Mit besten Grüssen Ihr A. Einstein .*

Aus heutiger Sicht würde man Einstein antworten, dass der Drehimpuls immer nur in Einheiten von $\hbar$ plötzlich ausgetauscht werden kann, und da $\hbar$ keinerlei Unschärfe hat, gibt es folglich nur diskrete Dynamikzustände. Folglich wird sich für $T$ gegen Null eine perfekte Ordnung in der Besetzung der räumlichen Kristallstruktur und auch in der Kristalldynamik einstellen.

Standort: [BAL], bk0016n8q28; Dokumentnummer: **[0063/07.03.1916]**

*Berlin – Halensee, 7.03.1916*

*Lieber Herr Dr. Stern!*
*Ihre Seelenergüsse haben meinen huldvollen Resonanzton angeschlagen und ich beeile mich, Ihnen die gewünschten Auskünfte zu erteilen:*

1) *W. H. Keesom, Phys. Zeitschr.*
   *14 ; 665 1913*
2) *Planck, Thermodynamik, 4. Aufl.*
   *1913, 279ff.*

   $L = R\ {}_1\Sigma^k \nu_k \cdot \log c_k$ $\nu_k =$ *Molekülzahlladung ??*

   $c_k =$ *Molekularconzentr.[ation]*

   $n_1 / n_1 + n_2 + \ldots\ n_k$

*Die beiden akademischen Sonderdrucke sind hoffentlich richtig, falls nicht, schicken Sie sie bitte zurück, dann behalte ich sie. Fritze Bo läßt Sie auch schön grüßen. Ich habe ihn nicht zu Hilfe rufen brauchen, da die Lauferei sich in*

*Nähe abspielte. – Bei uns im Institut ist noch alles beim alten. Nernst ist hier, bestätigt Quantenhypothese und wohnt immer noch Karlsbad 26. – Haben Sie Hindenburg schon wieder einmal gesprochen? Ich bitte mich gelegentlich zu empfehlen.*
*Mit freundlichen Grüßen und „Genuß-Ursache" für Ihren Momus-Nachweis-Dank.*
*Ihr John Eggert*

Standort: [BAL], bk0016n8v8n; Dokumentnummer: **[0067/25.03.1916]**

*Berlin, 25.3.1916*

*Lieber Herr Dr.!*

*Besten Dank für Ihren Brief u. der Abhandlung, die ich mit grossem Vergnügen gelesen habe. Den Standpunkt, dass man für die Gase die Entartung zugibt, für den osmotischen Druck in Abrede stellt (Planck, Einstein), habe ich nie begreifen können.*

*Soweit ich mich erinnere, habe ich etwas ungelenk mich nur einmal, S. 750 meines Lehrbuches VII. Aufl., über den osm. Druck geäussert. Und zwar hab ich nur das Diagramm*

*nicht spezieller, wie $P = a + bT^4$ u. bzgl. (A maximale Arbeit der Vermittlung, U Wärmetönung).*

*Auch nicht, was Sie S. 3, erste Zeile, gestrichen haben.*

*Nach dem Standpunkt einer Arbeit, die ich beilege, verschwinden alle Schwierigkeiten, die auch Planck u. Einstein hier gemacht haben; aber natürlich muss ich da eine ziemlich gewagte Grundhypothese einführen. –*

*Was nun die Ann. S. 9 anlangt, so liegt die Sache so. Die Berechnung der chem. Konstanten des Jodes erbringt mit Stern-Tetrode $C = 1{,}53$, ich finde (genau wie Sie) 2,37 mit den alten Werten der spez. Wärme des Jodes. Die neuen geben 2,21 [er beträgt nämlich für Jod 106 statt 96 (Debye)]. Die Differenz wird also merklich verkleinert, aber nicht beseitigt; sie würde verschwinden, wenn Bodenstein einen nicht sehr bedeutenden Temperaturfehler gemacht hätte; in einer bald erscheinenden Arbeit werde ich die experimentellen Fragen diskutieren. Für Hg u. Argon stimmt auf Grund neuerer Messungen (Knudsen, Crommelin) praktisch absolut. –*

*Vielleicht sagen Sie „[Auslassung im Brief], dass u. A. die spez. Wärme des Jodes erklärlich durch die Wärmetönung [Auslassung im Brief], ist.“ –*

*Bei dieser Gelegenheit möchte ich Sie auf einen interessanten Punkt hinweisen. Ihre Ableitung der Tetrode'schen Constanten fusst auf Nullpunktsenergie, Tetrode in seiner neuesten [Arbeit ?] lässt sie beliebig. Wie reimt sich das zusammen? Meine Ableitung ist (s. beiliegende Notiz) ganz unabhängig vom Verhalten des Condensats.*

*Hoffentlich geht es Ihnen gut, es freut mich sehr, dass Sie auch etwas Arbeiten können. Sollten Sie Separata oder sonstige Literatur gebrauchen, stehe ich natürlich, soweit ich kann, jederzeit zu Diensten.*

*Viele Grüsse u. hoffentlich auf baldiges Wiedersehen.*

*Ihr ergebener W. Nernst*

Standort: [BAL], bk0016n8r5f; Dokumentnummer: **[0072/25.04.1916]**

*25.04.1916*

*Lieber Herr Stern!*
*Durch Laue erfuhr ich Ihre Adresse. Wie geht es Ihnen denn? Was treiben Sie in Lomsha?*
*Mir geht es recht gut. Ich bin zu Kriegsbeginn nach Pola*[16] *einberufen worden und war dort bis Ende August 1915 in einer Küstenbatterie. Anfangs war es ganz interessant, aber auf die Dauer wirkte es auf mich nervenaufreibend, immer warten zu müssen, bereit sein und dann kommt doch nichts. Die Italiener haben uns schwer enttäuscht ~~im Frieden~~ vor dem Krieg war in Pola jeder überzeugt, daß die italienische Flotte Pola angreifen werde und nun war nirgends ein italienisches Schiff zu sehen. Bloß 3 Angriffe eines Luftschiffes mit kläglichem Erfolg habe ich mitgemacht (das 3. Mal wurde es abgeschossen).*
*Dann kam ich nach Ostgalizien, machte dort unseren Durchbruch an der Strypa (1. /IX.), Vormarsch an den Rückzug an die Strypa*[17] *(7./IX.), dann heftige Kämpfe Mitte September und erste Hälfte Oktober mit. Dann war der Stellungskrieg ohne besondere ______ (abwechselnd 1 Tag Beobachtungsstand d. Art.[illerie], hinter der Infanterie, 1 Tag im Dorf dienstfrei). Zu Weihnachten war ich auf Urlaub in Wien. Dann machte ich die Lovcenbeschießung, sowie den Feldzug in Montenegro mit und sitze jetzt in Albanien. Anfangs war es sehr interessant, doch jetzt ist es langweilig, ich möchte wieder in den Krieg. Allerdings kann ich hier, ebenso wie in Pola, viel Physik treiben.*

*Die Nachricht vom Tode Hasenöhrls, um den es mir schrecklich leid ist, werden Sie wohl gehört haben. Er war anfangs als Automobilist in Krakau, hatte sich aber zu Beginn des Krieges durchgesetzt, daß er zur Infanterie kam (er war Oberleutnant) wurde im Juni durch einen Gewehrschuss verwundet, rückte im September wieder ein und fiel im Oktober, als er als Kompaniekommandant die Italiener aus einem eroberten Graben, in einem kritischen Moment wieder hinauswarf. Ich habe die Briefe seines Kameraden an seine Frau gesehen, er muß sich ausgezeichnet benommen haben, hatte auch recht hohe Auszeichnungen.*
*Schrödinger ist am Isonzo als schwerer Artillerist, Kottler war Anfangs des Krieges mit Mörsern in Belgien, wo er jetzt ist, weiß ich nicht. K. F. W. Kohlrausch ist in Tirol als Feldartillerist, Thirring arbeitet in Wien für das Technische Militärkomitee, Paneth arbeitet als Bakteriolog und untersucht Wasserdestillationsapparate in Wien. Karman ist ebenfalls in Wien (bei der Versuchsabteilung der Luftfahrt ___ ).*
*Ich wäre Ihnen sehr dankbar, wenn Sie mir Näheres über die Verhältnisse in Frankfurt schreiben würden, wie dort im Frieden das physikalische Leben ist, wie Ihre weiteren Aussichten dort sind usw. Was ist eigentlich in Zürich los?*
*Lassen Sie bald etwas von sich hören. Viele herzliche Grüße*

*Ihr Karl Herzfeld*

[16] Pola ist eine Stadt in Kroatien.

[17] Die Strypa ist ein ca. 150 km langer Fluss in der Ukraine, der in den Dnister mündet. Dieser fließt ins Schwarze Meer.

Aus dem Jahre 1916 (22.05.1916) gibt es einen handgeschriebenen Brief von dem theoretischen Physiker Fritz Reiche an Stern, der die Lösungsmethode eines schwierigen Integrals beschreibt.

Die Herausgeber konnten nicht herausfinden, warum Stern an diesem Integral interessiert war. Es ist aber sehr wahrscheinlich, dass es sich um ein Schwingungsproblem handelte, bei dem die Lösung eines Integrals („bösartiges Integral") Schwierigkeiten bereitete und die Umwandlung in elliptische Integrale nötig war, um das Problem[18] zu lösen. Reiche schrieb:

Standort: [BAL], bk0016n8m38; Dokumentnummer: **[0074/22.05.1916]**

*Berlin, den 22.V. 16*
*Friedrich Wilhelmstr. 20.*

*Lieber Herr Stern!*
*Das bösartige Integral, von dem wir neulich gesprochen, läßt sich in der Tat auf elliptische Integrale zurückführen, und zwar folgendermaßen:*

$$J = \int_0^{2\pi} \sqrt{1-\sqrt{1-\gamma^2\sin^2\varphi}}\, d\varphi = 4\int_0^{\frac{\pi}{2}} \sqrt{1-\sqrt{1-\gamma^2\sin^2\varphi}}\, d\varphi$$

*Es sei:*
*Ich setze $\gamma^2 = 1 - \varepsilon^2$ wo $\varepsilon << 1$. Man setze: $\sqrt{(1 - \gamma^2\sin^2\varphi))} = u$; dann*

$$J = 4\int_\varepsilon^1 \frac{u\,du}{\sqrt{(u+\varepsilon)(u-\varepsilon)(u+1)}}$$

*Jetzt: $u = v - 1/3$*

$$J = 4\cdot\int_{e_1}^{\frac{4}{3}} \frac{(v-\frac{1}{3})\,dv}{\sqrt{(v-e_1)(v-e_2)(v-e_3)}} \quad \text{wo} \begin{cases} e_1 = \frac{1}{3}+\varepsilon \\ e_2 = \frac{1}{3}-\varepsilon \\ e_3 = -\frac{2}{3} \end{cases}$$

*[also $e_1 + e_2 + e_3 = 0$].*

$$J = 4\left(J_1 - \frac{1}{3}J_2\right), \text{wo} \begin{cases} J_1 = \int_{e_1}^{\frac{4}{3}} \frac{v\,dv}{\sqrt{(v-e_1)(v-e_2)(v-e_3)}} \\ J_2 = \int_{e_1}^{\frac{4}{3}} \frac{dv}{\sqrt{(v-e_1)(v-e_2)(v-e_3)}} \end{cases} \qquad (1)$$

[18] A. Budó, Theoretische Mechanik, Berlin 1987, Seite 111 f.

*$I_1$ und $I_2$ sind nun sehr elliptische Integrale 2^ter^ und 1^ter^ Gattung in der Weierstrassischen Form. Es ist aber bequemer, sie auf die Legendresche Form zu bringen. Das geht folgendermaßen:*

*1) Berechnung von $I_2$*

*man setze $w^2 = (v-e_1)/(v-e_2)$ dann wird*

$$\mathcal{I}_2 = \frac{2}{\sqrt{e_1-e_3}} \int_0^k \frac{dw}{\sqrt{(1-w^2)(1-k^2w^2)}} \quad \text{wo} \quad k^2 = \frac{e_2-e_3}{e_1-e_3} = \frac{1-\varepsilon}{1+\varepsilon}$$

*Setzt man $w = \sin\varphi$ und $k = \sin\alpha$ , so folgt*

$$\mathcal{I}_2 = \frac{2}{\sqrt{1+\varepsilon}} \cdot F(k,\alpha) \qquad \textbf{(2)}$$

*dabei ist*

$$\mathcal{I}_2 = \frac{2}{\sqrt{1+\varepsilon}} \cdot F(k,\alpha)$$

*das Legendresche Integral 1. Gattung.*

*2) Berechnung von $I_1$*

*Man setze wieder $w^2 = (v-e_1)/(v-e_2)$ , dann wird*

$$\mathcal{I}_1 = \frac{2}{\sqrt{e_1-e_3}} \int_0^k \frac{dw}{\sqrt{(1-w^2)(1-k^2w^2)}} \cdot \frac{e_2w^2-e_1}{w^2-1} = \frac{2}{\sqrt{e_1-e_3}} \int_0^k \frac{dw}{\sqrt{(1-w^2)(1-k^2w^2)}} \left[e_1 + (e_1-e_2)\frac{w^2}{1-w^2}\right]$$

*$I_1 = e_1\, I_2 + 2(l_1-l_2)/\sqrt{(l_1-l_2)} \bullet I_3$ (3)*

*Dabei ist:*

$$\mathcal{I}_3 = \int_0^k \frac{w^2\,dw}{(1-w^2)\sqrt{(1-w^2)(1-k^2w^2)}} \qquad \textbf{(3)}$$

*Setzt man $w = \sin\varphi$ so wird, wenn wieder $k = \sin\alpha$:*

$$\mathcal{I}_3 = \int_0^\alpha \frac{\operatorname{tg}^2\varphi \cdot d\varphi}{\sqrt{1-k^2\sin^2\varphi}} = \left[\frac{1}{1-k^2}\operatorname{tg}\varphi \cdot \sqrt{1-k^2\sin^2\varphi}\right]_{\varphi=0}^{\varphi=\alpha} - \frac{1}{1-k^2}\int_0^\alpha \sqrt{1-k^2\sin^2\varphi}\;d\varphi$$

*oder*

$$\mathcal{J}_3 = \frac{k\sqrt{1+k^2}}{1-k^2} - \frac{1}{1-k^2} \cdot E(k,\alpha) \qquad \textbf{(4)}$$

*wo*

$$E(k,\alpha) = \int_0^\alpha \sqrt{1-k^2\sin^2\varphi}\, d\varphi$$

*das Legendresche Integral 2ter Gattung ist.*
*Aus (1) (2) (3)(4) folgt schließlich unter Benutzung von* $k^2 = (1-\varepsilon)/(1+\varepsilon)$

$$\mathcal{J} = 8\left[\frac{1-k^2}{\sqrt{2(1+k^2)}} \cdot F(k,\alpha) - \sqrt{\frac{2}{1+k^2}} \cdot E(k,\alpha) + k\sqrt{2}\right]$$

---

*dabei ist also*

$$\begin{cases} k^2 = \dfrac{1-\varepsilon}{1+\varepsilon} = \dfrac{1-\sqrt{1-\gamma^2}}{1+\sqrt{1-\gamma^2}} \\ k = \sin\alpha \end{cases}$$

*Die Legendreschen Integrale sind in Jahnke-Emde tabelliert.*
*Auf ganz analoge Weise läßt sich auch das Integral*

$$\int_0^{2\pi} \sqrt{1+\sqrt{1-\gamma^2\sin^2\varphi}}\, d\varphi$$

*behandeln.*
*Hoffentlich habe ich mich nicht verrechnet!*

*Alles Gute für Ihr ferneres Ergehen!*
*Mit bestem Gruß*
*Ihr Fritz Reiche*

Stern hat dazu Prüfrechnungen ausgeführt und diese auf dem Originalbrief Reiches zwischen den Formeln handschriftlich vermerkt. Zwei solcher Rechnungen werden hier wiedergegeben:

$$\frac{dw^2}{dv}=\frac{v-e_2-v+e_1}{(v-e_2)^2}=2w\frac{dw}{dv}=2\sqrt{\frac{v-e_1}{v-e_2}}\frac{dw}{dv}=\frac{e_1-e_2}{(v-e_2)^2}$$

$$dv=2\sqrt{\frac{v-e_1}{v-e_2}}\frac{(v-e_2)^2}{e_1-e_2}dw=2\sqrt{(v-e_1)(v-e_2)}\frac{v-e_2}{e_1-e_2}dw,\quad J_2=\int_0^k\frac{2}{\sqrt{v-e_3}}\frac{v-e_2}{e_1-e_2}dw$$

$$w^2v-w^2e_2=v-e_1,\quad v=\frac{w^2e_2-e_1}{w^2-1},\quad v-e_2=\frac{e_2-e_1}{w^2-1}=\frac{e_1-e_2}{1-w^2},\quad J_2=\int_0^k\frac{2}{\sqrt{v-e_3}}\frac{1}{1-w^2}dw$$

$$v-e_3=\frac{w^2(e_2-e_3)+e_3-e_1}{w^2-1},\quad (1-w^2)\sqrt{v-e_3}=\sqrt{(1-w^2)[e_1-e_3-w^2(e_2-e_3)]}$$

$$J=\frac{2}{\sqrt{e_1-e_3}}\int_0^k\frac{dw}{\sqrt{(1-w^2)\left(1-\frac{e_2-e_3}{e_1-e_3}w^2\right)}}=\frac{2}{\sqrt{e_1-e_3}}\int_0^k\frac{dw}{\sqrt{(1-w^2)(1-k^2w^2)}},\quad \frac{e_2-e_3}{e_1-e_3}=\frac{1-\varepsilon}{1+\varepsilon}=k^2$$

$$J=4\int_1^\varepsilon\sqrt{1-u}\,\frac{d\varphi}{du}\,du,\quad \sin^2\varphi=\frac{1-u^2}{\gamma^2},\quad \cos^2\varphi=\frac{\gamma^2-1+u^2}{\gamma^2}=\frac{u^2-\varepsilon^2}{\gamma^2}$$

$$\frac{d\sin^2\varphi}{du}=-\frac{2u}{\gamma^2}=2\sin\varphi\cos\varphi\frac{d\varphi}{du}$$

$$\frac{d\varphi}{du}=-\frac{u}{\gamma^2\sin\varphi\cos\varphi}=-\frac{u}{\sqrt{(1-u^2)(u^2-\varepsilon^2)}}=-\frac{u}{\sqrt{1-u}\sqrt{(1+u)(u+\varepsilon)(u-\varepsilon)}}$$

$$J=-4\int_1^\varepsilon\frac{\sqrt{1-u}\,u\,du}{\sqrt{1-u}\sqrt{(u+\varepsilon)(u-\varepsilon)(u+1)}}=4\int_\varepsilon^1\frac{u\,du}{\sqrt{(u+\varepsilon)(u-\varepsilon)(u+1)}}$$

Standort: [BAL], bk0016n8q8k; Dokumentnummer: **[0075/02.07.1916]**

*Karlsruhe, 2.7.1916*

*Sehr verehrter Herr Kollege!*

*Für die freundliche Übersendung Ihrer wertvollen Arbeit danke ich Ihnen verbindlichst. Ich hatte hatte sie schon mit grossem Interesse gelesen und freue mich sie zu besitzen. Die Theorie der festen Lösungen interessiert mich augenblicklich ganz besonders im Hinblick auf die Behandlung der Gemische von Isotopen.*

*Es ist sehr erfreulich, dass Sie neben Ihren militärischen Pflichten Zeit für wissenschaftliche Arbeit finden. – Bei uns ist es sehr ruhig, meine sämtlichen Mitarbeiter dienen jetzt dem Mars.*

*Mit herzlichen Grüssen* *Ihr sehr ergebener K. Fajans*

Standort: [BAL], bk0016n8m2q; Dokumentnummer: **[0076/05.10.1916]**

*Wien, 5.10.1916*

*Lieber Doktor Stern!*
*Schönsten Dank für Ihren freundlichen Brief sowie für Ihre interessante Arbeit, von der ich ein Exemplar an Herzfeld weitergegeben habe, der Ihnen auch vielmals danken läßt. Der Grund, warum ihn Ihre erste Sendung nicht erreicht hat, liegt vermutlich darin, daß er programmwidrig eine Malaria bekommen hat, infolge dessen in Wien blieb und auch jetzt noch zur Erholung einige Wochen hier sein dürfte. Es geht ihm zum Glück dank seiner kräftigen Konstitution schon ganz gut. Er wird Ihnen demnächst wohl selber schreiben.*
*Besonders interessiert und erfreut hat mich in Ihrem Brief die Mitteilung, daß Sie sich mit dem Isotopenproblem beschäftigen. Ich glaube, Sie tun sehr recht daran, es muß für einen Theoretiker da viel zu holen sein. Ich würde sehr gerne mit Ihnen einmal darüber sprechen, wenn ich auch glaube, daß Sie alle Daten, die hier in Betracht kommen, kennen und ich Ihnen ja sonst nichts nützen kann. In hoffentlich kurzer Zeit wird es aber etwas Neues und wie ich denke Wichtiges geben und ich werde nicht versäumen, Sie gleich davon in Kenntnis zu setzen. Worum es sich handelt, kann ich Ihnen schon jetzt sagen, bitte Sie aber, puncto Weitererzählung vorsichtig zu sein, da manche in dieser Beziehung sehr ängstlich sind und es sich um eine fremde Arbeit handelt. Die Sache ist die, daß Kammerlingh Onnes von Hönigschmid eine Probe seines Uranbleies (Atomge.[wicht] 206,0) bekommen hat und nun mit diesem und gewöhnlichem Blei vergleichende Untersuchungen bei sehr tiefen Temperaturen - - zunächst über Ultraleitfähigkeit - - anstellen wird. Ich glaube, die Resultate müßten, wie immer sie ausfallen, für Ihre Überlegungen wichtig sein, sowie wir selber sie erfahren.*
*In den letzten Tagen habe ich mit der Möglichkeit gerechnet, von Wien fortzukommen, doch hat sich die Angelegenheit dann so geordnet, daß ich weiter bei meiner bisherigen militärischen Tätigkeit hier belassen werde.*
*Ich hoffe, es geht Ihnen gesundheitlich und auch was die Stimmung betrifft weiter gut und der Dienst läßt Ihnen auch etwas Zeit für Ihre Privatinteressen. Bitte lassen Sie wieder einmal etwas von sich hören!*
*Es grüßt Sie herzlichst Ihr Fritz Paneth*

Standort: [BAL], bk0016n8r5f; Dokumentnummer: **[0078/15.11.1916]**

*15.11.1916*

*Lieber Herr Doktor!*
*Verzeihen Sie mir, bitte, daß ich Ihnen erst jetzt schreibe. Ich danke Ihnen vielmals für Ihren Brief und Ihr Separatum. Gleichzeitig schicke ich Ihnen meine Separata und möchte Sie auf folgendes aufmerksam machen. I. In der Annalenarbeit Seite 275 direkte statistische Berechnung der Dissoziationskonstanten des Elektronengases; sie ergibt sich bis auf den Zahlenfaktor 3 gleich Ihrer quantentheoretischen (quasi elastischen). II. Möchte ich sehr gern Ihr Näheres Urteil über die Elektronenarbeit hören, da sich aus I ergibt, daß die Anwendung der Dissoziationsformel keinen Bedenken unterliegt und daher die Nichtübereinstimmung ganz unerklärlich ist.*

*Ich selbst war, wie Sie ja wissen, seit Jänner 1916 auf dem Balkan, habe Lov'cen*[19] *und Montenegro mitgemacht und war dann in Nordalbanien. Anfangs ganz interessant, wurde später die Untätigkeit sehr fad. Einige Bilder schließe ich bei. In Albanien habe ich mir Malaria geholt, kam im August nach Wien ins Spital und dann nach einem Schulungsurlaub zu meiner Ersatzkompanie, die glücklicherweise in Wien ist. Da bin ich nun seit etwa 14 Tagen und warte auf mein erneutes Abgehen ins Feld, das hoffentlich bald kommt. Von Bekannten kann ich Ihnen nicht viel schreiben, Schrödinger ist am Isonzo, Thirring arbeitet hier fürs Militär, Frank ist in Prag. Herr Kern ist leider vor einem Jahr am italienischen Kriegsschauplatz gefallen.*
*Ihnen geht es hoffentlich gut. Wann gehen Sie wieder auf Urlaub? Was treiben Sie jetzt physikalisch? Ich beschäftige mich, allerdings bisher resultatlos, mit Bohr.*
*Lassen Sie bald wieder von sich hören.*
*Viele herzliche Grüße Ihr Herzfeld*

Standort: [BAL], bk0016n8p82; Dokumentnummer: **[0096/28.04.1920]**

*Natuurkundig Laboratorium*
*DER RIJKS-UNIVERSITEIT TR*
*LEIDEN*

*Leiden, 28.IV. 1920*

*Antwoord op schrijven van:*
*Bijlagen:*
*Lieber Herr Stern!*
*Es wäre mir sehr lieb wenn Sie die beiliegende Notiz durchsehen wollten. Es ist möglich, dass Sie auf Grund Ihrer Erfahrungen auf diesem Gebiet unmittelbar große Bedenken gegen unser Resultat haben müssen. Falls dies der Fall ist bitte ich u Ihre diesbezügliche Bemerkungen. Andernfalls bitte ich Sie die Notiz an einen der rascher publizierenden deutschen physikalischen Zeitschriften (Physik. Zschr oder Zschr f. Physik?) durchzusenden.*
*Sikal (?) ist ein tschechischer junger Physiker der etwas arbeiten wollte. Da haben wir noch einmal die quantentheor. Ableitung der chemische Constanten durchgedacht mit folgender Absicht*
*1.) Allein mit Gasen arbeiten- nicht feste Körper heranziehen- (wir betrachteten direct ein Gasgemisch das durch Dissozation seine Molekülzahlen verändern kann)*
*2.) dennoch die „N!"-Seite der Rechnung von aller Mystik frei zu halten.-*
*Wir haben die Sache in der Amsterdamer Akademie publiziert- Falls Sie holländisch lesen können möchte ich Ihnen sehr gerne den Correcturbogen (Separata haben wir noch nicht) zusenden. Denn es wäre mir sehr lieb zu wissen ob Ihnen unsere Rechnungsweise zusagt.*
*Wir erhalten für das „$\gamma$-Gewicht" (entsprechend dem Boltzmann'schen Volumen im Phasenraum des gesamt. Systems) eines bestimmten Dissozationszustandes folgenden Ausdruck:*

[19] Der Lov'cen ist das Hauptgebirge Montenegros.

$$\frac{X!\,Y!\,Z!}{N_1!\,N_2!\cdots N_j!\;\sigma_1^{N_1}\sigma_2^{N_2}\cdots\sigma_j^{N_j}}\cdot h^{3(X+Y+Z)}\cdot V^{N}\cdot$$

$$\cdot\frac{1}{\Gamma\left(\frac{F}{2}\right)}\left(\sqrt{2K\pi}\right)^{F}\prod_{1}^{j}\left(\alpha_i\, h^{-f_i}\right)^{N_i}$$

($\Gamma$ Function)

• *hierin: V Volumen des Gefäßes, X,Y,Z Anzahl Atome 3er (Beispiel) verschiedener Elemente aus denen sich* $N_1$, $N_2$, $N_3$, ..... $N_j$, *Moleküle verschiedener Art geformt haben.-fi = 3,5,6, je nachdem die betreffende Molekülsorte 1,2 oder mehratomig sind (innere Bewegung der Atome im Molekül vernachlässigt),* $\sigma i$ *die Symmetriezahl* $N=\sum N_i$, $F=\sum N_i f_i$, *K die gesamte kinetische Energie (Transl u. Rot.) (Translation und Rotation) der Moleküle,*

$$\alpha_i = 4\pi\cdot 2\pi\sqrt{M_i^3 J_{1i}J_{2i}J_{3i}}$$
$$= 4\pi\cdot\sqrt{M_i^3 J^2}$$
$$= \sqrt{M_i^3}$$

*für mehr, 2, 1 atom Moleküle*

*Wir hoffen den combinatorischen Faktor vollkommen unmystisch sichergestellt zu haben.*
*Ich danke Ihnen sehr für die Separata. Bei flüchtiger Durchsicht war mir sehr interessant zu sehen, dass Ihr die Kanten A und die Ecken Energie herausbekommt.*
*Beste Grüße*

*Ihr P. Ehrenfest*

*Das durch Born erschlossene ist ungemein interessant. - In der erstkommenden Zeit werde ich trachten es gut zu verstehen.- Wie kommt es dass Madelung so wenig Anerkennung findet??*

(handgeschrieben)

Standort: [BAL], bk0016n8p82; Dokumentnummer: **[0098/11.05.1920]**

*Lieber Herr Stern!*
*Ich danke Ihnen sehr für den raschen Antwortbrief auf meinen Brief. - Bitte werfen Sie jenes Manusscript möglichst geschwinde in den Papierkorb. - Es ist mir in der That entgangen dass bei Tetrode die Sache schon steht. - Übrigens kam glücklich Ihr Brief noch früh genug, dass ich die nöthigen Änderungen im Korrekturbogen anbringen konnte (wobei ich noch einen anderen Bock - den ich geschossen hatte-bemerkte und aus dem Weg räumte). Die Bedenken, die Sie gegen die Symmetriezahlen* $\sigma_i$ *vorbringen sind ja in der That sehr interessant wie das noch einmal sich*

*aufklären wird. Aber Einstein (der momentan hier ist) glaubt doch auch an die $\sigma_i$ in den chemischen Constanten. Also habe ich's so gelassen.- Jedenfalls aber sehr, sehr vielen Dank für Ihre Hilfe!*
*Noch eine Bitte, das Fräulein D = M.J. van Leamwen (?) (Doctoriert bei Lorentz) für Passvisum sich auf Sie als Referenz beruft. Erinnern Sie sich noch Sie in Zürich 1913 gesehen zu haben?// Arbeiten Ihnen und Volmer habe ich erhalten; Fokker ist in Arosa Waldsanatorium*
*Tetrode Amsterdam Herrengracht 526*
*Beste Grüße P.Ehrenfest Leiden*
(handgeschrieben)

Standort: [BAL], bk0016n8w62; Dokumentnummer: **[0105/19.10.1920]**
*Berlin-Grunewald, 19.10.1920*
*Sehr verehrter Herr Kollege!*
*Herr Born hat mich soeben darauf aufmerksam gemacht, daß ich in meinem Nobel-Vortrag versäumt habe, Ihren Namen vor demjenigen von Tetrode zu nennen (S. 20). Es versteht sich, daß mir dieses Versehen leid tut, und ich werde dafür sorgen, daß bei nächster Gelegenheit, nämlich in der neuen Auflage meiner Wärmestrahlung, Ihre Priorität deutlich zum Ausdruck kommt, ebenso wie auch Ihr Verdienst um die Aufstellung des Satzes, daß die Entropiekonstante einer kondensierten Lösung gleich Null ist.*
*Mit bestem Gruß Ihr ergebener*
*Planck*

Ab 01.01.1923 war Stern in Hamburg Professor und hat mit dem dortigen Astronomen Walter Baade auch astronomische Fragen besprochen.

Standort: [BAL], bk0016n8n27; Dokumentnummer: **[0140/21.09.1925]**
*Baade an Stern*
*Bergedorf, 21.9.1925*
*Sehr geehrter Herr Professor!*
*Anbei die gewünschten Daten:*

*I.) Dichte in der Umgebung unserer Sonne (innerhalb einer Kugel von 33 Lichtjahren Radius)*
*Totale Masse pro cubic parsec: 0.043 Sonnenmassen*
*[1 parsec = $6.18 \cdot 10^{18}$ cm; Masse der Sonne: $2 \cdot 10^{33}$ gr]*
*Daraus mittlere Dichte:*
*A) $\rho = 2 \cdot 10^{-25}$ gr/cm$^3$*

*II.) Mittlere Dichte in unserem Milchstrassensystem*
*Die Zahl der Sterne in unserem System ist nach den Untersuchungen von Seares[20] und van Rhijn[21] ziemlich gut bekannt und wird zu $3.6 \cdot 10^{10}$ angegeben.*

[20] Frederick Hanley Seares (1873–1964), US-amerikanischer Astronom.
[21] Pieter Johannes van Rhijn (1886–1960), niederländischer Astronom.

a) *Nach den Untersuchungen von Kapteyn*[22] *liegt die Hälfte dieser Sterne in einem Rotationsellipsoid mit den grossen Axen $a = b = 39000$ parsec. Daraus ergibt sich:*

B) $\underline{\rho = 8.2 \cdot 10^{-27}}$ *gr/cm*$^3$

b) *Shapley*[23] *gibt die Dimensionen unseres Milchstrassensystems: $a = b\ 0\ 50000$ parsec, $c = 4400$ parsec. Daraus:*

C) $\underline{\rho = 1 \cdot 10}^{-26}$ *gr/cm*$^3$

III.) *Dichte im intergalaktischen Raum (wenn man die Massen der Milchstrassensysteme und Spiralnebel gleichmässig über den Weltraum verteilt).*
*Da der nächste Spiralnebel (Andromedanebel) $10^6$ Licht-Jahre entfernt ist; verteile ich die Sterne unseres Milchstrassensystems jetzt über eine Kugel mit $5 \cdot 10^5$ Lichtjahren Radius. Es ergibt sich:*

D) $\underline{\rho = 2 \cdot 10^{-29}\ gr/cm^3}$

IV.) *Strahlungsdichte in unserem Milchstrassensystem*
*Nach van Rhijn und Sesterna ist die gesamte aus dem Raum zu uns gelangende Strahlung der Sterne aequivalent 1440 Sternen 1. Grösse. Daraus ergibt sich als Strahlungsdichte in unserem Milchstrassensystem (Umgebung unserer Sonne):*

$$J = 4 \cdot 10^{-2}\ erg/cm^2\ sec$$

*d. h. eine Kugel von 1 cm$^2$ Oberfläche passieren in der Secunde $4 \cdot 10^{-2}$ erg in Form von Strahlung.*

---------------------------

*Leider kann ich die Strahlungsdichte im Raum zwischen den Spiralnebeln nicht so schnell ausrechnen, da ich mir das Material erst einzeln zusammensuchen muss.*
*Ich glaube, dass die Dichtewerte für unser Milchstrassensystem der Grössenordnung nach ganz gut getroffen sind.*

*B) u. C) geben $\rho = 10^{-26}$ gr/cm$^3$ für die durchschnittl. Dichte in unserem System; dass wir in der Umgebung unserer Sonne $10^{-25}$ gr/cm$^3$ erhalten, ist auch in Ordnung, da unsere Sonne in einem dichteren Sternhaufen, das sogen. „lokale System" eingebettet ist. Die innere Übereinstimmung der beiden Gruppen sieht ganz plausibel aus. Wie weit der Wert für die Strahlungsdichte stimmt, kann ich nicht sicher beurteilen; die Resultate von van Rhijn und Sutema unter sich stimmen bis auf 6 % überein, aber sind nach derselben Methode erhalten. Jedenfalls dürfte das*

[22] Jacob Cornelius Kapteyn (1851–1922), niederländischer Astronom.
[23] Harlow Shapley (1885–1972), US-amerikanischer Astronom.

*Resultat der Grössenordnung nach richtig sein, wie aus anderen Untersuchungen hervorgeht.*
*Ich bin gespannt, wie diese Daten in Ihren Kram passen.*
*Mit besten Grüssen Ihr sehr ergebener Walter Baade*

Interessant ist auch der Briefkontakt im Jahre 1928 mit Polanyi.

Standort: [ULC], Polanyi, Michael. Papers, Dokumentnummer: **[0158/10.10.1928]**

*Hamburg, 10.10.1928*

*Sehr geehrter Herr Kollege,*
*ich war leider 14 Tage verreist und fand Ihr Schreiben erst gestern bei meiner Rückkehr vor. Zur Arbeit des Herrn Dr. Wigner möchte ich mir folgende Bemerkungen erlauben:*

1.) *Ich gebe ihm vollständig recht, wenn er die allzu starke Idealisierung bei meinem Modell rügt. Doch hat ja Tetrode meine Ableitung in eine, mir unverständliche, völlig einwandfreie Form gebracht.*
2.) *Ich bin nicht einverstanden mit seiner Beurteilung der prinzipiellen Bedeutung der vorgefundenen Methoden. Das Wesentliche bei meiner, resp. der Tetrodeschen Ableitung ist, daß überhaupt keine Quantenstatistik benutzt wird, sondern die Molekulartheorie nur im klassischen Gebiet bei hohen Temperaturen benutzt wird, wo über ihre Anwendbarkeit kein Zweifel möglich ist. Die Quanten ihrerseits kommen nur in der Form der spez. Wärmeformel vor. Die man ebenfalls als ganz gesichert (experimentell!) ansehen muß. Deshalb scheint mir diese Art der Ableitung prinzipiell den Vorzug vor jeder die Quantenstatistik benutzenden zu verdienen (vgl. H.A. Lorentz zitiert bei Tetrode).*
3.) *Nullpunktsenergie muß man durchaus nicht annehmen (vgl. mein Referat in der Z. f. Elektroch.). Wenn man es nicht tun will, gilt halt die Näherung der klassischen Theorie nicht bei etwas höheren Temperaturen. Dieser Punkt – der bei den statistischen Ableitungen nur versteckter liegt – scheint mir übrigens nicht nebensächlich.*
4.) *Die Begründung des Faktors N! findet sich bei Tetrode bereits in genau der gleichen Weise (wie bei Herrn Wigner). Die Arbeit scheint mir daher keinen wesentlichen Fortschritt gegenüber der schon sehr umfangreichen Literatur (das N! wird nachgerade eine Katastrophe!) zu bringen. Doch ist so ein Werturteil natürlich immer subjektiv.*
*Die Reaktionsgeschwindigkeitsarbeit ist famos; ich erlaube mir einen aufrichtigen Glückwunsch.*
*Mit den besten Grüßen Ihr sehr ergebener Otto Stern*

In Hamburg hat Otto Stern seine Diskussionen über Entropie mit seinen dortigen Kollegen fortgesetzt. Wie er im Züricher Interview [JOST1961] bemerkt, hat er fast jeden Tag mit Wolfgang Pauli beim Mittagessen über Entropie diskutiert. Nach Paulis Wechsel nach Zürich wurde diese Diskussion zwischen Stern und Pauli per Brief fortgesetzt.

Die beiden folgenden Briefe [0166/06.05.1929] und [0169/29.05.1929] Paulis an Stern behandeln Fragen des chemischen Gleichgewichts in Systemen mit adiabatisch agierenden permeablen Wänden unter der Einwirkung von äußeren Kräften. Für den physikalisch gebildeten Leser ist es tröstlich zu sehen, dass selbst ein Pauli sich mit der Beschreibung eines chemischen Gleichgewichts schwer tut.

Standort: [BAL], bk0016n8w4z; Dokumentnummer: **[0166/06.05.1929]**

*Thermodynamischer Fragekasten. Mitteilung Nr. 1* [24,25] *Zürich, 6.5.1929*

*Lieber Herr Stern!*

*Ich möchte Ihnen heute gerne eine Definition für adiabatische Wände zur Sanktionierung vorlegen. Sie sagten mir hier in Zürich, daß man auf Schwierigkeiten stößt, wenn man Gebilde betrachtet, zwischen denen Fernkräfte mit temperaturabhängiger Wirkung vorhanden sind (z. B. Wechselwirkung zwischen einem magnetischen Eisenstück und einem paramagnetischen Gas mit temperaturabhängiger Suszeptibilität). Nach einiger Überlegung glaube ich aber jetzt, daß solche Schwierigkeiten nicht auftreten. Ohne den Begriff „Wärme" (im Gegensatz zu „Arbeit") vorauszusetzen, stelle ich folgende Definition auf, die nur voraussetzt, daß Gleichheit (oder Ungleichheit) der Temperaturen zweier Systeme festgestellt werden kann und daß es Gleichgewichtszustände gibt, bei denen alle Zustandsvariablen zeitlich konstant sind (Schwankungsphänomene werden ignoriert).*

*Die Trennung zweier Systeme (etwa durch eine Wand) heißt adiabatisch, wenn diese Systeme beide im Gleichgewicht sein können (das heißt, wenn ihr Zustand zeitlich konstant sein kann), ohne daß ihre Temperaturen übereinstimmen.*

*Durch Bewegen von Wänden oder Änderungen von Kraftfeldern kann dann immer noch Arbeit an einem System auf Kosten des anderen geleistet werden. Ob eine Variation der Temperatur des einen Systems nach sich zieht, ist unwesentlich und gleichgültig (es wird im allgemeinen durchaus der Fall sein, sogar wenn keine Fernkräfte wirksam sind). – Die Bewegungen der Wände und Änderungen der Kraftfelder müssen unendlich langsam sein, um Bewegungen innerhalb der Teile eines Systems (die zu Reibungswärme Anlaß geben würden) auszuschließen. Das von der Definition verlangte Gleichgewicht, ohne Temperaturgleichheit der Systeme, muß bei jeder Lage der Wände oder Stärke der Wechselwirkung durch Fernkräfte, die im Laufe des adiabatischen Prozesses verwendet werden, möglich sein.*

*Ich möchte nun gerne von Ihnen wissen, ob Sie bei dieser Definition (im Falle von Fernkräften oder sonstigen ausgefallenen Sachen) noch irgendwelche Schwierigkeiten oder Haken finden. Trotz meiner größten Bemühungen, der phänomenologischen Thermodynamik ein Bein zu stellen, konnte ich bis jetzt keine finden!*

*Schreiben Sie mir, bitte, entweder bloß auf einer Postkarte das Wort sanktioniert oder teilen Sie irgendjemandem, der zuverlässig und schreiblustig ist, zwecks Wei-*

[24] Veröffentlicht in: [MEYENN1993], Brief [221a].

[25] Wolfgang Pauli hielt im Sommersemester 1929 eine Vorlesung über Thermodynamik. In seiner Vorlesung behandelte er auch die Theorie der chemischen Gleichgewichte, die Thema des vorliegenden Briefes ist.

*tergabe der Mitteilung an mich Ihre resistierenden Bedenken mit. Sie schreiben ja wohl nicht etwas Längeres!*
*Mit kleineren Fragen will ich Sie schriftlich nicht belästigen. Mein thermodynamischer Idealismus ist so weit gestiegen, daß ich mir das eben erschienene Buch von Schottky*[26] *gekauft habe! (allerdings habe ich bei Springer Autorenpreise, sonst hätte mein Idealismus doch nicht ausgereicht!) – Gelesen habe ich darin aber noch nicht, will es in den nächsten Tagen tun. Ich hoffe, daß die persönliche Eigenart dieses Verfassers, beliebig großen Scharfsinn seiner Äußerungen mit ihrer beliebig großen Langweiligkeit vereinbaren zu können, in dem Buch nicht allzu stark zur Geltung gekommen ist.*
*Viele Grüße an Sie, Lenz, und alle Hamburger Physiker von Ihrem W. Pauli*

Standort: [BAL], bk0016n8w4z; Dokumentnummer: **[0169/29.05.1929]**
*Thermodynamischer Fragekasten Nr. 2*[27] *Zürich, 29. Mai 1929*

*Lieber Herr Stern!*
*Ich bin wieder in großen Nöten mit der Thermodynamik und zwar mit der Theorie des chemischen Gleichgewichtes in idealen Gasen. Eine Auskunft von Ihnen könnte mich trösten, aber ich weiß ja, daß Sie keine Briefe schreiben. Können Sie nicht irgend jemanden damit beauftragen?*
*Keine Herleitung der Gesetze des chemischen Gleichgewichtes von Gasen, die ich in den Büchern gefunden habe, konnte mich befriedigen. Gegen semipermeable Wände habe ich keine Bedenken, weil ich weiß, daß sie stets durch räumlich ausgedehnte Kraftfelder ersetzt werden können. Deshalb finde ich für Reaktionen vom Typus* $\nu_1 A + \nu_2 B = \nu_3 C + \nu_4 D$ *den van't Hoffschen Gleichgewichtskasten schön. Man kann dann wirklich* $\nu_1$ *Mole A und* $\nu_2$ *Mole B mit den im Kasten herrschenden Partialdrucken zuführen und gleichzeitig* $\nu_3$ *Mole C und* $\nu_4$ *Mole D aus dem Kasten entfernen (mittels semipermeabler Wände), ohne das Gleichgewicht im Kasten zu stören.*
*Leider kann man das aber nicht mehr bei Reaktionen vom Typus* $\nu_1 A + \nu_2 B = \nu_3 C$ *oder gar* $\nu_1 A = \nu_2 B$.
*Beispiel:* $H_2 + J_2 = 2HJ$ .
*Denn der mittels der semipermeablen Wand entfernte HJ wird gar nicht beständig sein, er wird sofort wieder in* $H_2$ *und* $J_2$ *(teilweise) zerfallen bis das Gleichgewicht erreicht ist und nicht warten, bis van't Hoff mit seinem reversiblen Kreisprozeß fertig geworden ist.*
*Viele Autoren (auch Schottky), versuchen sich an dieser Stelle dadurch zu helfen, daß sie sagen, man könne (z. B. durch Zusatz von geeigneten Dekatalysatoren) die Reaktion in dem Gefäß mit dem HJ stoppen (bzw. man betrachtet Reaktionen, die wie die Knallgasreaktion überhaupt nur bei Anwesenheit von Katalysatoren eintre-*

[26] Walter Schottky, Thermodynamik: Die Lehre von den Kreisprozessen, den physikalischen und chemischen Veränderungen und Gleichgewichten; eine Hinführung zu den thermodynamischen Problemen unserer Kraft- und Stoffwirtschaft, Berlin: Springer 1929.
[27] Veröffentlicht in: [MEYENN1993], Brief [225a].

*ten). Es ist mir aber nicht gelungen, meine hierbei auftretenden Hemmungen auf die von mir studierten Objekte zu übertragen.+ Es mag ja diese Möglichkeit, Reaktionen zu stoppen, manchmal vorliegen, sie ist aber sicher nicht allgemein gültig und vor allem weiß ich aus molekular statistischen Überlegungen, daß die Richtigkeit der Endformeln für das chemische Gleichgewicht gar nicht von der Existenz von Katalysatoren oder Dekatalysatoren abhängt. In Wirklichkeit kommt es nur darauf an, daß es einen Sinn hat, von den Partialdrucken der Teilgase zu sprechen und sie zu messen und darauf, daß jedes der verschiedenen Gase sich gegenüber äußeren Kraftfeldern und Wänden so benimmt, als ob die übrigen nicht da wären.*

*+ Diesen Satz müssen Sie dem Vorstand des Institutes für psychologische Physik vorlegen. Die Terminologie ist „verschottkyt" (er spricht immer von gehemmten Systemen).*

*Diese Voraussetzung kann aber, soviel ich sehe, durchaus erfüllt sein, ohne daß es möglich ist, den van't Hoff'schen Kreisprozeß durchzuführen. – Wenn ich z. B. die Dissoziation von Joddampf betrachte: $J_2 \leftrightarrow 2J$, so kann ich doch wirklich die Jodmoleküle (bzw. Jodatome) hinter der semipermeablen Wand auf keine Weise verhindern, sofort zu dissoziieren (bzw. zu assoziieren)!*

*Ich komme nun zu einer zweiten Methode, wie man die Formeln für das chemische Gleichgewicht ableiten könnte, nämlich mit Zuhilfenahme äußerer Kraftfelder (im Falle der Joddissoziation genügt das Schwerefeld). Diese Methode scheint sehr vielversprechend und ich kann mich erinnern, daß Lenz sie in einem Spezialkolleg, das ich bei ihm gehört habe, gebraucht hat. Dieser Teil meines Briefes ist also auch an Lenz gerichtet (die übrigen Teile natürlich auch, aber dieser besonders), und ich möchte Sie bitten, ihn ihm zu zeigen. An einem Punkt fehlt mir aber ein Glied in der logischen Schlußkette. Es handelt sich um folgenden Satz:*

*„Ich habe einen geschlossenen Kasten mit Joddampf bei bestimmter Temperatur und Gleichgewicht zwischen Molekülen und Atomen. Wenn ich diesen Kasten verschlossen bei konstant bleibender Temperatur in große Höhe bringe, so ändert sich die Gleichgewichtskonzentration der Moleküle relativ zu den Atomen im Kasten nicht." Wenn ich diesen Satz ohne Molekültheorie (man sagt dann: „rein thermodynamisch") beweisen könnte, dann könnte ich auch die Gleichgewichtsformeln herleiten. Ich würde gerne wissen, ob Lenz einen Beweis des Satzes kennt. – Damit deutlich wird, warum ich den Satz nicht für trivial halte, will ich einen Fall vorführen, wo ein analoger Satz nicht gilt. – Gott sei Dank habe ich außer den beiden Hauptsätzen der Thermodynamik noch andere physikalische Kenntnisse. So weiß ich z. B., daß J-Atome paramagnetisch, dagegen $J_2$-Moleküle diamagnetisch sind. Infolgedessen komme ich auf die Idee, statt des Schwerefeldes ein inhomogenes Magnetfeld zu benützen, um J und $J_2$ zu trennen. Wenn Sie in dem oben in Anführungszeichen stehenden Satz die Worte „in großer Höhe" ersetzen durch „von Stellen, wo kein äußeres Magnetfeld vorhanden ist, nach Stellen, wo eine beträchtliche magnetische Feldstärke herrscht", so wird der Satz falsch. Die Gleichgewichtskonzentration wird sich dann ändern. Auf Grund molekulartheoretischer Überlegungen ist mir das ganz klar; ich weiß auch, warum in dem einen Fall der Satz richtig ist und im anderen Fall nicht. Was ich von Ihnen oder Lenz gerne haben möchte, ist*

*eine einwandfreie „rein" thermodynamische Begründung dafür. Ich wäre sehr froh, wenn eine solche Begründung möglich wäre.*
*Nun kommt die dritte Methode zur Herleitung der Gleichgewichtsformeln: die Gibbssche Methode der Variation der thermodynamischen Funktionen. Ich finde diese Methode sehr genial und witzig, finde in ihr aber im Grunde dieselbe Schwierigkeit wie beim van't Hoffschen Kreisprozeß. Es scheint mir sicher, daß die Entropie von Nicht-Gleichgewichtszuständen auf rein thermodynamischem Weg im allgemeinen (d. h. in dem Umfang, in welchem Gibbs bei den Anwendungen hinterher von ihr Gebrauch macht) nicht definiert werden kann.*
*Es ist z. B. nicht möglich, einen Zustand, in welchem bei gegebenem V und T die relativen Konzentrationen von $J_2$ und J von den Gleichgewichtswerten abweichen, auf einem reversiblen Weg herzustellen und das $\int dQ/T$ bei einem solchen Prozeß zu bestimmen. Dazu sind solche Zustände zu unbeständig, man hat für die Ausführung der Prozesse eine so begrenzte Zeit zur Verfügung, daß man sie nicht reversibel leiten kann und irreversible Nebeneffekte prinzipiell unvermeidlich sind; ja, es hört dann sogar die Unterscheidbarkeit von Wärme und Arbeit auf.*
*Die Überzeugung von der Richtigkeit der mittels der Gibbsschen Methode gewonnenen Resultate muß sich nach meiner Meinung vielmehr darauf stützen, daß es für die Nichtgleichgewichtszustände, ganz unabhängig von der Möglichkeit ein $\int dQ/T$ zu messen, auf andere Weise möglich ist, eine Entropiefunktion zu definieren, nämlich als Logarithmus des Volumens im Phasenraum, und daß man von der so molekulartheoretisch definierten Funktion zeigen (oder plausibel machen) kann, daß sie (wenigstens im statistischen Mittel) zunimmt – woraus dann die Gibbsschen Gleichgewichtsbedingungen folgen. (Man wird wohl auch kaum in der Vermutung fehl gehen, daß Gibbs selber auf diese Weise zu seiner Methode gekommen ist.) – Auch hier müssen die Phänomenologiker (wenn sie ehrlich sind) die Ausflucht gebrauchen, man könne durch geeignete Zaubermittel solche Nichtgleichgewichtszustände doch immer hinreichend lang konservieren$^+$, bis sie mit ihren reversiblen Prozessen und der Messung von $\int dQ/T$ fertig geworden sind. Wie gesagt, das mag in manchen Fällen wirklich wahr sein, aber ich halte die Voraussetzung für unsachlich, weil in Wahrheit die Resultate von ihr gar nicht abhängen können und sie nur in relativ seltenen Fällen zufällig erfüllt ist.*
*Ich weiß, daß Sie Briefe nicht nur im allgemeinen nicht beantworten, sondern sogar so lange Briefe wie diesen nicht einmal lesen. Falls Sie es doch tun sollten, haben Sie vielleicht den Trost, sich wenigstens gut zu amüsieren. Und wenn Sie ihn nicht beantworten, so fügen Sie wenigstens in Ihren täglichen Gebeten zu Ihren thermodynamischen Göttern und Heiligen (die Arbeit von Wärme unterscheiden können) den Wunsch hinzu, Sie mögen mich, den Ungläubigen mit Gnade erfüllen und der heilige Geist möge auf einem reversiblen Weg auf mich herabkommen, obwohl sich meine Seele stets in einem Nicht-Gleichgewichtszustand befindet! Und senden sie mir bald zur Erbauung die heilige Schrift der Ausarbeitung Ihrer Predigten über das Nernstsche Wärmetheorem vom Evangelisten Jensen[28]!*

[28] Der deutsche Physiker und Nobelpreisträger Hans Daniel Jensen (1907–1973) war damals Student an der Hamburger Universität. Seine Doktorarbeit schrieb er bei Wilhelm Lenz.

*+ Noch gibt es keine phänomenologischen Museen, wo einatomiges Jod bei tiefen Temperaturen in Spiritus aufbewahrt, den thermodynamischen Gläubigen vordemonstriert wird!*
*Zum Schlusse möchte ich doch noch einige Lobsprüche über das Schottkysche Buch hinzufügen*[29]*. Zwar scheinen mir die von ihm eingeschlagenen Wege nicht immer natürlich (namentlich die fiktiven Hemmungen, sowie das absichtliche Unterlassen der Betrachtung von Systemen in äußeren Kraftfeldern; die Angst vor inhomogenen Systemen, weil man dann den bürokratischen Phasenbegriff nicht anwenden kann, ist ein formaler Spleen), aber immer ist alles vollkommen ehrlich mit zuverlässiger Gründlichkeit logisch einwandfrei durchüberlegt. Verglichen mit der kleinlichen glatten Verlogenheit des Buches von Planck und der großzügigen, genialen Hinterlist von Gibbs ist die Lektüre im Buche von Schottky eine reine Wohltat!*
*In der Hoffnung auf ein huldvolles Lebenszeichen grüßt Sie, Lenz und die ganze Hamburger Physik. Ihr an der Thermodynamik beinahe verzweifelnder*

*W. Pauli*

Auch nachdem Stern in die USA emigriert war, war er als anerkannter Experte der Thermodynamik gefragt. Der Brief Einsteins vom 06.10.1937 zeigt, dass Stern noch 1937 mit Einstein über Fragen der Thermodynamik diskutiert haben muss. Einstein sieht in Stern einen Ratgeber in Fragen zur Thermodynamik. Im Brief vom 06.10.1937 beschrieb Einstein ein Experiment zum osmotischen Druck und stellte einen Widerspruch zum Nernst'schen Theorem und zur Quantentheorie fest. Er bittet Stern um Aufklärung.

Standort: [EIN] CPAE8, Doc. 12, Dokumentnummer: **[0541/06.10.1937]**

*Princeton, 6.10.1937*

*Lieber Stern!*
*Unser Gespräch neulich liess eine Diskussion in meiner Erinnerung dunkel auftauchen, die wir vor vielen Jahren hatten. Sie bezog sich auf die Beziehung zwischen Nernst'schem Theorem und Quantentheorie im Zusammenhang mit dem Gesetz des osmotischen Druckes.*

*System: Verdünnte Lösung mit durch Kolben variierbarem Lösungs-Volumen.*

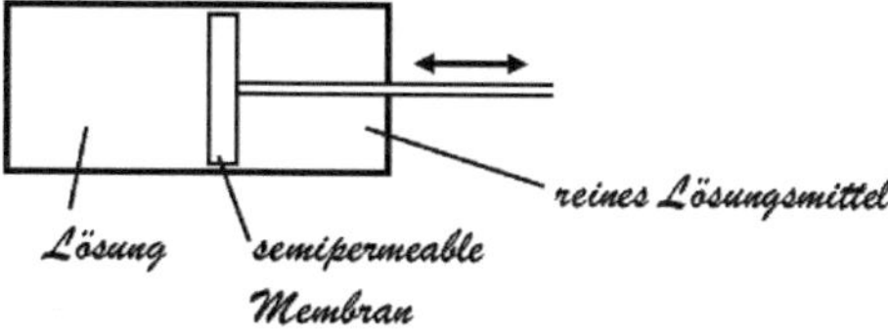


*Für hohe Temperaturen gilt für den Druck auf den Kolben auf das Gesetz des osmotischen Druckes* $p = (R'\,\Gamma)/V_E$ *(1)*

[29] Siehe den Brief von Pauli an Stern vom 06.05.1929.

*Wenn man dann die Energie $V_E$ des Systems als von V unabhängig annimmt, so fühlt man sich genötigt, die Energie des Systems als von V unabhängig anzunehmen, ebenso die spezifische Wärme.*

$$dE = C\alpha T \text{ (C von T allein abhängig)}$$
$$dG = dE + pdV \quad (2)$$
$$= CdT + RTdV/V$$
$$dS = dG/T = (C/T)dT + R\,dV/V$$

*Für isothermen Vorgang:*

$$S_1 - S_2 = RlgV/V_E \text{ (unabhängig von Temperatur)}$$

*Dies widerspricht dem Nernst'schen Theorem (wenn man auf T = 0 extrapoliert). Wir haben aber allen Grund, das Nernst'sche Theorem für richtig zu halten. ~~Welche Voraussetzungen müssen aufgegeben werden?~~ Wie ist dies aufzuklären?*

*Man ist geneigt zu erwarten, dass die Wärmekapazität desto weniger von V abhängt, je ähnlicher die Moleküle der gelösten Substanz denen des Lösungsmittels sind. Wenigstens muss man erwarten, dass eine Abhängigkeit des C von V bei umso tieferen Temperaturen einsetzt. Man wird also versuchen, anzunehmen, dass (1) bei tiefen Temperaturen. Man hat immer noch*

$$dG = Cdt + pdV$$
$$dS = C/TdT + p/TdV$$

*Hieraus* $(p/T)_{,S} = (E/T)_{,v} = 0 \; p/T = \psi(V)$

*Dies kommt aber auf (1) hinaus, weil für grosse Temperaturen $\psi(V) = R/V$ ist.*

*~~C ist also nicht unabhängig von V, so wenig verschieden auch die beiden Molekülarten sein mögen. Dies ist wahrhaft paradox !~~*

*~~Man könnte daran denken, dass es bei hinreichend tiefen Temperaturen keine Lösung gibt. Aber dies befriedigt mich~~*[30]

Stern hatte in seiner gemeinsamen Publikation mit Max Born [BORN1919] die Oberflächenenergie von Festkörpern theoretisch behandelt. Nach seiner Emigration 1933 in die USA hatte er in dieser Sache einen Briefwechsel mit dem jungen „Assistant Professor“ Frank Urban von der Washington University in St. Louis. Stern war von dessen Arbeiten sehr angetan.

[30] Brief hört hier auf, da folgende Seiten fehlen.

Standort: [BAL], bk0016n9040; Dokumentnummer: **[0279/03.01.1934]**

WASHINGTON UNIVERSITY
SCHOOL OF MEDICINE
SAINT LOUIS

DEPARTMENT OF
BIOLOGICAL CHEMISTRY
EUCLID AVENUE AND KINGSHIGHWAY

*January 3, 1934*

*Professor Otto Stern,*
*Carnegie Institute of Technology,*
*Pittsburgh, Pennsylvania.*
*Dear Professor Stern:*

*The enclosed paper deals with the theory of surface conductivity, based on your concept of the electric double layer. Since the measurements afford a general confirmation of your double layer, we felt that you might be interested in seeing our paper before it is published.*

*We shall be glad to have you go over the paper at your leisure, and we are looking forward to your comments with interest.*

*Sincerely yours,*
*Frank Urban*
*Assistant Professor of*
*Biological Chemical Chemistry*

(Brief maschinengeschrieben mit Handunterschrift)

Standort: [BAL], bk0016n9040; Dokumentnummer: **[0280/03.01.1934]**

WASHINGTON UNIVERSITY
SCHOOL OF MEDICINE
SAINT LOUIS

*January 3, 1934*

*Professor Frank Urban,*
*Department of Biological Chemistry*
*Washington University, School of Medicine*
*Saint Louis, Mo.*
*Dear Professor Urban:*

*Thank you very much for the manuskript of your excellent paper, in which I am, of course, highly interested. I have always been looking for a decent method to check my theory of the double layer, but I could not find one. I really think that the method you used is by far the best which can be used for this purpose.*

*Being here only a few months, I am very busy now. Therefore, I am sorry to say it, I have not been able to study your paper carefully and cannot make any comments on the details. As soon as I shall find the time, I shall certainly read your paper thoroughly, which I think will be published then.*

*I return herewith your manuscript with best thanks.*

*Sincerely yours,*
*Otto Stern*
(Kopie maschinengeschrieben ohne Unterschrift)

Standort: [BAL], bk0016n9040; Dokumentnummer: **[0295/23.01.1934]**

*January 23, 1934*

*Professor Otto Stern:-*

*On January 3rd, we sent you the manuscript for your perusal. We felt that the work, being based on your double layer, would be of interest to you. As we have not heard from you and are anxious to publish this material, we are wondering whether the manuscript has gone astry.*

*Sincerely yours*
*Frank Urban*
*Asst. Prof. Biochem.*
(Brief maschinengeschrieben mit Handunterschrift)

Standort: [BAL], bk0016n9040; Dokumentnummer: **[0299/03.02.1934]**

*Feb. 3, 1934*

*Dear Professor Stern:*

*Thank you for reading our paper which has now been sent to the Journal of Physical Chemistry for publication.*

*You will perhaps remember that, on the basis of your double layer, we predicted (in the paper) a difference between electrostatic and stream potential isoelectric points. Careful experiments, to be published shortly, show that, in Pyran capillaries, the stream potential isoelectric point is at very (ca) $4x10^{-7}$ M ThCl per liter. The electrostatic isoelectric point was found to lie very close to $4x10^{-6}$ M ThCl per liter. This appears to be a very striking confirmation of your double layer theory. I know you will be interested in this.*

*With kind regards, I remain*
*Sincerely yours*
*Frank Urban*
(Brief handgeschrieben)

Nach dem Zweiten Weltkrieg setzte Stern mit Pauli und Bohr sowie in den 1960er-Jahren auch mit Jordan die Diskussion über Entropiefragen fort.

Standort: [BAL], bk0016n8w4z; Dokumentnummer: **[0767/25.05.1947]**

*[Zürich], 25. Mai 1947*

*Lieber Stern!*

*Ich habe zwar inzwischen auch mit Fierz über die Frage der Entropiezunahme bei der Messung diskutiert, bin aber immer noch zu keinem endgültigen Ergebnis gekommen, da ich nie sicher bin, ob die mathematische Idealisierung des Meßapparates vernünftig ist. Kürzlich kamen 2 Briefe von Bohr, in denen auch dieses*

*Problem diskutiert ist. Ich lege Ihnen die Kopien derjenigen Stellen seiner Briefe bei, die sich darauf beziehen. Wie Sie sehen, scheint er auch skeptisch zu sein betreffend die Möglichkeit, übersichtliche quantitative Resultate zu erhalten.*
*Bezüglich der anderen Frage, die Sie aufgeworfen hatten, nämlich eine neue Begründung der Wellenmechanik, wurde ich auf eine Arbeit von P. Février (jetzt Madame Février-Destouches) im Journal de Physique 1939 aufmerksam, worin versucht wird – unabhängig von der Wellenmechanik – vom Prinzip auszugehen, daß gleiche Teilchen nicht mehr durch die Verfolgung ihrer Bewegung im Raum unterscheidbar sein sollen. Dies ist mir sehr sympathisch; der Versuch der Autorin, die Heisenbergrelation* $\Delta p.\ \Delta q > \hbar$ *aus diesem (doch sehr negativen) Postulat ohne Wellenmechanik ! zu deduzieren, scheint mir aber nicht geglückt, da versteckte Zusatzannahmen über Existenz von exakten p- und q-Messungen einzeln eingeschmuggelt werden. Vielleicht läßt sich aber der Gedankengang mit zusätzlichen thermodynamischen Argumenten in Ordnung bringen.*
*Scherrer beauftragte mich, Sie anzufragen, auf eine etwa wie große pekuniäre Entschädigung Sie rechnen, wenn Sie im Herbst hierher kommen (was uns alle sehr freuen würde). Es wird vielleicht nicht ganz leicht sein, das Geld aufzutreiben (einfach deshalb, weil Sie schon einmal hier waren), aber wir wollen es versuchen, sobald wir von Ihnen hören, um wieviel etwa es sich handelt.*
*Bohr schrieb mir von einer kleinen Konferenz Ende September in Kopenhagen, bei der dort „Besuche von einigen alten Freunden des Institutes" erwartet werden. Ich gehe wahrscheinlich hin. Vielleicht können Sie diese Zusammenkunft in Ihre Reisepläne einbauen, denn Bohr scheint äußerst interessiert an den thermodynamischen Fragen. – Hecke's Tod im Februar ist doch sehr traurig für mich gewesen!*
*Viele Grüße von meiner Frau und mir stets Ihr W. Pauli*

*Es wird Sie interessieren, daß Wolfke Anfang dieses Monats leider plötzlich hier in Zürich gestorben ist. Er erlag einem Schlaganfall.*

Standort: [BAL], bk0016n8w4z; Dokumentnummer: **[0770/27.06.1947]**

*[Zürich], 27. Juni 1947*[31]

*Lieber Stern!*
*Vielen Dank für Ihren Brief vom 5. d[es Monats]. Leider haben wir kein Glück gehabt mit dem geschäftlichen Teil Ihrer Reise. Es scheint, daß wir die verlangten 8.000 swiss francs auch nicht annähernd auftreiben können, hauptsächlich weil die American-Swiss-Foundation nicht zweimal denselben Herrn unterstützen will (siehe beiliegenden Brief an Scherrer). Was sollen wir tun? Wollen Sie noch selbst Herrn Furter in New York schreiben? Das Semester hier beginnt etwa 20. Oktober und dauert bis Anfang März mit einer kurzen Unterbrechung (etwa 2 Wochen) zu Weihnachten.*
*Über die Entropiezunahme bei der Messung habe ich inzwischen noch viel mit Fierz diskutiert und im Moment glaube ich, in Übereinstimmung mit Bohr, daß keine*

[31] Veröffentlicht in: [MEYENN1993], Brief [894].

*einfache quantitative Beziehung, unabhängig von einer speziellen Meßanordnung, besteht.*
*Sonst weiß ich nichts Neues. Die theoretische Physik geht überhaupt nicht mehr weiter. Wie lange noch? Wentzel hat einen Ruf nach Chicago angenommen und wird Zürich im März 1948 definitiv verlassen!! Sehr merkwürdig und mir unerwartet! Ich fühle mich hier sehr wohl und was die Schwierigkeiten in der theoretischen Physik betrifft, so bin ich sicher, daß sie bei mir persönlich durch einen Aufenthalt in U.S.A. sich keineswegs vermindern würden.*
*Viele Grüße, auch von meiner Frau und Scherrer*
*Ihr W. Pauli*

Dabei wurde auch die Frage diskutiert, inwieweit der Messprozess selbst die Entropie verändert. Aus heutiger Sicht würde man sagen, dass bei jedem Messprozess (auch wenn es nur um ein Atom mit einer einzigen Photonenemission geht) Entropieänderungen stattfinden. Es ist sympathisch, dass selbst diese „Giganten" der Physik bei solchen Grundsatzfragen keine klare Antwort wissen (s. Brief von Wolfgang Pauli vom 19.08.1947 in Bd. III [0774/19.08.1947]).

Mit Niels Bohr tauschte Stern weitere Briefe über Entropiefragen aus, z. B. in diesem Brief:

Standort: [NBA], Briefe Stern Dokumentnummer: **[0772/09.08.1947]**

*Berkeley, 9. Aug. 1947*

*Lieber Bohr,*
*Pauli hat mir vor einiger Zeit die Kopie einiger Bemerkungen von Dir über die Frage der Entropievermehrung bei einer Messung geschickt. Weshalb glaubst Du, dass für die Anwendung des Entropiebegriffes die Grenze von der Grössenordnung* $k$[32] *ist? Die Entropieänderung* $k \ln V_1/V_2$ *kann doch beliebig klein sein. Klassisch scheint mir die Idealisierung des Messprocesses als reversibel vernünftig, so weit entfernt von diesem Ideal auch die wirklichen Messungen sein mögen. Die Entropieabnahme des gemessenen Systems ist dann gleich der Entropiezunahme der Umgebung, des Messapparates, gleich* $k \ln V_1/V_2$ *(*$V_1$, $V_2$ *Volumina im Phasenraum). Die Bedingung* $V_1$ *und* $V_2 \gg h^n$ *würde dann den von Dir immer so stark betonten Satz bedeuten, dass letzten Endes immer mit klassischen Apparaten gemessen wird. Falls der Messapparat nicht als microcanonisches, sondern canonisches System betrachtet wird, ist* $V$ *durch* $\int \rho \ln \rho \, d\rho$ *(*$\rho$ *Dichte im Phasenraum) zu ersetzen (bei grossem* $n$ *praktisch identisch), und Dein Satz würde bedeuten, dass man die Summe über die Quantenzustände durch das Integral ersetzen kann.*
*Quantentheoretisch : Wenn man einen „reinen Fall" misst derart, dass das Resultat jeder Messung wieder ein reiner Fall ist, so ist die Entropie des gemessenen Systems vorher und nachher gleich Null, aber die Entropie der Umgebung hat zugenommen. Als „ideales" Minimum dieser Entropiezunahme kann – Pauli und ich hielten das*

[32] $k$ ist die Boltzmann-Konstante und hat die Dimension Energie/Temperatur. Sie entspricht der Energie, ein Atom/Molekül von 0 auf 1 Kelvin zu erwärmen (kinetische Energie des Atoms/Moleküls).

*in Zürich für noch wahrscheinlich – die Entropie* $nk\Sigma x_i ln x_i$ *von n Exemplaren der Mischung angesehen, die dasselbe Resultat für n Messungen ergeben würde wie n Messungen am reinen Fall. Pauli glaubt das nicht mehr und berichtet dasselbe von Dir. Ich möchte auf jeden Fall glauben, dass man ein „ideales" Minimum der Entropiezunahme der Umgebung bei Messungen an einem reinen Fall definieren kann. Ich habe natürlich noch viel mehr auf dem Herzen.* ***Da ich aber ein miserabler Briefschreiber bin, wäre ich sehr froh, wenn ich über diese und ähnliche Dinge, über die Du sicher schon viel nachgedacht hast, mit Dir sprechen könnte.*** *Ich werde wahrscheinlich diesen Herbst wieder nach Europa kommen. Es ist noch nicht ganz sicher, aber falls ich fahre, würde ich Ende September in England ankommen. Zu dem Kopenhagener Kongress, von dem ich [m]ehrfach hörte, wird es wohl leider schon zu spät sein (wann genau ist er?). Aber mir liegt ja auch hauptsächlich daran, Dich selbst zu sprechen. Da ich den Hauptteil der Zeit wieder in der Schweiz verbringen will, wäre es mir am liebsten, wenn ich Kopenhagen auf dem Hinweg (Ende Sept, Anfang Oct.) oder auf dem Rückweg (Mitte Nov.) besuchen könnte. Bitte lass mich baldmöglichst wissen, ob und wann es Dir recht ist. Eine kurze Mitteilung von Deiner Secretärin genügt!*
*In der Hoffnung, dass es Dir und den Deinen gut geht, bin ich mit vielen herzlichen Grüssen*
*Dein Otto Stern*

Eine der zentralen Fragen, die in diesem und jedem der folgenden Briefe angesprochen wurde, war: Wie verändert sich die Entropie in einem Messvorgang oder speziell in einem quantenmechanischen Messprozess? Weder Pauli und Bohr noch Stern konnten mathematisch darauf eine Antwort geben. Pauli hat darüber auch mit seinem Züricher Kollegen Fierz diskutiert. Beide sind auch zusammen zu keiner Lösung gekommen. Im Brief an Bohr vom 09.08.1947 spricht Stern auch die Frage an, ob der Entropieaustausch in einem Messprozess eine untere Grenze hat und wie Bohr vermutet, durch die Boltzmann-Konstante k irgendwie begrenzt ist. Ein Messprozess in der klassischen Physik erscheint für Stern im idealen Fall reversibel zu sein.

Aage Bohr, der Sohn von Niels Bohr, antwortete Stern, da Niels Bohr offensichtlich aus gesundheitlichen Gründen verhindert war.

Standort: [NBA], Briefe Stern Dokumentnummer: **[0777/00.09.1947]**

*[September] 1947*

*Dear Professor Stern,*
*My father asks me to thank you for your letter of 9th August and to tell you that ~~As you know he is deeply interested in the problem of the thermodynamical aspects of the obs. probl. and~~ he looks forward very much to an op. to discuss ~~the questions~~ with you the thermod. asp. of the obs. problems. The conference in Copenhagen will be of a very informal character and, since all the guests ~~will be~~ are not able to come here at the same time, the disc. with extend over the two best weeks of September. However in the best days of Sept. where most of the guests will be here, it is intended*

*to survey all points of interest which may have come put of previous discussion. It would therefore be greatly welcomed if you would come here about that time where we also reckon with having Prof. Pauli with us, ~~my father who has spent~~ but my father asks me to say that ~~he~~ also any other time during the autumn which may suit you better will be quite convenient to him.*
*With the kindest regards, also from my parents.*
*Y. s. [Aage Bohr]*

Es ist verwunderlich, dass weder Stern noch Pauli noch Bohr in ihren Briefen auf die Arbeiten von Sackur und Tetrode [SACKUR1911] und [TETRODE1912] näher eingegangen sind. Beide, Sackur und Tetrode. hatten unabhängig voneinander postuliert, dass das Planck'sche Wirkungsquantum $h$ das Quantum der „kleinsten Ordnungszelle" ist.[33]

Die Entropie könnte oder sollte daher auch quantisiert sein, eine Bemerkung dazu wird aber in keinem der zwischen Bohr, Pauli und Stern ausgetauschten Briefe gegeben. Da $h$ bzw. $k$ so extrem klein sind, kann man bei klassischen Messvorgängen den Einfluss der Quantisierung der Wirkung nie feststellen und klassische Messungen erscheinen reversibel in der Zeit zu sein. Erst in Reaktionen zwischen einzelnen Quantenteilchen macht sich die Quantisierung der Wirkung und der Entropie bemerkbar. Die Heisenberg'sche Unschärferelation erlaubt niemals den Projektil-Phasenraum (in der Zeit rückwärts laufendes Elektron oder Photon) und das Zielobjekt (Target) Atom mit den identischen (subatomare Genauigkeit) kinematischen Parametern so exakt zu präparieren, um eine reversible Umkehrreaktion durchzuführen. Für große statistische Mengen kann man jedoch Projektile und Targets identisch für eine Umkehrreaktion präparieren und scheinbar Reversibilität erreichen. Die Entropie wird in solchen statistischen Experimenten wegen des Energieaufwandes in der Präparierung des Projektil-Strahles und des Targets jedoch zunehmen. Man kann nur statistische Wahrscheinlichkeiten voraussagen.

Die in einem Messprozess umgesetzte Entropie und die in einem Messprozess erhaltene Information über kinematische Parameter der Reaktionspartner hängen nach Szilard [SZILARD1929] direkt miteinander zusammen. In seiner Habilitationsarbeit 1929 *Über die Entropieverminderung in einem thermodynamischen System bei Eingriffen intelligenter Wesen* reduzierte er das thermodynamische Problem des Maxwell'schen Dämons auf ein einziges Molekül, das sich durch ein Loch zwi-

[33] Anmerkung der Herausgeber: Da $h$ eine Naturkonstante und somit eine beliebig scharfe Größe ist (keine Unschärfe hat), müssen alle Übergänge, wo ein Quantum $h$ transferiert wird (z. B. in Form eines Drehimpulsquantums), quasi „digitalisierte" Quantensprünge sein. Die Schärfe des Wertes $h$ sorgt somit dafür, dass die inneratomare Dynamik quasi „digitalisiert" wird und die gebundenen Elektronen sich untereinander völlig reibungsfrei bewegen. Elektronen in einem Atom können sich Milliarden von Jahren „reibungsfrei" untereinander bewegen und das Atom bleibt „zeitlos" jung. Diese verborgene Eigenschaft von $h$ bestimmt die Ordnung in Quantensystemen und damit auch deren Entropie. Nach Ansicht der Herausgeber „digitalisiert" $h$ damit die Dynamik z. B. von gebundenen Elektronen in Atomen oder Molekülen in einer solchen „Ordnungszelle" und auch in Bezug zu den anderen im gleichen Atom gebundenen Elektronen, die sich alle durch ihre Quantenzahlen unterscheiden und in sich unterscheidenden „Ordnungszellen" aufhalten.

schen zwei Vakua hin und her bewegen kann. Wüsste man durch eine Messung, in welchem Vakuumteil das Molekül sich jeweils aufhält, dann könnte man auf intelligente Weise seine kinetische Energie (Wärme) in eine nutzbare andere Energieform (Bewegung eines Kolbens) umwandeln. Damit würde sich die Entropie vermindern. Da man jedoch diesen Einteilchen-Zustand präparieren muss (Erzeugung von Vakua) und ebenso Energie zur Messung des „Ortes" des Moleküls braucht, wird Energie aus der Umgebung verbraucht und die Entropie nimmt zu. Außerdem ist zu beachten, dass das einzelne Molekül bei der Energieumwandlung (Impulsüberträge auf einen Kolben) schnell abgebremst würde und dieser Energieumwandlungsprozess somit niemals ein Perpetuum Mobile darstellt. Der zweite Hauptsatz der Thermodynamik, dass die Entropie nicht abnehmen kann, bleibt somit erfüllt. Szilard konnte zeigen, dass auch für den Maxwell'schen Dämon die Gesamtentropie zunimmt. Stern beschrieb in seinem Brief an Bohr am 31.10.1947 die Funktion der Szilard'schen Maschine wie folgt und wies auf deren Bedeutung für die Quantenmechanik hin:

Standort: [NBA], Briefe Stern Dokumentnummer: **[0786/31.10.1947]**

*Zürich, 31. Oktober 1947*

*Lieber Bohr,*
*vielen Dank für Deine Noten, die Pauli mir überbrachte. Er hat mir auch noch von Euren letzten Gesprächen über das Problem berichtet. Also: Der springende Punkt bei der Szilard'schen Maschine ist der, dass man (der Mechanismus) „wissen" muss, in welcher Richtung der Stempel bewegt werden soll. Wenn man den Stempel einfach durch das Molecül treiben lässt, so ist das ein irreversibler Process, wie das Ausströmen eines Gases ins Vacuum. Um die Entropieabnahme des Wärmereservoirs zu erzielen, muss man auf den Stempel einen Druck ausüben, der entgegengesetzt gleich dem Druck des Moleküls ist, resp. unendlich wenig kleiner. Nur dann wird dem Reservoir die Wärmemenge kT ln $V_1/V_2$ entzogen. Der Mechanismus muss also messen, in welcher Hälfte des Gefässes das Molecül ist, um den Stempel in der richtigen Richtung zu verschieben.*
*Es ist wirklich nicht Starrsinn von mir, wenn ich immer wieder diesen Punkt betone, er ist halt entscheidend für den Zusammenhang von Messung und Entropie. Das Szilard'sche Resultat – dass die Messung, welche von 2 Möglichkeiten realisiert ist, im Mittel mindestens kln2 Entropievermehrung in der Umgebung bedingt – kann verallgemeinert werden. Aber Du willst ja das Resultat nicht zugeben.*
*Ich möchte nur noch mal sagen, weshalb ich glaube, dass diese Verallgemeinerung Bedeutung hat für die Quanten- theorie. Man kann nicht von der Entropiedifferenz reiner Fälle (Entropie Null) reden. Aber wenn man durch Messungen viele Exemplare desselben reinen Falles in andre reine Fälle überführt (prinzipiell irreversibel), so kann man doch die dadurch bedingte minimale Entropiezunahme im klassischen Messapparat angeben. Das sollte weiterführen, vermute ich wenigstens.*
*Ich will am 17. Nov. nach London fliegen, am 20. Nov. mit der „Queen Mary" nach U.St.. Hoffentlich sehe ich Euch dort nächstes Frühjahr.*

*Ich möchte Dir und Deiner Frau nochmals recht herzlich für die schönen Tage in Kopenhagen danken und bin mit den besten Grüssen Dein Otto Stern*

Bohr hatte zusammen mit Rosenfeld in der Dän. Akademie, Math. Phys. K1.XII 8 (1933), eine Arbeit zur Messbarkeit von elektromagnetischen Feldgrößen publiziert. Stern forderte von Bohrs Sekretärin Fräulein Hellman einen „Preprint" davon an.

Standort: [NBA], Briefe Stern Dokumentnummer: **[0788/07.11.1947]**

*Liebes Frl. Hellman, Zürich, 7. November 1947*
*darf ich Sie um einen grossen Gefallen bitten. Ich hätte gern ein Separatum einer alten Arbeit von Bohr, und zwar: „Zur Frage der Messbarkeit der elektromagnetischen Feldgrössen von N. Bohr und L. Rosenfeld", Dän. Akad., Math.-Phys .Kl.XII, 8 (1933).*
*Ich wäre Ihnen sehr dankbar, wenn Sie es mir hierher, oder vielleicht besser noch direkt nach: Berkeley 8, 759 Cragmont Ave (Cal) schicken würden.*
*Mit bestem Dank und Gruss Ihr Otto Stern*

Fräulein Hellmann antwortete umgehend und teilte Stern mit, dass der „Preprint" abgeschickt wurde.

Standort: [BAL], bk0016n8r83; Dokumentnummer: **[0789/12.11.1947]**

*Lieber Herr Professor Stern, [Kopenhagen], 12. November 1947*
*Nur ein paar Zeilen um Ihnen mitzuteilen, dass ich den gewünschten Sonderdruck (Bohr und Rosenfeld, 1933) heute an Ihre Adresse nach Berkeley gesandt habe. Mit den besten Wünschen für eine gute Reise nach U.S.A. und herzlichen Grüssen, Ihre [Hellman]*
*P.S.: Professor Bohr bittet mich, Ihnen für Ihren freundlichen Brief bestens zu danken. Seine Beantwortung ist bereits begonnen und nur dadurch verzögert, dass Prof. Bohr wegen einer Erkältung ein paar Tag[e] im Bett bleiben musste. Sie wird aber in den nächsten Tagen abgehen.*

In den zwei folgenden fast identischen Briefen vom 13. und 19.11.1947 nahm Bohr zu Sterns Bemerkungen Stellung.

Standort: [NBA], Briefe Stern Dokumentnummer: **[0790/13.11.1947]**

*November 13, 47*
*Dear Stern,*
*Thank you for your letter of October 31. I am sorry not to have answered before, but I was not well last week with a bed-cold. As you know I am deeply interested in the problem, and I wish by all my heart that we – who in general understand each other so well – shall not fail to agree also about this matter.*
*Of course, it is also my opinion that the problem of observation is inseparately connected with the question of entropy, or in particular that any decrease of the*

*attitude in the knowledge of position and momentum coordinates of a mechanical system will entail an increase in its entropy. My Point is only that all such relations are inherently included in the statistical mechanical interpretation of the loss of thermodynamics and especially in the complementary relationship between the consistent application of thermodynamical concepts on one hand and of mechanical concepts on the other hand. As regards the reasons for the impossibility of the working of a mashine like that contemplated by Szilard we are also in entire agreement, and my remarks aimed only at the simplest logical analysis of the situation. In such a case the way of expression can so easily give rise to misunderstanding, and to my mind great caution is needed as regards the extend to which thermodynamical arguments have to be implied to all parts of the machine. The main point to me is, however, that all these questions with the observation problem in quantum mechanics, since as far as we can neglect the quantum acquirement of knowledge about position or momenta should not involve a finite interaction between the objects and the measuring instruments. It therefore appears to me that the observation problems in thermodynamics an quantum mechanics are different in principle, and it is even my conviction that we have reached so clear an understanding of both problems, that apart from analogies in the epistemological respects no closer insight in either field can be obtained by their comparison. This does not mean, of course, that we in all problems can keep the two fields separate from each other, but also here as for example in the station between pure and mixed states we have as far as I can see only to do with a proper transcription of classical mechanical problems into the language of quantum theory. I hope that you will not feel that I have again understood you completely and shall be very eager to hear from you at what point you may object to the attitude I have tried to describe.*
*With the kindest regards and best wishes from us all, also to the Paulis Yours ever*
*[Niels Bohr]*

Standort: [BAL], bk0016n8n4b; Dokumentnummer: **[0791/19.11.1947]**

*Copenhagen, November 19, 1947*

*Dear Stern,*
*thank you for your letter of October 31. I had hoped to answer you before you left Zürich but, unfortunately, I have not been quite well in the last weeks. I need not say that I am deeply interested in the problem and that by all my heat I wish that we – who used to understand each other so well – shall not fail to agree also about this matter.*
*Of course, I agree that the problem of observation is inseparately connected with the question of entropy and, in particular, that any increase in the accuracy of the knowledge of position and momentum coordinates of a mechanical system will entail a decrease in the entropy to be ascribed to its state. My point is, however, that all such relations are inherently included in the statistical mechanical interpretation of the laws of thermodynamics and, especially, in the mutually exclusive relationship between the consistent application of thermodynamical concepts, on the one hand, and of an exhaustive mechanical description, on the other hand.*

*Also as regards the reasons for the impossibility of the working of a machine like that contemplated by Szilard, I think that we have always been in entire agreement, and my remarks aimed only at the simplest logical analysis of the situation. In such a problem, the way of expression can so easily give rise to misunderstandings and, to my mind, special caution is needed as regards the extent to which thermodynamical arguments have to be applied to all parts of the machine, the correlation of which just implies the compensation of the various apparent gains and losses of entropy.*
*The more subtle question at issue is surely the relations of the observational problems in thermodynamics and quantum mechanics. The principal point would here seem to be that, as far as we can neglect the quantum, acquirement of knowledge about position or momenta should not involve a finite interaction between the objects and the measuring instruments and that we, as indicated above, have only to consider the implication of general thermodynamical principles. It is true that, in quantum mechanics, we have to so with the situation which, in epistemological respects, reminds of the apparent paradoxes in thermodynamics, but to my conviction we have reached so clear an understanding of both fields that, apart from illustrative analogies, no deeper insight in either field can be obtained by their comparison. Such a view does not, of course, imply that we can keep the two fields separate from each other in all problems, but also here, as for example in the distinction between pure and mixed states, we have so far as I can see only to do with a proper transcription of classical mechanical problems into the language of quantum theory.*
*I hope that I have expressed myself more clearly and shall be very eager to hear your reaction to the attitude I have tried to describe. It is possible that I may come to U.S.A. in the spring, in which case I shall certainly make an effort to get in touch with you so that we can talk of the prospects in physics as well as of the many other matters which are so deeply on the mind of us both.*
*With the kindest regards and best wishes from us all,* *Yours ever, [Niels Bohr]*

Bohr hatte in einer Notiz vom 16.05. und 20.05.1947 Fragen zur Entropie mit Stern diskutiert. Den folgenden Kommentar im Nachlass Sterns muss Bohr dem Brief vom 19.11.1947 an Stern beigefügt haben.

Standort: [BAL], bk0016n8r83; Dokumentnummer: **[0791a/19.11.1947]**

*As regards the problem of the entropy increase connected with the observations I have in the last days been thinking anew over the situation and have also reviewed my reminiscence of earlier discussions on this point. You will remember our talks with Stern in Hamburg at the time you so kindly assisted me in gradually working my first article on complementarity from proof back to manuscript. The question was then of Boltzmann's ideas regarding the direction of time and my point was that the very concept of observation entails an irreversibility in principle. In the following years, this problem came into the foreground in connection with the question of the consistency of the interpretation of the quantum mechanical formalism, and in continuation of our discussions in Warsaw I had during the war some talks in America with v. Neumann who still felt some uneasiness about the apparent arbitrariness in the distinction between the objects and the measuring instruments, and with Teller who just like Stern, as I gather from you, was endeavoring to look for the elucidation of the paradoxos in a more quantitative connection between thermodynamics an d the observational problem.*

*After reconsidering the question I feel myself that the whole question is purely epistemological and therefore of qualitative rather than quantitative character. On the one hand, it is evident that any practical observational arrangements, making use of photographic plates, cloud chambers or direct sensual impressions, involve a mechanism of amplification in the working of which free energy is spent in amounts out of all proportion with the energy exchanges characterizing the individual atomic processes under investigation. On the other hand, it is equally clear that, for the interpretation of quantum mechanical formalism and the elucidation of the paradoxes involved, the problem is how to account consistently for the phenomena defined by means of measuring agencies and recording devices which serve to fix the external conditions and register the experimental results and which, for this purpose, are to be treated as ideal classical instruments.*

*Of course, it is true that the constitution and operation of the instruments is ultimately subject to the laws of atomic mechanics and that a consideration of this point may perhaps eventually prove a guide for the overcoming of the still unsolved difficulties in quantum theory, but I am sure we agree that this point has as little to do with the question for which Einstein feels such uneasinessas the final clarification of the still unsolved problems of cosmology has to do with futile criticisms of the foundation of relativity theory.*

*The irreversibility in any observational problem has its root in a certain degree of complication of the interaction of the object with the measuring agencies and, trying to make the situation more clear to me, I have considered experimental arrangements where the critical element of irreversibility may be arbitrarily far removed from the final macroscopic recording. For instance, we may, for the localization of a particle, instead of catching it directly on a photographic plate, allow it to enter through a small hole in a box from which the probability of escaping is vanishingly small and where, therefore the presence of the particle can be ascertained in some suitable way at later time. The degree of irreversibility here depends on the complicated character of the state of motion of the particle in the box, and the problem presents a certain analogy with the entropy increase accompanying irreversible expansion of a gas rom a smaller volume v to a larger volume V which pro gas molecule is given by k logV/v.*

*From such considerations it follows that there will be a close correspondence between the degree of complexity required and the degree of irreversibility practically demanded and that, under optimal circumstances, the unavoidable entropy increase may be brought down to the order of k, representing the limit for the unambiguous use of the very concept of entropy.*

*Here, I have in mind such considerations about the complementary relationship between thermodynamical and mechanical concepts as I tried to indicate in my old Faraday lecture. Just as such considerations offer a consistent attitude to the well-known paradoxes of irreversibility in thermal phenomena, so it appears to me that, notwithstanding the obvious qualitative relationship between such phenomena and the irreversibility of observations, we may more adequately regard thermodynamical considerations, and the essence of the observational problem as different complementary aspects of the description.*

*As regards the distinction between pure and mixed cases, one must remember that, in my experimental arrangement aiming at a test of the paradoxical consequence of the quantum mechanical formalism, one has to do with pure cases while, in mixed cases, we have to do with a closer analogon to ordinary statistical mechanics. The element of irreversibility inherent in observations is common to both cases, but, entropy considerations, we are in the latter case already in the investigated system itself presented with thermodynamical analogies while, in the former case, such concepts apply primarily to the interaction between the objects and the measuring instruments. It is for such reasons that I feel it dubious to look for more explicit connections between thermodynamics and the special observational problems in quantum mechanics.*

Die Diskussion mit Pauli über thermodynamische Probleme setzte sich auch in den folgenden Jahren per Briefaustausch fort und endete erst mit Paulis Tod im Jahre 1958.

Standort: [BAL], bk0016MikfilmFile720537-40; Dokumentnummer: **[0827/11.10.1949]**

Beilage: *Meine Diskussionsbemerkungen*

*in Florenz. Bitte wieder zurückgeben.*
*(Ich hatte dort den Eindruck, mit diesen*
*Trivialitäten in der Minorität zu sein!)*
*Ich hoffe, der physikalische Inhalt der*
*Arbeiten von Neumann – von Fierz [... ]*
*ist daraus genügende deutlich (siehe*
*unten).*

*Zürich, 11.10.1949*

*Lieber Herr Stern,*
*Ich habe mir gestern noch sehr über Ihre thermodynamischen Äußerungen den Kopf zerbrochen mit dem Resultat, daß ich wesentliches davon nicht verstehen kann.*
*1. Ich folge hier zunächst der Linie Boltzmann-Ehrenfest (im Gegensatz zu Gibbs-Bohr), die streng abgeschlossene Systeme betrachtet. Da ist zunächst ein erster Stein des Anstoßes: Ihre Voraussetzung, daß in Strenge nur Gemische und keine reinen Fälle existieren – die ich gerne zugeben will – scheint mir (zwar notwendig, aber) nicht hinreichend , um die vom H-Theorem verlangte zeitliche Zunahme an Entropie zu garantieren. Die exakten Energiewerte eines solchen Systems (ich*

*denke an viele Freiheitsgerade und beliebige Wechselwirkungen zwischen diesen) sind ja nach der Wellenmechanik (bei gegebener Hamiltonfunktion) vom Prinzip berechenbar und können auch stets als diskret vorausgesetzt werden (Kasten endlichen Volumens).*

*Dann gibt es offenbar stationäre Gemische. Haben die Eigenzustände der exakten Energie (Mikroenergie) die Energiewerte $E_1, E_2, \ldots$ und sind diese in dem Gemisch mit den Gewichten $g_1, g_2, \ldots$ ($\sum g_i = 1$) vertreten – ohne lineare Superposition von Eigenfunktionen – so ist (in der Darstellung wo die totale Energie diagonal ist) die Dichtematrix*

$$\left\{\begin{bmatrix} g_i \ldots\ldots 0 \\ g_i \\ 0 \ \ldots \end{bmatrix}\right\}$$

*die Entropie – $S/k = \sum_i g_i \log_i$ und die Erwartungswerte aller Observablen des Systems sowie auch die Entropie sind zeitlich konstant. Selbst wenn ich nicht zulasse, daß alle $g_i$ bis auf eines (das dann = 1 ist) verschwinden, was mir $S > 0$ garantiert, kommt kein Wärmegleichgewicht zustande u. die Entropie ist zeitlich konstant, auch wenn man es nicht mit der mikrokanonischen Gesamtheit zu tun hat. Das Nernst'sche Theorem ist dann in Ordnung, aber das H-Theorem nicht! Wie helfen Sie sich da?*

*2. Es war der Hauptzweck der Arbeit von Neumann, ohne die Benutzung abgeschlossener Systeme (Hamiltonfunktion im Prinzip bekannt) zu verlassen, doch solche Voraussetzungen einzuführen, die eben das unter 1.) geschilderte Unglück – wenn auch nicht mit Sicherheit ausschließen, so doch es enorm unwahrscheinlich zu machen. Zu diesem Zweck wird der Begriff „makroskopische Größe" eingeführt, die aus je $z_1$-, $z_2$- fachen entarteten Zuständen (Phasenzellen) bestehen und möglichst mit der exakten Mehrenergie nicht vertauschbar sein soll. Nur der Mittelwert der exakten Energie über $z = z_1 + z_2 + \ldots z_N$ Zustände [„Energieschale"(selbst eine spezielle makroskopische Größe)] soll mit den anderen makroskopischen Größen vertauschbar sein. Diese makroskopischen Größen definieren die „grobe Dichte", die nämlich in Bezug auf diese Größen (?) diagonalisiert (aber nicht in Bezug auf die exakte Mikroenergie!) und verschmiert ist (good old Ehrenfest). Sei $P_\nu$ das Diagonalelement (die anderen sind ja 0) der groben Dichte in der „Phasenzelle" $\nu$, so ist die „grobe" Entropie nun gegeben durch $1/k\ S = -\sum z_\nu P_\nu \log P_\nu$.*

*Interessant ist nun die Zeitabhängigkeit von $P_\nu$, das sich nämlich aus vielen inkohärenten Partialwellen bilinear zusammensetzt*

$$z_\nu P_\nu = \sum_{\rho,\sigma} r_\rho{}^* r_\sigma\ C^\nu{}_{\rho\sigma}\ ,\ r_\rho = |\ r_\rho\ |\ e^{\,i(\nu\rho E+\alpha\rho)}\ ,\ |\ r_\rho\ |,\ C^\nu{}_{\rho\sigma} = konstant$$

*( $\rho$ , $\nu$ durchlaufen z Werte„ weiter , siehe Definition von z oben)*

*Das ist nun eine formale Ähnlichkeit mit dem, was Sie „Frequenzunsicherheit" genannt haben. Da vom Standpunkt des streng abgeschlossenen Systems, die $r_\rho$ berechenbar und diskret sind, gebrauche ich an dieser Stelle nicht den Ausdruck „Unsicherheit". Aber der formale Grund des Anwachsens dieser „groben" Entropie mit der Zeit (die „feine" ist konstant) ist genau der von Ihnen angegebene, nämlich, daß viele Schwingungen verschiedener Frequenz zusammenwirken.*

*(NB: Es treten natürlich nur die Energiedifferenzen $\nu_\rho$ - $\nu_\sigma$ der Frequenzen auf wie bei Ihnen und die Diagonalterme mit $\rho - \sigma$, d. h. $|\, r_\rho \,|^2\, C^\nu{}_{\rho\nu}$ sind zeitlich konstant). Man untersucht dann im Wesentlichen die unklaren Schwankungen solcher Größen um ihre Mittelwerte und findet, daß sie relativ klein sind, wenn $Z/N = (z_1 + z_2 + \ldots z_N)/N$ (N = Zahl der „Phasenzellen" auf der „Energieschale") groß ist (Siehe Beilage p. 3).*
*Aber selbst wenn man die $z_\nu$ und N in Einklang damit vorgibt, könnte doch das Unglück wollen, daß die Mikroenergie sich unter den Makrogrößen befindet(*) und dann ist man hineingefallen. Es ist nur sehr unwahrscheinlich, wenn Z/N groß ist.*
*(*) bzw. daß die verschiedenen Schwingungen in $P_\nu$ zu oft zu ungleichmäßigmäßig beteiligt sind.*
*3. Offenbar muß das, was bei Ihnen als „Frequenzunsicherheit" erscheint genau dem Spielraum der $\nu_\rho$ - $\nu_\sigma$ im Ausdruck für $P_\nu$ bei Neumann u. b. Fierz und mir entsprechen. Leider haben Sie mir die Auskunft darüber verweigert, wo bei Ihnen die „Frequenzunsicherheit" modellmäßig herkommt. (Daß das Nernst-Theorem nicht ausreicht, um Ihr Vorhandensein zu garantieren, habe ich unter 1.) oben gezeigt).*
*Das scheint die Kardinalfrage bei Ihrer Auffassung zu sein.*
*Die Sache interessiert mich sehr aus dem Grunde, daß ich den Standpunkt der Neumann'schen Herleitung nicht restlos befriedigend finde. Existieren die „nicht-thermodynamischen" Ausnahmebeobachter wirklich oder sind sie nur eine mathematische Folge physikalisch unzugänglicher Voraussetzungen? Ist da nicht die Idee der Abgeschlossenheit eines Systems zu stark auf die Spitze getrieben? Es könnte doch sein, daß diese Voraussetzung gerade bei den „thermodynamischen" Beobachtern zulässig ist, bei den scheinbaren Ausnahmebeobachtern aber unzulässig ist. Das wäre natürlich eine prästabilante (? Harmonie. Ich kann diesen Verdacht umso weniger loswerden, als man von der notwendigen Zeitdauer der Herstellung z. B. eines stationären Mikrozustandes- oder überhaupt der Realisierung einer gegebenen „feinen" Dichtematrix – in unseren alten Arbeiten geflissentlich schweigt. Also da könnte eine Diskussion einsetzen. Der Ausdruck „Frequenzunsicherheit" scheint mir bei Ihnen doch auf die Idee einer unbekannten Wechselwirkung des betrachteten Systems mit der Umgebung hinzudeuten.*
*Dieser Brief gibt hoffentlich eine gute Basis für die Diskussion morgen (Mittwoch). Ich bin ab 12 Uhr frei u. ab etwa 2 Uhr 30 bis abends wieder im Institut. Ich glaube, daß es zweckmässig wäre, wenn wir diese strittigen Punkte zuerst allein diskutieren würden. Doch sind einige, jüngere Leute an diesem Vortrag von Ihnen darüber interessiert. Soll ich auch Heitler verständigen? – Morgen (Mittwoch) Abend könnten wir zusammen in der Stadt zu Nachtessen, wenn es Ihnen recht ist. Ich fühle mich nun wesentlich erleichtert und*
*grüße Sie herzlich W. Pauli*[34]

Standort: [BAL], bk0016n8k8h; Dokumentnummer: **[0828/23.02.1950]**

[34] wird veröffentlicht in: Karl von Meyenn (Hrsg.) Wolfgang Pauli. Wissenschaftlicher Briefwechsel, Supplementband, Brief [1051e] siehe dort für Erklärungen.

*23.2.1950*

*Lieber Pauli,*
*als ich Ihren netten ausführlichen Brief vom 12. XII. erhielt, sagte ich zu mir, darauf mußt Du aber auch gründlich und ausführlich antworten. Am besten ~~ist~~, Du schickst ihm das Manuskript, an dem Du jetzt ~~arbeitest~~ schreibst und das ja in ein paar Tagen fertig sein wird. Nun, die paar Tage haben sich immer mehr ausgedehnt, jetzt sind Sie (hoffentlich!) um. Ich schicke Ihnen meinen Durchschlag, sowie es gesetzt(?) ist. Der Titel ist natürlich „On the entropy in quantum theory"; ich habe darin mein Herz ausgeschüttet und bin neugierig was Sie so ~~dazu~~ sagen werden. Es wird weder bei Bohr, noch bei Einstein auf Gegenliebe stoßen.*
*Der Grund, weshalb ich Ihnen schon jetzt schreibe ist, daß ich heute in einer Woche nach Chicago fahren will, um Hellinger zu sehen, der sehr krank ist, da er selbst wahrscheinlich nicht weiß, wie krank er ist, möchte ich meinen Besuch als zufällig erscheinen lassen und werde Ihm schreiben, daß ich auf der Rückreise nach Princeton bin, wo ich Sie besuchen will. Das ist ja an und für sich zwar keine schlechte Idee, vor allem da Sie schreiben, daß Sie voraussichtlich nicht nach Kalifornien kommen. Ich möchte also wissen, ob Sie in der ersten Märzhälfte in Princeton sein werden (ich nehme es an, möchte es aber sicher wissen), und ferner ob Bohr, von dem ich gerüchteweise hörte, daß er in Princeton wäre, da sein wird. Natürlich möchte ich es gern sobald als möglich wissen. Also seien Sie nett, sammeln Sie glühende Kohlen auf mein Haupt und schreiben mir umgehend. Schlimmstenfalls schicken Sie mir halt eine „night letter collect", da brauchen Sie nichts zu schreiben, das können Sie telefonisch erledigen.*
*Wie gefällt es Ihnen u[nd] Ihrer Frau wieder in Princeton?*
*Herzliche Grüße Ihnen beiden Ihr Otto Stern*

Standort: [NBA], Briefe Stern Dokumentnummer: **[0830/20.12.1950]**

*Zürich, 20.12.1950*

*Lieber Aage Bohr,*
*Sie erinnern sich wohl noch, dass ich letztes Frühjahr nach Princeton das Manuscript eines kleinen Artikels über „The entropy in Quantum ~~Mechan~~ Theory*[35] *" oder so ähnlich mitbrachte. Nach Aussage von Placzek befindet sich dieser Artikel nicht mehr in Princeton, sondern er wäre, wie verabredet, von Pauli nach Zürich mitgenommen worden. Pauli aber hat ihn nicht und behauptet, dass Sie oder Ihr Vater ihn mitgenommen hätten. Würden Sie wohl so gut sein, Nachforschungen nach dem Verbleib des Artikels anzustellen und, wenn Sie ihn finden, ihn hierher an mich zu senden (Hotel Neues Schloss, Stockerstr., Zürich).*
*Es liegt mir daran, weil ich inzwischen gemerkt habe, dass man eine Lücke – Übergang von allen Zuständen gleichwahrscheinlich zu der endgültigen Formel für die Entropie – sehr schön thermodynamisch ausfüllen kann, und es liegt mir daran, den Artikel nicht in dieser unvollständigen*

[35] Artikel nicht identifizierbar.

*Form herumirren zu lassen. Pauli möchte ihn auch gern haben. Wenn Sie ihn nicht finden können, ist's natürlich auch kein Unglück, aber ich wäre Ihnen sehr dankbar, wenn Sie's versuchen würden.*
*Besten Dank voraus und viele herzliche Grüsse, auch Ihren Eltern, Ihr Otto Stern*

Standort: [NBA], Briefe Stern Dokumentnummer: **[0831/17.01.1951]**

*17. Januar 1951*

*Lieber Herr Professor Stern,*

*vielen Dank für Ihren Brief vom 20. Dezember. Wir haben hier überall nach Ihrem Manuskript über „The entropy in Quantum Theory" gesucht, haben es aber leider noch nicht finden können. Wir glauben jedoch uns erinnern zu können, dass es von Amerika hier her gekommen ist und werden deshalb auch weiter danach Ausschau halten und, sobald es auftaucht, es an Ihre Schweizer Adresse schicken.*
*Mit vielen herzlichen Grüssen, auch an Paulis, Ihr [Aage Bohr]*

Standort: [BAL], bk0016n8w4z; Dokumentnummer: **[0836/15.10.1952]**

*Zürich, 15. Oktober 1952*

*Nachtrag zu den „Compound-Systemen": „Ganzheit" bedeutet: „Was an 1 ruiniert ist, ist auch an 2 ruiniert, was aber an 1 gemessen ist, ist auch an 2 gemessen!"*

*Lieber Stern!*

*Ich habe noch über unsere gestrige Diskussion nachgedacht*[36] *und schreibe diesen Brief, um diese Diskussion fortzusetzen, aber auch mit dem ausgesprochenen Zweck Sie zu „reizen", daß Sie in Fahrt kommen.*

1. *Ich glaube, Herr Fierz hat zwei physikalisch ganz verschiedene Fälle verwechselt.*

a) *Die Entropie eines Systems, das sich mit Sicherheit in einer Phasenzelle mit* $s_\nu$ *Zuständen befindet, ist allerdings log* $s_\nu$ *und sagt, wenn dieser die Wahrscheinlichkeit* $\omega_\nu$ *hat, so ist der „Erwartungswert" der Entropie*

$$\hat{S} = \Sigma_\nu \omega_\nu \log s_\nu \qquad (a)$$
$$(\Sigma_\nu \omega_\nu = 1).$$

[36] Otto Stern hielt sich damals in Zürich auf.

b) *Davon ist zu unterscheiden die aus der Gibbsschen Formel definierte Entropie eines durch die Wahrscheinlichkeitsverteilung $\omega_\nu$ charakterisierten Systems*

$$S = - \Sigma_\nu \omega_\nu \log (\omega_\nu / s_\nu) \qquad (b)$$

*(Summe über Phasenzellen; „grobe Dichte“ $P_\nu = (\omega_\nu/s_\nu)$ )*
*Dieselbe Formel kommt auch heraus, wenn man ein Gas von vielen Einzelsystemen in Kästen betrachtet und die verschiedenen „Zustände“ ν durch semipermeable Wände trennt.*$^{\times}$ *Es scheint mir, daß in Fierz‘ letztem Brief eine physikalische Konfusion herrscht, weil er a) an Stelle von b) setzen will.*
*Ich bin von der Richtigkeit der Formel b) überzeugt, ebenso von der Unmöglichkeit, sie irgendwie „wegzuwerfen“!*
*Bezüglich der Herleitung mit semipermeablen Wänden habe ich allerdings ein grundsätzliches Bedenken, mit dem ich Sie nun noch „reizen“ will: Es wird dabei stets angenommen, daß die betrachteten Zustände ν unendlich stabil sind und „warten“, bis die Herren Thermodynamiker mit ihren langsamen reversiblen Prozessen fertig sind. In Wirklichkeit sind aber die Resultate immer auch gültig, wenn die Zustände eine endliche Lebensdauer haben. Ich sehe darin ein deutliches Anzeichen eines wesentlichen Mangels bzw. Fehlschlagens der Begriffe der phänomenologischen Thermodynamik (was übrigens schon von Kirchhoff*[37] *bemerkt worden ist).*[38]
*Natürlich wende ich b) auch für nichtstationäre Zustände an*$^{\times\times}$ *und will noch hinzufügen, daß keine Nachfrage vorhanden ist, falls Sie mir etwa „Dekatalysatoren“ verkaufen wollen!*[39] *Da sollen sich die Herren schon etwas Grundsätzlicheres einfallen lassen, anstatt mit diesen halb-chemischen Quacksalbereien zu hausieren! (Überschrift eines theoretischen Physikers für Thermodynamiker: Das Betteln und Hausieren ist hier verboten!)*
*Ich möchte auch gerne nochmals auf die Compound-Systeme mit statistischen Korrelationen in der Quantenmechanik zurückkommen. Es war mir nicht klar, auf welche „experimentellen Bedingungen“ Sie eigentlich aus waren. Es ist immer so, daß ein quantenmechanischer „Zustand“ eines Gesamtsystems, bei welchem die $\phi$-Funktion nicht einfach in ein Produkt der Teilfunktionen zerfällt, eine Ganzheit darstellt, die zerstört wird, wenn man an einem Teil herummanipuliert – auch dann wenn die Teile beliebig weit voneinander entfernt sind!*
*Herzlichst Ihr W. Pauli*

[37] Siehe Gustav Kirchhoff, Vorlesungen über mathematische Physik, Band 4, Leipzig 1894.
[38] Dies ist dargestellt in Johann von Neumann, Mathematische Grundlagen der Quantenmechanik, Berlin 1932, Kapitel V, § 2: Thermodynamische Betrachtungen.
[39] Es ist dann eine Art Entropiedefinition. Diese Fragen behandelte Pauli 1958 in einer seiner letzten Publikationen, seinem Beitrag zur Festschrift für Jakob Ackeret.

Standort: [BAL], bk0016n8w4z; Dokumentnummer: **[0837/17.10.1952]**

*Zürich, 17. Oktober 1952*

*Lieber Stern!*[40]

*Haben Sie vielen Dank für den Zettel mit Ihrer Signatur „Z[auber]-K[asten]", die nun einmal historisch mit den Molekularstrahlen verbunden bleibt.*[41]

*Was die Formel betrifft, so ist sie mir wohlbekannt (obwohl Schüler von Sommerfeld, pflege ich den van't Hoffschen Kasten*[42] *ausführlich in meiner Vorlesung*[43] *zu bringen). Am leichtesten merke ich sie mir in der Form, daß die Gibbsschen Potentiale* $\varphi = E - TS + pV$ *pro Mol für die beiden Zustände (stets Modifikationen) im Gleichgewicht den gleichen Wert haben müssen. Man kann auch einen Carnot-Prozeß mit zwei benachbarten Temperaturen* $T$, $T + dT$ *machen und bekommt dann Ihre Formel nach* $T$ *differenziert.*

*Aber, wie gesagt, das alles geht gar nicht, weil jenseits der semipermeablen Wand sofort wieder die Reaktion* $1 \leftrightarrow 2$ *eintritt und nicht wartet, bis die Thermodynamiker fertig sind. Sollten Ihre „Z[auber]-K[asten]-Strahlen" (gepriesen seien sie!) hier helfend eingreifen, so würde mich das riesig freuen!*

*Ich schicke Ihnen beiliegend ein sehr zerlesenes Exemplar der alten Arbeit von Neumann,*[44] *über die wir gesprochen haben, mit der Bitte, es mir noch vor meiner Abreise*[45] *wieder zurückzusenden, da es mir unersetzlich ist.*

*Bitte lesen Sie nur die Einleitung, eventuell Teile von Kapitel I und auf keinen Fall Kapitel II. Auf p. 47 unten steht der Passus betreffend die Frage, die wir gestern diskutiert haben: daß „mit Beachtung der Makroskopie" die mißliche Aussage, jeder reine Fall habe die Entropie 0, aufhört zu gelten. – Es interessiert mich, was Sie zu diesem Versuch, die „grobe Dichte" im Prinzip mathematisch zu fassen, meinen.*

*Viele Grüße Ihr W. Pauli*

[40] Siehe [MEYENN1996], Seite 752 f.

[41] Stern war im Herbst 1952 nach Zürich gekommen, um mit Pauli eine alte Diskussion über thermodynamische Probleme (wie das sog. „Rührkapitel" und den van't Hoffschen Kasten) wieder aufzunehmen.

[42] Siehe hierzu auch die Darstellung des Nernst-Schülers John Eggert, Lehrbuch der physikalischen Chemie, Stuttgart 1960, S. 499, der 1946 zum Vorstand des photographischen Institutes an der ETH in Zürich ernannt worden war und während der gemeinsamen Seminarveranstaltungen Gelegenheit hatte, über diese Fragen auch mit Pauli zu diskutieren.

[43] Später hat Pauli dieses Problem in einer eigenständigen Veröffentlichung behandelt [W. Pauli, Zur Thermodynamik dissoziierter Gleichgewichte in äußeren Kraftfeldern. Festschrift für Jakob Ackeret. Z. angew. Math. und Phys. 9b, 490–497 (1958)].

[44] Johann von Neumann, Beweis des Ergodensatzes und des H-Theorems in der neuen Mechanik, Z. Phys. 57, 30–70 (1929).

[45] Pauli beabsichtigte, im November nach Indien zu reisen.

Standort: [BAL], bk0016n8q8k; Dokumentnummer: **[0839/18.11.1952]**

SEMINAR FÜR THEORETISCHE PHYSIK
DER UNIVERSITÄT BASEL

*Lieber Herr Stern,*
*Zur Frage der „Entropieänderung bei einer quanten th. Messung" möchte ich folgendes sagen:*
*Das Modell sei die Messung der Spinorientierung im Molekularstrahl. Messapparat ist der Atomschwerpunkt. Dies muss daher als „klassisch" gelten, d. h. Ort und Impuls sind mit Unschärfe behaftet derart, daß $\Delta p\ \Delta q >> h$ und gleichwohl p, q als hinreichend scharf gelten. Man kann also von der Wellennatur des Strahles nichts wahrnehmen. Daher ist die Entropie des Messapparates sehr gross (gemessen in Einheiten h), ja eigentlich $\infty$ gross.*
*Im Augenblick, in dem der Strahl ins's äussere Feld geht, tritt eine Wechselwirkung der Spin's mit dem Messapparat ein, wodurch eine „Spinentropie" zustande kommt. Es entsteht ein „Gemisch", in dem die „Konzentration" der + und − Spin's $w_+$ und $w_-$ beträgt. Dies hat daher die Entropie $0 \leq -w_+\ lgw_+ - w_-\ lgw_- \leq lg2$. Man kann daher sagen, dass um diesem Wert die Entropie der Messapparatur abnimmt, was sich aber nicht feststellen lässt, da dies verschwindend wenig gegen die Apparaturentropie ist. Das ist es, eben weil der Apparat als klassisch zu gelten hat.*
*Im Feld wird hernach das Gemisch getrennt. Das ist jedoch ein reversibler Vorgang, bei dem nichts mehr mit der Entropie passiert.*
*Sind Sie mit dieser Darstellung einverstanden? Hatten Sie das im Sinn?*
*Wenn Sie am nächsten Montag oder Dienstag nach Basel kommen werden, so hatten meine Frau und ich grosse Freude. Gerne würden wir Sie zum Mittagessen einladen, falls Sie durch die Kinder (2 Buben, ca. 10 Jahre alt) nicht abgeschreckt werden. Am Donnerstag können wir das ja verhandeln.*
*Mit den besten Grüssen bin ich Ihr R. Fierz*

Standort: [BAL], bk0016n8x51; Dokumentnummer: **[0886/09.02.1956]**

THE CLARENDON LABORATORY
PARKS ROAD
OXFORD
From the Professor of Thermodynamics
SIR FRANCIS SIMON *9th February 1956*

*Dear Stern,*
*The fact that we did not hear from Liverpool, we have interpreted, I hope correctly, that everything was all right. By now I assume you will have arrived at Berkeley and I am enclosing a reprint of my broadcast which I showed you just before you left. It seems to have had quite wide repercussions- even the „Times" quoted it in their leader- and I hear from many sides that it has stirred up matters considerably. The „Nation" is now going to reprint it in the States.*

*Just before you left we had a few words about the third Law and I gave you a reprint concerned with Nernst's alleged proof that the Third Law could be derived from the Second and the fact that the specific heats disappear. Then I just had time to mention to you that in the case of an ideal gas, it is possible to derive from the quantum-mechanical equivalent of the virtual theorem that disappearing specific heats lead automatically to disappearing entropy differences: and that I wondered whether it would be possible to extend, at least in principle, such a proof to all systems. What do you think about it?*
*I was a bit surprised at your surprise that we are using the expansion method for the liquefaction of helium. In actual fact by far the greater part of all the work in the Clarendon Laboratory has been made using the expansion method which has very great advantages for work in which a high degree of insulation is needed. It is no chance that the creeping helium film was discovered by making use of the expansion method and I am sending a reprint under separate cover which will tell you more about that.*
*I my opinion the Collins machine is being much overrated in the U.S. I certainly do not deny that it is a very nice piece of machinery and that laboratories which dispose of the necessary funds can in many cases make very good use of it, particularly if they have practically unlimited supplies of helium gas at their disposal (this is the case in America, but nowhere else). However, this machine induces people to work in the helium region only, while in a real low temperature laboratory the whole region down to the lowest temperature must be covered. Thus you will see that none of the leading laboratories in the low temperature physics, neither Leiden, nor Berkeley, nor Cambridge, nor Oxford, use the Collins machine. They have hydrogen liquefiers because they have to cover the hydrogen region also, and once you have hydrogen, then it is relatively simple and cheep to liquefy helium. Of the four laboratories I mentioned only one used expansion machines at the time, namely Cambridge, when Kapitza was there. They, however, have also given up this many years ago and returned to hydrogen plus helium liquefaction. Three of the four laboratories mentioned use the Joule-Thomson liquefaction, while we use the expansion method, which, by the way, may not only be used for small scale liquefaction, but can in principle be extended to any size. We have, for instance, one liquefier in operation for a number of years which at one stroke produces 1.5 litres of liquid helium in an outside container and we are now building a much bigger one. For most of our work, however, we liquefy in the apparatus in which the actual experiment is carried out and we stick to it, not for any historical reasons, but because for a very great number of experiments it is the best arrangement. Incidentally, a number of other laboratories, including Hilsch's, have also switched over to the expansion method.*
*Nevertheless, we have an open mind in all three matters, as you will see from the fact that I have now handed over to a firm in order to perfect it from the technical point of view.*
*Kindest regards from both of us*
*Yours Franz Simon*

(maschinengeschrieben mit Handunterschrift)

Im Jahre 1956 gab es einen regen Briefaustausch zwischen Pauli und Stern.

Standort: [BAL], bk0016n8w4z; Dokumentnummer: **[0891/17.06.1956]**

*Zollikon-Zürich, 17. Juni 1956*
*Begonnen: 17. Juni 1956*

*Motto: Erst sagt der eine: „Ich kann über*
*den Bach springen." Dann sagt der andere*
*„Ich kann auch über den Bach springen,*
*wenn ich mir einen Stuhl an's Bein binde."*
*Felix Klein*

*Lieber Herr Stern!*
*Diesen Spruch hat Klein in bezug auf gewisse epsilontische Überlegungen in der Mathematik erfunden. Dagegen wende ich ihn hier auf Thermodynamik an*[46]*. Dieses Semester lese ich wieder einmal Thermodynamik – was ich ja nun seit 28 Jahren jedes zweite Jahr tue – und wieder stolperte ich über die Herleitung der thermodynamischen Formeln für das chemische Gleichgewicht. Ist es prinzipiell so, daß man hierzu die molekular-statistische Definition der thermodynamischen Funktionen instabiler Zustände (endlicher Lebensdauer) braucht? Oder hat van't Hoff nur seine Kreisprozesse zu speziell ausgesucht mit seinen semipermeablen Wänden, sobald diese „Dekatalysatoren" (Zaubermittel) notwendig machen?* Ich war bisher geneigt gewesen, die erste Frage bejahend zu beantworten. Seit Ihrer Überlegung mit Molekularstrahlen kamen mir aber wieder starke Zweifel an der Tragweite meiner eigenen Kritik.*
*Nun fand ich schließlich eine mich befriedigende Herleitung der chemischen Gleichgewichtsbedingungen im Sinne der Thermodynamik des viktorianischen Zeitalters („Energetik") – d. h., sie verwendet nicht die Molekular-Struktur der Materie, noch verwendet sie Nicht-Gleichgewichtszustände. (Das ist der „Stuhl am Bein"). Sie beruht darauf, daß man Kraftfelder verwendet, die auf die verschiedenen Komponenten des Gleichgewichts-Gemisches verschieden wirken und naturgemäß annimmt, daß die allgemeine Form der hydrostatischen Gleichgewichtsbedingungen in solchen Kraftfeldern dieselbe ist, ob eine chemische Umsetzung stattfindet (chemisches Gleichgewicht, d. h. stationärer Zustand vorausgesetzt) oder nicht. Aus dem Postulat der Verträglichkeit der hydrostatischen Gleichgewichtsbedingungen mit der Thermodynamik des Gemisches scheinen mir die chemischen Gleichgewichtsbedingungen in der üblichen Form in genügender Allgemeinheit zu folgen. Es kommt dabei darauf an, einen reversiblen (unendlich langsamen) Prozeß mit chemischem Umsatz isotherm so zu führen, daß der Gesamtdruck in jedem der kommunizierenden Gefäße (bzw. an jedem Ort) zeitlich konstant bleibt. Soviel ich gesehen habe, ist das immer möglich. Dabei muß bekanntlich das gesamte Gibbssche Potential konstant bleiben (was dasselbe aussagt, wie daß die Entro-*

[46] Vgl. hierzu: [MEYENN1996], thermodynamische Korrespondenz mit Stern über die Zauberkasten-Strahlen ([1475] Pauli an Stern 15.10.1952, [1477] Pauli an Stern 17.10.1952).

*pieänderung des Systems durch die des Wärmereservoirs gerade kompensiert wird und daß der Energiesatz gilt).*
*Die Kraftfelder stabilisieren von selber eine gewisse Variation der Molzahlen mit dem Ort, außerdem genügt es, daß die Reaktionswärme vom Ort abhängen kann, das Gleichgewicht sich also verschiebt; es ist unnötig, die Reaktion durch Zaubermittel ganz zu unterbinden (was „unendlicher" Reaktionswärme entsprechen würde).*
*Es scheint mir also jetzt, daß Ihr Instinkt, die Reaktionsgeschwindigkeit könne nicht wesentlich sein, doch richtig war.*[47] *Mir scheint diese Art der Herleitung der Gleichgewichtsformeln nun auch im Sinne der Physik des Viktorianischen Zeitalters (Stil: Clausius-Kirchhoff-Helmholtz) befriedigend. Gerne möchte ich aber von Ihnen als meinem thermodynamischen Papst hören, ob Sie meine Überlegungen mit dem Bannfluch belegen oder nicht.*
*Ich führe sie im folgenden Fall der Dissoziation des Joddampfes ($J_2 \leftrightarrow 2J$) durch, da dieser wohl der am meisten kritische Fall ist. (Bei $H_2 + Cl_2 \leftrightarrow 2\,HCl$ hat man größere Freiheit, da $H_2$ und $Cl_2$, wenn isoliert, stabil sind.) Das alles erledigt ja nur eine Vorfrage unserer Diskussion*[48]

Standort: [BAL], bk0016n8w4z; Dokumentnummer: **[0892/18.06.1956]**

*Zürich, 18. Juni 1956*
*Beendet: 18. Juni*

*Ich bin nun mit dem Aufschreiben für Sie fertig, hoffentlich erschrecken Sie nicht über die Papiermassen, aber es ist ja schließlich Thermodynamik, und Sie können sich beliebig viel Zeit lassen. Für mich war die Einfühlung in das „Viktorianische Zeitalter" der Physik eine große geistige Anstrengung – aber die Schlußweise auf p. 3*[a] *ist mir nunmehr auch von einem rein phänomenologischen Standpunkt aus genügend plausibel in ihren Voraussetzungen (im Gegensatz zu „Dekatalysatoren").*
*Ich mußte die Sache doch etwas ausführlicher darstellen, damit sie, wie ich hoffe, Ihnen – auch psychologisch – verständlich wird. Über die Verallgemeinerung der Methode auf andere, kompliziertere Reaktionen habe ich mir bereits einiges überlegt, aber noch nicht sehr systematisch.*
*Eine grundsätzliche Schwierigkeit sehe ich dabei nicht, aber ich weiß nicht, ob es sich lohnt, das im einzelnen durchzuführen. Denn wenn sich auch zeigt, daß man auch mit dem Stuhl am Bein über den Bach springen kann*[b] *, so ist das doch noch kein hinreichender Grund, sich den Stuhl an's Bein zu binden!*

*Die Hauptsache ist wohl, daß sich meine Einstellung zu diesem kontroversen Punkt – nicht ohne Ihren Einfluß – nun gründlich geändert hat.*
*Nun will ich dieses der heiligen Lehre der Thermodynamik gewidmete Schreiben gar nicht durch persönliche Bemerkungen profanieren und Ihrem kritischen Urteil vertrauensvoll entgegensehen, sei es zum Segen oder Fluch! Gerne würde ich mit Ihnen nun über die prinzipielleren Fragen der Beziehung von Quantentheorie und*

[47] Das ist, was ich jetzt glaube.
[48] Diskussion zwischen Pauli und Stern im Sommer 1952.

*Thermodynamik weiter diskutieren, denn von der sowohl häßlichen als auch unphysikalischen Mathematik der Feldquantisierung habe ich jetzt „die Nase voll"!*[49]
*Viele Grüße Ihr getreuer W. Pauli*

Standort: [BAL], bk0016n8k8h; Dokumentnummer: **[0894/22.06.1956]**

*Berkeley, 22. Juni 1956*

*Lieber Herr Pauli!*
*Heute früh erhielt ich Ihren „dicken Brief" und las ihn mit dem größten Vergnügen. Nicht etwa weil Sie mir „recht geben", sondern weil es eine einfache , witzige Idee ist. Endlich mal wieder eine theoretische Arbeit (Gedankenexperiment!), die ich mit wirklichem Genuß lesen konnte.*
*Ich finde es besonders interessant, Ihre Ableitung mit einer ähnlichen von Schrödinger zu vergleichen (Zeitschrift für Physik 5, 163, 1921). Er benützt zwei Gefäße in verschiedener Höhe, um Isotopen durch das Schwerefeld zu bekommen. Dabei braucht er aber Diffusion durch das verbindende Rohr. Bei Ihnen erfolgt die Konzentrationsänderung automatisch durch chemische Reaktion, ganz reversibel! Für Isotopentrennung wäre Ihr Mechanismus nicht brauchbar, aber da braucht man ihn auch nicht, da man durch einen als semipermeable Wand dienenden Molekular-Strahlapparat reversibel kommen kann. Very neat!*
*Ihre wütenden Ausfälle gegen die „viktorianische Thermodynamik" sind sehr lustig, ich möchte nur der Sicherheit halber betonen, daß ich die Thermodynamik, inklusive Nernst-Theorem, für absolut fundamental halte (viel mehr als die Quantenmechanik). Natürlich wissen Sie das, aber ich kann es gar nicht oft genug sagen.*
*Ich betrachte Ihre Arbeit als gutes Omen für unsere künftigen Diskussionen, zu denen ich schon sehr „look forward", hoffentlich ab März 1956.*[50]
*Ich behalte Ihr Manuskript vorläufig zu genauerem Studium, auf Anforderung schicke ich's sofort per Air-Mail zurück.*
*Soeben lese ich in der Zeitung, daß die Leute in Los Alamos das Neutrino direkt nachgewiesen haben. Natürlich muß man abwarten, ob die Experimente in Ordnung sind, aber ich denke schon. Herzlichen Glückwunsch! Ich hatte doch immer noch ein etwas unbehagliches Gefühl, wenn auch lange nicht so stark wie Sie damals in St. Moritz.*
*Also nochmals, Ihr „dicker Brief" hat mich wirklich hocherfreut.*
*Herzlichste Grüße, auch an Ihre Frau,*
*Ihr Otto Stern*

[49] Veröffentlicht in: [MEYENN1996], s. hier auch den Anhang zum Brief [2302]: Wolfgang Pauli, Thermodynamik des Gemisches ($J_2$, J) im Magnetfeld, S. 592–600.
[50] Offenbar hatte Stern sich verschrieben und meinte März 1957.

Standort: [BAL], bk0016n8w4z; Dokumentnummer: **[0895/01.07.1956]**

*[Zürich], 1. Juli 1956*

*Lieber Herr Stern!*

*Ich bin sehr froh über Ihren Brief vom 22. daß Sie übrigens gleich – noch am selben Tag – geantwortet haben, dürfte wohl als Unikum in Ihrer Lebensgeschichte gelten, und ich bin entsprechend stolz darauf! Ich wußte, daß die Reversibilität des von mir angegebenen Prozesses die Hauptsache und zugleich die kritischste Stelle des ganzen Gedankenganges ist. Nun bin ich froh über Ihren „Päpstlichen Segen" zu diesem Punkt.*

*Die Arbeit von Schrödinger, die Sie zitieren, kenne ich übrigens sehr gut, ich bringe sie sogar öfters in meiner (wie Sie sich denken können, etwas unkonventionellen) Thermodynamik-Vorlesung*[51]*. Ich weiß wohl die von Ihnen betonten Unterschiede von Schrödingers Methode der Isotopentrennung zur Methode der Herleitung der chemischen Gleichgewichtsbedingungen meines letzten Briefes. Auch waren bei mir gar nicht die semipermeablen Wände*[52] *als solche, sondern die Nicht-Gleichgewichtszustände der Stein des Anstoßes.*

*Da Sie nun aber die Isotopentrennung (um die es mir nicht zu tun war) in die Diskussion geworfen haben, möchte ich Sie gerne bitten, mich nochmals darüber authentisch zu belehren. Um Mißverständnisse zu vermeiden, möchte ich aber zunächst betonen, daß es sich nie um „wütende Ausfälle" handelt, wenn ich Witze mache. Diese entspringen keiner wütenden, sondern einer fröhlichen Stimmung (deshalb sind sie auch „sehr lustig", wie Sie sagten) und erleichtern mir psychologisch die Einführung in die phänomenologische Thermodynamik (z. B. kann ich das merklich besser, wenn ich mir das Viktorianische Zeitalter als Ganzes dazu vorstelle).*[53] *Nun aber zu Schrödingers Isotopentrennung.*

*Ich habe mir nochmals das Ganze durchdacht, und im Gegensatz zu Ihnen kommt es vor, als ob – trotz Ihrer warnenden Anwendung des Wortes „Diffusion" – der Vorgang bei ihm ebenfalls reversibel geleitet werden kann. Denn es kommt wohl nur darauf an, daß die (makroskopischen) Strömungsgeschwindigkeiten der Gase beliebig klein gemacht werden können. Die klassischen Irreversibilitäten wie z. B. beim Ausströmen eines Gases im Vakuum entstehen ja immer durch plötzliches Öffnen von Hähnen, die endliche Druckdifferenzen (bzw. endliche Partialdruckdifferenzen) und daher unkontrollierbare (ungeordnete) Strömungen zur Folge haben. Übrigens genügt es zur Diskussion der Irreversibilitäten bei Schrödinger, ein einziges Gas (reines Isotop) zu betrachten. Denn im idealen Gaszustand kümmern sich ja die verschiedenen Gase gar nicht umeinander (und bei Schrödinger bleibt das schwerere Gas ohnehin unten). Übrigens ist beim klassischen irreversiblen Diffusionsvorgang*

[51] Vgl. Paulis Vorlesung über *Thermodynamik und kinetische Gastheorie* [1952b, Kapitel II,9: Bemerkungen zu den Mischgesetzen].

[52] Die betrachte ich als spezielle Kraftfelder!

[53] Pauli schließt sich hier der von C. G. Jung vertretenen Auffassung an, dass die „schöpferische Betätigung der Einbildungskraft den Menschen seiner Gebundenheit im *Nicht-als* entreißt und ihn in den Zustand des Spielenden versetzt".

*die Entropiezunahme auch quantitativ dieselbe, wie wenn jedes der Teilgase – unabhängig vom anderen – im Vakuum ausströmt.*
*Ich stelle mir also nach Schrödinger eine Röhre vor, die von Interlaken bis zum Jungfraujoch geht (möglichst unterirdisch). Unten ist ein Behälter mit $O_2$ (reines Isotop) gefüllt, und oben mündet die Röhre ebenfalls in einem Behälter,*[54] *der zunächst durch einen Stempel abgeschlossen ist.*
*Was Schrödingers Plan technisch wohl – gelinde gesagt – schwer durchführbar macht, ist seine Anforderung an Temperaturkonstanz: Die lange Röhre muß – ebenso wie der Behälter – nun außerdem noch in einen geheizten Raum konstanter Temperatur mit ideal funktionierenden Thermostaten eingebaut sein. Aber ich kann mir nicht denken, daß solche technischen Anforderungen auf dem Papier eine prinzipielle Schwierigkeit sind.*
*Nun zieht man den Stempel am Jungfraujoch unendlich langsam stetig in die Höhe, in winzig kleinen Schritten, so daß das Gas dabei im Limes überhaupt nicht „in Bewegung" kommt, vielmehr quasistatisch lauter Ruhezustände mit dem richtigen stetig sich ändernden Gleichgewichtsdruck durchläuft. Man lasse sich nur Zeit (die Thermodynamik ist ja für die Ewigkeit – ist nicht nur ein Witz, ich will darauf noch zurückkommen), es ist gleichgültig, ob der Behälter oben in 1000 oder 10000 oder in T-Jahren voll wird.*

*Nun halte ich das für einen quasistatischen, also reversiblen Vorgang. Haben Sie dagegen Einwände?*
*Wenn das aber wirklich reversibel ist, dann ist das Schrödingersche Verfahren zur Isotopentrennung theoretisch richtig (es führt ja auch zum gleichen Resultat wie Ihre Molekularstrahlen).*

--------------------

*Soviel zur Nebenfrage der Isotopentrennung.*

*Zu meiner eigenen Methode (letzter Brief) muß ich noch nachtragen, daß ich etwas unvorsichtig war bei der Benützung des Wortes Solenoid, da ja in diesem irreversibel eine Joulesche Wärme entwickelt wird. Zur Erzeugung des homogenen Magnetfeldes muß man reibungslos bewegte Ladungen verwenden. Man muß sich aber um die Quellen des Magnetfeldes nicht weiter kümmern, wenn man das richtige thermodynamische Potential $\varphi < F + pV$ einführt, das die Eigenschaft hat*

$$d\varphi = - SdT - MdH + Vdp$$

*(im Gegensatz zu*

$$\varphi' = F' + p\,V = \varphi + (MH)$$

*mit der Eigenschaft*

$$d\varphi' = SdT + HdM + Vdp.$$

*Wenn man die Quellen des Feldes miteinbezieht, wird man zunächst auf $\varphi'$ bzw. $F'$ geführt). Darüber gibt es ja Literatur, und es braucht wohl nicht wiederholt zu werden.*

[54] Ich denke mir die Behälter in horizontaler Richtung ausgedehnt.

*Ich habe noch weiter nachgedacht über die Verallgemeinerung meiner Methode auf andere Reaktionen. Im allgemeinen Fall finde ich es aber etwas unübersichtlich, den Druck und die chemische Zusammensetzung in den einzelnen Gefäßen konstant zu halten. Betrachtet man z. B. die Reaktion*

$$H_2 + Cl_2 \leftrightarrow 2HCl,$$

*so geht es noch ähnlich wie beim* $J_2 \leftrightarrow 2J$, *wenn man zunächst den Sonderfall behandelt, daß die Partialdrucke von* $H_2$ *und* $Cl_2$ *gleich sind. Dann genügt ein Kraftfeld, das z. B. auf HCl wirkt, aber nicht auf* $H_2$ *und* $Cl_2$.
*Bei beliebigen Partialdrucken (oder beliebigen Kraftfeldern) ändert sich aber im allgemeinen die chemische Zusammensetzung in den Gefäßen. Vielleicht muß man dann doch mit semipermeablen Wänden für* $H_2$ *und für* $Cl_2$ *(gegen die ich an sich nichts habe) nachhelfen. Dagegen zweifle ich nicht, daß man mit Gleichgewichtszuständen auskommen wird, es wird nur etwas kompliziert. Haben Sie darüber eine Meinung?*

*Nun komme ich zu den prinzipielleren Fragen : Ich glaube nicht, daß eine wirkliche Meinungsverschiedenheit besteht betreffend Ihre (berühmte und bekannte) Wertskala:*
*„Thermodynamik (inklusive Nernst-Theorem) = absolut fundamental, viel mehr als die Quantenmechanik. Ich drücke das nur mit anderen Worten aus, z. T. sogar mit Witzen. Mir stellt sich die Sache so dar: Seit dem Ende des Viktorianischen Zeitalters herrscht in der Physik eine „Raum-Zeit-Kausalitätskrise." Wenn ich mir das als Krankheit veranschauliche, hervorgerufen durch einen Virus, den ich mit* $V_{RZK}$ *bezeichnen will, so hat die Thermodynamik (so wie Sie sie definieren) die größte Chance, auch in Zukunft völlig immun gegen* $V_{RZK}$ *zu sein. Vom Raum ist in der Thermodynamik nämlich nur das Rudiment der Trennbarkeit von Systemen, von der Zeit nur das Rudiment des später versus früher benützt. Von Raum- oder Zeitmessung ist in der Thermodynamik nirgends die Rede . Und was gar die Kausalität betrifft, so kann die Thermodynamik darauf pfeifen, ob die Mikrogesetze letzten Endes deterministisch oder statistisch (mit primären Wahrscheinlichkeiten) sind. Denn nach Szilard[55] („Informationstheorie", wie man heute sagt)[56] ist die Entropie ein Maß für die Kenntnis (das Wissen) des Makrobeobachters. Daher sind ja (was durch das Nernst-Theorem präzisiert und verschärft wird) unvollständig gekannte Zustände thermodynamisch allein interessant, und diese müssen immer statistisch beschrieben werden, während nur der thermodynamisch uninteressante Grenzfall des „maximal beobachteten und bekannten" Mikrozustandes von K in* $V_{RZK}$ *angegriffen werden kann.*
*Die Immunität der Thermodynamik gegen* $V_{RZK}$ *hat also zu tun mit einer weisen Beschränkung ihres Gegenstandes.*

---

[55] Vgl. [SZILARD1929].
[56] Nach diesem von L. Brillouin mithilfe des Begriffes *Negentropie* formulierten Prinzip soll sich durch die über ein System gewonnene Information dessen Negentropie verringern, sodass die Summe von Negentropie und Information stets abnimmt.

*Nun ist die heutige Situation die, daß $V_{RZK}$ seine Attacken (außerhalb der Thermodynamik) weiter fortsetzt. Ich habe gesehen, daß die fiktiven scharfen Zeitpunkte der Quantenmechanik eben in der Feldquantisierung zu schlimmen (unphysikalischen) Konsequenzen führen. Andrerseits haben Sie – und in gewissem Sinne auch Wick-Wigner-Wightman – darauf hingewiesen, daß der „reine Fall" eigentlich so unerreichbar sein sollte wie in der Thermodynamik der absolute Nullpunkt.*[57] *Deshalb meine ich, man soll eine Mathematik – logische Verallgemeinerung der quantenmechanischen Methode – suchen, namentlich in Anwendung auf Feldoperatoren, bei der die Unmöglichkeit (Unerreichbarkeit) des reinen Falles eines und dasselbe werden . Denn: willst Du immun gegen $V_{RZK}$ werden, so suche Hilfe bei dem bereits immunen Stück der Physik. (Ich sage es wohl weniger pathetisch als Sie, aber es kommt dann – in meiner frivoleren Sprache – zum Schluß auf dasselbe hinaus wie bei Ihnen.) Nun, weiter weiß ich jetzt noch nicht. Aber ich werde weiter darüber brüten. Dank für Ihre Glückwünsche zum Neutrino. Ich hatte ein Telegramm von Reines und Cowan darüber. Näheres auf Wunsch.*[58]

*Herzlichst Ihr W. Pauli*

[Zusatz am oberen Briefrand:] *Viele Grüße auch von meiner Frau. Das Manuskript können Sie gerne behalten!*

Standort: [BAL], bk0016n8w4z; Dokumentnummer: **[0898/12.07.1956]**

*Berkeley, 12. Juli 1956*

*Lieber Pauli!*

*Vielen Dank für Ihren ausführlichen Brief vom 1. Diesmal konnte ich nicht so rasch antworten. Ich wollte mir auch die Schrödinger-Arbeit gründlich überlegen.*

*Mit der „warnenden" Bemerkung über die Diffusion meinte ich, daß ich ein unbehagliches Gefühl hatte, ob die unvermeidliche irreversible Mischung wirklich ordentlich weggebracht wird. Ich habe nun die Ursachen meines „unbehaglichen Gefühls" näher untersucht und gebe zu, daß man bei genügender Idealisierung die Irreversibilität in der Grenze wegbringen kann, aber behaglich ist es mir immer noch nicht. Nämlich:*

*Zunächst bin ich nicht einverstanden mit Ihrer Auffassung, daß es gleich ist, ob ich ins Vakuum oder in ein anderes Gas diffundieren lasse. Die Entropie Änderung ist natürlich dieselbe, aber um den Vorgang reversibel zu leiten, brauche ich im zweiten Falle eine semipermeablen Stempel. Und das will Schrödinger ja gerade vermeiden. Aber das Schlimme ist die Größenordnung. Um die Neonisotopen 20 und 22 auch nur zu 99 % reversibel zu machen, brauche ich eine Säule von 1000 km (Größenordnung). Nun bin ich ja überzeugt, daß man bei Gedankenexperimenten von technischen Schwierigkeiten absehen kann, solange sie nicht prinzipiell sind. Man könnte also ruhig zur Grenze beliebig langer Säulen übergehen. Aber: Das Volumen des Steigrohrs wird stets vernachlässigt. Wenn man es beliebig lang macht, muß man es beliebig eng machen. Trotzdem soll sich immer Mischungsgleichge-*

[57] Vgl. Wick, Wightman und Wigner (1952).

[58] Der Absorptionsquerschnitt der Reaktion Neutrino + Proton = Positron + Neutron ist 6 x $10^{-44}$ cm$^2$ im Einklang mit Theorie.

*wicht einstellen. Na, es wird schon in Ordnung sein, aber schön ist es nicht. Ihre Sache ist eben sehr viel anständiger und klarer.*
*Betreff Verallgemeinerung: Ich kann mich nicht dazu aufraffen, darüber nachzudenken. Sie wissen ja, das ist meine ganz schwache Seite.*
*Mit Ihren prinzipiellen Bemerkungen bin ich restlos einverstanden. Besonders gefreut hat mich, was Sie über Feldquantisierung und reinen Fall sagen. Ich habe natürlich kein Urteil darüber, aber gefühlsmäßig bin ich überzeugt, daß Sie recht haben.*
*Herzlichste Grüße, auch an Ihre Frau, Ihr Otto Stern*

Standort: [BAL], bk0016n8w4z; Dokumentnummer: **[0899/15.07.1956]**

*Zürich, 15. Juli 1956*[59]

*Lieber Herr Stern!*
*Durch Ihren Brief sehr ermutigt, wage ich es, Ihnen die Fortsetzung meiner thermodynamischen Überlegungen zu schicken. Eleganter konnte ich das Gleichgewicht $H_2 + Cl_2 \leftrightarrow 2HCl$ leider nicht behandeln, aber – immerhin – das gesteckte Ziel ist erreicht. Wie Sie aus dem § 1 sehen werden, habe ich damit einen Ausflug in das Viktorianische Zeitalter verbunden, indem ich Teile der zitierten größeren Arbeit von Gibbs aus den 70er Jahren des 19. Jahrhunderts*
*Nachgelesen habe. (Die auf Kapillarität bezüglichen Teile der Arbeit habe ich allerdings zunächst beiseite gelassen; der von ihm ausführlich behandelte Fall, daß mehrere Oberflächen in einem Punkt zusammenstoßen, muß ja ein besonderer Leckerbissen für Oberflächenfreunde sein!)*
*Die Darstellung seiner Variationsmethode fand ich nicht genügend klar. Er sagt nicht allgemein, wie die Entropie im variierten Zustande definiert ist – durch welche reversiblen Prozesse? – ob er da auch instabile Zustände zuläßt, etc. Ich vermute auch, daß eben das der Grund ist, warum die älteren Klassiker der Thermodynamik (Clausius, Kirchhoff – von deren Einsicht ich eine sehr positive Meinung habe und immer schon hatte) die Variationsmethode nicht angewandt haben. Es gibt aber sicher Fälle, wo die Stabilisierung der variierten Zustände sehr einfach ist, wie z. B. eben bei der Frage der hydrostatischen Gleichgewichtsbedingungen, bei äußeren Kräften für Gemische, wo man sich im variierten Zustand einfach Teilvolumina durch Wände abgesperrt denken kann. Deshalb habe ich mir auch diese hydrostatischen Gleichgewichtsbedingungen von Gibbs als den Felsen ausgesucht, auf dem ich meine weiteren Überlegungen gebaut habe. Irgendwo muß man ja etwas annehmen.*
*(N.B. Über die Nebenfrage der Schrödingerschen Methode der Isotopentrennung habe ich auch noch nachgedacht, kann mich aber Ihren Bedenken nicht anschließen. Da in jedem Moment im oberen Gefäß der Gleichgewichtsdruck herrscht, erscheint mir Ihr Ruf: „Diffusion!" nur als eine Art von „Kinderschreck"! Ich lasse mich aber gerne belehren.)*

[59] Veröffentlicht in: [MEYENN1996], Brief [2311]. Siehe hier auch den Anhang zum Brief [2311]: „Seinem alten Gefährten Otto Stern gewidmet von W. Pauli", S. 611–617.

**Abb. 3.3** Wolfgang Pauli. (Bildquelle: Nachlass Stern [BAL], bk0016 Fotogalerie)

*Allgemein ist es meine Tendenz, auf die immer wieder lehrreichen Originalarbeiten der Klassiker zurückzugreifen und die mittelmäßigen Lehrbücher der Epigonen möglichst zu eliminieren. Im Falle der Thermodynamik meine ich mit „Epigonen" in erster Linie die holländische Schule (van der Waals, van't Hoff, etc.), welche anscheinend das unsaubere Hantieren mit labilen Zuständen zur Regel gemacht hat. Das wußte ich immer schon, aber nun habe ich in Thermodynamik etwas dazugelernt: ich weiß jetzt, daß man die Thermodynamik als solche, qua physikalische Theorie, nicht für solche Mängel einzelner Leute (oder Schulen) verantwortlich machen soll!*

*Nun kann ich, glaube ich, das Viktorianische Zeitalter wieder ruhen lassen und den Entwicklungsweg der Physik – und der Thermodynamik in ihr – seit damals bis heute zu überblicken versuchen. Die Klassiker der Thermodynamik (zu denen ich auch Gibbs zähle) waren ja alle Mechanisten.*

*Dann kam die „RZK“ (Raum-Zeit-Kausalität)-Krise. Die Thermodynamik blieb dabei in allen Problemen der Raum-Zeit-Struktur abseits wie die „Unschuld vom Lande“.*
*Hier nun, scheint es mir, ist von der heutigen Situation in der Physik eine Synthese gefordert.*

*Und Ihr „Prinzip von der Unerreichbarkeit des reinen Falles“ – von dem ich 100 % überzeugt bin – kann nur im Rahmen einer solchen Synthese durchgeführt werden.*
*Stets ihr W. Pauli*

[Zusatz am oberen Briefrand:] *Meine Frau läßt stets grüßen! Ich habe übrigens auch mit einigem Interesse den Nachruf von Gibbs auf Clausius gelesen!*

Standort: [BAL], bk0016n8w4z; Dokumentnummer: **[0900/17.07.1956]**

*[Zürich], 17. Juli 1956*

*Lieber Stern!*
*Soeben erhielt ich Ihren Brief über die „Nebenfrage“ (Schrödinger-Methode der Isotopentrennung im Schwerefeld), der mir sehr gut zeigte, wo Sie die Schwierigkeiten haben.*
*Allerdings glaube ich nach wie vor, daß diese Methode prinzipiell schon in Ordnung ist. Denn 1. muß man das Volumen des Steigrohres nicht vernachlässigen, man kann es ja auch mit in Rechnung stellen, so daß man es nicht beliebig eng machen muß. Es kommt nur darauf an, daß in jedem Augenblick an jedem Ort (d. h. in jeder Höhe) der Gleichgewichtsdruck herrscht. Das muß schon gehen, wenn man sich Zeit läßt. (Man hat allerdings für's erste nur eine partielle Separation, die aber iteriert werden könnte!)*
*Dann scheint es mir 2., daß kein semipermeabler Stempel nötig ist, um den Vorgang reversibel zu machen. Sie haben natürlich recht, daß das zweite Gas mitbestimmend ist für die Geschwindigkeit, mit der das Gleichgewicht sich einstellt. Aber im Limes verschwindender Strömungsgeschwindigkeit sollte das keine Rolle spielen.*
*Es ist wohl nicht nötig, daß wir nun die Diskussion über die Nebenfrage weiter fortsetzen. Denn wir sind ganz einig über die Frage der Größenordnung und auch darüber, daß es nicht schön ist!*
*Ich selbst habe bei thermodynamischen Überlegungen viel lieber Kraftfelder, deren Intensität man regulieren kann; die Wahl des Schwerefeldes hat da große Nachteile der Größenordnung, und ich habe sie deshalb bei meinen Überlegungen sorgfältig vermieden. Auch habe ich lieber Prozesse, bei denen alle Drucke konstant bleiben, als solche Prozesse, die bei Schrödinger vorkommen. Und bei mir erfolgt die Gleichgewichtseinstellung nie in die Ferne.*

*Nun habe ich Ihnen ja gestern die Fortsetzung (Verallgemeinerung) meiner Überlegungen geschickt. Es ist „prästabilierte Harmonie“, daß Sie gerade darüber nicht Selbst nachgedacht haben. Um so neugieriger bin ich nun auf Ihr Urteil darüber.*
*Vielleicht soll ich noch ein paar Sätze hinzufügen über die Verwendung eben solcher „langen Säulen“ (im Schwerefeld) bei Gibbs in seiner Nature-Arbeit (1897)*

*über osmotischen Druck (die ich zitiert habe). Er verwendet diese Säulen – und zwar zwei von denen eine das reine Lösungsmittel A, die zweite die Lösung A + B enthält und die auf beliebigen Höhen durch eine Röhre mit nur für A durchlässiger Wand verbunden werden können – damit schließlich in genügend großer Höhe alles verdampft und im idealen Gaszustand ist. Indem er nun „oben" die Potentiale $\mu_A$ für die beiden Säulen berechnet, gelingt es ihm, unter Benützung seiner allgemeinen (beliebigen Substanzen) Gleichgewichtsbedingungen (die ich auch zitiert habe), auch unten (wo kein idealer Gaszustand herrscht) – im Falle großer Verdünnung des B in der rechten Säule – den osmotischen Druck zu berechnen.*

*Die Überlegung ist witzig, sie ist aber, wie Gibbs selbst bemerkt hat, nicht notwendig. Denn es genügt ja, den gelösten Stoff allein durch Verdampfen in den idealen Gaszustand zu bringen – über der Lösung - und dann braucht man auch gar keine Säulen. Diese andere, bekanntere Methode, bildet dann den Schluß der Arbeit von Gibbs.*

*Ich habe übrigens auch noch einmal den Abschnitt über „convertible components" (chemisches Gleichgewicht) in der zitierten Großen Arbeit von Gibbs aus den 70er Jahren gelesen. Diese Überlegungen sind sehr verklausuliert und sehr vorsichtig gehalten, mit vielen Wenn's und Aber's. (Er denkt sich neben dem Gas mit convertible components ein zweites gleichbeschaffenes, wo die Komponenten sich nicht ineinander verwandeln, vergleicht dann die thermodynamischen Eigenschaften beider und ähnliche Gedankenexperimente.)*

*Ich habe jetzt eher den Eindruck, daß Gibbs damals nicht daran gedacht hat, die Entropie für instabile Zustände zu benützen. Denn große Vorsicht ist bei ihm immer spürbar.*

-------------

*Nun will ich aber endgültig aus dem Viktorianischen Zeitalter in die Gegenwart zurückkehren. Da möchte ich Sie gerne auf die Arbeit des bekannten amerikanischen Molekularstrahlphysikers Norman Ramsey im Physical Review dieses Jahres, Heft vom 1. Juli, aufmerksam machen mit dem Titel „Thermodynamics and statistical mechanics at negative absolute temperature".*[a] *Sie hat mir viel Vergnügen gemacht und ich halte alles, was der Autor sagt, für vollkommen richtig. (Die Unerreichbarkeit des absoluten Nullpunktes von beiden Seiten her, zu der er kommt, wird Ihnen sicher Spaß machen.)*

*Es beruht einfach darauf, daß bei Systemen mit endlicher Maximalenergie auch eine kanonische Verteilung* $e^{+I\alpha IE}$ *möglich ist und daß sie sich unter besonderen Umständen – d. h. für besondere Systeme – auch im Gleichgewicht halten kann (für beträchtliche Zeiten). Ramsey zeigt vor allem, daß die Kernspins mancher Substanzen tatsächlich alle Eigenschaften haben, die für die Realisierung einer solchen negativen Temperatur notwendig sind. Ich fand seine Arbeit sehr wohl überlegt.*

*Dagegen war Herr Landé neulich bei mir, und es wimmelte nur so von mathematischen und physikalischen Fehlern.*

*In Genf konnte ich mich etwas länger mit den russischen Physikern unterhalten. Wenn ich aber darüber (sowie über die Witze und Anekdoten, die ich von der Physiker-Konferenz in Moskau gehört habe) schreiben würde, dann würde dieser Briefwieder zu dick. Ich habe übrigens eine Einladung nach Moskau und gehe viel-*

*leicht nächsten März für 2 Wochen dorthin. Inzwischen bebrüte ich das Prinzipielle weiter.*
*Stets Ihr W. Pauli*
[Zusatz am oberen Briefrand:] *Von Cowan und Reines (Los Alamos) kam inzwischen auch ein paper über ihre Neutrinoversuche. Sie scheinen recht ordentlich.*

Standort: [BAL], bk0016n8w4z; Dokumentnummer: **[0902/20.08.1956]**

*Zollikon-Zürich, 20. August [1956]*

*Lieber Herr Stern!*
*Ich habe eben noch über die thermodynamische Frage von gestern abend nachgedacht und geixt, und es scheint mir jetzt, daß auch bei gleichen Molekülen bei Wegnehmen einer Wand eine Entropieänderung stattfindet, die merklich ist, sobald die Molekülzahl klein ist (wie in dem Beispiel, das Sie betrachtet haben).*
*Für genügend hohe Temperatur* folgt für die Zustandssumme Z eines Gases von N gleichen Molekülen bei Volumen V und Temperatur T (Eindimensional bei Kastenlänge L)*

$$Z = \left(\frac{\sqrt{2\pi mkT}}{h}\right)^{3N} \cdot \frac{V^N}{N!} \qquad Z = \left(\frac{\sqrt{2\pi mkT}}{h}\right)^{N} \cdot \frac{L^N}{N!} \qquad (1)$$

*(1) wobei das 1/N! mittels Bose- oder Fermi-Statistik zu begründen ist. Die freie Energie ist wie immer* $F = -kT \log Z$, *die Entropie* $S = -\delta F/\delta T$. *(2)*
*Es soll nun im folgenden dieses Ergebnis – einschließlich der thermodynamischen Funktionen, wie sie in (2) definiert sind – auch für kleine Werte von N benützt werden [natürlich darf dann N ! nicht durch* $N^N$ *ersetzt werden !].*
*Es fragt sich, ob dies irgendwie gegen thermodynamische Dogmen verstößt. Ich glaube aber, daß das nicht der Fall ist – sofern man Z. B. ein einziges Teilchen im Wärmebad betrachtet – da dann die kanonische und nicht die mikrokanonische Gesamtheit zu verwenden ist.*
** Die Bedingung ist:*

$$\left(\frac{\sqrt{2\pi mkT}}{h}\right)^{3} \cdot \frac{V}{N} \gg 1.$$

*1. Ich vergleiche nun einerseits*
*1. V, N V, N*
*Zwei durch „unendlich hohe" Potentialberge getrennte Kästen mit je Volumen V und Teilchenzahl N*

*Gesamtzustandssumme* $[Z(V,N)]^2$

*2. 2V, 2N*

*2. Einen Kasten vom Volumen 2V und Teilchenzahl 2N.*

2V 2N

$$Z(2V,2N) = \left(\frac{2\pi mkT}{h^2}\right)^{3/2 N\cdot 2} \cdot \frac{V^{2N}}{(2N)!}$$

*Der Quotient*

$$Q = \frac{Z(2V,2N)}{[Z(V,N)]^2} = \frac{2^{2N}(N!)^2}{(2N)!} \qquad (3)$$

*bestimmt gemäß*

$$\Delta S = k \log Q \qquad (4)$$

*die Entropiezunahme bei Wegnehmen der Wand.*

*Man pflegt nun gewöhnlich durch Anwendung der Stirlingformel N! durch* $N^N$ *zu ersetzen, woraus dann* $Q = 1$, $\Delta S = 0$ *folgt.*

*[Genauer ist für große N* $Q = \sqrt{\pi N}$, $\Delta S = 1/2 k \log(\pi N)$.*]*

*Das ist aber etwas schlampig, und ich komme zur Schlußfolgerung, daß die durch (3), (4) gegebene Entropievermehrung bei Wegnehmen der Wand bei gleichartigen Molekülen als physikalisch real anzusehen ist.*

*Ich sehe kein Dogma, welches mir dieses verbietet, und es scheint mir im Gegenteil, daß dann alle Widersprüche aus Betrachtungen über rasches und langsames Erwärmen verschwinden - es scheinen mir sogar diese Betrachtungen klar die Entropievermehrung (3), (4) beim Wegnehmen der Wand zu beweisen.*

*Natürlich ist dieses* $\Delta S$ *ganz anders und viel kleiner als bei ungleichartigen Molekülen*

*V, N „rote" Moleküle, V, N „grüne" Moleküle*

*2V, N rote + grüne Moleküle*

*gibt*

$$\Delta S = k \log Q' \text{ mit } Q' = 2^{2N}.$$

--------

*In dem gestern von Ihnen speziell betrachteten Beispiel ist* $N = 1$, *also* $Q = 2^2/2! = 2$ *während für ungleiche Moleküle* $Q' = 2^2 = 4$ *wird. Dies kommt auch aus der direkten Rechnung heraus:*

*a) Ein Teilchen im eindimensionalen Kasten der Länge l*

$$\alpha = \frac{h^2}{8l^2 mkT} \qquad Z = \sum_{n=0}^{\infty} e^{-\alpha n^2} \sim \frac{\sqrt{\pi}}{2\sqrt{\alpha}} = \frac{\sqrt{2\pi mkT}}{h} \cdot l$$

*b) Zwei getrennte Kästen gleicher Größe*

$$z = \left(\sum_{n=0}^{\infty} e^{-\alpha n^2}\right)^2 = \frac{\pi}{4\alpha} = \frac{2\pi m k T}{h^2} \cdot l^2$$

*c) Kasten der Länge 2l; β =α/4. Zwei verschieden-artige Moleküle*

$$z = \sum_{n_1=0}^{\infty} \sum_{n_2=0}^{\infty} e^{-(n_1^2+n_2^2)\beta} = \left(\frac{\sqrt{\pi}}{2\sqrt{\beta}}\right)^2 = \frac{\pi}{4\beta} = \pi/\alpha \, .$$

*d) Kasten der Länge 2l; zwei gleich-artige Moleküle*

$$z = \sum_{n_1=0}^{\infty} \sum_{n_2>n_1} e^{-(n_1^2+n_2^2)\beta} = \frac{1}{2}\left(\frac{\sqrt{\pi}}{2\sqrt{\beta}}\right)^2 = \frac{1}{2}\frac{\pi}{4\beta} = \frac{1}{2}\frac{\pi}{\alpha} \, .$$

*(Z. B. Für Bose-Statistik ist in der zweiten Summe $n_2 = n_1$ mitzunehmen, für Fermi-Statistik nicht. Das gibt aber einen hier zu vernachlässigenden Unterschied, da ausdrücklich $\alpha << 1$ vorausgesetzt wurde.)*
*Es folgt also bei Wegnehmen der Wand im Falle gleichartiger Moleküle die Entropievermehrung $\Delta S$ k log2; bei einem „roten" und einem „grünen" Molekül $\Delta S =$ 2k log2 in Übereinstimmung mit dem obigen für N =1.*

--------------

*Die Realität der durch (3), (4) gegebenen Entropieänderung – die Sie offenbar gestern vergessen haben – scheint mir jetzt sogar beinahe trivial. Denn nachdem die Wand angebracht ist, kann man bei gleichartigen Molekülen nicht wissen, welche N Moleküle links und welche N rechts der Wand sein werden, so daß notwendig der kombinatorische Faktor*

$$\binom{2N}{N} = \frac{(2N)!}{(N!)^2}$$

*auftauchen muß. Dies dürfte auch mit den alten Resultaten von Gibbs ganz in Einklang sein. Mit Ihren Überlegungen, bei denen einmal „rasches" (Wand), einmal „langsames" Erwärmen (keine Wand) eingeführt wird, beweist man diese Entropieänderung bei Wegnehmen der Wand im Falle gleichartiger sehr anschaulich und hübsch (mittels des Kreisprozesses über $T = 0$), während Sie auf Widersprüche gekommen sind nur auf Grund des Vorurteils, daß in diesem Fall $\Delta S$ exakt verschwinden müsse.*
*Das Herausnehmen der Wand (bei gleichartigen Molekülen) ist also in der Tat nicht exakt adiabatisch (sondern nur annähernd für große N), wenn die Temperatur des Gases gleichzeitig exakt konstant gehalten wird.*

*Viele Grüße und weiteres mündlich !        Stets ihr W. Pauli*

Standort: [BAL], bk0016n8w4z; Dokumentnummer: **[0903/10.09.1956]**

Postkarte[60,61]

*Turin, 10. September 1956*

*Lieber Stern!*

*Das Portrait paßt zur Thermodynamik. Von der Arbeit von Ramsey über T < 0 hörte ich noch, daß, sie unter dem Protektorat von Simon in Oxford entstanden ist und seine Billigung gefunden hat.*
*Nun kommen wir bald wieder nach Zürich.*
*Herzlichst Ihr W. Pauli*

*Auf bald, Ihre Franca Pauli*

Standort: [BAL], bk0016n8w4z; Dokumentnummer: **[0915/10.05.1957]**

*Zürich, 10. Mai 1957*

*Lieber Stern!*

*Die Stelle, wo ich in meinem alten Handbuch-Artikel („neues Testament") wesentlich die lineare Superposition benützen mußte, steht auf p. 146, 147*[62]*. Und zwar hat es mit Molekularstrahlen zu tun. Ich denke mir dort einen Ablenkungsversuch, der verschiedene stationäre Zustände zu trennen erlaubt: nach seiner Ausführung soll das Molekül oder Atom praktisch mit Sicherheit in vollständig getrennten Gebieten* $V_n$ , $V_m$ *liegen, falls das Molekül anfangs mit Sicherheit in den Zuständen n, m war.*

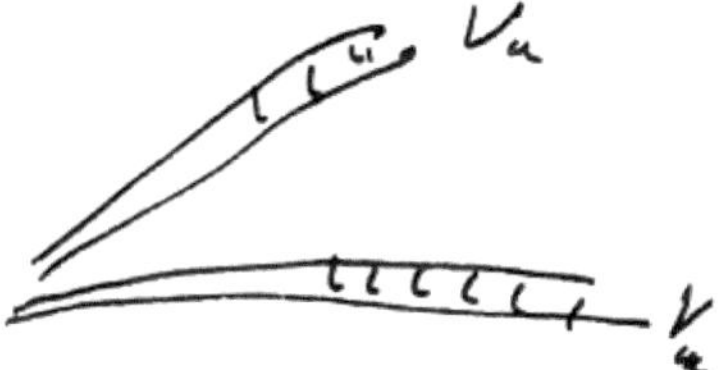

*Sei Q die Koordinate des Schwerpunktes des abgelenkten Atoms (Moleküls), q die Koordinaten der Teilchen des Systems relativ zu dessen Schwerpunkt.*
*Ist das Molekül anfangs im Zustand n, so sei die Lösung nach der Ablenkung*

$$\Psi_n(q, Q;t) = a_n(Q,t)\, u_n(q,Q)$$

$$\downarrow$$

*Die Abhängigkeit der u von Q fällt fort, wenn die Atome ein Raumgebiet konstanten äußeren Feldes gekommen sind*

[60] Diese Karte schrieb Pauli während seines Besuches des zum 100. Todestag von Amadeo Avogadro (1776–1856) in Turin vom 6.–11. September 1956 veranstalteten italienischen Physikerkongresses.

[61] Auf der Postkarte befindet sich das Portrait des verdrießlich dreinschauenden Avogadro.

[62] Wolfgang Pauli, Die allgemeinen Prinzipien der Wellenmechanik. Handbuch der Physik, 2. Auflage, Band 24, Berlin 1933.

*Es ist*

$$\int a_n{}^* a_m \, dQ = \{ {}_{1\ für\ n=m}^{0\ für\ n\neq m}$$

$$a_n(Q,t) = 0 \text{ außerhalb } V_n(t).$$

*Nun kommt das punctum saliens*[63]*: Ich will nun mit einem allgemeinen Zustand $\psi$ anfangen, der kein stationärer Zustand zu sein braucht.*

*Dann möchte ich postulieren: die Wahrscheinlichkeit, daß das Molekül anfangs im Zustand n war, soll gemessen werden durch die Wahrscheinlichkeit, daß der Schwerpunkt nach dem Ablenkungsversuch im Gebiet $V_n$ ist.*

$$W_k = \int_{Vn} W(Q)\, dQ.$$

*Das kann ich nur widerspruchsfrei begründen, wenn ich eine lineare Superposition annehme: Dann geht es so: Anfangszustand $\sum c_n u_n(q)$, Endzustand wegen Linearität*

$$\Psi(q,Q,t) = \sum c_n \psi_n(q,Q_i,t) = \sum c_n Q_n(Q,t) u_n(q,Q)$$

*$W(Q)dQ$ – was immer die q seien – ist*

$$W(Q)dQ = dQ \int \psi^* \psi(q,Q,t)dq = \sum_n |c_n|^2\, |Q_n(Q,T)|^2\, dQ$$

*Wegen Orthogonalität der $u_n$ :*

$$\int u_n{}^*(q)\, u_m(q)dq = \{ {}_{1\ für\ n\,=\,m}^{o\ für\ n\,\neq\,m}$$

*also*

$$\int_{Vn} W(Q)\, dQ = |c_n|^2$$

*Das ist die Rechtfertigung für die Interpretation.*

*$|c_n|^2$ ist die Wahrscheinlichkeit dafür, das System im Zustand $E_n$ anzutreffen. Die Q-Integration macht die Mittelung über die Phasen der $c_n$.*

*Separation in Teilsystemen Q und $E_n$ macht Entropievermehrung.*

*Ohne Linearität der Superposition konnte ich eine solche Betrachtung nicht durchführen. Ein Zusammenhang mit Entropiefragen ist mir sehr wahrscheinlich und plausibel.*

*Viele Grüße Ihr W. Pauli*

Standort: [BAL], bk0016n8w4z; Dokumentnummer: **[0935/21.01.1961]**

*Zürich, 21.1.1961*

*Lieber Herr Stern,*

*haben Sie vielmals Dank für Ihren Brief samt den beigelegten Pauli-Briefen, die ich in Photocopie samt Kommentar unserer Sammlung beifügen werde, und besonderen Dank für provozierte Großrazzia. Anbei sende ich Ihnen Ihre Originale wie Sie es wünschten, zurück. Die „Hauptbriefe zur Thermodynamik" werden Sie bestimmt noch finden, obwohl mir aus eigenster Erfahrung bekannt ist, daß einen nur noch der Zufall retten kann, wenn man etwas wirklich „gut aufbewahrt" hat.*

*Und nun bitte ich Sie, mir nicht allzu sehr zu verargern, daß mein Dank so verspätet kommt. Ich muß mich nämlich, immer noch liegend, von meinen Winterferien erholen, obwohl es mit besagten Ferien am 4. Tag schon aus war! Ich war also über Weihnachten in St. Moritz bei 23 – 25 Grad Kälte und sehr viel Schnee und unten wars immer neblig, — aber die Chanterella lag im verheissungsvollen Son-*

[63] *punctum saliens* = der springende Punkt.

*nenschein! Obwohl mirs nicht gemütlich war, noch mehr in die Höhe zu geraten, sagte ich mir, angesichts der strahlenden Chanterella, schließlich, was der Otto Stern kann, das kann ich auch und so fuhr ich hinauf!*
*Ich muß zugeben, daß ich von Ihren sportlichen Leistungen tief beeindruckt, nur mühsam wieder nach Zürich heruntergekommen bin. Aber heute ist der erste Tag, wo's mir so vorkommt, es sei mit Ferien nochmals gut gegangen.*
*Paulis' Buchanzeige hatte ich absichtlich nichts „Geschriebenes" beigelegt, weil ich doch weiß, wie ungern Sie schreiben!*
*Von Lise Meitner hatte ich kürzlich Nachricht. Es macht ihr viel Freude Ihre Verwandten um sich zu haben, leider hat Sie aber ziemliche Schwierigkeiten eine Hausangestellte zu finden.*
*Ich freue mich auf Ihr kommen im Herbst. Mit meinen guten Wünschen für das begonnene Jahr und herzlich Grüßen,*

*Ihre Franca*

1960 erhielt Stern eine Anfrage eines Pauli-Schülers Charles Paul Enz[64]. Dieser Brief von Enz konnte im Nachlass nicht gefunden werden. Vermutlich betraf die Anfrage das Problem der Nullpunktsenergie. Die Antwort Sterns ist nur als handgeschriebener Briefentwurf im Nachlass vorhanden.

Standort: [BAL], bk0016n8k8h; Dokumentnummer: **[0923/21.01.1960]**

*21.1.1960*

*Lieber Herr Dr. Enz,*
*auf Ihre freundliche Anfrage vom 18.1. kann ich Ihnen Folgendes mitteilen:*
*Pauli und ich haben Anfang der 20er Jahre in Hamburg die Frage der Nullpunktsenergie dauernd diskutiert. ~~Das war also mehrere Jahre bevor Heisenberg u. Schrödinger~~*
*Wir gingen immer zusammen vom Institut zum Kurierhaus (?) zum Mittagessen und dabei waren es zwei Probleme, die wir immer wieder diskutierten. Pauli war schon damals überzeugt von der Kugelsymmetrie des H-Atoms, gegen die ich mich immer sträubte. Sie müssen bedenken, daß das mehrere (?) Jahre bevor Heisenberg u[nd] dem Elektronenmoment war.*
*Ich meinerseits versuchte immer Pauli zur Nullpunktsenergie zu bekehren, gegen die er die schwersten Bedenken hatte.*

[64] Charles Paul Enz (1925) ist ein Schweizer theoretischer Physiker. Enz studierte an der ETH Zürich, wo er 1952 bei Wolfgang Pauli sein Diplom machte. Von 1959 bis 1961 war er am Institute for Advanced Study in Princeton, New Jersey. Er war ab 1961 ordentlicher Professor an der Universität Neuenburg und ab 1965 an der Universität Genf, wo er ab 1977 Vorsitzender der Physikfakultät war. 1963/64 war er Gastprofessor an der Cornell University und 1970/71 am IBM Laboratorium Rüschlikon. Enz befasste sich unter anderem mit der Geschichte der Physik. Er war Mitherausgeber der gesammelten Werke seines Lehrers Wolfgang Pauli und Herausgeber dessen Vorlesungen. Er schrieb auch einen Aufsatz über Paulis wissenschaftliches Werk in *The physicists concept of Nature* (herausgegeben von Jagdish Mehra, 1973) und eine wissenschaftliche Biografie von Pauli. Von 1975 bis 1978 war Enz Präsident der Schweizerischen Physikalischen Gesellschaft.

*Mein Hauptargument war, daß ich die Dampfdruckunterschiede der Isotope $Ne_{20}$ und $Ne_{22}$ ausgerechnet hatte, die Aston durch Destillation vergeblich zu trennen versucht hatte. Wenn man aber ohne Nullpunktsenergie rechnet, ergibt sich ein so großer Unterschied, daß die Trennung ganz leicht sein müßte.*
*Das Argument schien mir (und scheint mir) deswegen so stark, weil man nur die Plancksche Formel und die Tatsache, daß sich die Isotope nur durch ihr Atomgewicht unterscheiden. Selbst habe ich keine Dampfdruckmessungen unternommen* ... [hier bricht der Briefentwurf ab]

Im Nachlass von Otto Stern findet sich kein späterer Brief zwischen Stern und Bohr, in dem beide ihre Diskussion über Entropie fortsetzen. Wie aus den folgenden Briefen zwischen Otto Stern und Abraham Pais hervorgeht, war Pais ein weiterer Gesprächspartner Sterns auf dem Gebiet der Entropie.

Standort: [BAL], bk0016n8w3d; Dokumentnummer: **[0939/30.05.1961]**

*Princeton, 30.5.1961*

*Lieber Professor Stern*
*Ich möchte versuchen auch deutsch zu schreiben – wenn es nicht geht werde ich auf englisch weitergehen.*
*Kurz nachdem ich wieder mal einen schönen Abend bei Ihnen verbracht hatte wurde ich ganz aufgeregt durch eine kleine Idee die inzwischen in Form einer kurzen Mitteilung als UCRL Report veröffentlicht ist. Wie das so geht (jedenfalls bei mir) vergass ich alles Andere. Dann, als es fertig war (es sollte nämlich aus praktischen Gründen in Berkeley fertig gemacht werden) – da kam ich zurück auf unsere Unterredung – und da sollte ich mich zuerst noch mal gut überlegen wir es nun steht mit der Nernst'schen Satz.*
*Nun kennen Sie wohl das Diktum des Philosophen Wittgenstein's: Worüber man nicht sprechen kann darüber soll man schweigen. Ich konnte damals viel sprechen weil ich die Sache eigentlich nicht recht verstanden habe. Nun war es sehr unhöflich von mir Sie nicht dennoch angerufen zu haben, aber ich wollte nicht zu Ihnen sagen: Professor Stern ich habe nichts zu sagen im Augenblick. Das war irgendwie Feig und ich möchte meine aufrechten Entschuldigungen anbieten.*
*Aber mehr als das. Ich möchte Sie auch einen Vorschlag machen. Nämlich bitte versuchen Sie Ihre Ideen auf einigen Seiten zusammenzuschreiben. Ich weiß Sie haben das Schreiben nicht sehr gern, aber das macht nichts – es ist eine gute Gelegenheit es dennoch zu tun. Und dann bitte schicken Sie mir eine Kopie.*
*Ich verspreche meinerseits:*
*a) Diese Mitteilung als ganz formal zu betrachten*
*b) Sie zu studieren und Sie zu beantworten.*
*Es würde mich freuen wenn Sie so was tun wollten. Nun habe ich es doch auf Deutsch zustande gebracht – ich hoffe nicht allzu schlecht.*
*Mit besten Wünschen und herzlichen Grüßen*
*Ihr A. Pais*
*P.S. Ab 25. Juni bin ich in Cern (Genera 23). Bis Ende September.*

Standort: [BAL], bk0016n8k8h; Dokumentnummer: **[0940/20.06.1961]**

*Berkeley, 20.6.1961*

*Lieber Prof. Pais,*
*vielen Dank für Ihren freundlichen (und in vorzüglichem Deutsch geschriebenen) Brief vom 30. Mai aus Princeton.*
*Ich nehme Sie beim Wort und schicke Ihnen anbei einen Abriß meiner Idee. Die Ausführung ist sehr kümmerlich, aber mehr kann ich nicht tun, ich bin halt schon zu alt. Deshalb muß ich mich an Euch Theoretiker wenden. Wenn Ihr die Idee richtig findet, was ich natürlich glaube, ist sie wirklich einer anständigen Ausarbeitung wert.*
*Meine Bitte an Sie ist also:*
*1) Mir ehrlich zu sagen, was Sie von der Idee halten, den Formalismus der ~~Quantentheorie~~ Wellenmechanik vom 3. Grundsatz (S -> O) abzuleiten.*
*2) Mir zu erklären, was ich falsch gemacht habe. Ich weiß, daß ich damit einen starken Aufruf an Ihre Zeit und Arbeit mache, aber ich hoffe, daß es Sie trotzdem genug interessiert, um dieses Opfer zu bringen.*

*Ich will auch nach der Schweiz fahren, aber erst Ende Oktober. Ich beabsichtige 3 – 4 Monate in Zürich zu sein ~~immer über das Physikinstitut, Gloriastr. 35~~ via ETH erreichbar. Auf dem Gange will ich so um den 20. Okt.[ober] wenige Tage in N.[ew] Y.[ork] sein und hoffe Sie ~~bei dieser~~ dann ~~gelegentlich zu sehen falls Sie immer noch~~ in Princeton zu sehen.*
*Mit aufrichtigem Dank im voraus und mit herzlichem Gruß*

*[Ihr Otto Stern]*

Standort: [BAL], bk0016n8w3d; Dokumentnummer: **[0942/27.06.1961]**

*Genf, 27.6.1961*

*Lieber Professor Stern*
*Bei Ankunft hier in Genf fand ich Ihren freundlichen Brief und ich schreibe diesmal nur um zu bestätigen, dass Ihr Notiz gut angelegt ist. In den kommenden Wochen werde ich ganz ohne Zweifel Zeit finden um mir die Sache in Ruhe zu überlegen.*
*Mit herzlichem Gruss* *Ihr A. Pais*

Standort: [BAL], bk0016n8w3d; Dokumentnummer: **[0943/10.08.1961]**

*Genf, 10.8.1961*

*Dear Professor Stern,*

*I have now thought some more about your remarks which are really quite interesting. As I see it, the situation is as follows.*
*The postulates of quantum mechanics are <u>sufficient</u> to explain the third law. The question is whether they are also necessary. If one could show that, then one might indeed hope that one could invert the problem and take the third law as a starting point.*

*In order to see how far one can get, it is first necessary to ask which parts of quantum mechanics are actually needed to arrive at the third law. Here, of course, the existence of pure states is essential, and that is evidently the reason that such states play an essential role in your considerations.*
*On the other hand, while the existence pure states is an essential part of the foundations of quantum mechanics, it is not all of the foundations. In particular one needs:*
*a) The superposition principle, which is essentially a problem linear in the $\psi$'s.*
*b) The probability postulates, quadratic in the $\psi$'s.*
*It is not clear to me how one would be able to get (a) and (b) out of the arguments you present, although I do not dare to say that it is obviously impossible. The hardship of the problem is, of course, that one must adapt oneself to a frame of mind in which one "does not know what one knows". Only then can one see whether the third law could give all of quantum mechanics.*
*I have my doubts that this is possible, but, again, I cannot make a categorical statement.*
*With best wishes, Cordially,*
*A. Pais*

Standort: [BAL], bk0016n8w3d; Dokumentnummer: **[0946/05.10.1961]**

*[Berkeley], 5.10.1961*

*Lieber Prof. Pais,*
*zunächst muß ich um Verzeihung bitten, daß ich erst jetzt Ihren frdl. Brief vom 10. Aug.[ust] beantworte.*
*Es liegt daran, daß ich Ihnen eine ausgearbeitete Ableitung der Eigenschaften von $\psi$ schicken wollte.*
*Ich habe das aber nicht fertig gebracht. Ich hoffe sehr, daß es nun auf meiner Reise nach Zürich und in Zürich gelingen wird. Ich beabsichtige in 14 Tagen, doch am 19.10., nach N. Y. zu fliegen und mich am 24.10. nach Europa einzuschiffen. Ich soll auf einige Tage in N. Y. sein, und würde mich außerordentlich freuen, wenn Sie mich dort besuchen würden. Ich habe reservation im Hotel Bartizon Plaza, möchte Ihnen aber sicherheitshalber die Adresse meines Vetters angeben: Dr. K. A. St.[ern] 1150 Fith Ave., Sacramento 2 – 4922 Office. Nach Princeton zu kommen kann ich leider nicht, wegen Zeitmangel.*
*Wenn ich was Ordentliches habe, schicke ich es Ihnen. Übrigens, falls Sie meine damalige Notiz noch haben, wäre ich dankbar für Rücksendung.*

*[Otto Stern]*

(Briefentwurf handgeschrieben)

Standort: [BAL], bk0016n8w3d; Dokumentnummer: **[0950/01.11.1961]**

*Princeton, 1.11.1961*

*Dear Professor Stern:*
*Thank you so much for your recent letter. Please allow me to answer you in English, as this is technical easier.*

*I am very sorry to have missed the opportunity to meet you in New York. Due to the Solvay Congress, I returned too late to the United States. I write the present letter care of our friend Jost who I am certain will know where to find you.*
*Enclosed please find your previous note which you requested me to return. I look forward to the next version.*
*With all good wishes. Cordially yours,*
*A.Pais*

1963 nahm Pascual Jordan Kontakt zu Stern auf, um über den dritten Hauptsatz der Thermodynamik mit Stern zu diskutieren. Der theoretische Physiker Pascual Jordan, den Stern aus der Rostocker Zeit kannte, schrieb 1963 an Stern:

Standort: [BAL], bk0016n8s3v; Dokumentnummer: **[0987/04.02.1963]**

*4.2.1963*

*Lieber Herr Stern!*
*Über die freundliche Zusendung Ihrer Note in Helvetica Physica Acta habe ich mich sehr gefreut. Ich wollte Ihnen schon eher dafür danken, hatte aber Ihre Adresse verloren, und kam nicht sogleich auf den naheliegenden Gedanken, Herrn Fierz danach zu fragen.*
*Ihre Überlegungen sind mir sehr eindrucksvoll, und ich glaube, daß Sie grundsätzlich völlig recht haben. Eine Ausführung dieses Gedankenganges in mathematischer Präzision wird allerdings, so möchte ich vermuten, keinesfalls einfach sein, sondern im Gegenteil geradezu ein umfangreiches Forschungsprogramm darstellen.*
*Ich möchte übrigens vermuten, daß es dazu auch erforderlich sein wird, die Überlegungen von Szilar[g]d wieder aufzunehmen, der ja einmal gezeigt hat, daß man den zweiten Hauptsatz so formulieren kann, daß die Theorie der Schwankungserscheinungen mit einbezogen wird. Ich habe schon damals das Gefühl gehabt, daß man versuchen sollte, den dritten Hauptsatz so zu formulieren, daß er an diese Szilar[g]dsche Fassung des zweiten Hauptsatzes angeschlossen wird. Ich bin aber leider niemals dazu gekommen, über diese Frage in Ruhe systematisch nachzudenken.*
*Augenblicklich stehen bei mir zwei Hobbies im Vordergrunde:*
*Einerseits beschäftige ich mich mit einem Problem der abstrakten Algebra – darüber ist gerade eine Abhandlung von mir in dem berühmten Crelle-Journal erschienen. Andererseits finde ich es faszinierend interessant, daß die Geophysik und Geologie so überzeugende Beweise zu liefern scheint für eine Expansion des Erdkörpers, welche die Dirac'sche Hypothese einer abnehmenden Gravitations-„Konstanten" bestätigt. Zu diesem Thema, von dem ich mir denken könnte, daß es Ihnen ebenfalls Spaß machen wird, lege ich einen kleinen Sonderdruck bei.*
*Mit herzlichen Grüßen und allen guten Wünschen*
*stets Ihr [Pascual Jordan]*
*N. B. In Göttingen hatten wir vor einigen Wochen eine sehr hübsche Feier zu Borns 80. Geburtstag.*

Dazu gibt es den kurzen Antwortbrief vom 13.03.1963 von Stern an Jordan, in dem Stern die Hoffnung ausdrückt, dass Szilards Ideen bei der Lösung hilfreich sein könnten:

Standort: [SBB], Nachlass P. Jordan 612+1255, Dokumentnummer: **[0993/13.03.1963]**

*Berkeley, 13.3.1963*
*Lieber Jordan, über Ihren Brief vom 4. II. habe ich mich sehr gefreut. Ihre Idee, die Schwankungen aus dem 3. Hauptsatz nach Szilard abzuleiten ist mir sehr verlockend, ich sehe aber noch nicht ein, wie man das durchführt. Ich würde gern darüber und über anderes mit Ihnen sprechen..... Ihr Otto Stern*

Jordan antwortete am 20.03.1963 und räumte ein, dass er die Verbindung des Problems zu Szilards Arbeiten kaum kenne, aber daran interessiert sei.

Standort: [SBB], Nachlass P. Jordan 612+1255, Dokumentnummer: **[0994/20.03.1963]**

*Lieber Herr Stern! 20.3.1963*

*Vielen Dank für Ihre freundlichen Zeilen ! Ich freue mich, zu hören, daß Sie wahrscheinlich ab 1. April drei Monate in Zürich sein werden. Ich will versuchen, es zu ermöglichen, daß wir uns dort einmal sehen.*

*Zu der Vermutung, daß die Folgerungen des dritten Hauptsatzes, um ganz deutlich herauszukommen, mit den Ideen von Szilard in Verbindung gebracht werden sollten, weiß ich zwar nichts Genaueres. Dies ist nur eine ganz vage Idee – sie interessiert mich zwar seit langer Zeit, aber ich bin nicht imstande gewesen, diese Idee genauer auszuführen.*
*Herzliche Grüße und alle guten Wünsche!*
*Stets Ihr [Pascual Jordan]*

Standort: [SBB], Nachlass P. Jordan 612+1255, Dokumentnummer: **[0997/16.04.1963]**

*Zürich, 16. April 1963*
*Lieber Herr Jordan,*
*ihr Brief vom 20. III. erreichte mich hier mit beträchtlicher Verspätung. Das liegt hauptsächlich daran, dass ~~ich~~ meine Reise hierher ziemlich lange dauerte, weil ich mich fast eine Woche in New York aufhielt und dann per Schiff nach Europa fuhr. Aber jetzt bin ich sehr angenehm hier in meiner alten Pension installiert und gedenke bis Ende Juni hier zu bleiben. Ich ~~fre~~ würde mich sehr freuen, wenn Sie mich besuchen würden.*
*Mit herzlichen Grüssen Ihr Otto Stern*

**Abb. 3.4** Konferenzbild aufgenommen in Kopenhagen (1937) vordere Reihe v. l.: Wolfgang Pauli, Pascual Jordan, Werner Heisenberg, Max Born, Lise Meitner, Otto Stern und James Frank, 2. Reihe 2. v. r. Hans Jensen, 4. Friedrich Hund und 5. v. r. Karl Friedrich Weizsäcker. (Bildquelle: Nachlass Stern [BAL], bk0016 Fotogalerie)

Im Brief vom 06.06.1963 bekannte Stern, dass er Jordans Besuch besonders nett empfinde, da er mit dem Theoretiker Bargmann zurzeit dieses Problem des Zusammenhanges von Thermodynamik und Quantentheorie in Zürich diskutiere:

Standort: [SBB], Nachlass P. Jordan 612+1255, Dokumentnummer: **[1004/06.06.1963]**

*Zürich, 6. Juni 1963*

*Lieber Herr Jordan,*
*soeben erhielt ich Ihre Karte vom 6. aus Neuwerk. Es wäre besonders nett, wenn Sie kämen, weil ich mit Bargmann hier an einem Problem betr. T[h]ermodynamik und Quantentheorie knoble, das Sie sicher interessieren wird. Bargmann ist Theoretiker von der Princeton Univ., ist Gastprofessor an der E.T.H. hier und wohnt auch in der Tiefenau. Schreiben Sie bald, wann Sie kommen wollen, dann werde ich versuchen, auch für Sie zu reservieren. Erfolg sehr unsicher, es ist immer voll. Mein Schiff fährt am 27. Juni von Southampton, ich muß am 25. Juni nach London fliegen. Also hoffentlich auf baldiges Wiedersehen und viele herzliche Grüße Ihr Otto Stern*

Standort: [SBB], Nachlass P. Jordan 612+1255, Dokumentnummer: **[1008/13.06.1963]**

*Zürich, 13. Juni 1963*

*Lieber Herr Jordan,*
*Ihr Brief vom 10. hat mich sehr erfreut. Der 21. – 23. Juni paßt mir durchaus. Ich habe mich sofort nach einem Zimmer für Sie in der Tiefenau erkundigt, und nach einiger Diskussion wurde beschlossen, daß Sie eines haben können. Schreiben Sie bitte sobald als möglich Ihre Ankunftszeit. Also auf baldiges Wiedersehen und sehr herzliche Grüße*

*Ihr Otto Stern*

In seinen beiden letzten Publikationen (*On the term k ln n in the entropy*. Rev. of Mod. Phys., 21, 534–535 (1949) [STERN1949] und *On a proposal to base wave mechanics on Nernst's theorem*. Helv. Phys. Acta, 35, 367–368 (1962) [STERN1962]) versuchte Otto Stern noch einmal die klassische Thermodynamik im Lichte der neuen Quantentheorie zu betrachten. In [STERN1949] diskutiert er, warum in der klassischen Theorie der Term *k ln n* auftritt und in der Quantentheorie nicht. Er schließt diese Publikation mit den Worten: *In conclusion it should be emphasized that in ... classical physics statistics is considered in principle as a part of classical mechanics which deals with individual particles (Boltzmann). The conceptions of atoms as particles losing their identity cannot be introduced into classical theory without contradiction. That is possible only on the ground of the non-classical ideas of quantum theory.*

In seiner letzten Publikation [STERN1962] schlägt er ein Gedankenexperiment vor, in dem man mittels der Molekularstrahltechnik in einer Stern-Gerlach-Apparatur den Strahl in zwei Energiezustände trennt. Mit reversiblen „Spiegeln" könnte man die Strahlteile reflektieren, zur Interferenz kommen lassen und damit quantenmechanische Eigenschaften untersuchen.

### 3.1.2 Sterns Arbeiten mit der Molekularstrahlmethode MSM

Warum der als theoretischer Physikochemiker ausgebildete Stern nach 1919 zum Experimentalphysiker konvertierte und dann in der Lage war, so erfolgreich fundamental wichtige und extrem schwierige Quantenphysikexperimente durchzuführen, kann man nur spekulierend zur Kenntnis nehmen. Otto Stern hatte schon als Pennäler zu Hause seine Liebe zum Experimentieren unter Beweis gestellt und chemische Versuche durchgeführt. Auch in seiner Doktorarbeit [STERN1912] hat er einfache chemische Apparaturen aufgebaut. Aber woher kommt Sterns Genialität, die damals weltweit genialsten Apparaturen für die Messung von inneren atomaren Eigenschaften zu entwerfen? Unter Einstein und ab 1914 als Privatdozent in der theoretischen Physik in Frankfurt musste er Theorievorlesungen halten, Experimentieren war nicht seine Aufgabe. Das änderte sich erst, als er aus dem Krieg zurückkehrte und für einige Monate bis Februar 1919 im Nernst'schen Institut in Berlin zusammen mit Max Volmer sehr erfolgreiche Physikexperimente durchführte. Außerdem hatte Otto Stern das Glück, immer sehr gute Feinmechaniker zur Verfügung zu haben, die seine genialen Experimentpläne realisierten. Obwohl Otto Stern nach der Beschreibung seines Assistenten Robert Otto Frisch nur zwei linke Hände zum Experimentieren hatte, waren seine Apparaturen genial entworfen und funktionierten dank seinen Mitarbeitern immer vorzüglich.

Hätten Stern und Gerlach das Ergebnis des berühmten 1922 in Frankfurt durchgeführten Stern-Gerlach-Experimentes mit Landé eingehender diskutiert, so wären alle drei wahrscheinlich 1922 zum Entdecker des Elektronenspins geworden, denn Landé [LANDÉ1923] wusste schon Ende 1922, dass die beobachtete Dublett-Aufspaltung durch einen Spin 1/2 mit einem $g$-Faktor 2 erklärt werden konnte. Der Brief von Stern an Landé vom 01.03.1919 beweist, dass Stern und Landé miteinander in Kontakt standen und auch über die neue Quantenphysik diskutiert haben müssen. Stern schrieb:

Standort: [SBB], Nachlass Landé 71,2 Dokumentnummer: **[0086/01.03.1919]**

*Frankfurt a. M., 1.3.1919*

*Lieber Herr Landé,*

...........

*Ich arbeite jetzt etwas über Dispersionstheorie, komme aber nur langsam weiter. Wie mir Born erzählte, rechnen Sie jetzt Alkalispektren. Davon würde ich gern etwas hören, ich habe es nämlich vor einiger Zeit auch versucht, dann aber aufgegeben. Also lassen Sie mal etwas von sich hören*
*und besuchen Sie [mich] möglichst bald einmal.*
*Mit herzlichen Grüßen Ihr Otto Stern*

Standort: [BAL], bk0016n8q5x; Dokumentnummer: **[0088/01.06.1919]**

*[Berlin], 1.6.1919*

*Lieber Herr Stern!*
*Zu dumm, das ich Sie nicht in ein längeres telephonisches Gespräch verwickeln kann; so hilfts nicht ich muss eben schreiben.*

1) *Ich hoffe es geht Ihnen gut, grüssen Sie Born's recht schön von mir und ich hoffe, ich schreibe ihnen auch bald.*
2) *Im April-Heft des Phil. Mag. haben Wood und Mohler*[65] *eine interessante Arbeit publiziert, die ich Ihnen schreiben muss. Sie untersuchen ob man mit einer D-Linie die Resonanz nur dieser D-Linie oder beider D-Linien anregen kann und finden, dass bei tiefem Druck des Resonanzrohres im Rohr auf 200° C und bei Ausschluss aller Gase, jeder der beiden Linien nur ihr eigenes Licht anzuregen vermag. Bei Erhöhung des Druckes oder Zusatz von* $H_2$ *wird sowohl durch* $D_I$ *wie* $D_{II}$ *die Anregung von* $D^I + D^{II}$ *beobachtet. Wood legt das noch so aus wie wir damals Jod + He Fluoreszenz. In Wirklichkeit hat man aber doch selbstverständlich einen Vorgang etwa derart.*
   *Die langwelligere D-Linie regt das Na-Atom an; ehe es ausgestrahlt hat kommt ein Zusammenstoss, der ihm den Restbetrag an Energie übergibt, so dass es das kurzwelligere D-Licht emittieren kann. Daraus müssen Sie, da er die relativen Lichtintensitäten in Abhängigkeit vom Druck photometrisiert hat doch auch Hypothesenfreier als in der Arbeit mit Volmer, die Erregungsdauer berechnen können, nicht wahr?*
   *Ich will Ihnen, wenn Sie es thun wollen und das Phil. Mag. Heft nicht erhalten können, gern genaueres schreiben. Das Heft kann ich leider nicht senden, da es mir nicht gehört. Mich interessiert die Sache deshalb noch besonders, da man offenbar hier wieder 2 Processe hat, die die Energie für einen Elektronensprung liefern, ähnlich wie E. v. Bahr*[66] *und ich das bei der Ionisation*

[65] Fred Loomis Mohler (1893–1974), amerikanischer Chemiker.
[66] Eva von Bahr (1874–1962), schwedische Physikerin.

*durch pos. Ionen beobachtet haben und genau wie das van der Bijl*[67] *für den Lichtbogen voraussetzt. Ferner wollte ich Sie fragen, ob man wohl berechtigt ist bei der Abscheidung pos. Ionen, (etwa pos. He Ionen) an der Kathode (Kathodensprung) deuten können und erhält die richtige Grössenrechnung.*

3) *Die I. Sp. des He liegt zwischen 25 und 26 Volt. Aus Landés Arbeit in der Phys. Ztscht. geht ja auch mit Bestimmtheit hervor, dass die Serien von der 2ten Bahn ausgehen, und der erste Sprung beträgt eben 20 – 21 Volt. Wir hoffen in absehbarer Zeit endlich fertig zu sein. Aber so scharf wie ich möchte sind die Kanten in unseren Kurven nicht. Man kriegt das He nicht ganz frei von* $H_2$. *Ich möchte noch viel mehr plaudern, aber schreiben Sie mal erst.*
*Herzliche Grüsse Ihr Franck*

Vielleicht bewirkten die sehr erfolgreichen Experimente, die Stern in Berlin mit Max Volmer durchgeführt hatte, dass sich Otto Stern nun in Frankfurt hauptsächlich experimentellen Untersuchungen zuwandte. Hinzu kam der Glücksfall, dass es eine feinmechanische Werkstatt im Institut für Theoretische Physik an der Universität Frankfurt mit dem jungen und tüchtigen Institutsmechaniker Adolf Schmidt (1893–1971) gab. Otto Stern hatte die genialen Ideen zu neuartigen Experimenten mit Molekularstrahlen und Adolf Schmidt baute in perfekter Weise die Apparaturen, die Stern sich ausdachte. Adolf Schmidt und etwas später Walther Gerlach waren in der Lage, die Apparaturen aufzubauen und funktionsfähig zu machen. Im Winter 1919/20 begannen Stern und auch Max Born [BORN1920] ihre Versuche mit Atomstrahlen.

Max Born berichtet in seinen Lebenserinnerungen [BORN1975] wie folgt über diese Zeit:

> *Mein Stab bestand aus einem Privatdozenten, einer Assistentin und einem Mechaniker. Ich hatte das Glück, in Otto Stern einen Privatdozenten von höchster Qualität zu finden, einen gutmütigen, fröhlichen Mann, der bald ein guter Freund von uns wurde. Die Assistentin war Elisabeth Bormann, die in Berlin ausgebildet worden war und einige Zeit in der Industrie gearbeitet hatte. Diese Zeit war die einzige in meiner wissenschaftlichen Laufbahn, in der ich eine Werkstatt und einen ausgezeichneten Mechaniker zu meiner Verfügung hatte; Stern und ich machten guten Gebrauch davon. Die Arbeit in meiner Abteilung wurde von einer Idee Stern's beherrscht. Er wollte die Eigenschaften von Atomen und Molekülen in Gasen mit Hilfe molekularer Strahlen, die zuerst von Dunoyer* [DUNOYER1911] *erzeugt worden, waren, nachweisen und messen. Stern's erstes Gerät sollte experimentell das Geschwindigkeitsverteilungsgesetz von Maxwell beweisen und die mittlere Geschwindigkeit messen. Ich war von dieser Idee so fasziniert, dass ich ihm alle Hilfsmittel meines Labors, meiner Werkstatt und die mechanischen Geräte zur Verfügung stellte. Und ich selbst begann unter der Mithilfe meiner Assistentin, Frl. Bormann, ein ähnliches Experiment der experimentellen Messung der Wirkungsquerschnitte für den Zusammenstoß von Molekülen (wir maßen die Intensität eines Strahles von Silberatomen im Vakuum und in einem Gas). Stern's Experimente waren ein voller Erfolg, und auch die von Frl.* Bormann *und mir waren gut genug, um nach vielen Jahren die Zustimmung des größten Experimentators unserer Zeit zu finden. Ich war damals in Cambridge und lehrte am Cavendish-College. Eines Morgens traf ich Rutherford, der zu mir sagte: „Da muss es doch einen Experimentalphysiker geben,*

[67] Hendrik van der Bijl (1885–1962), südafrikanischer Physiker und Unternehmer.

> *der genau Ihren Namen hat. Als ich eine Vorlesung über kinetische Gastheorie vorbereitete, fand ich in der Physikalischen Zeitschrift eine Arbeit, die von Max Born und Elisabeth* Bormann *unterzeichnet war und die eine Beschreibung von Experimenten enthielt, die für einen Mathematiker wie Sie viel zu gut war.“*

Erstmals wurden die Grundgrößen der kinetischen Gastheorie direkt gemessen. Im April 1920 veröffentlichte Stern seine Arbeit: „Eine direkte Messung der thermischen Molekulargeschwindigkeit“ [STERN1920], welche die erste direkte Messung der mittleren thermischen Molekulargeschwindigkeit zum Inhalt hat. Und auch Max Born und Elisabeth Bormann (1895–1986) veröffentlichten ihre Arbeit über: „Eine direkte Messung der freien Weglänge neutraler Atome“ [BORN1920]. Otto Sterns erstes bedeutendes Experiment in Frankfurt war die Vermessung der Geschwindigkeitsverteilung eines Gases, das bei der Temperatur $T$ aus dem festen Zustand in den gasförmigen Zustand verdampft wurde. Maxwell hatte diese Verteilung berechnet (daher Maxwell-Verteilung), aber niemand vor Stern hatte diese Verteilung gemessen. Dieses Experiment wurde quasi die Geburtsstunde seiner Molekularstrahlmethode. Als Otto Stern für das Jahr 1943 den Physik-Nobelpreis erhielt, würdigte die Preisurkunde diese Arbeiten zur Entwicklung der Molekularstrahlmethode MSM als Teil von Sterns Nobelpreisleistung.

Otto Stern entwickelte ein rotierendes Strahlsystem, das wie eine Art „Streak-Kamera“ durch schnelle Rotation des Strahlsystems die Geschwindigkeit der Atome durch Ablenkung auf eine Auffangplatte sichtbar machte. Das Ergebnis dieser Messungen wurde in [STERN1920] (Otto Stern, Eine direkte Messung der thermischen Molekulargeschwindigkeit, Physik. Z., 21, 582–582 [1920]) und [STERN1920a] (Otto Stern, Eine direkte Messung der thermischen Molekulargeschwindigkeit. Z. Physik, 2, 49–56 [1920]) publiziert.

Sterns Analyse ergab für Silberatome (bei einer absoluten Temperatur $T = 1235°$ Celsius Schmelzpunkt) eine mittlere Geschwindigkeit von 560 bis 640 m/sec und damit etwa 10 % höhere Werte als Maxwells Theorie voraussagte.

Offensichtlich hatte man sich in Berlin über Sterns Veröffentlichung zur Messung der Maxwell'schen Geschwindigkeitsverteilung intensiv Gedanken gemacht und Walter Grotrian hatte dort ein Referat über Sterns Arbeit gehalten. Im folgenden Brief berichtet Grotrian über den Verlauf des Referates und die Reaktion der Berliner Kollegen, darunter auch Nernst und Einstein.

Standort: [BAL], bk0016n8r17; Dokumentnummer: **[0104/30.07.1920]**

*Berlin, 30.7.1920*

*Lieber Stern!*
*Sie werden wohl schon auf Nachricht von mir gewartet haben. Nachdem nun am vorigen Mittwoch mein Referat über Ihre Arbeit*[68] *endlich gestiegen ist, will ich Ihnen über den Verlauf umgehend berichten. Zunächst möchte ich Ihnen aber noch danken für Ihre schnelle Auskunft über den strittigen Punkt: Verdampfungswärme. Ihr*

[68] Es handelt sich um Otto Sterns Pionierarbeiten über die direkte Messung der Molekulargeschwindigkeit: [STERN1920] und [STERN1920a], Eine direkte Messung der thermischen Molekulargeschwindigkeit, Zeitschrift für Physik 2, 49–56 (1920).

*Beweis wirkte auf alle, die davon Kenntnis nahmen, incl. Franck u. Reiche ebenso verblüffend wie überzeugend. Nach langen Überlegungen kamen wir zu der Überzeugung, daß auch für den Fall der Sublimation eines festen Körpers, also z. B. der Kohle, die heraustretenden Atome oder Moleküle die mittlere kinetische Energie* $3/2 \cdot k \cdot T$ *haben. Über diesen Punkt war ich also beruhigt.*
*Eine Kritik meines eigenen Vortrages können Sie nicht von mir verlangen. Ich glaube aber nicht, daß ich dadurch Ihrer Sache geschadet habe. Dann kam die Diskussion, von der ich Ihnen ausführlicher berichten muß. Sie begann mit Nernst. Seine Bemerkung betraf die experimentelle Anordnung. Er sprach zunächst im Hinblick auf die Durchführung der rotierenden Oehse*[69] *im Vakuum von einem „experimentellem Meisterstück", meinte dann aber es sei „vollkommen unverständlich", weshalb Sie nicht den ganzen Motor ins Vakuum gesetzt oder einen Antrieb mit Drehfeld gewählt hätten. Ich suchte ihm auseinanderzusetzen, daß Sie sich das alles wohl überlegt hätten u. schließlich zu dem Resultat gekommen wären, daß es so immer noch am einfachsten gehe. Nach einigen belanglosen Diskussionsbemerkungen schnitt dann Laue die Frage an, ob die austretenden Moleküle wirklich die mittlere Energie* $3/2 \cdot k \cdot T$ *hätten. Ich versuchte nun zunächst entsprechend Ihrem Brief die Bedenken zu zerstreuen, die man wegen der Verdampfungswärme haben könnte. Dann erhob sich Einstein ging an die Tafel u. zeigte nun, daß man sehr wohl unterscheiden müsse zwischen der Geschwindigkeits-verteilung der Moleküle in einem Volumenelement des Gases u. der Geschw. Vert. solcher Moleküle, die auf eine* ~~*Ober*~~*Fläche auftreffen oder durch eine solche austreten. Es ergäbe der letztere Fall eine Verschiebung der Geschwindigkeiten nach höheren Werten. Aus seinen Werten u. auch aus einer anschließenden Unterhaltung mit Planck war nicht zu erfahren, ob diese Bemerkung einen Einwand gegen Ihre Versuche bedeuten sollte oder nicht. Wir haben dann gestern diese Frage noch einmal eingehend durch diskutiert u. sind dabei zu folgender merkwürdiger Überlegung gekommen:*
*An dieser Stelle ziehe ich Herrn Reiche, den wir hier das kleine Orakel nennen, mit zu Rate, außerdem befinden sich hier im Zimmer: Frl. Prof. Meitner u. Frl. Dr. Sponer:*
*Die Frage ist die: Ist das mittlere Geschwindigkeitsquadrat, der in einer bestimmten Richtung entlang durch eine Fläche von der Größe* $/cm^2$ *hindurchtretenden Moleküle gleich dem mittleren Geschwindigkeitsquadrat der in* $/cm^3$ *enthaltenen Moleküle? Die mittlere kinetische Energie ist, wenn wir nur Moleküle betrachten mit Geschwindigkeitskomponenten* $u + du$ *(nämlich in der zur Durchtrittsfläche senkrechten Richtung, gleich* $\frac{1}{2} R \cdot T$ *; die Verteilung dieser Moleküle ist proportional* $e^{-mn/2kT}$ *du. Die Geschw. Vert. der pro Sekunde senkrecht durch die Fläche von* $/cm^2$ *hindurchtretenden Moleküle ist proportional* $ue^{-mn/2kT}$ *du, wie ja auch in Ihrem Brief erwähnt wird u. was auch Einstein auseinandersetzte. Daraus folgt für die*

[69] Der sich im Vakuum sehr schnell drehende mit Silber bedampfte Platindraht musste durch Strom geheizt werden, damit das Silber verdampfte und ein Atomstrahl ausgeblendet werden konnte. Dazu musste eine sehr geschickte Spannungszuführung ins Vakuum eingeführt werden, die den rotierenden Draht mit Strom versorgte. Außerdem musste das ganze rotierende System perfekt ausgewuchtet werden, was dem Mechaniker Schmidt offensichtlich hervorragend gelungen ist.

*mittlere kinetische Energie der pro sec. hindurchgetretenen Moleküle* <u>*k·T*</u> *(also um ½ ·k·T größer als im ersten Falle). In diesem Augenblick betritt auch Herr Franck das Zimmer.*
*Wir haben dasselbe auch räumlich gerechnet. Dann ergibt sich für die mittlere kin. En.[ergie] der Moleküle im Gasvolumen 3/2kT in bekannter Weise, dagegen für die mittlere kin. Energie der in allen Richtungen /sec hindurchgetretenen Moleküle 2 k T (also wieder um ½ k T größer, hört, hört) dies folgt aus der Formel*

$$\overline{q^2} = \overline{u^2+v^2+w^2} = \frac{\text{Zähler}}{\text{Nenner}}$$

*Hier wird mir wegen Unfähigkeit im Schreiben von Integralen von Herrn Reiche die Feder aus der Hand genommen!*

$$\text{Zähler} = \int_{u=0}^{\infty}\int_{v=-\infty}^{+\infty}\int_{w=-\infty}^{+\infty} u\,e^{-\beta u^2}du\cdot e^{-\beta v^2}dv\,e^{-\beta w^2}dw\,(u^2+v^2+w^2)$$

$$\text{Nenner} = \int_{u=0}^{\infty}\int_{v=-\infty}^{+\infty}\int_{w=-\infty}^{+\infty} u\,e^{-\beta u^2}du\,e^{-\beta v^2}dv\,e^{-\beta w^2}dw$$

$$\text{und}\quad \beta = \frac{m}{2kT}\,.$$

*Was sagen Sie nun dazu? Vermutlich ist die Überlegung doch falsch! Wo steckt der Fehler? Wenn man aus diesem letzten Wert* $\sqrt{q^2}$ *berechnet, so erhält [man] einen Wert, der sich vorn dem üblichen gastheoretischen nur um den Faktor* $\sqrt{2/1,5} = 1,154$ *unterscheidet. Wir hoffen, daß Sie uns über diese uns schwer beunruhigende Frage bald erfreulichen Aufschluß geben können. Am besten wäre es, wenn Sie selbst bald hier erscheinen. Ihr Semester muß doch bald zu Ende sein. Franck und ich bleiben wohl sicher noch bis Mitte August hier. Vielleicht werden wir übrigens auch heute Abend bei der phys. Gesellschaft das große Orakel, Einstein, um Rat fragen, zumal da er selbst diese Frage ja angeschnitten hat. Was machen übrigens Ihre Versuche? Haben Sie neue Fortschritte gemacht? Ihre Photographie mit den beiden Strichen hat allgemein gefallen.*
*Unsere Versuche mit dem Li haben wir vorläufig abgebrochen, da sich die experimentellen Schwierigkeiten bei der Entgasung der Li-Flächen nicht überwinden ließen. Ob wir die Versuche später unter Verwendung meiner neuen Apparatur wieder aufnehmen werden, steht noch dahin u. hängt zusammen mit den schwelenden Berufungsfragen, über die Sie ja auch orientiert sein werden. Was wird denn aus Ihnen? Gehen Sie mit nach Göttingen oder werden Sie Borns Nachfolger in Frankfurt? Wann ich nach Frankfurt komme, kann ich nicht sagen, hoffe aber bestimmt, zur Naturforscherversammlung in Nauheim zu sein. Dort wird man Sie doch auch gewiß treffen.*
*Nun aber Schluß! Grüßen Sie Born u. alle übrigen Physiker sehr herzlich von mir. Natürlich lassen auch Franck u. Reiche grüßen.* *Ihr Walter Grotrian*

In einem Nachtrag: „Eine direkte Messung der thermischen Molekulargeschwindigkeit", Z. Physik, 3, 417–421 (1920) [STERN1920b]) korrigiert dann Stern diesen Wert, da ihn Einstein auf Fehler in der Auswertmethode hingewiesen hat. Dies wird Einstein vermutlich per Brief erledigt haben, aber dieser Brief ist im Nachlass Sterns nicht vorhanden.

Stern beschreibt in seiner Nachtragspublikation [STERN1920b] Einsteins Bemerkungen wie folgt: *In der kürzlich erschienenen oben genannten Mitteilung* [STERN1920] *habe ich über Versuche berichtet, bei denen die Geschwindigkeit der von einer Oberfläche geschmolzenen Silbers ins Vakuum ausgestrahlten Atome gemessen und zu etwa 600m/sec bestimmt wurde. Diese Zahl stimmt innerhalb der Meßgenauigkeit mit dem Werte überein, der sich aus der kinetischen Gastheorie für die mittlere Geschwindigkeit von Silberatomen von der Temperatur des geschmolzenen Silbers ergibt. Dieses Resultat scheint die von mir in der erwähnten Arbeit ohne nähere Begründung gemachten Annahme, daß die von der Silberoberfläche ausgehenden Atome die gleiche Geschwindigkeiten wie die Atome des geschmolzenen Silbers haben, zu bestätigen. Nun sind aber gegen diese Annahme von verschiedenen Seiten Einwände erhoben worden, von denen einer, der von Herrn Einstein herrührt, berechtigt ist. Es handelt sich dabei um folgendes: 1. Wir haben ein Gefäß, in dem sich Gas von bestimmter Temperatur im Gleichgewicht befindet, und betrachten die durch eine feine Öffnung in der Wand des Gefäßes ins Vakuum ausströmenden Moleküle. dann haben diese - im Gegensatz zu dem analogen Falle beim Strahlungshohlraum - nicht die dem Temperaturgleichgewicht im Innern des gasraumes entsprechende* Maxwellsche *Geschwindigkeitsverteilung, sondern von den rascheren Molekülen strömen verhältnismäßig mehr aus. Denn nach einer bekannten gastheoretischen Überlegung ist die Zahl dn'c der in der Zeiteinheit durch die Öffnung herausfliegenden Moleküle, die eine Geschwindigkeit c von bestimmter Größe und Richtung (innerhalb unendlich kleiner Grenzen) haben, gleich der Zahl dnc der in der Volumeneinheit des Gases enthaltenen Moleküle dieser Art, multipliziert mit dem Volumen des auf der Öffnung als Grundfläche mit der Seite c errichteten Zylinders. Also ist dn'c nicht proportional dnc sondern cdnc.*

*Ein zweiter Einwand, der von verschiedenen Seiten erhoben wurde, ist der, daß die Geschwindigkeit der von der Flüssigkeitsoberfläche ausgehenden Moleküle eine andere sei als die der von einem Gasraum ausgehenden, weil im ersteren Falle der Einfluß der Verdampfungsarbeit zu berücksichtigen sei.*

Otto Sterns Einzug in die „Walhalla" der Wissenschaft begann aber erst 1921 mit der Planung und Durchführung des sogenannten Stern-Gerlach-Experimentes (SGE). Wie oben schon erwähnt, das SGE lieferte neben einer neuen genialen Impulsmessmethode noch eine Reihe von fundamentalen Erkenntnissen, die zu den großen Meilensteinen der Atomphysik zu zählen sind.

Als Stern 1920 in einem Seminarvortrag [JOST1961] in Frankfurt mit Arnold Sommerfelds Hypothese der Richtungsquantelung von atomaren magnetischen Momenten im Magnetfeld konfrontiert wurde, beschloss er, Sommerfelds und Debyes Hypothese der „Richtungsquantelung" [SOMMERFELD1916] [DEBYE1916] experimentell zu widerlegen, denn diese Hypothese widersprach Sterns gesundem

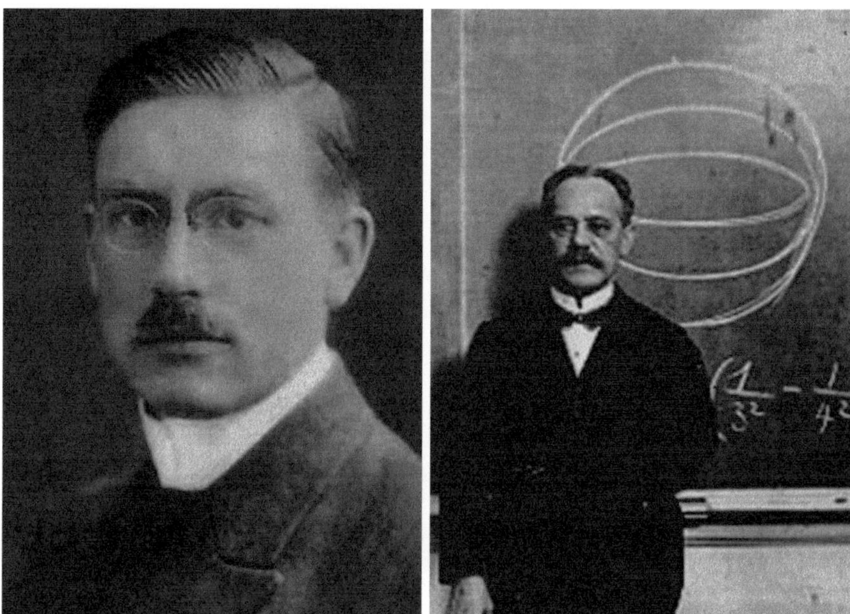

**Abb. 3.5** *Rechts* Arnold Sommerfeld und *links* sein Schüler Pieter Debye. (Bildquellen: https://www.google.com/search?q=arnold+sommerfeld und https://www.google.com/search?q=Pieter+Debye)

Menschenverstand. Für Otto Stern war es immer vorrangig, solche Experimente zu machen, die nach seiner Ansicht auf wichtigen Gebieten der Physik falsche theoretische Modelle widerlegen konnten. Sommerfeld und Debye hatten diese Hypothese aufgestellt, um die scharfe Linienstruktur der Photoemission im Magnetfeld, den sogenannten Zeeman-Effekt [ZEEMAN1896], zu erklären. Wie viele andere Kollegen in jener Zeit, so konnte auch Stern nicht glauben, dass atomare magnetische Momente in einem äußeren Magnetfeld ihre Richtung (relativer Winkel zur Magnetfeldrichtung) ändern können, da sie nach klassischen Gesetzen der Physik nur eine Larmor-Präzession um die Feldrichtung ausführen sollten und dabei den Einstellwinkel zur Magnetfeldrichtung beibehalten mussten. Welche unbekannte geheimnisvolle Wechselwirkung sollte das Umklappen der Momente in der atomaren Welt bewirken? Otto Stern war damals der Einzige, der mit seiner Molekularstrahlmethode diese Hypothese experimentell überprüfen konnte.

Sommerfelds Hypothese war also der Grund dafür, dass das so folgenreiche und fundamental wichtige SGE in Frankfurt durchgeführt wurde. Obwohl Sommerfeld und Stern sich nie nahe gestanden und nach unserer Kenntnis keine Briefe ausgetauscht haben, hat Otto Stern der Sommerfeld-Hypothese indirekt seine dann kommenden großen experimentellen Leistungen und Erfolge zu verdanken. Die von Sommerfeld und Debye 1916 aufgestellte Hypothese der Richtungsquantelung war somit der Ausgangspunkt für Sterns „Stern-Stunden-Experimente".

Im Zeeman-Effekt, der 1896 von Pieter Zeeman (er erhielt den Nobelpreis für Physik 1902) in Leiden durch Untersuchung der im Magnetfeld aus Atomen emittierten Spektrallinien entdeckt wurde, spaltete sich eine Spektrallinie im Magnetfeld in mehrere eng benachbarte Seitenlinien auf. Je nach Zwei-, Drei-, Vierfach-Aufspaltung werden diese Liniengruppen Dupletts, Tripletts, Quartetts etc. genannt. Nach allem, was die Physiker damals wussten, gab es keinen physikalisch erklärbaren Prozess, der diese Momente nach dem Magnetfeld ausrichtet und eine beobachterabhängige Richtungsquantelung erzeugt.

Selbst Debye sagte zu Gerlach [GERLACH1969]: „*Sie glauben doch nicht, dass die Einstellung der Atome etwas physikalisch Reelles ist, das ist eine Rechenvorschrift, das Kursbuch der Elektronen.*"

Max Born bekannte später: „*Ich dachte immer, daß die Richtungsquantelung eine Art symbolischer Ausdruck war für etwas, was wir eigentlich nicht verstehen.*"

Im Interview mit Peter Paul Ewald [EWALD1962] erzählte Born: „*Ich habe versucht, Stern zu überzeugen, dass es keinen Sinn macht, ein solches Experiment durchzuführen. Aber er sagte mir, es ist es wert, es zu versuchen.*"

Kurz vor Borns Weggang nach Göttingen hatte ein Brief von Niels Bohr an Landé in Frankfurt für Aufregung gesorgt. Da James Franck sich um diese Zeit in Kopenhagen aufhielt, schrieb Born am 22.02.1921 von Frankfurt aus an Franck, um Genaueres über Bohrs neue Ideen zum Aufbau der Atome zu erfahren:

Standort: [SBB] Hdschriftabtlg, Nachl. Born 954. Dokumentnummer: **[0106/22.02.1921]**

*Lieber Franck,*

*gestern bekam Landé einen Brief von Bohr, der uns alle sehr aufgeregt hat. Es geht daraus hervor, daß er die Quantentheorie soweit ausgebildet hat, daß er das ganze periodische System ableiten kann. Das wäre ja grandios! Aber das traurige ist, daß wir kein Wort verstehen, wie er es macht. Er sagt nur, daß es auf dem Korrespondenzprinzip beruht, wenn er es auf die allmähliche Bildung der Atome anwendet.*
*Lieber, guter Franck, sei ein netter Kerl und schreib mir einige Worte darüber, so gut Du's verstehst, oder bitte Bohr oder Kramers, etwas deutlicher zu werden. Wir platzen sonst vor Neugier. Oder lass mich auf 8 Tage nach Kopenhagen kommen. Bei solchen aufregenden Ereignissen möchte ich gern dabei sein. Bohr ist doch ein erstaunlicher Mensch!*
*Dann habe ich noch eine Bitte. Meine Frau liegt wieder mit Gallenschmerzen zu Bett und muss strenge Diät halten; sie darf keine Margarine, kein Schmalz essen und Butter ist hier nicht zu kriegen. Kannst Du uns nicht 1 oder 2 Pf. schicken? Etwa als zollfreies Blockadepaket, oder wie das heißt? Aber natürlich nur dann, wenn die Kosten mit Porto, die ich Dir oder Deiner Frau zurückerstatte, nicht zu toll werden.*
*Stern will noch heranschreiben.*

*Unsere Wohnung in Göttingen haben wir jetzt gemietet. Der Vertrag ist aber unverschämt und wir werden sicher viel Streit mit dem Wirt haben.*
*Grüße Bohr (Niels und Harald*[70]*) und Kramers. Und lass bald von Dir hören. Dein Max Born*

Walther Gerlach und Otto Stern fügten hinzu:

*Lieber Franck !*

*„Man" hat hier schwere Bedenken, ob Sie die Theorie auch verstehen! Oder ob aus der Bohrschen eine Francksche Theorie wird.*
*Ich sitze hier an Natrium und ähnlichen Absorptionssachen mit und ohne elektrisches Feld. Ich glaube, daß das genaue Na-Spektrum nicht ~~di~~ einem $Na_2$, sondern das einer Verunreinigungsverbindung angehört. Wenn alles klappt so habe ich es bald heraus. Vielleicht bekomme ich auch über das grüne Hg etwas heraus. Ich schreibe Ihnen sofort wenn ich Resultate habe.*
*Hoffentlich sehen wir uns bald mal wieder, im Sommer komme ich mal nach Göttingen. Alles Gute, viele herzliche Grüße. Ihr Walther Gerlach*

*Lieber Franck,*
*Sie müssen dem Bohr unbedingt das große Geheimnis entreißen und uns sofort mitteilen! Herzlichen Gruß auch an Bohr und Hevesy. Ihr Otto Stern*

Der erste Absatz dieses Briefes von Max Born an James Franck gibt einige Rätsel auf. Es konnte zu dieser Zeit (1921) noch nicht die Rede davon sein, dass die Quantentheorie so weit entwickelt war, dass das ganze Periodensystem abgeleitet werden konnte. Wolfgang Pauli hatte 1921 in seiner Doktorarbeit[71] die Grenzen der damaligen Atommodelle aufgezeigt. Physikalisch machte Pauli die Grenzen des Bohr'schen Atommodells und damit der älteren Quantentheorie deutlich. Pauli arbeitete an diesem Atommodell auch nach seiner Promotion als Assistent von Born in Göttingen in den Jahren 1921/22 weiter und ging dann 1922/23 zu Niels Bohr nach Kopenhagen und wurde 1923 bis 1928 Professor im Institut für Theoretische Physik bei Wilhelm Lenz in Hamburg. 1924 veröffentlichte Pauli dann sein Ausschließungsprinzip (Pauli-Prinzip), das unter anderem die Zahl der Elemente in den Perioden des Periodensystems erklären konnte. Aber davon konnte im Februar 1921 noch nicht die Rede sein. Wahrscheinlich ging es darum, dass das von Bohr 1921 eingeführte Aufbauprinzip des periodischen Systems der chemischen Elemente eine Rolle spielte und das für die Weiterentwicklung der Quantentheorie so wichtige Korrespondenzprinzip von Bohr immer mehr verbessert wurde.

---

[70] Mit Niels und Harald können nur Niels Bohr selbst und dessen Bruder Harald (aber nicht Bohrs früh verstorbener Sohn Harald) gemeint sein.

[71] Dissertation 1921 bei Arnold Sommerfeld „Über das Modell des Wasserstoff-Molekülions", Ludwig-Maximilians-Universität München.

Wie Otto Stern im Züricher Interview berichtet [JOST1961], hat er selbst überhaupt nicht an die Existenz einer solchen Richtungsquantelung geglaubt. Er berichtete weiter: *„Am nächsten Morgen, es war zu kalt aufzustehen, da habe ich mir überlegt, wie man das auf andere Weise experimentell klären könnte."* Mit seiner Atomstrahlmethode konnte er das machen.

Am 26.08.1921 reichte Otto Stern bei der *Zeitschrift für Physik* als alleiniger Autor eine Publikation [STERN1921] ein, in der der experimentelle Weg zur experimentellen Überprüfung der Richtungsquantelung und die Machbarkeit des Experimentes, d. h. ob man die zu erwartenden kleinen Effekte auf die Bahn der Molekularstrahlen wirklich beobachten könne, diskutiert wurde. In dieser Arbeit bringt Otto Stern folgende Bedenken gegen das Debye-Sommerfeld-Postulat vor und führt aus:

> *Eine weitere Schwierigkeit für die Quantenauffassung besteht, wie schon von verschiedenen Seiten bemerkt wurde, darin, daß man sich gar nicht vorstellen kann, wie die Atome des Gases, deren Impulsmomente ohne Magnetfeld alle möglichen Richtungen haben, es fertig bringen, wenn sie in ein Magnetfeld gebracht werden, sich in die vorgeschriebenen Richtungen einzustellen. Nach der klassischen Theorie ist auch etwas ganz anderes zu erwarten. Die Wirkung des Magnetfeldes besteht nach Larmor nur darin, daß alle Atome eine zusätzliche gleichförmige Rotation um die Richtung der magnetischen Feldstärke als Achse ausführen, so daß der Winkel, den die Richtung des Impulsmomentes mit dem Feld B bildet, für die verschiedenen Atome weiterhin alle möglichen Werte hat. Die Theorie des normalen Zeeman-Effektes ergibt sich auch bei dieser Auffassung aus der Bedingung, daß sich die Komponente des Impulsmomentes in Richtung von B nur um den Betrag $h/2\pi$ oder Null ändern darf.*

Dass man trotz Wegberufung von Born in Frankfurt mit Interesse die weitere Enträtselung des Aufbaues der Atome verfolgte, zeigte der Brief vom 22.02.1921 an James Franck.

Wie in [0106/22.02.1921] erwähnt, hatte James Franck von einer neuen Quantentheorie berichtet, in der es Niels Bohr gelungen sei, das Periodensystem der Elemente aufzuklären. Wie der Briefanhang von Gerlach und Stern zeigt, hatten beide aber große Zweifel, ob James Franck Niels Bohr richtig verstanden hatte.

Stern gelang es, Gerlach zu überzeugen, sich an der Durchführung des SGE zu beteiligen, denn Stern brauchte dazu einen sehr erfahrenen Experimentator. Walther Gerlach, der 1919 Assistent bei Richard Wachsmuth (Wachsmuth war der Direktor der Experimentalphysik an der Königlichen Universität Frankfurt) geworden war, nahm gleich engen Kontakt zum Institut von Max Born und damit zu Otto Stern auf.

Die Durchführung dieses Experimentes zur Untersuchung der Richtungsquantelung war technisch äußerst schwierig. Das SGE wäre selbst heute ein sehr schwieriges Experiment und das galt besonders für die Zeit nach dem Ersten Weltkrieg. Die eigentliche Apparatur mit Erzeugung des Dampfstrahls in einem Ofen, Schlitzen für Ausblenden des Atomstrahls, Ablenkung des Strahles im Magnetfeld und Auffangplatte war klein, nicht viel größer als ein Kugelschreiber. D. h. es mussten hohe Temperaturen (Ofen und Diffusionspumpen) bei kleinen Abständen mit kalten

Auffangplatten geschickt verbunden werden. Die zu erwartende geringe Ablenkung des Strahles erforderte außerdem eine hohe mechanische Präzision.

Dann kam hinzu, dass in der Nachkriegszeit praktisch kein Geld da war, um die notwendigen Apparaturen aufzubauen. Unterstützung erhielten Stern und Gerlach durch Frankfurter Bürger, die über den Physikalischen Verein Frankfurt der Universität eng verbunden waren. Darunter war Wilhelm Eugen Hartmann, der Gründer der Fa. Hartmann & Braun und langjährige Vorsitzende des Physikalischen Vereins Frankfurt. Dessen Firma stellte Stern und Gerlach für die ersten Experimente zur Messung des magnetischen Moments von Silber einen Magneten (kleiner Dubois-Magnet) zur Verfügung. Die Fa. Messer spendete die für die Versuche benötigte flüssige Luft. Einstein als Direktor des Kaiser Wilhelm Instituts in Berlin kaufte dann den Magneten von Hartmann & Braun, damit der eigentliche Stern-Gerlach-Versuch durchgeführt werden konnte. Außerdem gab es in Frankfurt den Verein der Freunde und Förderer der Universität, auch dieser Verein unterstützte die Experimente von Stern und Gerlach nach Kräften. Genaue Unterlagen und Zeichnungen zum SGE sind nicht mehr vorhanden. Georg Joseph Huber hat den Nachlass von Walther Gerlach in seiner Doktorarbeit [HUBER2014] aufgearbeitet und berichtet, dass Gerlach seine Briefe, Apparate, Unterlagen etc. später von Frankfurt über Tübingen mit nach München genommen und dort im Physikalischen Institut der LMU-München aufbewahrt hatte. Im März 1943 sind dort bis auf wenige Ausnahmen alle Sachen durch Brand vernichtet worden. Es gibt nur noch wenige Briefe und Dokumente, die belegen, von woher Unterstützung zum SGE kam. Auch Einstein half von Berlin aus.

Standort: [ABMPG] und [EIN] CPAE 12, S. 476. Dokumentnummer: **[0107/20.10.1921]**

*Einstein an das Kuratorium (KWI für Physik[72])*

*Berlin, 20.10.1921*

*Euer Hochwohlgeboren[73] beehre ich mich mitzuteilen, dass das Direktorium in seiner Sitzung vom 12. ds. Mts. folgende Beschlüsse gefasst hat.*

*Herrn Dr. Walter Gerlach am physikalischen Institut der Universität in Frankfurt a. M. wurden für seine Untersuchungen an Bandenspektren von an sich einatomigen Metalldämpfen M. 10000 zum Ankauf eines Spektralapparates bewilligt.*

*Der Schreibhilfe des K. – W. – Instituts für Physik wurde das monatliche Gehalt auf M. 400 erhöht.*

---

[72] Das Kaiser-Wilhelm-Institut für Physik wurde am 01.10.1917 in Berlin gegründet. Einstein war Vorsitzender des Direktoriums, das aus Fritz Haber, Walther Nernst und Max Planck bestand. Das KWI für Physik hatte kein eigenes Gebäude und auch keine wissenschaftlichen Mitarbeiter. Es befand sich in der Wohnung Einsteins in Berlin-Schöneberg in der Haberlandstraße 5. Das Institut unterstützte experimentelle und später auch theoretische Forschungsarbeiten, die an anderen Instituten durchgeführt wurden.

[73] Obwohl in diesem Bericht an das Kuratorium namentlich nicht genannt, ist hier Prof. Dr. Friedrich Glum (1891–1974) gemeint, der ab 1920 Generalsekretär der Kaiser-Wilhelm-Gesellschaft zur Förderung der Wissenschaften und ab 1922 bis 1937 deren Generaldirektor war.

**Abb. 3.6** Professoren und Dozenten der naturwissenschaftlichen Fakultät der Universität Frankfurt mit ihren Frauen (1920); *sitzend 2. von links* Richard Wachsmuth, dann Hedi Born, Max Born und *6.* Otto Stern; *stehend links* von Stern Alfred Landé und *daneben* Walther Gerlach. (Bildquelle: Nachlass Stern [BAL], bk0016 Fotogalerie)

*Im Namen des Direktoriums ersuche ich Euer Hochwohlgeboren höflich um baldige Beschlussfassung.*
*Gleichzeitig gestatte ich mir, Euer Hochwohlgeboren darauf hinzuweisen, dass das Direktorium in seiner Sitzung vom 3. III. d. J. die Wahl des Herrn Prof. Dr. von Laue in das Direktorium des K. – W. Instituts vorgeschlagen hatte und bitte Euer Hochwohlgeboren nochmals höflich, dazu Stellung zu nehmen.*
*Der Direktor A. Einstein*

Max Born beschreibt in [BORN1975] die damalige finanzielle Situation in Frankfurt so:

> *Wir waren schon in der Inflation, die später so katastrophal werden sollte, aber uns wurde nicht bewusst, was da geschah. Alles war rar und teuer. Physikalische Instrumente waren kaum zu bekommen. So waren meine Gelder schnell erschöpft, und ich musste mich nach Hilfe umsehen. Zu jener Zeit ging eine Welle des Interesses für Einstein und seine Relativitätstheorie um die Welt. Er hatte die Ablenkung des Lichts, das von einem Stern kommt, durch die Sonne vorausgesagt. Einige Expeditionen, darunter eine englische unter der Leitung von Eddington, wurden in tropische Länder entsandt, als eine totale Sonnenfinsternis stattfand und man die Ablenkung beobachten konnte. Nach mühevollen Messungen und langwierigen Berechnungen kam man zu dem Schluss, dass Einstein recht hatte; dies wurde mit großen, sensationsheischenden Überschriften in den Zeitungen veröffentlicht und verursachte enormes Aufsehen in der zivilisierten Welt. Es kam zu einer richtigen Einsteinbegeisterung - jeder wollte wissen, was dahintersteckte. Ich nutzte dies für meine Zwecke, kündigte eine Reihe von Vorlesungen über Einsteins Relativitätstheorie im größten Hörsaal der Universität an und nahm ein paar Mark Eintrittsgeld, das für mein Institut bestimmt*

*war. Die Vorlesungen waren ein ungeheurer Erfolg; der Saal war jedes Mal überfüllt, und eine ansehnliche Summe wurde gesammelt. Meine Freunde aus der Frankfurter Geschäftswelt sagten mir, dass ich ein noch besseres Ergebnis erzielt hätte, wenn ich private Einladungen zu einem Vortrag im teuersten Hotel, in Abendkleidung und mit Cocktails, verschickt und um eine Spende zur Unterstützung unserer Arbeit gebeten hätte. Doch so was lag mir nicht. Das auf diese Weise eingenommene Geld half uns einige Monate, doch mit zunehmender Inflation ging es rasch zu Ende, und es musste wieder etwas beschafft werden. Eines Tages traf ich einen Freund der Familie Ehrenberg, der mir erzählte, dass er schon seit Jahren mit einem amerikanischen Mädchen verlobt sei; der Krieg habe sie getrennt, doch nun fahre er nach New York, um zu heiraten. Ich sagte scherzhaft: „Wenn Sie einen Deutschamerikaner finden, der noch an seiner Heimat interessiert ist, sagen Sie ihm, dass ich Dollar für wichtige Experimente in meinem Institut brauche". Ich hatte diese Bemerkung völlig vergessen, als ein paar Wochen später eine von diesem Mann unterzeichnete Postkarte eintraf: „ich bin glücklich verheiratet und habe den Mann gefunden. Schreiben Sie an Henry Goldman, 998 Fifth Avenue, New York". Ich hielt dies zuerst für einen Witz, doch nach einiger Überlegung beschloss ich, einen Versuch zu unternehmen. Mit Hedis* (Max Borns Gattin) *Hilfe wurde ein netter Brief entworfen und abgeschickt, und bald trafen eine höchst charmante Antwort und ein Scheck über mehrere hundert Dollar ein, die uns aus unseren Schwierigkeiten heraushalfen.* (Oktober 1921 war 1 Dollar ca. 400 Mark wert).

Wolfgang Pauli hatte Sterns Publikation über den experimentellen Weg zur Überprüfung der Richtungsquantelung kritisch gelesen und dabei einen Fehler entdeckt, der Einfluss auf die quantitative Verteilung der Atome hat. Die prinzipielle Aussage Sterns, den Nachweis der Richtungsquantelung mittels seiner MSM führen zu können, wurde aber durch den Pauli'schen Einwand nicht infrage gestellt. Pauli schrieb am 24.11.1921 an Stern aus Göttingen. Er arbeitete dort als Assistent von Max Born.

Standort: [BAL], bk0016n8w4z; Dokumentnummer: **[0112/24.11.1921]**

*Lieber Prof. Stern!*
*Als ich kürzlich Ihre Arbeit in der Zeitschrift für Physik* [STERN1921] *durchlas, bemerkte ich, daß Ihnen – sofern ich mich nicht täusche – in einem Punkt ein Versehen unterlaufen ist. Nach meiner Meinung kann nämlich die nach der klassischen Theorie berechnete Ablenkung in der Mitte kein Maximum haben, sondern muß vielmehr (wenn zunächst homogene Geschwindigkeit statt Maxwellsche Verteilung angenommen wird) von konstanter Intensität mit scharfen Rändern sein. Das Versehen rührt daher, daß Sie von der Wahrscheinlichkeit eines bestimmten $\delta$ – Wertes statt eines Intervalles $d\delta$ sprechen. In Wirklichkeit ist die Ablenkung $x$ proportional $\cos\delta$, die Zahl der Teilchen proportional $\sin\delta\ d\delta$, d. h. proportional $dx$, worin der Proportionalitätsfaktor von $x$ unabhängig ist. Man erkennt die Notwendigkeit dieses Resultates auch leicht, wenn man die Quantenzahlen im limes gegen $\infty$ gehen läßt. An der prinzipiellen Entscheidungsmöglichkeit zwischen Quanten- und klassischer Theorie wird durch diese Modifikation natürlich nichts geändert. Ich möchte noch hinzufügen, daß auch Fräulein Sponer unabhängig von mir die gleiche Bemerkung gemacht hat.*
*Mit besten Grüßen Ihr Pauli*

**Abb. 3.7** Wolfgang Pauli und Max Born in Göttingen. (Bildquelle: Nachlass Stern [BAL], bk0016 Fotogalerie)

Obwohl Otto Stern ab Herbst 1921 nicht mehr in Frankfurt war, gingen die gemeinsamen Arbeiten mit Walter Gerlach zur Messung der magnetischen Momente von Atomen und zum Nachweis der Richtungsquantelung in Frankfurt weiter. Die Apparatur wurde ständig verbessert. Dies war vor allem Gerlachs Verdienst. Auf dem Weg zur Untersuchung der Richtungsquantelung mit ständig sich verbessernder Auflösung konnte Gerlach in der Nacht vom 5. auf den 6. November 1921 seinen ersten großen Erfolg verbuchen [GERLACH1921]. Gerlach und Stern hatten damit erstmals den Beweis erbracht, dass Silberatome und damit Atome ein inneres magnetisches Moment besitzen und dieses ca. 1 bis 2 Bohr'sche Magneton-Einheiten groß ist. Die Winkelauflösung des verbreiterten Silberstrahles war jedoch nicht ausreichend, um Strukturen zu erkennen.

Anfang Februar 1922 trafen sich Gerlach und Stern auf einer Physiktagung in Göttingen und diskutierten mögliche Verbesserungen an der Apparatur (vor allem Anordnung und Form der Schlitze). Die Einladung zum Kaffee des großen Mathematikers Hilbert an Stern beweist, dass Stern sich tatsächlich Anfang Februar 1922 in Göttingen aufgehalten hat.

Standort: [BAL], bk0016n8r83; Dokumentnummer: **[0115/04.02.1922]**

*Göttingen, Februar 1922*

*Lieber Kollege.*

*Vielleicht ist es Ihnen möglich, heut Nachmittag zum Kaffee zu uns in den Garten zu kommen, wo es im Augenblick sehr schön ist. Ich schlage ½ 5 Uhr vor. Aber wenn Ihnen eine spätere Zeit besser passt, so können wir ebenso gut zu dieser Zeit Kaffee trinken. Sollte es Ihnen gelingen, Fräulein Meitner oder sonst jemand Interessanten mitzubringen, so werden wir doppelt erfreut sein.*

*Mit den besten Grüssen Ihr D. Hilbert*

Nach der Rückkehr nach Frankfurt gelang es Gerlach dann in der Nacht vom 7. auf den 8. Februar 1922 nach weiterer Verbesserung der Strahlgeometrie, die vorausgesagte diskrete Aufspaltung des Silberstrahles erstmals zu sehen.

Wilhelm Schütz, der damals Doktorand bei Gerlach war und an diesem Experiment mitarbeiten durfte, beschreibt 1969 in seinen persönlichen Erinnerungen an die Entdeckung des Stern-Gerlach-Effektes (den Nachweis der Raumquantisierung) den Fortgang des Experimentes wie folgt [SCHÜTZ1969]: *Die alte Apparatur hatte gerade soviel hergegeben, dass man auf dem Auffänger – heute sagt man Target- eine Verbreiterung des Silberstrahles im inhomogenen Magnetfeld von der erwarteten Größenordnung erkennen konnte. Ein größerer Umbau mit dem Ziel einer weiteren Erhöhung des Auflösungsvermögens der Apparatur war erforderlich. Während des Umbaues siedelte O. Stern nach Rostock über, um dort die Professur für theoretische Physik zu übernehmen. Er tauchte aber von Zeit zu Zeit (Weihnachten 1921 und Ostern 1922) zu Besprechungen und zur Vermessung der Inhomogenität des Magnetfeldes im Frankfurter Institut auf. Während der Anwesenheit von Otto Stern schien der Meister Schmidt, der tüchtige Mechaniker, uns Doktoranden freundlicher gesonnen: vielleicht gab es dann für seine Pfeife einen besseren Tabak; es war beginnende Inflationszeit, und Otto Stern war immerhin schon richtiger Professor. Als bedauernswürdiger Nichtraucher, der ich auch damals schon war, habe ich nur ein gewisses Urteil über die Quantität des damals von den drei Herren (Stern, Gerlach und Schmidt) verkonsumierten Tabaks. Bald kam die Zeit, wo ich gelegentlich das Heiligtum betreten durfte, um einen Blick auf die Pumpen zu werfen, wenn Schmidt dienstfrei war und Prof. Gerlach schließlich doch einmal schlafen musste; meine Hauptbeschäftigung war natürlich die eigene Doktorarbeit. Wer es nicht miterlebt hat, kann sich gar nicht vorstellen, wie groß die Schwierigkeiten damals waren, in einer nicht ausheizbaren Apparatur mit verhältnismäßig viel nichtvakuumgeschmolzenem Metall und einem Öfchen zum Erhitzen des Silbers auf ca. 1300° K ein Vakuum von $10^{-5}$ Torr (mbar) herzustellen und stundenlang aufrecht zu erhalten. Gekühlt wurde mit Kohlensäureschnee und Azeton oder mit flüssiger Luft. Die Sauggeschwindigkeit der Gaede'schen Hg-Vorvakuumpumpen und der Volmer'schen Hg-Diffusionspumpen war lächerlich gering im Vergleich zur Leistungsfähigkeit moderner Pumpen. Und dann die Zerbrechlichkeit; die Pumpen bestanden aus Glas, und nicht selten ging eine durch Stoßen des siedenden Quecksilbers – trotz Bleizugabe – oder durch Auftropfen von Kondenswasser zu Bruch.*

*Dann war der Erfolg tagelangen Auspumpens zwecks Ausheizung des Öfchens vertan. Man war aber keineswegs sicher, dass das Öfchen nicht schließlich doch noch während der vier- bzw. achtstündigen Belichtungszeiten durchbrannte. Dann fing die Pumperei mit dem Ausheizen eines neuen Öfchens von vorne an. Es war eine Sisyphusarbeit, deren Hauptlast und Verantwortung auf den breiten Schultern von Prof. Gerlach lag. Insbesondere die Nachtwachen übernahm W. Gerlach. Er kam dann gegen 21 Uhr mit einem Packen von Sonderdrucken und Büchern. In der Nacht wurden die Korrekturen durchgelesen, Rezensionen und Aufsätze geschrieben, Vorlesungen vorbereitet, viel Kakao oder Tee getrunken und sehr viel geraucht. Wenn ich dann morgens wieder in das Institut kam, das vertraute Geräusch laufender Pumpen hörte und Gerlach noch da war, war das ein gutes Zeichen: Es war über Nacht nichts zu Bruch gegangen.*
*So kam ich eines Morgens im Februar 1922 ins Institut; es war ein herrlicher Morgen; Kaltlufteinbruch und Neuschnee! W. Gerlach war dabei, wieder einmal den Niederschlag eines Atomstrahls, der acht Stunden lang durch ein inhomogenes Magnetfeld gelaufen war, zu entwickeln. Erwartungsvoll verfolgten wir den Entwicklungsprozess und erlebten den Erfolg monatelangen Bemühens: Die erste Aufspaltung eines Silberstrahls im inhomogenen Magnetfeld. Nachdem Meister Schmidt und, wenn ich mich recht erinnere, auch E. Madelung die Aufspaltung gesehen hatten, ging es ins mineralogische Institut zu Herrn Nacken, um den Befund mikrographisch festzuhalten. Dann erhielt ich den Auftrag, ein Telegramm an Herrn Professor Stern nach Rostock aufzugeben, dessen Text lautete:* ***Bohr hat doch recht!***

*Ich wußte gar nicht schnell genug zum nahegelegenen Postamt in der Viktoria-Allee zu gelangen. Die Straßen waren inzwischen gefegt worden; der Neuschnee lag zu Wällen aufgehäuft an den Straßenrändern. Um auf dem kürzesten Weg mein Ziel zu erreichen, sprang ich über die Schneewälle; die Leute müssen an meinem Verstand gezweifelt haben. Mir war es gleichgültig, ich war so glücklich, als hätte ich selbst eine große Entdeckung gemacht.*

Das Telegramm, das Wilhelm Schütz an Otto Stern nach Rostock schickte, ist vermutlich nicht erhalten geblieben (im Nachlass von Otto Stern in der Bancroft Library in Berkeley befindet es sich jedenfalls nicht). Sofort nach der Entdeckung wurde aber auch eine Postkarte an Niels Bohr geschickt. Unten rechts auf der Rückseite der Postkarte kann man als Absendedatum den 8. Februar 1922 lesen.

Walter Gerlach schreibt auf dieser Postkarte:

> *Hochverehrter Herr Bohr, anbei die Fortsetzung unserer Arbeit (siehe Zeitschrift f. Physik VII, Seite 110 1921). Der experimentelle Nachweis der Richtungsquantelung (Silber ohne Magnetfeld, mit Feld). Wir gratulieren zur Bestätigung Ihrer Theorie. Mit hochachtungsvollen Grüßen Ihr ergebenster Walther Gerlach. (Frankfurt, 8.II. 1922).*

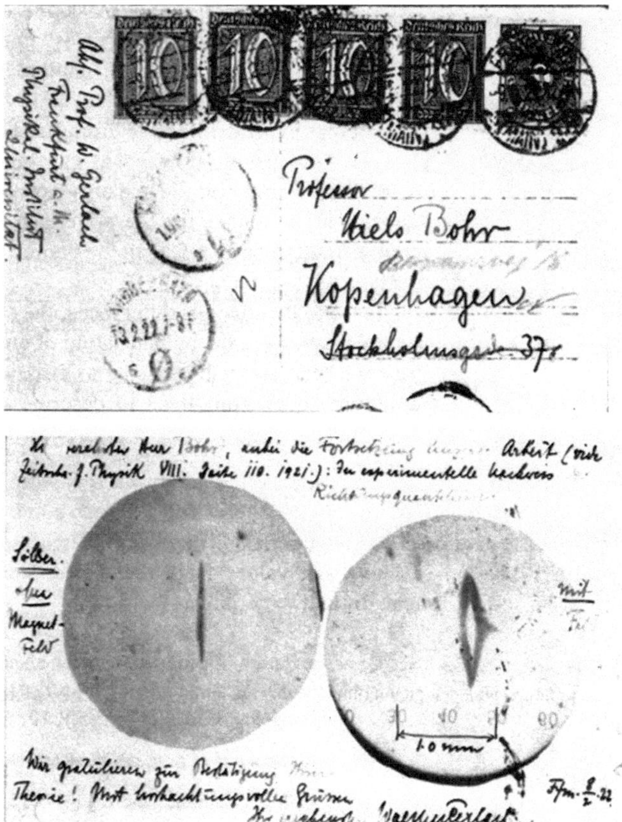

**Abb. 3.8** Gerlachs Postkarte vom 08.02.1922 an Niels Bohr [GERLACH1969]. (Bildquelle: [NBO])

Am 1. März 1922 reichten Walther Gerlach und Otto Stern ihre berühmte Arbeit „Der experimentelle Nachweis über die Richtungsquantelung im Magnetfeld“ bei der *Zeitschrift für Physik* [GERLACH1922] ein. Viele der Physiker waren überrascht, dass es die Richtungsquantelung wirklich gab. Stern selbst hatte überhaupt nicht an sie geglaubt.

Wolfgang Pauli schrieb in einer Postkarte an Gerlach [GERLACH1969]:

Standort: [DMA], Nachlass Gerlach Dokumentnummer: **[0117/17.02.1922]**

*[Göttingen], 17.2.1922*

*Lieber Herr Gerlach!*
*Meinen herzlichsten Glückwunsch zum gelungenen Experiment! Jetzt wird hoffentlich auch der ungläubige Stern von der Richtungsquantelung überzeugt sein.*

**Abb. 3.9** Ca. 1927 in Zürich von *rechts*: Otto Stern, Lise Meitner, Walther Gerlach. (Bildquelle: Ruth Speiser private Mitteilung)

*Nur eine Einzelheit möchte ich noch erwähnen. Daß die eine Seite stärker ist als die andere, ist nicht ohne weiteres erklärlich. Sollte es nicht irgendeine sekundäre Störung sein? Sie erwähnen mich in Ihrem Brief an Franck. Der paramagnetische Effekt, den ich seinerzeit (an Langevin anknüpfend) ausgerechnet habe, ist jedoch viel zu klein und kommt hier nicht in Frage. Ich bin also an der Sache unschuldig. Mit den besten Grüßen an Sie, sowie Prof. Madelung und Landé.*
*Ihr ergebener Pauli*[74]

Arnold Sommerfeld bemerkte zum Ergebnis des SGE [GERLACH1969]:

*Durch ihr wohldurchdachtes Experiment haben Stern und Gerlach nicht nur die Richtungsquantelung im Magnetfeld bewiesen, sondern auch die Quantennatur der Elektrizität und ihre Beziehung zur Struktur der Atome.*

Albert Einstein schrieb 1922 an Born und betonte darin die große Bedeutung des Stern-Gerlach-Experimentes:

[74] Veröffentlicht in [MEYENN1979], Seite 55.

Standort: [EIN] AEA8-170,CPAE 13, Doc. 190, Dokumentnummer: **[0114/00.00.1922]**

*Berlin, [...]*[75]

*Lieber Born!*
*Es ist jetzt ungeheuer schwer, Theoretikern eine Stelle zu verschaffen. Holland leidet an Überproduktion. Daß man dort für Epstein etwas thun konnte, beruht auf der außerordentlichen Bedeutung seiner Leistungen. Es sind dort vortreffliche Theoretiker (z. B. Fokker) in bescheidenen Gymnasial-Lehrstellen. Ich habe vor einigen Monaten wegen Brody*[76] *an Millikan und Epstein nach Passadena geschrieben, habe aber noch keine Antwort erhalten. Ich will mit Laue reden, der bei der Notgemeinschaft, wenn ich nicht irre, Einfluß hat. Eure Störungsmethode habe ich durch Beckers Habilitationsschrift kennengelernt und Freude daran gehabt.*
*Auch ich habe vor einiger Zeit einen monumentalen Bock geschossen (Experiment über Lichtemission mit Kanalstrahlen). Aber man muß sich trösten. Gegen das Böcke-Schießen hilft nur der Tod. Bohrs Arbeiten flößen mir große Hochachtung ein durch den sicheren Instinkt, der sie leitet. Es ist schön, daß Ihr an dem Helium arbeitet. Das Interessanteste aber ist gegenwärtig das Experiment*[77] *von Stern und Gerlach. Die Einstellung der Atome ohne Zusammenstöße ist nach den jetzigen Überlegungs-Methoden durch Strahlung nicht zu verstehen; eine Einstellung sollte von Rechts wegen mehr als 100 Jahre dauern. Ich habe mit Ehrenfest eine kleine Rechnung darüber angestellt. Rubens hält das experimentelle Ergebnis für absolut sicher.*
*Verfügt bald über das Geld zum Ankauf der Röntgen-Apparatur! Warum dauert es so lange?*
*Herzlich Grüße an Euch alle von Deinem Einstein*

Doch Stern selbst war auch nach dem Experiment keineswegs von der Existenz der Richtungsquantelung überzeugt. In seinem Züricher Interview 1961 sagt er über das Frankfurter Stern-Gerlach-Experiment [JOST1961]: *Das wirklich interessante kam ja dann mit dem Experiment, das ich mit Gerlach zusammen gemacht habe, über die Richtungsquantelung. Ich hatte mir immer überlegt, dass das doch nicht richtig sein kann, wie gesagt, ich war immer noch sehr skeptisch über die Quantentheorie. Ich habe mir überlegt, es muss ein Wasserstoffatom oder ein Alkaliatom im Magnetfeld Doppelbrechung zeigen. Man hatte ja damals nur das Elektron in einer Ebene laufend und da kommt es ja darauf an, ob die elektrische Kraft, das Feld in der Ebene oder senkrecht steht. Das war ein völlig sicheres Argument meiner Ansicht nach, da man es auch anwenden konnte auf ganz langsame Änderungen der elektrischen Kraft, ganz adiabatisch. Also das konnte ich absolut nicht verstehen. Damals*

[75] Albert Einstein – Max Born, Briefwechsel 1916–1955, München 1969, Seite 103. Der Brief ist ohne Datum. Er wurde zwischen dem 30. April 1922 und dem 6. August geschrieben.
[76] Imre Brody (1891–1944), ungarischer Physiker.
[77] Nachweis der Richtungsquantelung des Silberatoms im inhomogenen Magnetfeld in der Nacht vom Dienstag den 7. Februar auf Mittwoch den 8. Februar 1922 durch Walther Gerlach (Stern-Gerlach-Experiment). Stern hielt sich in Rostock auf.

*hab ich mir überlegt, man kann doch das experimentell prüfen. Ich war durch die Messung der Molekulargeschwindigkeit auf Molekularstrahlen eingestellt und so hab ich das Experiment versucht. Da hab ich das mit Gerlach zusammengemacht, denn das war ja doch eine schwierige Sache. Ich wollte doch einen richtigen Experimentalphysiker mit dabei haben. Das ging sehr schön, wir haben das immer so gemacht: Ich habe z. B. zum Ausmessen des elektrischen Feldes* (Magnetfeldes) *eine kleine Drehwaage gebaut, die zwar funktionierte, aber nicht sehr gut war. Dann hat Gerlach eine sehr feine gebaut, die sehr viel besser war. Übrigens eine Sache, die ich bei der Gelegenheit hier betonen möchte, wir haben damals nicht genügend zitiert die Hilfe, die der Madelung uns gegeben hat. Damals war der Born schon weg, und sein Nachfolger war der Madelung. Madelung hat uns im wesentlichen das magnetische Feld mit der Schneide und ja..* (inhomogen) *suggeriert. Aber wie nun das Experiment ausfiel, da hab ich erst recht nichts verstanden, denn wir fanden ja dann die diskreten Strahlen und trotzdem war keine Doppelbrechung da. Wir haben extra noch einmal Versuche gemacht, ob doch noch etwas Doppelbrechung da war. Aber wirklich nicht. Das war absolut nicht zu verstehen. Das ist auch ganz klar, dazu braucht man nicht nur die neue Quantentheorie, sondern gleichzeitig auch das magnetische Elektron. Diese zwei Sachen, die damals noch nicht da waren. Ich war völlig verwirrt und wusste gar nicht, was man damit anfangen soll.*

Niels Bohr schrieb an Gerlach [GERLACH1969]:

> *„Ich sollte Ihnen sehr dankbar sein, wenn Sie oder Herr Stern mir mit einigen Zeilen freundlich mitteilen wollen, ob Sie Ihre Experimente dahin deuten, dass die magnetische Achse des Silberatoms immer parallel zu dem Felde steht und nicht senkrecht zu diesem stehen kann, für welches letztere Behauptung auch theoretische Gründe geben kann.*"

James Franck schrieb [Gerlach1969]:

> *„Wichtiger ist aber, ob wirklich nunmehr die Richtungsquantelung bewiesen ist. Schreiben Sie außer Ihrem Rebus auch mal, was nun wirklich los ist.*"

Friedrich Paschen stellte fest [Gerlach1969]:

> *„Ihr Versuch beweist zum ersten Mal die Realität von Bohrschen Zuständen."*

Eine besondere Würdigung dieser Frankfurter-Sternstunden-Epoche und deren Bedeutung für die Entwicklung der Quantenphysik wurde von Walther Gerlach in seinem Vortrag am 02.03.1960 im Physikalischen Verein Frankfurt gegeben [GERLACH1960]: *Ich darf meine Bemerkungen schließen mit einer Erinnerung an eine Periode der Atomistik, die vor genau 40 Jahren in diesem Institut sich abspielte. Wenn man pedantisch sein will, so kann man sagen, dass die indirekte Bestätigung der materiellen Atomistik eben kein direkter Beweis ist. Es fehlte in der Tat eine direkte Bestimmung der grundlegenden Größen in der Atomistik: die Messung der Temperaturgeschwindigkeit der Atome oder Moleküle, die Bestimmung der Geschwindigkeitsverteilung, der freien Weglänge und der Stoßzahl der Moleküle in einem Gase. Um 1910 hatte der französische Physiker Dunoyer die Methode der sogenannten Atom- oder Molekularstrahlen experimentell entwickelt. Darunter versteht man Atome, welche etwa aus einem geheizten Dampfraum durch eine sehr kleine Öffnung geradlinig in einen hochevakuierten Raum fliegen. Hier im Institut haben Max Born, Elisabeth Bormann und vor allen Dingen Otto Stern 1920 diese Idee aufgegriffen und die Methode der Atomstrahlen experimentell entwickelt. Das war damals ein Wagnis, denn die Mittel zur Herstellung eines sehr hohen Vakuums waren noch äußerst beschränkt. Immerhin gelang es, alle Größen unmittelbar zu messen. Stern gelang die Messung der mittleren Geschwindigkeit der Atome, Born und Bormann maßen ihre mittlere freie Weglänge, und in späteren Jahren gelang Stern auch, die Geschwindigkeitsverteilung in einem Atomstrahl zu messen.*

*Mittlerweile ist diese Methode durch Estermann, der jetzt in Chicago ist, so verfeinert worden, dass sie zur besten Temperaturmessung von Gasen oder Dämpfen bei 2000° und mehr wurde. … Es gelang weiter in diesem Institut mit Hilfe der Atomstrahlen die Richtungsquantelung nachzuweisen, der erste Versuch, in dem ein durch die Quantentheorie gegebener Zustand des Atomes unmittelbar der Messung zugänglich wurde. Eigentlich darf man erst von dieser Zeit sagen, dass sie die endgültige Bestätigung der klassischen Atomistik gebracht hat. Denn schließlich ist die Physik eine Experimentalwissenschaft, die, soweit als möglich, jeden von ihr gebrauchten Begriff auch mit dem Experiment untersuchen muss. Ich darf an eine scherzhafte Episode aus dieser Zeit erinnern: Ein zweifellos nicht voreingenommener Physiker, Peter Debye bezeichnete einmal alle diese Messungen über Geschwindigkeit, Geschwindig-keitsverteilung und freie Weglänge von Atomen als unnötig, da ja doch kein Mensch zweifele, dass es so ist, wie es aus der Theorie folgt. Dass diese Atomstrahlmessungen nicht nur die alte klassische Atomistik abgeschlossen haben, sondern auch etwa durch den Sternschen Nachweis der Beugung von Atomen in die moderne Quantenmechanik eindrangen, sei abschließend nur erwähnt: noch nie hat sich eine bis ins letzte durchgearbeitete experimentelle Methode nicht auch noch auf irgendeinem anderen Gebiet als der Schlüssel zu neuer Erkenntnis gezeigt.*

Wie wir heute wissen, war die Bohr'sche Deutung der beobachteten Duplettaufspaltung voreilig und falsch. Der damals noch unbekannte Elektroneneigendrehimpuls, der sogenannte Elektronenspin, war die eigentliche Ursache für die Duplettaufspaltung. Alfred Landé war damals der einzige, der diese Duplettaufspaltung des SGE richtig deutete. Landé hatte sich 1919 in Frankfurt mit Borns Unterstützung habilitiert. Alfred Landé war es 1921 in Frankfurt gelungen, in zwei kurz aufeinanderfolgenden Publikationen [LANDÉ1921] und [LANDÉ1921a] die Multiplettstrukturen des Zeeman-Effektes mithilfe seiner semiempirisch abgeleiteten $g$-Faktor-Formel zu beschreiben. Dabei hatte Landé erkannt, dass die Drehimpulskopplung (Vektoraddition) die inneratomare Struktur der Elektronendynamik bestimmt. Diese Struktur ist quantisiert und ergibt messbare Projektionen für die inneratomaren magnetischen Momente. Diese Formel enthält die auch heute richtige Erklärung für das Auftreten einer Duplettaufspaltung. Die große Bedeutung der Landéschen Formel wurde erst Jahre später verstanden. Selbst Born, der mit Landé in einem Zimmer gesessen hatte, hatte die Bedeutung dieser Landéschen Formel total unterschätzt.

Max Born beschreibt die Arbeit Alfred Landés im Interview mit Ewald so [EWALD1962]:

> *"As far as I remember the main indications of the crisis were the multiplets and the Zeeman effect, and these things. That we called the zoology of terms. Landé came to my department – I don't know the period exactly – and was my student in Göttingen. … Then he came to Frankfurt again, and his head was completely occupied with the paper which I didn't grasp at first. It was these whole number relations between the intensities of multiplet lines and Zeeman-effect lines. And he did it in a way which seemed to me horrible, namely, simply by guessing about numerical values. He wrote long lists of numerical values and said they must be contained in one formula – how can one 'construct it? And he tried the most impossible things. And at last it came out. At last came a formula which gave all the results he wanted. I couldn't check it – I can never do numerical calculation problems. So I didn' t take much notice of him, and he also did not take much notice of our work, though we were sitting all the time in the same room. But two years later, or three, when we derived the square root of integers formula from quantum mechanics, we saw at once that it was very important. Some of these formulae were known before for multiplets from the Dutchman Ornstein. But for the multiplets, I think, and the expression of this "g" were first given by Landé."*
>
> Übersetzung: *„So weit ich mich erinnere, waren die Multipletts und der Zeeman-Effekt und diese Dinge die wichtigsten Anzeichen der Krise (in der klassischen Physik). Wir nannten dies die Zoologie der (Multiplett-)Terme. Landé kam in mein Institut. Ich weiß nicht genau wann? Er war mein Student in Göttingen. Dann kam er nach Frankfurt und sein Kopf war voll mit einer Arbeit, die ich anfangs nicht verstand. Es waren diese vielen Zahlenverhältnisse von Multiplettlinien den Zeemanaufspaltungen. Er arbeitete auf eine Weise, die mir furchtbar erschien, nämlich einfach durch Raten und Probieren mit den numerischen Werten. Er schrieb lange Listen von Zahlen, die sich alle aus einer universellen Formel ergeben sollten. ... Wie konnte diese konstruiert werden? Er versuchte die unmöglichsten Dinge. Und zum Schluss fand er diese Formel, welche alle Ergebnisse ergab, die er wünschte. Ich konnte es nicht überprüfen. Ich kann niemals numerische Rechnungen durchführen. So nahm ich wenig Notiz von ihm und er nicht von unserer Arbeit, obwohl wir all die Zeit im gleichen Zimmer saßen. Aber zwei oder drei Jahre später, als wir diese Formel aus der neuen Quantentheorie ableiteten, da sahen wir, wie wichtig seine Formel war. „Teile" dieser Formel aus der neuen Quantentheorie hatte schon der Holländer Ornstein gefunden, aber nicht für die Multipletts. Ich glaube, dieser Ausdruck für den g-Faktor wurde zuerst von Landé aufgestellt."*

Nach der klassischen Physikvorstellung kann ein magnetisches Moment durch einen elektrischen Strom, d. h. ein auf einer Bahn umlaufendes Elektron (Kreisstrom) erzeugt werden. Das permanente magnetische Moment $\boldsymbol{\mu}$ (Vektor) eines Atoms wird also durch ein „ewig" auf einer „Bohr'schen Kreisbahn" umlaufendes Elektron erzeugt, ähnlich dem Strom in einer supraleitenden Magnetspule. Nach dem Bohrmodell [BOHR1913] und der späteren Quantentheorie [HEISENBERG1925] und [SCHRÖDINGER1926] ist der Drehimpuls $\boldsymbol{L}$ (Vektor) des „umlaufenden" Elektrons in Atomen in Vielfachen dieser Größe $\hbar = h/2\pi$ quantisiert, und man erhält für das von dem Elektron erzeugte magnetische Moment $\boldsymbol{\mu} = g\mu_B \cdot \boldsymbol{L}/\hbar$, wo der sogenannte $g$-Faktor wie in der klassischen Physik identisch 1 ist. Wenn die Projektion des Bahndrehimpulsvektors $\boldsymbol{L}$ auf die Magnetfeldrichtung die Größe von $1\hbar$ hat, dann führt dies im normalen Zeeman-Effekt zu einer Triplettaufspaltung mit den Komponenten $m = -1, 0, +1$. Für ganzzahlige Bahndrehimpulsprojektionen $l = 0, 1, 2, \ldots$ können also nur Singlett-,

Triplett-, Quintettaufspaltungen etc. entstehen. Nach Landés $g$-Faktorformel kann eine Duplettaufspaltung nur auftreten, wenn das innere magnetische Moment einer Drehimpulskomponente von $1/2\hbar$ mit einem $g$-Faktor von 2 entspricht. Landé war somit der erste, der in der Quantenwelt halbzahlige Drehimpulse einführte und erkannte, dass der Bahndrehimpuls und der Elektroneneigendrehimpuls (von Landé wie bei Sommerfeld als innere Quantenzahl bezeichnet) zu einem Gesamtvektor zusammenkoppeln. Die damit eingeführte Drehimpulskopplung, später „Spin-Bahn-Kopplung" genannt, war ein großer Erkenntnisschritt in der modernen Quantenphysik. Die nach Landé benannte Formel [LANDÉ1921] für den Gesamt-$g$-Faktor einer Multiplett-Reihe beschreibt die korrekte (später aus der Schrödinger-Gleichung [SCHRÖDINGER1926] abgeleitet und bewiesen) Drehimpulskopplung von Elektronen in Atomen und Molekülen. Landé hat für diese große Leistung kaum Anerkennung gefunden. Auch eine weitere wichtige Entdeckung Landés, dass zur Beschreibung der magnetischen Momente in Atomen $g$-Faktoren notwendig sind, die unterschiedlich sind für die verschiedenen Drehimpulse der Elektronen (Bahndrehimpuls und Eigenspin) in Atomen, wurde erst viele Jahre später gewürdigt, wie aus Borns Interview hervorgeht [EWALD1962]. Erst Paul Dirac hat 1928 mithilfe der relativistischen Quantenphysik den $g$-Faktor 2 erklären können. Klassisch kann man eine Quelle für einen Drehimpuls von $1/2\hbar$ im Innern eines Atoms mit $g$-Faktor 2 dann erhalten, wenn die Ladung (Elektron) wie ein Kreisel um sich selbst dreht. Je nach Ladungsverteilung über das Volumen des Elektrons erhält man für ein um sich selbst rotierendes Elektron dann $g$-Faktoren von ca. 2.

Heute wissen wir, dass die Zeeman-Multipletts und die Aufspaltung des von Gerlach und Stern gemessenen Silberstrahls (Ablenkwinkel der Silberatome) identische physikalische Ursachen haben, nämlich die innere Drehimpulsstruktur der Atome im Magnetfeld. Sie können nur durch die nichtklassische Quantentheorie erklärt werden. Landé hätte aber nur seine Analyse zur Duplettaufspaltung im Zeeman-Effekt auf den Stern-Gerlach-Versuch übertragen müssen, dann hätte er feststellen können, dass es im Atom noch eine andere Quelle für magnetische Momente gibt, nämlich den Eigenspin des Elektrons.

Der Brief Sterns an Landé vom 24. Januar 1923 belegt außerdem klar, dass Stern sehr genau über die Arbeiten Landés zum anomalen Zeeman-Effekt Bescheid wusste und über die Bedeutung des halbzahligen Spins nachgedacht haben muss. Denn sein Hinweis auf „Heisenberg absägen", bezieht sich mit sehr hoher Wahrscheinlichkeit auf Heisenbergs Atommodelle mit halbzahligen Spins [HEISENBERG1922]. Heisenberg hatte ähnlich wie Landé (aber einige Monate später) als sehr junger Student bei Sommerfeld die Aufgabe erhalten, sich mit dem anomalen Zeeman-Effekt zu beschäftigen. Er hatte zum „Entsetzen" von Sommerfeld auch halbzahlige Spinquantenzahlen in sein Modell eingebaut.

Standort: [SBB] Handschrift.abtlg, Landé 71,4. Dokumentnummer: **[0129/24.01.1923]**

*Physikalisch-chemisches Laboratorium der Hamburgischen Universität*
*Prof Dr. ~~M. Volmer~~ O. Stern*
*Hamburg, den 24. Januar 1923*
*Lieber Herr Landé, Jungiusstr. 9*

...........

*Zu den Multipletts und der allgemeinen Zeemannformel gratuliere ich sehr. Besonders freut mich, daß Sie den Heisenberg absägen; ich befürchte nur, er wird sich einfach mit Hilfe einiger neuer Hypothesen retten. Ich will jetzt wieder energisch an die Atomstrahlen rangehen, es wird aber natürlich noch geraume Zeit dauern bis ich wieder eine Apparatur in Gang gebracht habe. .......*

*Viele Grüße, auch an Back,*
*Ihr Otto Stern*

Alfred Landé hat dann in seiner Publikation [LANDÉ1923] („Schwierigkeiten in der Quantentheorie des Atombaues, besonders magnetischer Art" Phys. Z. 24, (1923), 442) die Duplettaufspaltung der Silberatome im SGE völlig korrekt erklärt mit $k = 1/2$ und $g$-Faktor 2 (statt der heutigen Bezeichnung $s$ hatte er Sommerfelds Bezeichnung $k$ für die von Sommerfeld postulierte „Innere Quantenzahl" verwandt). Niemand hat damals erkannt, welche große Bedeutung diese Analyse von Landé hatte. Landés bedeutende Pionierleistung wurde auch nicht von Stern, Born, Gerlach, Sommerfeld und Heisenberg erkannt. Übrigens: Landé wurde bis 1950 niemals für den Physik-Nobelpreis vorgeschlagen.

Erst Ralph de Laer Kronig und dann George Eugene Uhlenbeck und Samuel Abraham Goudsmit hatten 1925 den Mut zu postulieren, dass das Elektron selbst noch einen inneren Drehimpuls, den sogenannten Spin, haben muss [UHLENBECK1925]. Dieser Elektronenspin spielt für die Besetzung der Elektronenschalen und damit für den Aufbau und die Bindung der Moleküle eine fundamental wichtige Rolle. Seine Entdeckung 1925 war eine große Sensation. Allgemein werden Uhlenbeck und Goudsmit als die Entdecker des Elektronspins gefeiert. Kronig, ein Mitarbeiter von Landé (Landé wurde im Herbst 1922 als Extraordinarius nach Tübingen berufen), war jedoch vor ihnen auf diesen Gedanken gekommen. Doch Kronig hatte den Fehler begangen, die großen Physiker Pauli und Heisenberg um Rat zu fragen. Pauli hat ihm natürlich einen „solchen Unsinn" ausgeredet. Unter den Physikern erzählt man sich daher noch heute den Vers: *Der Kronig hätt' den Spin entdeckt, hätt' Pauli ihn nicht abgeschreckt.*

Auf jeden Fall hätte man 1922 in Frankfurt drei Jahre vor Kronig die Chance gehabt, den Elektronenspin zu entdecken, wenn man das Ergebnis des Stern-Gerlach-Versuchs im Sinne der Landéschen Formel ausgewertet hätte. Wären Born und Stern in Frankfurt geblieben, dann wäre es sicher zu regen Diskussionen im Frankfurter Institut über die Ergebnisse des Stern-Gerlach-Experimentes gekommen. Damit wäre die Chance sehr hoch gewesen, schon 1922 die wirklichen Gründe für die beobachtete Duplettaufspaltung zu erkennen. Erst als Ronald Fraser 1927 zeigen konnte [FRASER1927], dass der Bahndrehimpuls des Silberatoms im Grundzustand Null war, wurde klar, dass die Duplettaufspaltung im Stern-Gerlach-Experiment dem Spin des Elektrons zuzurechnen war.

Der letzte dienstliche Kontakt von Stern zu Gerlach bestand dann darin, 1924 den noch ausstehenden langen gemeinsamen Artikel über den Aufbau und die Durchführung des SGE in den *Annalen* zu publizieren. Dies war die letzte gemeinsame Publikation von Stern und Gerlach. Wie Sterns Brief vom 16.01.1924 an Gerlach außerdem belegt, verlief der Aufbau der Apparaturen und die Forschung mit Molekularstrahlen in den ersten Hamburger Jahren aufgrund fehlender Mittel bei Weitem nicht so erfolgreich, wie Stern sich das wünschte.

Standort: [DMA], Nachlass Gerlach Dokumentnummer: **[0135/16.01.1924]**

*Lieber Gerlach, Hamburg, 16.1.24*

*besten Dank für Ihre Nachrichten. Ich dachte unsere Arbeit wäre längst bei den Annalen. Jedenfalls stimme ich unbedingt für die Annalen, Sie ja in Wirklichkeit auch, so'n langer Seich ist doch nichts für die Z.f.Ph.*

*Ich konnte in der Woche nicht[s] herein, nicht nach Frkft, weil ich nach Breslau mußte, und beides war mir doch etwas zu reichlich. Für die Mol.str. erfinde ich immer genialere Apparate und sie gehen immer schlechter, z.[um] K.[otzen] !*

*Dagegen funktionieren die elektr. Mol.str. ganz leidlich. Es geht nur alles so furchtbar langsam!*

*Wie ich höre, hat Schaefer einen Ruf nach Freiburg. Da muß er unbedingt hin!*

*Herzliche Grüße an alle Freunde, Ihre Familie und Sie selbst. Ihr Otto Stern*

Zum 01.01.1925 verließ Gerlach Frankfurt und wurde Nachfolger seines Doktorvaters Paschen in Tübingen. Stern gratulierte dem „Grossbonzen" von Hamburg aus zu seiner Berufung auf das Tübinger Ordinariat (Telegramm vom 16.11.1924).

Standort: [DMA], Nachlass Gerlach Dokumentnummer: **[0137/16.11.1924]**

*Telegramm fm + 86/16 hamburg zb + 193 12/11 16/11 6,25*

*= dem grossbonzen und frau gratuliert herzlichst Stern +*

Standort: [BAL]; BA0016 Mikrofilm Nr. 740256+7, Dokumentnummer: **[0138/23.02.1925]**

*[23.2.1925]*

*Lieber Otto Stern,*
*die Tage in Fr. waren zu heftig, als dass ich die Notiz hätte abschreiben können. Hier ist, was Sie in G. diktierten.*

*Herr S.*

--------------- --------------- ----------------

*Lieber Stern,*
*es ist Sonntag der 22. II. und ich kriege eben Ihr Telegramm. Als ich obiges anfing zu schreiben, kamen die Möbelwagen und ich ließ alles liegen. Bitte seien Sie nicht böse, ich hatte Kemerfeld*[78] *die Notiz direkt an Sch. gesandt, sondern erst später. Also ich fange zu raunzen*[79] *an und hoffe, dass meine Frau mich einen Moment einmal nicht ruft.*
*Herr S. hat unter obiger Überschrift Ausführungen über die Auswertung unserer Magnetonversuche gemacht die – wie wir durch mehrfache Anfragen merkten, die Meinung aufkommen lassen, dass unsere Berechnung zu 100 % falsch sein könne; nur dass ferner die bei der Auswertung vorhandenen {Fehlerquellen, faktischen Unsicherheiten} nicht berücksichtigt worden sind, dass uns speziell der Einfluss der Spaltbreite entgangen wäre. Wenn auch die Überlegungen von Herrn S. richtig sind, so ist die Auffassung der Notiz in der Tat geeignet, die oben erwähnten Missverständnisse hervorzurufen.*
*Herr S. spricht nämlich immer vom Abstand der Stelle maximaler Intensität im abgelenkten Streifen von dem Ort des [ ... ]*[80] *schmal angenommenen unabgelenkten Streifens, für welchen Fall in der Tat die von uns benutzte Formel fast 100 % Fehler geben würde. Nun beziehen sich unsere Messungen aber stets auf die Mitte des abgelenkten Streifens, was Herr S. erst gegen Schluss seiner Arbeit diskutiert; für diesen Fall rechnet aber Herr S. selbst ungünstigenfalls eine Abweichung an 20 % aus.*
*Ferner scheint Herr S. anzunehmen, dass uns der Einfluss der Spaltweite nicht bekannt gewesen ist. Wir haben an der betr. Stelle verwiesen auf die Arbeit von Stern, wo der Einfluss der Spaltweite diskutiert ist und die betr. Formeln – entsprechend den Formeln von Sommerfeld*[81] *– für den Fall der Corioliskraft bereits abgeleitet sind, worüber sich Herr S. beim Nachschlagen der Literatur leicht hätte orientieren können.*

[78] Name schlecht entzifferbar, vielleicht auch Herzfeld.
[79] raunzen = österreichischer Ausdruck für nörgeln, schimpfen, meckern (das Wort ist nicht gut lesbar).
[80] unleserlich.
[81] Name schlecht entzifferbar.

**Abb. 3.10** *v.l.*: Otto Stern, ?, ?, Edgar Meyer/Zürich, Walther Gerlach und ? auf dem Bahnhof in Tübingen (ca. 1925). (Bildquelle: Nachlass Stern [BAL], bk0016 Fotogalerie)

*Wir haben uns damals mit diesem Hinweis begnügt, nur in Anbetracht der Einstellung, welche durch die Entwicklung die Intensitätsverteilung erfährt, einen Fehler der Grössenordnung von + /– 10 % als möglich angegeben.*
*Wir wiederholen, dass Herr S.'s Notiz gar keine neuen Gedanken bringt, dass ihr Inhalt sich vielmehr vollkommen mit unserer Darstellung deckt. Wir legen nur gegen die Art seines Angriffs Verwahrung ein.*

-----------------------------------------------

*Lieber Stern, wie geht es Ihnen gesundheitlich? Es war zu schade, dass Sie in Göttingen nicht wohl waren. Hier ist eben*
*ein fürchterliches Durcheinander. Hoffentlich komme ich bald zur Ruhe. Ich schreibe Ihnen dann auch über die Atomstrahlversuche. Bitte veröffentlichen Sie oder Estermann doch endlich mal etwas!*
*Herzl. Grüsse auch von meiner Frau Ihr W. Gerlach*

Das Stern-Gerlach-Experiment mit dem Ergebnis der Dublettaufspaltung hat bis heute viele Physiker herausgefordert, über die Mechanismen nachzudenken, die die atomaren magnetischen Momente im Magnetfeld ausrichten. Einstein und Ehrenfest [EINSTEIN1922] waren 1922 die ersten, die dazu eine sorgfältige Analyse publizierten. Deren Analyse kam aber zu dem Schluss, dass man die Ausrichtung mit den Gesetzen der klassischen Physik nicht erklären könne. Für Einstein war das SGE ein fundamental wichtiges Experiment und die Frage, warum und wo die magnetischen Momente im SGE umklappen, hat ihn stets beschäftigt. 1928 hat er an Stern (vermutlich im Januar) und parallel dazu auch an Ehrenfest (Brief vom 21.01.1928) einen Brief geschrieben, der einen sehr interessanten Vorschlag für ein erweitertes Gedankenexperiment zum SGE beschreibt. Dieses Experiment verdient es, hier kurz besprochen zu werden, da es eine Apparatur darstellt, die im Prinzip schon die Grundzüge von Rabis berühmter „Nuclear magnetic resonance" Methode beinhaltet.

Einstein schlägt vor: Ein Atomstrahl durchfliegt zwei identische inhomogene Stern-Gerlach-Magnete, die aber antiparallele Magnetfeldrichtungen haben. Mit einer Blende hinter Magnet 1 blendet man nun Atome mit einer Richtung aus. Zwischen beiden Magneten dreht man mittels eines zeitabhängigen Magnetfeldes die Richtung der atomaren Magnete der ausgeblendeten Atome. Diese Drehung wird (im Brief an Stern nicht eingezeichnet, aber im Brief Einsteins an Ehrenfest dargestellt) durch ein gut abgeschirmtes schwaches Magnetfeld erreicht. Weil die Zeit $T_L$ einer Larmor-Drehung der atomaren Magnete sehr klein gegen die Durchflugszeit der Atome $T_F$ im schwachen Feldbereich ist, sollten die Einstellwinkel der atomaren Magnete sich adiabatisch mit dem schwachen Feld in eine neue Richtung einstellen, d. h., beim Analysieren des so gedrehten Strahles im zweiten Magneten sollte es umgeklappte atomare Magnete geben. Einstein stellt klar fest, dass das Feld (unabhängig von seiner Stärke) die Richtung der atomaren Magnete bestimmt, die Stärke des Feldgradienten aber die Größe der Ablenkung. In Einsteins Gedankenexperiment können nun Feldrichtung und Feldstärke unabhängig voneinander variiert werden. Einstein weist am Schluss seines Briefes auf dieses Paradoxon noch einmal besonders hin: *Das Feld kann also beliebig schwach sein, ohne dass dies auf die Ablenkungen Einfluss hat. Durch bloße Änderung der Richtung des beliebig schwachen Feldes sollten also die Ablenkungen völlig geändert werden können. Dies ist gewiss paradox aber bei unserer Auffassung nicht anders zu denken.*

Bemerkenswert ist auch Einsteins Vorschlag, das schwache Zwischenfeld durch einen stromdurchflossenen Leiter zu realisieren. Diese Idee ist genial, denn sie erlaubt auf sehr einfache Weise, durch eine Strommessung und reine Geometrie das Magnetfeld präzise zu bestimmen.

Standort: [BAL], bk0016n8q05; Dokumentnummer: **[0148/21.01.1928]**

*[vor dem 21. 01.1928]*

*Lieber Herr Stern!*

*Anlässlich unseres Quanten-Seminars sind mir zwei Fragen aufgetaucht, die das Verhalten eines Molekülstrahles im magnetischen Felde betreffen, also gerade in Ihr Arbeitsgebiet fallen. Vielleicht haben Sie äquivalente Versuche schon gemacht, wenn nicht, dann kann diese Anregung vielleicht etwas nützen.*

**Abb. 3.11** Professoren der Universität Hamburg. Von *rechts*: 5. Otto Stern, 6. Paul Peter Koch und 7. Wilhelm Lenz. (Bildquelle: Nachlass Stern [BAL], bk0016 Fotogalerie)

*I. Ein ~~Molekül~~ Atom stelle sich in einem vertikalen Magnet so ↑ oder so ↓ ein. Das Magnetfeld ändere langsam seine Richtung. Geht dann jedes individuelle Atom mit dem Felde in seiner Orientierung mit?*

*Prüfung:*

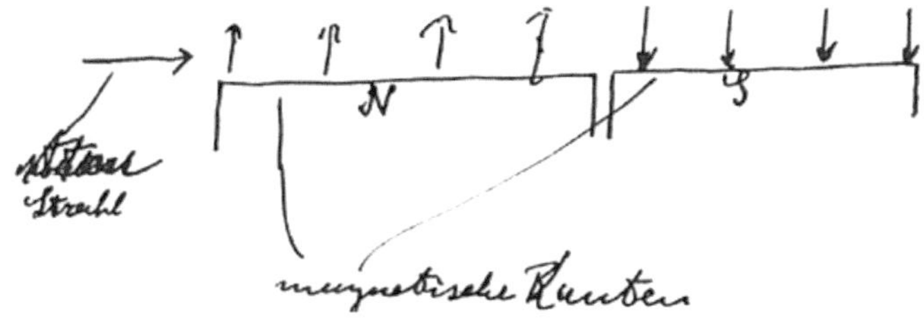


*Zwei entgegengesetzte inhomogene Magnetfelder werden vom Atomstrahl nacheinander durchlaufen. Ein Atom sei so orientiert, dass es im ersten Feld nach oben abgelenkt wird. Dreht es sich beim Übergang zum zweiten Feld um, so muss wegen Umkehr des Feldes und Umkehr des Dipols der Ausschlag genau so ausfallen, wie wenn beide Felder gleich gerichtet wären.*
*Dies ist umso paradoxer, weil ja der Ablenkungseffekt mit der Feldstärke linear anwächst.*

*II. Für unsere gegenwärtige Auffassung ist charakteristisch dass das Feld die Einstellung des ~~Molekül~~ Atoms, der Feldgradient die Grösse der Ablenkung bestimmt. Feld und Feldgradienten können ganz unabhängig voneinander var[i]iert werden. Denken wir uns die Feldgradienten gegeben und das Feld var[i]iert; so soll*

**Abb. 3.12** Otto Stern in Hamburg (ca. 1930). (Bildquelle Nachlass Stern [BAL], bk0016 Fotogalerie)

*von letzterem nur die Richtung, nicht aber die Grösse massgebend sein. Das Feld kann also beliebig schwach sein, ohne dass dies auf die Ablenkungen Einfluss hat. Durch blosse Aenderung der Richtung des beliebig schwachen Feldes sollten also die Ablenkungen völlig geändert werden können. Dies ist gewiss paradox aber bei unserer Auffassung nicht anders zu denken.*

*Vielleicht wäre es zweckmäßig, das inhomogene Feld durch ein Strom-durchflossenes, wassergekühltes Röhrchen zu erzeugen.*

*Wenn Sie schon Thatsachen haben, welche die beiden Fragen entscheiden, so bitte ich Sie, mir dieselben mitzuteilen. Wenn dies aber nicht der Fall ist, so würde es sich wohl lohnen, diese Fragen experimentel[l] zu bearbeiten.*

*Herzlich grüsst Sie*

*Ihr*

*A. Einstein*

Dieser Brief konnte von den Herausgebern nicht genau datiert werden, muss aber um den 21. Januar 1928 geschrieben worden sein, da es einen Brief von Einstein an Ehrenfest gibt, der am 21. Januar 1928 geschrieben wurde. Im Brief an Ehrenfest schreibt Einstein:

Standort: [EIN]; AEA 10-171, Dokumentnummer: **[0149/21.01.1928]**

*21.1.28*

*Lieber Ehrenfest!*
*Ich schreib Dir eigentlich nur, damit Du in meinem Schweigen kein Prinzip siehst, sondern etwas das sozusagen von selber funktioniert. Ich fühle keine Möglichkeit, Langevin und Weiss für den Nobelpreis vorzuschlagen. Ihre Leistung ist zwar fundamental, aber nicht so aktuell (Statuten!). Heisenberg-Schrödinger oder Stern würde ich besser finden, eventuell auch Geiger-Bothe. Der Teufel hols, weil es lauter Deutsche sind, daran bin ich nicht schuld.*
*Dass die Ableitung des Bewegungs-Gesetzes nach der Rel.Theorie endlich gelungen ist, habe ich Dir glaube ich gesagt. Aber es kommt einfach klassisch heraus. Ich denke, dass Kaluza-Klein den Weg richtig angegeben haben, um weiter zu kommen. Es lebe die 5. Dimension.*
*Dem Stern habe ich ein lustiges Experiment vorgeschlagen. Im Magnetfeld soll Molekül[achse] orientiert sein und dem Magnetfeld bei dessen langsamer Veränderung nachfolgen. Daher soll folgendes sein*

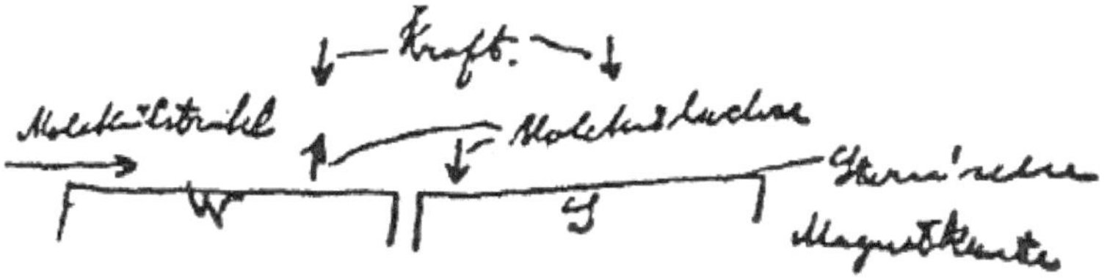

*Durchläuft ein Molekül zwei entgegengesetzte inhomogene Felder, so kehrt es sich beim Durchlaufen des Intervalls zwischen beiden Feldern um. Da sich ausserdem das Feld umkehrt, bleibt die ponderomotorische Kraft ungeändert.*
*Die Umkehrung des Feldes (bezw. Der zweiten Hälfte desselben) hätte also auf das Versuchsergebnis keine Wirkung.*
*Ausserdem schlug ich ihm vor, experimentel[l] die Wirkung des Feldes und der Feldgradienten voneinander zu trennen. Das paradoxe zu erwartende Resultat ist, dass die bei gegebenen Feldgradienten, ein beliebig schwaches Feld für die Stern'schen Ablenkungen massgebend sein soll (Aufspaltungsebene).*
*De Haas schlug ich einen Versuch vor, über den er gewiss mit Dir unterhalten wird. Ausserdem verfolge ich romantische Pläne auf dem Gebiet der allg. Rel. Th., die wohl an der unerbittlichen Wirklichkeit zerschellen werden.*
*Ilse und Margot sind im Engadin, ein verzweifelter Versuch ersterer zu helfen. Bis jetzt scheint der Erfolg gut zu sein. Sei mit Deinen lieben Rangen herzlich gegrüsst von Deinem*

*Einstein.*

*P.S. Wegen dem Russen weiss ich nichts zu unternehmen. Ich sprach mit Frank wegen der Vermittlung einer Rückkehr nach Russland. Aber er lehnte wegen gänzlicher Aussichtslosigkeit ab.*
*Albert hat die Schachtel wirklich geheiratet und sitzt als kleiner Ingenieur in Dortmund. Da hat es Deine Tania schon besser gemacht.*
*Der Kleine macht mir durch seine gedankenreichen Briefe viel Freude. Er wird wohl Literat oder Schulmeister werden.*

Ob Stern einen Antwortbrief an Einstein geschrieben hat, ist den Herausgebern nicht bekannt (wenn Stern Einstein daraufhin geschrieben hätte, müsste Sterns Antwortbrief eigentlich im Einsteinarchiv vorhanden sein). Sterns Publikation [PHIPPS1932] „Über die Einstellung der Richtungsquantelung" zusammen mit Thomas H. Phipps kann aber quasi als Antwort auf diesen Brief Einsteins betrachtet werden. In dieser Publikation diskutiert Stern im 1. Teil Einsteins Gedankenexperiment und im 2. Teil beschreibt T. E. Phipps („Guggenheim fellow" aus den USA) in dieser Publikation den Aufbau einer Apparatur, ähnlich Einsteins Vorschlag, und erste Experimentdurchführungen, die Einsteins Gedankenexperiment realisieren.

Obwohl Phipps 1. Autor ist, hat Stern diese Publikation weitgehend geschrieben. Der Brief vom 19.09.1931 von Phipps an Stern belegt dies und ist ein weiterer Beweis für Sterns Bescheidenheit.

Standort: [BAL], bk0016n8w5h; Dokumentnummer: **[0197/19.09.1931]**

*Dear Professor Stern:* *Urbana, 19.9.1931*
*I have just received the manuscript, and after three readings I have no corrections to suggest. I approve thoroughly of all changes which you have made in Part II. I think that the Sprichwort at the Institute, "Der höfliche Mann geht voran", should apply also to the title in this case, and that it should read "Von O. Stern, Hamburg, und T. E. Phipps … ". I should feel much less conspicuous and altogether more comfortable if you would agree to this change.*
*I was of course very much interested in the paragraph on page 4 beginning: "Dieser Effekt sollte umgekehrt eine bequeme Methode zur Untersuchung der Störfelder ergeben … ". The analysis which you make there of the interaction of an oriented atom with a stray molecule is very simple and convincing. I hope that you will not have serious difficulty with the proposed experiment. It may of cours prove more fruitful of results than the original experiment.*
*I happened recently to see the abstract of a paper by H. Senftleben in Physikalische Zeitschrift, 31, 961-3 (1930) upon The Influence of Magnetic Field on the Thermal Conductivity of Paramagnetic Gas . Doubtless Mr. Schnurmann is familiar with this work. I wondered while reading the abstract whether any of Mr. Schnurmann's difficulties with the oxygen manometer might perhaps be due to this effect.*
*I find myself again in the midst of the din and fury of the "intellectual rolling-mill". I look back with great pleasure to the time which I spent in the quiet of your pleasant Institute. Professor Rodebush joins with me in sending greetings.*
*Yours sincerely, T. E. Phipps*

Als die Publikation dann 1932 erschienen war, bedankte sich Phipps in einem weiteren Brief vom 09.06.1932 bei Stern für die „Reprints". Interessant ist sein Hinweis auf die theoretische Arbeit von Rosen und Zener, dass ein kontinuierliches adiabatisches Drehen des magnetischen Feldes von Vielfachen von $2\pi$ zu keinem Umklappen der Spinrichtung führt.

Standort: [BAL], bk0016n8w5h; Dokumentnummer: **[0208/09.06.1932]**

*Urbana, 9.6.1932*

*Dear Professor Stern:*
*I wish to thank you for the reprints which you unfinished work which I left upon your hands, and about the other problems at the Institute. Do you still think that the disorientation which I observed was due to collision? And have you perhaps found someone to verify this observation and to study the phenomenon further?*
*Have you noticed the recent article in Physical Review by Rosen und Zener, entitled: "Double Stern-Gerlach-Experiment and Related Collision Phenomena?" (Physical Rev., 40,408 (1932)). They replace the discontinuous rate of rotation of the magnetic field (employed by Güttinger) with a continuous rotation rate, and reach the conclusion (p. 505, line 6) that the fraction of disoriented atoms should be zero whenever the total rotation is a multiple of $2\pi$. Since the total rotation was $2\pi$ in our experiment, Rosen and zener expect a negative result. Our result, however, should be considered as inconclusive rather than negative. Rosen and Zener state that our result contradicts Güttinger's prediction and agrees with their theoretical conclusions. I do not understand how an inconclusive experiment could be interpreted by Rosen and Zener as either contradicting or agreeing with their theoretical result.*
*Do you know whether or not Herr Güttinger expects to publish a reply to Rosen and Zener? Or do you wish perhaps to write a letter to the Editor of Physical Review? Professor Rodebush suggested that I should write such a letter. However, I should much prefer that the answer (if any) should come from someone who is capable of discussing the theory. All that I could contribute to the discussion the theory. All that I could contribute to the discussion would be merely to point out Rosen and Zener's error in considering our result as negative, when in reality it was inconclusive.*
*I recently had the pleasure of visiting Professor Ellett at Iowa. He continues to be very active in experimental work. He and Zabel are reflecting argon and other rare gases from NaCl and LiF. He has had some trouble in growing satisfactory crystals of LiF. You will be interested perhaps to know that he is now cleaving and introducing all crystals into his apparatus entirely in an atmosphere of hydrogen.*
*Dr. Copley and I are interested in studying reflection from high melting crystals of ionic type (MgO) and of atomic type (diamond), but the difficulties are very great and progress is negligible. In fact, the obstacles to research are so great here that I can say without exaggeration that I accomplished more in one week at your Institute than I have accomplished during the last nine months here.*
*I should like to be remembered to any of the men at the Institute who may recall my "outlandish" assaults upon the German language.*
*With kind regards, I am Sincerely yours,*
*T. E. Phipps*

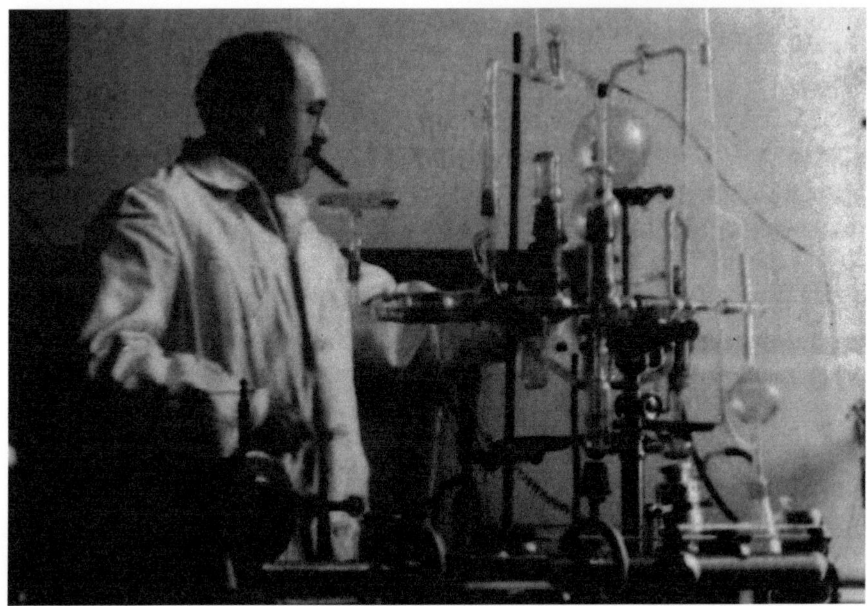

**Abb. 3.13** Otto Stern in Hamburg (ca. 1930). (Bildquelle: Private Mitteilung Fritz Thieme)

Stern führt zwar in dieser Publikation Bedenken gegen dieses Experiment an (wegen experimenteller Schwierigkeiten), aber er muss es für so wichtig gehalten haben, dass er es trotzdem in seinem Hamburger Institut ausführen ließ. Seine Bedenken waren:

> *... Die Frage ist nun, wie sich in dem zweiten Feld die Richtungsquantelung einstellt. Nach Entwicklung der neuen Quantenmechanik ist dieses Problem mehrfach theoretisch behandelt worden (Darwin[82] und Lande[83]) mit dem Resultat, daß sich ein Teil der Atome parallel, ein Teil antiparallel einstellt, z. B. für den Fall eines rechten Winkels der beiden Feldrichtungen die eine Hälfte parallel, die andere Hälfte antiparallel.*
>
> *Es schien mir jedoch seit jeher sicher, daß bei wirklicher Ausführung dieses Versuches nichts derartiges zu erwarten wäre, sondern alle Atome der Drehung des Feldes folgen würden, ohne „umzuklappen". Denn bei den erwähnten Rechnungen war stets stillschweigend die Voraussetzung gemacht worden, daß die Änderung der Feldrichtung streng nicht-adiabatisch erfolgt. In Wirklichkeit ist aber unter den experimentell herstellbaren Bedingungen gerade das Gegenteil der Fall, die Drehung der Feldrichtung muß mit großer Näherung als durchaus adiabatischer Prozeß betrachtet werden, weil das Atom eine große Anzahl Larmordrehungen ausführt, während es eine Strecke durchfliegt, auf der sich die Feldrichtung ändert.*

Stern berechnet dann für verschiedene Feldstärken in der mittleren fast feldfreien Zone die Wegstrecken der Atome pro Larmordrehung. Erst bei Feldstärken von ei-

[82] [DARWIN1928].
[83] [LANDÉ1929].

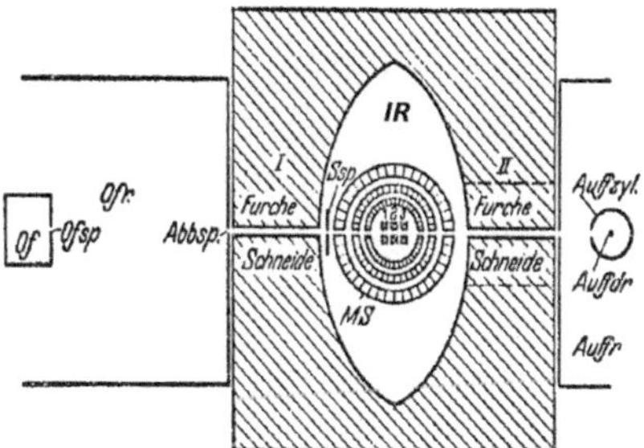


**Abb. 3.14** Experimentaufbau der Phippsschen Apparatur. *Of* Ofen, *Ofsp* Ofenspalt, *Ofr* Ofenraum, *I* und *II* erstes und zweites Magnetfeld, *Ssp* Selektorspalt, *MS* Magnetischer Schutz (Abschirmung), *1*, *2* und *3* kleine Elektromagnete, *Auffzyl* Auffängerzylinder, *Auffdr* Auffängerdraht, Auffängerraum und *IR* Innenraum [PHIPPS1932]

nem Gauß oder darunter erhält man Wegstrecken (ca. 1 mm), die im Experiment realisierbar sind. Stern kontaktierte Heisenberg und ließ sich von ihm auf der Basis der neuen Quantentheorie den Bruchteil $z$ der umgeklappten Atome ausrechnen (vermutlich Herbst 1930). Für $z < 1$ ist $z$ proportional $(T_L / T_f)^2$, wobei $T_L$ die Larmorperiodendauer und $T_f$ die Dauer ist, in der das Magnetfeld sich um $2\pi$ dreht. Pauli hat dann auf Sterns Ersuchen außerdem Paul Güttinger (Doktorand bei Pauli) gebeten, nochmal eine verbesserte Berechnung durchzuführen. Für $T_L << T_f$ erhielt Güttinger dann $z = 1/8 \bullet (T_L / T_f)^2$. Für ein Feld von 1 Gauß und für 1 mm Wegstrecke sollten dann 6 % der Atome umklappen [GÜTTINGER1932].

T. E. Phipps als Guggenheim-Fellow 1928/9 zu Gast im Stern'schen Institut hat dann in kurzer Zeit ein solches Experiment aufgebaut [PHIPPS1932]. Der Aufbau ist einfach, aber genial durchdacht. In Abb. 3.14 ist der Experimentaufbau dargestellt.

Die von Phipps erhaltenen Ergebnisse waren jedoch widersprüchlich. Nur in einem Experimentierversuch wurde ein Umklappen von einem kleinen Anteil des Strahles beobachtet, aber in allen anderen Versuchen kein Umklappen. Stern nahm an [PHIPPS1932], dass das Umklappen in dem einen Versuch zufällig durch sehr schlechtes Vakuum in der Innenzone und damit durch Streuung des Atomstrahls am Restgas verursacht wurde. Diese Annahme war sehr berechtigt, da später festgestellt wurde, dass die Wicklung eines kleinen Magneten in diesem Versuch durchgeschmort war.

Otto Robert Frisch und Emilio Segrè [FRISCH1933] (Über die Einstellung der Richtungsquantelung. II, Z. Phys. 80, 610–616 [1933]) haben dann das Experiment mit einer verbesserten Apparatur wiederholt. Statt der drei kleinen Elektromagnete haben sie im Innenraum wie von Einstein vorgeschlagen einen senkrecht zum Strahl stehenden Draht eingebaut. Durch Variation des Stromes $I$ im Draht konnten sie die Feldstärke in der Innenzone linear variieren. Der Verlauf der Feldlinien ist in Abb. 3.15 zu sehen. Mit dieser Feldanordnung konnten Frisch und Segrè die Feldrichtungen, die der Strahl (s. Pfeil) in der Innenzone durchflog, um $2\pi = 360°$ drehen. Die Durchflugzeit war so, dass die Richtung der atomaren Magnete der

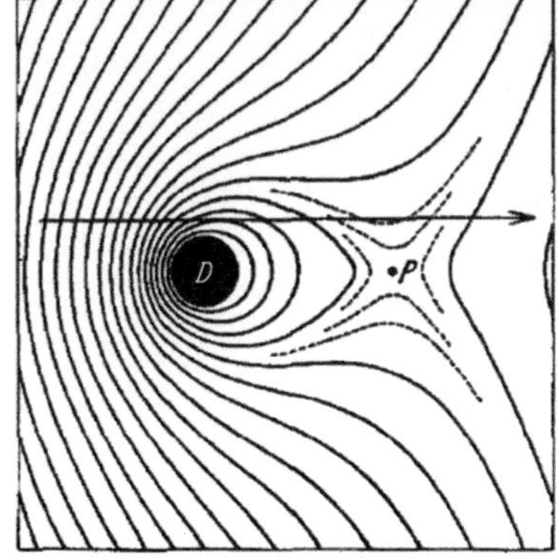


**Abb. 3.15** Feldlinienverlauf im Frisch-Segrè-Experiment. *D* stromdurchflossener Draht, *P* Ort, wo Feld gleich Null, und *Pfeil* gibt Richtung des Atomstrahles an

Feldveränderung adiabatisch folgen sollte. Da der Güttinger-Berechnung ein anderer Feldverlauf zugrunde gelegt war, hat Ettore Majorana [MAJORANA1932] neue Rechnungen ausgeführt, die dem in Abb. 3.15 gezeigten Feldverlauf entsprachen. Majorana erhielt für die Umklappwahrscheinlichkeit $W = e^{-k\pi/2}$, wo $k$ eine Funktion des Stromes $I$, der Atomgeschwindigkeit und der Wegstrecke in der Zone um den Punkt $P$ ist. Außerdem musste das in IR nicht ganz verschwindende Feld bei Strom $I = 0$ noch berücksichtigt werden. Für das adiabatisch erfolgende Mitdrehen ist jedoch nur der Bereich in der Nähe von $P$ relevant, da die Beiträge aus dem Bereich der höheren H-Werte nur wenig zum Umklappen beitragen sollten. Frisch und Segrè konnten die Magnetrichtungen zum Umklappen bringen, jedoch konnte keine der zuvor genannten Theorien die experimentellen Daten quantitativ beschreiben.

Der Atomstrahl wird im Ofen (Of) erzeugt und tritt dann durch einen Spalt (Abbsp) in das inhomogene Magnetfeld ein. Im Magneten I werden die Strahlen nach den Komponenten der magnetischen Momente aufgespalten (richtungsgequantelt) und nur eine Komponente mithilfe eines Spaltes (Ssp) durchgelassen. Dieser Teilstrahl durchfliegt die Innenzone IR, die durch mehrere magnetische Abschirmringe nahezu feldfrei gemacht wird. Im Innern befinden sich bei Phipps drei sehr kleine Elektromagnete, deren Feldrichtung um jeweils 120° relativ zueinander gedreht war (später bei Frisch und Segrè wurde das Feld in diesem Innenraum durch einen stromdurchflossenen Draht erzeugt, wie von Einstein vorgeschlagen). Das Magnetfeld der kleinen Magnete oder später des Drahtes wurde so gewählt, dass es adiabatisch die Richtung der Atomstrahlmomente drehen konnte. Der so veränderte Teilstrahl durchflog dann den Magneten II und wurde mit dem Auffängerdraht (Auffdr) analysiert.

Wie oben erwähnt, hatte Einstein de facto eine Apparatur vorgeschlagen, die ca. 10 Jahre später als Rabis „Nuclear-Magnetic-Resonance"-Verfahren NMR Weltruhm erlangte und Rabi den Nobelpreis einbrachte. Daher ist die Frage berechtigt: Kannte Rabi Einsteins Brief? Vermutlich ja! Denn Isidor Rabi hatte 1927 für zwei Jahre ein Barnard-Stipendium für einen Europaaufenthalt erhalten und war nach Kopenhagen gegangen. Rabi besuchte im Herbst 1927 von Kopenhagen kommend

**Abb. 3.16** *Rechts* Otto Robert Frisch und *links* Emilio Segrè in Hamburg (ca. 1930). (Bildquellen: Private Mitteilung Fritz Thieme)

Wolfgang Pauli in Hamburg. In Kopenhagen war er Gast der Theoriegruppe von Niels Bohr. Während dieses Besuches in Hamburg lernte er Otto Stern kennen und zeigte Interesse an dessen Molekularstrahlexperimenten. Da Stern dem jung verheirateten Rabi einen Arbeitsplatz anbot, nutzte Rabi diese Chance, um mit der Molekularstrahlmethode zu experimentieren. Da Rabi erst im Sommer 1929 in die USA zurückkehrte, arbeitete Rabi zu dieser Zeit in Sterns Gruppe in Hamburg, als 1928 Einsteins Brief in Hamburg ankam. Daher sollte Rabi Einsteins Brief gekannt haben!

Noch etwas früher als Einstein hat Heisenberg zusammen mit Bohr schon 1927 eine Vorstufe einer „Nuclear-Magnetic-Resonance"-Apparatur vorgeschlagen. Heisenberg diskutiert am Ende seiner berühmten Publikation über die Unschärferelation [HEISENBERG1927] sehr eingehend das Stern-Gerlach-Experiment (ab Seite 189). Um die physikalischen Prozesse des SGE weiter zu untersuchen, schlägt Heisenberg ebenso wie Einstein eine „dreistufige" SGE-Apparatur vor und erwähnt auf Seite 191 Bohrs Vorschlag der resonanten Photoabsorption, um das Umklappen der magnetischen Momente gezielt zu beeinflussen.

Diese Feststellungen sollen Rabis große Verdienste um die Physik der Molekularstrahlen in keiner Weise schmälern. Ohne Zweifel hat Rabi sich größte Verdienste um die Entwicklung der Molekularstrahlmethode und besonders um das NMR-Verfahren erworben. Zwei ganz entscheidende Verbesserungen sind Rabi gelungen:

1. Während seines Aufenthalts in Sterns Arbeitsgruppe in Hamburg hatte Isidor Rabi erkannt, dass ein SGE auch in homogenen Magnetfeldern durchgeführt werden kann [RABI1929].

**Abb. 3.17** Otto Stern (ca. 1933). (Bildquelle: Nachlass Stern [BAL], bk0016 Fotogalerie)

Rabi schrieb in [RABI1929]:

*Es wird eine neue Ablenkungsmethode beschrieben, bei der es im wesentlichen nur auf die Energiedifferenz der Moleküle (Atome) im ablenkenden Felde ankommt und bei der infolgedessen nur Feldstärken an Stelle von Inhomogenitäten zu messen sind. Die Methode ist zur Messung magnetischer und elektrischer Momente nach der Molekularstrahlmethode anwendbar ...*

**Abb. 3.18** Otto Stern und Werner Heisenberg (ca. 1935). (Bildquelle: Nachlass Stern [BAL], bk0016 Fotogalerie)

Diese Methode hatte wichtige Vorteile gegenüber den Methoden mit inhomogenen Feldern. Homogene Felder sind nicht nur leichter zu erzeugen, sondern viel genauer zu vermessen.

2. Rabi verbesserte nicht nur die Feldgeometrien in sogenannten „Stern-Gerlach-Apparaturen" entscheidend weiter, sondern kombinierte nach 1935 auch die SG-Apparatur mit der sogenannten „Resonanzmethode". D. h., seine Resonanzapparatur bestand wie die Apparatur von Phipps, Frisch und Segrè aus drei hintereinander angeordneten Feldbereichen A, B und C, wie von Heisenberg, Bohr und Einstein vorgeschlagen. Magnet A und C waren identische Magnete, nur antiparallel im Magnetfeld. Im mittleren Feldbereich konnte er die Zeeman-Zustände der Atomstrahlen mithilfe eingekoppelter elektromagnetischer Strahlung (z. B. Photonen) anregen und den Drehimpuls und damit das magnetische Moment der Atome umklappen lassen. Die Konsequenz war, dass ein Atom mit so umgeklapptem magnetischem Moment in Magnet C eine andere Bahn durchflog und hinter Magnet C mit einem entsprechend positionierten Detektor nach magnetischem Moment selektiert nachgewiesen werden konnte. Da die Resonanzabsorption der Photonen wegen der scharfen Resonanzbreiten dieser Photonenanregung sehr präzise einge-

stellt werden konnte, konnte Rabi damit eine sehr hohe Energieauflösung bei seinen Zeeman-Übergängen erreichen. Für die Entwicklung dieser Resonanzmethode erhielt Rabi 1944 den Physik-Nobelpreis.

Rabi veröffentlichte im Dezember 1935 eine erste theoretische Arbeit über „The effect of rapidly varying weak magnetic field on an oriented atom processing nuclear spin“ und besprach darin auch die Theorien von Güttinger und Majorana mit dem Experimenten von Phipps und Stern sowie von Frisch und Segrè [RABI1936]. Drei weitere Arbeiten zur Theorie der „Umklappwahrscheinlichkeit“ (s. L. Motz and M. E. Rose, On Space Quantization in Time Varying Magnetic Fields 50, 348, 1936 (90) [MOTZ1936]; J. Schwinger, On Nonadiabatic Processes in Inhomogenius Fields, Phys. Rev. 51, 648, 1937 (91) [SCHWINGER1937] und I. I. Rabi, Space Quantization in a Gyrating Magnetic Field, 51, 652, 1937 (92) [RABI1937]) folgten, in denen auch die Theorien von Güttinger und Majorana besprochen wurden.

Die ersten ausführlichen Arbeiten über den Aufbau der später sogenannten Rabi-Apparatur erschienen dann 1936, 1938 und 1939 ([KELLOG1936, RABI1938, RABI1938a] und [RABI1939]). In diesen Publikationen wurden die Pionierarbeiten von Phipps und Stern sowie von Frisch und Segrè nicht mehr erwähnt, Einsteins Brief fand ebenso keinerlei Erwähnung. In dem Experiment von Kellog et al. 1936 wurde übrigens das magnetische Moment des Protons neu vermessen und ein Wert von 2,85 $\pm$ 0,15 Kernmagneton erhalten. Der alte Wert der Rabi-Gruppe von 1934 betrug 3,25 im Gegensatz zu dem Wert von 2,50 Kernmagneton, den Stern und Mitarbeiter 1933 gemessen hatten. Bei der Nobelpreisentscheidung 1934 spielten diese Werte eine wichtige Rolle und deren Diskrepanz verhinderte vermutlich, dass Stern schon 1934 den Nobelpreis erhielt. Damit hatte Stern mit seinem Messwert weitgehend Recht behalten. Einen Hinweis auf den Wert von Stern findet man in dieser Rabi-Publikation jedoch nicht. Rabi bemerkte nur am Ende seiner Publikation: “The cause of this discrepancy is rather obscure …” Die publizierte Apparatur (Dreistufen-SGE) ist im Prinzip fast identisch mit der Apparatur aus Sterns Gruppe. Statt mit Eisenmagneten wurde bei Rabi das Magnetfeld durch stromdurchflossene Drähte (Field Wires) erzeugt. In der Publikation Rabi et al. von 1939 [RABI1939] findet man dann die „Nuclear-Magnetic-Resonance“-Apparatur, die den großen Durchbruch in der Energieauflösung der Zustände durch Ankopplung von Hochfrequenz- und Photonenfeldern brachte.

In den folgenden Briefen [0190/00.00.1931], [0192/03.06.1931], [0204/18.01.1932] und [0209/13.12.1932] berichtete Rabi, welche Experimente in seiner Gruppe an der Columbia University in New York damals durchgeführt wurden. Ziel der Experimente war die Bestimmung von Kernspins und magnetischen Kernmomenten jedoch noch mit der „alten“ Stern’schen SG-Methode.

**Abb. 3.19** Isidor Isaac Rabi in Hamburg (ca. 1928). (Bildquelle: Private Mitteilung Fritz Thieme)

Standort: [BAL]; BA0016Mikrofilm file700653+4; Dokumentnummer: **[0190/00.00.1931]**

*Lieber Professor Stern*[84]*,*
*Die Caesium Versuche gehen ausgezeichnet. Wir haben schon einige Versuche gemacht and der effect des Kern spins ist ungeheuer. Bisher is[t] alles mit vergleich mit Kalium gemacht, aber jetzt messen wir das Feld. Unser Strahl is[t] 36 cm lang. Der Ura[h]n aller Molekularstrahlen. Sobald wir das feld gemessen haben (und*

[84] Dieser Brief lässt sich nicht genau datieren, wurde aber sicher vor dem 03.06.1931 geschrieben, s. den Hinweis auf die Versuche mit Cäsium, Rubidium und Sodium im folgenden Brief.

*es gi[e]bt Schwierigkeiten] werden wir Rubidium machen und dann werde ich Zeit have Ihnen alles veralteten ausführlich mitzuteilen.*
*Bitte schreiben Sie mir doch mal. Sie können es ihre[r] Sekretärin diktieren und ich bin so neugierig zu wissen was da alles in Hamburg geschieht.*
*Grüsse von meiner Frau, Nancy und mir und Ihnen und Ihrer Schwester und die Herren des Institutes.* *Ihr ergebener*
*Rabi*

Standort: [BAL], bk0016n8w9q; Dokumentnummer: **[0192/03.06.1931]**
*June 3, 1931 Columbia University in the City of New York Department of Physics*
*Dear Professor Stern,*

*I haven't written you since I saw you and want to apologize. As in some other things such as my love for molecular beams I resemble you in that respect. Everything is going very nicely here. Helen and the baby are fine. We are very glad to see the Estermanns and see the beautiful results of the diffraction experiments. I cannot tell you how much l admire the lovely tricks you invented to get these wonderful results.*

*I have a number of things going but I cannot guarantee when the results will appear since we have to work very slowly here. Zemansky sent me the program of the Zurich meeting but did not say what you spoke about. I want to tell you of an experiment I'm doing.*
*Der Zustand ist wirklich jämmerlich. Ich muss das Experiment selbst machen.*
*The idea is to determine nuclear spin. Not nuclear moment. I'm hoping to do Caesium, Rubidium and Sodium. It is simply this. If the deflections are made in small fields such that the energy $\mu_o$ H of the electron in the field is less that the hyperfine structure splitting one gets the incomplete Paschen-Back effect for the interaction of nuclear spin and electron spin and the pattern is quite different. If the beam is monochromatic the picture is like this for unit δH/δz*

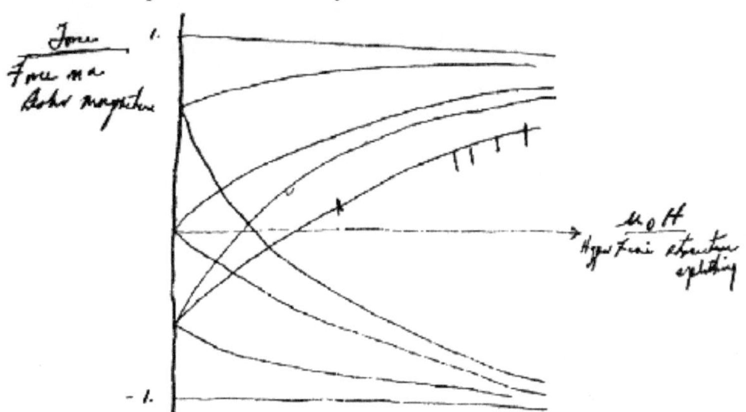


*right side: hyperfine structure splitting*

*This picture is for a nuclear spin of 3/2 .*

*~~In~~ I am working with a field of about 700 Gauss and a $\delta H/\delta z$ of 2400 and have a path of 40 cm (Um Gottes Willen). This should give me the same deflection as Lagter obtained. The apparatus is almost finished and if I'm lucky I'll have results by the end of the summer. Please consider this confidential as I would not like to have to hurry with this experiment.*
*The magnetic monochrometer is wonderful for this. Because if the deflection is fast made in a strong field and all the states lie very close together one gets an uniform velocity and if another deflection is made in a weak field the different states are ~~deflek~~ deflected very different amounts as seen in the diagram.*
*There are two other experiments in progress. One the magnetic moment of $O_2$ and O. Using Langmuirs idea of the charge of electron emission from an oxygen caesium coating as a detector. I expect to be (be) very sensitive. We are also applying it to the diffraction of $O_2$ and O from Lithium fluoride.*
....... *We are expecting Pauli on Saturday and are ~~sl~~ "sehr gespannt".*
*Helen and the baby sent their love. Ihr ergebener* *Rabi*

Im handgezeichneten Bild des Briefes ist auf der Ordinate die Energieaufspaltung aufgetragen und auf der Abzisse die Magnetfeldstärke. Rabi weist zu Recht daraufhin, dass man bei niedrigen Feldstärken die beste relative Aufspaltung erhält und somit die Multiplettstrukturen am besten identifizieren kann. Bei schwachen Feldern ist wohl die räumliche Trennung der Komponenten pro Wegstrecke klein, aber durch Verlängerung des Weges der Atome im Magnetfeld (statt bei Stern 3–5 cm benutzte Rabi Längen von 40 cm und mehr) lässt sich wieder eine klare räumliche Trennung der Komponenten erreichen.

Standort: [BAL], bk0016n8w9q; Dokumentnummer: **[0204/18.01.1932]**

*Jan. 18, 1932 Columbia University in the City of New York Department of Physics*
*Dear Prof. Stern,*

*I am sending some pictures of our experimental curves errors with Ca + Rb. We have also done K and Na. All except K show the effect of the nuclear spin very strongly.*

*We are now using your method to determine the number of molecules of Rb + Cs. The calculation are not yet complete therefore I cannot tell what the spin is but it seems to be quite large. Probably over 5/2 . We are now constructing a magnetic monochrometer and can hope to get more definite results very soon.*

*These pictures show the striking effect of the nuclear spin. The effect is best seen by a companion of the Rb + Cs curves with the K curves. The undeviated beam is the same for all and the temperature is a little lower for Cs + Rb than for K.*

*Please give my best regards to your sister and to the rest of the institute.*
*Ihr ergebener* *I. I. Rabi*

*I'm sorry I have no photographs of the Na results but they are on just as striking but at lower field. H = 1080 and 1360*
*δH/δs = 1900 and 2400*
(handgeschrieben)

Standort: [BAL], bk0016n8w5h; Dokumentnummer: **[0209/13.12.1932]**

*Columbia University in the City of New York Department of Physics*

*Dear Professor Stern,*

*I am sending you two short things from the "Patentblatt". We have obtained beautiful curves for the scattering of K atoms in various gases but we have not yet calculated the real scattering curve.*
*The data looks very good. We are continuing the work with much narrower beams. I have hopes that we will be able to say something also about the "Wolke" that is the scattering of the beam by the beam itself.*
*In the other work we have at last been successful and find a spin of 1/2 for Ra. I am not publishing this result yet because I want to check it a few times first. We obtained a very marked splitting of the monochromatic beam but only in a very weak, second analyzing field of about 300 – 400 Gauss and with very slow atoms. The 53 cm beam is of the geometrical dimensions and 0,1 mm wide at the receiver.*
*Please give my heat regards to the people in the Institut[e]. I know that I cannot expect you to write but that is no reason why Estermann can't send a few lines to an old alumnus about the work that is going on at the Molekularstrahlzentrum.*
*Please give out regards to Miss Stern. My wife and little Nancy send this regards.*

*Sincerely yours I.I. Rabi*
(handgeschrieben)

Otto Stern hatte zu seinen Mitarbeitern eine enge menschliche Beziehung. Alle konnten sich zu jeder Zeit an ihn wenden und um Unterstützung bitten. Beispiele dafür findet man in Band I, in Kapitel 2.2 „Der Nationalsozialismus und seine Folgen", ab Seite 137 f., wo Otto Stern selbst seine privaten Gelder einsetzte, um frühere Doktoranden etc. großzügig zu unterstützen. Der Brief von seinem früheren Doktoranden Lester Clark Lewis ist ein Beispiel dafür:

Standort: [BAL], bk0016n8t61; Dokumentnummer: **[0202/15.12.1931]**

*Chillicothe (Ohio), 15.12.1931*

*Lieber Herr Prof. Stern*
*Ich möchte erstens Ihnen und Ihrer verehrten Schwester fröhlich Weihnachtsfeiertage wünschen. Sie werden wohl verreist sein; hoffentlich ist das doch noch in Deutschland möglich. Vorige Weihnachten waren wir sehr dankbar, dass die Arbeit schliesslich gut ausgekommen war; dieses Jahr haben wir noch, Gott sei dank, den deutschen Doktor, eine schöne Stellung – besser gesagt, ein gutes Gehalt und eine schöne kleine Tochter. Und wieder wollte ich Ihnen meinen Dank aussprechen, dass ich bei Ihnen arbeiten konnte.*
*Aber ich wollte auch bitten, dass Sie mich empfehlen wenn gelegentlich die Amerikaner beim Besuch oder schriftlich einen Molekularstrahler suchen. Herr Wohlwill*

*wird wohl schon erzählt haben, dass ich schliesslich als Research-Physicist bei einer Papier-Gesellschaft angestellt wurde. Man darf aber in der Krise eigentlich kein Research treiben; die Arbeit amüsiert mich etwas, aber es sollte nur (von mir aus) vorübergehend sein. Die Amerikaner (die Universitäten) suchen bald Ihre neue[n] Lehrer auf nächstes Jahr; und, wenn Sie gebeten werden, jemand zu empfehlen – wollen Sie, bitte, an mich denken.*
*Ich habe, nämlich, Heimweh für das Institut bekommen als ich von Rabi's Arbeit im Bulletin der Physical Society gelesen habe. Das interessanteste finde ich aber, der Vorschlag von Herrn Tykoewsi-Tykociner. Diese ist die erste richtige Idee die er publiziert hat. Die Idee ist so schön, einfach, und so durchaus praktisch, dass ich mich schäme. Ich hätte es schon lange als halb Ele[c]ktrotechniker entwickeln sollen.*
*Die brauchbare Empfindlichkeit der Langmuir-Taylorschen Methode sollte man so um 2 Zehnerpotenzen erhöhen können, mindestens.*
*Hoffentlich werde ich gelegentlich vom Institut hören. (Sonderdrucke und Diplom habe ich schon lange bekommen). Bleibt überhaupt eine Universität bei diesen Wirtschaftsverhältnissen möglich?*
*Grüssen Sie bitte alle. Wenn Gordon zur Ohio State, Columbus kommt, wird er mich nur 80 km entfernt finden. Darf ich Sie wieder an meine Bitte erinnern, und mit besten persönlichen Grüssen bin ich*

*Ihr dankbarer ehemaliger Doktorand*
*L. C. Lewis*

*Hoffentlich können Sie mein Deutsch verstehen; ich habe doch wenig Übung obgleich diese ganze Gegend von Deutschen aus Baden in 48 gesiedelt wurde.*
(handgeschrieben)

Otto Stern zusammen mit seinen Mitarbeitern Immanuel Estermann und Robert Otto Frisch versuchten seit ca. 1930 auch die magnetischen Momente von Kernen (z. B. Proton und Deuteron) zu bestimmen. Dazu musste nicht nur die Auflösung stark verbessert werden (die Größe des magnetischen Moments des Protons sollte ca. 1836-mal kleiner als das vom H-Atom sein, Verhältnis von Protonen- zu Elektronmasse), sondern auch gewährleistet sein, dass das magnetische Moment der Hülle nahezu zu Null gebracht werden konnte. Damit bot sich mithilfe der MSM zum ersten Mal die Möglichkeit, experimentell zu überprüfen, ob die positive Elementarladung im Proton identische magnetische Eigenschaften wie die negative Elementarladung, das Elektron, hat. Zu dieser Zeit war nichts über die innere Struktur des Protons und der Kerne bekannt. Stern war der Pionier, der erstmals innere Eigenschaften von Kernbausteinen messen wollte und konnte. Otto Stern sagte dazu in seinem Züricher Interview [JOST1961]: *Während der Messung des magnetischen Momentes des Protons wurde ich stark von theoretischer Seite beschimpft, da man glaubte zu wissen, was rauskam. Obwohl die ersten Versuche einen Fehler von 20 % hatten, betrug die Abweichung vom erwarteten theoretischen Wert mindestens Faktor zwei.*

Sterns Ziel war es, das magnetische Moment des Protonkernes zu messen. Ausgangsmaterial waren normale neutrale Wasserstoffmoleküle. Normaler Wasserstoff besteht zu 25 % aus Para- und zu 75 % aus Orthowasserstoffmolekülen. Beim Parawasserstoff sind die Kernspins beider Protonenkerne entgegengesetzt gerichtet und somit ist der Gesamtspin der Kerne und damit deren magnetisches Summenmoment gleich Null. Es verbleibt also nur das magnetische Moment der Hülle und bei Rotation der Moleküle ein dadurch bedingtes zusätzliches magnetisches Moment. Da in diesem Experiment der Wasserstoffstrahl auf flüssige Lufttemperatur gekühlt war, waren die Moleküle zu 99 % im untersten Rotationsquantenzustand. Diese Annahme konnte Stern auch im Experiment bestätigen. Beim Orthowasserstoff stehen jedoch beide Kernspins parallel, d. h. das Molekül hat de facto zwei Protonenmomente. Beim Orthowasserstoff ist aus quantenmechanischen Gründen der niedrigste Rotationszustand des Moleküls jedoch ungleich Null. Seine Drehimpulskomponente ($l$ ist die Drehimpulsquantenzahl) ist $l = 1$ und damit hat auch die Molekülhülle ein magnetisches Moment, sodass die Kopplung dieses magnetischen Moments mit den Kernmomenten berücksichtigt werden muss. Die $S_R$-Aufspaltung (R für Molekülrotation) wurde sehr sorgfältig aus Messungen mit reinen, aber warmen Parawasserstoffstrahlen bestimmt. Die Auswertung erforderte eine Abschätzung des elektrischen Trägheitsmoments des Wasserstoffmoleküls. Hier half der enge Kontakt zur Gruppe Enrico Fermis in Rom.

Die ersten Rechnungen zur Hyperfeinaufspaltung durch Kernmomente hatte 1931 schon Samuel Goudsmit in der Fermi-Gruppe in Rom durchgeführt. In seinem Brief vom 20.10.1931 teilte er Stern seine Ergebnisse mit:

Standort: [BAL], bk0016n903f; Dokumentnummer: **[0198/15.12.1931]**

*Rom, am 20. Oktober 1931*

*Lieber Herr Stern!*
*Ich habe ein wenig über die magnetischen Momente gerechnet und werde Ihnen das Endresultat in seiner einfachsten Form mitteilen.*
*Für einen Zustand mit $J = 1/2$ (Alkalimetallr, Tl und ähnliche Elemente) ergibt sich für das magnetische Moment $\mu$*

*Nur gültig für $J = 1/2$*

*g ist der gewöhnliche g-Wert des Niveaus (also 2 für Alkali, 2/3 für Tl)*
*: m die totale magnetische Quantenzahl, Kernmoment und Elektronenmomenteinstellung, auch wohl $m_F$ genannt.*
*$I$, wie üblich das Kernmoment in $h/2\pi$ .*

*Wenn $I = 1/2$ $\alpha = 1, 0, -1$ $I = 1$ $\alpha = 1$ 1/3 -1/3 - 1*
*$1\,1/2$ $\alpha = 1\,1/2$ 0 $-1/2$ -1 2 $\alpha =$ 1 3/5 1/5 -1/5 -3/5 1*
*etc.*

*NB Wenn $\alpha = 1$ soll man nur das + Zeichen benutzen.*
*Wenn $\alpha = -1$ soll man nur das – Zeichen benutzen.*
*Sonst immer beide.*

*$X = g\sigma H/\delta$ ; $\sigma = e/4\pi m_0 c$ H = Feldstärke in Gauss*
*$\delta$ = Hyperfeinstrukturaufspaltung in $cm^{-1}$*

**Abb. 3.20** *v.l.*: Enrico Fermi, Pieter Debye, Werner Heisenberg, Otto Stern, ?, ?, und Niels Bohr (Voltakonferenz 1931 in Rom). (Bildquelle: Nachlass Stern [BAL], bk0016 Fotogalerie)

*Die Einführung von $\underline{\chi}$ soll man sich einfach so denken: die Feldstärke wird angegeben in solchen Einheiten, dass die Feldstärke $\chi = 1$ eine gewöhnliche Zeemanaufspaltung hervorrufen würde welche genau gleich der anwesenden feldlosen Hyperfeinaufspaltung ist [ für $g = 1$ verursacht ein Feld von 21250 Gauss eine Zeemannaufspaltung von 1 $cm^{-1}$ ] ( für $J = {}^1/_2$ ).*

*Extremfälle: Für grosse Felder, also grosses $\chi$ sieht man sofort $\underline{\mu = +/- {}^1/_2\, g}$ also als ob das Kernmoment gar nicht da wäre.*

*Für $\chi \to 0$, ganz schwaches Feld $\underline{\mu = +/- 1/2g\alpha = +/- m\, g/2I + 1}$, was mit einem Spezialfall (nämlich $J = {}^1/_2$) der g-Formel-Hyperfeinstruktur identisch ist.*

*Der Uebergang wird von den beiliegenden Skizzen roh gezeigt. Ganz merkwürdig sind die Ueberkreuzungen. Die Feldstärken wobei so ein $\mu = 0$ auftritt sind ganz charakteristisch für den I-Wert. Ich kenne leider die experimentellen Schwierigkeiten und Einzelheiten nicht und kann deshalb nicht beurteilen ob sich dieser Umstand zur Bestimmung von I benutzen lässt.*

*Beispiele wegen den Einheiten.*

*Tl $S = 0{,}70\, m^{-1}$ $g = 2/3$ also etwa 22000 Gauss würde eine Zeemanaufspaltung von 0,90 machen und für 22000 Gauss hat man $\underline{\chi = 1}$.*

| | | | | | |
|---|---|---|---|---|---|
| *Na* | $\delta = 0{,}06\ cm^{-1}$ | $g = 2$ für | 630 Gauss | | $\chi = 1$ |
| *Rb* | 0,114 | „ „ | 1200 | „ | $\chi = 1$ |
| *Cs* | 0,30 | „ „ | 3200 | „ | $\chi = 1$ |
| *In* | 0,36 | $g = 2/3$ „ | 11000 | „ | $\chi = 1$ |

--------

*Die drei ersten Figuren zeigen die Aenderung des magnetischen Momentes mit der Feldstärke für I = 1/2 , 1 und 1 1/2 .*
*Die zwei anderen Figuren*[85]*, welche wahrscheinlich noch nützlicher sind, zeigen die konstanten Felder ($\chi$ = 0,5 und 1,0) die verschiedene Aufspaltungsbilder bilden für I = 1/2, 1, 1 1/2 .*
*Leider zeigt sich, dass man wohl unterhalb $\chi$ = 1 bleiben muss, um interessante Ergebnisse zu erhalten. Jedoch hoffe ich, dass wenn man die Aufspaltungen auch nicht auflösen kann, ~~doch~~ man doch zwischen den verschiedenen Werten von I unterscheiden kann!*
*Sie würden mir einen grossen Gefallen tun, wenn Sie mir einmal schrieben (oder von einem Assistenten schreiben lassen) ob Sie diese Sache gebrauchen können. Ich bin auch gerne bereit weitere Auskünfte über dieses Problem zu geben. Mit vielen herzlichen Grüssen von meiner Frau und mir Ihr S. Goudsmit*
*Bis 15. Nov. Im Instituto di Fisica, Rom.*

Fermi bat auch seinen jungen Rockefeller-Fellow Hans Bethe, der sich um 1932 ein halbes Jahr in Rom aufhielt, diese Abschätzung für die $S_R$-Aufspaltung (R für Molekülrotation) durchzuführen. Bethes Rechnungen dazu sind im folgenden Brief dargestellt (handschriftlicher Brief). Bethe hatte dann eine Aufspaltung von drei Kernmagnetoneinheiten errechnet. Später zeigten direkte Messungen in Sterns Gruppe, dass diese Rechnungen den wirklichen Wert um ca. Faktor drei überschätzen mussten. Spätere Nachrechnungen in der Fermigruppe ergaben dann einen Wert von merklich unter einem Kernmagneton, sodass das Hüllenmoment die eigentliche Messung nicht sehr störte.

Standort: [BAL], BA0016Mikfilmfile730185+6+7; Dokumentnummer: **[0206/15.05.1932]**

*Rom, 15 V 32*

*Sehr verehrter Herr Professor Stern,*

*Herr Segrè schreibt, dass Sie sich für die näheren Details meiner Abschätzung für das Verhältnis der magnetischen Momente von Molekülrotation und Kernspin bei Wasserstoff interessieren. Die Rechnung läuft folgendermassen: ~~Im er~~ Wenn das $H_2$-Molekül um die Achse senkrecht zur Kernverbindungslinie rotiert, so stellt jeder einzelne Kern einen Kreisstrom dar mit der Stromstärke e r = e 1/2 R $\omega$, wo R der Kernabstand, $\omega$ die Winkelgeschwindigkeit der Rotation ist. Dieser Kreisstrom erzeugt ein magnetisches Moment*

$$1/2c \; {}^1/_2 \; R \; {}^1/_2 \; e \; R \; \omega = e/2c \; {}^1/_4 \; R^2 \omega \; .$$

*Ebenso gibt ein Elektron, das sich im Abstand r von der Rotationsachse befindet, ein magnetisches Moment $-e/2c \; r^2 \; \omega$, wobei $\omega$ wieder die Winkelgeschwindigkeit der Kerne ist. Die Bewegung der Elektronen relativ zu den Kernen gibt im Zeitmittel kein Moment. ~~Das~~ Den wirklichen Betrag eines Elektrons zum magnetischen Moment erhält man, ~~durch Mittelung von $r^2$ über die Eigenfunktion~~ indem man für*

[85] Keine Abbildungen im Nachlass vorhanden.

*$r^2$ einen Mittelwert über die Eigenfunktion des Elektrons, $\overline{r^2}$, setzt. Dann wird das gesamte magnetische Moment, das mit der Rotation verbunden ist*

$$\mu = - e/2c\,(2r^2 - {}^1/_2\,R^2)\omega$$

*$\omega$ kann nun durch das Impulsmoment der Rotation ausgedrückt werden. Nehmen wir an, das Molekül befinde sich im ersten Rotationszustand, dann ist das Impulsmoment*

$$M\,{}^1/_2\,R^2\,\omega = h/2\pi$$

*wo M die Masse eines H-Atoms ist. Also wird*

$$\mu = e/2c\;h/2\pi\;1/M\,(4r^2/R^2 - 1) = \mu_o\,(4r^2/R^2 - 1)$$

*wo $\mu_o$ das magnetische Moment des Spins eines Protons ist, also das gesuchte Verhältnis Rotationsmoment : Spinmoment zweier gleichgerichteter Protonen*

$$\mu/2\mu_0 = 2r^2/R^2 - {}^1/_2\,.$$

*Es kommt also darauf an, $\overline{r^2}$ abzuschätzen, d. h. den Mittelwert des Abstandsquadrats des Elektrons von ~~einer Achse senkrecht~~ der Rotationsachse. Man kann nun zunächst $r^2$ ~~Abstand~~ ausdrücken durch ~~den Abstand~~ $\rho^2$, wo $\rho$ der Abstand vom Molekülschwerpunkt ist, und $\rho^2$ kann man dann wieder aus dem Diamagnetismus entnehmen.*

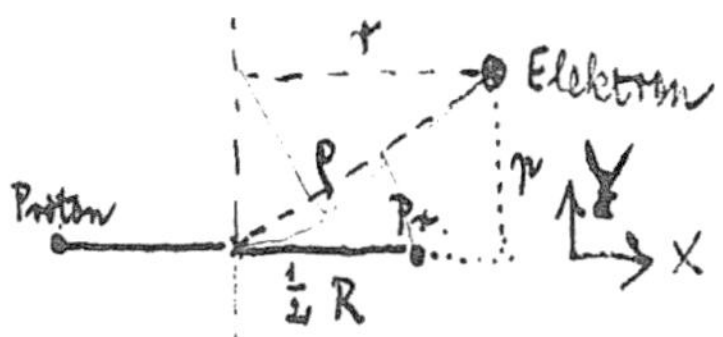


*Zunächst kann man durch eine ~~Wellen~~ Rechnung mit Hilfe der Eigenfunktion des $H_2$ von Wang (Phys. Rev. 33) zeigen, dass*

$$p^2 \approx r^2 - {}^1/_4 R^2$$

*ist (vgl. Figur). D. h. das „elektrische Trägheitsmoment" des Moleküls um die Rotationsachse, e $(2r^2 - {}^1/_2\,R^2)$, ist nahezu gleich dem um die Kernverbindungslinie. (Dies ergibt sich z. B. auch schon, wenn man annimmt, dass man zwei ungestörte Wasserstoffatome im Abstand R voneinander vor sich hat).*

*Übrigens wurde eine kleine Abweichung, z. B. 10 %, wie sie durchaus denkbar wäre, das Resultat nur um 3 % ändern. ~~Es wird jetzt, da $\rho^2 = r^2 + p^2$ ist:~~ Wenn wir nun die x-Achse ~~$\mu/2\mu_0$~~ in die Richtung der Kernverbindungslinie legen, die y-Achse mit der Rotationsachse identifizieren, ~~einer~~ ist*

$$r^2 = x^2 + z^2 \quad \rho^2 = x^2 + y^2 + z^2 \quad y^2 = z^2 = x^2 - {}^1/_4\,R^2$$

$$r^2 - {}^1/_4\,R^2 = 2/3\,(\rho^2 - {}^1/_4\,R^2)$$

$$\mu/2\mu_0 = 1/3\,(4\rho^2/R^2 - 1)$$

*Nun ist bei Atomen die diamagnetische Suzeptibilität $\chi$ zu Mol nach Pauli und van Vleck*

$$\chi = -\,(e^2\,L)/mc^2\;\Sigma\,\rho^2 = 2{,}85\;10^{10}\,\Sigma\,\rho^2,$$

*wobei die Summe über alle Elektronen i des Atoms geht. Für Moleküle gilt die Formel zwar nicht mehr streng, doch hat van Vleckfür $H_2$ gezeigt, dass die Abweichung sicher nicht grösser ist als 15 % und wahrscheinlich etwa 10 % beträgt; und zwar im Sinne einer Verkleinerung des Diamagnetismus liegt*

*$\chi = 2{,}85\ 10^{10}\ (0{,}90\ +/-\ 0.05)\ 2\rho^2$.*
*Gemessen ist die Suzeptibilität pro Gramm gleich -1,99 $10^{-6}$ pro Mol*
*$\chi = -3{,}98\ 10^{-6}$, $\rho^2 = 0{,}78\ 10^{-16} cm^2$.*
*Da der ~~Glei~~ Kernabstand des $H_2$ gleich 0,75 Å ist, wird*
*$\mu/2\mu_0 = 1/3\ (3{,}12/0{,}75\ -1)\ 1/3\ (5{,}5 - 1) = 1{,}5$.*
*Das magnetische Moment der Rotation ist 1,5 mal so gross wie das des Spins. Die Unsicherheit des Resultats ist wohl sicher kleiner als +/- 0,5, wahrscheinlich beträgt sie nur +/- 0,2. Leider scheint damit ~~die~~ der experimentelle Nachweis des Protonenmoments sehr erschwert, besonders wenn man bedenkt, dass ich hier noch den günstigen Fall (Rotationsquantenzahl J = 1) zugrundegelegt habe.*
*Über die höchst merkwürdige Richtungsabhängigkeit der Kristallreflexion haben wir hier nichts herausbekommen. Ich will mich aber einmal intensiv damit beschäftigen, sobald ich ~~da~~ meinen Artikel für das „Handbuch“[86] fertig habe, der mir unendlich viel Zeit kostet. Mindestens glaube ich erklären zu können, warum Kristalle mit leichten Ionen besser reflektieren als solche mit schweren.*
*Mit den besten Grüssen bin ich Ihr sehr ergebener H. Bethe*

Fermi muss die Experimente in Sterns Gruppe für sehr fundamental angesehen haben, denn er beauftragte auch noch seinen Mitarbeiter Gian Paolo Wilk, die Aufspaltung der Kernmomente im Magnetfeld theoretisch zu untersuchen.

Standort: [BAL], BA0016Mikrofilmfile730187; Dokumentnummer: **[0211/04.02.1933]**

*Rom, 4.2.1933*

*Sehr geehrter Herr Professor!*
*Prof. Fermi hat mich beauftragt die Frage nach dem magnetischen Moment eines rotierenden Wasserstoffmoleküls zu untersuchen. Hier ist das Ergebnis. Leider sind die numerischen Resultate etwas unbestimmt; jedenfalls scheinen sie mit Ihren Messungen nicht in Widerspruch zu stehen.*
*Ich möchte Sie bitten, wenn Sie den Vortrag bei der Leipziger Woche halten, ein paar Worte über diese Resultate zu sagen. Oder wenn Sie es lieber haben, so könnte Dr. E. Maiorana, der sich jetzt in Leipzig befindet, etwas darüber sagen.*
*Später möchte ich diese kleine Arbeit veröffentlichen; da diese Rechnung ohne Ihre Experimente viel an Interesse verliert; möchten wir gerne ungefähr wissen, wann Sie Ihre Resultate veröffentlichen werden.*
*Mit ergebensten Grüssen Ihr Gian Paolo Wilk*

Für die Messung des magnetischen Momentes von Wasserstoffkernen brauchte Stern auch zuverlässige Aussagen über das magnetische Moment der Gesamthülle und somit der Spin-Kopplung der einzelnen Elektronen. Felix Bloch teilte Stern am 23. Juni 1933 seine Überlegungen dazu mit.

[86] Hans Bethe, Quantenmechanik der Ein- und Zwei-Elektronenprobleme, Kapitel 3 (Seiten 273–560). In: Handbuch der Physik, Band 24/1, Berlin 1933.

Standort: [BAL], bk0016n903f; Dokumentnummer: **[0217/23.06.1933]**

*Paris, 23.6.1933*

*Lieber Herr Professor,*

*da ich leider nicht zum Kongress nach Zürich kommen kann, möchte ich Ihnen schriftlich mitteilen, was ich mir über das magnetische Moment des $H_2 - H_2$ Moleküls überlegt habe. Es ist übrigens nicht elementar und hoffentlich ist meine Symbolik nicht allzu unverständlich: Solange man die Momente der beiden Kerne nicht koppelt, hat man folgende 9 Zustände:*

*1) ↑↑ 2) ↑→ 4) ↑↓ 6) ↓→ 8) →→ 9) ↓↓*

*3) →↑ 5) ↓↑ 7) →↓*

*Es kommt nun darauf an, ob der $H_2$ – Kern der Fermi- oder Bosestatistik genügt. Nach Heisenberg hätte man letzteres zu erwarten, aber da das immerhin nicht ganz sicher ist (ich weiß nicht, ob der Intensitätswechsel beim $H_2 - H_2$ Molekül gemessen ist) möchte ich Ihnen sicherheitshalber beide Fälle angeben:*

*Im rotationslosen Zustand (der Sie ja, wie Sie sagten, allein interessiert) hat man*

*a)bei Bosestatistik: die Zustände 1), 8), 9), ferner die symmetrische Kombination von 2) 3), 4) 5) und 6) 7). Das gibt insgesamt 6 Zustände; sie entsprechen den $2 \cdot 2 + 1 = \underline{5}$ Einstellungsmöglichkeiten des Zustandes mit dem Drehimpuls $2 \cdot h/2\pi$ plus dem einen Zustand mit dem Drehimpuls 0.*

*b)bei Fermistatistik: hier fallen die Zustände 1) 8) 9) fort; 2) 3), 4) 5) und 6) 79 sind antisymmetrisch zu koppeln. Das gibt $2 \cdot 1 + 1 = 3$ Einstellungsmöglichkeiten des Zustandes mit dem Drehimpuls $1 \cdot h/2\pi$.*

*Man hätte also folgendes Aufspaltungsbild zu erwarten*

| *Bose* | *Fermi* |
|---|---|
| *II\|II* | *III* |

*Die Aufspaltung misst direkt in üblicher Weise das magnetische Moment des einzelnen Kerns. Eine Komplikation mit g-Faktoren (wie ich zuerst glaubte) tritt nicht ein, da ja beide Kerne das selbe magnetische Moment haben. Ich finde es nett, daß Sie unabhängig eine Möglichkeit haben, zu sehen, ob der $H_2$ – Kern Fermi- oder Bosestatistik hat.*

*Hoffentlich genügt Ihnen, was ich hier schreibe; ich wäre Ihnen für eine kurze Antwort, ob Sie damit einverstanden sind, sehr dankbar.*

*Mit besten Grüßen Ihr ergebener F. Bloch*

Stern brauchte für seine Untersuchungen der Wasserstoffkernmomente sehr zuverlässige Daten zur Chemie des Wasserstoffes. Am 3. März 1933 fand im Kaiser-Wilhelm-Institut für Chemie in Berlin eine Vortragsreihe über Parawasserstoff statt, zu der Fritz Haber auch Otto Stern einlud.

Standort: [BAL], BA0016Mikrofilmfile730190+1; Dokumentnummer: **[0212/16.02.1933]**

Berlin-Dahlem 16. Februar 33

*Lieber Herr Kollege!*
*Ich beabsichtige, Freitag, den 3. März, vormittags 11 Uhr ein Colloquium über Parawasserstoff auf mehrseitige Anregung hin im Harnack-Haus zu veranstalten, welches sich voraussichtlich mit einer Mittagspause im Harnack-Haus bis zum Abend ausdehnen wird, und ich erlaube mir, Sie einzuladen, über Ihre einschlägigen Untersuchungen bezw. die Ihrer Mitarbeiter dabei einen Vortrag zu übernehmen, für den ich ebenso wie den anderen Vortragenden Ihnen die Frist ½ Stunde, ungerechnet die anschliessende Erörterung zur Verfügung stellen möchte. Ich wäre Ihnen dankbar, wenn Sie mir bald antworteten, ob Sie Ihre wichtige Beteiligung gewähren können und erlaube mir hinzuzufügen, dass den Vortragenden eine Hin- und Rückfahrkarte II. Kl. aus bereitgestellten Mitteln zur Verfügung steht. Sehr dankbar wäre ich, wenn Sie Ihre freundliche Zusage mit einer genauen Bezeichnung des Themas begleiten wollten, damit ich es bald bekannt geben kann.*
*Mit besten Grüssen Ihr sehr ergebener Haber*
*Im Falle Ihrer Behinderung würden wir Ihren Mitarbeiter bitten, für Sie einzutreten und wenn Sie den Gegenstand zweier Vorträge für gegeben ansehen die Einladung auf ihn und Sie ausstellen.*

Stern nahm die Einladung an und hielt dort einen Vortrag.

Standort: [BAL], BA0016Mikrofilmfile730192; Dokumentnummer: **[0213/20.02.1933]**

*[Hamburg], 20.2.1933*

*Lieber Herr Geheimrat!*
*Besten Dank für Ihre freundliche Einladung zum Kolloquium über Para-Wasserstoff am Freitag, den 3. März d. Js. Ich sage gern zu. Das Thema meines Vortrages lautet:*

*„Das magnetische Moment des Para-Wasserstoffs".*

*Mit besten Grüssen Ihr sehr ergebener Otto Stern*
*D. O.*

Um das magnetische Kernmoment des „Deutons" (heute Deuteron) messen zu können, musste Stern sich eine kleine Menge „Schweres Wasser" besorgen. Da Stern 1930 einige Monate Gast an der Universität von California in Berkeley gewesen war und die dortigen Kollegen in Chemie und Physik sehr gut kannte und ein freundschaftliches Verhältnis zu ihnen aufgebaut hatte, wandte er sich an den Chemiker Gilbert Lewis, um eine kleine Menge „Schweres Wasser" zu erhalten.

Standort: [BAL], bk0016n8t5g; Dokumentnummer: **[0222/06.07.1933]**

*Berkeley, 6.7.1933*

*My dear Stern:*

*We have been giving away and using up isotope as fast as produced. At present I have only the small amount of water, in which 82 per cent of the hydrogen is $H_2$, that I am sending herewith. I hope that you can make it do for your purpose and that the experiments will be successful.*

*With kindest regards from us all, I am* *Yours very sincerely,*

*Gilbert N. Lewis*

Standort: [BAL], bk0016n8t5g; Dokumentnummer: **[0230/07.08.1933]**

*Hamburg 36, den 7. August1933*

*My dear Lewis:*

*Es war wirklich fabelhaft nett von Ihnen, dass Sie meinen Notschrei nach isotopem Wasser so überaus prompt erfüllt haben, und ich möchte Ihnen wirklich von ganzem Herzen dafür danken. Mit dem Schreiben habe ich bis jetzt gewartet, weil ich Ihnen gleich von dem Ergebnis unserer Versuche berichten wollte. Obwohl wir zunächst nur ganz provisorische Versuche machen konnten, hat sich doch schon ein sehr interessantes Resultat ergeben, nämlich dass das magnetische Moment des Deutons zweifellos kleiner ist als das des Protons. Es scheint jedoch nicht gleich 0 zu sein.*

*Zur Feststellung des genauen Moments des Deutons wäre die Menge isotopes Wasser an und für sich ausreichend gewesen, nur hätte es möglichst frei von $H^1$ sein müssen.*

*Da diese Versuche natürlich von grundlegender Bedeutung für die Kernstruktur sind, möchte ich mit aller Energie versuchen, so rasch wie möglich quantitative Messungen durchzuführen. Da es die Durchführung der Versuche sehr erleichtern und beschleunigen würde, bin ich so unverschämt, bei Ihnen anzufragen, ob Sie mir zu Anfang Oktober etwa 0,2 Gramm reines isotopes Wasser zur Verfügung stellen könnten. Ich gedenke natürlich nicht, Ihre Güte weiterhin zu missbrauchen, und will mich mit der Herstellung von isotopem Wasser nach Ihrer Methode selbständig machen, aber die äusseren Umstände liegen in diesem Moment etwas ungünstig.*

*Ich habe nämlich meine Professur in Hamburg zum 1. Oktober niedergelegt und muss bereits jetzt den Laboratoriumsbetrieb hier schliessen. Ich habe eine Stellung als Research Professor am Carnegie Institute of Technology in Pittsburgh angenommen und will Anfang Oktober dort anfangen. Estermann geht auch dorthin, wir machen die Versuche wie bisher zusammen.*

*Da ich nun auch Professor in Amerika geworden bin, hoffe ich sehr, dass sich nun recht bald die Gelegenheit ergeben wird, Sie zu sehn und zu sprechen.*

*Also nochmals herzlichen Dank und viele Grüsse*

*Ihr Otto Stern*

*P. S. Meine Adresse ist bis 20. September Hamburg 21, Hofweg 9, ab 8. Oktober Pittsburgh.*

**Abb. 3.21** Gilbert N. Lewis. (Bildquelle: https://www.google.com/search?q=Gilbert+N.+Lewis+Chemie)

Ende September 1933 emigrierte Stern zusammen mit Estermann in die USA und wurde „Research Professor" im „Carnegie Institute of Technology" in Pittsburgh/PA. Obwohl er noch in Hamburg erste Ergebnisse zum magnetischen Moment des „Deutons" erhalten hatte und zeigen konnte, dass auch das Neutron eine innere Struktur hat und somit kein Elementarteilchen sein kann, versuchte er so schnell wie möglich in Pittsburgh seine Messungen fortzusetzen. Im folgenden Briefverkehr (ab 01.10.1933) war seine Dienstanschrift dann Pittsburgh.

Standort: [BAL], bk0016n8t5g; Dokumentnummer: **[0251/14.10.1933]**

*G. N. Lewis an Stern*

*Berkeley, 14.10.1933*

*My dear Stern:*

*I was delighted to learn that you were able to get some provisional results in the small amount of heavy water that I sent to you. I am extremely interested in the results that you have so far obtained and although I rather expected to find the magnetic moment of deuton equal to zero, it will be all the more interesting if it is not.*

*We are all greatly pleased to hear that you and Estermann are going to be able to carry on your work together in this country. I only wish it were going to be in Berkeley.*

*I have been extremely short of heavy water for the last month or so, but I am beginning to get more now, and just as soon as you are ready for it I shall be glad to send you another supply.*

*With kindest regards from us all. Yours very sincerely,*

*Gilbert N. Lewis*

Standort: [BAL], bk0016n8t5g; Dokumentnummer: **[0273/14.12.1933]**

*[Pittsburgh], 14.12.1933*

*My dear Lewis:*

*I thank you very much for your letter of October 14 and for your kind offer to supply us with some heavy water.*

*It took, of course, much more time to assemble the apparatus than we expected, but finally we succeeded and hope to be ready for measurements right after the New Year. I would be very glad if you can make it possible to send us a few tenths of a gram heavy water. We are specially interested to have the heavy hydrogen as pure as possible, since otherwise we cannot interpret the experimental results properly. I would appreciate it very much if you would inform me by which method the concentration of the heavy hydrogen has been determined (density?).*

*We were very glad to be visited by Lawrence and to hear from him that you and the other friends in Berkeley are all well. We are of course very curious to learn more about the $H^3$. I would be specially interested whether its existence has been proved also by another method then Allison's.*

*With best regards. Yours very sincerely,*

*Otto Stern*

Um genügend „Schweres Wasser“ für seine Experimente zur Verfügung zu haben, nahm Stern mit weiteren Kollegen in den USA Kontakt auf, um kleine Mengen an „Schwerem Wasser“ zu bekommen.

Standort: [BAL], bk0016n8z86; Dokumentnummer: **[0282/08.01.1934]**

*January 8, 1934*

*Professor H. G. Taylor,*
*Department of Chemistry,*
*Princeton University,*
*Princeton, N.J.*

*Dear Dr. Taylor:*
*When I spoke to you in Princeton about three months ago, you were so kind to mention the possibility of supplying me with some heavy water. Our apparatus is now assembled, and I would be very glad if you could send me some heavy water soon. I need at least 300 milligrams, if you could spare more, it would make the experiments easier for us. The heavy water should be as pure as possible, because otherwise it would be very difficult to interpret the experimental results in a decent manner. Instead of heavy water, we could also use an equivalent amount of heavy hydrogen* $H^2H^2$. *I should be very much obliged if you could make it possible to send me the heavy water or heavy hydrogen.*
*At the same time, I should like to ask you about one of your students. Mr. Arthur A. Frosthas written to me that he is interested in molecular rays and that he would eventually like to come to my laboratory after the completion of the work for his Doctor's degree. Can you recommend him, and do you think he would be able to do good experimental work?*
*I hope to see you again in the near future and remain with best regards*

*Yours*
*sincerely O.Stern.*
(Kopie, maschinengeschrieben)

Standort: [BAL], bk0016n905j; Dokumentnummer: **[0283/08.01.1934]**

*January 8, 1934*

*Professor H. C. Urey,*
*Department of Chemistry,*
*Columbia University,*
*New York, N.Y.*

*Dear Dr. Urey:*
*Since I returned to Pittsburgh, I have spoken to Dr. Alexander about the preparation of* $H^1H^2$. *He said that he has not the time to try to make this compound and would, therefore, gladly agree if you would make it. As I told you, I would be very glad if you would do it.*

*With the best regards,*
*sincerely yours*
*O. Stern*
(Kopie, maschinengeschrieben)

Standort: [BAL], bk0016n905j; Dokumentnummer: **[0287/10.01.1934]**

Columbia University
in the City of New York
Department of Chemistry

*January 10, 1934*

*Professor O. Stern*
*Carnegie Institute of Technology*
*Schenley Park*
*Pittsburgh, Pennsylvania*

*Dear Professor Stern:*
*I have been looking into the preparation of $H^1H^2$. I am definitely planning to make the compound by the method which Dr. Alexander suggested, but it may be a little while before we can find time to do it. I sent about 3 grams of 40 % heavy water to Hertz by Dr. Engel, and mentioned that you would be very much interested in getting a sample of the mixed compound. Perhaps he will be able to supply you before we get the job done.*

*With best regards, I am*
*Vrey sincerely yours*
*Harold C. Urey*
(maschinengeschrieben mit Handunterschrift)

Standort: [BAL], bk0016n8z86; Dokumentnummer: **[0289/10.01.1934]**

PRINCETON UNIVERSITY
DEPARTMENT OF CHEMISTRY
PRINCETON NEW JERSEY

Frick Chemical Laboratory

*January 11, 1934*

*Professor O. Stern*
*Carnegie Institute of Technology*
*Schenley Park, Pittsburgh, Pa.*

*My dear Professor Stern:*
*At the present moment we do not have on hand any very pure heavy water since our available supplies are either tied up in research work in progress or have not yet reached adequate state of concentration. We expect, however, in the course of a week or so to bring in another 10 or 15 ccs. of better than 99 % heavy water. I will try to arrange that one cc. of this water shall be forwarded to you at our earliest convenience.*
*Mr. Frost paid a visit to Pittsburgh during Christmas vacation, carrying from me a letter of introduction to you but, unfortunately, you had just left town. Mr. Frost is a graduate student here who will complete the Ph.D. requirements at Princeton during the next few months. He is one of our very best men, trained with Lewis at California as an undergraduate, and having done remarkably good graduate work here. He is an excellent manipulator and has carried out experiments involving ela-*

*borate physico-chemico setups using gases and vacua. His actual research problem was concerned with the explosive reactions of hydrogen and oxygen under varying pressure conditions. He is also well trained in both mathematics and physics and is thoroughly familiar with the modern applications of quantum mechanics to chemical processes along lines familiar to you through the work of our Professor Kyring. A recent communication of theirs appeared in the Journal of Chemical Physics, Vol.1, p. 777. He is at present engaged on a theoretical quantum mechanical problem involving energy states of molecular systems. In addition to this he is familiar with all our work in concentrating heavy hydrogen since the actual operations were performed by him all during last summer. He is interested in the possibilities of molecular ray technique and has discussed with me problems which might be solved with its aid. As I have very little familiarity with this field I recommended him to consult you. Do you think there would be any possibility of his getting some financial support which would enable him to work under your direction in Pittsburgh?*

*Very sincerely yours*
*Hugh S. Taylor*
(maschinengeschrieben mit Handunterschrift)

Standort: [BAL], bk0016n8z86; Dokumentnummer: **[0304/13.02.1934]**

*February 13, 1934.*

*Professor H. S. Taylor*
*Frick Chemical Laboratory*
*Princeton University*
*Princeton, N.J.*

*My dear Professor Taylor:*
*Excuse me for bothering you again about the heavy water. In your kind letter of January 11, you wrote me that you will try to arrange to forward some pure heavy water to me. Our apparatus is in order now and we have checked it with ordinary hydrogen now in order to get the magnetic moment of the Deuton. For this reason I should be very glad if you could make it possible to send me the heavy water.*
*Thanking you in anticipation very much, I remain*
*Very sincerely yours*

(Kopie maschinengeschrieben)

Standort: [BAL], bk0016n8z86; Dokumentnummer: **[0305/14.02.1934]**

PRINCETON UNIVERSITY
DEPARTMENT OF CHEMISTRY
PRINCETON NEW JERSEY

Frick Chemical Laboratory

*February 14, 1934*

*Professor O. Stern*
*Carnegie Institute of Technology*
*Schenley Park,*
*Pittsburgh, Pa.*

*My dear Professor Stern:*
*Mr. Gould, one of our research students, has at the present moment a 200cc. flask tied into his apparatus in which he will place heavy hydrogen some time during the next fortyeight hours. We have decided that the only way to transport deuterium is in the form of pure gas, which we produce from 100 percent $D_2O$. If we send water, there are so many losses before the consumer can obtain hydrogen of the grade which we supply in the above manner that we have discontinued so doing. I trust that this deuterium gas, which is the purest that we know how to prepare, will meet with your requirements. You should receive it in the course of two days.*

*Very sincerely yours,*
*Hugh S. Taylor*
(maschinengeschrieben mit Handunterschrift)

Standort: [BAL], bk0016n8z86; Dokumentnummer: **[0307/20.02.1934]**

*February 20, 1934*

*Professor H. S. Taylor,*
*Frick Chemical Laboratory*
*Princeton University,*
*Princeton, N.J.*

*My dear Professor Taylor:*
*With the greatest pleasure I received to-day your heavy hydrogen. It is, of course much more convenient for our experiments to have the gas instead of the heavy water. I am really very much indebted to you four your kindness. We hope to have the magnetic moment of the deuton in a few weeks and I shall write you about the result as soon as we have it.*
*Unfortunately, the container arrived slightly damaged. The outer glass tube was broken off, but it seems as if there is no crack leading to the inside.*
*With my best thanks, I am*
*Very sincerely yours,*
(Kopie maschinengeschrieben)

Standort: [BAL], bk0016n8z86; Dokumentnummer: **[0322/26.03.1934]**

*March 26, 1934*

*Professor H. S. Taylor,*
*Frick Chemical Laboratory ,*
*Princeton University,*
*Princeton, N.J.*

*My dear Professor Taylor:*
*I only want to inform you that we finally succeeded i measuring the magnetic moment of the Deuton. We have made only a few experiments and have to check them carefully. But I think that even now we are able to say that the magnetic moment of the Deuton is between 1 1/2 and 2 magneton.*

*It was very convenient for us to work with your gaseous heavy hydrogen and I wish to thank you again very much for your kind and helpful assistance.*

*With the best regards,*
*Very sincerely yours,*
*O. Stern*
(Kopie maschinengeschrieben)

Standort: [BAL], bk0016n8t5g; Dokumentnummer: **[0297/26.01.1934]**

UNIVERSITY OF CALIFORNIA
DEPARTMENT OF CHEMISTRY
BERKELEY

*January 26, 1934*

*Professor Otto Stern*
*Carnegie Institute of Technology,*
*Pittsburgh, Pa.*

*My dear Stern:*
*I am sending herewith a small sample of water containing over 99 per cent* $H^2{}_2O$. *I should have sent it earlier but the fact is that we are nearly out of the stuff. Since we began our experiments on large scale fractional destillation, which have been proceeding rather slowly, we have abandoned our electrolytic process and I think in a few months we shall be one of the few chemical laboratories that has no heavy water. The fact is that we never have had more than a total of 10 cc and that has been used up or sent away about as fast as produced.*
*I hope that this sample will enable you to obtain good results on the moment of the deuton and that you will let me hear of the results as soon as you obtain them.*
*With kindest regards, also to Dr. Estermann, I am*
*Yours very sincerely*
*Gilbert N Lewis*
*P.s. The enclosed sheet which I made out last summer offers a way of obtaining the hydrogen from the sample of water, but probably you already have a better way.*

Standort: [BAL], bk0016n8t5g; Dokumentnummer: **[0300/05.02.1934]**

*February 5, 1934*

*My dear Lewis:*
*I was very pleased with the heavy water you sent me and I am indeed very grateful to you sent me and I am indeed very grateful to you for your kindness. Our apparatus is now ready to work and we hope to have the magnetic moment of the Deuton in a few weeks.*
*The first time, we obtained the hydrogen by decomposing water vapor with sodium in a similar way as you described it. This time, we intend to develop the hydrogen electrolytically. Of course, I shall let you know the result as soon as we will obtain it. With many thanks and best regards, also from Estermann*
*Yours sincerely [Otto Stern]*

(Kopie maschinengeschrieben)

Standort: [BAL], bk0016n8t5g; Dokumentnummer: **[0321/26.03.1934]**

Professor Gilbert N. Lewis
Department of Chemistry
University of California
Berkeley, California

*March 26, 1934*

*My dear Lewis:*

*I want to inform you that we have just measured the magnetic moment of the Deuton, and although our experiments have to be checked again, we are pretty sure that it is not 0, but between 1 1/2 and 2 nuclear magnetons. For the Neutron, this would mean a magnetic moment of between – 1/2 and – 1 nuclear magnetons.*

*Now I have to make a confession: I hope youu will not be to angry to learn that for this first experiment we did not use your heavy water, but gaseons heavy hydrogen which we received from H. S. Taylor. It saved us a lot of time to do so, and heaving been very anxious to know the result, we could not resist for use the gas. We will, of course, repeat the experiments with hydrogen developed from your heavy water.*

*I am sure you will understand this, as you have certainly also been very curious about this result. With my very best thanks anyway and kindest regards, also from Estermann*

*Yours very sincerely* *O. Stern*

(Kopie maschinengeschrieben)

Professor Gilbert N. Lewis
Department of Chemistry
University of California
Berkeley, California

Standort: [BAL], bk0016n8t5g; Dokumentnummer: **[0330/23.04.1934]**

*April 23, 1934*

*My dear Lewis:*

*First, I want to correct my last statement about the magnetic moment of the deuton. There was a mistake in the calculation (factor 2 !). The correct value is between 1/2 and 1, probably about 0.8 nuclear magnetons.*

*Second, I want to tell you that we have made additional runs with heavy hydrogen prepared from your heavy water. They agree very well with the first experiments with Taylor's hydrogen. I learnt from a letter from Miss Kittredge that you have been in Madrid. I hope you enjoyed your trip and will visit me at the next occasion in Pittsburgh. With kindest regards,*

*Yours very sincerely*
*O. Stern*

(Kopie maschinengeschrieben)

Sterns Hamburger Assistent Otto Robert Frisch war im Sommer 1933 wegen seiner jüdischen Abstammung in Hamburg fristlos entlassen worden und nach England emigriert. Er arbeitete bis 1934 in der Gruppe von Patrick Maynard Stuart Blackett am Birbeck College an der Technologie der Nebelkammer, zum Nachweis künstlich erzeugter Radioaktivität. Im Brief vom 19.12.1933 berichtete er Stern von seinen Arbeiten in England.

Standort: [BAL], bk0016n8q8k; Dokumentnummer: **[0275/19.12.1933]**

*[London], 19.12.1933*

*Hochverehrter Herr Professor!*
*Indem ich Ihnen vor allem aufs herzlichste ein Merry Xmas und Happy New Year wünsche, möchte ich Ihnen ein wenig über meine hiesige Tätigkeit Bericht erstatten. Das Problem, das mir Blackett gegeben hat, ist der Nachweis der bei der Zerstrahlung von Positronen entstehenden Quanten und womöglich die Untersuchung ihres Spektrums. D. h. ich lasse Pos. auf Materie auffallen und stelle einen Zähler daneben auf; später eine Wilsonkammer mit Magnetfeld. Die Schwierigkeit ist, die primären Gammaquanten (von dem Präparat, mit dem die Pos. erzeugt werden) loszuwerden; dazu muss ich die Pos. im Bogen herumführen und die Primärquanten mit Blei abschirmen. Da die üblichen Methoden magnetischer Ablenkung, auch wenn sie mit Fokussierung arbeiten, stets nur einen kleinen Winkel- und Geschwindigkeitsbereich umfassen und daher den grössten Teil der Pos. verlieren würden, will ich eine sehr hübsche Methode verwenden, die von Thibaud zu ähnlichen Zwecken benützt wurde. Man nimmt einfach ein starkes inhomogenes Magnetfeld, Typus Rabifeld.*
*Die Pos. folgen allen Krümmungen der Polschuhkante, solange sie nicht gar zu scharf sind, und werden auch senkrecht zur Papierebene weitgehend fokussiert. Vorversuche mit Betastrahlen haben eine Ausbeute von etwa 10 % ergeben; in den nächsten Tagen hoffe ich mit den eigentlichen Versuchen beginnen zu können.*
*Die Arbeitsbedingungen sind so, dass ich meist mit Wehmut an Hamburg zurückdenke. Über die Inch-Wirtschaft und was da so drum und dran hängt, brauch ich Ihnen wohl nicht vorzujammern. Glücklicherweise hab ich wenig Präzisionsarbeit. Das Institut hat nur zwei Arbeitsräume, einen im Keller und einen im vierten Stock. Es arbeiten also immer ein Haufen Leute in einem Zimmer, so dass immer irgendjemand den Lötkolben verlegt hat. Was mir sehr abgeht, ist die Grosszügigkeit in Kleinigkeiten; es wird immer erst nachbestellt, wenn nichts mehr da ist, und dann ein Stück. Blackett will eben mit aller Gewalt sein Geld für grosse Ausgaben zusammenhalten, wie Radium etc.. Herzog aus Zürich ist auch hier und baut eine Riesen-Wilsonkammer, rechteckig, ca. 20 mal 50 cm Frontfläche. Die wird natürlich ausser Haus gebaut, aber auch fast alle kleinen Apparate. Blackett selbst Occhialini will wieder Höhenstrahlen aufnehmen und kriegt demnächst einen grossen (10 Tonnen) Magneten. Ehrenberg (Stuttgart) soll Hoffmannstösse auf ihren Zusammenhang mit showers untersuchen; eine Ionenkamer mit Verstärker und Braunscher Röhre verbunden; um die Ionenkammer mehrere Zähler gruppiert; eine Koinzidenz bestätigt einen phot. Verschluss, der den Stromverlauf in der Ionenkammer mit ho-*

*her zeitl. Auflösung photographiert. (Nachweis ev. induzierter Radioaktivität kurzer Lebensdauer!). Nahmias (Franzose) soll mit Wilsonkammer das Neutrino suchen. Mein geplanter β-Rückstoßversuch hat noch einige Wandlungen erfahren und so recht zufrieden bin ich noch immer nicht mit ihm. Die neueste Verbesserung besteht darin, dass das Rückstossatom eine Wilsonkammer auslöst (wie bei Blackett), in der das β-Teilchen sichtbar wird, so dass man dessen Richtung und Geschwindigkeit (mittels magn. Abl. ) bekommt. Um die Geschwindigkeit des Rückstossatoms zu erhalten, wollte ich eine lange Laufstrecke (1 m) und direkte Messung der Laufzeit (ca. $10^{-3}$sec) benützen; aber schön ist das nicht. Szilard hat sich übrigens auch einen ähnlichen Versuch überlegt und ich habe viel mit ihm diskutiert. Wesentlich ist folgende hübsche Überlegung: Wenn es ein Neutrino gibt und der Energie- und Impulssatz gilt, so betrachten wir den Fall, dass das El. und das Neutrino mit entgegengesetzt gleichen Impulsen den Kern verlassen. Dann erfährt dieser gar keinen Rückstoss; und das El. bekommt eine ganz bestimmte Energie. Szillard will also die β-Strahlen untersuchen, die zu den sehr langsamen Rückstossatomen gehören, und sehen ob diese monochr. sind. Machen will er das so: Er hat gasförmiges RaE-Hydrid (das gibt es, leider sehr zersetzlich) in einem Gefäss, bei kleinem Druck ($10^{-4}$ mm); ein Drahtnetz und Gegenspannung sorgt dafür, dass nur die Rückstoß-Atome mit einer Minimalgeschwindigkeit die Wand erreichen können. Die langsamen entweichen aus einem Loch und werden dann irgendwie gezählt; dann bestimmt man die Geschw. vert. der mit ihnen koinzidierenden β-Teilchen. Ob der Versuch in dieser Form geht, scheint mir zweifelhaft, aber die Idee find ich sehr hübsch. Blackett ist sonderbarerweise jetzt etwas gegen alle Rückstossversuche, mit der Begründung, wenn ich auch so irgendwelche Sachen zugunsten des Neutrino fände, so würde es niemand glauben; die Geschichte ist ihm offenbar zu indirekt. Natürlich wäre es schöner wenn man das Neutrino direkt nachweisen könnte, und vielleicht gelingt es ihm bzw. Nahmias; aber wenn nicht, so ist doch ein Rückstossversuch besser als gar nichts. Jedenfalls bemühe ich mich den Versuch so auszubauen, dass man möglichst viel aus ihm entnehmen kann, am liebsten Richtung und Geschwindigkeit beider Teilchen; da ich den Versuch doch vermutlich erst nächstes Jahr bei Bohr machen werde, kann ich mir ja die Sache noch in Ruhe überlegen.*

*Kürzlich hab ich hier meinen ersten Vortrag in englischer Sprache gehalten und zwar im G. P. Thomson's Kolloquium, über die „Dellen". Ich war sehr gut vorbereitet und hatte den Triumph, dass Thomson in seiner Schlussbemerkung die „extreme clearness" meines Vortrages besonders hervorhob. Es gab auch ziemlich lebhafte Diskussion, wenn auch ohne neue Ergebnisse. Am 20. Januar soll ich wieder vortragen u. zw. im Physics Club, eine Art allenglisches Kolloquium in der Royal Society, wo Physiker aus ganz England kommen. U.[nd] zw.[ar] soll ich da kurz über alle heuren Arbeiten aus dem Hamburger Institut berichten, insbesondere natürlich über das Protonenmoment. Haben Sie eigentlich schon wieder Versuche in Gang? Oder haben Sie vielleicht aus den $H^{(2)}$ Versuchen noch etwas herausgerechnet? Wenn ja, so wäre ich Ihnen sehr dankbar, wenn Sie mir etwas darüber schreiben würden. Ich werde natürlich immer ausgequetscht nach dem Moment von $H^{(2)}$ und kann dann nicht mehr sagen als in der Arbeit steht und das ist sehr wenig. Dabei glaube ich*

*doch, dass sich mit einigen Aufwand an Zeit und Arbeit noch etwas mehr aus diesen Messungen herauspressen liesse. Falls*
*Sie die Zeit nicht haben, würde ich mich sehr gerne daran setzen, wenn mir vielleicht Herr Estermann Material schicken könnte. Ich würde davon natürlich am 20. Noch nichts erzählen, sondern erst mit Ihrer Genehmigung.*
*Herzliche Grüße Ihnen und Herrn Estermann Ihr R. Frisch*

Sterns Messung des magnetischen Momentes von Wasserstoffkernen in Hamburg beschäftigte viele Theoretiker, darunter auch Landé. Landé hatte versucht, das hohe magnetische Moment des Protons durch einen hohen $g$-Faktor zu erklären [LANDÉ1933]. Am 15.01.1934 wandte er sich aus Columbus/Ohio an Stern, um so schnell wie möglich etwas zum magnetischen Moment des Deuterons zu erfahren.

Standort: [BAL], bk0016n903f; Dokumentnummer: **[0291/15.01.1934]**

*Columbus (Ohio), 15.1.1934*

*Lieber Herr Stern!*

*Vielen Dank für Übersendung Ihrer letzten Separata aus Hamburg. Ich bin sehr gespannt auf das magnetische Moment des Deuterons. Haben Sie schon etwas darüber heraus? Und wäre es möglich, dass Sie uns hier einen Colloquiums-Vortrag hielten?*

*Mit besten Grüssen Ihr A. Landé*

Rabis Kontakt zu Stern blieb auch nach Sterns Emigration eng. Rabi war sehr an Sterns Arbeiten interessiert, da er selbst an der Columbia University mit anderen Pflichten (Vorlesung etc.) voll ausgelastet war und er einige Jahre brauchte, bis seine neuen Molekularstrahlapparaturen die erhofften Resultate brachten. Nach Sterns Emigration in die USA wurde dann Rabis Labor mehr und mehr zum eigentlichen Molekularstrahlzentrum weltweit. In Rabis Gruppe wurden dann viele weitere neue Ideen geboren, die die Molekularstrahlmethode zur erfolgreichsten Untersuchungsmethode der Quantenphysik im 20. Jahrhundert machen sollte.

Sterns Messungen des magnetischen Momentes vom Deuteron in Pittsburgh waren offenbar erfolgreich. Im Brief vom 27.03.1934 schrieb er an Rabi:

Standort: [BAL], bk0016n8w9q; Dokumentnummer: **[0324/27.03.1934]**

*Lieber Rabi,*
*wir wollen Ihnen nur mitteilen, dass wir gerade die ersten Messungen mit schwerem Wasserstoff gemacht haben. Das Moment des Deut[er]ons ist ungefähr 1,5 bis 2 Kernmagnetonen. Zuerst ging natürlich alles schief, deshalb hat die Geschichte solange gedauert.*
*Was machen Ihre Messungen und wie geht es Ihnen sonst? Kommen Sie nach Washington? Wir wollen beide hinfahren.*

**Abb. 3.22** *v.l.*: Otto Stern besuchte Alfred Landé in Columbus/Ohio (ca. 1934). (Bildquelle: Nachlass Stern [BAL], bk0016 Fotogalerie)

*Mit herzlichen Grüssen* *[Otto Stern]*
(Kopie maschinengeschrieben ohne Unterschrift)

Rabi antwortete prompt am 29.03.1934 und gratulierte Stern zu diesem fundamental wichtigen Ergebnis.

Standort: [BAL], bk0016n8w9q; Dokumentnummer: **[0325/29.03.1934]**

*New York, 29.3.1934*

*Dear Professor Stern:*

*Congratulations on your experiment. It must have been very difficult to make Kruger confess his sins this time.*

*We succeeded with the proton on the very first run and obtained a fine straight split beam. The new field works beautifully. The moment as we find it is 3 +/– 0.3. This second experiment under different field conditions checks this result. We will do one more and then try deuterium. The experiment has turned out to be fairly simple. It is a great pleasure not to have to work with the alkalis and clean the apparatus after each run.*

*We have not yet succeeded in getting final results on the caesium spin due to various leaks which developed in our apparatus.*

*I expect to see you in Washington and I hope to bring with me definite results on the deut[er]on moment.*

*Best regards from myself and family to you and the Estermanns.*

*Sincerely yours,* *I. I. Rabi*

Sterns Nachberechnungen ergaben, dass ein Faktor zwei nicht berücksichtigt wurde, sondern dass das Deuteronmoment noch niedriger war. In seinem Brief vom 23.04.1934 teilte er Rabi diese Korrektur mit.

Standort: [BAL], bk0016n8w9q; Dokumentnummer: **[0331/23.04.1934]**

*Dear Rabi:*

*Due to a mistake in the calculations (by the inevitable factor 2), the Deuton becomes a different moment, namely between 1/2 and 1, probably about 0.8 .*

*Auf Wiedersehen in Washington!* *Mit besten Grüssen* *[Otto Stern]*

(Kopie maschinengeschrieben ohne Unterschrift)

Rabis Mitarbeiter Kellog hatte, wie man dem Brief vom 15.05.1934 von Stern an Rabi entnehmen kann, beabsichtigt, zu Stern nach Pittsburgh zu gehen.

Standort: [BAL], bk0016n8w9q; Dokumentnummer: **[0345/15.05.1934]**

*Dear Rabi:*

*How about Mr. Kellog? I have to know it within the next few days, because we consider also another man for the same job and have to make a decision soon.*

*I am enclosing herewith the mentioned reprint of Fermi's paper. Please hand it over to Pegram, if he is still interested. I should like to get the reprint back sometime.*

*I hope to see you and Mrs. Rabi on June 12 or 13 before my sailing.*

*With best regards,* *Sincerely yours, [Otto Stern]*

(Kopie maschinengeschrieben ohne Unterschrift)

Standort: [BAL], bk0016n8w9q; Dokumentnummer: **[0386/04.10.1934]**

*New York, 4.10.1934*

*Dear Professor Stern:*

*In reading the paper of Frisch an Segrè I find no mention of the position of the selector slit, that is whether it was toward the strong or weak field side of the position of the undeflected beam. If you happen to remember I shall be greatly obliged if you will let me know.*

*I have a feeling that this experiment has been misinterpreted because no regard was taken of the nuclear spin. At the low values of the field which they used the coupling between nuclear and atomic spin is very strong compared to the energy of the electron in the external magnetic field. It seems obvious to me therefore that the theory of Majorana does not apply in unaltered form. If one takes account of the nuclear spin it is obvious that the fraction of atoms which change their orientation in such a field should never be greater than of the order of magnitude of about 38 %. We have had some difficulty in reading the paper of Majorana. Either it is full of very serious misprints or of very elementary errors. Would like to know whether you will have had the same experience.*
*Best regards to your sister and the Estermanns.*

*Sincerely yours, I. I. Rabi*
(maschinengeschrieben mit Handunterschrift)

Standort: [BAL], bk0016n8w9q; Dokumentnummer: **[0390/12.10.1934]**

*12.10.1934*

*My dear Rabi:*
*As far as I remember, the selector slit was on the side oft he weak field („Furche"), but I am absolutely not sure o fit. I suggest you write to Frisch, Universitets Institut of theoretisk Physik, 10 Bledgamsvej, Kopenhagen.*
*We had noticed the influence of the nuclear spin just after the paper was printed, but as we were sure that nothing fundamental would have to be changed, we decided to publish nothing about it. Of course, this influence causes less "Tunde over" atoms. We never tried to make an accurate theory, and the paper of Majorana was unreadable for me. (The elaborate paper was, as far as I remember, in Italian).*
*I had an awful lot of trouble hunting for living quarters. I hope, that is settled now.*
*I hope, you and Mrs. Rabi are allright.*
*With best regards, Sincerely yours, Otto Stern*
(Kopie maschinengeschrieben ohne Unterschrift)

Standort: [BAL], bk0016n8w9q; Dokumentnummer: **[0411/23.12.1934]**

New York,
*Dear Professor Stern,*
*at least I have definite information. The dean of the graduate faculty has just informed me that I would be given an assistant for next year. It is not 100 % certain because it has not yet been approved by the board of trustees. However I think it is definite enough. Under the circumstances I think it would be best for Kellogg to*

*stay at Columbia. I hope you will be able to find somebody equally good. Among thanks for the patience you have shown.*
*We have been during further work on the proton but I will not bother you with details now. There is no other news. We have just discussed Born last paper in the proceedings of the Royal Society. It seems to be a really good idea.*
*We are looking forward to seeing you in New York. Please scall me off as soon as are fail. We will try to arrange cool weather of you.*

Sincerely yours I. I. Rabi

*{Ist es nicht wa[h]r,*
*dass Hamburg ein*
*excellent climate hat,*
*wie ich immer behaupte?}*

(Handgeschrieben)

Wie Otto Stern mussten 1933 viele andere Wissenschaftler wegen der Rassengesetze der Nationalsozialisten aus Deutschland emigrieren. Einer davon war der aus Ungarn stammende Ladislaus Farkas, der bei Fritz Haber gearbeitet hatte. Er war nach England emigriert und informierte Stern im folgenden Brief über seine Ergebnisse von Messungen von magnetischen Kernmomenten.

Standort: [BAL], bk0016n8q8k; Dokumentnummer: **[0301/05.02.1934]**

*53 CHESTERTON ROAD, CAMBRIDGE 5.5.1934*[87]

*Hochverehrter Herr Professor,*

*mit gleicher Post erlaube ich mir Ihnen einige Separata zu übersenden, in einem dieser Arbeiten haben wir gerade versucht das magnetische Moment des D-Kernes aus der $O_2$-Katalyse der $OD_2 \leftrightarrow pD_2$ Reaktion zu bestimmen. Wir erhielten für $\mu_D = \mu_p/5.5$ d. h. etwa 0,5 Kernmagneton wenn wir für das Proton Ihren Wert von 2.5 Kernmagneton annehmen. Wie wir dieses Resultat- vor etwa 2 Monaten erhalten haben, dachten wir dass dies in Übereinstimmung ist mit dem was man theoretisch erwarten würde und es schien uns dass dieser Wert ziemlich gut mit Ihrer ersten Bestimmung in Einklang ist, die meines Wissens nach etwa 1/10 Kernmagnetone für den D-Kern ergeben haben. Nun kam in meine Hände das Bull. Am. Phys. Soc. in dem Ihr neuer Wert für das Deuton mit 1.5-2.0 Kernmagnetonen angegeben ist. Mit diesem Wert scheint unser Resultat dagegen nicht zu stimmen. Wir werden demnächst noch weitere Versuche in dieser Richtung anstellen, insbesondere die paramagnetischen Stosspartner variieren, um unseren Wert sicher zu stellen.*

*Mit ergebenen Grüssen bin ich Ihr L. Farkas*

(handgeschrieben)

[87] Datum auf dem Brief ist der 05.02.1934; Datum auf dem Poststempel ist jedoch der 06.05.1934.

**Abb. 3.23** *v.l.*: Niels Bohr, Werner Heisenberg, Wolfgang Pauli, Otto Stern, Lise Meitner und Rudolf Ladenburg (1937 Konferenz in Kopenhagen). (Bildquelle: Nachlass Stern [BAL], bk0016 Fotogalerie)

Rudolf Ladenburg, der in Princeton nach der Emigration eine Professur erhalten hatte, wurde ein enger Freund und Mitstreiter in Sachen Forschung, aber vor allem in dem Bemühen, anderen deutschen Emigranten zu helfen. Stern fragte öfter bei Ladenburg an, um bei unerwarteten kleinen Problemen bei der Forschung Unterstützung zu erhalten.[88]

Standort: [BAL], bk0016n8t18; Dokumentnummer: **[0317/15.03.1934]**

*Princeton, 15.3.[1934]*

*Lieber Stern,*

*Herzlichen Glückwunsch zu den 25000$! Vielleicht interessiert es Sie, dass Hoenow in Berlin einen* $H_2$ *– Verflüssiger nach Simon fast fertig hatte, als ich ihn im Juli 33 sprach, ohne einen Käufer zu wissen.*
*Beste Grüsse Ihr R. Ladenburg*

*Am 24.3. haben wir in New York eine Sitzung „unseres Gauvereins" – Hauptthema „High Voltage", Tewe, Van der Graaf u. a. werden sprechen. Beginn* $10^0$ *in Columbia.*

Obwohl Sterns Labor in Pittsburgh hinsichtlich Apparaturen und Mitarbeitern nicht mit den Bedingungen in Hamburg konkurrieren konnte, fanden Sterns Arbeiten viel Anerkennung und Interesse auch bei Theoretikern. Einer dieser Theoretiker war der 1905 geborene David Inglis, der an der University of Massachusetts arbeitete.

[88] Siehe Band I dieser Briefausgabe: Abschn. 2.2 „Der Nationalsozialismus und seine Folgen".

Standort: [BAL], bk0016n8r9n; Dokumentnummer: **[0320/23.03.1934]**

Pennsylvania Railroad passing Canton, Ohio
23 March, 1934

*Dear Professor Stern:*

*My entire visit in Pittsburgh was very pleasant indeed. Thank you again for making it possible.*

*Since getting on the train I have been thinking about that problem of the spins to be associated with the various rotational states. Though I don't want to believe it any more than I did earlier in the day, I can see no way of avoiding the unpleasantly queer conclusion we spoke of just before I left you.*

*The rotation states are either symmetric or antisymmetric in the coordinates of the nuclei. The building up of wave functions for the rotator out of the wave functions for the two independent particles (nuclei) is independent of the spin associated with the particles. That is the essential reason for separability into space and spin parts of the wave functions for the nuclei. The rotation (space) parts being either symmetric or antisymmetric, the spin parts are either antisymmetric or symmetric. Out of the two spin(s) possibilities with* $M_I = 1$,

| $M_{ia}$ | $M_{ib}$ |
|---|---|
| 1 | 0 |
| 0 | 1 |

*may be build up one symmetric and one antisymmetric function of the nuclear spins. The symmetric function corresponds to* $I=2$, *the antisymmetric to* $I=1$, *in just the same way as in finding the D and the P states of the two p-electrons without spin. So the state with* $I=1$, $M_I=1$ *is antisymmetric in nuclear spin, symmetric in space coordinates of nuclei, and has even rotational quantum numbers.*

*Strange as it seems, it seems inevitable. Even so, it need not, as you have said, disturb you in connection with your present experiment. If I have any further thoughts on the subject, I'll let you know.*

*Sincerely,*
*David R. Inglis*

*Until 1 April Hotel Monteleone New Orleans*

Standort: [BAL], bk0016n8r9n; Dokumentnummer: **[0332/24.04.1934]**

*April 24., 1934*

*Dr. D.R. Inglis*
*c/o Ward Steamship Lines,*
*Havanna, Cuba.*

*Dear Dr. Inglis: Thank you very much for your letter of April 15. The telephone call from Pittsburgh you mentioned was not from me.*

*The magnetic moment of the Deuton is probably 0.8 nuclear magneton. The value given in the "Bulletin" was a mistake.*

*I hope you will enjoy your trip further on.*

*With best wishes, also from Estermann,*
*Yours very sincerely,*
*O.Stern*

Obwohl Stern kaum Wissenschaftlerstellen hatte und junge Physikabsolventen es schwer hatten, an Universitäten oder Forschungslabors eine Stelle zu finden, war es trotzdem nicht einfach, gute junge Wissenschaftler nach Pittsburgh zu holen. Am Beispiel des Physikers Rolland Zabel sieht man, dass am Ende oft eine sichere Stelle in der Industrie den Vorzug erhielt.

Standort: [BAL], bk0016n913z; Dokumentnummer: **[0314/05.03.1934]**

MASSACHUSETTS INSTITUTE OF TECHNOLOGY
DEPARTMENT OF PHYSICS
CAMBRIDGE, MASS.
March 5, 1934

Professor O. Stern
Carnegie Institute of Technology
Pittsburgh, Pennsylvania

*Dear Professor Stern:*

*In view of your interest in my results I am enclosing for your inspection copies of scattering curves which I have obtained recently. They indicate a considerable change in the scattering of helium in mercury with the change in temperature of the helium beam. The change in the scattering curve is in good qualitative and moderately good quantitative agreement with the predictions of the theory of Massey and Mohr.*

*Professor Estermann informed me at the Christmas meeting that you hoped to add another member to your research staff in molecular beams in the not too distant future. In case any such possibility should present itself I should be very glad to have you consider me as an applicant and I should be very glad to send your complete information in regard to my training and experiences.*

*Respectfully yours,*
*Rolland M. Zabel*

Standort: [BAL], bk0016n913z; Dokumentnummer: **[0323/27.03.1934]**

*March 27, 1934*

*Dr. Rolland M. Zabel*
*Department of Physics*
*Massachusetts Institute of Technology*
*Cambridge, Massuchusetts*

*Dear Dr. Zabel:*
*I thank you very much for your letter of March 5. I am very interested in your results and would like to discuss them with you as soon as opportunity occurs. Perhaps I shall see you at the Washington meeting.*
*Concerning the second part of your letter. I would be really very glad to have you in my laboratory here. Unfortunately, the financial questions are not settled yet, and I cannot make you a definite offer. I am trying to get some money for this purpose and I am not without hope to succeed. But I regret to say that in any case I shall not be able to offer you a very good salary. It would be helpful to me if you would let me know what you consider as a minimum salary.*
*As there are so many problems in which both of us are interested, I am sure it would be very nice for us to work together. I sincerely hope it can be arranged.*

*With best regards,*
*Yours very sincerely*
*Otto Stern*

Standort: [BAL], bk0016n913z; Dokumentnummer: **[0326/30.03.1934]**

MASSACHUSETTS INSTITUTE OF TECHNOLOGY
DEPARTMENT OF PHYSICS
CAMBRIDGE, MASS.
March 30, 1934

Professor O. Stern
Carnegie Institute of Technology
Pittsburgh, Pennsylvania

*Dear Professor Stern:*
*I thank you for your letter of March 27. I will have a paper at the Washington meeting giving latest results and I will be very glad to discuss then with you in addition.*
*In regard to the possibility of joining your laboratory I may say that in view of an offer which I just received, it would be impossible for me to do so unless you could offer $3000 with some possibility of permanence and advancement.*
*If you think you could meet this figure, please telegraph reply by Tuesday evening.*
*Respectfully yours R. M. Zabel*

(handgeschrieben)

Standort: [BAL], bk0016n913z; Dokumentnummer: **[0327/12.04.1934]**

Western, Nebraska
April 12, 1934

Professor O. Stern
Carnegie Institute
Pittsburgh, Pa

*Dear Professor Stern:*
*I hope that you will pardon my delay in answering your telegram of 4/5/34. I started on a trip early the next morning and have been traveling since that time. In view of the fact that you were not in a position to make a definite offer at this time it was necessary for me to accept a position with the Hygrade Sylvania Lamp Corp.*
*I wish, however, to thank you for your interest in my services. I hope to see you in Washington soon.*

*Respectfully yours,* *R. M. Zabel*
(maschinengeschrieben)

Auch die berühmten theoretischen Physiker Gregory Breit von der New York University und John Slater vom MIT in Boston engagierten sich sehr, um jungen Kollegen bei der Stellensuche zu helfen. Die folgenden Briefe berichten darüber.

Standort: [BAL], bk0016n903f; Dokumentnummer: **[0337/01.05.1934]**

**NEW YORK UNIVERSITY**
UNIVERSITY HEIGHTS, NEW YORK
DEPARTMENT OF PHYSICS

May 1, 1934

*Professor Otto Stern,*
*Department of Physics,*
*Carnegie Institute of Technology,*
*Pittsburgh, Pennsylvania*

*Dear Professor Stern,*
*Rabi tells me that you have been wondering where Dr. M. H. Johnson got his Doctor's degree. He got it at Harvard where he worked with Slater and Kemble. He has also discussed his dissertation with Pauli at Ann Harbor one summer and these discussions have contributed materially to his progress. I happen to be an eye witness of these discussions.*
*Johnson knows properties of quantum vectors exceedingly well. He is also interested in and knows quite a lot about most other branches of theoretical physics.*
*With best regards,*
*Sincerely yours* *G. Breit*

Standort: [BAL], bk0016n8x6k; Dokumentnummer: **[0276/21.12.1933]**

MASSACHUSETTS INSTITUTE OF TECHNOLOGY
DEPARTMENT OF PHYSICS
CAMBRIDGE; MASS:

December 21, 1933

*Professor Otto Stern,*
*Carnegie Institute of Technology,*
*Schenley Park*
*Pittsbrugh, Pennsylvania*

*Dear Professor Stern,*
*Thank you for your letter of December 18 asking about a theoretical physicist for your department. It is encouraging to learn that at least some departments are looking for men at present. I believe I can give you the names of several young men who have recently taken their Doctor's degrees, any one of whom I believe would fit in with your qualifications very satisfactorily.*
*First, I would mention Dr. Nathan Rosen, who took his Doctor's degree here one and one-half years ago and since then has been a National Research Fellow; last year at Ann Arbor and this year at Princeton. Rosen did some excellent theoretical work while he was here, on the structure of molecules and on various other topics, and has continued his work since leaving here.*
*The second would be Dr. Lloyd A. Young, who took his Doctor's degree at Michigan several years ago, and after that was a National Research Fellow here for two years. Young has worked on a number of problems in wave mechanics and shows a very good physical intuition as well as mathematical ability.*
*A third man with whom I have not had much direct contact is Dr. Hugh C. Wolfe, who also took his degree at Michigan and after that was a National Research Fellow at Princeton. He and Dr. Young, I believe, are both at Ann Arbor at present.*
*My other two suggestions would be two National Research Fellows who are here at present. Dr. W.W. Hansen and Dr. G.H. Shortley. Hansen did his work at Stanford with Professor D. L. Webster, doing experimental work in X-rays, but became interested in theoretical work and has been following that course here.*

*Professor O. Stern* *December 21, 1933*
*Shortley took his Doctor's degree at Princeton last year, working mostly with Condon on problems in atomic structure and spectra. He is now working on molecular problems here.*
*I shall be glad to discuss any one of these men with you at the meeting next week, and presume most of them will be here so that you can meet them.*
*Very truely yours*
*John C. Slater*

Standort: [BAL], bk0016n8x6k; Dokumentnummer: **[0414/03.01.1935]**

MASSACHUSETTS INSTITUTE OF TECHNOLOGY
DEPARTMENT OF PHYSICS
CAMBRIDGE; MASS:

January 3, 1935

*Professor Otto Stern,*
*Department of Physics*
*Carnegie Institute of Technology,*
*Pittsburgh, Pennsylvania*

**Abb. 3.24** John C. Slater. (Bildquelle: https://www.google.com/search?q=john+c.+slater)

*Dear Professor Stern:*
*We have several very good men taking doctor's degrees in physics in June and expecting to look for teaching positions, in addition to one or two instructors whose terms expire, and several National Research Fellows who will complete their fellowships. Rather than suggestíng that they write individually to physics departments which might have available openings, I am writing myself to ask whether you expect to have available instructorships or other positions for the next academic year. If you do I should be very glad to know of it so that, if possible, I can suggest possible candidates.*
*It is probable that we may have one or two instructorships available next year for the first rate men who have already completed their graduate training, and show excellent promise both in teaching and research. I should be glad to have you call*

*this to the attention of suitable candidates. We shall also have several teaching fellowships and scholarships available for graduate students, for which application should be made before March 1.*
*Sincerely yours*

*John C. Slater*

*Head of Physics Dept.*

Standort: [BAL], bk0016n8x6k; Dokumentnummer: **[0415/08.01.1935]**

January 8, 1935

*Professor John C. Slater*
*Department of Physics*
*Massachusetts Institute of Technology*
*Cambridge, Massachusetts.*

*Dear Professor Slater:*
*Thank you for your kind letter of January 3rd.*
*I do not think we should have any openings for instructors next year. Concerning teaching fellowships, it may be possible that we can make a few new appointments next year, but at present I am not sure. I shall probably know it within about two months.*
*I am glad to learn that there will be possibilities for outstanding students to apply for teaching fellowships or scholarships at the M.I.T. I shall not fail to pass this information to one or two students, who, as I think, might fulfil your requirements.*
*Sincerely yours,*

*O. Stern*

Standort: [BAL], bk0016n8x6k; Dokumentnummer: **[0512/09.12.1936]**

***MASSACHUSETTS INSTITUTE OF TECHNOLOGY***

DEPARTMENT OF PHYSICS

CAMBRIDGE; MASS:

December 9, 1936

*Professor Otto Stern,*
*Carnegie Institute of Technology,*
*Pittsburgh, Pennsylvania*

*Dear Professor Stern,*
*The industrial situation is improving so rapidly that our graduate students who expect to take the doctor's degree next June are already being approached with offers of industrial positions. Several excellent men are interested in teaching appointments, and are very well qualified for them, but I am afraid they may take positions in industry rather than waiting. For that reason I am writing now to inquire whether you have any idea as early as this whether you are going to have any vacancies for next year for which I could make recommendations.*

*We shall probably be appointing one or two instructors ourselves next year, making one year appointments with possibility of renewal, following the policy with which you are probably familiar. We are likely to be interested particularly in the field of x-ray crystal structure, and of acoustics and other applications of physics to the building industry; but we are more interested in finding men of first rate ability, both in research and teaching, than in having them in any specified field. It occurs to me that your best men, like ours, are likely to accept industrial positions early, and for that reason I should appreciate hearing about any particularly promising candidates for our instructorships.*

*There will also be several teaching fellowships available for graduate students from other fellowships from other institutions. I should be much obliged if you could call this to the attention of particularly promising students.*

*Sincerely yours*

*John C. Slater*

*Head of the Department*

Standort: [BAL], bk0016n8x6k; Dokumentnummer: **[0513/12.12.1935]**

*Professor John C. Slater, Head* December 12, 1936
*Department of Physics*
*Massachusetts Institute of Technology*
*Cambridge, Massachusetts*

*Dear Professor Slater:*

*Thank you very much for your letter of December 9.*

*As far as I can see now, we will not have any vacancies for the position of instructor next year.*

*Concerning your second question, I should like to recommend a very good man, Mr. Julius Halpern, who is working for his doctor's degree and will probably finish his experimental work next summer. He is measuring the scattering of slow neutrons by liquid hydrogen. The way he is handling this problem shows that he is a very efficient and skillful worker. He has held a teaching fellowship since fall 1934, and has shown remarkable teaching abilities. His talks in our colloquium were always thoroughly enjoyable. He has a very pleasant personality and I can really recommend him very strongly. Dr. L.C. Young, whose courses in theoretical physics Mr. Halpern has taken, would also be able to give you information.*

*Shall I ask Mr. Halpern to write to you directly?*

*Sincerely yours,*

*O. Stern*

Standort: [BAL], bk0016n8x6k; Dokumentnummer: **[0526/02.04.1937]**

*Professor Joch [John] C. Slater* *April 2, 1937*
*Institute of Advanced Studies*
*Princeton, New Jersey*

*Dear Professor Slater:*
*I am authorized to ask you if you would consider to accept an invitation by the Carnegie Institute of Technology to give two public lectures here. We are especially interested in your recent work on ferromagnetism and on superconductivity. It is not necessary, however, that the lectures should deal with topics, since you will certainly agree to discuss those subjects in a smaller circle.*
*The Carnegie Institute of Technology is ready [to] offer you a honorarium of $100 plus your travelling and other expenses. If you will let us know that you accept this invitation, you will receive an official invitation from the president's office. In this case, I should also like to ask you to propose the dates and the titles for your lectures.*
*I would be very glad, of course, to have you here and hope very much you will come. The other physicists here, especially Young, are also looking forward with with great pleasure to your visit.*
*Sincerely yours,*

*O. Stern*

Standort: [BAL], bk0016n8x6k; Dokumentnummer: **[0527/09.04.1937]**

MASSACHUSETTS INSTITUTE OF TECHNOLOGY
DEPARTMENT OF PHYSICS
CAMBRIDGE; MASS:

Graduate College, Princeton, N.J.
April 9, 1937

*Professor Otto Stern,*
*Research Laboratory of Molecular Physics,*
*Carnegie Institute of Technology,*
*Pittsburgh, Pennsylvania*

*Dear Prof. Stern,*
*Many thanks for your kind invitation to me to give two talks at the Carnegie Institute of Technology some time this spring. It would give me great pleasure to visit you, and I hope it can be arranged. Would it be too much trouble, however, if I could have a few more days in which to make a definite decision, particularly in the matter of dates? As you probably know, I am in Princeton alone this spring, and Mrs. Slater and the children are in Cambridge. Our plans for the rest of this month and for May are still rather uncertain, I do not know just how much time I will spend here, and when I will return to Cambridge. I have written Mrs. Slater about your suggestion that I visit Pittsburgh, and have suggested several possible arrangements of family plans to her, and expect that within a few days we can work things out well enough so that I can let you know definitely whether I can come, and if so when. I suspect the most convenient date for me would be sometime during the first two weeks of May. I shall let you know as soon as I can be more definite.*
*As to topics of lectures, I should be glad to talk about ferromagnetism, in which I have some new results. I should rather not give any lecture about superconducti-*

*vity until I am surer of the theory than I am now. What I published was intended as a suggestion rather than a theory, and I don't want to push it until it is better worked out. The work I am doing at the moment in ferromagnetism is by way of elaborating the theory of metals in the direction which will eventually be useful for superconductivity also. In addition to ferromagnetism, I might talk about the sharp-line absorption of the alkali halides and other solids, about which Shockley and I wrote a paper last summer, and which ties in with the ferromagnetism in that both deal with corrections to the theory of energy bands in solids. Before choosing a topic definitely, however, I should want to know something of the probable type of audience, since subjects which would be interesting to theoretical physicists might be very boring to chemists, metallurgists, and others.*
*Sincerely yours*

*John C. Slater*

Standort: [BAL], bk0016n8x6k; Dokumentnummer: **[0528/12.04.1937]**

*April 12, 1937*
*Professor John C. Slater*
*Graduate College*
*Princeton*
*New Jersey*

*Dear Professor Slater:*
*Thank you very much for your letter of April 9. We are very glad that you will come and I am looking forward for your visit with great pleasure.*
*There is, of course, no particular hurry for determining the dates of your lectures. However, we have to have them at least two weeks in advance in order to mail the invitations in time. Your subjects will be perfectly agreeable to us. Please write me the exact titles together with the dates. The first two weeks of May would be quite convenient.*
*The audience is usually composed of physicists from the industrial laboratories, graduate students, and faculty of Carnegie Tech and the University, etc. The greater part of the audience is probably not familiar with the recent development in theoretical physics. In my opinion, the best thing to do would be to choose an intermediate level, not quite popular, but not too much specialized.*
*Sincerely yours,*

*Otto Stern*

Standort: [BAL], bk0016n8x6k; Dokumentnummer: **[0529/15.04.1937]**

MASSACHUSETTS INSTITUTE OF TECHNOLOGY
DEPARTMENT OF PHYSICS
CAMBRIDGE; MASS:

Graduate College, Princeton, N.J.
April 15, 1937

*Professor Otto Stern,*
*Research Laboratory of Molecular Physics,*
*Carnegie Institute of Technology,*
*Pittsburgh, Pennsylvania*

*Dear Professor Stern,*
*Thank you for your letter of April 12. It looks to me now as if the first week of May--May 3-8--would be the most convenient time for my lectures in Pittsburgh, though the first half of the following would be possible. I presume the latter half of the week, perhaps Thursday and Friday the 6th and 7th, would be better than the first half, so that they wouldn't be quite so soon after the Washington meeting. I should not want to stay too long in Pittsburgh, so that it would probably be best to put them on successive days. On the other hand, I should want to stay long enough to visit the interesting laboratories there, since I have never been in Pittsburgh before.*
*As for topics, I should suggest "Theory of Sharp Line Absorption by Crystalls", and "Theory of Ferromagnetism", if those seem suitable to you. I shall try to give enough of the new material to be interesting to the theoretical men, but at the same time shall give enough of the experimental and descriptive background so that those who are not experts will find something to interest them.*
*I am looking forward with great pleasure to visiting you, and wish to thank you very much for the kind invitation.*
*Sincerely yours, John C. Slater*

Standort: [BAL], bk0016n8x6k; Dokumentnummer: **[0530/17.04.1937]**

*April 17, 1937*

*Professor John C. Slater*
*Graduate College*
*Princeton, New Jersey*

*Dear Professor Slater:*
*Thank you very much for your letter of April 15. In the meantime it turned out that there will be a number of other scientific events during the first week of May, namely, the dedication of the new Mellon Institute and the initiation of the Sigma Xi chapter. This will make it difficult to arrange your lectures during the same week. I would, therefore, like to follow your second suggestion and have you give your lectures on May 11 and 12 and I hope this will be agreeable to you. The topics suggested by*

*you Theory of Sharp Line Absorption by Crystalls and Theory of Ferromagnetism will certainly be very suitable.*
*I think I shall meet you in Washington and you could tell me there which laboratories you want to visit in Pittsburgh so that I could make the necessary arrangements.*
*In the meantime I think you have received the official invitation from the President's office.*
*Sincerely yours,*

*O.Stern*

Standort: [BAL], bk0016n8x6k; Dokumentnummer: **[0531/19.04.1937]**

*April 19, 1937*

*My dear Professor Slater:*
*I am writing to ask if it would be possible for you to accept an invitation to give two lectures at the Carnegie Institute of Technology on the evenings of May 11th and 12th. Any subjects upon which you and Professor Stern agree will be acceptable.*
*I am authorized to offer you an honorarium of $100 and your expenses. If you find it convenient to accept this invitation I shall be glad to make a reservation for you at a nearby club and will write further particulars to you later.*
*Very sincerely yours,*

*Assistant to the President*

*Professor John C. Slater,*
*Graduate College,*
*Princeton University,*
*Princeton, New Jersey*

Standort: [BAL], bk0016n8x6k; Dokumentnummer: **[0532/20.04.1937]**

MASSACHUSETTS INSTITUTE OF TECHNOLOGY
DEPARTMENT OF PHYSICS
CAMBRIDGE; MASS:

Graduate College, Princeton, N.J.
April 20, 1937

*Professor Otto Stern,*
*Research Laboratory of Molecular Physics,*
*Carnegie Institute of Technology,*
*Pittsburgh, Pennsylvania*

*Dear Professor Stern,*
*Your letter of April 17 was waiting for me when I arrived last night from a week end in Cambridge. While there, I heard from Harrison of the opening of the Mellon Institute, and realized that of course the dates I suggested would not be practicable. Your suggestion of May 1 and 12 is entirely agreeable to me.*
*My original preference for the first week of May arose because I wished to return to Cambridge about the end of that week, completing my stay here, and thought it would be simpler to go to Pittsburgh from here than from Cambridge. As things*

*have turned out, I think I shall now return to Cambridge before going to Pittsburgh, simply taking the night train from Boston to Pittsburgh. That being the case, my dates are not quite as restricted as before. If for instance you preferred not to have my talks follow too closely on the events of the preceding week, I could just as conveniently come during the latter half of the week you mention, for example May 13 and 14, if you would rather.*
*No doubt I shall receive the official invitation from the president's office in the course of a day or two, it has not yet come.*
*Sincerely yours, John C. Slater*

Stern war bemüht, gute junge Mitarbeiter zu finden und nach Pittsburgh zu bringen. In Stern's Nachlass findet sich der folgende Brief an Slater, der diese Bemühungen deutlich macht.

Standort: [BAL], bk0016n8x6k; Dokumentnummer: **[0549/04.05.1938]**

*May 4, 1938*

*Professor John C. Slater*
*Department of Physics*
*Massachusetts Institute of Technology*
*Cambridge, Massachusetts*

*Dear Professor Slater:*
*Since I returned from Washington an extra teaching fellowship (possible two) has been made available here. Such fellowships require 6 hours of laboratory instruction per week and pay $700 for the school year. From this tuition ($300) has to be deducted for it is expected that the recipient will become a full time graduate student.*
*Have you any men just finishing their bachelors degree whom you could recommend for the opening? The applicant should have good training in theoretical physics but at the same time should have some skill in experimental techniques. I would like a man sufficiently far along so that he would be able to understand a research problem in solid state theory without too much preliminary coaching.*
*This appointment must be made within two weeks or by May 20 at the latest and I hope you have someone interested. If so, I would like to have him send the usual records (transcript of work at M.I.T., application picture, etc.) and to hear from you as to his comparative standing with other members of this years group in your department. Will you please rate the applicant on personality and initiative in addition to scholarship?*
*I believe this opening offers a real opportunity to somebody as the scientific life in Pittsburgh is becoming quite lively due to the new research group at Westinghouse.*
*I have not yet found any information on "constants" of polyatomic molecules but hope to inquire soon [ ] to the existence of collected data.*
*With best regards, I am*
*Sincerely yours, Lloyd A. Young*

Stern erhielt ab und zu auch Briefe mit Anfragen von „Pseudowissenschaftlern", die glaubten, einen neuen Einblick in physikalische Vorgänge gefunden zu haben. Obwohl die dargelegten Argumente meist schnell als „Stümperei" entlarvt werden konnten, hat Stern sich immer die Zeit genommen, diesen Briefschreibern zu antworten, obwohl Stern nur sehr ungern Briefe schrieb. Der folgende Brief von J. P. Koettnitz ist ein solcher Brief.

Standort: [BAL], bk0016n8t0q; Dokumentnummer: **[0333/25.04.1934]**

*Dipl.-Ing. J.P. Koettnitz* *Insterburg 25. April 1934*
*Chemiker* *Steinstr, 3.*
*Herrn Professor Dr. O. Stern* *Hamburg 21*
*Hofweg 9.*

*Sehr geehrter Herr Professor Stern!*
*Mit grossem Interesse habe ich im vergangenen Jahre über Ihren Vortrag im Harnack-Haus „Über das magnetische Moment des Parawasserstoffs" in der Zeitschrift für Angewandte Chemie gelesen. Mich interessiert dabei insbesonders Ihr Befund betreffs des magnetischen Moments des Protons, welches nach Ihren Angaben 2 bis 3 Kernmagneton beträgt.*
*Ich habe an Hand eines von mir im Januar 1933 entwickelten Wasserstoff-Atom-Modells für das Proton 2,5 Kernmagneton rechnerisch bestimmt. Dies würde sich mit Ihrem Befunde decken. Der Sicherheit halber möchte ich jedoch bei Ihnen noch anfragen, ob der Wert schwank, d. h. bald näher bei 3 liegt, oder ob sich Ihre Angabe 2 bis 3 lediglich auf einen noch nicht ganz sicheren Zwischenwert bezieht?*
*Für einen entsprechenden Bescheid wäre ich Ihnen sehr dankbar. Mein Wasserstoffatommodell hat sich nämlich als ausserordentlich fruchtbar erwiesen und eine schier zahllose Menge physikalischer, chemischer und sogar astronomischer Daten mit Leichtigkeit und mathematischer Genauigkeit abzuleiten gestattet, welche mit den neusten experimentellen Ergebnissen bestens übereinstimmen.*
*Sie werden sich meiner wohl kaum noch entsinnen. Ich war seinerzeit mit Ihnen in Markendorf und hatte den chemischen Teil. Mittlerweile habe ich von der Chemie stark nach der Physik gewechselt, da die chemische Industrie sehr auf dem Hund ist.*
*In der Hoffnung dass es Ihnen gut geht, begrüsse ich Sie*
*In vorzüglicher Hochachtung*
*ganz ergebenst*
*J. P. Koettnitz*

*a) d.h. des Wasserstoffatomkerns (Neutron) mit seinem positiven Elektron (Positron), welches Sie aus gewöhnlichen Wasserstoff erhalten haben. Sie haben die Bestimmung wohl bei Zimmertemperatur vorgenommen?*

Marius Kratzenstein war einer der letzten von Sterns Hamburger Doktoranden. Obwohl Stern schon neun Monate in Pittsburgh war, nahm er seine Doktorvaterpflichten ernst und wollte dessen Arbeit vor einer Veröffentlichung einer kritischen Begutachtung unterziehen.

Standort: [BAL], bk0016n8t0q; Dokumentnummer: **[0357/22.06.1934]**

*Marius Kratzenstein* *Hamburg, d. 22. Juni 1934*
*Rübenkamp 80a*

*Sehr geehrter Herr Professor Stern!*
*Von Herrn Knauer erfuhr ich, daß Sie den Wunsch geäußert haben, meine Arbeit vor der Veröffentlichung noch einmal zu sehen. Gerne komme ich dieser Aufforderung nach und sende Ihnen einliegend einen Durchschlag derselben. Wenn Sie mir noch irgendeinen Rat betreffend der Arbeit erteilen wollen, bin ich Ihnen dankbar.*
*Ich habe nach Ihrem Fortgang noch viele Schwierigkeiten zu überwinden gehabt. Am meisten Ungelegenheiten hat die erforderliche Kaliummenge gemacht. Deshalb bin ich zunächst von dem langen Spalt abgegangen und habe einen (loch) kreisförmigen gewählt. Dadurch wurde die bei demselben Druck erforderliche K-Menge auf weniger als den 10-ten Teil heruntergesetzt. Wenn auch die Wolkenbildung ungünstiger ist so doch bestimmt nicht 10 mal so ungünstig wie bei langen Spalt. Im Endeffekt wurde also bei gleich starker Wolkenbildung Kalium gespart. Mit dieser Abänderung kam ich aber auch noch nicht aus. Es war nahezu unmöglich bei den hohen Intensitäten einen Strahl von konstanter Intensität für längere Zeit zu erzeugen. Deshalb habe ich das Lindemannsche Elektrometer benutzt. Damit konnte ich dann eine ganze Meßreihe in 1 bis 2 Minuten aufnehmen. Das hieß, daß ich nicht mehr Konstanz des Strahls abwarten brauchte sondern sowohl während der Temperatursteigerung als auch während der Abkühlung messen konnte. Ich hatte lediglich darauf zu achten, daß die Temperatursteigerung stetig erfolgte und die Intensitätssteigerung während einer Meßreihe in solchen Grenzen blieb, daß ich sie als Korretion (Korrektion) berücksichtigen konnte. Die Messungen spielten sich dann so ab, daß ich anfing zu heizen, dabei dauernd alle 5 Minuten etwa, Kurven aufnahm, bis ich an der Intensität merkte, daß das Kalium alle wurde, dann wurde der Ofen langsam abgekühlt und wieder alle 4 bis 5 Minuten eine Kurve aufgenommen. Die in der Arbeit angegebenen Werte sind auf diese Weise erhalten. Das Vakuum hätte ich mir etwas besser gewünscht. Ich glaube aber, daß die Kontrollversuche überzeugend genug sind und auch an sich Ungläubigen zeigen, daß die beobachteten Wirkungen tatsächlich auf Wolke zurückzuführen sind.*
*Am Ofen habe ich noch eine sehr kräftige Frontplattenheizung anbringen müssen. Eine Zeitlang täuschte kriechendes Kalium die schönsten Wolkenbildungen vor. Ich konnte eine sehr schöne Verbreiterung des Ofenspaltes feststellen. Die spez. Helligkeit war über die ganze Fläche nahe gleich. Nur war die Wolkenbildung bei steigender Ofentemperatur eine andere als bei fallender Temp. Das machte mich mißtrauisch.*
*Ich werde in den nächsten Tagen meine Arbeit bei der Universität abliefern. Das Examen wird dann wohl Mitte Juli stattfinden. Anschließend werde ich mir eine Stellung suchen. Können Sie mir nicht noch einen Rat geben, an wen ich mich wenden*

*kann. Ein Empfehlungsschreiben von Ihnen könnte mir auch gute Dienste leisten. Wenn Sie mir noch so ein paar Zeilen aufschreiben würden, wäre ich Ihnen dankbar. Wenn Sie auf Ihrer Europareise auch nach Hamburg kommen, würden wir uns alle sehr freuen.*

*Mit herzlichem Gruß*
*Ihr ergebener*
*Marius Kratzenstein*

Franz Simon musste wie Stern 1933 wegen seiner jüdischen Herkunft emigrieren und fand eine Anstellung in England am Clarendon Laboratorium in Oxford bei Frederic Lindemann. Simon war ein großer Experte auf dem Gebiet der Tieftemperaturphysik und beriet Stern beim Aufbau für einen Gasverflüssiger.

Standort: [BAL], bk0016n8w85; Dokumentnummer: **[0375/12.09.1934]**

*Oxford, 12.9.1934*

*Lieber Herr Stern,*
*Ich bin erst vor ein paar Tagen zurückgekommen, konnte mich also noch um die Zeichnung kümmern. Die für den kleinen Verflüssiger notwendigen Cylinder erhalten Sie bei:*
*Vickers-Armstrong Ltd*
*Vickers House*
*Broadway, Westminster*
*London S. W. l.*
*Sie fordern dort einen Cylinder aus Vibrac Steel, 1,3 L Inhalt für 200 Atm. Betriebsdruck, sagen Sie ebenso einen, wie ich ihn gehabt habe. Ich werde mir Mühe geben, die Zeichnung bald folgen zu lassen.*
*Heute las ich in der Phys. Z., dass Harteck zum o. Prof. ernannt worden ist. (Sie interessierten sich ja dafür).*
*Also gute Reise und viele Grüsse Ihr Franz Simon*

Fritz Sauter war ein 1906 geborener theoretischer Physiker, der von 1928 bis 1931 Assistent bei Sommerfeld war. Auf welche Publikation Sauters sich die Kritik von Stern bezieht, konnten die Herausgeber nicht eindeutig klären. Zu vermuten ist, dass Sterns Kritik sich auf das 1933 im Springerverlag von Born unter Mitwirkung von Sauter herausgegebene Buch: Moderne Physik (7 Vorträge über Materie und Strahlung) bezieht.

Standort: [SBB]; HSabtlg Nachlass MaxBorn748. Dokumentnummer: **[0376/14.09.1934]**

*Paris, 14.9.34*

*Lieber Born,*
*von Ihrer Familie aufs Freundlichste aufgenommen habe ich mich in Ihrem Arbeitszimmer in das Studium Ihrer Bücher versenkt – und muß alle Vorwürfe gegen Herrn Sauter zurücknehmen. Einzig nur Kleinigkeit, daß auf S. 136, 8. Zeile von unten*

*Stern statt Stern u. Gerlach und S. 137, 15. Zeile unten Gerlach statt Stern und Gerlach zitiert ist. Auf S. 59 wie erwähnt, sehr schön zu ergänzen, daß „Mol. Str., durch Zahnräder monochromasiert, wodurch die Geschw. v grobmechanisch festgelegt wird, Beugung entspr. $\lambda = h/mv$ ergeben (1 % Genauigkeit). Mein Geschimpfe war also gänzlich grundlos, ich vertrottle doch eben zusehends.*
*Ferner möchte ich noch erwähnen, daß Schnurmann nun wahrscheinlich doch nach Cambridge gehen wird, da Fraser, was ich nicht wußte, auch die J. C. J. dafür eingespannt hat, was auch die Zukunftsaussichten wesentlich verbessern dürfte.*
*Morgen fahre ich wieder nach U. St. zurück. Auf Wiedersehen (wann u. wo ? ) und herzliche Grüße Ihr Otto Stern*

Sterns Hamburger Assistent Otto Robert Frisch hatte sich auf eine Stelle in Kopenhagen beworben. Er bedankt sich im folgenden Brief für Sterns Unterstützung, die, wie man dem Brief entnimmt, auch geholfen hat.

Standort: [BAL], bk0016n8q8k; Dokumentnummer: **[0381/24.09.1934]**

*London, 24.9.1934*

*Hochverehrter Herr Professor!*
*Ich danke Ihnen sehr für Ihre freundliche Intervention in Kopenhagen und für Ihren Brief aus Paris, über den ich mich sehr gefreut habe. Es ist mir doch sehr beruhigend zu wissen, dass ich mir meine Arbeit ein bisschen grosszügiger einteilen kann, und ich kann mich jetzt wirklich rückhaltlos auf Kopenhagen freuen.*
*Es wird Sie vielleicht auch freuen zu hören, dass meine neue Wilsonkammer, von der ich Ihnen ja, glaub ich, ein wenig erzählt habe, sehr schön funktioniert und schon mit ganz roher Einregulierung eine Übersättigungszeit von fast einer Sekunde gegeben hat. Und auch der Trick mit der Photozelle geht! Er geht vorläufig nicht sehr schön, die Zelle reagiert nur auf Alpha-Bahnen, und auch nicht auf alle, und mitunter geht sie auch von selber los, aber das lässt sich noch sehr verbessern; ich habe in Eile einen ziemlich primitiven 4-Röhren-Verstärker zusammengestoppelt, hatte auch sicher nicht die geeignetste Photozelle usw. Im Prinzip jedenfalls geht es.*
*Wegen Ihrem Aspirin-Präparat bin ich damals noch eine Weile herumgelaufen und war in einigen ganz grossen Apotheken, aber sie hatten es alle nicht auf Lager.*
*In etwa drei Wochen fahre ich nach Kopenhagen; sobald ich dann dort etwas eingelebt bin, schreibe ich Ihnen wieder.*
*Mit den besten Empfehlungen Ihr sehr ergebener R. Frisch*

Der Physiker Karl Darrow war Mitarbeiter der „Bell Telephone Laboratories" und schrieb viele Artikel zu aktuellen physikalischen Entwicklungen, um Schulungen bei Bell Labs durchzuführen. Er wurde 1941 Sekretär der „American Physical Society".

Standort: [BAL], bk0016n8p4v; Dokumentnummer: **[0394/24.10.1934]**

*New York, 24.10.1934*

*Dear Professor Stern:*

*I am going to write an article, or may be more than one, concerning the spins of nuclei and involving in particular your determination of the magnetic moments of the proton and the deuton.*

*May I ask whether your articles*[89] *in Volume 85 of the Zeitschrift für Physik still represent your present conclusions? And whether you are about to publish anything which will materially extend or alter them?*

*In general, there is one thing which surprises me in these papers of Volume 85; and that is, that you do not find it expedient to trace theoretical curves (with* $\mu_P = 2.5$ *KM) of the "Aufspaltungsbild" to be compared with the experimental curves of Fig. 12 in the Frisch-Stern article and Fig. 4 of the Estermann-Stern article.*

*Sincerely yours, Karl K. Darrow*

Stern antwortete umgehend.

Standort: [BAL], bk0016n8p4v; Dokumentnummer: **[0395/27.10.1934]**

*[Pittsburgh], 27.10.1934*

*Dear Dr. Darrow:*

*Thank you for your letter of October 24. In reply to your questions, I have to give the following answers:*

1. *The articles in vol. 85 of the Zeitschrift für Physik by Frisch and Stern and Estermann and Stern still represent my opinion as well as the opinion of Estermann and Frisch on the subject. I am not about to publish anything which will materially alter or extend the conclusions arrived at these two papers.*
2. *The reason why we did not trace the theoretical curve for the "Aufspaltungsbild" is the following: We can calculate the "Schwächung" in the center of the beam and the intensities for points away from the center at least one and onehalf "Halbwertsbreiten", but not without much trouble (graphical integration) the intensities for points between these limits. The experimental values in this region are also quite uncertain, as the curve is very steep there.*
   *I think that curve Fig. 4 of the Estermann-Stern article gives a correct representation of the accuracy of our results, and also the table 2 of the same article.*
   *With best regards, Yours very sincerely, O. Stern*

Karl Lark-Horovitz wurde 1892 in Wien geboren und ging 1925 mit einem Rockefeller-Stipendium an verschiedene Universitäten in Kanada und den USA. Ab 1929 wirkte er als Professor an der Purdue University, wo er die physikalische

[89] O. R. Frisch und O. Stern, Über die magnetische Ablenkung von Wasserstoffmolekülen und das magnetische Moment des Protons I. Z. Physik, 85, 4–16 (1933); I. Estermann und O. Stern, Über die magnetische Ablenkung von Wasserstoffmolekülen und das magnetische Moment des Protons II. Z. Physik, 85, 17–24 (1933).

Fakultät aufbaute und u. a. Julian Schwinger holen konnte. Die folgenden Briefe belegen, wie sich die Arbeitsgruppen von Stern und Lark-Horovitz in Notlagen gegenseitig unterstützt haben.

Standort: [BAL], bk0016n8t2t; Dokumentnummer: **[0417/09.01.1935]**

PURDUE UNIVERSITY
DEPARTMENT OF PHYSICS
LAFAYETTE; INDIANA
*Jan., 9, 1935.*

*Dr. Otto Stern*
*Carnegie Institute of Technology,*
*Schenley Park, Pittsburgh, Pa.*

*My dear Dr. Stern:*
*I want to thank you first of all for the kind hospitality while I was in Pittsburgh.*
*I have discussed with Dr. Estermann the questing of buying, if possible, one of your high speed pumps so that our mechanican could simply copy it.*
*You were, at the time, so busy that Mr. Estermann could not reach you before I left, and therefore, I am taking the liberty to ask whether you would consider this transaction, and will let me know at your earliest convenience if any of these pumps are available.*
*Thanking you in advance for your kind attention, I remain,*
*Very sincerely yours,*
*K. Lark-Horovitz*

Standort: [BAL], bk0016n8t2t; Dokumentnummer: **[0420/19.01.1935]**

PURDUE UNIVERSITY
DEPARTMENT OF PHYSICS
LAFAYETTE; INDIANA
*Jan., 19, 1935.*

*Dr. Otto Stern*
*Physics Department*
*Carnegie Inst.*
*Schenley Park*
*Pittsburgh, Pa.*

*Lieber Herr Professor Stern:*
*besten Dank fuer Ihr freundliches Schreiben und Ihr Anbieten uns die Pumpe fuer 3 Monate zu leihen. Sie koennen vollkommen beruhigt sein, die Pumpe wird unversehrt vor Ablauf dieser Zeit wieder in Ihren Haenden sein.*
*Mit bestem Dank und indem wir Ihrer freundlichen Sendung entgegensehen.*
*Ihr sehr ergebener*
*Karl Lark-Horovitz*

*P.S. Ich waere Ihnen sehr zu Dank verpflichtet wenn Sie so freundlich sein wollten mir mitzuteilen wie lange Ihr jetziger Mechaniker in Deutschland dazu gebraucht hat. Mein Mechaniker hier meint, unter 120 Stunden sei an eine Fertigstellung nicht zu denken, was mir etwas langsam vorkommt.*

Standort: [BAL], bk0016n8w9q; Dokumentnummer: **[0424/30.01.1935]**

Columbia University
in the City of New York
Department of Physics

*January 30, 1935*

*Professor O.Stern*
*Carnegie Institute of Technology*
*Schenley Park*
*Pittsburgh, Pennsylvania*

*Dear Professor Stern:*
*Could you let me know the correct reference with regard to the suggestion of the type of field employed by Frisch and Segrè. I am writing a little paper on the general question of using this method for measurement of the sign of nuclear moments. I do not know which people to refer to for the suggestion of this type of Field.*
*My best regards to the people in the Institute.*
*Sincerely yours,*
*I. I. Rabi*

Am 13.02.1935 wandte sich Rabi an Stern wegen seinem früheren Mitarbeiter Henry Boorse, der dringend eine Stelle suchte. Für Stern wäre er ein gesuchter Mitarbeiter, da er sich gut mit der Technik von Wasserstoffverflüssigung auskannte. Er arbeitete zu jener Zeit bei Fraser in England. Fraser war „Fellow" bei Stern in Hamburg gewesen.

Standort: [BAL], bk0016n8w9q; Dokumentnummer: **[0431/13.02.1935]**

*New York, 13.2.1934*

*Dear Professor Stern:*
*I am enclosing a letter which I just received from Dr. Henry A. Boorse. He is evidently under a misapprehension as to the extent of my influence with you as you can read from his letter.*
*However, I can state that Dr. Boorse is an excellent research man, having done a fine piece of work for his dissertation on the magnetic double refraction of liquids. He is at present in England on an excellent fellowship from Columbia.*
*He is a hard worker, very skillful and intelligent. He has an excellent record as a teacher having been both an assistant and an instructor in our department for a number of years.*
*Please convey our best regards to the people in the Institute.*
*Sincerely yours,* *I. I. Rabi*

Standort: [BAL], bk0016n8w9q; Dokumentnummer: **[0428/04.02.1935]**

Royal Society Mond Laboratory
Cambridge University
*February 4, 1935*

*Dear Dr. Rabi:*

*The shop foreman here told me several weeks ago that he was preparing a set of plans of Kapitza's liquid hydrogen apparatus for Stern's use at Carnegie Tech. Upon inquiring into the matter further Fraser tells me that Stern plans to use it in connection with his molecular ray research.*

*In view of my experience with the hydrogen apparatus here and the necessity of a job next year, I have been wondering if there might not be a possibility of getting on the Carnegie Tech. staff with the object of being of material assistance to Stern. Fraser has already approached me on doing some work with him after this term so if Stern thought favorably of my application and there were an opening, I think I could come with enough experience to be of some aid in the actual beam work as well.*

*Inasmuch as a letter from me to Stern would mean very little, I feel the best way of approaching the situation would be through you. If you could drop him a line saying a good word for me, I would be indebted indeed.*

*Hoping this finds you, Mrs. Rabi and the children tip-top, and research going actually well, I am*

*Very sincerely*
*Boorse*

Standort: [BAL], bk0016n8q6g; Dokumentnummer: **[0429/06.02.1935]**

PHYSICAL CHEMISTRY LABORATORY
CAMBRIDGE

MOLECULAR RAY SECTION
*6th February, 1935*

*Professor O.Stern*
*Carnegie Institute of Technology*
*Schenley Park*
*PITTSBURGH*

*Dear Stern,*

*Very many thanks for your letter. I thought that these particular Nuclear Moments were so important from the point of view of getting information about the neutron that it was well worth our while to attempt them now.*

*I saw my new magnet on test last week at the works in Manchester, and it is really, as far as one can see, a great success. We shall have it installed before the end of this month, and will then lo(o)se no time in getting ahead. In the meantime I have asked Schnurmann to measure the vapor pressure of some of the substances we shall be using in the dipole experiments, by the effusion method, as he shou(dl)ld quickly get results, and improve his psychological condition.*

*There is another matter I want to tell you about. Dr. Boorse, who is working in the Mond Lab. here with a Lydig Travelling Fellowship from Columbia University, has*

*had considerable experience in running Kapitza's hydrogen plant, and also of conductivity measurements at low temperatures. He has asked me whether I thought you might have an opening on the Carnegie Tec. staff for a man with such knowledge, as from October of this year. I should say that he is an old pupil of Rabi's, and has seen at close quarters the molecular ray work in Rabi's lab. While he has been primarily interested in low temperature work here, he has also definite leanings towards the magnetic side of rays; and if you were able to give him a job with you, he proposes to join in with Schnurmann between April and this fall, on the Nuclear Moments, so that he could come to you with some first-hand experience of Molecular rays.*
*He is a very pleasant man personally, and has also the darauf gehende temperament of the 100 % American. If you think there might be an opening for him, perhaps you would let me know. Herzliche Grüsse*

*Ihr Ronald Fraser*

Stern bemühte sich sehr, selbst einen Wasserstoffverflüssiger in seinem Labor zu installieren. Der englische Physik-Nobelpreis-Träger (1951) John Douglas Cockeroft versorgte Stern mit Zeichnungen, die vom russischen Physik-Nobelpreis-Träger (1978) Pjotr Kapitza[90] stammten.

Standort: [BAL], bk0016n8p39; Dokumentnummer: **[0433/18.02.1935]**

*Cavendish Laboratory*
*Cambridge*
*18th February, 1935*

*Professor O. Stern*
*Research Laboratory of Molecular Physics*
*Carnegie Institute of Technology,*
*Schenley Park,*
*Pittsbrugh,*
*Pa., U.S.A.*

*Dear Stern, I send you herewith the drawings of the Hydrogen Liquefier, which Kapitza promised you some time ago. I think the drawings are self explanatory but if you require any further information we shall be very pleased to supply it.*
*The Liquefier has been in constant use lately and it has given no trouble, with the exception of a small leak.*

*I am,*
*Yours sincerely*
*J. Cockeroft*
(maschinengeschrieben mit Handunterschrift)

[90] Man findet Kapitza auch in der Schreibform Kapiza.

Standort: [BAL], bk0016n8p39; Dokumentnummer: **[0448/02.04.1935]**

*April 2, 1935*

*Dr. J.D. Cockeroft*
*Cavendish Laboratory*
*Cambridge, England*

*Dear Cockeroft:*
*Thank you very much for sending the drawings of Kapitza's hydrogen liquefier. In the meantime, we are trying out another type which seems to me very promising, but we have no definite results yet.*
*Only a few weeks ago, I learnt from Ladenburg that Kapitza is detained in Russia. I am really awfully sorry. I suppose there is nothing I could do, but if I could be of any help, I should of course be only too glad to do what I can.*

*With best regards,*
*Yours sincerely,*
*O. Stern*

Stern war mit vielen Physiker- und Chemikerkollegen befreundet und konnte so immer auf deren Hilfe bauen. Umgekehrt hat sich Stern sehr häufig für seine Kollegen eingesetzt. Aus dem folgenden Brief wird deutlich, dass er versucht, Rabis Antrag bei der Rockefeller-Stiftung zu unterstützen.

Standort: [BAL], bk0016n8w9q; Dokumentnummer: **[0456/30.04.1935]**

THE ROCKEFELLER FOUNDATION
49 WEST 4th STREET, NEW YORK

THE NATURAL SCIENCES
WARREN WEAVER; DIRECTOR
FRANK BLAIR HANSON, ASSISTANR'T DIRECTOR

*April 30, 1935*

*Dear Professor Stern:*
*I have seen a memorandum of your visit to the Foundation offices on Saturday, April 27, in regard to Professor Rabi of Columbia. I regret sincerely that, apart from the grant-in-aid committee of the National Research Council, I do not know of any other source to whom Professor Rabi could apply. As you know, our interest in the natural sciences is now limited to certain fields of experimental and quantitative biology.*

*With best wishes, I am*
*Sincerely yours,*
*Frank Blair Hanson*

*Professor Otto Stern*
*Carnegie Institute of Technology*
*Pittsburgh*
*Pennsylvania*

Standort: [BAL], bk0016n8q3t; Dokumentnummer: **[0462/22.07.1935]**

UNIVERSITY OF MICHIGAN

ANN ARBOR

*DEPARTMENT OF PHYSICS July 22, 1935*

*Professor Otto Stern*
*Carnegie Inst. of Tech.*
*Pittsburgh, Pa.*

*Dear Professor Stern:*
*I am enclosing a reprint of our last communication on the slow neutrons: I understand that you are trying to make a velocity analysis of the slow neutrons with a velocity selector. I imagine that you might be interested in the experiment on similar lines that is described in our letter.*
*I would like to know when you are going to be in Pittsburgh as Segrè and I would like to visit you when possible.*

*With best greetings, I am*
*Sincerely yours,*
*E. Fermi*

dazu von Segrè handgeschrieben:
*Beste Grüsse! E.Segrè*

Seit seinem mehrmonatigen Aufenthalt im Jahre 1930 in Berkeley kannte Stern den Physiker Ernest Lawrence, der dort den sogenannten „Zyklotronbeschleuniger" entwickelte. Mit diesem Beschleuniger konnte man Ionen auf so hohe kinetische Energien beschleunigen, dass man durch Stöße mit anderen Atomen/Kernen Kernreaktionen induzieren konnte. Lawrence hatte 1931 erkannt, welche Chancen eine solche Maschine für die Kernphysikforschung bot und wollte daher diese seine Idee noch unbedingt patentieren lassen. Er brauchte aber Zeugen, die bestätigten, dass er diese Idee schon 1930 mit Kollegen (auch Stern) diskutiert hatte. 1939 wurde ihm für die Entwicklung des Zyklotronbeschleunigers der Nobelpreis für Physik verliehen.

Standort: [BAL], bk0016n8t4x; Dokumentnummer: **[0196/12.09.1931]**

UNIVERSITY OF CALIFORNIA

DEPARTMENT OF PHYSICS

BERKELEY

*September 12, 1931*

*Prof. Dr. O. Stern*
*Physikalisches Institut der Universität*
*Hamburg, Germany*

*Dear Professor Stern:*
*The method for producing high speed light ions (such as protons) which I described to you when you were here and which you so strongly urged me to experimental-*

*ly try out has been very successful. We have now succeeded in producing protons having energies in excess of 1,100,000 volt-protons and are busy with the installation of a large magnet which should ultimately lead to the production of 25 million volt-protons. I am sure you will be interested in knowing about these developments since you were so instrumental in getting me started on the experimental test of the method. Probably if you hadn't urged me so strongly I would not have started the development of the method until some time later.*
*I have just received information to the effect that a large electrical corporation has applied for patents on the fundamental processes involved in our methods. Originally I did not intend to patent the processes, but the Chemical Foundation has urged me to do so and in view of the attempt on the part of this large electrical company to patent our things, I am now anxious to do so. The most important information in connection with an application for a patent is the "Date of birth" of the fundamental principle or idea. I therefore am taking the liberty of asking if you would be so kind as to write me a letter stating approximately the date of the occasion when I described the principle of the combination of alternating electric and magnetic fields in the successive acceleration of ions to high speeds. I understand that it is desirable in this to attach to the statement one or two signatures of witnesses, perhaps two other men in the laboratory. I am sorry to trouble you in this way, but it seems to be a rather important matter, and I will appreciate it a lot if you will do this for me.*
*I certainly have not forgotten your promise to come back to see us and I am hoping that your visit will be next summer. We are installing the large magnet referred to above and by next summer we should have a good laboratory for the study of high speed charged particles in full operation. Since you were here I have found some other good places to eat in San Francisco and I know they will interest you. When you come over I will be in a much better position to show you a good time.*
*With best wishes and cordial regards, I am*
*Sincerely yours Ernest O. Lawrence*
*Professor of Physics*

Standort: [BAL], bk0016n8t4x; Dokumentnummer: **[0200/02.11.1931]**

*Herrn Professor Dr. Ernest O. Lawrence* *2. November 31.*
*University of California, Department of Physics*
*Berkeley*

*My dear Lawrence:*
*Unglücklicherweise war ich verreist, als Ihr Brief hier eintraf und bin erst kürzlich zurückgekommen. Hoffentlich kommt meine Antwort noch zurecht. Ich füge beiliegend den von Ihnen gewünschten Brief bei, hoffentlich ist es so richtig.*
*Ich würde furchtbar gern wieder mal nach Californien kommen, aber die unsäglich schlechte finanzielle Lage hier macht es leider vorläufig unmöglich. Kommen Sie hin und wieder mit Estermann zusammen?*
*Wie geht es Ihnen und den anderen Freunden in Berkeley, Lewis, Gibson, usw.? Grüssen Sie bitte alle sehr von mir. Kommen Sie nicht bald mal nach Europa? Ich würde mich wirklich sehr über Ihren Besuch hier freuen.*
*Mit herzlichen Grüssen Ihr (Otto Stern)*

**Abb. 3.25** Ernest O. Lawrence. (Bildquelle: https://de.wikipedia.org/wiki/Ernest_Lawrence)

Standort: [BAL], bk0016n8t4x; Dokumentnummer: **[0201/02.11.1931]**

*2. November 31.*

*Herrn Professor Dr. Ernest O. Lawrence*
*University of California, Department of Physics*
*Berkeley*

*Dear Lawrence,*
*Ich bestätige Ihnen gern, dass Sie mir bei meinem Aufenthalt in Berkeley Anfang 1930 oft von Ihrem Verfahren zur Erzeugung von sehr raschen leichten Ionen in der Form, wie Sie es jetzt publiziert haben (elektrisches Wechselfeld im Magnetfeld), erzählten und zwar zuerst im Januar 1930. Sie zeigten mir auch eine vorläufige*

*Magnetapparatur in Ihrem Laboratorium, ungefähr März 1930. Anfang April bin ich ja bereits aus Berkeley abgereist.*
*Mit besten Grüssen*
*Ihr (Otto Stern)*

(maschinengeschrieben mit Handunterschrift)

Standort: [BAL], bk0016n8t4x; Dokumentnummer: **[0203/18.01.1932]**

UNIVERSITY OF CALIFORNIA
DEPARTMENT OF PHYSICS
BERKELEY

*January 18, 1932*

*Prof. Dr. O. Stern*
*Institut für Physikalische Chemie*
*Hamburgschen Universitat*
*Hamburg, Germany*

*Dear Professor Stern:*
*I enjoyed very much your letter and I am indeed grateful for the accompanying statement.*
*I am very sorry to hear that the financial situation is so bad in Germany that you do not feel able to come over here again next summer, and I sincerely trust it is only a very temporary matter.*
*Professor Franz Simon, who is lecturing here this semester, as you probably know, is living next door to me at the Club, and already we have become quite well acquainted. I find him an exceedingly charming fellow.*
*Our experiments on the production of high speed protons are coming along admirably. At the moment we are installing a very large electromagnet weighing about 85 tons, and it is our hope before long to be producing 5 million volt-protons.*
*Thank you very much for the invitation to visit you next summer. Ordinarily I should like to come, but it will not be possible for a very special reason, namely, that I am to be married in May!!!!*
*With best wishes and highest personal esteem, I am*
*Sincely yours*

*Ernest O. Lawrence*

Da Stern ab Oktober 1933 in Pittsburgh lebte, verstärkte sich der Kontakt zu Lawrence. Wie die folgenden Briefe zeigen, fanden auch gegenseitige Besuche statt und man arbeitete an gemeinsamen Forschungsprojekten.

Standort: [BAL], bk0016n8t4x; Dokumentnummer: **[0263/08.11.1933]**

*November 8, 1933*

*Dear Lawrence:*
*I have heard from Rabi that you are now on your way back from the Solvay congress and are stopping in New York to give a lecture on November 9. As you probably*

*know, I am now in Pittsburgh as well as Estermann. I should like very much to see you again and I hope you feel the same way. Since Pittsburgh is on your direct route to Berkeley, I am sure you will stop here. We could probably arrange for you to give a lecture here (75 Dollars), but we have to announce it a week ahead.*
*If you think to stay in the East so long, please notify me at once, giving the date and the subject of this lecture, so that I could make the necessary arrangements. If this is not convenient for you, I hope you will visit us anyway, and I should, of course, be very glad to have you and Mrs. Lawrence as my guests as long as you wish to stay here.*
*Hoping to see you soon, I remain yours sincerely*
*Otto Stern*

Standort: [BAL], bk0016n8t4x; Dokumentnummer: **[0264/20.11.1933]**

UNIVERSITY OF CALIFORNIA
DEPARTMENT OF PHYSICS
BERKELEY

*November 20, 1933*

*Professor Otto Stern*
*Department of Physics*
*Carnegie Institute of Technology,*
*Pittsburgh, Pa.*

*Dear Professor Stern:*
*I enjoyed immensely the short visit with you, and am sorry it was so short. However, no doubt we will be seeing each other again before long, either in California or in the east.*
*I spoke to Latimer and Lewis about the possibility of getting $H^3$ in quantities great enough for your use. They say that there is no immediate prospect of doing this, but it is not entirely out of the question for the future. I have the impression that they are a pretty long way from getting $H^3$ in appreciable quantities; but they have no doubt but what they have detected $H^3$ all right.*
*With best wishes to yourself and Estermann, I am*
*Cordially yours,*
*Ernest O. Lawrence*
(maschinengeschrieben mit Handunterschrift)

Standort: [BAL], bk0016n8q5x; Dokumentnummer: **[0285/09.01.1934]**

*January 9, 1934*

*Professor Ernest O. Lawrence*
*Department of Physics*
*University of California*
*Berkeley, California*

*My dear Lawrence:*
*With great pleasure and surprise I received your kind smokable New Years greetings and thank you very much. Everytime I smoke a Fighting Bob, I see in my mind beautiful California. You know, I would like very much to see it not only in my mind. Our experiments proceed slowly; how about your experiments. I would like very much to get reprints of your papers. Please write me in time, when you are going East next spring.*
*With the best regards to all friends in Berkeley and to yourself*
*yours sincerely*

(Briefentwurf handgeschrieben ohne Unterschrift)

Standort: [BAL], bk0016n8t4x; Dokumentnummer: **[0302/06.02.1934]**

UNIVERSITY OF CALIFORNIA
DEPARTMENT OF PHYSICS
BERKELEY

*February 6, 1934*

*Professor Otto Stern*
*Department of Physics*
*Carnegie Institute of Technology,*
*Pittsburgh, Pa.*

*Dear Professor Stern:*
*I received several invitations similar to yours, to give lectures in the east this spring and therefore it is possible for me to make a trip. Would it be convenient for you if I came to Pittsburgh some time during the third week of May? Although that time would be most convenient for me, yet I could arrange to be on hand following week. Last Friday evening Molly and I invited Robert Oppenheimer and Melba Philipps to dinner at our house, and took the occasion to consume the bottle of champagne which you sent about a year ago, The champagne was much appreciated (even our maid had a taste of it), and we all drank your health. Robert and I took the occasion to write you a postcard, which I presume you have received.*
*I need hardly say that I am delighted to send you reprints. Perhaps you will remember it was your enthusiasm one evening during dinner at Solari's for the proposed method of multiple acceleration of light ions, that stimulated me to begin the development of the method.*
*With kindest regards, I am,*
*Sincerely,*

*Ernest Lawrence*
(maschinengeschrieben mit Handunterschrift)

Standort: [BAL], bk0016n8t4x; Dokumentnummer: **[0308/20.02.1934]**

*Februar 20, 1934*

*Professor E.O. Lawrence*
*Department of Physics*
*University of California*
*Berkeley, California*

*My dear Lawrence:*
*I am delighted to learn from your letter of February 6 that you plan to come to the East this spring. Of course we would like it very much to have you lecture here in Pittsburgh. Since our semester ends early in June, it would be convenient for us to have you here as early as possible. You wrote about the third week of May, what is the earliest date you could be here?*
*I was very much pleased to hear that you are delighted to send me your reprints, but until now, I have not received any.*
*We hope to have the magnetic moment of the deuton in a few weeks.*
*With kindest regards,*
*Sincerely yours*

(Briefentwurf handgeschrieben ohne Unterschrift)

Standort: [BAL], bk0016n8t4x; Dokumentnummer: **[0316/15.03.1934]**

UNIVERSITY OF CALIFORNIA
DEPARTMENT OF PHYSICS
BERKELEY

*March 15, 1934*

*Professor Otto Stern*
*Department of Physics*
*Carnegie Institute*
*Pittsburgh, Pa.*

*Dear Professor Stern:*
*Please excuse me for this delay in reply to your letter of February 20. I have been waiting day by day to write you, thinking my plans for the summer would clear up, but my plans are still up in the air. Since last writing you I have accepted an invitation to spend a month at the University of Michigan and it is not settled yet whether it shall be for the first half or the second half of their summer school.*
*In any event, I am counting on seeing you some time while in the east, and I still have hopes that I may come east early enough to stop by Pittsburgh before the close of the semester.*
*I am sending some reprints under separate cover. I am waiting to hear what the magnetic moment of the deuton is.*
*With kindest regards to Estermann and yourself, I am,*
*Sincerely yours,*

*Ernest Lawrence*

(maschinengeschrieben mit Handunterschrift)

Stern hat in Pittsburgh auch die Streuung von langsamen Neutronen an flüssigem Wasserstoff untersucht [HALPERN1937]. Dazu brauchte er Daten über Streuquerschnitte, Energieverlust und Absorptionswirkungsquerschnitte. Dabei haben ihn Enrico Fermi und vor allem Rudolf Ladenburg unterstützt.

Standort: [BAL], bk0016n8t18; Dokumentnummer: **[0438/05.03.1935]**

PALMER PHYSICAL LABORATORY
PRINCETON UNIVERSITY
PRINCETON NEW JERSEY

*March 5, 1935*

*Professor Otto Stern*
*Carnegie Institute of Technology*
*Pittsburgh, Pa.*

*My dear Stern:*
*Here enclosed I send you, first) a copy of the letter to Courant*[91] *for your information, second) copies of the two papers of Fermi containing all that I could find about absorption of slow neutrons, third) two tables giving the connection between range, velocity and energy of protons and alpha particles corresponding to an agreement with Cambridge, England.*
*Beste Grüsse*
*Ihr R. Ladenburg*

(ab „Beste" handgeschrieben)

Standort: [BAL], bk0016n8t18; Dokumentnummer: **[0468/11.10.1935]**

PALMER PHYSICAL LABORATORY
PRINCETON UNIVERSITY
PRINCETON NEW JERSEY

*October 11, 23, 1935*

*Professor O: Stern*
*Department of Physics*
*Carnegie Institute of Technology*
*Pittsburgh, Pa.*

*Dear Stern:*
*Here enclosed I send you the description of my neutron source and the results we got with it. Perhaps you can compare it with results of your neutron source, write me about it.*
*Mit freundlichen Gruss*

*Ihr R. Ladenburg*
(ab „write" handgeschrieben)

[91] Ladenburg, Courant, Baade und Stern (s. Band I dieser Briefausgabe, Abschn. 2.2) hatten untereinander einen regen Briefaustausch, um deutsche Emigranten in den USA bei der Stellensuche zu unterstützen.

**Abb. 3.26** Rudolf Ladenburg und Otto Stern (1937 Konferenz in Kopenhagen). (Bildquelle: Nachlass Stern [BAL], bk0016 Fotogalerie)

Standort: [BAL], bk0016n8t18; Dokumentnummer: **[0473/30.10.1935]**

PALMER PHYSICAL LABORATORY
PRINCETON UNIVERSITY
PRINCETON NEW JERSEY

30.10.1935
*Mittwoch abend*

*Lieber Stern:*
*Ihre N-Quelle geht morgen vormittag ab. Ich habe noch intensiv gemessen. Faud, dass wir versehentich Ihre Quelle in das Gundelachrohr statt in Pyrex gesteckt hatten! In Pyrex gibt sie 30 % weniger Aktivität! Daher ist meine Quelle, auf 20 ml reduziert, nicht viel schwächer als Ihre. Quantitative Angaben folgen morgen.*
*In Eile*

*Ihr R. Ladenburg*

*Ihr Brief an Berliner kam heute nachmittag bei mir in der Wohnung an- rascher erreicht ihre Nachricht* *Nassau Club Princeton*
(handgeschrieben)

Standort: [BAL], bk0016n8t18; Dokumentnummer: **[0478/23.11.1935]**

PALMER PHYSICAL LABORATORY
PRINCETON UNIVERSITY
PRINCETON NEW JERSEY

November 23, 1935

*Professor O: Stern*
*Department of Physics*
*Carnegie Institute of Technology*
*Pittsburgh, Pa.*

*Dear Stern:*
*I wonder whether you have got my communication of November 5th in which I gave you the comparison of your neutron source and my neutron source and the comparison of Dunning's radon sources and my source. I would be thankful if you would let me know the data of your neutron source, stating how it was prepared, because I am planning to get a new larger source and I would like to decide, whether I will use your or my method in preparing the source, Laue was here on Wednesday after [after] his trip and I had the impression that he was very pleased with his activities in this country. He left on Wednesday night for England, together with Berliner*
*Mit herzlichen Grüssen*

*Ihr R. Ladenburg*
(ab „together" mit der Hand geschrieben)

Standort: [BAL], bk0016n8t18; Dokumentnummer: **[0484/05.01.1936]**

*Pr. 5.1.1936 Pr = Princeton*

*Lieber Stern,*

*Ich höre zufällig, dass Auguste Picard ist der physikalische Berater der belgischen Radium Company. Vielleicht können Sie durch ihn etwas in der Raverleihangelegenheit erreichen. Wollen Sie so gut sein mir die Adresse Ihrer Bezugsquelle für Dysprosium mitteilen?*

*Mit herzlichen Grüssen + Wünschen* *Ihr R. Ladenburg*
*$20 p. gr. Dychl.*

Standort: [BAL], bk0016n8t18; Dokumentnummer: **[0494/10.03.1936]**

10. März 1936.

*Lieber Ladenburg:*
*Wir können Ihnen leider noch keine Angaben über die Ergiebigkeit unserer neuen Neutronenquelle machen.*
*Die ersten Messungen ergaben ein Verhältnis 1:6 statt 1:10, alte Quelle zu neuer. Der Vergleich der $\gamma$-Aktivitäten ergab aber dasselbe Verhältnis. Wir trauen aber*

*den Versuchen vorläufig noch absolut nicht und können daher noch nichts definitives sagen.*
*Herzlichen Glückwunsch zum flüssigen $H_2$ und viele Grüsse*
*Ihre*

(Kopie maschinengeschrieben)

Otto Stern brauchte für seine Neutronenstreuversuche bessere Strahlen von Neutronen und Deuteronen. Die konnte mit variabler Geschwindigkeit Ernest Lawrence mit seinem neuen Zyklotron in Berkeley bereitstellen. Lawrence hatte daher seinen Mitarbeiter Jackson Laslett abgestellt, um nach Sterns Wünschen solche Strahlen herzustellen und zu untersuchen. In den folgenden Briefen werden die Schwierigkeiten dieser Untersuchungen diskutiert.

Standort: [BAL], bk0016n8s06; Dokumentnummer: **[0463/22.09.1935]**

*Dear Prof. Stern,* *September 22, 1935*
*There seem to have been no difficulties so far in the construction of the slow neutron apparatus: The Cadmium slits are now on the two aluminium disks; the cadmium tube which goes between the disks is mounted on two face-plates, surrounded by wax, and ready to screw into place tomorrow morning when I can get some suitable machine screws from the main shop. The cadmium slots were fastened onto the disks by several (some 70 per disk) #4-40 brass screws wish washers; then the ends were pounded over-- with the disks then balanced by suitable filing of the screw heads, they revolve quite smoothly and the centrifugal force has not yet succeeded in removing the cadmium. I have now to erect the fore-slit and the detector-slit.*
*The cyclotron has been put together now with the glass cylinders of Dr. Kurie as well as with a better, sylphon method for lateral adjustment of the filaments-- these have been working very well ((!)) and, indeed they managed to burn out one of our mercury-vapor rectifiers the other day. At present the progress of "shiming" is going on.*
*I hope you had a comfortable trip back and an interesting stop at Pasadena-- since you left, we have had quite a bit of really fine weather. McMillan, whom I informed of your efforts to find to say farewell, sends his regards*

*Yours very truely*
*L. Jackson Laslett*

Standort: [BAL], bk0016n8s06; Dokumentnummer: **[0464/30.09.1935]**

*September 30, 1935*

*Mr. L. Jackson Laslett*
*Radiation Laboratory*
*University of California*
*Berkeley, California*

*Dear Mr. Laslett:*
*Thank you very much for your letter of September 22. I am very glad to hear that everything is going so well. I hope you have got some measurements in the meantime. Please write me as soon as you get results, but also if new difficulties should arise.*
*I should now like to have the high-speed motor, if you don't need it. You will probably remember that I made arrangements with Mr. Wiese that the motor should be purchased by Carnegie Tech in Pittsburgh. Please ask Mr. Wiese to whom our order should be send, and how the motor should be designated.*
*I hope everything is all right in the Radiation Laboratory. Please give my best regards to all the people there (Lawrence, Gibson, McMillan etc.)*
*Sincerely,*

(Kopie maschinengeschrieben ohne Unterschrift)

Standort: [BAL], bk0016n8t4x; Dokumentnummer: **[0465/01.10.1935]**

UNIVERSITY OF CALIFORNIA
DEPARTMENT OF PHYSICS
BERKELEY

*October 1, 1935*

*Professor Otto Stern*
*Carnegie Institute of Technology*
*Pittsburgh, Pennsylvania*

*Dear Professor Stern:*
*I suppose Laslett has written to you that we have the cyclotron working again and that soon we should have some results to report to you. Less than a week ago we located the cyclotron trouble that has been bothering us these past two months. In the past we have not had a choke coil between the dees and the ground and have depended on the conductivity of the cooling water to prevent a charging up of the accelerating system. We suspected that there might be a rectifying action which was charging up the dees, and inserted a choke coil between the west dee and ground, and immediately found that all our trouble vanished. Not only did all of the cathode ray trouble (with the shield) disappear, but also we had no difficulty in getting large currents. Yesterday we were working with as much as 9 microamperes at 4.2MV, and find that our limitation now is due to water-cooling of the dees and target system. We therefore decided to open up the tank this morning and make alterations for more water cooling, and I am sure that before long we will have regularly 10 microamperes at 5 MV. I feel very much annoyed with myself for having overlooked the necessity of a choke coil all this time. Many times I have thought about it, but haven't felt strongly enough that the such a coil was necessary actually to connect one in. However, I am sure now that we are through with any further extended troubles with the cyclotron, and that we will regularly be having plenty of intensity of deuterons and neutrons. Before very long Laslett should have some results to report to you.*

*I have noticed in Science that Dr. Baker has retired on account of ill health. I hope that the succeeding president will have a proper appreciation of the laboratory of molecular physics.*
*We all, and I particularly, enjoyed your stay out here this summer, and hope that the visit will be repeated soon. Give my best regards to Estermann.*
*Sincerely*

*Ernest Lawrence*

Standort: [BAL], bk0016n8s06; Dokumentnummer: **[0466/02.10.1935]**

*October 2, 1935*

*Dear Dr. Stern,*
*Thank you for writing me. I have persuaded Mr. Viez (Wiese) to send the high-speed motor right away, but he would like to have an order for it as soon as convenient; I am enclosing the directions for the order in this letter.*
*As for the slow neutron apparatus, I finished its construction in what I thought suitable form last week; there was an opportunity to try it one evening (for about 1hr, 2-3 $\mu$amp), so I thought first to take a background run (Target-beam cut off by Cd teeth). Although the intensities of activation in each of the $Dy_2O_3$ target were small, I was disappointed not to get what might be considered some evidence of a beam on the control sample as contrasted to the one shielded by the Cd teeth. I plan however, to take additional paraffin in an attempt to improve the shielding, the Cd shielding probably being sufficient.*
*At present the cyclotron is apart once more, because, although the glass tubes serving as lead-in insulators for the D's seem satisfactory, the long arms on the D's soon became so warm that the D's gradually sink lower and lower, requiring continual raising until the limit of adjustment is reached.*
*It is planned, then, to water cool these arms in the target box, too, has been water cooled. When the cyclotron is again together, I shall try to accumulate some data, or at least some knowledge of the difficulties to discuss with you.*
*Last week-end the department had a picnic--baseball game in the afternoon; food, entertainment, and singing in the evening. The radiation lab. played a fair game of ball, but could have used a little preliminary practicing to advantage.*
*Thank you again for writing.*

*Yours very truely*
*L. Jackson Laslett*

Standort: [BAL], bk0016n8s06; Dokumentnummer: **[0467/08.10.1935]**

*October 8, 1935*

*Mr. L. Jackson Laslett*
*Radiation Laboratory*
*University of California*
*Berkeley, California*

*Dear Mr. Laslett:*
*Upon my return from a week-end trip to New York and Princeton, I found your letter of October 2. Thank you very much for it.*
*I have asked our purchasing agent to send the order for the motor to the Physics Department at Berkeley.*
*I am not greatly surprised to hear that you could not find a decent beam – the intensity produced by the cyclotron in such a short time was probably to small. I should think, however, that the additional paraffin would be quite useful.*
*I just received a letter from Lawrence, to whom I shall write within the next few days, saying that the cyclotron is now all right, so I hope you can perform the final experiments very soon.*

*Please write me again.*
*With best regards*
*Sincerely,*
(Kopie maschinengeschrieben ohne Unterschrift)

Standort: [BAL], bk0016n8s06; Dokumentnummer: **[0469/16.10.1935]**

UNIVERSITY OF CALIFORNIA
DEPARTMENT OF PHYSICS
BERKELEY

*October 16, 1935*

*Dear Professor Stern,*
*Thank you for your letter – Mr. Viez informs me that he has sent the motor and received the order from your purchasing department.*
*When you last wrote the cyclotron was apart, but it was running for the past week in a fairly satisfactory manner, except that the seal on the "tank"-cover became very warm near the oscillator leads. Today it was found necessary to pull the machine apart once more in order to provide water cooling at this location, for although the seal at this point was made with red wax, sufficient wax was sucked in due to the temperature to reduce the beam below 1 micro-amp., while previously currents as high as 15 micro-amp. had been attained for a short time.*
*Monday afternoon I was able to get in a run at about 4 1/2 micro-amp. for some 3 hours (4MEV deuterons) with our velocity selector. Because the slow neutrons are believed to be rapidly absorbed in paraffin, merely keeping in equilibrium with the fast ones, we thought it adviceable not to attempt constructing a hohlraum before the apparatus, but to reserve our paraffin for shielding, in order that the shielding be somewhat complete. With this set-up, the intensities induced in the $Dy_2O_3$ were too small to be even detected by the electroscope. A rough calculation for this arrangement (first slit just outside magnet coils and therefore approximately 90 cm. from the Be) assuming the slow neutrons to come out fairly isotropically from the paraffin block in front of the first slit, would lead one to expect activities capable of giving readings above the background of amounts only equal to the background itself when one introduces a factor of say 1/5 to allow for the neutrons absorbed in the paraffin provided for slowing down the fast ones.*

*These intensities of activation I believe could be detected by a beta-particle Geiger-counter, in which alpha-particles as contamination provide merely additional single counts, but accurate measurements would probably be out of the question. However, since the intensity of the beam to be measured is doubtless of the same order as the activity introduced by the extraneous neutrons leaking in due to imperfect shielding. I believe it is highly desirable to carry on the experiment only in such a way that the complete run (1.e., with all the various rotational speeds desired) can be made in the course of one afternoon (or one complete day), so that the geometrical set-up remain constant.*

*For this last reason, the only procedure I can think of which would afford any possibility of success is to use as detectors Geiger-counters with silver cathodes, these being activated for a short time by the beam, then their activities measured in place immediately upon turning the cyclotron off. This procedure would be difficult to carry through even should the intensities be sufficient, because of the small space available for the counters and because silver has two periods, both of which are uncomfortly short. However we intend upon the next opportunity to determine the possibility of shielding a Geiger-counter suitable from the gamma-radiation present in the neighborhood of the cyclotron, particularly for a short time following its use. If these experiments should be favorable, we shall, unless you disapprove, try this silver-counter scheme.*

*Professor Lawrence tells me that Dunning or Pegram are trying a similar experiment, but report trouble with the intensity so far.*

*I am sorry this report is so discouraging, but should be glad to hear from you concerning this matter, particularly if you can think of any material more convenient than silver for the Geiger-counter. Silver, however, I understand, makes well-behaved counters and its use will probably be our best chance of measuring our weak neutron beams.*

*A minor point of interest is that one day while the cyclotron was being used for something else, I used the general neutron background to activate the* $Dy_2O_3$ *samples placed between some paraffin blocks. The induced activities were strong enough to get a nice decay run revealing a single period (*$t_{1/2}$ *=2,38 hrs.) out to 14 hours after activation, and the beta-particles were found (with poor geometry) to be absorbed to one-half in about 0,010 inches of Al with a range greater than 0,04 inches of Al.*

*Hoping that things are going well in Pittsburgh, I remain,*

*Sincerely yours,*
*L. Jackson Laslett*

Standort: [BAL], bk0016n8t4x; Dokumentnummer: **[0470/18.10.1935]**

*October 18, 1935*

*Professor E.C. Lawrence*
*Radiation Laboratory*
*University of California*
*Berkeley, California*

*Dear Professor Lawrence:*
*Thank you very much for your kind letter of October 1. I took great pleasure in reading it, especially in learning that you found the trouble with the cyclotron. It certainly would be wonderful if you can keep the cyclotron working regularly with such high energies as you expect. I also hope that Laslett will now be able to do the experiments without further difficulties. I have not heard from him for some time.*
*I am really very sorry about Dr. Baker's retirement. The problem to find a successor for him is of course a very hard one, and I do not know anything about the plans of the trustees. Let's hope for the best.*
*I want to apologize for not having written to you earlier. I have wanted to do it every day since I came back to Pittsburgh and to thank you for the very good time I had in the Radiation Laboratory. You know very well how much I like Berkeley, and how glad I was to be there. The Radiation Laboratory is certainly a great newly added attraction. I really learned a lot of new things there and enjoyed it very much. Be sure I shall visit Berkeley again.*
*My best greetings to all the Berkeley people, especially to yourself.*
*Sincerely*
(Kopie maschinengeschrieben ohne Unterschrift)

Standort: [BAL], bk0016n8s06; Dokumentnummer: **[0471/25.10.1935]**

*October 25, 1935.*

*Mr. L.Jackson Laslett*
*Radiation Laboratory*
*University of California*
*Berkeley, California*

*Dear Mr. Laslett:*
*Thank you for your letter of October 16. The motor has arrived in the meantime. Concerning your report about your experiments, I am not sure that I understand everything you write. In particular, I can't see by what arrangement you replaced our "Hohlraum". I am afraid you had only a paraffin block in front of the first slit. In this case, I would be inclined to attribute your weak intensity to this unfavorable arrangement. The absorption of the slow neutrons makes the hohlraum-effect, of course, more ineffective, but I am still convinced that the intensity using a hohlraum is several times as great as if only a block of paraffin is used in front of the first slit. Concerning the use of a (α) - particle Geiger counter for determining the activation of the dysprosium, I don't understand why you are so pessimistic. Didn't Dean Cowe build one? We use always such a counter here in Pittsburgh for measuring the activity of silver or dysprosium. We never had any trouble with contaminations giving (α)-particles.*
*We got some dysprosium here in Pittsburgh and should like very much to compare it with the Berkeley dysprosium. Our dysprosium has the right half-life, but I have the impression that it is not sensitive enough. I suspect it is very impure and only a small percentage of our substance is really dysprosium. If you could spare your samples*

*for a few days I would appreciate it very much if you could send me your samples by air mail. We would make the comparison here immediately and return the samples also by air mail. In such a case, you would have to miss your dysprosium only about four days.*
*With the best regards to everybody in the Radiation Laboratory,*
*Sincerely yours,*

(Kopie maschinengeschrieben ohne Unterschrift)

Standort: [BAL], bk0016n8s06; Dokumentnummer: **[0472/29.10.1935]**

UNIVERSITY OF CALIFORNIA
DEPARTMENT OF PHYSICS
BERKELEY

*October 29, 1935*

*Dear Dr. Stern,*
*Thank you for your last letter. The Chemistry Department should be sending the* $Dy_2O_3$ *targets today, for when I spoke to them regarding the loan, they said their purchasing department would take care of the actual mailing if I would give them the samples. The chemists may be needing the dysprosium themselves when you are finished using it, but will not use the aluminium envelopes in their work.*
*You probably will be interested in the masses of the samples. At the time we filled the envelopes, sample X weighed 224 mgm and sample Z, 263 mgm. These values do not include the masses of the envelopes themselves, these being 82 and 83 mgm respectively.*
*The cyclotron has not been together since I last wrote, for once it was apart for the purpose of providing additional cooling coils, it was decided to revise the pumping system and to move the control table to the center of the west wall of the west room; this last step was taken to protect the operators. These improvements are still under way, but may well be finished by the end of this week.*
*The construction of some water tanks to put around the cyclotron has been started and these would probably prove suitable for the construction of a "hohlraum". In the last attempt I made at a run, it seemed to us necessary to use our stock of paraffin for shielding the velocity selector; it would have been advantageous to have constructed a "hohlraum" too. Apparently Dunning et al were unable to get a beam more than a fraction of the background; under such conditions it would seem highly desirable that the shielding geometry remain fixed fairly accurately for the successive runs– it was this which made me seem a bit pessimistic about the dysprosium perhaps.*

*Hoping your neutron experiments come along well,*
*Yours very truly,*
*L. Jackson-Laslett*

Joel Hildebrand war Chemieprofessor an der University in Berkeley. Stern und Hildebrand hatten sich 1930 während Sterns Aufenthalt in Berkeley kennengelernt. Um welches Problem es sich hier handelt, konnte nicht herausgefunden werden.

Standort: [BAL], bk0016n901b; Dokumentnummer: **[0510/04.12.1936]**

December 4, 1936

*Dr. J. H. Hildebrand*
*Department of Chemistry*
*University of California Berkeley, California*

*My dear Hildebrand:*
*This is certainly a very amusing problem. I am convinced you are absolutely right with the respect to your result as well as with the method of calculating.*
*At first, I was somewhat puzzled, because I could not see how to derive your results in the van der Waal's theory, but after so thinking I found the solution. Perhaps you will be interested to learn of my troubles and the solution. It is like this:*
*Imagine we have in the one-dimensional case a liquid consisting of two long molecules in equilibrium with the vapor phase. Now, if we break up one of the long molecules into three small ones, we would, at first sight, expect the vapor pressure of the long molecules to be one-half of the previous value; because the value of van der Waal's b should not be changed by this process. But according to your theory, the vapor pressure should be one-fourth. Now the solution is this: The value of the volume v changes. If we call the van der Waal's v-b the "effective volume" then this "effective volume" is proportional to the number of molecules in the liquid; so that the "effective volume" for the large molecule is four times as large and the vapor pressure for times as small.*
*I hope you agree with this consideration. I certainly had very much fun playing with this nice problem.*
*With best regards,*
*Sincerely yours,*

(Kopie maschinengeschrieben ohne Unterschrift)

Für seine Neutronenexperimente benötigte Stern eine eigene Neutronenquelle in Pittsburgh. Eine Radium-Beryllium-Quelle emittiert $\alpha$-Teilchen mit einer Halbwertszeit von ca. 1620 Jahren. Die $\alpha$-Teilchen werden im $^{9}$Be absorbiert. Dieser angeregte $^{13}$C-Kern zerfällt durch Emission eines energetischen Neutrons (Maximum der Verteilung bei ca. 4–5 MeV) in den $^{12}$C-Kern.

Standort: [BAL], bk0016n8t5g; Dokumentnummer: **[0551/28.09.1938]**

September 28, 1938

*Professor Gilbert N. Lewis,*
*Department of Chemistry,*
*University of California,*
*Berkeley, California,*

*Dear Professor Lewis:*
*This is the report about the rental of the radium beryllium source which I promised you. I am sorry to say that the Eldorado Radium Corporation withdraw their*

*original offer of renting the radium and allowing us to prepare the neutron source. They insist now on preparing the neutron sources themselves. On September 13 they wrote:*

*"We wish to cancel our offer of July 18 at which time we were going to permit you to do the mixing and recovering yourselves. We feel justified in cancelling this part of our original quotation as it is now two months since we made it and during the interval we have had considerable discussion as to the dangers involved and we have decided on a definite policy of doing this work ourselves"*

*They agreed finally to do the mixing for $100.00 and the recovery for $200.00 (for 200 milligrams of radium).*

*Furthermore, they regret to have quoted a fee of $400.00 a year for rental and $64.80 for insurance for 200 milligrams of radium and do not want to continue on this basis. They wrote us on September 19:*

*"We want you to consider this offer as a special one to you, and although we appreciate having the inquiries that we have received from other universities, it is quite out of question for us to continue to rent radium at such a low fee"*

*Under these circumstances, I think it would be very desirable if one could persuade the Rockefeller Foundation or the Carnegie Institution or somebody else, to buy one gram of radium, have it mixed with beryllium and lend it to the different institutions.*

*With best personal regards, I am*

*Sincerely yours*

(Kopie maschinengeschrieben ohne Unterschrift)

Auch Willard Frank Libby, ein amerikanischer Chemiker und Physiker, unterstützte Stern bei seinen Experimenten mit Schwerem Wasser. Für die Entwicklung der Radiokohlenstoff-methode zur Bestimmung des Alters archäologischer Funde erhielt Libby 1960 den Nobelpreis für Chemie.

Standort: [BAL], bk0016n8t9p; Dokumentnummer: **[0412/00.00.1935]**

*Berkeley, 1935*

*Dear Professor Stern,*

*Send enclosed the* $D_y$ *samples. Please return to the Chemistry Department when you have finished it.*

*Good luck, Yours sincerely, W. F. Libby*

(Brief nicht genau zu datieren)

Standort: [BAL], bk0016n8t9p; Dokumentnummer: **[0475/04.11.1935]**

*[Pittsburgh], 4.11.1935*

*Dear Dr. Libby:*
*Enclosed you will find the samples of Dysprosium which you sent us. Thank you very much for your kindness. We wanted to compare your samples with the ones we got from Mackay. They are exactly the same in respect to artificial radioactivity.*
*I hope your experiments are going well.*
*Sincerely, [Otto Stern]*

(Kopie maschinengeschrieben ohne Unterschrift)

1935 wurde Stern von der George Washington University in Washington um ein Gutachten über die theoretischen Physiker George Gamow (in Russland geboren) und Edward Teller (in Ungarn geboren) gebeten. Beide mussten aus Europa emigrieren. Offensichtlich half das gute Stern'sche Gutachten, denn beide wurden an der George Washington University angestellt.

Standort: [BAL], bk0016n912d; Dokumentnummer: **[0482/17.12.1935]**

*December 17, 1935*

*Mr. Marsh W. White*
*Executive Secretary*
*Sigma Pi Sigma State College,*
*Pennsylvania*

*My dear Mr. White:*
*In reply to your letter of December 10 concerning the petition for a new chapter of Sigma Pi Sigma at the George Washington University, I should like to inform you that I am very much in favor of granting this petition.*
*Of the physics staff at the George Washington University, I know Professor Gamow and Professor Teller personally as well as their scientific work. Dr. Gamow is one of the outstanding workers in nuclear theory, and Dr. Teller also did some remarkable work in several fields of theoretical physics. I have the impression that the quality of the instrumentation at the physics department of the George Washington University is of very high standing. I am, therefore, convinced that the addition of this chapter to Sigma Pi Sigma will be of great value, and recommend favorable action.*
*Thanking you very much for the kind invitation to attend the Sigma Pi Sigma luncheon, I regret to say that I shall be unable to attend the Christmas meeting at the A.A.A.S. and the luncheon. Sincerely yours,*

Rabi gelang es, nach 1935 an der Columbia University eine sehr erfolgreich arbeitende Arbeitsgruppe aufzubauen. Zu seinen Studenten und späteren Mitarbeitern sowie Kollegen an der Columbia University und am MIT in Boston sowie an der Harvard University gehörten die späteren Nobelpreisträger Norman F. Ramsey, Willis Eugene Lamb, Felix Bloch, Edward Mills Purcell, Polykarp Kusch, Charles

Hard Townes u. a. Alle hatten ihre Forschung auf Rabis und somit Sterns Apparaturen aufgebaut.

Standort: [BAL], bk0016n8w9q; Dokumentnummer: **[0458/14.05.1935]**

*[New York], 14.5.1935*

*Dear Professor Stern,*
*Thank you very much for your efforts to get us some money.*
*I was just about to write you that yesterday I found that we will get $ 3500 from the Carnegie Institution of Washington. This was arranged through Urey, who also got a somewhat larger some to build a Mass spectrograph for analysis of isotopes. He is trying to concentrate $O_2$ and $N_2$.*
*We here already obtained some preliminary results with the new apparatus. The new discharge tube gave 80 % atoms at first. It now gives 50 %. We resolved the two peaks in hydrogen very clearly.*
*We have not been able to keep the Pirani steady enough to locate the peaky very exactly. We have only one run that is worth anything and that yields a new value of about 2.9 for the proton moment. However I cannot say what the precision is. It is nice however to know that the spin is 1/2 by the direct method.*
*Our difficulty with the Pirani is chuffly when the discharge tube is running. There sum to be do currents induced in various place which cause the galvanometer to jump. Up to the present our batteries have not been of sufficient capacity to allow us to take enough readings at any point to lo locate our peaks with high precision. It may be that we will be able to stabilize the Pirani and get some better results. Otherwise we have nothing new.*
*Thank you again for the trouble you have taken, and please give our best regards to Estermann and the other people in the Institute.*
*Sincerely I. I. Rabi*

Standort: [BAL], bk0016n8w9q; Dokumentnummer: **[0496/02.04.1936]**

*New York, 2.4.1936*

*Dear Professor Stern:*
*I have just received a letter from Dr. V. W. Cohen who worked with me on Sodium and Caesium. He has been with Ellett for two years and would like to go elsewhere for further experience. Ellett thinks highly of him and would be glad to keep him. However, Cohen would like to work with you for a while and asked me to write you if you have a possible opening. I can recommend him most highly as a very good worker. He was the first real student I had in molecular beam problems and his efforts were very important in the development of our laboratory. He is quite young, unmarried and does not require any large sum to keep him going. He has one of the most likable personalities I've ever met. He is very quiet and reserved and independent in his ideas and has the most sincere love of experimental research of any young man I have ever met.*

*We have very little that's new to tell about, but I hope to see you at the meeting in Washington, if not before. Please give my best regards to the Estermanns.*
*Sincerely yours, I. I. Rabi*

*P.S. If you happen to be in New York before the Washington meeting I should like to have the opportunity of discussing the question of mechanical velocity selection with you.*

Standort: [BAL], bk0016n8w9q; Dokumentnummer: **[0499/08.04.1936]**

*8.4.1936*

*Dear Rabi:*
*I should be very glad to have Dr. Cohen with me, but unfortunately I don't see any possibility of giving him any position even at the smallest salary. Our laboratory is in an especially unsettled condition now, because all decisions have to wait for the new president.*
*I don't think I shall be in New York before Washington, but I expect to be at the meeting most certainly.*
*Our experiments are progressing slowly but converge definitely towards our old value.*
*With best regards. Sincerely yours, Otto Stern*

Standort: [BAL], bk0016n9778; Dokumentnummer: **[0503/29.05.1936]**

*Carnegie Institute of Technology* *29. Mai 1936*
*Lieber Stern:*
*Hoffentlich haben Sie eine angenehme Reise gehabt und sind gut in London bzw. Kopenhagen angelangt.*
*Ich habe inzwischen den verloren gegangenen Vermerk bezüglich der Temperatur in unserem Protokollen wiedergefunden: Ofenspalt /flüssiges $N_2$ gibt 0,2 MV. Ich habe nun flüssiges $O_2$ gegen fl. $N_2$ gemessen, das gibt etwas weniger als 5 MV. Ferner habe ich gemessen fl. =2/Eis, das gibt etwas weniger als 5 MV. Wir hatten gefunden für Ofenspalt /Eis 4,95 MV. Unser Ofenspalt hatte also genau die Siedetemperatur des Sauerstoffs, also 90° Kelvin, wie wir angenommen hatten. Die Ablesung 0,2 MV ist auf mindestens 0,02 MV sicher.*
*Wir haben ausserdem je eine Schwächungskurve für HD und $D_2$ aufgenommen. Bei HD haben wir keine Anzeichen von Zersetzung beobachtet. Bei $D_2$ ergibt sich ein Moment von etwa 0,9 KM. Anbei ein Diagramm aller Schwächungskurven. Für HD und lim p = >0 ergibt sich etwa 0,51 bei 10,0 HWB. Wir wollen heute noch abgelenkte Moleküle mit schmalem Strahl messen und dann Kreuger in die Ferien schicken.*
*Sonst gibt es nichts Neues. Sie waren mit dem Wetter sehr zufrieden, es ist so kalt, dass man eigentlich heizen müsste. Bei uns zu Hause ist alles wohl. Meine Frau ist noch in Chicago.*
*Beiliegende Post war in Ihrer Wohnung, nichts im Institut. Da ich nicht sicher bin, ob dieser Brief Sie noch in London erreicht und die Post nicht eilig zu sein scheint,*

*sende ich die Post (und die Kurve) nach Kopenhagen und einen Durchschlag nach London, für alle Fälle und zu Ihrer Beruhigung bezüglich der Ofenspalttemperatur. Das Zeugnis für Stafford habe ich abgeschickt. Von den anderen im Institut sind keine Neuigkeiten zu berichten. Simpson hat wegen erneuter Erkrankung seiner Mutter seine Ferienreise verschoben und wird wahrscheinlich erst Ende Juni fortgehen.*
*Mit herzlichen Grüssen Ihr Immanuell Estermann*

Standort: [BAL], bk0016n9778; Dokumentnummer: **[0504/16.06.1936]**

*Carnegie Institute of Technology* *16. Juni 1936*
*von Estermann*

*Lieber Herr Stern,*
*anbei einige Post, ferner ein Entwurf zum „Annual Report", der bis zum 1. August eingesandt werden soll. Wenn Sie irgend welche Änderungen wünschen, schreiben Sie bitte an Simpson, sonst wird der Report Ende Juli abgeschickt werden.*
*Wir haben nochmals den Abstand der Maxima im aufgespalteten HD-Strahl gemessen und erhielten 5,8 mm/100, also* $s_m = 2{,}9$, $s_\alpha = 3 \bullet s_m = 8{,}7$ *und* $\mu = 2{,}57$. *Dabei war a= 1,7 und die Breite des Auffängers etwa 1,5 mm/100.*
*Wir werden am kommenden Sonntag, den 21. Juni von hier abfahren. Von Ihnen habe ich leider noch nichts gehört.*
*Mit herzlichen Grüssen Ihr Estermann*

Standort: [BAL], bk0016n9778; Dokumentnummer: **[0505/07.10.1936]**

*Physical Chemistry Laboratory, Cambridge* *7th, Oct., 1936*

*Dear Stern,*
*Many thanks for your letter of 23rd September, with the testimonial signed. It is too late, as although the applications for Cape Town were submitted on 31st August, there has been no selection made as yet.*
*The New Zealanders, who are suffering like all the world from the ingrowing nationalism, have appointed a New Zealander, in spite of the fact that my name was sent out with strong recommendations by the Selection committee in London. z.K.!*
*However, you will be glad to hear that I have not even yet been dismissed from I.C.I, and it may be that they may after all offer me a job. I will let you know about this later, as I do not want to say too much about it to anyone while negotiations are proceeding. However, I would like you to know that the move came from their side and not from mine. Immer noch etwas!*
*Schnurmann tells me that he has written to you recently, so no doubt you know his circumstances.*
*I have a favor to ask of you. I have been inveigled into writing a small booklet on molecular rays for Methuen's Series of Monographs on Physical subjects. The manuscript is now complete, but I should like your latest figures for the magnetic*

*moments of the proton and the deuteron. To make this easy I enclose a card which ony needs the figures filled in, and an envelope addressed to myself! If you would let me have this by return I should be most grateful.*
*Kindest regards to yourself and Estermann.*

*Ihr Fraser.*

$\mu_p$ *be* = *2,5* $\mu_0$ *+/- 0,15* $\mu_0$
$\mu_D$ *be* =*0,85* $\mu_0$ *+/- 0,05* $\mu_0$

(maschinengeschrieben)

Mit Max von Laue diskutierte Stern über die Molekularstrahlstreuung von He und $H_2$ an LiF-Oberflächen. Über die von Sterns Mitarbeitern gemessenen Dellen in den Interferenzkurven hat Stern nach Kenntnis der Herausgeber nie etwas publiziert. Es ist zu vermuten, dass bei Nachmessungen diese Ergebnisse nicht bestätigt wurden.

Standort: [UAF], Personalakte Stern, Dokumentnummer: **[0516/14.01.1937]**

*[Pittsburgh],14.1.1937*

*Lieber von Laue,*

......

*Ihre Bemerkung über die Vorsprünge an den Begrenzungsebenen von Kristallen interessieren mich besonders, und zwar aus zwei Gründen. Erstens möchte ich die ~~empfindlichen~~ „aktiven" Centren, die man bei der Adsorption findet (vgl. die letzte Hbger. Diss. von Zickermann, Z.f.Ph. 88, S. 43, 1934), gerne so erklären, und zweitens könnten sie ein „superlattice" an der Kristalloberfläche geben, nachdem wir jetzt mit de Brogliewellen suchen. Sind die Vorsprünge regelmäßig angeordnet? Und wie groß wäre etwa die Gitterkonstante eines eventuell durch sie gebildeten Oberflächengitters?*

.......... *Ihr Otto Stern*

Standort: [UAF], Personalakte Stern, Dokumentnummer: **[0524/21.03.1937]**

*Carnegie Institute of Technology*
*Schenley Park - Pittsburgh , d. 21. III. 37.*

*Lieber von Laue,*

*Ich arbeite z. Z. an einer neuen Mol.str.=methode, die mir viel Spaß macht (Neubestimmung des Bohrschen Magnetons, Isotopentrennung etc.). Bezgl. der „Dellen" in den Beugungskurven (He an LiF ) hat mich Ihre Karte ~~von~~ daran erinnert, daß wir ja die Hauptdelle für He und* $H_2$ *an derselben Stelle gefunden haben. Wenn das genau stimmt, wäre es wirklich sehr schlimm für Lenard Jones. Ich habe daher den Doktorranden, der über diese Sachen (leider „adiabatisch") arbeitet, daran gesetzt, das so genau als möglich zu prüfen. Das geht in diesem Falle recht genau, weil man einfach He abpumpt und* $H_2$ *einfüllt oder vice versa, ohne an Kristall, Justierung etc. irgendetwas zu ändern.*

*Die „Vorsprünge“ sollten wir leicht finden, wenn die Größe etwa $10^{-6}$cm ist (die einzige Schwierigkeit die erwähnte „Adiabatie“ des Doktoranden)...........*

*Herzliche Grüße, auch an Ihre Frau,*

*Ihr Otto Stern*

*PS. Den Brief von Reichenbach dabei mit bestem Dank zurück. Berl's und Estermann's lassen grüßen.*

Standort: [UAF], Personalakte Stern, Dokumentnummer: **[0536/31.05.1937]**

*Otto Stern*
*1060 Morewood Avenue*
*Pittsburgh. Pa.*

*[Pittsburgh], 31. 5. 37*

*Lieber von Laue,*
*....... Leider können wir die de Broglie-wellenversuche nicht an solchen Flächen wie Cochrane machen, da die nicht genug reflektieren und beugen. Auch befürchte ich, daß Ihre Theorie auf unsere Versuche nicht anwendbar sein wird, da es sich um reine Oberflächengitter handelt. Aber zunächst müssen wir natürlich die Versuche machen, und das geht, wie ich Ihnen schon schrieb, unendlich langsam. .........*
*herzliche Grüße* *Ihr Otto Stern*

Standort: [BAL], bk0016n981g; Dokumentnummer: **[0542/15.10.1937]**

*Columbia University*
*in the City of New York*
*Department of Physics*
*October 15, 1937*

*Professor O.Stern*
*Laboratory of Molecuar Physics*
*Carnegie Institute of Technology*
*Pittsburgh, Pa.*

*Dear Professor Stern:*
*We have finally got round to completing the reduction of the data obtained during the summer down at the Bureau of Standards, and I am enclosing a copy of the preliminary results and also a tentative copy of a letter to the Editor that we are sending in.*
*The experiments seem to be qualitatively in the proper direction, but since the distribution at low energies is naturally distorted a good deal more work will be necessary to get something quantitative out of the low temperature data. However, it seems as tough one might be able to reduce the cross-section for para at 100 % to something like the theoretical value. Experimental changes of course are not as large as the preliminary results that you published. I am sorry I did not get to see you when you went through New York or to discuss then with you.*

*I understand that Libby and Long are having difficulty getting any appreciable change, but I do not think the method they are using is very satisfactory for this purpose.*
*If you have any comments or suggestions I should appreciate them very much.*
*With best regards, I remain*
*Sincerely yours*

*J. R. Dunning*

Standort: [BAL], bk0016n981g; Dokumentnummer: **[0543/20.10.1937]**

*Professor J.R. Dunning*
*Department of Physics*
*Columbia University*
*New York, New York*

*Dear Professor Dunning,*
*Thank you very much for your letter of October 15. We are very glad to see the results of your excellent experiments.*
*You mention in your letter that your experimental changes are of course not as large as ours. They seem to us, however, to be in fair agreement with our preliminary experiments (of course within our limit of error). Our data do not refer to the actual transmission, but to the total percentage of neutrons reaching our detector, whether transmitted or scattered. We took the scattering into account by the rough approximation as mentioned in our paper. If we take for 100°K neutrons, your value of the cross-section of ortho hydrogen* $= 81{\bullet}10^{-24}$ *cm2, and put the cross-section of the para hydrogen* $= 0$*, then we get for the percentage of neutrons reaching our Rhodium sheet (transmitted and scattered) for 39 % para-*$H_2$*: 39 % (cale.) and 54 % para: 54 % (calculated). What we really found was 35 % and 54 %. In our paper we gave only the first figures 0.3 and 0.5 respectively, because we estimated the uncertainty of our measurements to be several units of the second figure. Considering this uncertainty, it would be still possible to regard our preliminary values as in agreement with a para hydrogen cross-section of 1/4.5 of the ortho-* $H_2$ *(following from your data). On the other hand, it seems quite possible that we actually find a smaller cross-section for para-hydrogen in our experiment because of the difference in the arrangement and in the detecting method. We have just resumed the experiments and so far they check our previous results.*
*In this connection I should like to mention that the references to our paper in your paper can be easily misunderstood. One gets the impression that we had made predictions about the temperature dependence of the cross section. What we did, in fact, was to prove experimentally that certainly for 100°K neutrons the cross-section of para-hydrogen is much smaller than for ortho-hydrogen. This qualitative result, as you know, is enough to prove the essential conclusion of the theory of Teller and Schwinger (cf. the added note at the end of their last paper).*

*I hope very much to see you at my next visit to New York and to discuss these matters more thoroughly with you.*
*With best regards*
*Sincerely yours*
*O. Stern*

Der folgende Brief von J. Hulswit betrifft wieder eine Anfrage auf pseudowissenschaftlichem Niveau. Erstaunlich ist, dass Stern diese Briefe aufgehoben hat.

Standort: [BAL], bk0016n8r7; Dokumentnummer: **[0537/16.06.1937]**

*June 16,1937*

*Professor Otto Stern*
*Carnegie Institute*
*Pittsburgh, Pa.*

*Dear Sir:*
*I read some while ago in the "New York Times" an article which had to do with the Hindenburg disaster. This article referred to your atomic experiments and the observed irregularity of the magnetic moment of the proton. I make so bold as to send you with this letter a few suggestions which might help to explain this irregularity. You must forgive me if at some point or other my observations clash wish laboratory data of which I might be ignorant but I hope that you can find the occasion to check my theory such as it is.*
*It might be interesting to follow the course of an atom (proton) which is not only subject to an axial spin (position-negative axis) but also to an anaxial spin (equatorial axis). My use of the name "anaxial" might be misleading as it suggests the absence of an axis, but I merely make use of this name to distinguish the two spins. This anaxial spin could be imaged by having one pole chase the other, and I hope to show later on that such a spin should not at all be improbable.*
*The magnetic force of the proton is determined by its axial spin, as observed, but it might be heightened by its anaxial one. Thus, in the first figure presented on page a, the proton starts on its anaxial spin with pepresenting the positive pole and O the negative one. The axial spin runs perpendicular to the plane of our drawing so that the figure only shows the proton running along on its anaxial spin. After a certain number of movements the proton is right back to its original position, having gone through a number A magnetic moments. The time unit is here multiplied by A as well as the physical unit(s).*
*In position 2 of our drawing the poles will lie directly in the direction of the proton's course, after having gone through a number 1/4 A magnetic moments while in position 3 the poles will again stand at right angels to it. I will call each of these succeeding positions "stages" of the period of the proton. In stage 5, the proton is back to its original position, after a full A magnetic moments. It also has gone through a complete period.*

*Now, in stage 3, the negative pole has moved into the magnetic field of the positive pole of the proton when it was in stage 1. We assume, of course, that the speed of radiation is never less than the direct forward speed of the proton, in which case one of its poles will have to move into the magnetic field of the other. For the moment we'll further assume that the positive poles magnetic field now stands in stage 5 (I hope to defend this assumption later on). The juxtaposition of negative and positive fields at stage 3 of the proton will thus cause a new magnetic field, with a negative and positive pole and a radius equal to that and I will call this the proton's complement. This complement will behave like its original and pursue a course besides that of the proton; it will have a magnetic moment like that of the proton. Another complement will appear when the proton reaches stage 5, and when the positive pole moves into the magnetic field of the negative one when the proton was in stage 3. I doubt if it is possible for the proton to create two complements in each period. Thus, when its negative pole moves into the field of the positive pole, it seems unlikely that a complementary negative field is created at the same time, but it seems likely that each period of the proton will bear one complement. This complement goes through either 3 or 1 stages before it reaches the starting points 1, 5, 9, 13 etc.. This complement will always be just one stage ahead of the proton while its axis will stand at right angles to that of the proton. It will help in the calculation of the total number of magnetic moments of the proton and complement if I preset the picture this way.*

*If we double the mass of the proton by joining two protons at their different poles, the magnetic moment of this double proton will be the same as that of the single one. But its complement will be born, not during every one period but during every two periods, as shown in figure 2, page a. Of course, the speed of this double proton will be greater than of the single proton, but we dont have to consider that right this minute.*

*I hope I'm not too daring to call these periods of the proton oscillations and to identify each period as an oscillating equivalent. Thus, with the addition of complements to the protons, the frequencies of their magnetic field will change accordingly. Or, in other words, this will be shown in the spectrum of the protons. We know that a spectrum test of incandescent hydrogen shows three lines (among others) with a frequency ratio of 20:27:32.*

*I have constructed in figure 3 the probable change of the magnetic field with each periodic addition of complements. Figure 3B shows the full movement of two protons, a single and a double one, and their respective complements. Figure 3A specializes in the movements of their components. According to figure B the proton's first periodic change is thus nil; in their second period they acquire one complement which has 3 stages to go before it reaches a starting point; in their third period the protons acquire one full period from that first complement plus two of her complements, with respectively 3 and 1 stages to go. Thus we see that 3 (3) differing magnetic stages are added to each regular period of the protons and that one magnetic stage is added to each two periods of the protons. After their third period the protons will have acquired a complementary field with frequencies of 20, 27 and 32 for each succeeding period.*

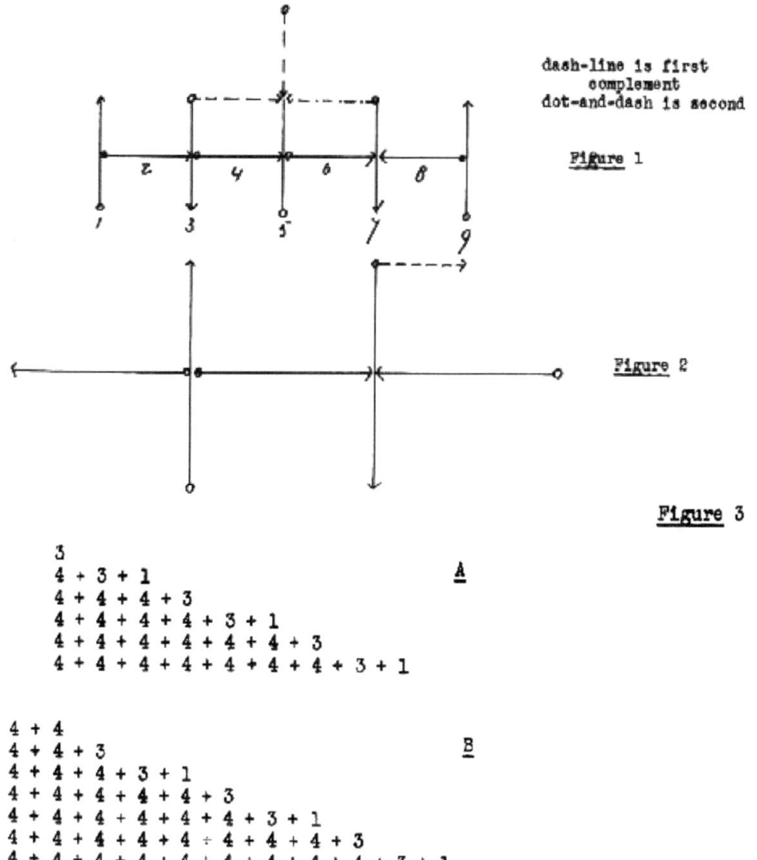


*The original protons are out of this magnetic field, being one magnetic stage behind their complements and while they may determine the general tone of the spectrum, they do not control its overtones.*

*I will use this behavior of proton and double-proton for my further calculations. Each single proton thus acquires three stages of magnetism for each of its periods while the double proton acquires one stage to every two periods. After x periods, the single proton will thus have had: xA+ 3/4 zA + (z-1)A + (z-2)A +(z-3)A+....etc. ...+1A magnetic moments. <u>A</u> stands again for the number of moments per period of the proton. The sum total of these moments is calculated in formula 1, on page b. The sum total of moments passed through by the double-proton have been observed for xA time units, and if x is a large number we can safely disregard the 1/4 and 5/8 A moments which figure in the two totals. Thus we see that the magnetic moment of the double-proton is found to be one-half that of the single one. And if we deduct the double-proton's moment from the sum total of two single ones we'll find that the difference is 3 times the magnetic moment of the double-proton and 1 1/2 times that of the single proton. By saying that one magnetic moment if twice another, when referring to the magnetic moment of the single proton and that of the double-proton,*

*I mean that the physical changes per time unit of the single proton are twice that of the double -proton. In the same manner do we refer to the magnetic moment of the electron, being* t *times larger than that of the proton. The magnetic moment of the electron will thus be t(1/2 x +1/4 x), or t(1/4 x +1/8 x).*

*It seems very rash to pry to such an extend into the mechanism of protons, electrons et, als. as it would be most certainly lead to pitfalls but I cant refrain from going into the subject just a bit deeper. Doubly rotating protons, as I remarked in the beginning of this letter, would seen a reasonable phenomenon. If we suppose that a proton could stand stockstill it would naturally have no magnetism whatever because all electricity concentrated in that body would immediately neutralize itself; the poles would run into each other. This could be observed by charging a ball of iron with opposite kinds of electricity. The ball would simply heat up with neutralizing of this electricity and come back to its uncharged condition. But if we give this ball a spin, a certain order would appear among these particles which will arrange themselves along lines of least resistance. These particles of electricity would flow off towards the equator, but the ones from the positive pole would never meet the ones from the negative pole in the same dimensions, as they are aligned along different dimensions. Thus, the reaction of positive and negative electricity will never occur on this body and while the spin would produce two opposing poles, these poles will never know of each other's existence.*

Formula 1 :

The total number of magnetic moments , after x periods of the proton will be :

$$xA + \frac{3}{4} zA + \left[ (z - 1)A + (z - 2)A + (z - 3)A + \ldots\ldots etc \right] =$$
$$xA + \frac{3}{4} zA + \left[1 + (z-3)\tfrac{1}{2}\right] zA \ .$$

z is x-1, and if we assume that A equals 1, the total number will read:

$$\tfrac{1}{2} x^2 + \tfrac{1}{4} x + \tfrac{1}{4} \ .$$

Formula 2 :

The total number of magnetic moments after x periods of the double proton will be:

$$xA + \frac{1}{8} zA + \left\{ \frac{\left[1 + (y-3)\frac{1}{2}\right] y}{2} + \tfrac{1}{2}\left[1 + (y-3)\tfrac{1}{2}\right] \right\} A \ .$$

Here again z is x-1, while y is x-2. If we assume that A equals 1, the total will be:

$$\tfrac{1}{4} x^2 + \frac{1}{8} x + \frac{5}{8} \ .$$

Formuals 3 and 4:

$$xA + \frac{1}{8} zA + \left\{ \frac{\left[1 + (y-3)\frac{1}{2}\right] y}{2} \pm \left[ \frac{1 + (y-3)\frac{1}{2} - \frac{1}{2}}{2} + \tfrac{1}{2} \right] \right\} A \ .$$

*By having the body turn around two opposing axis, a dimensional field is created which allows for the interplay of negative and positive charges; the electricity (for want of a better name) of one pole will find a path to the opposing pole. But it will never get there as one pole will suddenly find itself drawn to the other with the same force as the second will find itself drawn to the first. It seems to me that the slightest wabble or swing of the polar axis would produce this result. This wabble would immediately create a dimensional field which allows for the interplay of negative and positive electricity. This interplay will change the wabble to a somersault (?) which will continue indefinitely unless forcibly interrupted. This double rotation might also explain the particle-wave characteristics of smaller bodies. Accordingly, smaller units travel through space along their path of anaxial rotation (as shown in my figures) but, when put in contact with a field of magnetism or a solid, will carom (?) off this opposing force along their axial rotation. Their magnetic field is of course determined by their axial rotation, and their path along a magnetic field or obstruction will be decided by their axial rotation and their point of contact with the opposing force. Thus, protons in stages 1 to 3 will carom of in different directions than protons in stages 3 to 5.*

*As much as I have adhered to the particle picture of the proton, my calculations have been made with respect to the wave of magnetism. I have adopted a common time xA for all the happenings to the proton and its complements but my argument for doing so would seem reasonable. There is a definite bond of interest between the proton and its complements; all the physical changes in the field around the proton are a direct result of the proton's movements. I had the pleasure last year of having Professor Levi-Civita read my exposition of the complementary theory in which I tried to explain phenomena of the universe with the help of complements. I had no mathematical formulas to back up my theory and had not developed the anaxial spin of bodies in motion. But as he primarily objected to the lack of mathematical formulas, I hope that you'll forgive me for enclosing some which might prove to be more or less useless. Formula 2 applies to the sum total of magnetic moments for the double-proton whose total periods are an uneven number, with the complements falling on the uneven number. If the complements fall on the even numbers of this series, the last factor in the last A quotient would be minused. Formulas 3 and 4 apply to the magnetic total of double-protons in an even series of periods whose complements fall respectively on the uneven periods (+) and the even periods (-).*

*It has been noticed that the speed of the double proton and the proton differ and, furthermore, figures 1 and 2 suggest a definite alinement of these two. In stage 1, it seems that the proton stands directly on the axis of the double-proton. But if this relationship is desired, it can evidently not be maintained. Because, while the speed of the double-proton must be two-thirds that of radiation (in order to form a complement), the speed of the proton is 1/2 that of radiation. Thus, the speed of the proton is three-fourth the speed of the double proton which means that for every 6 periods of the proton, the double will make 8.*

*Exactly what this implies is still beyond me but it brings up an interesting question. If the proton would move faster than 1/2 the speed of radiation, one of its poles would inevitably come into very close proximity of the magnetic field of the other pole. We may well assume that the radius of the proton allows for just one exact maximum of electricity, and that it is always carrying that maximum. What would happen if the radius were reduced? Would one field of electricity annihilate the other, thus creating a positron, or a neutron and positron, or would the effort be so great as to stop the movement of the proton completely?*

*In all events it seems quite reasonable to say that a state of equilibrium exists when the proton moves forward at 1/2 the speed of radiation. To go faster permanently seems impossible and to go slower than a certain constant also seems impossible because of the magnetic interplay of pole and pole; the chase of one pole for the other. When a single proton is combined with a double, it appears that the situation should be thrown out of kilcer (?) after every 6 periods. Figure* 3B *shows that the double proton is inactive for one period in the seven shown, but what happens in the eight period is a matter of conjecture. Perhaps the system is put to a complete stop, to start all over again, or perhaps it rolls over with positrons and neutrons until the equilibrium is reached again.*

*Thus, one of the things that need be proven is that the magnetic constant between negative and positive pole establishes my relationship between speed of proton and speed of radiation. Another thing which definitely invites challenge is a spectrum test of the different kinds of hydrogen protons. Will the spectrum lines of a field of single protons reveal frequency ratios of 4x +3, the x being a whole variable quantity! And will the spectrum lines of double-protons reveal frequencies of 4x and 4x +1?*

*I frankly wouldn't know how to get a sample of these spectrum tests but I sincerely hope that this complementary aspect of magnetic bodies doesn't prove too ridiculous for serious consideration. I have pretty much set my heart on it, and I do appreciate it immensely if you have continued to read this far. I would appreciate it even more if you could manage to send your suggestions however short they may be, while I am*

*very sincerely yours*
*J. Hulswit*

*J. Hulswit*
*186A Perry Avenue*
*Norwalk, Connecticut*

Standort: [BAL], bk0016n8r7; Dokumentnummer: **[0538/28.06.1937]**

*June 28, 1937*

*J. Hulswit*
*186A Perry Avenue*
*Norwalk, Connecticut*

*Dear Mr. Hulswit:*

*Thanking you for your communication of June 16. I regret to say that I have no time to study your suggestions carefully.*

*However, I should like to make some general remarks which might be of some use to you. Generally, it is easy to make a theory explaining a single phenomenon. In*

*fact it is nearly always possible in many area theories. The real test for a theory is its capacity of explaining all our experimental knowledge in a field as wide as possible. Therefore, if one tries to establish a new theory, the first thing necessary is to prove that it explains everything the old theories do.*
*I shall be glad to return your paper if you want me to do so.*
*Very sincerely yours*

Stern brauchte für seine Molekularstrahlexperimente Magnete, die optimale Feldverteilungen lieferten. Im folgenden Brief beschreibt ein Herr Gerhard Stein (konnte nicht identifiziert werden) eine Magnetfeldverteilung, um die Stern offensichtlich nachgefragt hatte.

Standort: [BAL], bk0016n9844; Dokumentnummer: **[0550/19.05.1938]**

*Dr. Gerhard Stein,*
*1139 Franklin Ave,*
*Wilkinsburg, Pa.* *May 19, 1938*

*Professor Dr. O. Stern,*
*Carnegie Institute of Technology,*
*Pittsburgh, Pa.*

*Dear Professor Stern,*
*In our conservation of this morning you have been interested in magnet poles producing a constant field-strength over the whole air gap. With reference to pages 119 to 121 of my paper regarding "Magnetische Trennungsverfahren" which you find in "Der Chemieingenieur" (Akademische Verlagsgesellschaft, Leipzig, 1934), I take the liberty to make the following suggestion:*
*Let ($H_x$) and ($H_y$) be the components of the fieldstrength in the x-y plane and postulate*

*1)* $\vartheta H_y/\vartheta y = const. = c$ *between* $y=0$ *and* $y = y_0$. *Then is:* $H_y \approx c \bullet y$.

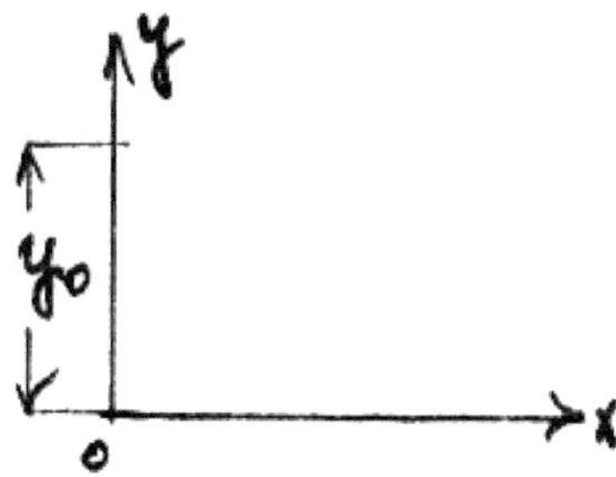


*Introduce further* $z = x + iy$ *and coordinate a w-plane to the z-plane by conformal transformation so that the magnetic field of (z) goes over into straight lines in (w).*
*Write;*
$w \approx \Psi + i\hbar\varphi$ *whereby* $\varphi = const.$ *may represent the lines of constant potential defined by* $H = grad\ \varphi$ *and* $\Psi = const.$ *may indicate the lines of constant flux in the magnetic field of (z).*

*If also a complex value:* $H \approx -Hx + i\,Hy$ *is introduced for the fieldstrength, the more general equation : 2)* $H \approx c \bullet z$ *will contain the condition 1) and will represent a field in which the fieldstrength changes in the same rate in all directions from the zero point.*
*Then the function:* $F \approx dw/dz \approx Hy + iHx$ *may be written:* $F \approx -icz$ *or:* $z \approx \sqrt{2}iw/c$.
*This equation effects the conformal transformation of the upper half of the w-plane into the interior of a rectangle in the z-plane.*

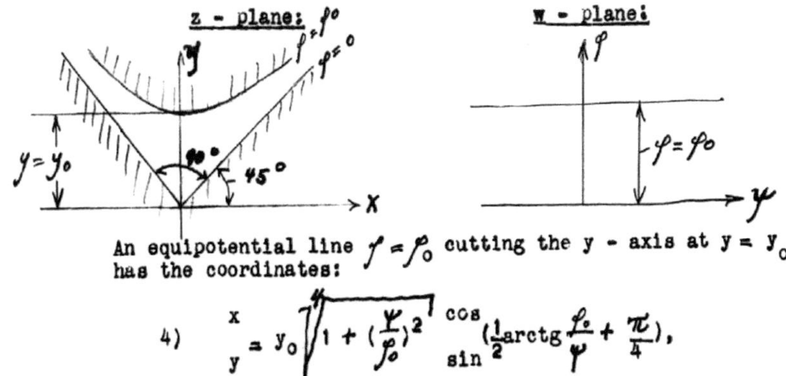


*whereby* $\varphi_0$ *and* $\Psi$ *may be introduced in gilberts and maxwells respectively, or any other corresponding dimensions may be used. The rate of fieldstrength change is given by:*

$$5)\ \vartheta H_y/\vartheta y = 2\,\varphi_0/y^2_0\,.$$

*If you make your poles equal to the rectangle* $\varphi_= 0$ *and to the equipotential line* $\varphi_= \varphi_0$ *, you may obtain a field of constant* $\vartheta H_y/\vartheta y$ *over the whole air gap. Hereby the fieldstrength* $H_{y0}$ *in the middle of the upper pole may be taken from:*

$$6)\quad H_{y0} = \vartheta H_y/\vartheta y \bullet y_0 = 2\,\varphi_0\,/\,y_0\,;$$

*i. e. if, in an example, you admit* $H_{y0} = 20\,000$ *gausses and* $y_0 = .5$ *cm, you will obtain:*

$\vartheta H_y/\vartheta y = 40\,000$ *gausses/cm.*
*Should* $\vartheta H_y/\vartheta y$ *be subjected to change with any power of (y), you can use the same kind of poles requiring only another angle as basis.*
*I will be glad if the above consideration would be of any value for your purposes.*

*With kindest personal regards for you and Prof. Estermann*

*Very truly yours*

*G. Stein*

Standort: [BAL], bk0016n8w4z; Dokumentnummer: **[0661/14.12.1944]**

*Princeton, 14.12.1944*

*Dear Colleague:*
*It is planned to publish a collection of papers in celebration of Professor Niels Bohr's sixtieth birthday, October 7, 1945. Presumably these papers will be published as the October 1,1945, issue of the Review of Modern Physics, which would contain also a photograph of Bohr and an introduction on his life and work.*

*We should be very glad if you, among those who have worked in Bohr's institute, could give a contribution to this issue by sending a paper to me at the above address in Princeton. In order to be printed in time the paper should reach me by the beginning of July 1945, at the latest.*
*With best regards, Sincerely yours,*
*Wolfgang Pauli*

Standort: [BAL], bk0016n8v96; Dokumentnummer: **[0695/12.04.1945]**

THE PHYSICS LABORATORIES
HARVARD UNIVERSITY
CAMBRIDGE, MASSASCHUSETTS

RESEARCH
LABORATORY
OF PHYSICS
*12. April 45*

*Lieber Stern:*
*Können Sie wohl so freundlich sein, mir Auskunft zu geben oder durch einen Ihrer Kollegen Auskunft zu verschaffen über Charles W. Young, grad.student, Dep. of Chemistry of Carnegie Tech. Mrs. Young will als candidate for the Ph.D. nach Harvard kommen. Wir wüssten gerne, wie seine Befähigung ist für Forschung, auch für Unterricht, und wie seine Persönlichkeit ist.*
*Kommen Sie mal wieder nach Cambridge? Bitte lassen Sie es mich dann wissen. Es wäre schön, Sie wieder hier zu sehen.*
*Schönste Grüsse*
*Ihr Otto Oldenberg*
(handgeschrieben)

1939 begann der Zweite Weltkrieg und der Briefverkehr von Stern mit Freunden und Kollegen in Europa kam praktisch zum Erliegen. Erst nach dem Krieg wurden wieder Briefe ausgetauscht. Außerdem lebte Stern ab 1945 in Berkeley ganz in der Nähe seiner Schwester Berta Kamm. Die wissenschaftlichen Diskussionen mit Estermann und anderen Mitarbeitern in Pittsburgh mussten per Brief fortgesetzt werden.

Standort: [BAL], bk0016n8q1q; Dokumentnummer: **[0713/08.08.1945]**

*Pittsburgh, den 8. August 1945*

*Lieber Stern,*
*eigentlich wollte ich Ihnen schon vor einer Woche schreiben, aber ich kam nicht dazu, da ich noch sehr viel andere Schreibereien zu erledigen hatte. Und seitdem die Bombe geplatzt ist, fehlte natürlich auch die nötige Ruhe. Die Wissenschaft hat zweifellos eine gewaltige Verantwortung übernommen und wir können nur hoffen, dass nicht zuviel Missbrauch mit den neuen Eigenschaften getrieben wird.*
*Von hier wollte ich berichten, dass ich Ihr Exemplar von Fraser's Buch bei Winslow gefunden habe. Er dachte, es gehört der Library. Ich habe es vor einigen Tagen an*

*Sie abgesandt und Hoffe, dass es inzwischen angekommen ist. Ansonsten habe ich das Filling Cabinet, das in Ihrem alten Office war, durchgesehen. Ausser Carnegie Tech Material enthält es noch Correspondenz von Ihnen mit der Notgemeinschaft, Duggan Committee, Baade, Minkowski, Ladenburg etc. Ich weiss nicht, ob Sie es vor Ihrer Abreise durchgesehen haben und habe daher den Inhalt noch nicht weggeschmissen. Falls Sie das Material noch haben wollen, werde ich es an Sie senden, andernfalls werde ich es vernichten.*
*Die Karten mit Ihrer neuen Adresse haben Sie wohl erhalten. Ich habe für die Karten und das Drucken bezahlt und lege die Rechnung bei.*
*Seitz ist wieder im Lande, war aber noch nicht in Pittsburgh. Er kam mit einer bösen Halsentzündung an und fuhr gleich zu seiner Frau nach seinem Cottage am Lake George. Er wird in 2–3 Wochen hier erwartet. Ich hatte eine Karte von ihm von der Zugspitze, in der er Ihnen Grüsse sendet. Lowry ist noch nicht zurück; Mrs Obuck erwartet ihn Ende des Monats. Berl habe ich ein paar mal gesehen, er zieht langsam aus seinem Office aus. Ich weis nicht, ob Sie gelesen haben, dass Fraenkel vor etwa drei Wochen gestorben ist. Eine Notiz erschien in der N.Y. Times.*
*Bei uns gibt es nichts Neues. Wir waren eine Woche in Warm Springs und seither habe ich meine Reports fertig gemacht und mich mit der Ausarbeitung meiner Kurse für den Herbst beschäftigt. Ich hoffe, bis Seitz zurückkommt, noch etwas Ferien zu machen, vielleicht werde ich aber erst im September dazu kommen. Das Wetter ist momentan erträglich, war aber bis vor einer Woche sehr unangenehm. Meiner Familie geht es gut. Hannah ist in Chicago und Erchen (?) im Camp in den Bergen. Hoffentlich ist Ihr Haus inzwischen in Ordnung gekommen so dass Sie Berkeley richtig „enjoyen" können.*

*Mit freundlichen Grüssen, auch von meiner Frau*
*Ihr Immanuel*
(handgeschrieben)

Standort: [BAL], bk0016n8n93; Dokumentnummer: **[0720/17.09.1945]**

*17.9.1945*

*Dear Dr. Stern,*
*Massachusetts Institute of Technology has opened up a new series of appointments called research associate ships. These appointments pay sufficiently well that men with families can afford to return to school under this arrangement. They call for research only and the hope is that through this arrangement M.I.I. can profit by renewing their acquaintanceship with physics through courses in fields of research which have been active during the war. They also offer an opportunity to complete a doctorate degree.*
*During the war as you may know I worked first at the Underwater Sound Laboratory of Harvard University and than at the S. A. M. Laboratory of Columbia University. Here I worked on the isolation of U 235 by diffusion method under the direction of Dr. Urey and Dr. Dunning. The work was unusually interesting and involved a number of good physicist problems. However the pace as you may surmise was so hectic that very little opportunity remained to keep abreast of other fields*

*of physics. I, therefore, feel that I will benefit greatly through the work offered of M.I.I. if I should be so fortunate as to receive an appointment there. I would greatly appreciate it if you should write a letter recommendation for me in support of my application. This letter should be sent to*

*Dr. John Slater, Head of the Department of Physics,*
*Massachusetts Institute of Technology, Cambridge 39, Mass,*
*May I say that it gave me very sincere pleasure to hear that you were awarded the Nobel prize in physics.*
*Very truly yours, James F. Bacon*

Standort: [BAL], bk0016n8q8k; Dokumentnummer: **[0721/22.09.1945]**

*9014 Colesville Road*
*Silver Spring, Md*
*Sept 22, 1945*

*Dear Dr. Stern,*
*I hope you are enjoying the California climate and that your program of theoretical research is moving ahead to your satisfaction. Considering the persistence of rain for the last week in Washington, I can see the advantage of living in a state like California when it never rains (by definition) but has a heavy dew once in a while.*
*As you are aware, I am working at the Applied Physics Laboratory of the John Hopkins University out in Silver Spring, Md. The Laboratory consists of two buildings, a large one at 8621b Georgia Avenue, which is about 1/2 mile outside the limits of Washington, D.C., and a moderately sized unit three miles further away. Busses run by the laboratory furnish intercommunication between the two buildings. I would estimate that the personnel here numbered about 1200 by the close of the war.*
*Glenn Kirkland and I came down here to work in the beginning of July. The housing problem was quite acute then and Glenn and I were happy to get a room that we shared for almost two months. They are not fooling when they say there is a housing shortage here. Even with the war over the situation has not improved appreciably. About Sept. 5th I moved to a room which we found that is a ten minutes walk from the laboratory, leaving Glenn to have full use of the room we shared till then.*
*One thing that I don't like about the Silver Spring community is the primitive transportation system-buses, if you are on a bus line, run every 20 minutes during such hours and then once an hour otherwise. There are no streetcars. Once one gets to the district line, the boundry of the District of Columbia, the transportation problem to downtown Washington is solved by a very efficient street car system which has cars running every few minutes.*
*The work that I am engaged in is a mixture of engineering, electronics, development and physics. I have not thus far had a chance to use high vacuum equipment on the project. The V.J. day*[92] *proclamation produced changes in the laboratory work*

[92] „V.J. day" erinnert an die Kapitulation Japans im Zweiten Weltkrieg und wurde am 14. August 1945 als öffentlicher Feiertag begangen.

*mostly in respect to emphasis on some projects being shifted to other. The particular project I am a part of happens to be the project which has had the attention of the Laboratory turned to it. Expenditure of money is carried on here on a different order of magnitude than any of the work done at Carnegie Tech. The long distance phone calls made from the lab. alone must amount to several thousand dollars a month. At intervals my group taken a field trip to New Jersey coast where we literally throw thousands of dollars into the ocean. Most of our data is obtained by using movie cameras to photograph the various recording instruments. This method permits the acquisition of a large amount of information in a very short time. The film when developed goes to a computing section where it is read by a bunch of girls, who usually although not always read the film properly. From there it comes back to me or to the theoretical bunch who are supposed to be able to do something with it. Of course, all sorts of things go wrong such as jamming of cameras, getting wrong instruction etc. Because the work is classified as secret, I am not able to say much about it.*

*During the laboratory weekend I was in Pittsburgh and dropped in to see Dr. Estermann. He is making progress in writing up the two molecular beam papers, the Bohr Magneton measurement, and the Mean Free Path of Cs Atoms experiment. The first of these papers was evidently near completion, and some work had been done on the second.*

*Somewhere along in this letter I am impelled to make this statement - I am ashamed of myself for not having written to you sooner about my new work and surroundings. I would be glad to hear from you how things are working out.*

*Your sincerely*
*Sam Foner*
(handgeschrieben)

Aage Bohr (der Sohn von Niels Bohr) diskutiert in seinem Brief vom 08.01.1947 an Stern die Streuung von sogenannten identischen Teilchen aneinander (Mott-Streuung) Bei dieser Streuung von Atomen an identischen Atomen, wo Projektil und Target auf keine Weise experimentell unterscheidbar sind, weder in der Masse, Isotopenaufbau, Spin etc., müssen nach Massey und Mohr die Streuamplituden $f(\Theta)$ kohärent addiert werden, um die messbare Streuverteilung mit $W(\Theta) = 1/2|f(\Theta) + f(\pi - \Theta)|^2$ zu erhalten. Dies führt dazu, dass die messbare Streuverteilung Interferenzstrukturen zeigen kann.

Aage Bohrs Frage an Stern war: Kann man diese Interferenzphänomene in Abhängigkeit vom Streuwinkel mit der Molekularstrahlmethode nachweisen? Aage Bohr wusste, dass der optimale Streuwinkelbereich für den Nachweis der Interferenzen im Winkelbereich um 90° (gemessen im gemeinsamen Schwerpunktsystem) liegen sollte, d. h. bei zwei Strahlen, die antiparallel aufeinander fliegen, wäre das 90°, in dem Fall, dass ein Atomstrahl ein ruhendes Target ist, läge der Winkelbereich bei ca. 45° im Laborsystem.

Standort: [BAL], bk0016n8n3s; Dokumentnummer: **[0755/08.01.1947]**

*January 8, 47.*

*Dear Professor Stern,*

*As you may have heard from Professor Pauli, with whom the problem was talked over before he left, the question raised by my father during the discussion about your planned experiments to test, the anomalies in the scattering of identical particles have been looked into somewhat further. It appears that the effects which the theory predicts for molecular beams of such comparatively large velocities will actually be exceedingly small and probably very difficult to observe. The calculations of Massey and Mohr (Proc. Roy. Soc. 141 , 434 , 1933), the results of which are quoted in the book of Mott and Massey (Fig. 45) and which might seem to give, for identical atoms, a scattering cross-section for small angles only about half that obtained for dissimilar atoms, do not directly allow of such a comparison.*

*That the effect must be very small is clear from simple arguments. In fact, the quantum mechanical symmetry requirements for identical particles (we here consider such as obey Bose-Einstein-statistics) amount to the collision in relative coordinates being represented not by a single wave, but by the superposition of two waves travelling in opposite directions.*

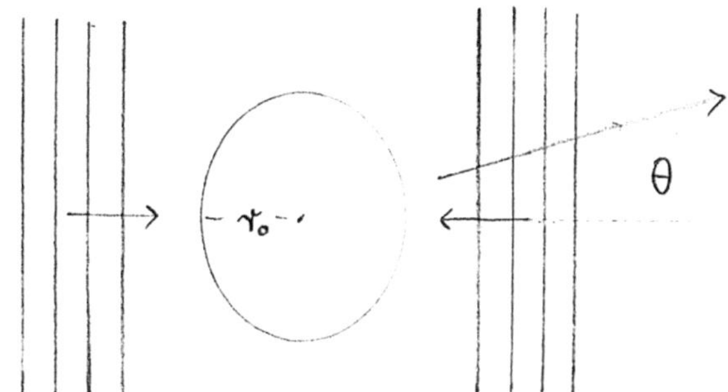


*The wave scattered into the angle $\Theta$ (see Figure) will, the therefore, result partly from a "forward" scattering of the waves coming from the left and a "backward" scattering of the opposite wave train, and the anomaly in the scattering law arising from the identity of the particles is simply that due to the interference of these two scattered waves.*

*Now, for the problem in question, where $\lambda$ is very small compared with the atomic diameter $r_0$, the forward scattering into very small angles ($\Theta - \lambda/r_0$) will by far exceed the backward scattering, and it is therefore immediately evident that the interference effect must be very small. Actually, it may be shown, using the model of the rigid spheres, that the ratio between the amplitudes of the forward and backward scattered waves asymptotically approaches the value $r_0/\lambda$ for $\Theta = 0$ und $r_0 >> \lambda$ . The deviations in the scattering cross-section can, therefore, at most amount to $2\ \lambda/r_0$ . This quantity is about 1 % for Hg atoms at $T \sim 300^0$. Moreover, however, even this small effect would not be a phase difference between the forward and backward scattered waves which depends strongly on the ratio $r_0 : \lambda$ . Already very*

*small variations in the relative velocity ( $\sim \lambda / r_0$ ), in fact; revert the effect which will, therefore, be completely obscured for not strictly monochromatic beams.*
*With the usual notation of $f(\Theta)$ for the factor to $1/r\, e^{ikr}$ in the asymptotic expression for the scattered wave, the curves of Massey and Mohr give the values of $|f(\Theta)|^2$ (for dissimilar particles) and of $1/2|f(\Theta) + f(\pi - \Theta)|^2$ (for identical particles). Actually, however, in order to find the deviations in the scattering law in the two cases, one should compare $|f(\Theta)|^2 + |f(\pi - \Theta)|^2$ with $|f(\Theta) + f(\pi - \Theta)|^2$. Using the computed data of Massey and Mohr, one friends for $\Theta = 0$ , in the particular case of $r_0 = 20\lambda$ ,a difference of only about 5–10 %, which fits well in with the general expectations.*
*It would presumably, as is also mentioned by Massey and Mohr, be more favorable to investigate the scattering at $\Theta = 90^0$, in which case, as is immediately seen, the symmetrization leads always, irrespective of velocity, to a doubling of the cross-section. In this connection, it must, however, be remembered that not only will it be necessary to measure over very small angular intervals (of the order of $\lambda/r_0$), but also, the above results refer to the scattering in relative coordinates and, for instance, for a collision between two non-monochromatic molecular beams, the direction corresponding between two non-monochromatic molecular beams, the direction corresponding to $\Theta = 90^0$ for one type of collision may correspond to widely different values of $\Theta$ for collisions between atoms of other initial velocities.*
*My father asks me to send you also his best regards to you an to the Paulis.*

*Yours sincerely,*
*[Aage Bohr]*

Die Antwort von Stern war nicht ermutigend. Große Streuwinkel um 90° konnte Stern mit seinen Apparaturen so nicht messen. Messungen unter sehr kleinen Winkeln wären wohl möglich, aber die statistischen Fehler müssten auf absoluter Basis weit unter 1 ppm liegen, was mit den von Stern benutzten Nachweisdetektoren nicht erreicht werden konnte. Es hat auch von Stern zu diesem Thema nie eine Publikation gegeben.

Standort: [NBA]; Briefe Stern, Dokumentnummer: **[0757/21.01.1947]**

*Zürich, d. 21. I. 1947*

*Lieber Herr Bohr,*
*vielen Dank für Ihren Brief vom 8. I. , der die theoretische Seite des Problems völlig klarstellt.*
*Zum Experimentellen möchte ich noch bemerken, dass bei den kleinen Winkelablenkungen zwar die prozentische Differenz zwischen gleichen und ungleichen Atomen sehr klein wird, aber dass der Absolutwert der Intensität der gestreuten Atome dafür sehr gross wird. Wenn man also die Versuchsanordnung so macht, dass man direct diese Differenz misst, so wäre es wohl doch möglich, bei kleinen Streuwinkeln zu arbeiten. Jedenfalls scheint mir eine solche Anordnung aussichtsreicher als eine für grössere Streuwinkel, bei denen die Intensität der gestreuten Atome so klein ist, dass die Messung sehr schwierig sein würde.*

*Nochmals vielen Dank und*
*die besten Grüsse, auch an Ihre Eltern,*
*Ihr Otto Stern*
(handgeschrieben)

Auch mit Pauli wurde die Frage der Streuung von identischen Teilchen untereinander angesprochen (Brief von Pauli an Stern vom 25.05.1947 [**0767**]).

Standort: [BAL], bk0016n8w4z; Dokumentnummer: **[0766/16.05.1947]**
*Prof. N. Bohr, 16.5.47*

---

*As regards the problem of the entropy increase connected with observations I have in the last days been thinking anew over the situation and have also revived my reminiscence of earlier discussions on this point. You will remember our talks with Stern in Hamburg at the time you so kindly assisted me in gradually working my first article on complementarity from proof back to manuscript. The question was then of Boltzmann's ideas regarding the direction of time and my point was that the very concept of observation entails an irreversibility in principle. In the following years, this problem came into the foreground in connection with the question of the consistency of the interpretation of the quantum mechanical formalism, and in continuation of our discussions in Warsaw I had during the war some talks in America with v. Neumann who still felt some uneasiness about the apparent arbitrariness in the distinction between the objects and the measuring instruments, and with Teller who just like Stern, as I gather from you, was endeavoring to look for the elucidation of the paradoxes in a more quantitative connection between thermodynamics and the observational problem.*

*After reconsidering the question I feel myself that the whole question is purely epistemological and therefore of qualitative rather than quantitative character. On the one hand, it is evident that any practical observational arrangements, making use of photographic plates, cloud chambers or direct sensual impressions, involve a mechanism of amplification in the working of which free energy is spent in amounts out of all proportion with the energy exchanges characterizing the individual atomic processes under investigation. On the other hand, it is equally clear that, for the interpretation of quantum mechanical formalism and the elucidation of the paradoxes involved, the problem is how to account consistently for the phenomena defined by means of measuring agencies and recording devices which serve to fix the external conditions and register the experimental results and which, for this purpose, are to be treated as ideal classical instruments.*

*Of course, it is true that the constitution and operation of the instruments is ultimately subject to the laws of atomic mechanics and that a consideration of this point may perhaps eventually prove a guide for the overcoming of the still unsolved difficulties in quantum theory, but I am sure we agree that this point has as little to do with the question for which Einstein feels such uneasiness as the final clarification of the still unsolved problems of cosmology has to do with futile criticisms of the foundation of relativity theory.*

*The irreversibility in any observational problem has its root in a certain degree of complication of the interaction of the object with the measuring agencies and, trying to make the situation more clear to me, I have considered experimental arrangements where the critical element of irreversibility may be arbitrarily far removed from the final macroscopic recording. For instance, we say, for the localisation of a particle, instead of catching it directly on a photographic plate, allow it to enter through a small hole in a box from which the probability of escaping is vanishingly small and where, therefore, the presence of the particle can be ascertained in some suitable way at a later time. The degree of irreversibility here depends on the complicated character of the state of motion of the particle in the box, and the problem presents a certain analogy with the entropy increase accompanying irreversible expansion of a gas from a smaller volume v to a larger V which pro gas molecule is given by k log V/v.*

*From such considerations it follows that there will be a close correspondence between the degree of complexity required and the degree of irreversibility practically demanded and that, under optimal circumstances, the unavoidable entropy increase may be brought down to the order of k, representing the limit for the unambiguous use of the very concept of entropy.*

*Here, I have in mind such considerations about the complementary relationships between thermodynamical and mechanical concepts as I tried to indicate in my old Faraday lecture. Just as such considerations offer a consistent attitude to the well-known paradoxes of irreversibility in thermal phenomena, so it appears to me that, notwithstanding the obvious qualitative relationship between such phenomena and the irreversibility of observations, we may more adequately regard thermodynamical considerations, and the essence of the observations problem as different complementary aspects of the description.*

Standort: [BAL], bk0016n8w4z; Dokumentnummer: **[0766a/20.05.1947]**

*Prof. Bohr, 20.V.47.*

*As regards the distinction between pure and mixed cases, one must remember that, in any experimental arrangement aiming at a test of the paradoxinal consequence of the quantum mechanical formalism, one has to do with pure cases while, in mixed cases, we have to do with a closer analogon to ordinary statistical mechanics. The element of irreversibility inherent in observations is common to both cases, but as regards entropy considerations, we are in the latter case already in the investigated system itself presented with thermodynamical analogies while, in the former case, such concepts apply primarily to the interaction between the objects and the measuring instruments. It is for such reasons that I feel it dubious to look for more explicit connections between thermodynamics and the special observational problems in quantum mechanics.*

Standort: [BAL], bk0016n8q1q; Dokumentnummer: **[0779/04.09.1947]**

DR: IMMANUEL ESTERMANN
5448 BARTLETT STREET
PITTSBURGH, PENNSYLVANIA

*4. September 1947*
*Lieber Stern,*
*Ihren Brief vom 28. August, für den ich Ihnen bestens danke, habe ich wegen des Labor-Days weekends erst am Dienstag bekommen, und ich konnte die gewünschten Daten erst heute von Leivo bekommen. Die beiliegenden Tabellen enthalten alle brauchbaren Daten. Die getippte Tabelle ist dem vorläufigen Manuskript entnommen, während die handschriftliche Tabelle alle direkten Messungen enthält. Morgen will ich Ihnen vom Institut einen Durchschlag (fon) von dem „first draft" von dem Manuskript senden. Sie wissen, bei Leivo dauert alles unendlich lange.*
*Wir hatten sehr schöne Ferien in Canada sind aber leider zu früh zurück gekommen und haben den furchtbaren heissen August hier verbringen müssen, was die Erholung leider fast vollständig kompensiert hat. Augenblicklich lese ich statistische Mechanik-6 Stunden pro Woche für ein halbes Semester. Es macht mir viel Arbeit, aber auch viel Spass, und ich lerne eine Menge dabei.*
*Die Untersuchungen von Halbleitern sind sehr interessant, aber ich verstehe noch lange nicht alles was dabei herauskommt.*
*Falls Sie Gelegenheit haben, das Manuskript noch vor Ihrer Reise auf der Bahn zu lesen, wäre ich Ihnen für Ihre Kritik sehr dankbar. Wie sollen wir es veröffentlichen-mit 3 Autoren, oder Leivo allein mit entsprechenden acknowledgements?*

*Ich wünsche Ihnen viel Vergnügen auf der Europareise. Vielleicht überwinden Sie Ihre Allergie gegen Pittsburgh und machen auf der Rückfahrt hier Fahrtunterbrechung?*

*Mit herzlichen Grüssen von uns allen*
*Ihr Immanuel Estermann*[93]
(handgeschrieben)

Nach dem Krieg wurden auch mit früheren Hamburger Mitarbeitern und Kollegen wieder Briefe ausgetauscht, aber nur wenige Briefe hatten physikalische Fragestellungen zum Inhalt. Einer dieser Briefe war der Brief von Friedrich Knauer, Sterns früherem Assistenten.

Standort: [BAL], bk0016n8s6h; Dokumentnummer: **[0797/30.12.1947]**

*Prof. Dr.–Ing. Fr. Knauer*

*Hamburg 39, den 30. Dezember 1947*
*Dreistücken 7*

*Lieber Herr Stern !*

*Kürzlich habe ich Ihre beiden neuesten Molekularstrahlarbeiten im Physical Review gesehen, und sie haben mich sehr interessiert. Mit der Beobachtung des freien Falles der Atome haben Sie ja eine Ihrer alten Lieblingsideen wieder aufgegriffen und sie in einem Apparat verwirklicht, der bei der großen Strahllänge und der raffinierten Verstellung des Auffängers ein wahres Meisterwerk der Feinmechanik geworden ist, und der sicher nicht leicht zu bedienen war. Ich konnte den Versuch gleich in meiner Vorlesung erwähnen. Mit den Streuversuchen haben Sie eine alte Aussage der Quantentheorie bestätigt. Und wie wird es mit der Präzessionsmessung des Bohr'schen Magnetons? Ich wäre Ihnen sehr dankbar, wenn Sie mir von beiden Arbeiten einen Sonderdruck überlassen könnten.*

*Die Bitte um Sonderdrucke Ihrer Arbeiten war der Grund zum Schreiben dieses Briefes. Aber ich möchte Ihnen gern noch etwas von hier erzählen, wenn ich auch nicht weiß, ob es Sie interessiert.*

*Ich habe nun auch wieder einen Molekularstrahlapparat in Betrieb genommen, der schon vor dem Kriege beinahe fertig war, dann aber wegen anderer Arbeiten liegen bleiben mußte, und der zum Glück – wie das ganze Institut – die Fliegerangriffe heil überstanden hat. Ich habe damit zunächst die Verweilzeit von Alkaliatomen am glühenden Wolframdraht in Abhängigkeit von der Temperatur gemessen, aber bei höherer Temperatur als Langmuir. Die Verweilzeit wird, wie zu erwarten, immer kürzer und war schließlich bei etwa $10^{-5}$ Sekunden für mich nicht mehr messbar. Mit dieser kurzen Ansprechzeit des W-Drahtes war es dann möglich, in einem Kalium-Molekularstrahl eine Geschwindigkeitszerlegung durch die Laufzeit des Strahles zu erhalten. Die ganze Maxwellkurve ist im Oszillographen sichtbar und konnte photographiert werden.*

[93] Der Brief enthält noch Anlagen: Tabellen aus Messprotokollbüchern über Volumenveränderungen von Kristallen, die bestrahlt wurden und kurze mathematische Berechnungen.

*Das bedeutet bei der kurzen Beobachtungszeit eine Ausnutzung der Nachweisempfindlichkeit bis an die natürliche Grenze der Nachweisbarkeit mit der Taylor-Langmuir-Methode überhaupt, wo der Strahlenausschlag im thermischen Rauschen der Verstärkerröhren untergeht. Bei Ihren letzten Messungen sind Sie vermutlich auch nicht mehr weit oberhalb dieser Grenze gewesen. Ich will meine Streumessungen von früher fortsetzen und bei Streuwinkeln messen, w o die Streuung noch von der Geschwindigkeit des Strahles abhängt.*
[hier berichtet Knauer über andere Hamburger Geschichten, s. Band I]..........
*Mit freundlichen Grüßen, auch an Herrn Estermann, und besten Wünschen für das neue Jahr bin ich*

*Ihr*

*Fr. Knauer*

Zu Sterns 60. Geburtstag schickte Rabi einen besonderen Geburtstagsgruss (s. **[0800/17.02.1948]**). In einer Zeichnung erinnerte er an die Erfolge Sterns in Deutschland verbunden mit den experimentellen Schwierigkeiten der Molekularstrahlmethode. Stern hatte zwei seiner Publikationen, [STERN1926] und [KNAUER1926], die visionär die experimentellen Möglichkeiten der Molekularstrahlmethode beschrieben „Zur Methode der Molekularstrahlen" genannt und damit ein neues Forschungsgebiet „Untersuchungen zur Molekularstrahlmethode" begründet, das auch sein eigenes Publikationsjournal in Hamburg bekam. Die Kopfzeile erinnert an Frankfurter Zeiten, als Stern an Sommerfelds Hypothese der Richtungsquantelung zweifelte, da seiner Meinung nach dann auch Lichtstrahlen in bestimmten magnetisierten Gasen Doppelbrechung zeigen müssten. Sie erinnert an Gerlach, der Stern beim Abschied einen Aschenbecher mit der Aufschrift schenkte: „Lichtstrahlen sind zum Brechen, Molekularstrahlen sind zum Kotzen." Letztere Aussage bezieht sich auf die extremen experimentellen Schwierigkeiten, Molekularstrahlen herzustellen und unter Vakuumbedingungen deren Bahnen (Ablenkung) zu vermessen. Symbolhaft sind auf der Karte auch das Prinzip der Richtungsquantelung und die Theorie dazu in Form einer Streumatrix dargestellt. Auf der Karte grüßt „spinausgerichtet" im Magnetfeld die Arbeitsgruppe Rabis, seine Columbia „Troupe" (dies soll vermutlich Truppe bedeuten, in Anlehnung an Sterns Truppe in Hamburg).

Standort: [BAL], bk0016n9b7t; Dokumentnummer: **[0800/17.02.1948]**

Otto's
Lichtstrahlen sind zum Brechen

# UZM JOURNAL

Motto
Molekularstrahlen sind zum Kotzen

Anniversary Number: $\Gamma(6)\,\sin^2\frac{\pi}{4}$ February 17, 1948.

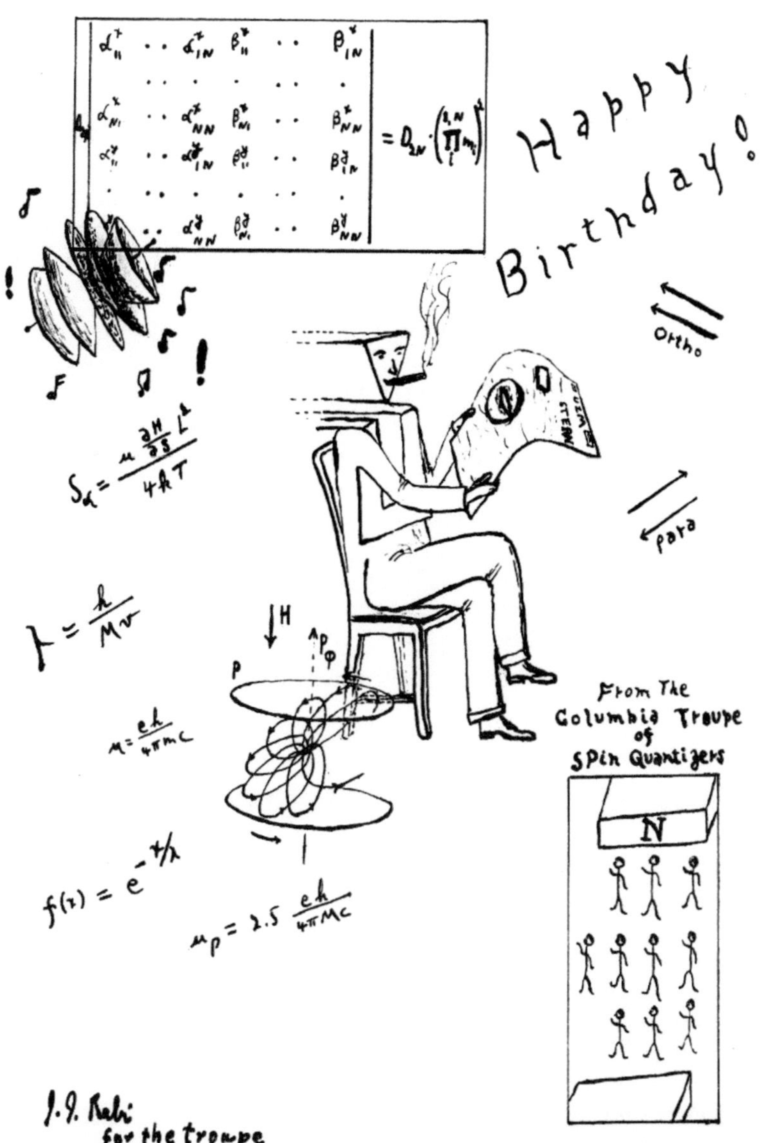

Standort: [BAL], bk0016n8q1q; Dokumentnummer: **[0811/22.09.1948]**

DR: IMMANUEL ESTERMANN
5448 BARTLETT STREET
PITTSBURGH, PENNSYLVANIA

*22. September 1948*

*Lieber Stern,*
*nach einigen Schwierigkeiten ist es mir endlich gelungen, Ihre „Ear-Wardens" aufzutreiben. Sie heissen jetzt „Ear-Defenders", aber man hat mir hoch und heilig versichert, dass es genau dieselben Dinge sind. Wenn das nicht der Fall sein sollte, schicken Sie sie ruhig an mich zurück, da ich die Rechnung bezahlt habe.*
*Wir sind hier Anfang September gut angekommen, haben in Chicago, wo wir einige Tage blieben, die Hitzewelle in voller Intensität angetroffen. Der Erfolg war eine furchtbare Erkältung bei der ganzen Familie, die jetzt endlich abgeklungen ist. Bei mir ist noch etwas Rheuma zurückgeblieben, aber nicht so schlimm wie im Frühjahr.*
*Leivo, der erst gestern wieder aufgetaucht ist, ist dabei, die Figuren umzuzeichnen, und wir haben den Text der ersten fünf Seiten auf eine Seite conzentriert. Ich werde Ihnen die Revision in einigen tagen schicken.*

*Mit vielen herzlichen Grüssen*
*Ihr Estermann*
(handgeschrieben)

*P.S. Haben Sie die Note im Phys.Rev. Aug.15, Seite 500 über die Geschwindigkeitsverteilung im Molekularstrahl gesehen? Es scheint im wesentlichen dasselbe zu sein, was Knauer Ihnen geschrieben hat.*[94]

Standort: [BAL], bk0016n8q1q; Dokumentnummer: **[0817/02.12.1948]**

*2.12.1948*

*Lieber Estermann,*
*vielen Dank für die ~~Übersend~~ Besorgung der „Ear Defenders" und Ihren Brief vom 22. Sept[ember]. Sie schreiben darin: „Ich werde Ihnen die Revision in einigen Tagen schicken." Ich beschloß also mit der Antwort bis dahin zu warten.*
*Das ist nun ~~aber~~ über 2 Monate her und ich muß gestehen, daß mir die Sache inzwischen [...]*[95] *geworden ist.*
*Ich möchte Sie also bitten, die Arbeit mit Leivo allein zu veröffentlichen und extra in einer Anmerkung zu erwähnen, daß ich die Arbeit ~~vorgelegt und~~ während des Krieges angefangen habe, oder so ähnlich. Es ist wohl doch schon zu lange her!*
*Haben Sie übrigens den Artikel von R. G. Breckenridge*[96] *im Okt[ober]heft des Journ. Chem. Phys. p. 959*[97] *gelesen? Das scheint eine gute Methode zu sein, die vacances und ihre Diffusion zu messen.*
*Sonst nichts Neues. Wie steht's bei Ihnen? Hoffentlich alles ~~o.k.~~ wohlauf.*
*Herzliche Grüße* *Ihr Otto Stern*
(handgeschriebener Entwurf)

[94] Stern hat den Brief mit der Bemerkung: b. 2.XII.48 (beantwortet am 02.12.1948) versehen.
[95] Nicht lesbar.
[96] R. G. Breckenridge, amerikanischer Physikochemiker.
[97] Journal Chem. Phys. 16, 959 (1948).

Standort: [BAL], bk0016n8q1q; Dokumentnummer: **[0819/11.12.1948]**

CARNEGIE INSTITUTE OF TECHNOLOGY
SCHENLEY PARK
PITTSBURGH 13, PENNSYLVANIA

DEPARTMENT OF
PHYSICS *11. Dezember, 1948*

*Dr. Otto Stern*
*759 Cragmont Avenue*
*Berkeley 8, California*

*Lieber Stern:*
*Vielen Dank für Ihren Brief mit dem Check für die „Ear Defenders".*
*Bezüglich des Manuskripts kann ich nur sagen, dass ich Ihnen am 11. Oktober die neue Seite', die Seiten 1–5 von der früheren Fassung ersetzt, eingeschickt habe. Wahrscheinlich ist der Brief verloren gegangen. Die Arbeit soll im Januar 15 Heft erscheinen, Korrekturen haben wir jedoch noch nicht erhalten.*
*Ich lege ein anderes Exemplar von Seite 1 und dem Titelblatt bei (es ist das letzte, was wir haben) und hoffe, dass Sie damit einverstanden sind.*
*Sonst gibt es hier nichts von Belang.*
*Mit herzlichen Grüssen*
*Ihr*
*Immanuel Estermann*
(handgeschrieben)

Standort: [BAL], bk0016n8q1q; Dokumentnummer: **[0820/22.12.1948]**

*22. Dec. 1948*

*Lieber Stern,*
*Die Korrekturen von der Arbeit mit Leivo*[98] *sind nun nachgeschickt worden, Ich habe sie durchgesehen und einige Fehler gefunden und verbessert. Das „English" gefällt mir zwar nicht besonders, aber daran lässt sich kaum was ändern.*
*In der Reprint Order ist noch Platz für Ihre Reprints offen gelassen. Um Zeit zu sparen- der Artikel soll im 2-ten Januar Heft erscheinen, möchte ich vorschlagen, dass Sie die Korrekturen nach Durchsicht mit der reprint order direkt an das Institute of Physics in N.Y. senden.*
*Ich bin via New York in Washington und will bis Ende nächste Woche ein bischen im Süden bleiben.*
*Mit herzlichen Grüssen und besten Wünschen zum Neuen Jahr*
*Ihr*
*Immanuel Estermann*
(handgeschrieben)

[98] W. J. Leivo war ein Doktorand bei Stern und Estermann in Pittsburgh, s. [ESTERMANN1949].

Standort: [BAL], bk0016n8q1q; Dokumentnummer: **[0821/28.12.1948]**

*28.12.1948*

*Lieber Estermann,*

*anbei schicke ich Ihnen die Korrektur, entgegen Ihrem Briefe, den ich gestern erhielt, zurück, weil ich feststellte, daß in Teil VII bei der ~~Besprechung~~ Berechnung von n aus $\Delta\rho$ was nicht stimmt.*

*Sie setzen $\Delta\rho = (\alpha - \beta)\Delta t$. Wenn man aber $\alpha$ und $\beta$ in der üblichen Weise definiert, - $\rho = \rho_0 (1 - \alpha t)$, muß es doch heißen – $\Delta\rho =$ - $\rho(\alpha - \beta)\Delta t$. Nur dann ist doch auch $\alpha$ der Ausdehnungsstoff $v = v_0 (1 + \alpha t)$. Ich hoffe und vermute ja, daß [bei] beiden Zahlenrechnungen die Sache in Ordnung ist, prüfen Sie das doch aber bitte genau nach. Ich kann das leider nicht, wegen mangelnder Zahlen, ~~ungenauer~~ besonders für $\alpha$ und $\beta$, die unbedingt auch in der Arbeit stehen sollten. Ich habe überhaupt, wie sie sehen, diese vage Rechnung etwas [...][99], ich fand besonders die Formel für $v_0$ zu unsicher.*

*Sonst habe ich ja nur Kleinigkeiten geändert. Es scheint mir aber, daß im Absatz VIII die Gründe für das Manko ~~bei~~ der optischen Methode nicht richtig nummeriert sind; nämlich für 1) nicht monoform, 2) Streulicht, 3) bleaching. Wenn Sie damit übereinstimmen, ändern Sie es doch noch. Aber vor allem kontrollieren Sie das $\Delta\rho$ !*

*Glück~~wunsch~~ zum neuen Jahr und herzliche Grüße*

*Ihr Otto Stern*

(handgeschriebener Entwurf)

Standort: [BAL], bk0016n8q1q; Dokumentnummer: **[0822/07.01.1949]**

CARNEGIE INSTITUTE OF TECHNOLOGY

SCHENLEY PARK

PITTSBURGH 13, PENNSYLVANIA

DEPARTMENT OF PHYSICS

*January 7, 1949*

*Dr. Otto Stern*
*759 Cragmont Avenue*
*Berkeley 8, California*

*Dear Stern:*

*I received the proof sheets and checked all the calculations.*

*It is true that our $\alpha$ and $\beta$ as used in the paper are not the expansion coefficients, but simply $d\rho/dT$. However, I have changed the formulas so that $\alpha$ and $\beta$ will be the volume expansion coefficients. The numerical calculations were all right except that, taking a more recent value for the density, we get for n,=1.24 x 10-19 $\Delta T$ instead of 1.26. I have also changed the enumeration of the reasons for the disagreement into first, secondly, thirdly. The section containing the calculation looks now as follow: $v_0$ may be computed from the molecular weight M of KCl, the density $\rho$ of KCl, and*

[99] Wort nicht entzifferbar.

*Avogadro's number N:*

$$v_0 = M/(\rho N);$$

*Now,* $n_0 = - \Delta\rho/(\rho v_0) = - (N/M) \bullet \Delta\rho$

*Also* $- \Delta\rho = \rho \bullet (\alpha - \beta) \bullet \Delta t.$

*where* $\alpha$ *and* $\beta$ *are the volume expansion coefficients of liquid and KCl, and* $\rho$ *their common density at the suspension temperature, and* $\Delta t$ *the change in suspension temperature due to the coloring of the cristal. Inserting the value for* $\Delta\rho$, *one obtains*

$$n = (N \rho/M) \bullet (\alpha - \beta) \bullet \Delta t.$$

*Substituting the numerical values* $N = 6.02 \times 10^{23}$, $M = 74.6$, $\rho = 1.989$, $\alpha = 8.89 \times 10^{-4}$ *and* $\beta = 1.13 \times 10^{-4}$, *we obtain*

$$n = 1.24 \times 10^{19} \bullet \Delta t.$$

*With best regards,*
*Ihr Estermann*
(maschinengeschrieben mit Handunterschrift)

Albert Einstein wurde am 14. März 1949 siebzig Jahre alt. Abraham Pais, der 1947 nach Princeton gekommen war, bemühte sich, zu Ehren Einsteins eine Art „Festschrift" in Form einer Monatsausgabe von Review of Modern Physics herauszubringen.

Standort: [BAL], bk0016n8w3d; Dokumentnummer: **[0818/09.12.1948]**

*Princeton, 9.12.1948*

*Dear Professor Stern*
*Professor Albert Einstein's seventieth birthday will be on March 14, 1949. The Council of the American Physical Society and the Board of Editors of the „Review of Modern Physics" have decided to dedicate to Einstein the June 1949 issue of that journal.*
*On behalf of the Board of Editors it gives me great pleasure to ask you to contribute to this anniversary volume.*
*I would appreciate to hear from you early convenience whether you think it possible to send in a paper. I may add that it would facilitate the Editors' task if you could let me know about how long your paper is likely to be.*
*It is planned nature and, written by a representative colleague, shall pay homage to Einstein on behalf of all contributors. You may wish to bear this in mind when writing your paper.*
*Contributions must be received before April 1, 1949. They should be sent in duplicate to the undersigned and should as far as convenient conform to the technical rules for publication of manuscripts to be submitted to journals like the "Physical Review" or the "Review of Modern Physics."*
*Sincerely yours, A. Pais*

Standort: [BAL], bk0016n8w3d; Dokumentnummer: **[0823a/29.03.1949]**

*Princeton, 29.3.1949*

*Dear Professor Stern:*
*Thank you so much for sending me your contribution to the Einstein Anniversary Volume. Your paper*[100] *has been transmitted to the editorial board of the Review of Modern Physics.*

*Very sincerely yours, A. Pais*

Die Anwendung der Stern'schen Molekularstrahlmethode fand immer mehr Eingang in viele Bereiche der Physik und Chemie. Vor allem durch die Rabi-Schule wurden die Art der Anwendungen rasant verbreitert. Es kamen immer neue Generationen von jungen Physikern, die Sterns Methoden benutzten. Nicht alle wussten, was sie Stern zu verdanken hatten. Beispielsweise Norman Ramsey, der Erfinder der Atomuhr [RAMSEY1949] [RAMSEY1983] und Nobelpreisträger der Physik im Jahre 1989, ein direkter Schüler Rabis und damit ein „Enkel" von Stern, fällt es in seinem berühmten Review-Artikel [RAMSEY1956] schwer, die Bedeutung von Sterns Pionierleistungen fair zu würdigen. Im folgenden Brief entschuldigt sich Ramsey quasi bei Stern, dass er die Grundlagenarbeiten Sterns und seiner Mitarbeiter [FRASER1931] nicht genügend zitiert hat. Trotzdem erwähnt er 1989 in seiner Nobelpreisrede an keiner Stelle die frühen Arbeiten von Stern und Mitarbeitern, die auch für Ramseys Atomuhrprinzip, die „Oscillating-Field-Methode" [RAMSEY1949], die Grundlage bildeten.

Standort: [BAL], bk0016n8x08; Dokumentnummer: **[0896/05.07.1956]**

HARVARD UNIVERSITY
DEPARTMENT OF PHYSICS LYMAN lABORATORY OF PHYSICS
CAMBRIDGE 38; MASSASCHUSSETS
*Juli 5, 1956*

*Professor Otto Stern*
*759 Cragmont Avenue*
*Berkeley 8, California*

*Dear Professor Stern:*
*Thank you very much indeed for your letter of June 13, 1956. It was very good of you to write me about my new book.*
*I also appreciate receiving the reprint which you sent me. I wish that I had been more familiar with this paper at the time I wrote the book, in which case I would have described it more extensively in the book. However, in general the vast amount of work done with molecular beam techniques made it necessary for me to summerize only briefly the work done prior to the pubication of Fraser's book* [FRASER1931].

[100] [STERN1949] Otto Stern, On the term *k* ln *n* in the entropy. Rev. of Mod. Phys., 21, 534–535 (1949).

*One of the most valuable things I learned in writing this book was the more detailed knowledge of the experiments done by molecular beam techniques prior to the time that I entered the field. I had always been immensely impressed by the work done by you and your collaborators and my already great respect was vastly increased when I discovered what a tremendous amount of interesting physics you had done with this technique. Sincerely yours*
*Norman F. Ramsey*
*Professor of Physics*

[handunterschrieben]

In den folgenden Jahren gab es dann spezielle „Molecular-Beam"-Konferenzen, die sich im dreijährigen Zyklus wiederholten. Eine davon war die sogenannte „Brookhaven Conference", die erstmals im Oktober 1956 in Brookhaven/Long Island stattfand und drei Jahre später dann in Heidelberg. Doch Otto Stern nahm an keiner teil. Sein früherer langjähriger Mitarbeiter Estermann schrieb an Stern 1956 die folgende Grußkarte, die viele der „Molecular-Beam"-Experten mit unterschrieben.

Standort: [BAL], BA0016, Mikrofilmfile No.680104, Dokumentnummer: **[0904/06.10.1956]**

BROOKHAVEN NATIONAL LABORATORY
ASSOCIATED UNIVERSITIES INC:
UPTON

*Department of Physics October 6, 1956*
*Professor Otto Stern 759 Cragmont Avenue*
*Berkeley 8, California*

*Dear Professor Stern:*
*The United Molecular Beamists of the world, now in session at Brookhaven, send you their greetings as the founding father of this exacting but rewarding discipline. Your name has been referred to in reverence on many occasions in the two days of this meeting and we only regret that you were not present in person to hear your scientific great-grandsons expound your doctrine.*
*We all join in wishing you continued good health and good cheer and hope you may be able to come to our next meeting.*
*Sincerely,*

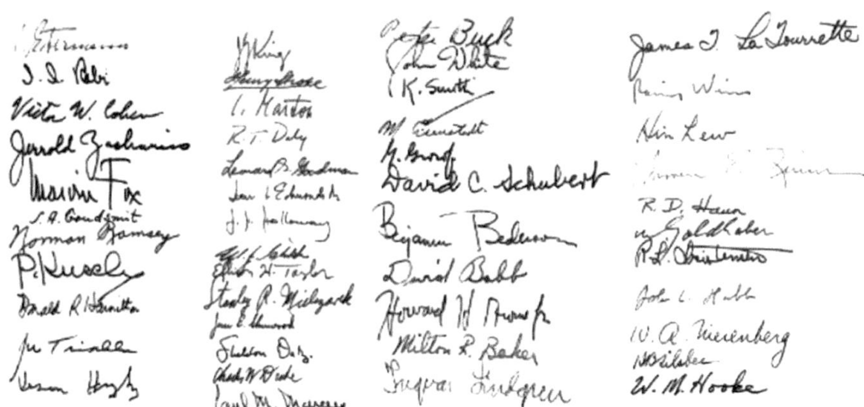

*I. Estermann, I. I. Rabi, Victor W. Cohen, Gerrold W. Zacharias, S. A. Goudsmit, Norman Ramsey, P. Kusch, Donald R. Hamilton, J. Trinkle, Vernon Hughes, Henry Stroke, Sheldon Datz, Peter Buck, Benjamin Bederson, Howard Shugart, Maurice Goldhaber, W. R. Nierenberg u. a. m.*

Hans Kopfermann war 1959 der lokale „Chairman" der Heidelberger Konferenz. Da Stern daran nicht teilnahm, sandte Walther Gerlach ihm eine Grußkarte und ließ von einigen Teilnehmern ein Grußwort dazu fügen.

Standort: [BAL], BA0016, MikrofilmfileNo.680106, Dokumentnummer: **[0921/00.06.1959]**

*Brookhaven Mol. beam conference Heidelberg, Juni 59* (Postkarte aus Heidelberg an Stern)

*Lichtstrahlen sind zum Brechen, Atomstrahlen Z K! [zum Kotzen]*
*Zu schade, dass Sie hier fehlen, aber wir denken herzlich an Sie!*
*Ihr Walther Gerlach*
*Hier habe ich erstaunlicher Weise zum ersten Mal Herrn Gerlach kennen gelernt. Aber die Molekularstrahlen sind furchtbar kompliziert geworden! Mit herzlichen Gruss*
*Ihr OR Frisch*
*Herzliche Grüsse Ihr Estermann*
*Best regards will see you soon! Nierenberg*
*Wir haben sehr bedauert, Sie nicht hier zu haben. Ihr Hans Kopfermann*
*Herzl. Grüße Ihr P. Toschek*

**Abb. 3.27** Brookhaven Conferece 1959 in Heidelberg. Konferenzausflug zum Dom in Speyer Juni 1959. *V.l.* Norman Ramsey, Isidor Rabi und William Nierenberg. (Bildquelle: private Mitteilung Gerhard Fricke/Mainz)

### 3.1.3 Sterns Abschiednehmen von der Wissenschaft

Stern hatte sich nach seiner Emeritierung aus der Wissenschaft fast vollständig zurückgezogen. Ab und zu besuchte er Vorträge über physikalische und chemische Themen an der Universität in Berkeley. Die vielen neuen Experimente mittels Molekularstrahltechnik schienen ihn weniger zu interessieren, nur die Physik der Entropie ließ ihn nicht los. Von verschiedener Seite wurde jetzt der Wunsch an ihn herangetragen, historische Interviews zu geben. Die Encyclopedia Britannica bat Estermann, einen biografischen Artikel über Stern zu schreiben, oder die „American Physical Society" (Thomas Kuhn) versuchte Stern für historische Interviews zu gewinnen. Kuhn arbeitete in einem „Joint Committee of the American Physical Society and the American Philosophical Society on the History of Theoretical Physics in the Twentieth Century". Auch war das „American Institute of Physics" an Sterns Nachlass interessiert.

Standort: [BAL], bk0016n8q1q; Dokumentnummer: **[0905/02.12.1956]**

DR. IMMANUEL ESTERMANN

8205 MEADOWBROOK LANE, CHEVY CHASE 15, MARYLAND

*2. December 1956*

*Lieber Stern,*

*Der Editor der Encyclopedia Britannica hat mich beauftragt, einen kurzen biographischen Artikel über Sie zu schreiben. Einliegend finden Sie einen Entwurf für diesen Beitrag, und ich wäre Ihnen sehr dankbar, wenn Sie mir Ihr Einverständnis oder Änderungsvorschläge mitteilen würden, Der Artikel muss Ende des Monats bei der Redaktion vorliegen.*

*Von mir muss ich leider berichten, dass ich vor 3 Wochen- nach einer Reihe von anstrengenden Reisen- einen leichten Herzanfall bekam, der mich 2 Wochen im Krankenhaus festhielt und mich immer noch mit Hausarrest belastet. Abgesehen von diesem Eingesperrtsein geht es mir wieder recht gut und ich hoffe, in ein paar Wochen wieder arbeiten zu können.*

*Franck sah ich kurz vor meinem Anfall in Chicago, er hatte sich wieder recht gut erholt. Auch Pringsheim war dort - es war eine Tagung über Color centers - und wir hatten einen netten Abend zusammen.*

*Hoffentlich geht es Ihnen weiter gut,*
*Mit herzlichen Grüssen*
*Ihr Estermann*

Standort: [BAL], bk0016n8q1q; Dokumentnummer: **[0906/05.12.1956]**

*5.12.1956*

*Lieber Estermann,*

*es tut mir sehr leid, von Ihrem Herzanfall zu hören. ~~Das ist~~ Offenbar ist Ihnen die strenge Belastung, verbunden mit [ ... ]*[101]

*Wenn Sie sich von jetzt an vernünftig schonen ist die Prognose ja glücklicherweise sehr günstig.*

*Mit Ihrem Artikel bin ich natürl.[ich] tief einverstanden. Kleine biographische Änderungen habe ich ~~mit Bleistift~~ vermerkt, sie sind aber ganz ~~nebensächlich~~ unerheblich.*

*Herzlichste Wünsche für ~~gute~~ völlige Genesung und viele Grüße Ihr Otto Stern*

Das „American Institute of Physics" (AIP) war an Sterns Nachlass interessiert, denn Stern hatte wie kaum ein anderer die Geschichte der modernen Quantenphysik miterlebt und auch selbst „mitgeschrieben". Ob Stern dann mit dem AIP Absprachen getroffen hat, ist den Herausgebern nicht bekannt. Der Nachlass Sterns wurde nach seinem Tod Eigentum seiner Nichte Liselotte Templeton geb. Kamm. Sie hat den Nachlass dann der Bancroft Library [BAL] übergeben, wo er über 40 Jahre aufbewahrt wurde, bis man dann begann, ihn aufzuarbeiten.

---

[101] Nicht entzifferbar.

Standort: [BAL], bk0016n8m5c; Dokumentnummer: **[0959/26.03.1962]**

*Project on the History of Recent Physics in the United States*
*AMERICAN INSTITUTE OF PHYSICS*
*335 EAST 45 STREET, NEW YORK 17, NEW YORK MURRAY HILL 3-1948*
*UNDER A GRANT FROM THE NATIONAL SCIENCE FOUNDATION*
*PROJECT DIRECTOR. W. JAMES KING*

*March 26, 1962*

*Advisory Committee*

.....

*Dr. O. Stern*
*759 Cragmont Avenue*
*Berkeley 8, California*

*Dear Dr. Stern:*
*Earlier this year, Dr. Hutchisson and I wrote you requesting that you provide, at your convenience, the information detailed on the enclosed sheet for the Project on the History of Recent Physics in the United States. Some three hundred physicists have answered so far, about seventy of whom are in your group.*
*You probably have not completed preparing the requested information. We set no time schedule and we are still receiving some new replies every day. In any event, we hope that this letter will remind you that we will greatly appreciate your participation in the History Project, and that we are looking forward to hearing from you.*

*Sincerely,*
*W. James King*
*Project Director*

Stern hatte Ende 1961 Jost und Fierz an der ETH Zürich ein mehrstündiges Interview gegeben [JOST1961], in dem Stern seine Begegnungen mit Einstein und sein eigenes wissenschaftliches Leben beschrieb (s. Brief 0951 vom 01.02.1962 in Band I Seite 132). Am 01.02.1962 wurde zwischen Stern und der ETH ein Vertrag geschlossen, wie das auf Magnetband aufgenommene Interview aufbewahrt werden sollte und wer eventuell Zugang hat. Stern hat dann wie aus dem folgenden Briefwechsel zu ersehen ist, Thomas Kuhn die historisch wissenschaftliche Aufarbeitung erlaubt, mit der Bedingung, diese dann auch zu publizieren.

Standort: [BAL], bk0016n8s8m; Dokumentnummer: **[0963/16.05.1962]**

SOURCES FOR HISTORY OF QUANTUM PHYSICS

*A project of the Joint Committee of the American Physical Society and the American Philosophical Society on the History of Theoretical Physics in the Twentieth Century*
*Supported by the grant from the National Science Foundation*

*May 16, 1962*

*Staff*
*Thomas S. Kuhn*
*Director John L. Heilbron*
*Assistant Director*
*Joint Committee*
*John A. Wheeler et al.*

*Professor Otto Stern*
*759 Cragmont Avenue*
*Berkeley, California*

*Dear Professor Stern:*
*In the hope that you have by now returned to Berkeley, I write once more to ask your help in this project's attempt to preserve records of the development of quantum physics. Before making that request more concrete, let me give you some additional information about our objectives, present state, and future plans. I believe you know already that our aim is predo-minantly archival. We hope, that is, to succeed in preserving manuscripts and tape- recorded recollections of the main participants in the development of quantum physics. These records are to be deposited at the libraries of the American Philosophical Society and of the Univer-sity of California, Berkeley. After the project closes they will be made available- subject to whatever restrictions the donors may desie- to scholars attempting to reconstruct the development of physics in this century. If we are at all successful, the project's work should make future historical studies more accurate and more illuminating. The preparation of those studies is not, however, any part of this project's function. Our only publication will be a descriptive catalog of the materials our work has made available. Some of those materials will probably not be generally accessible, eve to qualified scholars, for a number of years.*
*We are now at the end of the first year of our research, most of which has been devoted to preparation. We have been trying to study the published record, determine whom we must see, and discover the problems with which they are most likely to be able to help us. But we have also had one or more preliminary interviews with a number of particpents in the development of quantum physics. These include Professors L. Brillouin, P.J. Debye, P.A.M. Dirac, P.P. Ewald, A. Landé, F. Reiche, and G.E. Uhlenbeck. In addition, we have scheduled interviews with a number of other people. Later this month I shall begin talks with Professor S. Goudsmit, and my colleague, John Heilbron, will travel south to talk with Professors P.S. Epstein, W. Elsasser, and C. Eckart. During July, Professor Maria Mayer and I go to Cape Cod for extended discussions with Professor James Franck and his wife. Early in the fall we shall be moving to Europe to continue the program there. Professor Bohr has kindly offered us his active collaboration, including the provision of an office that is*

*now being added to his Secretariat at Carlsberg. I enclose a copy of a letter which will give you some idea of the extent of his interest and support.*
*You will already have anticipated the intent of my letter: we are eager to make definite arran-gements for a series of discussions with you. They could be held at any place and almost at any time of your choosing. Professor Rudolph Minkowski has said that he would gladly parti-cipate also if you would like him to. If he does we could as easily hold the conversations in German as in English. Finally, let me say again that you may place any restrictions that you think appropriate upon the accessibility of the tapes and transcripts. Our only concern is to be sure that they will ultimately become available to sufficiently qualified scholars.*
*If you have any other questions about the project, I should be very grateful for an opportunity to answer them, and would be glad to call upon you for that purpose. I can be reached by telephone either at the University, extension 2144, during the day, or at home, THornwall 3-0532, in the evenings. I very much look forward to hearing from you. Your participation can make a gigantic difference to the project's success. Both because of your work and because of your active collaboration with Einstein in the early days of the quantum theory, we look upon you as one of the few most significant people we must see.*

*Sincerely yours,*
*Thomas S. Kuhn*
*Director*

Hier folgt der beigefügte Brief Bohr betreffend.

Standort: [BAL], bk0016n8s8m; Dokumentnummer: **[0960/27.03.1962]**

*UNIVERSITETS INSTITUT*
*FOR*
*TEORETISK FYSIK*

*BLEGDANVEJ 17*
*COPENHAGEN; DENMARK*
*TELEGRAMS: PHYSICUM, COPENHAGEN*

*March 27, 1962*

*Dear Professor Kuhn,*
*Thanks for your kind letter of February 15 with the enclosed material. As you know, we have for years here in Copenhagen been deeply interested in the history of atomic physics in our century, when there has been such intense and extensive international collaboration. We therefore look forward with keen anticipation to the results of your great project and especially to the opportunity of personal discussions with you.*
*During the last years I have my self been increasingly occupied with historical matters, and as a small preliminary step I have published some of my reminiscences of Rutherford and of developments based on his work. I also contributed to the recent Heisenberg volume a short article, reviving some memories from the years of the advent of quantum mechanics. Reprints of these two articles are being sent to you under separate cover. At the moment I am completing a manuscript about the history of the Solvay meetings, containing a somewhat elaborated version of a talk delivered at the Jubilee Conference last autumn.*

*To facilitate such work, a Secretariat has been established on the area of the Carlsberg Breweries, where I have my home, and all historical material in my possession has been assembled there. Just now this Secretariat is in the process of being extended, and by September rooms will be available for you and your staff. Of course, close connection is kept with the Institute of Theoretical Physics, where a larger group is working under the guidance of my son and others, and where the physical main library is. Still, at the Secretariat I think we have much of the literature which you may need for your work, and various facilities for reproduction of documents in which you may be especially interested. We therefore hope that you will find convenient working conditions during your stay in Copenhagen.*
*With kindest regards, and looking forward to seeing you here.*

*Sincerely yours,*
*Niels Bohr*

Standort: [BAL], bk0016n8s8m; Dokumentnummer: **[0964/30.07.1962]**

SOURCES FOR HISTORY OF QUANTUM PHYSICS

*A project of the Joint Committee of the American Physical Society and the American Philosophical Society on the History of Theoretical Physics in the Twentieth Century*
*Supported by the grant from the National Science Foundation*

*July 30, 1962*

*Staff*
*Thomas S. Kuhn*
*Director John L. Heilbron*
*Assistant Director*
*Joint Committee*
*John A. Wheeler et al.*

*Professor Otto Stern*
*759 Cragmont Avenue*
*Berkeley, California*

*Dear Professor Stern:*
*There are now only ten days before this project closes its office here and begins its trip to Copenhagen. I wonder whether by any chance you would be willing to see me once more before our departure. If so, I should like very much to ask you about the origins of your work with molecular beams and about the development of the famous experiments on space quantization.*
*It would please me greatly if you had at all changed your mind since our last meeting. I am still very grateful for the help you have already given us and hope that you may possibly be willing to continue for a bit longer. If not, however, may I at least hold you to your promise and ask that you send me a note authorizing us to listen to the tape which you prepared a few years ago in Europe. We should certainly like to take advantage of its existence during the coming year abroad.*

*Sincerely.*
*Thomas S. Kuhn, Director*

Standort: [BAL], bk0016n8s8m; Dokumentnummer: **[0965/01.08.1962]**

*Ich ermächtige hiermit Herrn Prof. Thomas S. Kuhn die von mir besprochenen „tape recordings" in der Bibliothek der E. T. H. in Zürich anzuhören, unter der Bedingung, daß sie dann wissenschaftlich publiziert wird.*

*[ Otto Stern]*

(Briefentwurf von Sterns Antwortbrief)

Standort: [BAL], bk0016n8s8m; Dokumentnummer: **[0966/02.08.1962]**

SOURCES FOR HISTORY OF QUANTUM PHYSICS

*A project of the Joint Committee of the American Physical Society and the American Philosophical Society on the History of Theoretical Physics in the Twentieth Century*
*Supported by the grant from the National Science Foundation*

*August 2, 1962*

*Staff*
*Thomas S. Kuhn*
*Director John L. Heilbron*
*Assistant Director*
*Joint Committee*
*John A. Wheeler et al.*

*Professor Otto Stern*
*759 Cragmont Avenue*
*Berkeley*
*California*

*Dear Professor Stern:*

*I am grateful for your note of August 1st which authoritizes me to hear the tape-recording of your recollection which you have deposited at the E.T.H. Zürich. I fully understand that this tape is intended only for the use of scholars working on the history of quantum mechanics and that no part of it is to be published in any form, at least not without your explicit permission. Those restrictions seem entirely suitable to me and I accept them without reservation.*

*I am also very grateful for your willingness to talk a bit about the development of the space quantization experiments over the 'phone with you yesterday. Your remarks interested me a good deal, but there is one set of them that puzzles me, and I wonder whether you would be willing to explain it a bit further. On the telephone you said that before the invention of wave mechanics and the discovery of the electron spin there had been no way of knowing how your experiment would work out. The experiment was, you suggested, simply a question posed to nature. The result could neither be predicted in advance nor understood after it was gained.*

*But in your first paper on the subject, „Ein Weg zur experimentellen Prüfung der Richtungsquantelung im Magnetfeld", Zeitschr. f. Physik (1921), pp. 249–253, you undertake a derivation to show that, if there is any space quantization, then a beam of one electron atoms should be split in two by an inhomogeneous field. For me this raises two questions, though I fully realize that it may be impossible now to find answers to either them. Apparently you did have some notion of what might be expected if there was really space quantization in nature. But did you really believe that there was? That is, did you think the outcome of the experiment was likely*

*to be negative? Obviously, there were good reasons to feel that it would be and you outline these very successfully at the beginning of your own paper. The other problem is of somewhat different sort. Your argument that the beam will split into two components is based on the hypothesis that the magnetic moment of the atom must line up either parallel to the field or anti-parallel. Apparently, you see no possibility of an alignment perpendicular to the field. Even in the absence of wave mechanics and electron spin, that might have seemed a possible alignment. Do you by any chance have a notion why you did not take the possibility into account?*
*I am sorry to bother you with these questions of detail about work done long ago. But they are just the sorts of questions that will bother me and my colleagues later on. I should be immensely grateful for any help you can give us with them, as I am already grateful for what you have already done.*

*Sincerely,*
*Thomas S. Kuhn, Director*

Standort: [BAL], bk0016n8s8m; Dokumentnummer: **[0978/27.11.1962]**

SOURCES FOR HISTORY OF QUANTUM PHYSICS

Sekretariat of Professor Niels Bohr, GL Carlsbergvej 15, Copenhagen-Valby, Denmark

*A project of the Joint Committee of the American Physical Society and the American Philosophical Society on the History of Theoretical Physics in the Twentieth Century*
*Supported by the grant from the National Science Foundation*

*Copenhagen, Denmark*
*Air Mail* *November 27, 1962*

*Staff*
*Thomas S. Kuhn*
*Director John L. Heilbron*
*Assistant Director*
*Joint Committee*
*John A. Wheeler et al.*

*Professor Otto Stern*
*759 Cragmont Avenue*
*Berkeley*
*California*

*Dear Professor Stern:*
*Shortly before I left Berkeley last summer, you kindly wrote me a short note authorizing me to hear the tape you have deposited at Zürich subject to the condition that none of the material it contains be made public. I then expected to be going to Zürich myself and very much looked forward to listening to the recording. Clearly, this project badly needs to know the sort of material it contains.*
*To my regret, however, it now looks as though I may not be getting to Zürich at all this year, and I shall certainly not be going there for some time. Meanwhile, my colleagues, John Heilbron, is planning a trip there to take place shortly after the first of the year. Both he and I will be very grateful if you will grant him the same authorization with which you favored me. I can personally assure you that he is a thoroughly reliable and conscientious student of the field.*

*I hope you are having a comfortable and pleasant winter in Berkeley. Until a week ago our work here was proceeding very fruitfully, and we were all much encouraged for the project's chances of success. Professor Bohr's unexpected death has now greatly reduced that promise. For personal reasons as well we are all greatly upset by it.*

*Sincerely,*
*Thomas S. Kuhn, Director*
*Sincerely*

Diesem Brief war die folgende Information beigefügt.

**INFORMATION SHEET**
Project on the History of Recent Physics in the United States
American Institute of Physics
335 East 45 Street
New York 17, N.Y.
*Items 1, 2 and 3 will require little time to complete, while items 4 and 5 will take longer. Item 4 suggests points for an autobiography that we wish to call an intellectual one, for we hope it will deal as extensively with your intellectual development as possible. You may have already prepared this information for some other purpose and this could be used for item 4. Please send now what you have available, and send the rest as soon as it is ready. Two self-addressed stickers are enclosed for your convenience in replying.*
*1. A bibliography, as complete as possible, of your published writings. It would be helpful if it included references to published lectures, longer book-review articles, as well as published work in the areas outside research in physics.*
*2. At least one photograph (preferably 8" x 10"), with the location and the date (approximate, if necessary) when it was taken. If other people or pieces of apparatus are in the photograph, please identify them. Several photographs, taken at different periods, would provide a more complete record and would therefore be that much more useful.*
*3. Enclosed you will find a copy of your bibliographical entry from AMERICAN MEN OF SCIENCE. Would you please read it through, checking it for omissions? Elaborate on this brief entry as you wish; mark any needed emendations on the sheet of paper to which the entry is attached; and return it to us. If you have a more detailed biography on hand, we would appreciate your enclosing it also.*
*4. An intellectual autobiography, i. e. an autobiographical account with special reference to the development of your work in the field of physics. The more extensive the account is, the more valuable it will be to present and future historians of science. (An example is given by the immensely useful .....*

Standort: [BAL], bk0016n8s8m; Dokumentnummer: **[0979/05.12.1962]**

*5.12.1962*

*Dear Prof. Kuhn,*
*in answer to your request of XI, 27 I declare that the permit to you to hear my tapes at the ETH library should apply also to Dr. John I. Heilbron. This letter together with your permit should be shown to Prof 's Fierz or Jost or director of Scherrer.*
*With my best wishes for the holidays.*

(Briefentwurf von Sterns Antwortbrief)

1962 fragte auch die „Library of Congress" in Washington bei Stern an, um dessen wissenschaftlichen Nachlass zu erhalten.

Standort: [BAL], bk0016n8t7k; Dokumentnummer: **[0967/21.09.1962]**

**THE LIBRARY OF CONGRESS**
*Washington 23, D.C.*
*REFERENCE DEPARTMENT*
*MANUSCRIPT DIVISION*

*September 21, 1962*

*Dear Dr. Stern:*
*For many years the Library of Congress has been interested in preserving the persona papers of eminent Americans for the benefit of future scholars, historians, and biographers. Recently there has been special stress on the papers of leading scientists, for we are aware that all recent history is in some fashion related to or dependent upon science.*
*It is on this subject that I write you today. Dr. Nathan Reingold of our Science and Technology Division is at the Huntington Library during the month of September. He is very much interested in these matters and has worked in this Division with manuscript collections that relate to science. He is staying at the Athenaeum, and later in this month he will be free to talk to leading scientists of the area on the preservation of their persona papers.*
*Since time is short I have asked him to get in touch with you to make an appointment. I hope you will you will be able to see him. He can answer any questions you may have and can explain our services and facilities.*

*Sincerely,* (handunterschrieben)

*Daniel J. Read Acting Chief*
*Manuscript Division*
*Enclosure*
*Dr. Otto Stern*
*759 Cragmont Avenue, Berkeley, California*

Nur zu wenigen seiner früheren Schüler unterhielt Stern einen ständigen engen Kontakt. Einer davon war Lester Clark Lewis, der schon in Hamburg bei Stern gearbeitet hatte. Er hatte dort 1931 bei Stern promoviert[102] (Thema der Dissertation:

[102] https://www.chemie.uni-hamburg.de/pc/publikationen/Dissertationen.html.

Die Bestimmung des Gleichgewichts zwischen den Atomen und den Molekülen eines Alkalidampfes mit einer Molekularstrahlmethode; Lester Clark Lewis, Z. Phys. 69, 786–809 [1931]). Im Nachlass Sterns befinden sich viele meist handgeschriebene Briefe, Grußkarten, Familienfotos etc. von Lewis an Stern. Lewis war später Kurator in der „Smithonian Institution" in Washington und leitete dort die „Division of Physical Sciences". Die Präsentation der Molekularstrahlmethode und deren „Kinder" (z. B. Townes Maser mit Stern-Gerlach-Apparatur oder Ramseys Atomuhr) dort waren ihm wichtig.

Standort: [BAL], bk0016n8t61; Dokumentnummer: **[0995/09.04.1963]**

*9.4.1963 Lewis an Stern Smythonian Stammbaum*

*Smithonian Institution*
*United States National Museum*
*Washington 25. D.C.*
*April 9, 1963*
*Prof. Otto Stern*
*759 Cragmont Avenue*
*Berkeley 8, California*

*Dear Prof. Stern*
*The two diagrams of molecular beam history are being sent to you with the hope that they may be improved (and perhaps be of some immediate suggestiveness to you). May I comment on each and raise questions, hoping that you will answer, and perhaps raise further questions.*
*I. DESCENT OF MOLECULAR BEAM SCHOOLS (this has already been worked over by several molecular beamers)*
*- Note the tree grows upward, and hence is also approximately a chronology.*
*- the name beneath a school's name denotes the founder from the school at the base of the arrow. [ ] means a school with an essential independent start - the founder worked essentially from first principles and the literature.*
*Do you find*
*-any correction necessary?*
*-that it would be more useful to you more detail?*
*-that it would help to enclose the entries, such as => (BROOKHAVEN Cohen)*
*-any other suggest for clarity?*
*II. MOLECULAR BEAM HISTORY SUMMERIZED AS*
*programs - schools - methods - discoveries - publications, which probably needs little explanation.*
*- Wouldn't it read better to reverse the columns from the right to left?*
*- Have you suggestions for addition or revision?*
*- How would make it clearer?*
*These diagrams have suggested to me, for instance, better approaches to a paper on*
*"What did happen to molecular beam during World War II?"*

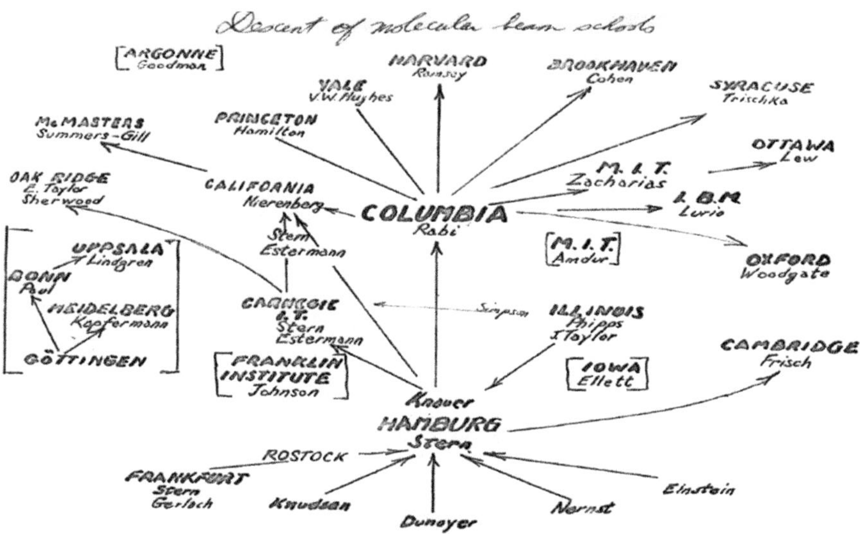


**Abb. 3.28** Der „Stammbaum" der Molekularstrahlmethode nach Lewis. (Bildquelle: [BAL], bk0016n8t61)

*Looking forward to your answers with thanks, and with hopes that you will benefit both by these diagrams and my eventual papers.*
*With many thanks for your help to date. Lewis*
*Lester Clark Lewis*
*Curator*
*Division of Physical Sciences*

(handgeschrieben)

Da Stern zeitlebens ein sehr enger Freund von Niels Bohr gewesen war, erhielt er auch eine Einladung zur Feier des 50-jährigen Jubiläums des Bohr'schen Atommodells nach Kopenhagen. Da Bohr am 18. November 1962 aber unerwartet zuvor verstarb, wurde aus der Jubiläumsfeier eine Gedächtnisveranstaltung. Obwohl Stern sich 1963 vom 30. März bis 2. Juli in Europa aufgehalten hat, gibt es keinen Hinweis auf einen Besuch in Kopenhagen in dieser Zeit.

Standort: [BAL], bk0016n8n4b; Dokumentnummer: **[1015/13.11.1963]**

UNIVERSTETS INSTITUT
FOR
TEORETISK FYSIK

BLEDANSWEJ 17, KOBENHAVN

*Dear colleague,*
*To celebrate the fiftieth anniversary of Niels Bohr's first paper on the quantum theory of atomic constitution, we have arranged for the week of July 8th–13th, 1963, a sort of "family reunion", assembling at the Institute as many as possible of those who in the first epoche of the Institute's life - the early years before the advent of*

*quantum mechanics, and the ensuing period ending in 1946 - stayed for a longer time at the Institute. We cordially invite you, as one of those belonging to this group, to attend the meeting, and we do hope that we shall have the pleasure of seeing you among us on such a memorable occasion.*
*Four days will be devoted to retrospective and prospective surveys of the main branches of physics on which at different times interest has been focused at the Institute. Starting on the first day with atomic and molecular spectroscopy and the investigation of the solid state of matter, we shall go on reviewing the problems of nuclear physics, those of the theory of fields and elementary particles and, on the last day, various other topics such as gravitation, astrophysics and biophysics. With three introductory lectures every day, there will be plenty of time for discussion, after each lecture as well as in informal groups.*
*The afternoon of Thursday will be reserved for a meeting in which some of Niels Bohr's collaborators, and, we hope, Niels Bohr himself, will tell about their reminiscences. Finally, according to the old tradition, we contemplate a day's outing in the country. The enclosed programme gives more details about the scientific part of the proceedings. Further information will be forwarded to you in due course.*
*With regard to the practical arrangements, we regret not to have sufficient funds at our disposal to defray the expenses of the participants; in individual cases, however, we shall gladly assist in meeting such expenses as far as we can. We shall endeavor to provide the participants with the kind of accommodation they wish; since, however, this is a formidable task at the height of the summer session in present-day Copenhagen, we must request co-operation and your indulgence. The enclosed sheet contains preliminary enquiries, intended to help us to survey the situation; we understand that your replies to these questions can only be provisional, but even so we are anxious to collect them as soon as possible. Therefore please complete the sheet and return it to us at once, or at any rate not later than the 15th October, 1962. It will not be too soon then for us to start making reservations and taking other necessary steps.*

*Yours sincerely, Professor L. Rosenfeld on behalf of the organizing committee*
(Handunterschrieben)

Otto Robert Frisch hat 1964 zu Oskar Kleins 70. Geburtstag am 15.09.1964 einen Einakter geschrieben. THE PHOTON SPLITTERS, den er auch Otto Stern zuschickte. In Sterns Nachlass befindet sich der folgende Text (Figure 1 befindet sich nicht im Nachlass):

Standort: [BAL], bk0016n8q71; Dokumentnummer: **[1031/14.06.1964]**

## THE PHOTON SPLITTERS

(Variation on an old Danish theme)

A play in one scene to celebrate the 70th birthday of Oskar Klein

A. *Take the photon...*

B. *Now?*

A. *Well, take a weak light source and open a shutter long enough to let out one photon.*

B. *But how do you know? You may get two, or none:*

C. *Is it single photons of visible light you want?*

A. *Yes.*

C. *Then I can help you; I have a generator for single photons of sodium resonance line. A beam of slow sodium atoms is crossed by a beam of yellow sodium light, which excites some of them. Those which emit a photon toward you are deflected onto a hot tungsten wire by their recoil, ionized and recorded by an electron multiplier. The output pulse tells us a photon is on the way.*

B. *Won't it be gone before we observe the pulse?*

C. *There are lenses and mirrors to send the photon on a detour of 300 km, which gives you one millisecond notice.*

A. *Fine. So we take a photon ....*

B. *Can you make sure you have one?*

C. *There is no need; my generator is quite reliable.*

B. *Still, one ought to be able to make sure is a photon.*

A. *One could record it with a multiplier...*

B. *Not with any certainty!*

C. *True; the best photocathodes have only about 30 % efficiency. But with some semiconductors one can get close to 100 %. There is some noise, but with deep cooling...*

B. *Allright, let us say we have a perfect photon detector. So we can make a photon, know when it will come, and verify that it has come. But in verifying we kill it!*

A. *I know. Still it seems I may at last say "take a photon". It behaves essentially like a particle: it starts from a point, it travels along a line, it...*

D. *Surely not! Light consists of waves; you can at best create a wave packet! And after travelling 300 km...*

C. *Let give you a scale of my apparatus. My lens has a diameter of 1 meter; over 300 km the wave spreads only a few cms; the second lens is a little larger to allow for that, and it forms an image just as small as the original source, only a few wavelengths in size. The spread is....*

D. *Essentially nil, I agree. But where does the photon pass through those large lenses of yours?*

A. *I don't care; somewhere. Just let me take my photon from the focus of C's second lens. We can consider this as our photon source, and we know- we have 1 millisecond warning- when the photon is coming.*

*B. Alright, we'll let you take a photon. What will you do with it?*
*A. I shall split it with a half silvered mirror.*
*D. But that doesn't split the photon; it is either reflected or transmitted, the chances being half and half.*
*A. So the photon travels either in the direction 1 or 2?*
*D. Sure. If you were to place photon detectors in both beams, either one or the other would record the photon.*
*A. Good. Now please note that I have provided angle mirrors. (Fig.1) which cause both beams to return and to be recombined.*
*D. I see. You have built an interferometer similar to Michelson's. If your two distances are exactly alike then the re-united beam will go to the detector 3, not 4, it I've got the phase shifts right.*
*A. Correct. From that I conclude that the photon has been split, that it is present in both beams 1 and 2. There is no element of chance. We need both parts of the photon to be sure it will be recorded at 3 and not at 4.*
*D. But how do you account for the fact that of the two detectors placed in 1 and 2, only one - at random - will record the photon?*
*A. It must be the detectors that introduce the randomness.*
*D. You mean that when one detector happens to report the photon, the other one is precluded from doing so?*
*A. Yes*
*D. Even though the other half of the photon passes through it?*
*A. No. Surely the other half no longer exists; it must have been destroyed when the photon was spotted in the first beam. Only one photon was produced by C's source, and a photon can only be absorbed and detected once.*
*B. Isn't that the "reduction of the wave packet"?*
*C. Yes, but what does it mean? How can the observation of a photon in one place destroy the other half of the photon?*
*D. There is no split photon; there is only a wave.*
*C. I must protest; my generator surely makes photons, one at a time. We agreed to that at the beginning.*
*F. Let me try to remember what I was taught. The wave associated with one photon is not real; it is merely a mathematical tool which allows us to compute the probability that a photon will be observed at a given place. It is a description of our knowledge that a single photon has entered our interferometer and passed through a half-silvered mirror. Once we know that the photon has been observed in one of the beams the probability that it should be found in the other becomes nil.*
*A. Just as the chance for a horse to win a race becomes nil when another horse has won it?*
*F. A bit like that.*
*B. But if it is only a matter of probability that the photon is observed, might it not be missed by both detectors?*
*F. Let us assume the detector in beam 1 is nearer the splitting mirror than the one in beam 2. Then if it records the photon it modifies the wave - which only represents*

*our knowledge - so that 2 has nothing to detect. But if detector 1 remains silent at the critical time, then the wave in beam 2 gets strengthened so that the photon is sure to be recorded there.*

B. *Which detector affects the wave if they are the same distance from the mirror, to within the length of the wave train? And anyhow, if the wave represents our knowledge it can only become modified by something that we come to know. What if we don't look at the first detector but merely arrange for its signal to be recorded?*

F. *There will still be an even chance - just as if the first detector wasn't there - that the second detector will report the photon.*

B. *Yes; but it will not report the photon in those cases where a later inspection of the first detector shows that it had, unknown to us at the time, recorded the photon. Does the present behavior of the second detector then depend on the future state of our knowledge about the first one?*

F. *No. We must interpret knowledge in a wider way. When one of the detectors records the photon, then the way it went is "known" though you and I may not know it.*

B. *This is getting ever more implausible: the knowledge stored in one box of electronics is said to affect a wave elsewhere - without signaling! - and so the behavior of another box. Why not admit that the photon, on meeting the half-silvered mirror, takes a snap decision, at random, whether to go through or be reflected?*

A. *Because then you can't account for the interference. If you were sure that half the photons travel along one path you could block up the other path and merely halve your intensity. But you know that if you block one path you destroy the interference: you then observe as many photons in detector 4 as in 3, - whereas with both paths open all the photons arrive at 3.*

D. *Wouldn't the wave account for the interference? There is both the wave and the photon. The wave gets split while the photon is either transmitted or reflected.*

A. *But if we block one path with a detector and find the photon has gone that way, then you still have a wave travelling along the other path; a futile little wave without a photon! Unless you "reduce it", and then we are back to where we were.*

B. *Can't one spot the photon without absorbing it?*

C. *Certainly. For instance, a transparent block of mass M, thickness a and refractive index n will move forward by the amount $s=a(n-1)(h/Mc\lambda)$ when a photon of wavelength $\lambda$ passes through it. That displacement is small, but...*

A. *I know. However, such a block causes a phase shift of $2\pi(n-1)a/\lambda$. If this is to be less than 1, so that the interference is not destroyed, we must make a(n-1) less than $\lambda/2\pi$, and the displacement s becomes less than h/Mc, the "Compton wavelength" of the block. Heisenberg won't let you measure to that accuracy!*

C. *But must the phase shift be small? Couldn't we make it $2\pi N$, where N is a large integer? That would not affect the interference, and the displacement would be $s = nh/Mc$, which can be measured.*

A. *True. But we still cannot hope to know the velocity of the block to better than $\Delta p/N = h/sM = c/N$, and the associated Doppler effect gives again an uncertainty of 1 in the phase shift; so we are no better off.*

D. *Look, all this has been threshed out in Copenhagen, in the thirties. If you spot the photon you ruin the phase.*

C. *I think I see a way around that. Let me suspend the half-silvered mirror so that we can measure its momentum...*

D. *That has all been disposed of. If you measure the momentum of the mirror to within $h/\lambda$, the momentum of the singe photon, its position is uncertain by $\lambda$, and that ruins the interference.*

C. *No, wait, I have a new trick. I propose to suspend my mirror with a half-period equal to the time the photon takes to go out and back again along an arm of the interferometer. If it deviated by +d its equilibrium when the photon first arrived it will deviate by -d when the photon returns. Thus d has no effect on the phase, and the interference will not be ruined: it will happen just as if the mirror had been fixed in its equilibrium position!*

D. *Ingenious. Now will you measure the momentum transfer?*

C. *Well, I just measure the momentum before the photon enters and again after it has been recorded at 3. The mirror will have been pushed one way if the photon was reflected at first and transmitted on the way back, and the other way if it followed the other path.*

D. *But in the latter case the push comes half a period later than in the first; and the outcome is the same whether you push a pendulum now in one direction or half a period later in the opposite. So your measurement does not tell you which path the photon has taken!*

C. *Ingenious, I fear you are right. So I must do one of my momentum measurements while the photon is in the interferometer, and that spoils the interference.*

B. *Still, you have designed a means of observing where the photon is, without doing anything to it; does that not prove that the photon really is in one beam, and not split?*

A. *Einstein said something like that,*

D. *You have not really observed where the photon is, merely by suspending the mirror; you must measure its momentum.*

C. *But the momentum is the mirror, and I can measure it or not, as I wish; surely that does nothing to the photon!*

D. *Yes, it does; it spoils the interference. All you have done is to share the information about the position of the photon between the photon and the mirror so that it can be extracted from either of them. Your particular suspension insures that the information is automatically lost again, the moment the photon, by interference between the two paths, gets directed to detector 3.*

A. *If the mirror had not been suspended in that way but just left floating, then the momentum transfer would have measured the photon's position?*

C. *Not necessarily. I think I could construct a mechanism by which you could make the mirror go to where the suspension would have taken it, if you so decide before the photons returns. All I need is....*

*A. We'll believe you. But once I have reflected a low-energy photon from the mirror so as to determine its velocity by Doppler shift, then the measurement is done?*

*C. Not necessarily. I might construct a system of mirrors to send back the low-energy photon and return its momentum to the mirror.*

*A. But when is the measurement done?*

*C. I think any reversible process can be reversed. But I would regard myself as beaten if you have let the system interact irreversibly with say, a semiconductor, a photographic grain, or a retina.*

*B. That makes sense. After all, to observe is to create information; and information is a state- in a machine or an organism-which extends from a certain time into the future. Irreversibility is the very essence of information. (I must read up what Brillouin wrote about that.)*

*A. But don't we sometimes obtain information without irreversible interaction? For instance, when the detector in beam 1 reports nothing we know that the photon is in beam 2.*

*B. Yes; but the detector has to be there, in beam 1; the presence of an irreversible system is essential.*

*A. What if I place a piece of black paper into one beam? Then we destroy the interference without getting any information in return,.*

*C. Not necessarily; you could measure the temperature of the paper before and after.*

*A. But what if I don't?*

*C. Oh well, information can get lost if you are careless.*

*A. But, information aside, what does the photon do in my interferometer; does it get split, or doesn't it?*

*F. You mustn't say "information aside". Quantum theory is about information. All it does is to tell you how to use available information to make the best possible predictions about future information.*

*A. You mean, about what is going to happen?*

*C. If you agree to use the word "to happen" only for irreversible processes.*

*B. Surely something happens to the photon inside the interferometer; so quantum theory must be incomplete.*

*F. I don't feel that. Quantum theory is logically consistent, and it allows you to make all the predictions that you can test. Photons and waves are models that allow you to use your imagination instead of using the full theory, but they cannot completely replace it.*

*B. Couldn't one have a model that covers both photons and waves? Something more complex, perhaps multidimensional, of which our present concepts are merely flat projections?*

*F. Plato's cave. Well, produce such a model, and we'll discuss it next time.*

*a. But there are some even more awful difficulties which today we haven't even touched on. Take two photons.....*

*CURTAIN*

*O. R. Frisch, June 1964*

Standort: [BAL], BA0016MikrofilmfileNo.670125; Dokumentnummer: **[1039/00.00.1965]**

*Dear Professor Klein:*
*I am very thankful to you for sending me your paper and preprints.*
*Reading your paper reminded me of my intense but critical interest in Plancks papers at this time (1910-1920). I was especially angry about his Wolfskehl lecture (1913). Of course it doesn't matter anything against the fundamental work of Planck. I really enjoyed reading your paper.*
*Allow me to rectify Rabi's information. I certainly won't write anything about the development of the Qu.th. (Quantum theory) Fact is, that I am very much interested in the connection between Thermodynamics and the Qu. th. I believe (that) this connection is much deeper as usually assumed, and I am trying to find it out. However since I am an old man, nearing 80, there (is) non much hope anymore. Anyway I am trying.*

*With my best thanks and regards*
*Sincerely yours*
*O. Stern*

Standort: [BAL], bk0016n8w9q; Dokumentnummer: **[1040/20.01.1965]**

*New York, 20.1.1965*

*Dear Stern,*
*sometimes there pictures come out better than expected I have just been reading a fascinating correspondence between Schrödinger and Einstein, Planck and Lorentz edited by Przibram (Wien Springer)*[103]*. We hope we see you in N. Y.*
*All time soon.* *Ces[s]em Rabi*

Standort: [BAL], bk0016n8w9q; Dokumentnummer: **[1041/29.01.1965]**

*New York, 29.1.1965*

*Dear Stern*
*I am sending you a larger copy while I had made and it seems even better. The negation comes in a speech continuums soll and is hard to handle individually without damage. If you will tell me how many caped you would like to have I will have them made one you should have them in a four weeks.*
*I am of to Paris on Monday Feb 1st but will be back in about a week. All talks of new physics seem to the happening but I doesn't understand it as yet.*
*Best wishes* *Rabi*

[103] Karl Przibram (Hrsg.) Briefe zur Wellenmechanik: Schrödinger, Planck, Einstein, Lorentz Wien: Springer 1963.

Standort: [BAL], bk0016n8w9q; Dokumentnummer: **[1042/29.01.1965]**

*Dear Rabi,*
*I thank you very, very much for the copies. I am very (? sorry* [104]*) that I bothered you when you were sick. I hope you are quite all right now. With my best regards to Mrs Rabi and yourself*
*Sincerely your old O.S.*

(Briefentwurf handgeschrieben)

Die Briefe mit wissenschaftlichem Inhalt wurden sehr selten. Spezielle Anlässe, wie das Lesen einer Publikation, die Erinnerungen weckte, die Anfrage nach historischen Fakten oder runde Geburtstage, waren der Anlass für diese Briefe.

Standort: [BAL], bk0016n8k8h; Dokumentnummer: **[1045/23.05.1965]**

*23.May, 1965*
*Lieber Stern,*
*Seit einiger Zeit lese ich den „Scientific American" und fand in der letzten Nummer einen Aufsatz von Frisch, der in der Hauptsache von Ihnen und Ihren Schülern handelt. Seit langem habe ich mich nicht so gefreut. Erstens kamen schöne Erinnerungen an unsere Zusammenarbeit in Frankfurt, zweitens war ich hoch erfreut, daß Ihre Leistungen in der Physik und ihre weittragenden Folgen einmal im Zusammenhang dargestellt wurden.*
*Uns geht es verhältnismäßig noch ganz gut. Meine Frau leidet unter Herzbeschwerden und hatte oft schwere Depressionen. Aber sie hat jetzt ein Mittel, das ihr darüber hin weg hilft. Ich habe auch ein etwas schwaches Herz und werde mit Strophantin vollgepumpt; das hilft. Im Winter hatte ich eine Gürtelrose, eine unangenehme, schmerzhafte Krankheit. Jetzt beschäftige ich mich mit unserem Briefwechsel mit Einstein, der von beiden Seiten vollständig erhalten ist. / Ich habe Photokopien). Es lohnt sich vielleicht ihn mal herauszugeben. Mein letztes Buch, das soeben bei Fred Ungar, New York, erschienen ist, ist nicht physikalisch, sondern es ist eine Übersetzung von Wilhelm Busch's „Maler Klecksel". Sie können es sicher in jedem Laden bekommen (englisch: „Klecksel, the Painter" Es lohnt nicht Ihnen eines zu schicken. Lassen Sie mal hören, wie es Ihnen geht: Wir hatten die Freude unsere Tochter Irene, die in Australien lebt, nach 7 Jahren wiederzusehen, und auch ihren Sohn und seine Frau, die wir noch nicht kannten. Unseren Sohn Gustav sehen wir öfters. Er ist Professor der Thermathologie in London. Auch Gritli und ihr ältester Sohn (Mathematiker in New Castle) wollen uns diesen Sommer besuchen.*

*Mit herzlichen Grüßen und guten Wünschen von uns beiden*
*Ihr alter Max*
*Born*[105]

---

[104] Hier fehlt ein Wort.

[105] Gemeint ist die „Frederick Ungar Publishing Company" in New York, die 1940 von Frederick Ungar, der vor den Nazis aus Wien geflohen war, gegründet wurde. In diesem Verlag wurden viele aus dem Deutschen übersetzte Werke publiziert.

Standort: [BAL], bk0016n8q71; Dokumentnummer: **[1046/31.05.1965]**

*B[er]k[el]y, 31. Mai 1965*
*Lieber Frisch,*
*besten Dank für die prompte Beantwortung meines Briefs vom 23.*
*Vor einigen Tagen erhielt ich einen Brief von Born, der über Ihren Artikel schreibt: „Seit langem habe ich mich nicht so gefreut. .... Weittragenden Folgen [sind] real im Zusammenhang dargestellt ... etc."*
~~*Ganz meine Meinung!*~~
*Es tut mir sehr leid, daß Lise Meitner ernstlich krank war. Sie schien mir immer unverwüstlich, aber ich ahnte so etwas. Schön, daß es ihr jetzt wieder besser geht. Ich schreibe Ihr wenigstens.*
*Ich selbst habe gr.[ade]*[106] *auch seit Pittsburgh mit dem Herzen zu tun, jetzt nehme ich diverse Drogen und es geht mir leidlich, abgesehen von den üblichen Altersbeschwerden, besonders meine Beine wollen nicht [mehr]*[107]
~~*Übrigens klagt auch Born und Frau über [...]*~~[108] ~~*Wir sind halt alle sehr alt!*~~
*Nach dieser[...]*[109] *ist es mir eine Freude, zu sehen, daß es Ihnen und Ihrer Familie so gut geht, und ich wünsche von Herzen, daß es recht lange so bleibt. Bitte grüßen Sie Frau und Kinder bestens von mir und [seien] Sie selbst recht herzlich gegrüßt von Ihrem alten Otto Stern*

(Briefentwurf handgeschrieben)

Der in Berkeley arbeitende Nobelpreisträger Edwin Mattison McMillan fragte bei Stern wegen historischen Fakten über Leo Szilard an, doch Stern konnte ihm nicht helfen.

Standort: [BAL], bk0016n8v3w; Dokumentnummer: **[1055/20.10.1965]**

*Berkeley, 20.10.1965*

*Dear Professor Stern,*
*The enclosed copy of a letter was sent to me by Mrs. Szilard. She is preparing a "collected writings" of Leo Szilard and would like to verify whether this letter was in fact addressed to you, and to ascertain its date. I assume that you do not have your files with you, but you can certainly identify the letter if you received it, and perhaps you can give a rough date from memory. Also, her copies of the patent applications are incomplete; some of the drawings are missing. Perhaps when you return to Berkeley you could send me these applications so that I could make copies for her.*

*With very best regards,*
*Edwin M. McMillan*

---

Max und Hedi Born hatten drei Kinder: Irene geb. 1914, Margarethe geb. 1915 und Gustav geb. 1921.

[106] unklar bzw. nicht entzifferbar.

[107] unklar bzw. nicht entzifferbar.

[108] unklar bzw. nicht entzifferbar.

[109] unklar bzw. nicht entzifferbar.

Standort: [BAL], bk0016n8v3w; Dokumentnummer: **[1056/23.11.1965]**

*Berkeley, 23.11.1965*

*Dear Professor Stern,*

*I want to thank you very much for your reply to my question regarding a letter of Leo Szilard. Your "dark memory" of having once received such a letter, together with other elements of internal consistency (i. e. Szilard was known to use the initials O. S. in referring to you) form rather convincing evidence that it was indeed addressed to you. Therefore I believe that your reply is of us to Mrs. Szilard in preparing the "collected works" of her husband.*

*Thanking you again, and with best regards,*

*Edwin M. McMillan*

Standort: [BAL], bk0016n8v3w; Dokumentnummer: **[1057/00.12.1965]**

*Dear Prof. McMillan,*

*In answer to your letter of October 20. I can only say that I have a dark memory of once having recieved [received ]such a letter of Szilard. It was certainly a longtime ago, probably in the 1930s.*

*Your assumption that I don't have my files with me is certainly correct for the simple reason that such files don't exist. Every few years [I destroy or) throw away old letters which seem to have no interest for me any more.*

*[I shall] After my return to Berkeley I shall probe the depths of my big desk there but the chance of survival of such an old letter [seems to me] is extremely slim. I [honestly] sincerely regret very much that I cannot help Mrs Szilard.*

*With very best regards Otto Stern*

(handgeschriebener Briefentwurf in lateinischen Buchstaben)

Der an der Columbia University in New York arbeitende Nobelpreisträger Polykarp Kusch wollte zu Rabis 70. Geburtstag 1968 eine Festschrift herausbringen und fragte daher bei Stern wegen eines Beitrages an. Doch Stern lehnte aus gesundheitlichen und Altersgründen ab.

Eine Bemerkung der Herausgeber dazu: Rabis Gruppe mit seinen Schülern hat ihre so erfolgreiche Physik (mit ungewöhnlich vielen Nobelpreisträgern: Isidor Rabi 1944, Felix Bloch und Henry Purcell 1952, Lamb und Kusch 1955, Townes 1964 und Ramsey 1989) fast ganz auf Sterns Molekularstrahlmethode aufgebaut. Sie hat sich unbestritten in deren Weiterentwicklung und deren Anwendungen größte Verdienste und die Nobelpreise zu Recht erworben. Aber: Die Referenzen in ihren Publikationen lassen den Dank an Stern fast immer vermissen.

Standort: [BAL], bk0016n8t0q; Dokumentnummer: **[1063/20.05.1966]**

Columbia University in the City of New York *New York, N.Y. 10027*

DEPARTMENT OF PHYSICS 538 West 120th Street

*May 20, 1966*

*To date eleven persons have accepted, in writing, the invitation to Rabi Festschrift. A list of these is attached. A few others have given a verbal promise to write for the Festschrift, e. g. Piore, Foley. Perhaps I should discount my own promise to myself since promises of this kind tend to be easily broken than others.*

*On the immediate agenda is the discussion of publication with a publisher. Some preliminary exploration suggests that there will be no substantial difficulty in arranging this.*

*It would be helpful if those who have agreed to contribute and have not ordered an approximate title would do so if for no other purpose than to begin to suggest a form for the volume. It is not, however, essential that this be done at this time if inspiration promises to come later. The point is not to get a final title but a statement of approximate content.*

*I am also writing to those who have not responded to the first inquiry. I suspect that a fair number of them have been negligent in answering their mail.*

*It is not possible to specify the length of the proposed papers. Obviously their length should not be less than 5000 words. Obviously if a lot of contributors turn up, this estimated average may have to be reduced. In any event, I think that the length should be such that the papers will have a kind of discursiveness and even literary grace that cannot, perforce, mark The Physical Review.*
*I hope to have your manuscript by the end of the present calender year.*

*Sincerely yours*
*P. Kusch*

Standort: [BAL], bk0016n8t0q; Dokumentnummer: **[1064/24.05.1966]**

Columbia University in the City of New York | *New York, N.Y. 10027*

DEPARTMENT OF PHYSICS 538 West 120th Street

*May 24, 1966*

*Professor Otto Stern*
*759 Cragmont Avenue*
*Berkeley 8, California 94708*

*Dear Professor Stern:*
*Some months ago I sent you a memorandum about a Festschrift that is being prepared to commemorate Rabi's career at Columbia University and in American science. Since you are the man who directed Rabi into the field in which he has made his major scientific contributions, it would be exceedingly worth while to have*

*at least a short manuscript from you. After all, physics does not occur in a historic vacuum, and every physicist can find the origins of his work in some previous work.*
*I would hope that you might perhaps describe or make some remarks about your Institute at Hamburg to show how the ideas and energies of the Institute laid the ground work for Rabi's later work.*
*I enclose a lsit of those who have agreed to contribute as well as a covering letter to them. I very much hope that you may be able to write at least a short piece for the Festschrift.*
*Sincerely yours*
*P. Kusch*
*Professor of Physics*

Es folgt dann von Stern auf dem Brief handgeschrieben (kaum leserlich) seine Antwort als Briefentwurf:

Standort: [BAL], bk0016n8t0q; Dokumentnummer: **[1065/00.06.1966]**

*Dear Professor Kusch, thank you for your kind letter of May 24.*
*However [my age and] the precarius state of my health [don't allow] compels me to decline [to participate in the Festschrift]*
*Sincerely yours*

Der Wissenschaftshistoriker Martin Jesse Klein (1924–2009) sandte Stern 1966 eine Publikation Ehrenfest betreffend. Diese Publikation "Ehrenfests Contributions to the Development of Quantum Statistics" wurde 1958 von S. R. de Groot und C. J. Gorter geschrieben und war in der Koningl. Nederl. Akademie van Wissenschaften Amsterdam erschienen (Proceedings, Series II, 62 No. 1, 1959).

Standort: [BAL], bk0016n8s5z; Dokumentnummer: **[1066/15.07.1966]**

*CASE INSTITUTE OF TECHNOLOGY UNIVERSITY CIRCLE CLEVELAND 6 OHIO*
*Department of Physics* *July 15, 1966*
*Professor Otto Stern*
*759 Cragmont Avenue*
*Berkeley, California 74708*

*Dear Professor Stern,*
*I take the liberty of writing to send you copies of the enclosed paper which may interest you. You may recall that we exchanged letters on the subject of Ehrenfest some years ago.*
*Professor Rabi informs me that you are writing on the role of thermodynamics in the development of quantum theory, on subject that seems in several of my papers.*
*I should be delighted to be permitted to read any of your writings in this subject.*
*Kind regards*
*Sincerely yours*

*Martin J. Klein*
(handgeschrieben)

Zu Sterns 80. Geburtstag kamen zahlreiche Geburtstagsgrüße, viele private, die hier nicht dargestellt werden. Die Kollegen und Freunde der „Atomic-Beam"-Gruppe an der Universität in Berkeley schrieben:

Standort: [BAL], bk0016n8k6d; Dokumentnummer: **[1090/17.02.1968]**

With our best wishes on your eightieth birthday.

The Atomic Beam Group at Berkeley

Howard Shugart

Frank Calaprice

Dana J. Vance

Charles Johnson

Stern antwortete (Briefentwurf):

*Dear At R. Gray,*
*Dear Prof Shugart*
*Please accept my sincere thanks for your kind wishes on my 80th birthday*
*Otto Stern*

Markus Fierz würdigte Stern wie folgt in der Züricher Zeitung:

Standort: [BAL], bk0016n8w4z; Dokumentnummer: **[1092/17.02.1968]**

***Otto Stern***

*Zu seinem 80. Geburtstag*

*Am 17. Februar feierte Otto Stern in Berkeley Kalifornien) seinen 80. Geburtstag. Wir feiern mit ihm, denn Otto Stern ist ein treuer Freund unserer Stadt und des Physikalischen Instituts der ETH.*

*Er ist ein großer Gelehrter, der viele Auszeichnungen, darunter auch den Nobelpreis für Physik, empfangen hat. Doch davon soll heute nicht in erster Linie die Rede sein, sondern wir wollen uns an sein Verhältnis zu Zürich erinnern. Dieses reicht weit zurück, bis in die friedlichen Zeiten vor dem Ersten Weltkrieg. Damals ist Stern zum ersten Male nach Zürich gekommen, und ich glaube, es lohnt sich, zu erzählen, was oder wer ihn hierher geführt hat.*

*Otto Stern wurde in Breslau*[110] *geboren und hat auch dort studiert. Sein Fach war die physikalische Chemie, und sein Professor war einer jener Gelehrten, die nicht glauben wollten, daß es Atome und Moleküle gibt. Das scheint uns heute eine für einen physikalischen Chemiker seltsame Ansicht. Sie wurde aber damals von einem bedeutenden Vertreter dieses Faches, von Wilhelm Ostwald, energisch verfochten. Im Anschluß an Ernst Mach war es dessen Meinung, die Atomtheorie der Chemiker oder auch die des Physikers Boltzmann sei eine unzureichend begründete, überflüssige, ja schädliche Hypothese, die ein unbefangenes, vorurteilsfreies Erforschen der physikalisch-chemischen Gesetze geradezu verhindere. Stern aber war von Anfang an überzeugt, daß die Atomtheorie wohlbegründet sei. Er wollte sie noch zwingender beweisen, ja er wollte sie augenscheinlich machen. Darum hielt er Ausschau nach einem Lehrer, der ihn in diesem Plan unterstützen könnte. In diesem Streben stieß er auf die Arbeiten Albert Einsteins aus den Jahren 1903 bis 1906, in denen dieser die molekulare Wärmetheorie, die Theorie der sogenannten Brownschen Bewegung und zum Schluß die Theorie der Lichtquanten entwickelt hatte. Hier wurde nicht nur vorausgesetzt, daß die Materie aus Molekülen und Atomen bestehe, und daraus neue physikalische Folgerungen gezogen, sondern es wurde sogar vom Licht gezeigt, daß es aus Lichtquanten besteht, die an als eine Art von Lichtatomen betrachten darf.*

*Damals lehrte Einstein an der deutschen Universität in Prag, und so ist Stern nach Prag zu Einstein gegangen. Als Einstein kurz darauf an die ETH nach Zürich berufen wurde, ist Stern mit ihm in die Schweiz gekommen und hat sich an der ETH habilitiert.*

*An unserer Universität war damals Max von Laue Professor für theoretische Physik. Laue hatte bekanntlich mit Hilfe der Beugung von Röntgenstrahlen die Gitterstruk-*

[110] Einige Fakten zu Sterns Lebenslauf sind in diesem Artikel unrichtig: Stern wurde am 17.02.1888 in Sohrau/Oberschlesien geboren und erst 1892 zogen seine Eltern mit den Kindern nach Breslau. Stern wurde 1919 an der Universität Frankfurt zum apl. Professor ernannt, wechselte am 01.10.1921 auf eine Professur nach Rostock und wurde erst am 01.01.1923 als Ordinarius nach Hamburg berufen.

*tur der Kristalle, das heißt ihren atomaren Aufbau, physikalisch nachgewiesen. So trafen sich also drei auf dem gleichen Gebiet führende Forscher in Zürich. Einstein, von Laue und Stern wurden lebenslange Freunde. Auf ausgedehnten Spaziergängen in den Wäldern des Uetliberges besprachen sie die neuen und kühnen Ideen Niels Bohrs über den Bau der Atome. Es war eine wissenschaftlich fruchtbare und eine glückliche Zeit. Aber allzubald ging sie zu Ende. Einstein nahm eine Berufung nach Berlin an, und wenig später brach der Krieg aus. Stern wurde militärisch eingezogen[110]. Nach dem Kriege ist er Professor in Hamburg geworden und hat dort ein berühmtes Institut aufgebaut. Hier hat er nun in der Tat mit ganz durchsichtigen und direkten, aber auch sehr schwierigen Experimenten die Eigenschaften der Atome demonstriert. Höhepunkt dieser Bemühungen ist die direkte Messung des magnetischen Moments des Wasserstoffkerns, des Protons. Das Ergebnis erregte allgemeines Aufsehen, denn das Moment erwies sich als viel größer, als man auf Grund theoretischer Ueberlegungen erwartet hatte.*

*In Hamburg lernte Stern Wolfgang Pauli kennen, und auch mit ihm verband er sich zu steter Freundschaft. Regelmäßig hat er Pauli in Zürich besucht und freute sich, mit ihm über die Grundlagen der Quantentheorie, der statistischen Mechanik und der Wärmelehre zu diskutieren-und das im gleichen Zimmer des physikalischen Instituts, in dem er seinerzeit mit Einstein über die Atome diskutiert hatte.*

*1933 aber brach über Deutschland die Katastrophe herein. Stern wurde aus seinem Wirkungskreis vertrieben und flüchtete, wie so viele andere nach Amerika.*

*Heute aber kommt er wieder regelmäßig nach Zürich; abwechselnd während eines Sommersemesters und anderthalb Jahre später im Wintersemester. Dann erscheint seine verehrungswürdige und liebenswerte Gestalt in unserem Seminar oder Kolloquium. Doch nicht nur am wissenschaftlichen Leben Zürichs nimmt er Teil. Er geht regelmäßig ins Theater, denn das kann ihm Kalifornien nicht bieten- deutsches Theater schon gar nicht. Er fährt mit einem Kursschiff zum Küstnachter Horn, um dort den See zu genießen, in einem Buche zu lesen. Oder er geht an den Limmatquai, wo wie vor 60 Jahren die alten Zuchthäuser stehen und auf der Limmat Schwäne schaukeln. Bei uns, so scheint es ihm, lebt die Ueberlieferung ungebrochen weiter, und damit lehrt er uns, daß wir für einen großen Schatz verantwortlich sind.*

*Otto Stern war ein Künstler in seinem Fach, und er ist ein Lebenskünstler. Und wie ein wahrer Künstler zeigt er uns das Schwierige in vollendeter Einfachheit.*

*Markus Fierz*

Frühere Mitarbeiter im Carnegie Institute of Technology in Pittsburgh (1968 Carnegie Mellon University) sandten Stern den folgenden Brief unterzeichnet mit vielen Unterschriften. Auch deren Präsident gratulierte Stern.

Standort: [BAL], bk0016n8p16; Dokumentnummer: **[1083/12.02.1968]**

*Carnegie - Mellon University*

*Department of Physics*
*Schenley Park*
*Pittsburgh, Pennsylvania 15213*
*February 12, 1968*

*Professor Otto Stern*
*759 Cragmont Avenue*
*Berkeley, California 94708*

*Dear Professor Stern:*
*The members of this department would like to extend to you their sincere best wishes on the occasion of your eighties birthday.*
*Many things at Carnegie have changed since your retirement including, recently, the name of the institution! While few of the present faculty had the pleasure of knowing you personally, all of us hold you in the highest esteem and feel privileged to number ourselves among your colleagues. We derive particular satisfaction from being able to share with yet another generation an understanding of physical reality which in so many of its aspects carries your own indelible imprint.*
*We hope that this letter finds you in good health and join in wishing you many more happy years. Sincerely yours,*

Nach den Unterschriften folgt ein handgeschriebener Zusatz:
*Dear Otto, I remember with great pleasure our association here so many years ago. With best regards Emerson M. Pugh*

Otto Stern bedankte sich bei E.M. Pugh. Dieser kurze Dankesbrief ist nur in einem „handgekritzelten" Entwurf mit Abkürzungen und vielen durchgestrichenen Worten enthalten (lateinische Schrift). An einigen Stellen ist er nicht zu entziffern.

*Dear Emerson,*
*Please accept my ~~sincere~~ best thanks for your kind wishes.*
*[... ]*[111]
*Hope that you learning that you are well and at same time I hope you will good best enough to give me*
*[... ]*[111]
*Best regards your*

*Your O.Stern*

Am 12.02.1968 beglückwünschte der Präsident der Carnegie-Mellon University Stern zu seinem 80. Geburtstag und schrieb:

Standort: [BAL], bk0016n8p16; Dokumentnummer: **[1084/12.02.1968]**

*Carnegie - Mellon University*

*Office of the President*
*5000 Forbes Avenue*
*Pittsburgh, Pennsylvania 15213*
*February 12, 1968*

*Dear Professor Stern:*
*On February 17 there is coming up an important milestone in your life, your eighties birthday. I want to join with what I am sure will be many others in sending you congratulations and warmest good wishes on this occasion.*
*Since I was not here when you were, I checked into the minutes of our board of Trustees, which record that you were a Research Professor of Physics on our staff from 1933 to 1945, at which time upon your retirement the Trustees conferred upon you the title of Professor Emeritus in recognition of your distinguished research at Carnegie Tech. and you brought honor to the institution when you were named Nobel Laureate in Physics in 1943, the only member of our faculty ever to attain that supreme professional accolade. Even though preceded me here, I know of your scientific work and have heard members of the faculty speak of you.*
*May I add my voice to the others in offering congratulations to you on this special birthday and send you all good wishes for health and interesting activities in the future.*

*Sincerely yours,*
*H. Cuyford Stever*

Segrè übermittelte am 16.02.1968 seine kurzen Glückwünsche:

Standort: [BAL], bk0016n8x3x; Dokumentnummer: **[1088/16.02.1968]**

*Lafayette, 16.2.1968*

*Dear Professor Stern:*
*I gave some lectures in the history of nuclear physics, and in that occasion I learned that you will be 80 on the 17*$^{th}$*. I can not let the occasion go by without writing you a note of congratulation, admiration and best wishes – I learned a lot in the old*

[111] Nicht lesbar.

*days of 1930 – 31 in Hamburg. Even more than you think and I am grateful to you for the instruction and for the example as a scientist. With best wishes.*
*Yours ever* *Emilio Segrè*

Der Historiker Fritz Stern von der Columbia University in New York, ein Enkel von Richard Stern (Otto Sterns Vetter), gratulierte Otto Stern ebenfalls. Otto Stern und Rudolf Stern (der Vater von Fritz) waren fast gleich alt und lebenslang befreundet. Diese Freundschaft hatte sich auch auf den Sohn Fritz übertragen. Beide sind oft in der Schweiz zusammen gewandert. Rudolf Stern war mit der Physikerin Käthe geb. Brieger verheiratet.

Standort: [BAL], bk0016n8x97; Dokumentnummer: **[1093/17.02.1968]**

*New York, 17.2.1968*

*Lieber Otto,*
*Meinen allerherzlichsten Glückwunsch zu Deinem Geburtstag, der, wie ich höre, ein besonderer ist! Da Du bereits Alles erreicht hast was ein Wissenschaftler überhaupt erreichen kann und Deiner Familie damit ein nicht gerade leichtes Vorbild gegeben hast, bleibt mir nichts übrig als Dir die beste Gesundheit und weitere Frische zu wünschen. Unsere Vorfahren sagten wohl „zu gesund bis 100!" Also noch viele Jahre des „commuting" zwischen Berkeley und Zürich, mit einem stop in New York. Wann kommst Du dieses Jahr? Mit herzlichen Glückwünschen.* *Stets Dein Fritz*

Der Nobelpreisträger des Jahres 1963 Hans Jensen bekannte in seinem Brief vom 21.02.1968, wie wichtig Otto Stern für ihn als Lehrer und Freund gewesen ist:

Standort: [BAL], bk0016n8s1r; Dokumentnummer: **[1094/21.02.1968]**

*Washington D. C., 21.2.1968*

*Lieber Herr Stern,*
*am letzten Montag war ich mit Herrn Segré zusammen in Florida, und wir sprachen viel von Ihnen und unseren gemeinsamen Lehrjahren bei Ihnen in Hamburg, von dem Geist, in dem Sie in der Wissenschaft lebten und der uns unser Leben lang richtungsweisend wurde.*
*Wenn ich auch von Herrn Lenz, wie so vieles andere, auch seine Abneigung gegen willkürliche Caesuren im menschlichen Dasein übernommen habe, so möchte ich doch Ihren 80. ten Geburtstag zum Anlaß nehmen, Ihnen zu sagen, wie tief ich gerade Ihnen in Dankbarkeit verbunden bin. Ich habe immer all die Jahre Ihrer als meines Lehrers ebenso gedacht wie an Herrn Lenz, und es oftmals ausgesprochen. Es ist ja fast unmöglich, die Imponderabilien des Lehrer-Schüler-Verhältnisses in Worten zu formulieren und doch wird es einem im Rückblick immer kostbarer – je mehr einem aufgeht, daß es nicht der Stoff war, sondern das „zwischen den Zeilen" Aufgenommene, das der Physik das menschliche Element gab - ; und ich hoffe, daß ich auch noch davon einiges aus der Generation meiner Lehrer an die nachfol-*

*genden Generationen vermitteln und retten kann, in dieser Zeit, in der die Physik immer unpersönlicher wird.*
*Nachdem ich selbst nun auch die Schwelle zum siebenten Jahrzehnt überschritten habe wird freilich der Altersunterschied zu meinen Lehrern immer irrelevanter und ich habe immer mehr das Gefühl, eigentlich mehr zu ihnen zu gehören als zu meinen Schülern.*
*Ich möchte Ihnen aber auch bei diesem Anlaß nochmals meinen Dank sagen für die Grüße die Sie mir nach 1945 sandten. Wieviel damals, als, nach den zwölf grauenvollen Jahren, es in Deutschland wieder ein wenig Licht zu werden begann, Ihre Grüße in unsere Isoliertheit herüber uns Mut und Zuversicht gegeben haben, läßt sich nicht in Worten sagen, obwohl es mir jetzt, nach fast einem Vierteljahrhundert, immer noch lebendig gegenwärtig ist.*
*Mit allen guten Wünschen* *Ihr Hans Jensen*

Standort: [BAL], bk0016n912d; Dokumentnummer: **[1096/24.02.1968]**

*Berlin, 24.2.1968*

*Lieber Herr Stern!*
*Eben lese ich, daß Sie am 17. Februar Ihren 80. Geburtstag gefeiert haben. Vielleicht erinnern Sie sich meiner noch ein wenig aus schönen, alten Berliner Zeiten. Deshalb möchte ich Ihnen meine herzlichsten Glückwünsche aussprechen in der Hoffnung, daß es Ihnen gut geht.*
*Mit herzlichen Grüßen Ihr sechs Jahre älterer*
*Wilhelm Westphal*[112]
*Nach mehr als 5 Monaten ist dieser versehentlich nach Columbia adressierte Brief heute zurückgekommen. Hoffentlich erreicht er Sie nun richtig in Pittsburgh!*

Standort: [BAL], BA0016MikrofilmfileNo.720037; Dokumentnummer: **[1097/04.03.1968]**

*New York, 4.3.1968*

*Dear Professor Stern,*
*From Jost – who is spending a month here – I learned that it was your 80*$^{th}$ *birthday an Feb. 17. Though late, I could nevertheless like to send you all my very good wishes and many happy returns.*
*I remember so well the most I paid to you in Berkeley.*
*With cordial regards* *Sincere yours A. Pais*

Dem in Berkeley arbeitenden Luiz W. Alvarez wurde 1968 der Nobelpreis für Physik verliehen. Otto Stern sandte ihm Glückwünsche und Alvarez bedankte sich dafür.

[112] Wilhelm Westphal (1882–1978), deutscher Physiker.

Standort: [BAL], bk0016n8n1p; Dokumentnummer: **[1116/20.02.1969]**

UNIVERSITY OF CALIFORNIA

*Lawrence Radiation Laboratory*
*Berkeley, California*
*Feb 20, 1969*
*Dear Professor Stern:*
*Thank you very much for your congratulatory letter. I was sorry, to learn that you were in the hospital, and I hope that this long delayed letter finds you in improved health. At least you will understand why it has taken me so long to answer your letter, since you were once deluged with mail when your telegram came from Stockholm. I recently had a nice visit with Otto Frisch, and I hope he had a chance to visit with you. Very sincerely,*

*Louis W. Alvarez*

Albert Einstein (1955), Wolfgang Pauli (1958), Max von Laue (1960) und auch Lise Meitner (1968), mit denen Otto Stern die meisten Briefe ausgetauscht hatte, lebten nicht mehr. Nur Sterns Schülergeneration, wie Isidor Rabi, Emilio Segrè, Hans Jensen, Robert Otto Frisch dachten zumindest an runden Geburtstagen an ihren Lehrer und sandten ihm Glückwünsche. Die Nachrufe dieser Schüler über ihren Lehrer sind so authentisch, dass wir sie hier gerne wiedergeben möchten.

Otto Robert Frisch [FRISCH1979] beschreibt in seinen Lebenserinnerungen „What little I remember" diese Zeit wie folgt:

*„1930 fand ich eine Stelle in Hamburg – zum ersten Mal eine richtige Stelle, nicht ein Stipendium. Ich glaube Pringsheim gab mir eine sehr gute Empfehlung; zumindest erfuhr ich einige Monate später, dass er einen Studenten warm empfohlen hatte, aber hinzufügte: „Obwohl er kein zweiter Frisch ist". Lise Meitner freute sich so sehr darüber, dass sie es mir erzählte, selbst unter der Gefahr, dass ich noch eingebildeter würde. Endlich ein erster Fuß auf der akademischen Leiter! Mein zukünftiger Chef war Professor Otto Stern, der durch das Stern-Gerlach-Experiment berühmt geworden war, und ich war begeistert, mit diesem großen Physiker arbeiten zu dürfen. Ich wurde als Assistent angestellt, aber ich hielt in Hamburg keine Vorlesungen, dafür hätte ich die „Venia legendi" gebraucht. Stern war gerade dabei, das entsprechende Gesuch bei der Universität einzureichen, als wir beide nach Hitlers Machtübernahme Deutschland verlassen mussten. Meine Aufgabe in Hamburg bestand darin, Stern beim Durchführen von Messungen zu helfen und später einige Apparaturen zu entwerfen, die für unsere Forschungsarbeiten benötigt wurden.*

*Meine erste Erinnerung an das Laboratorium ist etwas, das aussah wie ein gläserner Wald, eine Art von Alptraum des Glasbläsers; Röhren und Kolben und Zylinder und Quecksilberpumpen, alle aus Glas geblasen, mit Dutzenden von Absperrhähnen, die mir nicht sinnvoller miteinander verbunden schienen als die Zweige einer Hecke. Dort beobachtete ich etwa eine halbe Stunde Stern mit seinem Chefassistenten, Immanuel Estermann, wie sie die Hähne offenbar in willkürlicher Reihenfolge drehten, den einen schlossen und nach einigen Sekunden einen anderen öffneten und so weiter, vielleicht eine Stunde lang. Ich hatte das Gefühl, dass ich das niemals beherrschen würde, genauso wenig wie ein völlig nichtmusikalischer Mensch jemals Orgelspielen lernen kann. Doch innerhalb weniger Wochen wurde alles sinnvoll, und es war ziemlich klar, in welcher Reihenfolge die Absperrhähne gedreht werden mußten. Estermann versicherte mir, daß natürlich Fehler vorkämen und daß es zwei grundlegende Experimente gäbe, die kein Physiker oft genug durchführen könnte. Das eine war, Luft durch einen geschlossenen Hahn anzusaugen, das andere, ein Vakuum*

**Abb. 3.29** Otto Frisch in Sterns Hamburger Labor (ca. 1933). (Bildquelle: private Mitteilung Fritz Thieme)

*herzustellen, wenn einer der Hähne zur Atmosphäre offen stand. Diese Fehler machten wir aber nicht allzu oft.*

*Einige Monate später ging Estermann auf akademischen Urlaub und ich übernahm seine Rolle als Sterns zusätzliches Paar Hände. Stern war ziemlich ungeschickt; zudem hielt eine seiner Hände unweigerlich eine Zigarre (wenn sich diese nicht in seinem Mund befand). So überließ er das Handhaben von zerbrechlichen Geräten immer seinen Assistenten. Ich kann mich noch heute erinnern, wie er sich verhielt, wenn alles umzukippen drohte; er hob beide Arme in die Höhe, so wie einer der sich ergibt, und wartete. Er erklärte mir: „Der Schaden ist kleiner, wenn man das Ding fallen läßt, als wenn man es aufzufangen versucht". Dennoch war Stern, von einer höheren Warte beurteilt, ein großartiger Experimentator. Beim Einsatz einer neuen Apparatur wurde nichts dem Zufall überlassen. Alles war vorher ausgearbeitet worden. Und die Funktionsweise wurde bis ins letzte Detail sorgfältig überprüft. So berechnete Stern immer die erwartete Strahlenintensität, obwohl dazu eine lange und umständliche Rechnung erforderlich war, die er selbst durchführte. Er konnte die Intensität nicht genau voraussagen; doch wenn der gemessene Wert nicht innerhalb von 30 % des errechneten lag, wußte er, daß etwas nicht stimmte und der Fehler gefunden werden mußte. Ich habe nie jemanden gesehen, der seine Instrumente so genau unter Kontrolle hielt, und es machte sich wirklich bezahlt. In der Regel waren unsere Experimente dermaßen schwierig, daß es niemanden in der ganzen Welt gab, der sich daran wagte. Darum war die Atmosphäre auf eigentümliche Weise entspannt. Als wir einmal eine sehr bemerkenswerte Erscheinung beobachteten, die wir nicht deuten konnten, ließen wir die während eines ganzen Jahres liegen. Dies in der Hoffnung, früher oder später noch eine Erklärung zu finden, bevor wir eine Publikation schrieben (zwei Jahre später fand ein englischer Theoretiker die Erklärung). Wir dachten gar nicht daran, daß sonst jemand dasselbe Experiment durchführen und wichtige Resultate vorwegnehmen könnte; tatsächlich tat es auch niemand.*

*In der Regel waren für unsere Experimente eine Reihe von Manipulationen erforderlich, die gleichzeitig durchgeführt werden mußten. Es war sehr wichtig, daß wir beide zusammen an der Apparatur arbeiteten und sehr koordiniert waren. Ein Besucher machte einmal eine Bemerkung über die unzähligen Manipulationen, und Stern antwortete: Ja, es ist wirklich schade, daß wir unsere Greifschwänze vor einigen Millionen Jahren verloren haben, sie wären jetzt sehr nützlich." Der Besucher antwortete: „Das würde nichts nützen, Stern; Sie würden dann die Apparatur noch komplizierter machen".*

*Wir gingen stets gemeinsam zum Mittagessen: Stern, seine vier Assistenten* (Estermann, Knauer, Frisch und Schnurmann) *und noch mehrere Leute vom Institut. Stern war ein reicher Mann, und er aß gerne gut; letzteres war bei uns auch der Fall, nur mußte es billig sein. Eine Zeitlang aßen wir jeweils billig, bis Stern uns überzeugte, daß solches Essen zu sich nehmen unwürdig war, und daß er ein anderes Lokal gefunden hatte, das viel besser und nur ganz wenig teurer war. Nach einiger Zeit sagte dann einer der jungen Männer, daß er sich solches Essen einfach nicht leisten könne, und daß er ein Restaurant gefunden habe, wo das Essen fast gleich gut und viel billiger war. Stern nahm das alles mit Humor. Tatsächlich waren sein Sinn für Humor und seine Freundlichkeit die für ihn charakteristischen Züge. Er war mittelgroß und eher kräftig, hatte kurzes schwarzes Haar, das sich oben lichtete, eine große Nase und ein ziemlich langes Kinn. An sich keine attraktive Figur, doch sein sonniges Lächeln und die Intelligenz, die aus seinen Augen sprühte, machten ihn ungemein sympathisch. Beim Mittagessen wurde entweder über Physik oder das Kino gesprochen. Stern ging praktisch jeden Abend ins Kino, und manchmal sah er an einem Tag zwei Filme. Er beklagte sich oft darüber, daß keine der Hamburger Zeitungen ihn als Filmkritiker anstellen wollte. Er war der Ansicht, daß er in dieser Sparte allen anderen weit überlegen war, zudem würde er gar kein Honorar verlangen, da er das Geld nicht brauchte und ja sowieso ins Kino ging! Fragte jemand, welchen Film man sehen müsse, so lehnte er sich auf seinem Stuhl zurück und dozierte mit einem glücklichen Lächeln über die guten und die schlechten Streifen, die gerade vorgeführt wurden. ....Stern arbeitete nicht gerne abends; in der Regel hörte er um sechs auf. Wenn die Messungen aber gerade gut liefen, machte er weiter, und wenn es bis über sieben dauerte, lud er mich zum Essen ein. In der Regel gingen wir in eines der besten Hamburger Restaurants, insbesondere ins „Halali". Bei einer solchen Gelegenheit war auch der legendäre Pauli dabei, der uns manchmal von Zürich aus besuchte. .... Pauli's Grobheit gegenüber seinen Mitarbeitern wurde als integrierender Teil seiner Persönlichkeit akzeptiert; niemand regte sich darüber auf, öffentlich als inkompetenter Idiot beschimpft zu werden, wenn Pauli einen Fehler gefunden hatte. ... Wenn das Necken ein Zeichen von Freundschaft ist, dann waren Stern und Pauli wirklich äußerst gute Freunde. Pauli neckte Stern gnadenlos. Als Stern Pauli und mich zum ersten Mal ins „Halali" einlud, sagte ihm Pauli, daß dies nur auf das schlechte Gewissen des reichen Mannes zurückzuführen sei. Dieses schlechte Gewissen versuche er zu beruhigen, indem er unbedeutende Summen zur Bewirtung seiner armen Freunde ausgab. Er war auf bissige Weise wortgewandt und Stern kam nicht gegen ihn auf; kicherte nur in seiner freundlichen Art und versuchte nicht einmal, sich zu verteidigen."*

Rabi berichtet kurz vor seinem Tode im Jahre 1988 in einem Interview mit John Rigden [RIDGEN1988], warum Otto Stern und seine Experimente seine weiteren wissenschaftlichen Arbeiten so entscheidend prägten:

*„Als junger Student 1923 hat mich die neue Quantenphysik sehr beeindruckt, aber nicht überzeugen können. Ich denke, das verwundert nicht. Wenn man versucht, sie logisch auf der Basis der klassischen Physik zu verstehen, erscheint sie wie „Reaganomics"* (völlig unlogisch, benannt nach dem früheren USA-Präsidenten Reagan). *Sie macht keinen Sinn. Auch ihre Beobachtungsgrößen blieben fremd. Aber ich hoffte, mit Scharfsinn und Erfindungsgabe diese atomaren Beobachtungen in ein mechanisches Bild einfügen zu können. Meine Hoffnung, atomare Beobachtungen mechanisch erklären zu können, starb, als ich vom Stern-Gerlach-Experiment hörte. Nun, da ist nichts in der Physik, welches erklärt, warum diese magnetischen Momente sich in einem äußeren Feld in irgend einer Ordnung ausrichten sollten, da diese Drehimpulse in jede Richtung zeigen sollten. Das Ergebnis dieses Experimentes war verblüffend, obwohl die Quantentheorie es so vorausgesagt hatte. Da gab es keinen bekannten Mechanismus, der diese Momente orientieren konnte, da Ihre Richtungen ursprünglich statistisch verteilt sein mussten. In der Tat, das ganze Ding war ein Rätsel. Hier gab es etwas, für das es keine logische Erklärung gab. Dieses überzeugte mich endgültig, klassische Physik war tot und man brauchte eine völlig neue Denkweise. Diese würde wohl ein Rätsel lösen, aber ein neues schaffen, das prinzipielle Rätsel der Quantenphysik.*

*Erstmals begegnete ich Stern im Herbst 1927. Ich war in Kopenhagen am Niels Bohr Institut für theoretische Physik und Bohr schickte Yoshio Nishina und mich nach Hamburg, um mit Wolfgang Pauli dort (in Theorie) zu arbeiten. Als ich dort ankam, war ich erfreut zu sehen, dass Stern und seine Mitarbeiter an sehr aufregenden Molekularstrahlexperimenten arbeiteten. Obwohl mein Hauptinteresse der Theorie Paulis galt, verbrachte ich doch einige Zeit im Sternschen Labor und redete dort mit Ronald Fraser, einem Schotten und John Taylor, einem Amerikaner.*

*Ich wollte die Geheimnisse der Molekularstrahlmethode kennen lernen. Dabei erkannte ich, dass man die Komponenten des Molekularstrahls auch in einem homogenen Feld separieren konnte. Ich erklärte Stern diese Idee und er schlug vor, dass ich dieses Experiment durchführe. Mir wurde gesagt, welche Ehre es bedeutet, von Stern in sein Labor eingeladen zu werden. Ich hatte keine Stelle und musste eine Frau ernähren. Ich konnte diese Einladung nicht ablehnen. Mein Experiment war ein Erfolg und als die Ergebnisse veröffentlich werden sollten, da erlebte ich eine Demonstration von Sterns Großzügigkeit, seiner Redlichkeit und seinem Stolz. Stern sagte: „zuerst publizieren Sie das als Letter in Nature", falls Sie das zuerst in Deutsch publizieren, denkt jeder, das ist mein Kind und nicht Ihrs."*

Die Bedeutung des damaligen Physikinstituts in Hamburg würdigt Rabi wie folgt:

*„Als ich an der Hamburger Universität war, es war eines der weltweit führenden Zentren der Physik. Da gab es eine enge Zusammenarbeit zwischen Stern und Pauli, zwischen Experiment und Theorie. Zum Beispiel, Sterns Fragen waren wichtig für Paulis Theorie des Magnestismus von freien Elektronen in Metallen. Umgekehrt, Paulis theoretische Forschungen hatten großen Einfluß auf Sterns Denken. Außerdem Stern und Pauli brachten viele illustre Besucher nach Hamburg: Bohr, Ehrenfest waren ständige Besucher. Von Stern und Pauli lernte ich, was Physik ist. Für mich war das nicht eine Frage von Wissen, es war die Art zu denken und die Dinge zu hinterfragen. Ich erlernte das Gespür und die Einsicht, für das, was wichtige Fragen sind oder nicht. Stern hatte diese Eigenschaften und er hatte sie auf höchstem Niveau. Stern widmete sich niemals kleinen Problemen."*

Das tägliche Leben und Arbeiten im Stern'schen Institut beschreibt Rabi im Kuhn-Interview von 1963 [KUHN1963]:

*„Die Seminare waren hervorragend und die Kolloquien sehr interessant und auf einem hohen Niveau. Da waren unterschiedliche Denkweisen: Lenz, z. B. hatte eine sehr schnelle*

*Auffassungsgabe und kam direkt auf den Punkt, ohne dass er viel zustande brachte. Da war Stern mit seinem Gefühl und Blick für die richtigen Fragen und Pauli mit seiner Gründlichkeit. Es stimmte alles. Die Leute waren wunderbar und glücklicher Weise gab es Studenten, mit denen ich jeden Tag zum Essen ging.“*

Ein anderer berühmter „Fellow“ war Emilio Segrè, der Ende 1931 nach Hamburg kam, in der Zeit, als Stern bedeutende Entdeckungen in der Physik machte. Segrè erhielt 1959 den Nobelpreis für Physik für die Entdeckung des Antiprotons. Er starb 1989 in Kalifornien. Vor 1931 war Segrè Schüler und Mitarbeiter von Enrico Fermi in Rom. Segrè berichtet in seiner Biografie über seine Eindrücke in Hamburg [SEGRÈ1993]:

*„Fermi schlug vor, dass ich mein Rockefeller-Stipendium in Hamburg verbringe, um bei Stern Vakuum- und Molekularstrahltechnik zu lernen. Fermi selbst machte alles klar mit Stern. Stern hat mich einen Weg des Experimentierens gelehrt, dem ich nie zuvor begegnet war. Wenn Stern ein Experiment durchführte, dann hat er jedes Detail des Experimentes vorher berechnet und er hat mit dem Experiment nicht begonnen, ehe er in Vorexperimenten diese seine Berechnungen verifizieren konnte. Dadurch wurde wohl der Beginn des Experimentes verzögert, aber diese Methode des Arbeitens führte dazu, dass Stern sofort erkannte, wenn neue und unerwartete Ergebnisse gefunden wurden oder im Experiment irgendwo ein Fehler gemacht wurde.“*

Zum Schluss soll noch Walther Gerlach zu Wort kommen. Gerlach hat Stern um ca. 10 Jahre überlebt. Gerlachs Name bleibt durch das Stern-Gerlach-Experiment mit dem Namen Otto Sterns auf ewig eng verbunden. Zu Sterns Tod im Jahre 1969 schrieb Gerlach in den Physikalischen Blättern [GERLACH1960]:

*„Wer ihn kannte, schätzte seine Aufgeschlossenheit- er war ein Grandseigneur!-, seine unbedingte Zuverlässigkeit, die bei seiner schnellen Reaktion oft nicht einfachen, aber fruchtbaren Diskussionen und – wer Sinn dafür hatte- seine bis zum sarkastischen gehenden, stets überlegten Urteile über Sachen und Personen; bonzenhaftes, aber auch schlechtes Benehmen waren ihm zuwider. Obwohl von Haus aus Theoretiker, war Stern voll experimenteller Ideen, nie verlegen um einen neuen Vorschlag, wenn die Durchführung des ersten mißlang.“*

## 3.2 Der Nobelpreis

### 3.2.1 Briefe der „Nominatoren“

Otto Stern musste auf seinen Nobelpreis lange warten. Es gibt Nobelpreisträger, die mit sehr wenigen Nominierungen [NOB] in die Walhalla der Wissenschaft aufgenommen wurden (wie Nils Gustav Dalèn mit einer Nominierung oder Gustav Hertz mit zwei Nominierungen oder Manne Siegbahn mit drei Nominierungen nach offiziellem Nobelarchiv [NOB]), andere (wie Stern mit 83 Nominierungen) benötigten viele Nominierungen oder andere wurden viele Male für den Nobelpreis vorgeschlagen (wie Arnold Sommerfeld mit 81 Nominierungen oder Friedrich Paschen mit 46 Nominierungen oder Lise Meitner mit 47 Nominierungen), aber haben den

Nobelpreis nie verliehen bekommen[113]. Otto Stern erhielt in den Jahren 1934 und 1940 jeweils so viele Nominierungen (15 bzw. 14 Nominierungen), dass man ihm eigentlich jedes Mal den Nobelpreis hätte zuerkennen müssen. Aber die Nobelkommision fand jeweils einen Grund, in diesen beiden Jahren keinen Nobelpreis zu vergeben. Der Nobelpreis des Jahres 1934 in Physik hätte dem Immigranten Otto Stern in den Vereinigten Staaten einen ganz anderen Start ermöglicht und ihm vermutlich auch genügend Forschungsmittel verschafft, seine Frankfurter und Hamburger Erfolge fortzusetzen. Robert Marc Friedman beschreibt in seinem Buch „The Politics of Excellence" [FRIEDMAN2001] die möglichen Hintergründe der Nobelpreisgeschichte von Otto Stern.

Die erste Nominierung von Stern und Gerlach kam im Jahr 1924 von Albert Einstein. Einstein hat zwei sich leicht unterscheidende Nominierungsbriefe verfaßt. Der erste dieser Briefe befindet sich im Einstein-Archiv und ist auf den 26.10.1923 datiert. In diesem Brief[114] schrieb Einstein:

Standort: [EIN]. Dokument 30 050 in Collected Papers of Albert Einstein Vol. 14, 1923-25, Seite 220; Dokumentnummer: **[1128/26.10.1923]**

*An das Nobelkomitee für Physik Stockholm*
*Bezugnehmend auf Ihre Aufforderung gestatte ich mir Ihnen gemäß der Vorschriften in den Statuten der Nobelstiftung folgende Vorschläge zu unterbreiten:*
*Franck und Hertz vor für ihre Untersuchungen Lichterregung durch Elektronenstoß[115],*
*Langevin und Weiss für die statistische Theorie des Magnetismus, an dritter Stelle Stern und Gerlach für den experimentellen Nachweis der von der Quantentheorie geforderten Orientierung von Atomen im magnetischen Feld, Sommerfeld für seine Beiträge zur Quantenmechanik.*
*A. H. Compton der Quantenstreuung bei Röntgenstrahlung[116].*

[113] Alle hier aufgeführten Nominierungsbriefe für Stern stammen aus dem Archiv des „Center for History of Science Kungl. Vetenskapsakademien" in Stockholm [NOB]. Die Dokumentennummer dieser Briefe entspricht nicht dem Datum der jeweiligen Niederschrift des Dokumentes. Die Dokumentnummern der zwischen 1923 und 1944 geschriebenen Nominierungsbriefe beginnen mit der Nummer 1128 und enden mit 1187. Der nach der Nobelpreisverleihung an Stern erfolgte Briefverkehr (Stern mit Nobelstiftung und Glückwunschbriefe) ist im Nachlass von Stern im Bancroft-Archiv [BAL] vorhanden. Hier wird die Reihenfolge der Dokumentennummern durch das jeweilige Datum bestimmt.

[114] Dokument 30 050 in Collected Papers of Albert Einstein Vol. 14, 1923–25, S. 220.

[115] Der Franck-Hertz-Versuch wurde erstmals in den Jahren 1911 bis 1914 von James Franck und Gustav Hertz in Berlin durchgeführt und beweist die Existenz von diskreten Energieniveaus in Atomen. Dieser Befund stützte das Bohr'sche Atommodell und trug zur Fortentwicklung der Quantenmechanik bei. Den Experimentatoren wurde für diesen Versuch im Jahr 1925 der Nobelpreis für Physik verliehen. J. Franck und G. Hertz: *Über Zusammenstöße zwischen Elektronen und Molekülen des Quecksilberdampfes und die Ionisierungsspannung desselben*. In: *Verh. Dtsch. Phys. Ges.* Nr. 16, 1914, S. 457–467.

[116] Compton untersuchte im Jahre 1922 die Streuung von Röntgenstrahlen an Graphit und beobachtete, dass die gestreute Strahlung geringere Energie bzw. eine größere Wellenlänge hatte als die Strahlung vor der Streuung. Dieses Verhalten zeigte, dass der Strahlung auch Teilchencharakter zuzuordnen war. Compton erhielt dafür 1927 den Nobelpreis für Physik. Arthur H. Compton:

*C. T. R. Wilson für die Nebelmethode zum Nachweis der durch Korpuskularstrahlen erzeugten Ionisation.*
*P. Debye für seine Beiträge zur Kenntnis der Molekularkräfte.*
*Da es mir schwer geworden ist, einen bestimmten Vorschlag zu machen, halte ich es zur Beruhigung meines Gewissens, trotzdem es in den Statuten nicht verlangt wird, für richtig, noch einige andere ungefähr gleichwertige Möglichkeiten anzuführen.*
*Mit ausgezeichneter Hochachtung A. Einstein.*

Da für das Jahr 1924 für Einstein als Nominator nur die Nominierungen von Franck und Hertz im Nobelarchiv aufgeführt sind, wurde bei Karl Grandin, dem Direktor des „Center for History of Science Kungl. Vetenskapsakademien" in Stockholm nachgefragt, warum die anderen Vorschläge nicht aufgeführt wurden. Nach Karl Grandins Auskunft hat Einstein am 27.10.1923 einen neuen Nominierungsbrief geschrieben, den er dann an das Nobelkomitee geschickt hat (nur dieser zweite Brief befindet sich im Nobelarchiv [NOB]). In diesem Brief wichtet Einstein seine Vorschläge so, dass er Franck und Hertz durch Umstellung des Brieftextes eine höhere Priorität einräumt.

Er schrieb:

Standort: [NOB], Nominierungen Physik für 1924, Dokumentnummer: **[1129/27.10.1923]**

*Bezugnehmend auf Ihre Aufforderung gestatte ich mir Ihnen gemäß der Vorschriften in den Statuten der Nobelstiftung folgende Vorschläge zu unterbreiten:*
*Franck und Hertz vor für ihre Untersuchungen Lichterregung durch Elektronenstoß.*
*Da es mir schwer geworden ist, einen bestimmten Vorschlag zu machen, halte ich es zur Beruhigung meines Gewissens, trotzdem es in den Statuten nicht verlangt wird, für richtig, noch einige andere ungefähr gleichwertige Möglichkeiten anzuführen.*
*Langevin und Weiss für die statistische Theorie des Magnetismus, an dritter Stelle Stern und Gerlach für den experimentellen Nachweis der von der Quantentheorie geforderten Orientierung von Atomen im magnetischen Feld,*
*Sommerfeld für seine Beiträge zur Quantenmechanik.*
*A. H. Compton der Quantenstreuung bei Röntgenstrahlung.*
*C. T. R. Wilson für die Nebelmethode zum Nachweis der durch Korpuskularstrahlen erzeugten Ionisation.*
*P. Debye für seine Beiträge zur Kenntnis der Molekularkräfte.*
*Mit ausgezeichneter Hochachtung A. Einstein.*

Das Nobelkomitee hat dann entsprechend dem Nobelstatut nur die Nominierungen für Franck und Hertz akzeptiert und die anderen Vorschläge annulliert. Die erste akzeptierte Nominierung für Otto Stern (zusammen mit Walther Gerlach) wurde dann am 26.12.1924 von Ernst Wagner (ein Assistent von Conrad Wilhelm Röntgen in Würzburg) für das Jahr 1925 für die Untersuchungen zur Ablenkung von

*A Quantum Theory of the Scattering of X-rays by Light Elements.* In: *Physical Review.* Band 21, Nr. 5, 1923, S. 483–502, https://doi.org/10.1103/PhysRev.21.483.

Atomstrahlen in Magnetfeldern abgegeben. Diese Nominierung enthält keinerlei Bewertung der Bedeutung von Sterns und Gerlachs fundamentalen Untersuchungen. Sie lautet:

Standort: [NOB]. Nominierungen Physik für 1925, Dokumentnummer: **[1130/05.01.1925]**

*Inkom den 5. 1. 192[4]5* *Würzburg, 26. Dez. 1924*

*An das Nobelkom[m]itee für Physik Stockholm 50.*

*Ich beehre mich, folgenden Vorschlag für den physikalischen Nobelpreis des Jahres 1925 zu überreichen:*

*O. Stern und W. Gerlach (Hamburg u. Tübingen) auf Grund ihrer Versuche über die magnetische Ablenkung von Atomstrahlen (Zeitschr. F. Physik, 9, 349).*

*Ergebenst Ernst Wagner*

Die zweite und dritte Nominierung für das Jahr 1927 kamen von Max Born und James Franck (damals beide ordentliche Professoren in Göttingen) in einem gemeinsamen Brief an das Nobelkomitee. Sie würdigten die Experimente von Gerlach und Stern als den schönsten experimentellen Beweis diskreter Quantenzustände und auch als wichtige Messmethode, um Grundzustände von Atomen zu untersuchen, denn die bisher angewandte Photonenspektroskopie liefert immer nur eine relative Information von zwei koppelnden Zuständen (angeregter und Grundzustand) und somit keinen direkten Zugang zu den Drehimpulswerten eines Grundzustandes. Obwohl Otto Stern der Ideengeber für die bahnbrechenden Experimente war, würdigten sie die große Leistung Gerlachs bei der Durchführung dieser schwierigen Versuche. Außerdem wurde die spätere Verbesserung (Faktor 1000 bessere Impulsauflösung) der Molekularstrahlmethode durch Otto Stern und seine Arbeitsgruppe in Hamburg gelobt. In ihrem Nominierungsbrief schlugen sie auch Arthur Compton für seine Meilensteinexperimente zum Impulsaustausch von hochenergetischen Photonen mit gebundenen Elektronen vor. Sie würdigten auch Comptons wichtige Arbeit von 1921 über das magnetische Elektron, wo Compton damit indirekt dem Elektron einen Eigenspin zuordnet, vier Jahre vor Uhlenbeck und Goudsmit.

Zu erwähnen bleibt, dass auch Heinrich Rausch von Traubenberg (war 1927 Dozent in Göttingen) Stern und Gerlach für den Nobelpreis nominiert hat (Nominierungsbrief nicht verfügbar). Born und Franck begründeten ihre Nominierung wie folgt:

Standort: [NOB]. Nominierungen Physik für 1927, Dokumentnummer: **[1131/22.01.1927]**

*Inkom den 22. 1. 1927*

*Prof. Dr. M. Born Prof. Dr. J. Franck* *Göttingen, den 18. Januar 1927*
*Bunsenstrasse 9*

*K. Vetenskapsakademiens Nobelkommitté för Fysik, Stockholm 50*
*Die Unterzeichneten sprechen dem Nobelkommitté für Physik ihren ehrerbietigsten Dank aus für die Ehre, die ihnen durch die Aufforderung zuteil geworden ist, einen Vorschlag über die Erteilung des Nobelpreises für das Jahr 1927 zu machen. Da wir am gleichen Institut in enger Zusammenarbeit verbunden sind und hierdurch zu etwa gleichartiger Bewertung der physikalischen Leistungen gelangen, zeigte sich bei einer Besprechung, dass wir auch bei dieser Frage durchaus einheitlich denken und daher haben wir uns entschlossen, diese Tatsachen in einer gemeinsamen Antwort zum Ausdruck zu bringen.*

*Wir schlagen für den Nobelpreis in Physik 1927 vor:*
*Entweder Professor A. H. Compton in Chicago wegen seiner Entdeckung des nach ihm benannten Effektes bei der Streuung von kurzwelliger Strahlung, oder Professor Dr. Otto Stern in Hamburg und Professor Dr. Walt[h]er Gerlach in Tübingen gemeinschaftlich für ihren experimentellen Nachweis der Richtungsquantelung im magnetischen Felde.*
*Zur Begründung erlauben wir uns Folgendes auszuführen:*
*Unter der Fülle von wertvollen Arbeiten der letzten Jahre scheinen uns die am bemerkenswertesten, die einen möglichst direkten Beweis für die Richtigkeit der in der Quantentheorie formulierten Vorstellung erbracht haben. Der Comptoneffekt gehört hierher. Er zeigt in eindringlichster Weise die Gültigkeit des Impulssatzes beim Elementarakt der Einwirkung von Strahlung auf Materie. Die wichtigsten Arbeiten von A. H. Compton über diesen Gegenstand sind folgende:*

*A Quantum Theory of the Scattering of X-Rays by Light Elements, Phys. Review 21, 483, (1923)*
*The Recoil of Electrons from Scattered X-Rays, Phys. Rev. 23, 439, 1924.*
*A.H. Compton u. A. W. Simon, Measurement of $\beta$ – Rays Associated with Scattered X – Rays, Phys. Rev. 25, 306 , 1925.*

*Wir wollen nicht unterlassen zu betonen, dass A. H. Compton überdies auch in anderen Arbeiten sich als ein phantasievoller und bedeutender Physiker bewährt hat. Als Beispiel nennen wir die von ihm zuerst eingeführte Benutzung des gewöhnlichen Beugungsgitters zur Messung der Wellenlänge von Röntgenstrahlen. (s. Proc. Nat. Acad. Am. Vol. 12, 1926). Ferner war er der Erste, der in der Literatur auf die Möglichkeit hinwies, dem Elektron ein magnetisches Moment zuzuschreiben. (s. A. H. Compton, Journ. Frankl. Inst. 192, 145, 1921). Die Arbeiten über magnetische Richtungsquantelung von O. Stern und W. Gerlach bieten uns den schönsten expe-*

*rimentellen Beweis diskreter Quantenzustände, die hier durch ihre mechanischen Eigenschaften nachgewiesen werden. Ausserdem liefern sie ein Mittel zur Erforschung der Grundzustände von Atomen und der Bestimmung des Absolutbetrages des Bohrschen Magnetons. Die theoretischen Grundlagen des Versuchs stammen von O. Stern, jedoch ist bei der experimentellen Durchführung der sehr schwierigen Versuche W. Gerlach in mindestens gleichem Masse beteiligt wie Stern. Nachdem die beiden Forscher sich getrennt hatten, haben beide auf diesem Gebiete weitere wichtige Arbeiten ausgeführt. Während Gerlach eine grössere Zahl von Atomsorten untersucht hat, hat Stern die Methode noch wesentlich verfeinert mit dem Ziel, den Kernmagnetismus nachzuweisen. Es ist ihm in Zusammenarbeit mit seinen Schülern gelungen, die Genauigkeit um ungefähr das tausendfache zu steigern und damit eine Reihe anderer physikalischer Fragen zu beantworten. Die auf dieses Gebiet sich beziehenden Arbeiten sind folgende:*
*O. Stern, Ein Weg zur experimentellen Prüfung der Richtungsquantelung im Magnetfeld, ZS. F. Phys. 1921 Bd. 7., Heft 4/5, S. 249.*
*W. Gerlach u. O. Stern, Der experimentelle Nachweis des magnetischen Moments des Silberatoms, ZS. F. Phys. 1921, Bd. 8, Heft 2.*
*W. Gerlach u. O. Stern, Der experimentelle Nachweis der Richtungsquantelung im Magnetfeld, ZS. f. Phys. 1922, Bd. 9, Heft 6, S. 349*
*W. Gerlach u. O. Stern, Das magnetische Moment des Silberatoms, ZS. F. Phys. 1922, Bd. 9, Heft 6, S. 353*
*W. Gerlach u. O. Stern, Die Richtungsquantelung im Magnetfeld, Ann. d. Phys. IV, Bd. 74, 1924, S. 673*
*W. Gerlach, Über die Richtungsquantelung im Magnetfeld II. Experimentelle Untersuchungen über das Verhalten normaler Atome unter magnetischer Kraftwirkung, Ann. d. Phys. IV. Bd. 76, 1925, S. 163*
*O. Stern, Zur Methode der Molekularstrahlen I. ZS. f. Phys. 39, 751, 1926 F. Knauer[1] u. O. Stern, Der Nachweis der Molekularstrahlen II, ZS. f. Phys. 39, 764, 1926*
*F. Knauer u. O. Stern, Der Nachweis kleiner magnetischer Momente von Molekülen, ZS. f. Phys. 39 , 780, 1926.*
*Hinzufügen möchten wir ferner, dass O. Stern in einer grossen Zahl von theoretischen und experimentellen Untersuchungen sich als ein ganz bedeutender Physiker und physikalischer Chemiker erwiesen hat. Wir nennen, um nur einige Beispiele zu geben, seine Arbeiten über die chemischen Konstanten, s. z. B.: Zur kinetischen Theorie des Dampfdruckes einatomiger fester Stoffe, und Über die Entropiekonstante einatomiger Gase, Phys. ZS. 14, 629, 1913; Zur Theorie der Gasdissoziation, Ann. d. Phys. 44, 497, 1914, Direkte Messungen der Molekulargeschwindigkeit; schliesslich die quantentheoretische Deutung der Strahlungsdämpfung (zusammen mit Volmer). (s. O. Stern und M. Volmer, Über die Abklingungszeit der Fluoreszenz, Phys. ZS. 20, 183, 1919). Gerlach andererseits gilt mit Recht als einer der fruchtbarsten Experimentalphysiker, der sowohl Präzisionsarbeiten hohen Ranges ausgeführt hat, (s. z. B. die Arbeiten Über Messung der Strahlungskonstanten, Messung des Lichtdruckes) wie auch qualitative Untersuchungen auf verschiedenen Gebieten von Fluoreszenz, Magnetismus, Röntgenstrahlen.*

*Mit vorzüglicher Hochachtung und nochmaligem Danke für die ehrenvolle Aufforderung ergebenst M. Born J. Franck*

Die Nominierungen für das Jahr 1928 kamen von James Franck, Pierre Weiss und Wilhelm Wien sowie Max Reich (1928 war er ordentlicher Professor in Göttingen), dessen Nominierungsbrief uns ebenfalls nicht vorliegt. Franck verwies in seiner Nominierung auf seine schon 1927 eingereichte Laudatio, erwähnte aber zusätzlich das von Stern inzwischen erfolgreich durchgeführte Experiment zum Nachweis von Interferenzen von He-Atomstrahlen bei der Streuung an Kristalloberflächen. Gleichzeitig schlug er auch den US-Amerikaner Robert William Wood für dessen Arbeiten über die Gasfluoreszenz vor. Woods wurde bis 1950 39-mal für den Nobelpreis der Physik vorgeschlagen, hat den Nobelpreis aber nie erhalten. James Franck schrieb:

Standort: [NOB]. Nominierungen Physik für 1928, Dokumentnummer: **[1132/10.12.1927]**

*Inkom den 10.12.1927* *Göttingen, den 7. Dezember 1927*
*K. Vetenskapsakademiens Nobelkommitté för Fysik Stockholm 50*

*Sehr verehrte Herren!*

*Mit bestem Danke für die Aufforderung des Nobelkomitees einen Vorschlag für den physikalischen Nobelpreis für das Jahr 1928 zu überreichen, möchte ich mir erlauben, Folgendes auszuführen:*

*Ich habe im vergangenen Jahre neben Professor A. H. Compton, der unterdes den Nobelpreis erhalten hat, mir erlaubt, die Herren Stern und Gerlach zu nennen, insbesondere wegen ihrer hochbedeutenden Arbeiten über die experimentelle Bestätigung der Richtungsquantelung und die Messung des Bohrschen Magnetons. Der damals gegebene[n] Begründung vermag ich dieses Jahr nur hinzuzufügen, dass beide Herren auf diesem Gebiete weiter erfolgreich gearbeitet haben. Bei Stern kommt hinzu, dass es ihm gelungen ist, seine Atomstrahlmethode soweit zu verfeinern, dass er mit streifender Inzidenz der Atomstrahlen auf ein Gitter Andeutungen des Auftretens von de Broglie-Wellen erhalten hat. Bei Gerlach sind schöne magnetische Arbeiten zu nennen. Im Übrigen darf ich wohl auf meinen Vorschlag vom vorigen Jahre verweisen.*

*Neben den Herren Stern und Gerlach möchte ich die Aufmerksamkeit des Kom[m]ittés auf Professor R. W. Wood in Baltimore lenken. Ich glaube, dass seine Arbeiten über das Gebiet der Gasfluoreszenz eine Gesamtleistung darstellen, die würdig ist, mit dem Nobelpreis ausgezeichnet zu werden. Wood hat die Resonanzlinienserien der zweiatomigen Gase, er hat die Beeinflussung der Polarisation der Fluoreszenzstrahlung durch schwache Magnetfelder gefunden, ferner hat er ein wesentliches Material beigetragen zur Untersuchung der stufenweisen Anregung der Fluoreszenz. Alle diese Arbeiten sind für die Serienzusammenhänge und für die Grundvorstellungen der Bohrschen Atomtheorie von fundamentaler*

*Bedeutung. Wood hat sich dabei von den Vorstellungen der klassischen Optik leiten lassen und man muss zugeben, dass er öfters nicht die theoretische Bedeutung der Untersuchungen, die er durchgeführt hat, selbst eingesehen hat. Er hat aber ein sehr starkes Empfinden dafür, wo interessante Probleme experimentell anzugreifen sind und geniale Züge in der experimentellen Durchführung der Versuche.*
*Mit nochmals bestem Danke für die mich sehr ehrende Aufforderung, meine Meinung dem Nobelkomitee mitzuteilen, bin ich*
*in ganz vorzüglicher Hochachtung ergebenst J. Franck*

Der Brief von Wilhelm Wien ist sehr informativ wegen seiner geäußerten Ansichten zur neuen Quantenphysik. Dieser Brief wurde Anfang 1928 geschrieben und er verrät Wien als einen Gegner der neuen Quantentheorien von Heisenberg, Born, Jordan sowie Schrödinger. Wien hat niemals Heisenberg, Born, Jordan oder Schrödinger für den Nobelpreis vorgeschlagen, aber Planck und Einstein je 4-mal sowie Bohr einmal. Ihn beeindruckten die Interferenzexperimente von Davisson und Germer, er verschwieg aber, dass Otto Stern schon 1928 erste erfolgreiche Versuche zu Teilchenstrahlinterferenzen mit He-Atomstrahlen an Oberflächen durchgeführt hatte.

Standort: [NOB]. Nominierungen Physik für 1928, Dokumentnummer: **[1133/21.01.1928]**

*Inkom den 21.1.1928* *München, Januar 1928*
*An das Nobel Komité für Physik Stockholm.*

*Seit meinem letzten Gutachten vom Januar 1927 hat sich die theoretische Physik auf dem Boden der Wellenmechanik weiter entwickelt. Mein damaliger Hinweis, dass die Schrödingersche*[1] *Theorie trotz der grossen Bedeutung, die sie besitzt, nicht im Stande ist, eine befriedigende Erklärung des lichtelektrischen Effekte zu geben, hat sich nicht nur bestätigt, sondern es hat sich noch weiter gezeigt, dass diese Wellenmechanik noch nicht die zu verlangende Vollständigkeit zur Darstellung der Tatsachen hat erreichen können. Im Gegenteil laufen Quantisierung und Wellenmechanik nicht nur parallel, sondern durcheinander. Das letztere zeigt sich besonders deutlich in der Arbeit von P. Jordan und O. Klein (Z. f. P. 45; S. 751;1927), in der die Wellen der Wellenmechanik als „klassisch" behandelt und ihrerseits wieder gequantelt werden, so dass der chaotische Zustand, der vor der Schrödingerschen Theorie herrschte, nahezu wieder erreicht ist. Man kann wohl mit Sicherheit sagen, dass die Wellenmechanik ein wesentlicher Fortschritt, aber keineswegs das erstrebte Endziel der Theorie ist. Auch die Schrödingersche Theorie ist trotz ihrer Einkleidung in eine Hamiltonsche partielle Differentialgleichung, doch nur eine besondere Form der Statistik, mit der die anderen Statistiken der Quantenmechanik und die Abarten der klassischen Statistik, wie die Bose-Einsteinsche und Fermische Statistik mehr oder weniger lose zusammenhängen. Es liegt in der Natur der Sache, dass, solange man noch nicht über die Statistik hinaus zu den elementaren Vorgängen selbst vorgedrungen ist, man auch die Willkür nicht aus der Theorie*

*ausschliessen kann, weil die Möglichkeiten statistischer Ansätze, die sich nicht auf bekannte Elementarvorgänge gründen, beliebig gross sind. Daher tritt auch die Neigung der Quantentheoretiker immer wieder neue Ansätze zu versuchen und die alten fallen zu lassen dauernd zu Tage.*
*Nach meiner Meinung liegt aber kein Anlass vor an der Möglichkeit zu zweifeln, doch durch alle Schleier der Quantenstatistik zu den elementaren Vorgängen durchzudringen. Dafür sprechen zu viele Beobachtungen, bei denen wir den elementaren Vorgang, wenigstens in gewissen Teilen, vor uns haben, wie die Messung von e/m, die Wilsonschen Nebelspuren und der Comptoneffekt. Tatsächlich liegt die Sache so, dass die Maxwellsche Theorie als unvollständig angesehen werden muss, denn sie gi[e]bt uns immer nur einen Teil des Vorgangs, bei den Lichtwellen die Wellenausbreitung ohne die Möglichkeit der Darstellung der Energiekonzentration in den hν, beim Elektron umgekehrt die Konzentration der Ladung ohne Berücksichtigung der mit ihr verbundenen de Broglie-Wellen. Es besteht für mich kaum ein Zweifel, dass die schliessliche Lösung der Schwierigkeiten in einem Ausbau der Maxwellschen Theorie zu suchen sein wird, wobei wahrscheinlich allgemeinere Formen des Raum und Zeitbegriffes notwendig sein werden. So lange die Theorie sich in dem jetzigen Durchgangsstadium befindet, halte ich nach wie vor eine Verleihung des Nobelpreises für nicht gegeben.*
*Allerdings muss man im Auge behalten, dass möglicherweise durch die Wellenmechanik neue experimentelle Tatsachen aufgefunden werden. Ich habe dabei Versuche von C. Davisson und L. H. Germer im Auge (Phys.Rev. 30, S. 705; 1927). Diese Versuche geben der Reflexion von Elektronen ähnliche Laue Punkte, wie die Reflexion der Röntgenstrahlen, wobei die Grössenordnung der Wellenlänge mit der von de Broglie abgeleiteten h/mv übereinstimmt.*
*Es dürfte wohl nicht zweifelhaft sein, dass diese Versuche, wenn ihre Deutung richtig ist, eine physikalische Entdeckung darstellen, die des Nobelpreises würdig wäre. Da jedoch die Versuche noch nicht abgeschlossen sind und Zweifel über die Richtigkeit der Deutung auftreten können, so wird es sich empfehlen, den Vorschlag noch zurückzustellen. Von grosser Wichtigkeit sind zweifellos die Arbeiten von O. Stern über den Magnetismus der Gase, obwohl mir die Deutung als Richtungsquantelung nichts zu besagen scheint, weil hier etwas unbekanntes durch etwas anderes ebenso unbekanntes erklärt werden soll. Bei den Versuchen über die magnetischen Eigenschaften der Atome, die von Stern und Gerlach ausgeführt sind, hat O. Stern zweifellos den grösseren Anteil, da die Arbeiten von ihm ausgegangen sind. Ausserdem sind seine neueren Arbeiten über die magnetischen Restmomente der Moleküle experimentell meisterhaft durchgeführt.*
*Ich schlage daher vor für den Nobelpreis für Physik des Jahres 1928*
*Prof. O. Stern in Hamburg*
*für seine Arbeiten über die magnetischen Eigenschaften der Gase und Dämpfe.*
*W. Wien*

Pierre Weiss würdigte in einem kurzen Brief die Leistungen Sterns und Gerlachs zur Entdeckung der „Richtungsquantelung" und insbesondere die hohe Qualität in der erreichten Impulsauflösung.

Standort: [NOB]. Nominierungen Physik für 1928, Dokumentnummer: **[1134/26.01.1928]**

*Inkom den 26.1.1928*

*Härtill 5 st. bilagon; 1 skrift av Gerlach, 4 skrifter av Stern*
*Au Comité Nobel pour la Physique Proposition de prix.*

*Messieurs.*

*A la suite de l'invitation que vous avez bien voulu m'adresser en spezembre dernier j'ai l'honneuer de vous proposer de décerner, en 1928, le prix Nobel de physique à M.M. Gerlach et Stern, pour leur découverte de l'orientatation quantifiée des atoms dans le champ magnétique.*

*Les travaux de M. M. Gerlach et Stern sont trop connus pour qu'il soit utile de les résumer ici, mais il me sera permis d'insister sur la portée considerable de leur observation qui est une des sources les plus directes de la connaisance de phénomènes quantiques et par là de la physique de l'atome.*

*Sans doute, le caractère surprenant des faites découverts, sinettement en contradiction avec la mécanique classique, puvait inspirer quelqué inquietude. Mais actuellement und certitude complète est acquise. Elle repose non seulement sur les qualités de précision et de critique qui apparaissent à la lecture des travaux (1) deces auteurs, mais aussi sur le fait que d'autres physiciens (2) ont, d'une manière incontestable, répété et continue leurs observations.*
*La dècouverte de M. M. Gerlach et Stern appartenant en outre à une époque très récente, j'estime que le Comité Nobel, en leur atribuant le prix, agirait en parfaite harmonie avec les intentions qui ont inspiré le fondateur.*
*Strasbourg le 17 janvier 1928 Pierre Weiss*

Die Nominierungen für das Jahr 1929 kamen von James Franck, William Wallace Campbell und Johannes Stark. Johannes Stark sah bei seiner Nominierung in Walther Gerlach die wichtigere Person hinter dem SGE und nannte daher Gerlach vor Stern. An erster Stelle nannte er jedoch Wilhelm Wien als Kandidaten für den Physik-Nobelpreis, obwohl Wien schon 1911 mit dem Nobelpreis für Physik ausgezeichnet worden war. Stark muss Wiens Arbeiten über die Leuchtdauer der ultravioletten Wasserstoffserie als extrem bedeutsam erachtet haben. Stark schrieb:

Standort: [NOB]. Nominierungen Physik für 1929, Dokumentnummer: **[1135/11.02.1928]**

*Inkom den 11.2.1928*
*Härtill 4 bilager; skrift av Wien, 2 skrifter av Gerlach och Stern och en skrift av Gerlach.*

*Ullersricht bei Weiden /Obpf., den 6. II. 1928*
*Haus Schöneck Bayern*

*An die Herren Mitglieder des Nobelkomitees für Physik Stockholm*
*Sehr geehrte Herren!*
*Ihre Einladung zur Einreichung eines Vorschlages für den Physikalischen Nobelpreis des Jahres 1928 habe ich mit Dank erhalten. Infolge einer längeren Abwesenheit von meinem gegenwärtigen Wohnsitz hat sich die Absendung dieses Schreibens um einige Tage nach dem 1. Februar verspätet; ich bitte dies entschuldigen zu wollen.*

*An erster Stelle schlage ich wieder Herrn W. Wien in München vor. Zur Begründung nehme ich auf meinen Vorschlag vom vorigen Jahre Bezug und weise zur Ergänzung auf die anliegende neue Untersuchung Wiens über die Leuchtdauer der ultravioletten Wasserstoffserie hin. Aus ihr lässt sich die wichtige Folgerung ziehen, dass die alte Vorstellung von der Strahlungs-Dämpfung eines schwingenden Dipols nicht der Wirklichkeit entspricht.*

*An zweiter Stelle schlage ich vor die Herren W. Gerlach in Tübingen und O. Stern in Hamburg. Unter der theoretischen Mitarbeit Sterns ist es Gerlach gelungen, die grossen experimentellen Schwierigkeiten zu überwinden, welche die Verwirklichung der Methode der Molekularstrahlen im inhomogenen Magnetfeld bot. Gerlach hat zum Teil gemeinsam mit Stern, zum Teil ohne diesen, Stern gemeinsam mit seinen Schülern Bestimmungen des magnetischen Atommomentes von Elementen nach jener Methode durchgeführt; von den ersten Veröffentlichungen über diese Untersuchungen liegen meinem Vorschlage 4 Sonderdrucke bei.*

*Die Untersuchungen von Gerlach und Stern und Anderer über magnetische Atommomente haben eine grosse Bedeutung, insofern diese Momente eine Funktion der Atomstruktur sind und darum aus ihnen gewisse Schlüsse auf die Atomstruktur gezogen werden können. Diese Auffassung habe ich ausführlich in einer demnächst erscheinenden Schrift über „Atomstruktur und Atombindung" begründet. Ich werde mir gestatten, diese Schrift den Herren Mitgliedern des Nobelkomitees zu überreichen.*

*Mit vorzüglicher Hochachtung*
*ergebenst Stark*

William Wallace Campbell, Präsident der University Berkeley, schlug Walther Gerlach und Otto Stern gemeinsam für ihre in Frankfurt durchgeführten Experimente vor. Von allen bisherigen Nominatoren erkannte er am umfassendsten die großen Pionierleistungen von Stern und Gerlach. Er betonte die weitreichende Bedeutung des SGE und schrieb:

Standort: [NOB]. Nominierungen Physik für 1929, Dokumentnummer: **[1136/06.12.1928]**

*Inkom den 6.12.1928* *Berkeley November 9, 1928*

*Professor Allvar Gullstrand, Chairman, The Nobel-Committee for Physics*
*Swedish Royal Academy of Science, Stockholm, Sweden*
*Dear Sir:*

*In response to your invitation dated September 1, 1928, I here with take pleasure in nominating Dr. Walter Gerlach, Professor of Physics, University of Tübingen, and Dr. Otto Stern, Director of the Institute for Physical Chemistry of the University of Hamburg, for the Nobel Prize in Physics for the year 1928.*

*The discoveries which entitle these men to the Nobel Prize began with the experiments of Professor Otto Stern in measuring the velocities of atoms of silver from a heated wire coated with coated with silver in high vacuum, using a direct method of measurement. These results are published in the Zeitschrift für Physik, Volume 2, page 49, (1920), and Volume 3, page 417, (1920). These measurements, in which use was made of the ideas of Dunoyerconcerning atomic beams, to the discovery that silver in such beams evaporated in form of atoms.*

*While at Frankfurt, where he was associated with Professor Gerlach, Professor Stern arrived at the idea of passing atoms of silver in the form of an atomic beam perpendicular to an inhomogeneous magnetic field, in order to test whether atoms of silver, as predicted by Bohr-Sommerfeld theory of atomic structure, are atoms having magnetic moments and whether, according to the Bohr theory, these moments were quantized or whether the moments of these atomic magnets were oriented in all possible directions according to classical theory. The idea occurred to him through a theoretical analysis of Kallmann and Reiche dealing with the deflection of electrical dipoles in an inhomogeneous electrical field. In the paper published in Zeitschrift für Physik, Volume 7, page 249, (1921), the complete theory of this experiment is detailed, and a statement made that actual experiments were in progress by himself and Professor Gerlach. In a series experiments described in the Zeitschrift für Physik, Volume 8 page 110, (1921), Professors Stern and Gerlach found that the silver atoms had, as predicted by the Bohr theory, between one and two Bohr magnetons and were probably quantized according to the Bohr theory. In a subsequent paper Zeitschrift für Physik, Volume 9, page 349, (1922), more complete results were given, definitely proving quantization and evaluating one Bohr magneton as the moment of the silver atom, in agreement with Bohr's theory. Finally, in a paper by Gerlach, Physikalische Zeitschrift, Volume 24, page 275, (1923), the Weiss and Bohr magnetons were discussed and their relationship derived. Subsequent to this there have been many other papers in numerous journals dealing with the investigations of other atoms, as well as refining the measurements.*

*The work just discussed is ably presented in two articles by Gerlach in the Ergebnisse der Exakten Natur-Wissenschaften, Volume 2, page 124, and Volume 3, page 182. Later results can be found in the Zeitschrift für Physik , Volume 26 , page 106 (1924), and in the Annalen der Physik, Volume 74 , page 673, and Volume 76 ,pages 103 and 163, (1924). Later papers by Stern may also be found in the Zeit. F. Phys., Volume 39 page 764, and Volume 41 , page 563.*

*This discovery is of far-reaching significance both for an understanding of the fundamental nature of magnetism. It further establishes beyond question the essential correctness of the Bohr theory of atomic structure as regards magnetic effects. This discovery with its consequences, both in the manner which it was made and the thoroughness with which the investigations were carried out by the authors, together with its importance in showing (1) the existence of atomic magnets, (2) their quantization in the magnetic field, (3) establishing the Bohr magneton as the true unit of magnetic activity, (4) showing the fundamental nature of this magnetic phenomenon to be consistent with the Bohr-Sommerfeld theory of atomic structure, constitutes a piece of work which is thoroughly entitled to and deserves the Nobel Prize. The almost immediate acceptance of these discoveries by the whole physical world, together with the fact that they have withstood the test of some six years of experimental critique, as well as the confirmation of these results by other workers in this country and abroad, qualify this discovery as worthy of the Nobel Prize.*

*Respectfully submitted,*

*W. W. Campbell President, University of California*

Der gemeinsame Nominierungsbrief von Eduard Haschek, Gustav Jäger, Stefan Meyer, Karl Przibram und Julius Wagner-Jauregg liegt uns nicht vor. Bemerkenswert ist, dass Franck diesmal nur Stern vorschlug, weil er in Stern den führenden Kopf für alle diese Untersuchungen sah. Stern stand bei ihm an erster Stelle, vor Robert William Wood, Arnold Sommerfeld, Emil Warburg und Friedrich Paschen. Davisson und de Broglie schätzte er an Bedeutung geringer ein, auch deshalb, weil Davisson durch andere auf die Bedeutung seiner Untersuchungen hingewiesen werden musste (s. [1148/30.12.1932]).

Standort: [NOB]. Nominierungen Physik für 1929, Dokumentnummer: **[1137/06.12.1928]**

*Inkom den 6.12.1928* *Göttingen, den 27. November 1928*

*Bunsenstr. 9*

*K. Vetenskapsakademiens Nobelkom[m]itté för Fysik* Stockholm 50

*Sehr verehrte Herren !*

*Der Aufforderung des Nobelkommittés, einen Vorschlag für den physikalischen Nobelpreis zu überreichen, folge ich mit bestem Danke.*

*In erster Linie möchte ich auch in diesem Jahre wieder Professor Dr. Otto Stern in Hamburg vorschlagen. Ich glaube, dass die Arbeiten, die er mit Atomstrahlen ausgeführt hat, insbesondere der mit Gerlach geführte Nachweis der Richtungsquantelung die grosse Ehrung durch den Nobelpreis verdient. Im Gegensatz zu dem Vorschlage vom vorigen Jahre nenne ich Stern allein, nicht Stern und Gerlach. Der Grund liegt darin, dass ich (trotz meiner persönlichen Freundschaft mit Gerlach) mich dem Eindruck nicht verschliessen kann, dass Stern doch der führende Geist bei diesen Untersuchungen gewesen ist. Ich hatte mich früher zu sehr von der allgemeinen Auffassung leiten lassen, dass Stern die theoretische Idee und Gerlach die experimentelle Ausführung zuzuschreiben sei. Jetzt aber hat Stern die experi-*

*mentellen Anordnungen in geradezu genialer Weise verbessert, während Gerlach zwar sehr gute Arbeiten macht, aber doch nichts Prinzipielles mehr in den letzten Jahren veröffentlicht hat.*
*Für einen gleichberechtigten Kandidaten mit Otto Stern halte [ich] R. W. Wood in Baltimore und erlaube mir in Bezug auf Wood auf meine Briefe vom letzten und vorletzten Jahre hinzuweisen. Hier genügt es vielleicht zu sagen, dass die Woodschen Arbeiten über Resonanzfluoreszenz für die Entwicklung der Deutung der Atomspektren mit seinen Arbeiten über Jodfluoreszenz und für die Deutung der Bandenspektren meines Ermessens nach von der grössten Bedeutung geworden sind. Als ein Beispiel der letzten Zeit erwähne ich die Arbeit von Wood und Loomis, in der ausgeführt ist, dass man aus der Jodfluoreszenzablesen kann, dass es zwei verschiedene Jodmolekülsorten gibt, entsprechend den Dennionschen, zwei verschiedene Wasserstoffmolekülsorten.*
*Neben den beiden genannten Herren möchte ich gern die Herren Sommerfeld und Paschen nennen. Die Gesamtleistung beider ist zu bekannt, als dass ich sie hier auszuführen brauche. Die Verknüpfung ihrer beiden Namen für eine evtl. Teilung des Preises scheint mir dadurch gegeben, dass Sommerfeld theoretisch zuerst die Feinstruktur von Wasserstoff und Helium gedeutet hat, während Paschen die ersten glänzenden experimentellen Untersuchungen darüber ausgeführt hat. Es ist mir bekannt, dass die Sommerfeldsche Deutung der Feinstruktur heutzutage eine Änderung erfahren musste, aber der Einfluss, der von den Arbeiten über Feinstruktur sich auf die ganze Physik des Atombaues erstreckte, ist doch so gewaltig gewesen, dass ich mir erlaube, die beiden Herren gemeinschaftlich vorzuschlagen.*
*In nächster Linie wäre an die beiden Herren Davisson in New York und de Broglie in Paris zu denken. Letzterer, da er zuerst den Gedanken ausgesprochen hat, dass auch den Korpuskeln ein Wellencharakter zuzuschreiben sei und ersterer, da er die Elektronenbeugung experimentell bewiesen hat. Ich habe persönlich keinen Zweifel, dass diese Entdeckung wohl die allerwichtigste der letzten Jahre ist. Wenn ich trotzdem die beiden Namen an dritter Stelle nenne, so geschieht das, weil Davisson in gemeinschaftlicher Arbeit mit Germer lange Zeit nicht erkannt hatte, was er in den Fingern hatte (die erste Deutung der Davisson-Germer-Experimente findet sich in einer kleinen Notiz in den „Naturwissenschaften" von meinem Schüler Elsasser) und was de Broglie betrifft, so fällt es mir schwer, seine Gesamtbedeutung etwa so hoch einzuschätzen, wie die von Schrödinger, Heisenberg, Born u. a. Theoretikern. Ich hoffe, dass die weitere Entwicklung der Quantenmechanik mehr Zusammenhänge mit Experimenten erbringen wird und dass in nicht zu ferner Zeit das Nobelkom[m]itté Gelegenheit haben könnte, auch an die letztgenannten Herren zu denken.*

*Zum Schlusse möchte ich mir gestatten, den Namen von Emil Warburg*[117]*, emer. Präsident der Physikalisch-Techn. Reichsanstalt, zu nennen. Hier habe ich gewisse Bedenken, da die Leistungen Warburgs zum grossen Teil schon weit zurückliegen, z. B. die Auffindung der magnetischen Hysteresis, die Entdeckung des Kathodenfalles etc.. An grossen Leistungen aus letzter Zeit ist die erstmalige Bestä-*

[117] Emil Warburg war der Doktorvater von James Franck.

*tigung des Einsteinschen Äquivalenzgesetzes durch Warburgs glänzende[n] photochemische[n] Untersuchungen zu nennen. Ich glaube, dass diese Untersuchungen zu den klassischen Arbeiten immer gerechnet werden müssen.*
*Mit nochmals bestem Danke für die mich sehr ehrende Aufforderung*
*in vorzüglicher Hochachtung*
*ergebenst J. Franck*

Campbell und Franck wiederholten ihre Nominierungen für Stern auch für das Jahr 1930. Campbell nominierte fast mit gleichen Worten wie das Jahr zuvor Gerlach und Stern zusammen für den Nobelpreis für Physik. Außerdem nominierte er auch Erwin Schrödinger für die Formulierung der neuen Quantentheorie (wave mechanics), mit der Wellenfunktion und den Drehimpulsquantenzahlen als Lösung. Schrödinger wurde von 1928 bis 1933 42-mal für den Physik-Nobelpreis nominiert. 1933 wurde ihm dann der Nobelpreis für Physik verliehen. Campbell schrieb:

Standort: [NOB]. Nominierungen Physik für 1930, Dokumentnummer: **[1138/24.11.1929]**

*Inkom den 24.11.1929* *Berkeley, October 31, 1929*

*Dear Sir: Complying with your request of September 1, 1929 that I nominate investigators worthy of receiving the Nobel Prize in Physics, I have the honor to respond as follows: Nobel Prize in Physics for 1929: Dr. Walter Gerlach , Professor of Physics, University of Tübingen, and Dr. Otto Stern, Director of the Institute for Physical Chemistry of the University of Hamburg. The letter which I addressed to your predecessor, Professor Allvar Gullstrand, Chairman, on November 9, 1928, makes an identical recommendation, and the basis for my recommendation was described on a 3-page manuscript which accompanied my letter.*
*Nobel Prize in Physics for 1930: Professor Erwin Schrödinger, University of Berlin, for his contributions to the solution of the difficulties involved in the interactions of matter and electromagnetic radiations by means of his mathematical formulation of the problem in terms of what is now as the wave mechanics; the publications on this subject by Professor Schrödinger being the pioneer articles which put forward the ideas now embodied in the wave mechanics in such a form as to make them especially useful and acceptable to physicists.*
*The above recommendations are respectfully submitted.*
*Yours faithfully,*
*W. W. Campbell*
*Professor C. W. Oseen, Chairman, The Nobel-Committee for Physics, Swedish Royal Academy of Science, Stockholm. Sweden.*

Franck schlug neben Stern auch wieder Sommerfeld, Paschen und Wood sowie Niels Bohr für den Nobelpreis für Chemie vor. Gerlach wurde nicht mehr erwähnt. Besonders würdigte Franck die Arbeiten Sterns zu den Atomstrahlexperimenten mit He. Stern und seinen Mitarbeitern war es gelungen, in einem Experiment auf praktisch klassische Weise den Impuls der Atomstrahlen zu messen und aus den erhaltenen Interferenzstrukturen die sogenannte De-Broglie-Wellenlänge der Atomstrahlen zu messen. Damit konnte er die von de Broglie aufgestellte Beziehung zwischen Impuls und Wellenlänge (d. h. den Welle-Teilchen-Dualismus) erstmals direkt mit 1 % Genauigkeit verifizieren.

Franck führte aus:

Standort: [NOB]. Nominierungen Physik für 1930, Dokumentnummer: **[1139/18.01.1930]**

*Inkom den 18.1.1930* *Göttingen, den 14. Januar 1930*

*K. Vetenskapsakademiens Nobelkommitté för Fysik, Stockholm 50*

*Sehr verehrte Herren!*

*Mit bestem Dank für die Aufforderung des Nobelkommittés einen Vorschlag für den physikalischen Nobelpreis zu übersenden, erlaube ich mir Folgendes auszuführen: In den vergangenen beiden Jahren habe ich mir erlaubt, in erster Linie die Herren des Nobelkommittés auf die Arbeiten von Herrn Professor Otto Stern in Hamburg hinzuweisen. Ich möchte diesen Vorschlag auch jetzt wieder mit Nachdruck wiederholen, da der Eindruck, den ich im vorigen Jahre hatte, durch die im verflossenen Jahre von Otto Stern ausgeführten Arbeiten sich nur verstärkt hat. Mein Vorschlag geht dahin, Otto Stern den Nobelpreis zuzuerkennen für die Gesamtheit der Arbeiten über Atomstrahlen, durch die er unsere Kenntnis der Atomphysik grundlegend gefördert hat. Die allgemein bekannte Arbeit mit Gerlach über die Richtungsquantelung ist eine aus dieser Serie von Arbeiten. Stern hat mit einer Zahl von Schülern das ganze Gebiet durchgearbeitet. Ich erwähne kurz die bekannten Resultate gaskinetischer Art: Bestimmung der Geschwindigkeit der Atomstrahlen und die Untersuchungen über Wirkungsquerschnitte der Atome, die gezeigt haben, dass (wie zu erwarten) bei ganz kleinen Ablenkungen der Stossquerschnitt wesentlich über den aus der kinetischen Gastheorie abgeleiteten hinauswächst. Wesentlich bedeutsamer und wirklich fundamental sind dann wiederum die neuen Untersuchungen, in denen für Wasserstoffatome, Heliumatome und wie ich höre neuerdings auch für Lithium Beugungsversuche an Kristallen durchgeführt sind und damit zum ersten Male an Atomen die Bestätigung der de Broglie-Wellen erbracht wurde. Ich weiss mich mit vielen Kollegen einig, dass die Sternschen Untersuchungen die schönsten und sinnreichsten Experimentaluntersuchungen der letzten Jahre bedeuten.*

*Da zwei Nobelpreise zu vergeben sind, darf ich vielleicht auch auf die schon im letzten Jahre von mir genannten Herren Sommerfeld und Paschen hinweisen, die gemeinschaftlich für einen Nobelpreis in Frage kommen, da der eine theoretisch, der andere experimentell zuerst die Feinstruktur von Wasserstoff- und Heliumlinien in ihrer Bedeutung für die Atomphysik ermittelt haben.*

*Ferner erlaube ich mir wiederum auf die Gesamtleistung von Professor R. W. Wood in Baltimore hinzuweisen, der das Gebiet der Gasfluoreszenz, das für die ganze Atomphysik sich als so sehr wichtig erwiesen hat, am stärksten von allen Physikern gefördert hat.*

*Zum Schlusse möchte ich mir erlauben, eine Bemerkung über den Nobelpreis für Chemie beizufügen, obgleich mir bewusst ist, dass ich nicht das Recht habe, mich hierüber zu äussern. Ich kann es mir jedoch nicht versagen den Wunsch auszusprechen, dass das Nobelkommitté in Erwägung ziehen möchte, Niels Bohr den Nobelpreis für Chemie zu erteilen, trotzdem seine Leistungen schon mit dem Nobelpreis für Physik gekrönt sind. Die Leistungen, die für Chemie in Frage kommen „Deutung des periodischen Systems und Schaffung der Grundlage für eine wirkliche Theorie der chemischen Valenz", sind wohl zu sehr bekannt, als dass ich näher darauf eingehen müsste.*
*Ich bitte diese Schlussbemerkung nicht als einen Vorschlag betrachten zu wollen, da ich hierzu nicht berechtigt bin, sondern nur als einen Hinweis, zu dem mich die einzigartig in der Welt dastehenden Leistungen von Niels Bohr veranlasst hatten.*

*In vorzüglicher Hochachtung*
*ganz ergebenst J. Franck*

Campbell nominierte für 1931 nur Otto Stern, wobei er vor allem Sterns Leistungen zur Entwicklung der Molekularstrahlmethode als preiswürdig ansah.

Standort: [NOB]. Nominierungen Physik für 1931, Dokumentnummer: **[1140/27.12.1930]**

*Inkom den 27.12.1930* *Lick Observatory Mount Hamilton, California*
*December 5, 1930*

*The Nobel-Committee for Physics*
*Stockholm 50, Sweden*
*Gentlemen:*

*In response to your courteous invitation dated September, 1930, I herewith very respectfully nominate Professor Otto Stern, of Hamburg, Germany, for the Nobel Prize in Physics, 1931, because of his remarkable contribution to physical knowledge through his development of the technique of molecular and beams. His first contribution in this field consisted of a direct measurement of the velocity of silver atoms, and the articles appeared in Zeitschrift für Physik, Vol. II, 49, 1920; Vol. III, 417, 1920; Physikalische Zeitschrift, Vol. 21, 582, 1920.*
*It was later followed by his work, undertaken in connection with Gerlach, on a determination of the magnetic moment of the silver atom and an experimental proof of the spatial quantization of atoms in a magnetic field. The essential ideas underlying this investigation were due to Stern. These results are contained in articles in the Zeitschrift für Physik, Vol. VIII, 110, 1921; Vol. IX, 349; 1922; Annalen der Physik, Vol. 74, 674, 1924.*
*Since that period Professor Stern and his students have developed the method of molecular beams for other purposes, including a study of the electrical deflection of molecular beams. See J. Estermann, Zeitschrift für Physikalische Chemie, Vol. I, 161, 1928.*
*His final achievement in this direction was his successful proof of the wave mechanical nature of atoms of helium and molecules of hydrogen, using the*

*diffraction patterns of these atoms and molecules in molecular beams scattered by the cross grating surface lattice of NaCl and Lif. This proof of the validity of the wave mechanics formulation is the most complete proof which has thus for been obtained, in that it quantitatively verities the relations to within 1 to 3 % of complete accuracy, with no doubtful assumptions as to values of numerical constants. It is furthermore one of the most outstanding contributions to knowledge by which we can describe the kinetic action of atoms and molecules in terms of the wave mechanics. This work was carried out during the year 1929 – 30, and is published under the name of Estermann and Stern in the Zeitschrift für Physik, Vol. 61, 95 – 125, 1930.*
*It seems therefore that the awarding of the prize to Dr. Otto Stern, in view of his outstanding contributions in physics through the method of molecular and atomic beams, is thoroughly warranted.*
*Respectfully submitted W. W. Campbell*

Max von Laue schlug Otto Stern und Walther Gerlach gemeinsam vor für die Arbeiten, die sie 1921 bis 1922 in Frankfurt durchgeführt hatten.

Standort: [NOB]. Nominierungen Physik für 1931, Dokumentnummer: **[1141/10.01.1931]**

*Inkom den 10.1.1931*

*Berlin-Zehlendorf, 6.1.31*

*An das Nobelkomitee für Physik STOCKHOLM*
*Für den physikalischen Nobelpreis des Jahres 1931 schlage ich vor: Professor O. Stern in Hamburg und Professor W. Gerlach in München wegen des nach ihnen benannten Effektes, d. h. des Nachweises des magnetischen Momentes der Atome.*
*Hochachtungsvoll M. Laue*

Max Born nominierte für das Jahr 1931 Otto Stern an erster Stelle. Er hob besonders hervor:

Standort: [NOB]. Nominierungen Physik für 1931, Dokumentnummer: **[1142/24.01.1931]**

*Abgesehen von vielen anderen Leistungen auf dem Gebiete der Physik und physikalischen Chemie hat sich Herr Stern das grösste Verdienst umd die Entwicklung der Quantentheorie und damit der ganzen modernen Physik erworben. [ ] Mir ist stets dieser Sternsche Gedanke als eine der kühnsten Taten auf dem Gebiete der Experimentalphysik erschienen. Tatsächlich gelang es Stern, nachzuweisen, dass der vom inhomogenen Magnetfeld beeinflusste Molekularstrahl von Silberatomen nicht, wie es die klassische Theorie verlangt, in ein kontinuierliches Band verbreitert, sondern dass er in zwei Strahlen gespalten wird, die den beiden quantentheoretisch geforderten Richtungseinstellungen des magnetischen Momentes entsprechen. Fer-*

*ner konnte er zeigen, dass aus der Grösse der Aufspaltung sich das theoretische Bohrsche Magneton berechnen liess.*

Born schließt seine Nominierung mit dem Satz:
*Nach meinem Gefühl übertreffen Sterns Leistungen so sehr die aller anderen Experimentatoren sowohl durch die Kühnheit der Gedanken als auch durch die meisterhafte Überwindung der experimentellen Schwierigkeiten, dass ich neben ihm keinen anderen Physiker als Kandidaten für den Nobelpreis nennen möchte.*

Borns Brief ist eine wunderbare Würdigung für einen Experimentalphysiker, der meist im Schatten der Theoretiker und oft nicht hinreichend gewürdigt die notwendigen, aber schwierigen Nachweise der theoretischen Hypothesen führen muss. Borns Brief in seiner Gesamtheit lautete:

*Inkom den 24.1.1931*

*Göttingen, den 16. Januar 1931, Bunsenstr. 9*

*Indem ich für die grosse Ehre, die mir durch Einladung zur Abgabe eines Vorschlages für den physikalischen Nobelpreis zu Teil geworden ist, aufs herzlichste danke, erlaube ich mir, das Komitee hinzuweisen auf*

*Professor Otto Stern an der Hamburger Universität.*

*Abgesehen von vielen anderen Leistungen auf dem Gebiete der Physik und physikalischen Chemie hat sich Herr Stern das grösste Verdienst um~~d~~ die Entwicklung der Quantentheorie und damit der ganzen modernen Physik erworben durch zwei entscheidende Experimente.*

*Das erste betrifft den Nachweis der Richtungsquantelung. (Zeitschr. f. Phys., 7, S. 249, 1922; 8, S. 110, 1922; 9, S. 349 und 353, 1922). Zwar hat er die ersten Versuche hierüber gemeinsam mit Prof. W. Gerlach (jetzt in München) durchgeführt, doch ist sowohl der Grundgedanke ausschliesslich Sterns Eigentum, als auch die weitere Durchführung mit ihren zahlreichen, äusserst wichtigen Ergebnissen von ihm und seinen Schülern geleistet wurde. In den Jahren vor 1922 hatte die Quantentheorie besonders durch Arbeiten von Bohr, Sommerfeld und ihren Schülern zu dem äusserst merkwürdigen Ergebnis geführt, dass ein paramagnetisches Atom oder Molekül in einem äusseren Felde, sei dieses auch noch so schwach, nicht eine beliebige Stellung einnehmen könne, sondern sich unter bestimmten diskreten Richtungen gegen die Feldrichtung einstellen müsse. Diese vom Standpunkt der klassischen Theorie vollkommen paradoxe Folgerung beschloss Stern experimentell zu prüfen, indem er sich Molekularstrahlen aus paramagnetischen Atomen herstellte und diese in einem stark inhomogenen Feld ablenkte. Begünstigt wurde dies Vorhaben durch Erfahrungen, die Stern vorher bezüglich der Behandlung von Molekularstrahlen gesammelt hatte. Ich nenne seine äusserst wichtige direkte Messung der thermischen Molekulargeschwindigkeit mit Hilfe eines rotierenden Molekularstrahles.*

*Mir ist stets dieser Sternsche Gedanke als eine der kühnsten Taten auf dem Gebiete der Experimentalphysik erschienen. Tatsächlich gelang es Stern, nachzuweisen, dass der vom inhomogenen Magnetfeld beeinflusste Molekularstrahl von Silberatomen nicht, wie es die klassische Theorie verlangt, in ein kontinuierliches Band verbreitert, sondern dass er in zwei Strahlen gespalten wird, die den beiden quantentheoretisch geforderten Richtungseinstellungen des magnetischen Momentes entsprechen. Ferner konnte er zeigen, dass aus der Grösse der Aufspaltung sich das theoretische Bohrsche Magneton berechnen liess. Diese Experimente sind dann von ihm und seinen Schülern auf viele Substanzen ausgedehnt worden, bei denen sich zum Teil kompliziertere Aufspaltungen ergaben und zwar immer in Übereinstimmung mit der Quantentheorie der Atomzustände. Man kann wohlsagen, dass die Überzeugung von der Realität der stationären Zustände, wie sie die Bohrsche Quantentheorie beschreibt, wesentlich mit auf diesen im Prinzip einfachen, in der Technik höchst schwierigen Versuchen Sterns beruht. Aus der Reihe der Arbeiten möchte ich vor allem noch hervorheben, die auf Sterns Anregung von seinem Schüler E. Wrede ausgeführt ist und das magnetische Moment des Wasserstoffatoms zum Gegenstand hat (Zs. F. Phys. 41, S. 575, 1927). Diese ist darum wichtig, weil ihr Resultat gedeutet werden kann als direkter Nachweis der Richtigkeit der Hypothese von Goudsmit und Uhlenbeck, dass den einzelnen Elektronen ein magnetisches Moment von der Grösse des Bohrschen Magnetons zugeschrieben werden muss.*

*Im engen Zusammenhang mit der Technik der Molekularstrahlen steht die zweite der fundamentalen Entdeckungen Sterns, eine Arbeit, die er gemeinsam mit seinem Schüler Estermann (Zs. f. Phys. 61, 1 / 2, 1930) ausgeführt hat. In dieser ist zum ersten und (soweit ich weiss) bisher einzigen Male die Wellennatur materieller Strahlen nicht nur durch Beugung von Elektronen sondern von gewöhnlichen Atomen (Wasserstoff und Helium) nachgewiesen worden. Da die Entdeckung der Materiewellen wohl der wichtigste physikalische Fortschritt des letzten Jahrzehnts ist (was ja auch das Nobel-Komitee durch Verleihung des Preises an L. de Broglie zum Ausdruck gebracht hat, so scheint mir das letzt genannte Experiment von Stern allein schon ausreichend, um ihm unter die ersten Experimentalphysiker einzuordnen.*

*Nach meinem Gefühl übertreffen Sterns Leistungen so sehr die aller anderen Experimentatoren sowohl durch die Kühnheit der Gedanken als auch durch die meisterhafte Überwindung der experimentellen Schwierigkeiten, dass ich neben ihm keinen anderen Physiker als Kandidaten für den Nobelpreis nennen möchte.*

*Mit vorzüglicher Hochachtung*
*Max Born*

James Franck wiederholte fast identisch seine vorjährige Nominierung mit den Namen Stern, Sommerfeld, Paschen und Wood, fügte aber den Namen Pieter Debyes hinzu, den er für dessen Röntgenstrahlexperimente vorschlug.

Standort: [NOB]. Nominierungen Physik für 1931, Dokumentnummer: **[1143/24.01.1931]**

*Inkom den 24.1.1931* *Göttingen, den 19. Januar 1931, Bunsenstr. 9*

*Kungl. Vetenskapsakademiens Nobelkommitté för fysik* *Stockholm 50*.
*Hochverehrte Herren !*
*Für Ihre mich sehr ehrende Aufforderung, Vorschläge für den Nobelpreis des Jahres 1931 zu überreichen, möchte ich herzlichst danken. Ich erlaube mir auf die gleichen Namen hinzuweisen, die ich schon im vorigen Jahre zur Diskussion gestellt habe.*

*1.) Otto S t e r n in Hamburg wegen seiner Arbeiten über Atomstrahlen, insbesondere über magnetische Richtungsquantelung und über Beugung von Atomstrahlen an Kristallgittern entsprechend der de Broglieschen Theorie.*
*2.) Arnold Sommerfeld in München und Friedrich Paschen in Charlottenburg gemeinschaftlich wegen ihrer Verdienste um die Spektroskopie, insbesondere wegen der (theoretischen, Sommerfeld und experimentellen, Paschen) Untersuchungen der Feinstruktur von Wasserstoff und ionisiertem Helium.*
*3.) R. W. Wood in Baltimore wegen seiner Untersuchungen über Gasfluoreszenz, insbesondere Quecksilberresonanzfluoreszenz und Fluoreszenz zweiatomiger Moleküle.*

*als 4.) möchte ich mir erlauben Peter Debye in Leipzig zu nennen wegen seiner Untersuchungen über Dipolmomente von Molekülen und seiner Röntgenstrahluntersuchungen.*

*In vorzüglicher Hochachtung gan[s]z ergebenst*
*J. Franck*

Max Planck schlug für 1931 einzig Otto Stern vor und erwähnte dessen „als bekannt anzusehende" Verdienste um die Physik der Atom- und Molekularstrahlen.

Standort: [NOB]. Nominierungen Physik für 1931, Dokumentnummer: **[1144/29.01.1931]**

*Inkom den 29.1.1931*

*Berlin-Grunewald, 24.1.31*

*An das Nobelkomitee für Physik .*
*Der an mich ergangenen Einladung entsprechend beehre ich mich, einen Vorschlag für den physikalischen Nobelpreis des Jahres 1931 zu überreichen.*

*Ich schlage vor: Herrn Prof. O. Stern an der Universität Hamburg, und begründe den Vorschlag durch den Hinweis auf die als bekannt anzusehende[n] Verdienste, die sich der Genannte durch seine Forschungen über Atom- und Molekularstrahlen erworben hat.*

*Prof. Dr. M. Planck*

Otto Stern erhielt 1932 wiederum sechs Nominierungen. Die Nominatoren waren: Werner Heisenberg, James Franck, William Wallace Campbell, Adolf Deissmann, Friedrich Hund und Edgar Meyer. Die beiden letzteren schlugen Stern zusammen mit Gerlach vor.

Werner Heisenberg sah in Stern den eigentlichen Initiator der so grundlegenden Experimente von Atomstrahlen im Magnetfeld und hob hervor:

> *Die ausserordentliche Bedeutung der Sternschen Versuche lag zunächst im experimentellen Nachweis der Richtungsquantelung. Als Stern u. Gerlach ihre Experimente ausführten, war die Quantentheorie nicht bis zu solcher Klarheit fortgeschritten, dass man das Ergebnis des Versuches mit Sicherheit prophezeien konnte. Der Erfolg wies die Diskontinuitäten, die man bisher nur an den Energiewerten kannte, auch im magnetischen Verhalten des Atoms nach. Damit erhielt die Quantentheorie eine wichtige experimentelle Stütze und Impulse zu weiterer Klärung.*

Obwohl Stern bis 1929 schon insgesamt 29 Nominierungen erhalten hatte, ging der Nobelpreis 1932 für Physik an Werner Heisenberg, der bis 1932 auf 19 Nominierungen gekommen war, aber insgesamt bis einschließlich 1933 auch 29 Nominierungen erreicht hatte.

Heisenbergs Nominierungsbrief für 1932 lautete:

Standort: [NOB]. Nominierungen Physik für 1932, Dokumentnummer: **[1145/12.12.1931]**

*Inkom den 12.12.1931* *Leipzig C1, den 8.12.31, Linnéstr. 5*
*Sehr verehrter Herr Vorsitzender!*

*Es ist mir eine grosse Ehre, auf Ihre Bitte einen Vorschlag für den Nobelpreis für Physik im Jahr 1932 machen zu dürfen.*

*Ich schlage vor:*

*Herrn Prof. Dr. O. Stern von der Universität Hamburg für seine Methode, die magnetischen Momente von Atomen an Molekularstrahlen zu messen. Die grundlegenden Arbeiten sind in der Zeitschrift f. Physik veröffentlicht und daher leicht zugänglich; ich gebe daher hier nur die Citate an:*
*Z.S. f. Phys. 7 , 249 O. Stern; Ein Weg zur experimentellen Prüfung der Richtungsquantelung im Magnetfeld .*
*Z.S. f. Phys. 8 , 110 W. Gerlach u. O. Stern; Der experimentelle Nachweis des magnetischen Moments des Silberatoms*
*Z.S. f. Phys. 9, 343 W. Gerlach u. O. Stern; Der experiment. Nachweis der Richtungsquantelung im Magnetfeld*
*Z.S. f. Phys. 9, 353 W. Gerlach u. O. Stern; Das magnetische Moment des Silberatoms .*
*Von den späteren Arbeiten O. Sterns über dieses Gebiet erwähne ich nur die Citate: Z.S. f .Phys. 39 ,751 ,41, 563; O. Stern u. F. Knauer Z.S. f. Phys. 39, 764, 780; 53, 766, 779; 60, 414.*
*Die ausserordentliche Bedeutung der Sternschen Versuche lag zunächst im experimentellen Nachweis der Richtungsquantelung. Als Stern u. Gerlach ihre Experi-*

*mente ausführten, war die Quantentheorie nicht bis zu solcher Klarheit fortgeschritten, dass man das Ergebnis des Versuches mit Sicherheit prophezeien konnte. Der Erfolg wies die Diskontinuitäten, die man bisher nur an den Energiewerten kannte, auch im magnetischen Verhalten des Atoms nach. Damit erhielt die Quantentheorie eine wichtige experimentelle Stütze und Impulse zu weiterer Klärung. Die Methode wurde dann weiter ausgebaut zur quantitativen Messung der Atommomente und führte zu wichtigen Aufschlüssen über die Normalzustände der Atome. In neueren Arbeiten scheint es sogar möglich, die Momente der Atomkerne nachzuweisen; allerdings noch nicht, sie zu messen.*
*Im ganzen hat die Sternsch~~en~~ Entdeckung auf die Entwicklung der theoretischen Physik einen sehr grossen Einfluss ausgeübt und Anlass gegeben zu einem neuen Zweig experimenteller Forschung.*
*Die ersten Arbeiten sind zum grossen Teil von W. Gerlach o. O. Stern gemeinsam ausgeführt, daher könnte sich mein Vorschlag auf W. Gerlach u. O. Stern gemeinsam beziehen. Da jedoch die theoretische Grundidee von Stern allein stammt, schien es mir richtig, nur Stern vorzuschlagen.*

*Mit dem Ausdruck der vorzüglichsten Hochachtung*

*W. Heisenberg*

James Franck wiederholte seine Nominierung von 1931 und schlug Stern wiederum als seinen bevorzugten Kandidaten vor.

Standort: [NOB]. Nominierungen Physik für 1932, Dokumentnummer: **[1146/09.01.1932]**

*Inkom den 9.1.1932* *Göttingen, den 5. Januar 1932, Bunsenstr. 9*

*Kungl. Vetenskapsakademiens Nobelkommitté för fysik*
*Hochverehrte Herren!*

*Der mich sehr ehrenden Aufforderung, auch in diesem Jahre einen Vorschlag für den 2.1.1936 Nobelpreis für Physik einzureichen, glaube ich am besten zu entsprechen, indem ich wiederum auf die gleichen Namen hinweise, auf die ich mir voriges Jahr und vor zwei Jahren hinzuweisen erlaubte. Ich möchte vorschlagen:*

*1.) Otto Stern in Hamburg wegen seiner Arbeiten über Atomstrahlen.*
*2.) Arnold Sommerfeld in München und Friedrich Paschen in Charlottenburg gemeinschaftlich wegen der theoretischen, bezw. experimentellen Untersuchung über Feinstruktur von Wasserstoff und ionisiertem Helium.*
*3.) R. W. Wood in Baltimore wegen seiner Untersuchungen über Gasfluoreszenz.*
*4.) Peter Debye in Leipzig wegen seiner Untersuchungen über Dipolmomente von Molekülen und seiner Röntgenstrahluntersuchungen.*

*In vorzüglicher Hochachtung*

*317g*

*ganz ergebenst J. Franck.*

Friedrich Hund setzte in seinem Vorschlag ebenfalls Stern an die erste Stelle oder als Alternative Stern und Gerlach als Paar. Er sah deren Leistung vor allem in dem Nachweis der Existenz diskreter Drehimpulswerte und diskreter magnetischer Momente und schrieb:

Standort: [NOB]. Nominierungen Physik für 1932, Dokumentnummer: **[1147/09.01.1932]**

*Inkom den 9. Jan. 1932* *LEIPZIG C 1, den 6. Jan. 1932, Linnéstr. 5*

*An das Nobelkomitee für Physik, S t o c k h o l m 5 0.*

*Sie haben mich eingeladen, einen Vorschlag für den physikalischen Nobelpreis des Jahres 1932 zu mach. Ich möchte der Einladung gern folgen und vorschlagen, entweder Herrn Otto Stern (Prof. der Physikalischen Chemie an der Universität Hamburg) für seine Untersuchungen mit Molekularstrahlen, insbesondere den Nachweis der Richtungsquantelung[2] im Magnetfeld, oder gemeinsam die Herren Otto Stern und Walther Gerlach (Prof. der Physik an der Universität München) für den Nachweis der Richtungsquantelung im Magnetfeld mit dem Preis auszuzeichnen.*

*Die wichtigste physikalische Entdeckung der letzten Jahrzehnte ist wohl die Quantentheorie und ihr Ausbau zur Quantenmechanik des Atombaues. Sie ist in einzelnen Schritten erfolgt. Nach der experimentellen Erforschung des Baues des Atomes aus Kern und Elektronen waren die wichtigsten theoretischen Leistungen: Die Entdeckung des Wirkungsquantums durch Planck, die Entdeckung der Beziehung zwischen Strahlungsfrequenz und umgesetzter Energie durch Einstein, die Grundlegung der Quantentheorie des Atomes durch Bohr, schliesslich die Entdeckung der Wellennatur der Materie durch de Broglie und die Schaffung der Quantenmechanik durch Heisenberg, Schrödinger und Dirac. Der Ausbau der Theorie wäre nicht möglich gewesen ohne eine Reihe experimenteller Entscheidungen. Die für die Entwicklung der Theorie grundlegenden waren: Der Nachweis der diskreten Energiewerte und der Gültigkeit des Energiesatzes für gewisse atomare Prozesse durch Franck und Her[t]z, der Nachweis der diskreten Werte von Drehimpuls und magnetischem Moment durch Stern und Gerlach, und der Nachweis der Gültigkeit der Lichtquantenvorstellung bei der Streuung durch A. H. Compton. Von diesen experimentellen Grundlagen der Quantentheorie sind die Untersuchungen von Franck, Hertz und Compton bereits mit dem Nobelpreis belohnt.*

*Ich glaube, dass es auch 10 Jahre nach Ausführung des Versuches der Richtungsquantelung nicht zu spät ist, ihn mit dem Nobelpreis auszuzeichnen. Denn die ganze Tragweite und Bedeutung der verschiedenen experimentellen Entdeckungen zur Quantentheorie des Atoms wurde doch erst bei der Aufstellung de[s]r neuen Quantenmechanik erkannt.*

*Die Idee des Versuches und die Überlegung vieler experimenteller Einzelheiten dazu stammt von Stern allein. Die Durchführung des Versuches geschah durch Gerlach und Stern gemeinsam. Die wichtigsten Veröffentlichungen darüber sind die folgenden:*

*O. Stern, Zeitschr. f. Phys. ( 7 ), 249, 1921;*

*W. Gerlach und O. Stern, ebenda, 8 , 110, 349, 353, 1922: Ann. D. Phys. , 74 , 673, 1924.*

*Stern hat auch nachher noch die Methode der Molekularstrahlen und ihrer magnetischen Ablenkung vervollkommnet, die Empfindlichkeit ganz wesentlich gesteigert und zusammen mit seinen Mitarbeitern andere Ausgaben damit in Angriff genommen. Es wurden gemessen die magnetischen Momente zahlreicher Atome, es wurden Momente von der Grösse eines Kern-Magnetons nachgewiesen, es wurde Reflektion und Beugung der Molekularstrahlen gezeigt und eine Methode angegeben, die de Broglie-Wellen der Molekularstrahlen zu monochro- matisieren. Die wichtigsten Veröffentlichungen darüber sind:*

*O. Stern, Zeitschr. f. Phys., 39 , 751, 1926;*
*F. Knauer und O. Stern, ebenda, 39 , 764, 780, 1926*
*A. Leu, ebenda, 41 , 551, 1927;*
*O. Stern, ebenda, 41 , 563, 1927*
*E. Wrede, ebenda, 41 ,569, 1927*
*F. Knauer und O. Stern, ebenda, 53 ,766, 779, 1929;*
*I. Estermann und O. Stern, Zeitschr. f. Phys., 61, 95, 1930*
*I. Estermann, R. Frisch und O. Stern, Phys. Zeitschr., 32, 670, 1931.*

*Mit vorzüglicher Hochachtung*
*Friedrich Hund*
*Professor der mathematischen Physik an der Universität Leipzig*

Für das Jahr 1933 erhielt Stern „nur“ zwei Nominierungen: eine von Richard Wachsmuth und die andere von James Franck. Letzterer wiederholte seine Vorjahresnominierung fügte aber die Namen von Erwin Schrödinger und Werner Heisenberg hinzu. Die Nominierung von Stern durch den Frankfurter Ordinarius Richard Wachsmuth für den Physik-Nobelpreis erscheint als eine „späte Wiedergutmachung“ für Sterns „Rauswurf“ 1921 in Frankfurt. Wachsmuth war es, der 1921 verhinderte, dass Stern eine etatmäßige Professur in Frankfurt erhielt, was dazu führte, dass sowohl Stern als auch Born Frankfurt verließen. Wachsmuth hat nach den Unterlagen des Nobelarchivs in seinem Leben nur einen einzigen Nobelpreisvorschlag gemacht und hat dabei Stern für seine großen Leistungen gewürdigt. Überraschend ist auch, dass er Gerlach nicht mit nominierte, obwohl Gerlach in Frankfurt sein Assistent gewesen war. Wachsmuth war übrigens am 01.04.1932 in den Ruhestand gegangen und hat diese Nominierung als Emeritus ausgeführt. Für die Geschichte der Physik ist der Hinweis Wachsmuths in diesem Brief wichtig, dass Elsasser aus Frankfurt bei der Deutung von Davissons Elektronenspektren als Interferenzeffekte eine bedeutende Rolle spielte. Diesen Hinweis findet man ebenfalls in Borns Nominierungsbrief für das Jahr 1931. Wachsmuth schrieb:

Standort: [NOB]. Nominierungen Physik für 1933, Dokumentnummer: **[1148/30.12.1932]**

*Inkom den 30.12.1932* *Frankfurt a. M., 21. Dezember 1932*

*An das Nobelkomitee für Physik. Stockholm.*

*Hochgeehrte Herren !*

*Es wird nicht immer ganz leicht sein abzuwägen, nicht nur welche Entdeckung oder Erfindung auf dem Gebiete der Physik im verflossenen Jahre die wichtigste war, sondern auch – entsprechend § 1 der Statuten – welche der Menschheit zum grössten Nutzen gereicht haben.*

*Unter den deutschen Physikern, die für einen Nobelpreis in Frage kommen, steht an einer der ersten Stellen ohne Zweifel Arnold Sommerfeld in München. Sein Buch „Atombau und Spektrallinien", mehrfach umgearbeitet, ist eine ganz hervorragende Leistung, die die spektroskopische Erkenntnis immer erneut gefördert hat. Ihm zur Seite zu stellen wäre der gegenwärtige Präsident der Physikalisch-Technischen Reichsanstalt Friedrich Paschen, der beste deutsche Spektroskopiker, der Begründer einer ganzen Schule. Aber sollte man nicht warten, bis ein besonderer erneuter Anlass vorliegt? Freilich: Die Entdeckung der Feinstruktur der Heliumlinien durch Paschen und ihre Erklärung durch Sommerfeld war glänzend, letztere aber doch bereits überwunden. Und doch sollte man beide nicht völlig übergehen.*

*Die kosmische Strahlung ist noch nicht genügend geklärt; zur Zeit ist E. Regener's Leistung wohl die hervorragendste, der Nachweis der Begrenzung der Strahlungszunahme. Er hat mehr erreicht und sicheres als Piccard; die Konstruktion der selbstregistrierenden Elektrometer ist technisch glänzend.*

*Die Entdeckung des magnetischen Atommoments, deren Idee auf Otto Stern zurückgeht, die jedoch der gemeinsamen Arbeit von O. Stern und Walter Gerlach nach höchst eleganter Methode zuzuschreiben ist, liegt zwar schon einige Jahre zurück, dürfte aber trotzdem den Gedanken nahelegen, beide für einen halben Preis vorzuschlagen. – Denkt man sodann an*

*Eine Prämierung der Entdeckung der Elektronen-interferenzen, so kommen zunächst Davisson und Germer in Frage, nächst ihnen Rupp, doch sollte man dann doch nicht Dr. Elsasser – Ffm vergessen, der zuerst auf die Möglichkeit hinwies[s]. Mein Freund, Professor v. Laue hat mir einmal geschrieben, dass unsere an Erlebnissen reiche Generation nichts Grösseres erlebt habe, als die Interferenzerscheinungen an sogenannten Korpuskularstrahlen. „Denn diese Entdeckung hat die Quantenfrage endlich auf ihre einfachste und anschaulichste Form gebracht: Was ist ein Körper?"*

*Die Darstellung der Atomstrahlen verdankt man Dunoyer, keiner hat aber so andauernd und erfolgreich mit ihnen gearbeitet wie Otto Stern. Schon seine erste experimentelle Bestimmung einer Molekulargeschwindigkeit an zerstäubenden*

*Silberatomen war eine Leistung. Es folgte der schon erwähnte Nachweis des magnetischen Atommoments (mit Gerlach) und seither eine grössere Reihe schöner Arbeiten, in diesem Jahre: die Beugung und Interferenz der Atomstrahlen, noch viel wunderbarer wie die Beugung der Elektronen, und auch hier steht man wieder vor der Frage: „Was ist ein Körper?"*

*Auf Grund all' dieser Betrachtungen erlaube ich mir, für den Nobelpreis in Physik für 1933 in Vorschlag zu bringen:*

*Herrn Professor Dr. Otto Stern, Direktor des Instituts für physikalische Chemie an der Universität Hamburg, wegen seiner Arbeiten über Atom- und Molekularstrahlen, welche zu dem Nachweis der de Broglie-Wellen von Molekularstrahlen geführt haben.*

*R. Wachsmuth*

Francks Nominierungsbrief für 1933 war fast eine Wiederholung vom Jahre 1932. Er schrieb:

Standort: [NOB]. Nominierungen Physik für 1933, Dokumentnummer: **[1149/28.01.1933]**

*Inkom den 28.1.1933* *Göttingen, den 25. Januar 1933*

*An das Nobelkomitee für Physik* *S t o c k h o l m 50*

*Hochverehrte Herren,*

*Auf Ihre mich sehr ehrende Anfrage, welche Kandidaten ich für den Nobelpreis für Physik für das Jahr 1933 nennen möchte, erlaube ich mir auf meinen Brief vom vorigen Jahr hinzuweisen.*

*Dem dort Ausgeführten möchte ich nur hinzufügen, dass ich es auch für sehr gerechtfertigt erachten würde, wenn den Herren Schrödinger und Heisenberg für die Begründung der Quantenmechanik ein Preis zuerteilt würde.*

*In vorzüglicher Hochachtung*

*ergebenst J. Franck*

Für das Jahr 1934 erhielt Stern 15 Nominierungen. Die Nominatoren waren Leonard Benedict Loeb/Berkeley, Chandrasekhara Venkata Raman/Bangalore, Max von Laue/Berlin, Dirk Coster/Groningen, Raymond Thayer Birge/Berkeley, Max Planck/Berlin, Adolf Deissmann/Berlin, William Wallace Campbell/Berkeley, Gustav Jäger/Wien, Stefan Meyer/Wien, Egon von Schweidler/Wien, Hans Thirring/Wien, Peter Pringsheim/Brüssel, Niels Bohr/Kopenhagen und Oskar Klein/Stockholm.

Leonard Loeb von der University of California Berkeley nominierte Stern als einzigen Kandidaten für das Jahr 1934 und schrieb:

Standort: [NOB]. Nominierungen Physik für 1934, Dokumentnummer: **[1150/16.10.1933]**

*Inkom den 16.10.1933* *BERKELEY, October 2, 1933*
*Secretary of the Nobel Committee for Physics,*
*Stockholm 50, Sweden*
*Dear Sir:*

*I very much appreciate the honor the Nobel Prize Committee has done me in asking me to nominate a candidate for the Nobel Prize in Physics for the year 1934. Pursuant to the request of the committee, I take great pleasure in suggesting the name of Professor Doctor Otto Stern, late of the Physical-Chemical Institute of the University of Hamburg, the prize to be awarded for his development and Perfection of the method of molecular beams in physics and his study of the distribution of molecular velocities, the measurement of the magnetic moments of atoms, the measurement of electrical moments of atoms and molecules from the crossed grating surface lattices of crystals of sodium chloride and sodium fluoride. This last named research is of the utmost significance to modern physics in its direct proof of the wave nature of atoms of helium and molecules of hydrogen in accordance with the de Broglie theory.*

*The papers detailing these important discoveries are:*

*(1) Measurement of the distribution of velocities, Zeits. f. Physik, 2, 49, 1920; 3, 417 1920; and Phys. Zeits. 5, 82, 1920.*

*(2) The magnetic deflection of molecular beams; Zeits. f. Physik 7, 249, 1921; 8 , 110, 1921 (in collaboration with W. Gerlach); 9 , 349 and 353, 1922 (in collaboration with W. Gerlach); and Ann. d. Physik, 74 , 673, 1924 (in collaboration with W. Gerlach).*

*(3) The diffraction of molecular beams, Zeits. f. Phys., 61, 95, 1930; and 17, 348, 1931. These are joint papers of Stern and his pupils, Estermann and Frisch.*

*In addition there is a mass of some 20 or more papers emanating from Stern's laboratory at Hamburg on the part of his students and supervised by Stern, or else undertaken with the direct cooperation of Stern, o[m]n various aspects of the utilization of molecular beams.*

*As a result of my considerable interest in the kinetic theory of gases, I consider the contribution of Professor Stern one of the outstanding contributions to the knowledge of physics in the past twenty years. It would be indeed a great mistake to fail to award the Nobel Prize at some time in the future to a man who was achieved such remarkable and significant results by means of a most ingeniously and carefully developed technique.*

*Trusting that my suggestion will be of use to you in arriving at a decision, I remain,*

*Yours sincerely,*
*Leonard B. Loeb*
*Professor of Physics*

Chandrasekhara Venkata Raman nominierte ebenfalls Stern für das Jahr 1934 und schrieb:

Standort: [NOB]. Nominierungen Physik für 1934, Dokumentnummer: **[1151/18.11.1933]**

*Inkom den 18.11.1933* *BANGALORE, 25th October 1933*
*To*

*The Nobel-Committee for Physics,* *Stockholm 50 (Sweden).*
*Gentlemen,*

*With reference to the circular of the 1st September, I write to propose the name of Professor Otto Stern for the Nobel Prize for Physics for 1934. As is well known, Professor Stern originated the method of investigation known as "Molecular Rays" and many valuable results have been obtained both by him and by others associated with him by this method. Frazer's recent book on "Molecular Rays" published by the Cambridge University Press contains a convenient account of the subject to which I would invite attention, and a perusal of this book impresses one with the fundamental importance of the experiments described there in. Some of the most important results of the method of molecular rays are on the magnetic properties of atoms disclosed by the now famous "Stern-Gerlach experiment " . Professor Stern however has developed the matter very much further and in his most recent investigations*
*has succeeded in measuring the magnetic moment of the proton. From many different points of view, the results obtained by the method of molecular rays are highly significant and interesting. The work discloses that Professor Stern is an extraordinarily skilled experimenter. His work appears to me to be of the highest significance for both Physics and Chemistry. The papers on the subject will be found as communications from Hamburg laboratory in many recent volumes of the Zeitschrift für Physik. I understand, however, that Professor Stern has been displaced from his chair by the present Government in Germany. The award of the Nobel Prize to him will have at least this great merit that it would relieve him from distress and enable him to continue his most important investigations.*

*Yours faithfully* *C. V. Raman.*

Max von Laue schlug ebenfalls nur Otto Stern als einzigen Kandidaten vor. Es überrascht, dass er Sterns Messung des magnetischen Momentes des Protons nicht erwähnte.

Standort: [NOB]. Nominierungen Physik für 1934, Dokumentnummer: **[1152/09.12.1933]**

*Inkom den 9.12.1933* *Berlin-Zehlendorf, 5. 12. 33*

*An das Nobel-Komitee für Physik S T O C K H O L M*
*Für den physikalischen Nobelpreis des Jahres 1934 schlage ich vor:*

*Professor Otto Stern, Pittsburgh (Pennsylvania, U.S.A.)*

*Die Physik verdankt ihm drei ganz grosse Leistungen:*

1) *Die unmittelbare Messung der thermischen Molekulargeschwindigkeit (Zeitschrift für Physik 2 , 49 und 3, 417 (1920).*
2) *Den Nachweis des magnetischen Momentes der Atome im Stern-Gerlach-Effekt , welcher dafür die von der Quantentheorie geforderten Werte ergab. Dabei war Stern nach allgemeiner Ansicht der führende Geist.*
3) *Den Nachweis der de Broglie-Wellen für Atome und Molekeln. Für Elektronen haben viele diesen Nachweis geführt, zuerst Davisson und Germer in New York. Den experimentell schwierigeren Nachweis für Atome aber verdanken wir ausschliesslich Stern, obwohl ihm bei den Versuchen meist Mitarbeiter geholfen*
4) *haben. Besonders wichtig für diesen Zweck waren die ausserordentlich feinen, von Stern ersonnenen Mittel zum Nachweis eines Atom-Strahls.*

*M. v. Laue*

D. Coster schrieb den folgenden Nominierungsbrief:

Standort: [NOB]. Nominierungen Physik für 1934, Dokumentnummer: **[1153/23.12.1933]**

*Inkom den 23.12.1933* *Groningen, den 14. Dezember 1933.*

*Kungl. Vetenskapsakademiens Nobelkommitté för Fysik STOCKHOLM 50*

*Sehr gern will ich Ihrem ehrenvollen Auftrag Folge leisten und Ihnen einen Vorschlag für den physikalischen Nobelpreis des Jahres 1934 überreichen.*

*Auf dem Gebiet der theoretischen Physik scheinen mir die folgenden Physiker in Betracht zu kommen:*

*1e. Prof. W. Pauli, Zürich, wegen seiner Arbeiten auf dem Gebiet der Atomphysik insbesondere wegen des vom ihm gefundenen und nach ihm genannten Prinzips.*

*2e. Prof. M. Born, ehemals in Göttingen, wegen der von ihm entwickelten Gittertheorie der Materie und wegen seiner grossen Anteilnahme an der Atomphysik insbesondere der Matrizenmechanik.*

*3e. Prof. A. Sommerfeld in München wegen der von ihm entwickelten Theorie der relativistischen Feinstruktur der Spektren und seiner späteren Arbeiten über die Elektronentheorie der Metalle.*

*Von diesen drei Physikern würde ich ohne Zweifel den erstgenannten am wärmsten empfehlen, da es mir scheint, dass sein Eingreifen in die Theorie am meisten von originellen Gedanken geleitet wurde und sich gezeigt hat, dass insbesondere das Pauliprinzip einen ausserordentlich wichtigen Beitrag für das Verständnis des Atombaus geworden ist. Da seine Arbeiten wohl jedem Sachverständigen bekannt und ausserdem leicht zugänglich sind, scheint es überflüssig zu sein diese hier alle aufzuzählen. Die klassische Arbeit wo das s. g. Pauliprinzip zum ersten Male ausgesprochen wurde, findet sich in der ZS. f. Physik 31 , 765, 1925.*

*Ich möchte aber an der anderen Seite hervorheben, dass nachdem Ihr Komitee in einer wohl von jedem Physiker zugestimmten Weise die Preise für die Jahre 1932 und 1933 schon der theoretischen Physik zugewiesen hat, es m. E. zu empfehlen wäre, diesmal den Preis einem Experimentator zu verleihen. Es kommt mir vor, dass sich hier die folgenden Möglichkeiten bieten:*

*1e. O. Stern und W. Gerlach wegen ihrer Untersuchungen auf dem Gebiet der Richtungsquantelung.*

*2e. C. V. Davisson und L. H. Germer wegen der experimentellen Feststellung der Wellennatur des Elektrons.*

*Ich möchte dazu bemerken, dass es vielleicht noch zu früh sein würde, jetzt schon die grundlegenden Arbeiten auf dem Gebiet der Kernphysik (künstliche Zertrümmerung der Kerne mittels schnelle[n] Protonen, die Entdeckung des Neutrons und des Positrons ) mit einem Nobelpreis zu belohnen, da sich kaum in aller Ruhe feststellen lässt, wessen Beitrag zu diesem Gebiet e am wichtigsten gewesen ist und jeder Tag uns eine Entdeckung bringen kann, die alle früheren auf demselben Gebiet überschatten wird. An der anderen Seite sind die oben unter 1e. und 2e. genannten Arbeiten sicher von grundlegender Natur gewesen. Die Versuche von Davisson und Germer haben nicht wenig dazu beigetragen die Aufmerksamkeit der Physiker auf die de Broglieschen Theorie zu lenken. Doch scheint mir, dass die erst genannte Möglichkeit (Stern und Gerlach) eher Beachtung verdient. Die Entdeckung der Richtungsquantelung ist wohl einer der wichtigsten experimentellen Beiträge zu der Bohrschen Atomtheorie gewesen. Überdies hat insbesondere O. Stern eine experimentelle Meisterschaft auch während seiner späteren ausserordentlich wichtigen Versuche (Wellennatur der Materie, magnetisches Moment des Protons) gezeigt, wie sie wohl selten angetroffen wird. Eine Schwierigkeit würde vielleicht dadurch entstehen können, dass der Beitrag, den Stern zu der oben erwähnten Entdeckung geliefert hat, sehr viel wichtiger zu sein scheint als Gerlachs und ein Nobelpreis sich wohl schwer in zwei ungleiche Teile verteilen lässt. Dies ist aber eine technische Schwierigkeit, deren Lösung nicht zu meiner Kompetenz gehört. Ich möchte hierzu nur bemerken, dass Gerlach sich auch in seinen späteren Arbeiten (z. B. über den Magnetismus) als einen tüchtigen Experimentator gezeigt hat, so dass es mir im gegebenen Fall das Beste vorkommt den Nobelpreis für das Jahr 1934 zwischen O. Stern und W. Gerlach zu verteilen.*

*Mit vorzüglicher Hochachtung D. Coster*

Raymond Thayer Birge würdigte Sterns Messungen des magnetischen Momentes des Protons und bezeichnete Stern als den besten Experimentalphysiker der Welt.

Diese Nominierung wurde vom ganzen „Physics Department" der Universität Berkeley unterstützt.

Standort: [NOB]. Nominierungen Physik für 1934, Dokumentnummer: **[1154/13.01.1934]**

*Inkom den 13.1.1934* *BERKELEY, December 29, 1933*

*Secretary of the Nobel Committee[e] for Physics Stockholm 50, Sweden.*
*Dear Sir:*

*Your kind invitation to nominate a candidate for the Nobel Prize in Physics for the year 1934 has been received, and I greatly appreciate the honor thus accorded me. I should like to nominate for the award Dr. Otto Stern, late of the Physical-Chemical Institute of the University of Hamburg and now at the Carnegie Institute, Pittsburgh, Pennsylvania, U.S.A.*

*The Committee doubtless has a full list of the papers published by Dr. Stern, since I know that he has been nominated by various other persons. I should like particularly to call your attention to the three papers that have been published during 1933. These papers are as follows:*

*The Magnetic Deflection of the Hydrogen Molecule and the Magnetic Moment of the Proton. I. Z. f. Physik 85, 4 – 16, August 1933. R. Frisch and O. Stern.*

*The Magnetic Deflection of the Hydrogen Molecule and the Magnetic Moment of the Proton. II. Z. f. Physik 85, 17 – 25, August 1933. I. Estermann and O. Stern.*

*A New Method for Intensity Measurements of Molecular Beams. Z. f. Physik 85, 135 – 144, September 1933. I. Estermann and O. Stern.*

*This work on the magnetic moment of the proton is undoubtedly the most beautiful and most important work that Dr. Stern has yet done. For this reason he is very appropriately a candidate for the Nobel Prize at this time since, according to the rules, the award is based on the work of the previous year. Dr. Stern is undoubtedly one of the most skillful experimental physicists in the world, and all of his work has been of the highest quality.*

*I have consulted with most of the members of the physics and chemistry departments of the university, and so far as I know these two departments are unanimous in recommending Dr. Stern for the Nobel Prize at this time.*

*Professor Loeb of this department was also asked to make a personal nomination, and in his letter to you of October 2 various further details of Dr. Stern's work are given. I take pleasure in endorsing all of Professor Loeb's statements on this matter and feel that it is unnecessary to repeat them.*

*Again thanking you for the honor accorded me, and trusting that this nomination will be favorably received by the Committee, I am*

*Yours sincerely,*

*Raymond T. Birge Chairman, Department of Physics.*

Auch Max Planck nominierte Stern für das Jahr 1934 und schrieb:

Standort: [NOB]. Nominierungen Physik für 1934, Dokumentnummer: **[1155/17.01.1934]**

*Inkom den 17.1.1934* *Berlin-Grunewald 15.1.34*

*An das Nobelkomitee für Physik.*

*Dem Nobelkomitee für Physik beehre ich mich, der Einladung vom September 1933 Folge leistend, einen Vorschlag für den physikalischen Nobelpreis des Jahres 1934 zu überreichen. Ich beantrage, auf meinen Vorschlag vom Jahre 1931 zurückgreifend, die Zuerkennung des Preises an Herrn Prof. Dr. O. Stern, früher an der Universität Hamburg, jetzt am Carnegie Institute of Technology in Pittsburgh, Pennsylvania, U.S.A.*

*Zur Begründung meines Vorschlags weise ich auf die Verdienste hin, welche sich der Genannte dadurch erworben hat, das[s] es ihm als erstem gelang, Strahlen von Atomen und Molekülen herzustellen und an ihnen wichtige von der Theorie teils vorausgesagte, teils neue Erscheinungen, wie die Gültigkeit des Maxwellschen Geschwindigkeitsverteilungsgesetzes oder die magnetische Aufspaltung, nachzuweisen. Hochachtungsvoll Dr. M. Planck*

Adolf Deissmann, der von Beruf protestantischer Theologe und 1930/1931 Rektor der Berliner Universität war, war als Nichtfachmann eingeladen worden, eine Nominierung für den Physik-Nobelpreis abzugeben. Er würdigte Sterns Leistung bei der Entwicklung der Molekularstrahlmethode.

Standort: [NOB]. Nominierungen Physik für 1934, Dokumentnummer: **[1156/20.01.1934]**

*Inkom den 20. 1. 1934* *BERLIN-WILMERSDORF, 17. Januar 1934*
*H 6 Emserplatz 3062.*

*An das Nobelkomitee für Physik* *Stockholm 50 ( Schweden )*

*Hochgeehrte Herren,*

*Sie hatten die Freundlichkeit, mich um Einsendung eines Vorschlages zur Erteilung des Nobelpreises für Physik aufzufordern. Auch in diesem Jahre habe ich, da ich nicht Fachmann bin, mich bei hervorragenden Sachverständigen über die in Betracht kommenden Gelehrten informiert und gestatte mir daraufhin als Preisträger des Nobelpreises für Physik Herrn Professor Otto Stern, ehemals an der Universität Hamburg, jetzt am Carnegie Institute of Technology in Pittsburgh, Pa., U.S.A. vorzuschlagen wegen seiner grossen Verdienste durch die erstmalige Herstellung der sogenannten Atom- und Molekularstrahlen.*

*Ehrerbietigst D. Adolf Deissmann.*

William Wallace Campbell wiederholte für 1934 seine früheren Nominierungen von Stern und schlug ihn als einzigen Kandidaten vor.

Standort: [NOB]. Nominierungen Physik für 1934, Dokumentnummer: **[1157/23.01.1934]**

*Inkom den 23.1.1934*

*1622 Rhode Island Ave, N. W.*
*Washington, D. C.*
*January 11, 1934*

*The Nobel Committee for Physics Stockholm, Sweden*
*Gentlemen:*

*In compliance with your invitation that I nominate a candidate for the Nobel Prize for Physics for 1934, I take pleasure in nominating*

*Professor Otto Stern*

*Formerly Professor in the Physico-Chemical Institute, University of Hamburg, and since July, 1933,*

*Professor of Experimental Physics*
*Carnegie Institute of Technology*
*Pittsburgh, Pennsylvania.*

*A few years ago I had the opportunity and honor of nominating Professor Otto Stern for the Nobel Prize in Physics, and on that occasion I supplied you with a comprehensive statement of Professor Stern's credentials in this connection. Doubtless the documents supplied by me are in your files. Because I am residing in Washington, D. C., through the current half year, at a distance of more than three thousand miles from my permanent address in California (Lick Observatory, Mount Hamilton), I have secured, through Professor A. O. Leuschner, from Professor Joel H. Hildebrand a list of Professor Stern's principal contributions to our knowledge of physics and chemistry, together with detailed references to six of Professor Stern's important papers, as follows:*

*Professor Stern has developed the method of molecular beams to a high state of perfection and has applied it to the solution of several problems of fundamental importance, bringing to bear not only a high grade of technical skill, but also brilliant imagination. The major discoveries have been (1) the distribution of molecular velocities, (2) the measurement of magnetic moments, the so-called Stern-Gerlach-effects, (3) the measurement of electrical moments of atoms and molecules. And (4) the study of the diffraction of atoms from crystal surfaces, establishing their wave nature in accordance with the theory of de Broglie. Among the most important of his publications may be listed the following:*

*(1) Measurement of the distribution of velocities, Z. Physik, 2, 49 (1920); 3, 417 (1920); and Physik Z., 5, 82 (1920)*
*(2) The magnetic deflection of molecular beams, Z. Physik, 7, 249 (1921); 8, 110 (1921) (in collaboration with W. Gerlach); 9, 349 and 353 (1922) (in collaboration with W. Gerlach); and Ann. Physik, 74, 673 (1924) (in collaboration with W. Gerlach).*

(3) *The diffraction of molecular beams, Z. Physik, 61, 95 (1930); and 17, 348 (1931). These are joint papers of Stern and his pupils, Estermann an Frisch.*
(4) *The magnetic deflection of the hydrogen molecule and the magnetic moment of the proton. I. Z. Physik, 85, 4 (1933), (In collaboration with R. Frisch).*
(5) *The magnetic deflection of the hydrogen molecule and the magnetic moment of the proton, II. Z. Physik, 85, 17 (1933). (In collaboration with I. Estermann).*
(6) *A new method for intensity measurements of molecular beams. Z. Physik, 85, 135 (1933). (in collaboration with I. Estermann).*

*Assuring you of the very high regard in which I hold the Nobel Prizes, and the care and discrimination with the selections of the recipients are made, I am*

*Yours respectfully,*
*W. W. Campbell.*

Die vier Wiener Professoren E. Schweidler, Gustav Jäger, Hans Thirring und Stefan Meyer nominierten Stern und Gerlach zusammen an vierter Stelle:

Standort: [NOB]. Nominierungen Physik für 1934, Dokumentnummer: **[1158/23.01.1934]**

*Inkom den 23.1.1934* *Wien, IX. Boltzmanngasse 3/5 den 19. Januar 1934*

*An Das Nobelkomitee für Physik, Stockholm.*

*Für den Nobel-Preis des Jahres 1934 schlagen die Unterzeichneten vor:*

*primo loco: C. J. Davisson und L. H. Germer*

*für die Entdeckung der Elektronenbeugung (1927 – 28), die grundlegend wurde, einerseits für die Erkenntnis der Natur des Elektrons, anderseits in ihren Anwendungen für die Erforschung der Konstitution der Materie.*

*Weiterhin erlauben wir uns zu nennen:*

*C. D. Anderson*

*für die Entdeckung des positiven Elektrons (Positron) (1932), die umstürzend wirkt auf die Grundanschauungen über die Elektrizität und von grosser Wichtigkeit ist für das Verständnis der durchdringenden Strahlungen und für den Kernaufbau der Elemente.*

*J. Chadwick und das Ehepaar Irène Curie-F. Joliot*

*für die Entdeckung des Neutrons und seiner Eigenschaften (1932), die eine wesentliche Erweiterung der Kenntnisse des Aufbaues der Elemente bringt. Die Verwendung des Neutrons als Geschoss für Atomverwandlungen ist von eminenter Bedeutung.*

*Schliesslich sei noch daran erinnert, dass im Januar 1929 unsererseits für den damaligen Nobelpreis vorgeschlagen wurden:*

*O. Stern und W. Gerlach*
*im Hinblick auf die von ihnen erfolgreich ausgearbeitete und zur Messung der magnetischen Momente von Atomen, sowie zum Nachweis der Richtungsquantelung im Magnetfelde angewandten Molekularstrahlenmethode (1922, 1926) . Die Untersuchungen der Molekularstrahlen haben seither insbesondere durch O. Stern noch erheblich an Bedeutung gewonnen.*

*Als Theoretiker wurde damals (neben den seither beteiligten Herren L. de Broglie und E. Schrödinger) genannt:*
*A. Sommerfeld*
*Für seine bekannten Beiträge zur Theorie der Spektren.*

*E. Schweidler*
*I. PHYS.INST. UNIVERSITÄT WIEN*
*Hans Thirring*
*INSTITUT für THEOR. PHYSIK*

*Gustav Jäger*
*Vorstand des II. physikal. Universitätsinstituts*
*Stefan Meyer*
*Institut für Radiumforschung WIEN IX. Boltzmanngasse 3.*

Peter Pringsheim (1933 wegen seiner jüdischen Vorfahren in Deutschland des Amtes enthoben und mithilfe seines Schwiegervaters Auguste Piccard nach Belgien emigriert) nominierte Stern für das Jahr 1934 und schrieb:

Standort: [NOB]. Nominierungen Physik für 1934, Dokumentnummer: **[1159/31.01.1934]**

*Inkom den 31.1.1934* *Bruxelles, 29.1.34*

*An das Nobelkomité für Physik Stockholm.*

*Gemäss der durch Sie an mich ergangene[n] Aufforderung schlage ich Herrn Otto Stern, gegenwärtig Professor am Carnegie Inst. In Pittsburg[h], als Candidaten für den physikalischen Nobelpreis des Jahres 1934 vor. Der Preis sollte ihm verliehen werden für die Gesam[m]theit seiner Untersuchungen mit Hilfe von Molekülstrahlen, durch die er de[n]r Physik grosse neue Gebiete erschlossen hat. Die Unter-suchungen beschäftigen sich 1. Mit der experimentellen Bestätigung der Maxwell-Boltzmannschen Geschwindigkeits-Verteilung der Gasmoleküle; 2. Mit der Entdeckung der magnetischen Eigenschaften von Atomen, Molekülen und Ionen – die Auffindung des sogenannten „Stern-Gerlach-Effektes“ bildet nur einen kleinen Teil dieser Arbeiten; 3. Mit der Beugung von Molekularstrahlen an Krystallgittern und den damit zusammenhängenden Effekten. Die einschlägigen Publikationen finden sich im wesentlichen in den letzten zehn Jahrgängen der Zeitschrift für Physik.*

*Mit vorzüglicher Hochachtung* *Peter Pringsheim*

Niels Bohr schlug ebenfalls Otto Stern als einzigen Kandidaten für das Jahr 1934 vor. Er würdigte dessen Verdienste bei der Entwicklung der Molekularstrahlmethode, z. B. Messung der Maxwell-Geschwindigkeitsverteilung von Atomstrahlen. Er honorierte Sterns Experimente mit der Anwendung der Atomstrahlen, beispielsweise der Beweis der Drehimpulsquantisierung und die Messung des magnetischen Momentes des Protons. Bohr führte aus:

Standort: [NOB]. Nominierungen Physik für 1934, Dokumentnummer: **[1160/31.01.1934]**

*Inkom den 31.1.1934* *København ø30.Januar 1934*

*Til Kungl. Vetenskapsakademiens Nobelkommitté for Fysik I Anledning af Nobelkomiteens Indeydelse til at indsende Forslag til Uddeling af Nobelprisen I Fysik for 1934 skal jeg tillade mig at foreslaa, at denne Pris tildeles Professor Otto Stern for de overordentlig betydningsfulde Bidrag til Atomteoriens senestes Udvikling, som han har opnaaet gennem den udtaenkte og tilsaa stor Finhed udarbejdede Molekylstraalemetode. Ikke alene lykke des det Professor Stern ved en sindrig Anvendelse af denne Metode straks at opnaa en direkte Bekraeftelse paa Maxwells berømte Forud-sigelser angaaende den for thermodynamiske og kinetiske Problemer saa vigtige kontinuerlige Hastighedsfordeling of Molekylerne i en Luftart med given Temperatur; men ved Undersøgelse af Molekularstraalers Afbøjning i inhomogene magnetiske Felter lykkedes det dernaest ham og hans Medarbejdere at fore direkte Bevis for den for Kvanteteorien for Atom- og Molekylbygningen afgørende Antagelse, at Atomer og Molekyler saavel I upaavirket Tilstand som under constant ydre Paavirkning – bortset fra deres kinetiske Energi – vil haven Raekke diskret fordelte Energivaerdier afhaengige saavel af systemernes indre Bygning soma v de ydre Kraftfelter. I de seneste Aar har Professor Stern ved et enestaaende Overblik over de for de omhandlede Faenomener afgørende Faktorer og en overlegen Beherskelse af den eksperimentelle Teknik endda kunnet forfine Metoden I den Grad, at han ved den ham kunnet opnaa meget vigtige Oplynsninger om selve Atomkernernes Egenskaber, der naeppe havde kunnet opnaas ad nogen anden for Ǿjeblikket tilgaengelig Vej. Saaledes har hans Bestemmelse af Protonens og Diplonens magnetiske Momenter ikke alene givet den overraskende og for vor Indstilling til Kernefysikkens Problemer afgørende Oplysning, at Protonen ikke i samme Forstand, som det efter Diracs Teorie gaelder for Elektronen, kann betragtes som Elementarpartikel, men tillige skabt nye Synspunkter for den teoretiske Behandling af Atomkernernes Opbyggning. Naar man endvidere betaenker, at det ved Professor Stern Undersøgelser endda vistes sig muligt at paavise visse at Bølge mekanikken forlangte, men hidtil upaagtede Afvigelser fra de klassik-mekaniske Forestillinger vel Molekylere Forhold ved Reflektioner fra faste Legemer, maa mani Sandhed sige,at de Forventninger om Molekularstraalmetodens Anvendelighed og Frugtbarhed i Atomfysiken, som Professor Stern saa maalbevidst udtalte i sine allerførste Arbejder med denne Metode, er blevet fyldestgjort udover enhver Forventning.*

*Aebødigst Niels Bohr*

Oskar Klein nominierte Otto Stern als einzigen Kandidaten. Er würdigte dessen Verdienste um die Entwicklung der Molekularstrahlmethode und die von Stern mit der MSM durchgeführten Pionierexperimente. Dabei erwähnte er auch Sterns Messungen der magnetischen Kernmomente und Robert Otto Frischs Untersuchung zum von Albert Einstein vorausgesagten Photonrückstoß auf Atome.

Standort: [NOB]. Nominierungen Physik für 1934, Dokumentnummer: **[1161/31.01.1934]**

*Inkom den 31. 1. 1934*
*Till Kgl. Vetenskapsakademiens Nobelkommitté för fysik. Stockholm 50.*

*Härmed tilläter jag mig att föreslä professor Otto Stern (tidigare i Hamburg, sedan i höst i Pittsburg, U.S.A.) till 1934 Års nobelpris I fysik för hans arbeten rörande den s. k. molekylarstrålemetoden.*

*Som motivering för detta förslag ber jag att få anföra föl-jande. Molekylarstrålemetoden, som består i en undersökning av molekyler eller atomer, vilka som en fin strålesändas in i ett lufttomt rum, är väsentligen utarbetad av Stern och gegagnades – bortsett från några enkla försök av Dunoyer, där möjligheten att framställa och iakttaga sådana strålar påvisades, men vilka icke spelat någon roll för Sterns arbeite – för första gången av honom år 1920 (Z.f.Phys. 2, 49 och 3, 417, 1920) till en direkt bestämning av molekylernas medelhastighet vid en stråleav silveratomer. Redan vid detta första arbeterörde det sig om övervinnandet av betydande experimentella svårigheter, vilket även framgår av att den framstående molekylarfysikern M. Knudsen ungefär samtidigt med liknande hjälpmedel, men utan att lyckas, angripit denna fråga.*

*Följande år utarbetade Stern ett detaljerat program till lösandet av ett problem av stor principell betydelse, undersökningen av magnetiska atomers inställningsmöjligheter i ett magnetfält (Z .f. Phys. 7, 249, 1921). Genom att låta en stråle av silveratomer passera ett inhomogenet borde man kunna få en direkt prövning av en från den klassiska fysikens ståndpunkt högst paradoxal konsekvens av den dåännu nya kvantteorin. Redan samma år lyckades det Stern attisamarbete med W. Gerlach erhålla resultat, som tillfullo bestyrkte kvantteorins förväntningar (Z. f. Phys. 8, 110, 1921). Betydelsen av denna direkta verifikation av kvantteorins grundantagande var såmyeket större som man just vid frågan om den kvantteoretiska tydningen av atommagnetismen under dessa år stött på djupa svårigheter, som först erållit en fullt tillfredsställande lösning i Diracs teori för elektronen.*

*Efter Sterns överflyttning till Hamburg år 1926 tog arbeitet med molekylarstrålmetoden ny fart. Det är kännetecknande för hans arbetssätt, att han äter innan de experimentella undersökningarna började, utarbetade ett program (Z. f. Phys. 39, 751, 1926), vilket denna gång omfattade ett stort antal olika undersökningar, vilka redan till stor del verkställts av honom sjlv och hans medarbetare. Här skall nämnas:*

*Prävisandet av vågegenskaperoch kvantitativ prövning av de Broglies relation vid tunga oladdade partiklar. (Reflektion – Stern och Knauer Z. f. Phys. 53, 779, 1929 – och böjning – Stern och Estermann 61, 95, 1930 – av vätemolekyler och heliumatomervid kristaller), viket bortsett från resultatens stora principella intresse innebär en ny betydelsefull metod till studium av de ännu till stor del obekanta förhållandena vid kristallers ytor (Stern och Frisch Z.f.Phys. 84, 430, 1933, i vilket arbeite en ny egendomlig reflektionseffekt påvisas).*

*Studiet av dissociationsjämvikten mellan molekyler och atomer i alkaliångor (L. C. Lewis Z. f. Phys. 69, 786, 1931), som innebär ett fruktbart helt nytt sätt att undersöka kemiska reaktioner.*

*Det direkta påvisandet av den av Einstein förutsagda stöt en atom erhåller vid upptagandet eller utsändandet av en ljuskvant (R. Frisch, Z. f. Phys. 86, 42, 1933).*

*Undersökning av molekylers magnetiska egenskaper (R. Schnurmann, Z.f.Phys. 85, 212, 1933, som genom en direkt undersökning av syremolekylarstrålars avböjning i magnetfält jämfört den invecklade kopplingen mellan rotation ochelektronenspin med resultaten av en kvantmekanisk beräkning, samt syremolekylens normaltillstånd).*

*Atomkärnors magnetiska och mekaniska moment. (Stern och Frisch och Estermann, Z. f. Phys. 85, 4 och 17, 1933 ha lyckats fastställa att protonens magnetiska moment är väsentligt större än man väntat i analogi med elektronen. Detta högst betydelsefulla resultat ställer en centrala frågan om elementarpartiklarna i helt ny belysning).*

*(I. I. Rabi, Phys.Rev. 43, 582, 1933 har genom en sinnrik till-
Lämpning av Sterns metodik lyckats utarbeta en metod till bestämning av kärnmoment vid närvaro av elektronmoment).*

*Av det anförda torde framgå att det här rör sig om en originell och mångsidig men samtidigt enhetlig forskargärning av stora mått. Jag skall endast tillägga att de många vackra resultaten, av vilka ovan endast de nämnts, so synts mig vara av störst betydelse, uppnåtts hand i handmed ett forstatt fullkomnade av de experimentella metderna, framför allt utarbetandet av ett antal sätt att noggrant uppäta molekylarstrålarnas intensitetsfördelning samt de vid avböjningsförsöken begagnade magnetfälten.*

*Stockholm 31.1.1934 Oskar Klein*

Obwohl Otto Stern 1934 der am häufigsten vorgeschlagene Kandidat war und bis dahin schon insgesamt 46 Nominierungen erhalten hatte, ging er wieder leer aus. Nicht das ein anderer ihm vorgezogen wurde, sondern das Nobelkomitee entschied, 1934 keinen Preis für Physik zu vergeben. Warum? Im Nobelarchiv kann man die Gründe dafür nur zwischen den Zeilen finden. Am 17. September 1934 beschließt das fünfköpfige Nobelkomitee (H. Pleijel, Manne Siegbahn, Carl Wilhelm Oseen, Eric Hulthén und V. Carlheim-Gyllensköld), dass 1934 kein Preis (erst im nächsten Jahr) vergeben werden soll. Bei der Diskussion über den Nobelpreis für Stern spielen die Abweichung von Sterns Messergebnis mit den Ergebnissen der Publikationen von I. Rabi et al. und A. Landé zum magnetischen Moment des Protons eine wichtige Rolle. Stern hatte 1933 mit seinen Mitarbeitern für das magnetische Moment des Protons einen Wert von 2,5 Kernmagneton mit einem Fehler von ±10 %

publiziert. Dieser Wert stimmt in Betracht der angegebenen Fehlergrenze eigentlich gut mit dem heute anerkannten Wert von ca. 2,79 Kermagneton überein. Dieser Wert steht in klarem Widerspruch (weit außerhalb der Fehlergrenzen) zu dem von Paul Dirac theoretisch vorausgesagten Wert von 1 Kernmagneton. Diesen Wert hatte Dirac unter der Voraussetzung berechnet, dass das Proton wie das Elektron ein Elementarteilchen ist und keine innere Struktur hat. Der Unterschied zum Elektron kommt nur von der 1836-mal schwereren Masse. Rabi und Mitarbeiter, die die Messung 1934 ebenfalls mit einer Stern-Gerlach-Apparatur wiederholt hatten, publizierten einen Wert von 3,25 Kernmagneton (Fehler $\pm 10\,\%$). Beide experimentellen Werte stimmten also innerhalb der Fehlergrenzen nicht überein, aber Rabi hatte falsch gemessen und nicht Stern.

Außerdem versuchte Alfred Landé noch eine theoretische Erklärung für die Abweichung vom Dirac-Wert zu liefern. Aufgrund von möglichen inneren dynamischen Strukturen im Proton (Ladungsbewegungen im Kern, die einen Drehimpuls erzeugen) konnte nach Landé das magnetische Moment einen Wert von ca. 2,5 Kernmagneton (oder anders einen $g$-Faktor von ca. 5) erreichen. Heute wissen wir, dass Landés Erklärung falsch und Sterns Messung absolut verlässlich war. Trotz der damaligen Unsicherheit über den exakten Wert des Kernmagnetons hatte Stern jedoch als erster klar bewiesen, dass das Proton kein Elementarteilchen war und eine innere Struktur (Quark-Struktur) haben musste. Diese Entdeckung Sterns und seiner Mitarbeiter war für die Kern- und Elementarteilchenphysik ein Meilenstein, der auf jeden Fall auch allein ausgereicht hätte, Stern den Nobelpreis zu verleihen.

Friedman diskutiert in seinem Buch „The Politics of Excellence“ [FRIEDMAN2001] noch andere Gründe, warum man Stern 1934 den Nobelpreis nicht verliehen hat.

William Wallace Campbell nominierte Otto Stern jeweils 1935 und 1936. Niels Bohr sandte 1935 eine Nominierung für Stern an das Nobelkomitee.

Campbells Nominierungsbrief für das Jahr 1936 lautete:

Standort: [NOB]. Nominierungen Physik für 1936, Dokumentnummer: **[1162/18.01.1936]**

*Inkom den 18.1.1936*

*University of California Lick Observatory*
*Mount Hamilton, California*
*January 2, 1936*

*The Nobel-Committee for Physics Stockholm.*
*Gentlemen: -*

*In response to your valued invitation to nominate a candidate for the Nobel Prize for Physics for the year 1936, I take great pleasure in repeating my nomination of earlier years: that of Doctor OTTO STERN, Professor of Experimental Physics in the Carnegie Institute of Technology, Pittsburgh, Pennsylvania.*

*My nomination is based upon the cumulative results achieved by Professor STERN through the use of the very effective method of molecular beams. I refer to the following accomplishments:*

*1. - The proving and the direct measuring of the molecular velocities and the distribution of molecular velocities;*
*2. - The direct measurement, in collaboration with Dr. W. Gerlach, of the magnetic moment of atoms and the proof of the spatial quantization of magnetic moments;*
*3. - The experimental evaluation of the Bohr magneton;*
*4. - The measurements of dipole moments;*
*5. - The beautiful experiments, with the collaboration of Dr. I. Estermann, in measuring the De Broglie wave-lengths to a precision of one per centum of atoms of helium and hydrogen by diffracting them from lithium fluoride crystals, thus directly establishing the correctness of the De Broglie wave equation in its application to molecular and atomic masses; and*
*6. - The direct measurement of the magnetic moments of the proton and deuteron and the establishing of the fact that these are several times the values expected on elementary theory.*

*My letters of earlier years in recommendation of Professor STERN for the Nobel Prize in Physics gave the essential reference to his published papers describing his methods and results on the subjects numbered 1, 2, 3, 4 and 5 above Similar references to subject number 6, in description of more recent accomplishments, are:*
*Estermann, Stern and Frisch, Zeit. für Physik , 85, 4, 1933*
*Otto Stern, - - - - - - - - , " " " , 85, 17, 1933.*

*With the submission of this nomination for your consideration, I remain*
*Yours respectfully,*
*W. W. Campbell*
*Foreign Member Swedish Royal Academy of Science*

Bohrs Nominierungsbrief stand den Herausgebern nicht zur Verfügung. Pierre Weiss nominierte Stern und Gerlach zusammen für das Jahr 1936 und schrieb:

Standort: [NOB], Dokumentnummer: **[1163/25.01.1936]**

*Inkom den 25.1.1936 Université de Strasbourg Strasbourg, le 21 janivier 1936*
*Faculté des Sciences Institut de Physique*
*Comité Nobel pour la Physique Stockholm 50*

*Messieurs,*

*En réponse à votre invitation à proposer un candidat pour le prix Nobel de Physique en 1936 j'ai l'honneur de renouveler la proposition que je vous ai faite la dernière fois que vous m'avez consulté, en vous désignant:*

*MM. Walter Gerlach et O. Stern.*

*Ces physiciens par leurs travaux sur les rayons atomiques et moléculaires ont réalisé un ensemble de découvertes qui a eu une grande fertée pour la science et est la demonstration éclatante de leur talent.*

*La détermination directe des moments magétiques des atomes isolés et la demonstration expérimentale de leur quantification dans l'espace a été la première étape de ces recherches.*

*Leur continuation, réalisée notamment par Stern, a conduit à la determination des moments électrostatiques des molécules et à celle des moments magnétiques des noyaux qui ont apporté un appui utile aux théories les plus moderns et ont augmenté nos connaisances d'une manière efficance.*

*Veuillez agréer, Messieurs, l'expression des mes sentiments respectueux.*

*Pierre Weiss*

*Institut de Physique, 3 rue de l'Université, Strasbourg, France.*

Die Wiener Professoren Anton von Eiselsberg, Stefan Meyer, Hans Thirring und Egon von Schweidler erneuerten 1937 ihre gemeinsame Nominierung von 1929 und 1934 für Stern und Gerlach als Paar. Ebenso unterbreitete James Franck von Baltimore aus wieder einen Vorschlag, in dem er neben Stern auch Enrico Fermi für dessen Arbeiten über Neutronen würdigte.

Franck schrieb:

Standort: [NOB]. Nominierungen Physik für 1937, Dokumentnummer: **[1164/27.01.1937]**

*Inkom den 27.1.1937* *Baltimore January 12, 1937*

*Kgl. Svensk Akademie Nobel Comité för Fysik Stockholm*

*Gentlemen:*

*Since I lost by chance the official paper which you sent me*

*In asking which proposal I would like to make in respect to the distribution of the Nobel Prize for Physics, allow me to answer in a normal letter.*

*I would like to propose two names: Enrico Fermi in Rome and O. Stern in Pittsburgh. I suppose it is not necessary to tell your committee the well known merits of both of these physicists, but I may me[n]tion that Fermi, according to my impression, especially should be considered for his excellent work on neutrons, while, on the other hand, Stern's work on atomic rays was and is of the greatest importance for the development of atomic physics.*

*With best regards, Very sincerely yours, J. Franck*

1938 wurde Stern von Wolfgang Pauli, Gregor Wentzel und Carl David Anderson für den Physik-Nobelpreis nominiert. Pauli und Wentzel nominierten nur Stern als Kandidaten, wohingegen Anderson noch Ernest Lawrence als zweiten Kandidaten vorschlug. Lawrence wurde 1939 mit dem Nobelpreis für Physik ausgezeichnet.

Pauli führte 1938 aus:

Standort: [NOB]. Nominierungen Physik für 1938, Dokumentnummer: **[1165/12.01.1938]**

*Es handelt sich bei diesen experimentellen Untersuchungen.....um eine experimentelle Methode, deren Bedeutung für die Theorie fundamental ist und die wichtigen experimentellen Entdeckungen Anlass gegeben hat.*

*Inkom den 12.1.1938* *Zürich 7, 8.1.38.*

*An das Nobelkomitee für Physik*

*In Beantwortung Ihrer Zuschrift möchte ich mir erlauben, für den physikalischen Nobelpreis des Jahres 1938.*

*Prof. O. Stern in Pittsburgh (Pa. , U.S.A.)*

*für seine Untersuchungen zur Molekularstrahlmethode vorzuschlagen.*

*Begründung: Es handelt sich bei diesen experimentellen Untersuchungen, die von O. Stern seit 1921 bis jetzt mit verschiedenen Mitarbeitern/die wichtigsten sind: W. Gerlach, F. Knauer, I. Estermann, R. Frisch und I. I. Rabi / durchgeführt sind, um eine experimentelle Methode, deren Bedeutung für die Theorie fundamental ist und die wichtigen experimentellen Entdeckungen Anlass gegeben hat. Von diesen will ich, ohne ganz vollständig zu sein, nur die folgenden anführen.*

1. *Der Nachweis von diskreten Quantenzuständen im Falle der Orientierung der Achse des Impulsmomentes eines Atoms zur Achse eines äusseren Magnetfeldes durch Ablenkung von Atomstrahlen im inhomogenen Magnetfeld. Eine spätere Anwendung hiervon war der Nachweis, dass der Grundzustand des H-Atoms ein nicht verschwindendes magnetisches Moment besitzt zu einer Zeit, als diese Frage theoretisch noch nicht geklärt war.*

*Der experimentelle Nachweis der von der Wellenmechanik behaupteten „Wellennatur" der materiellen Teilchen im Falle elektrisch ungeladener Teilchen (Heatomen $H_2$-Molekülen) durch Beugungsversuche (an NaCl und SiF-Krystallen).*

2. *Die erste experimentelle Bestimmung eines magnetischen Kernmomentes im Falle des Protons (später ausgedehnt auf das Deuteron), die zu einem theoretisch bis jetzt nicht vorhersagbaren Resultat geführt hat. (Eine weitere Ausdehnung der Untersuchungen auf andere Fragen ist in Aussicht genommen).*
   *Phys. Rev. 51, 852, 1937; ZS. f. Phys.7, 249; ZS. f. Phys.8, 110, 1921; ZS. f. Phys. 9, 349, 353, 1922; ZS. f. Phys. 53, 779, 1929; Naturw. 17, 391, 1929; ZS. f. Phys. 61, 95, 1929; ZS. f. Phys. 85, 4, 17, 1933; Phys. Rev. 52, 535, 1937.*

*Die Wichtigkeit und Fruchtbarkeit der Molekularstrahl- methode wird durch die Tatsachen unterstrichen, dass Heisenberg in seiner grundlegenden theoretischen Arbeit über das Unsicherheitsprinzip sich mehrmals auf Gedankenexperimente mit Molekularstrahlen berufen hat und dass Sterns Schüler, Herr Rabi, in eigenen experimentellen Untersuchungen die Methode zur Bestimmung der magnetischen Kernmomente weiter ausbilden konnte. – Berücksichtigt man noch die weiteren, hier nicht ausdrücklich erwähnten Anwendungen der Methode, so muss man zum Resultat kommen, dass Sterns Leistungen, die mir alle Voraussetzungen der übersandten Statuten der Nobelstiftung zu erfüllen scheinen, weit höher einzuschätzen sind als die der Preisträger vor 1937.*

*Hochachtungsvoll*

*W. Pauli*

Carl David Anderson würdigte in seinem Vorschlag für 1938 besonders Sterns Pionierarbeiten beim Nachweis der Richtungsquantelung im SGE und bei der Messung des magnetischen Momentes des Protons.

Standort: [NOB]. Nominierungen Physik für 1934, Dokumentnummer: **[1166/22.01.1938]**

*Inkom den 22.1.1938.*

*Doctor A. Westgren, Secretary, The Nobel-Committee for Physics,*
*Stockholm 50, Sweden.*
*Dear Doctor Westgren:*

*I should like to present for nomination as candidate for the Nobel Prize for Physics in 1938 Professor Otto Stern for his discovery with Professor Gerlach of the Stern-Gerlach-effect, and for his subsequent work on the magnetic moments of the proton and deuteron.*

*As a second choice I submit Professor E. O. Lawrence for his development of the cyclotron. At this time I place Professor Lawrence in second place, thinking that perhaps the possibilities inherent in the cyclotron should be given further study before an award is made. Very sincerely yours, Carl Anderson*

Gregor Wentzel würdigte in seiner Nominierung Sterns Verdienste um die Entwicklung der Molekularstrahlmethode, insbesondere für dessen Messung des magnetischen Momentes des Protons.

Standort: [NOB]. Dokumentnummer: **[1167/30.01.1938]**

*Inkom den 30.1.1938* *Zürich, 27. Jan. 1938*
*An das Nobelkomitee für Physik, Stockholm.*
*Sehr geehrte Herren!*

*Sie haben mich mit der Einladung beehrt, Ihnen einen Vorschlag bezüglich des physikalischen Nobelpreises für das Jahr 1938 zu überreichen. Indem ich dieser Einladung folge, erlaube ich mir, Herrn Professor Otto Stern, Carnegie Institute of Technology, Pittsburgh, Pennsylvania, USA, als Nobelpreisträgerin Vorschlag zu bringen, und zwar auf Grund seiner Verdienste um die Entwicklung der Molekularstrahlmethode, insbesondere für seine Messung der magnetischen Momente des Protons.*

*Die Molekularstrahl-Arbeiten Sterns und seiner Schüler sind hauptsächlich in einer Reihe von 30 Mitteilungen in der Zeitschrift für Physik in den Jahren 1926 bis 1933 veröffentlicht worden, unter dem Sammeltitel „Untersuchungen zur Molekularstrahlmethode aus dem Institut für physikalische Chemie der Hamburgischen Universität". Die zielbewusste, unter Heranziehung aller technischen und theoretischen Hilfsmittel durchgeführte Verfeinerung der Molekularstrahlmethode ist an sich schon bewunderungswürdig. Die mit Hilfe dieser Methode ausgeführten physikalischen Untersuchungen folgten einem Programm,*

*welches Stern in der ersten der oben genannten Mitteilungen[1)] aufgestellt hatte. Von ihren Ergebnissen erwähne ich nur wenige: die Bestätigung der de Broglie'schen Impuls-Wellenlängenbeziehungen durch Beugung von Molekularstrahlen an Kristalloberflächen[2)], den Nachweis des Einstein'schen Strahlungsrückstosses bei Lichtemission und – Absorption aus der Ablenkung belichteter Molekularstrahlen[3)], und als wichtigste und ganz hervorragende Leistung: die Bestimmung des magnetischen Moments des Protons aus der Ablenkung Para- und Orthowasserstoffmolekülen im inhomogenen magnetischen Feld[4)]. Die Entdeckung, dass das Protonmoment nicht, wie man damals erwarten zu dürfen glaubte, 1 sondern rund 2,5 Kernmagnetonen beträgt, ist zweifellos für die Kernphysik von grösster Bedeutung: der Zahlenwert dieses Moments dürfte für eine zukünftige Theorie der nuclearen Wirkungen*
*Von ähnlicher Bedeutung werden wie etwa das Massenverhältnis von Proton und Elektron. In zwischen hat Stern die Genauigkeit seiner Messung noch gesteigert; nach seiner letzten Angabe[5)] ist das Protonenmoment gleich 2,46 Kernmagnetonen, mit einer Fehlergrenze von nur 3 %.*

---

*1) O. Stern, ZS. f. Phys. 39, S. 751 – 763, 1926*
*2) I. Estermann u. O. Stern, ebenda 61, S. 95 – 125, 1930*
*3) R. Frisch, ebenda 86, S. 42 – 48, 1933*
*4) R. Frisch u. O. Stern, ZS. f. Phys. 85, S. 4 – 16, 1933*
*I. Estermann u. O. Stern, ebenda 85, S. 17 – 24, 1933*
*5) I. Estermann, O. C. Simpson u. O. Stern, Phys. Rev. 52, S. 535 – 545, 1937*

*Ich glaube nicht allein zu stehen mit der Meinung, dass diese Arbeiten Sterns und seiner Schule zu den hervorragendsten Leistungen der Physikalischen Forschung in den letzten Jahren gehören.*
*Mit vorzüglicher Hochachtung* *Ihr sehr ergebener*
*G. Wentzel*

Leonard Salomon Ornstein aus Utrecht würdigte Sterns Leistung wie folgt:

Standort: [NOB]. Nominierungen Physik für 1939, Dokumentnummer: **[1168/28.01.1939]**

*Inkom den 28.1.1939* *Utrecht, 25 Januar 1939*
*Kungl. Vetenenskapsakademiens Nobelkommitté för Fysik* *STOCKHOLM. 50.*
*Dear Sirs,*

*In answer to your confidential letter I have the honor to write you the following.*

*In my opinion there is an invention in the region of atomic physics which has not yet been taken into account for a Nobel-prize. This is the determination of the magnetic moment of the atom. The researches inaugurated by O. Stern and Gerlach and developed chiefly by Stern and his school seem to me of utmost importance for the development of physics. Not only for spectroscopy but also in the much wider field of the dynamics of the molecule and the atom the invention has been of utmost importance for nuclear physics. So in my opinion it should be opportune to reward Dr. O. STERN, formerly Professor of Physical Chemistry now as far as I know in America. Reprints of the papers of Dr. O. Stern are not at my disposal. I hope, however, that my arguments are sufficient to show the great importance of his work.*

*With many thanks for the great honor you have done to me to ask my proposal I am most respectfully, yours Ornstein*

Carl David Anderson wiederholte für das Jahr 1939 seine Nominierung für Stern.

Standort: [NOB]. Nominierungen Physik für 1939, Dokumentnummer: **[1169/30.01.1939]**

*In my opinion there is an invention in the region of atomic physics which has not yet been taken into account for a Nobelprize. This is the determination of the magnetic moment of the atom. The researches inaugurated by O. Stern and Gerlach and developed chiefly by Stern and his school seem to me of utmost importance for the development of physics.*

*Inkom den 30.1.1939* *Pasadena January 19, 1939.*

*Doctor A. Westgren, Secretary, Nobel Committee for Physics,*
*Stockholm 50, Sweden.*
*Dear Doctor Westgren:*

*I should like to present again for nomination as candidate for the Nobel Prize for Physics in 1939 Professor Otto Stern for his discovery with Professor Gerlach of the Stern-Gerlach-effect, and for his subsequent work on the magnetic moments of the proton and deuteron.*

*Very sincerely yours, Carl D. Anderson.*

Stern erhielt für 1940 14 Nominierungen. Unter den Nominatoren waren Albert Einstein, Arthur Compton, Hans Bethe, Wolfgang Pauli, Eugen Wigner u. a. Wegen des Umzuges von James Franck von der John Hopkins University zur University of Chicago verzögerten sich Francks Briefvorschläge. Dies ist der Grund, dass es für 1940 zwei Nominierungsschreiben von Franck gibt.

James Franck hat insgesamt 55 Kandidaten für den Physik-Nobelpreis und 2 für den Nobelpreis in Chemie vorgeschlagen. Unter den Kandidaten für Physik wurde Otto Stern 10-mal von Franck meist an erster Stelle nominiert. Auch 1939 schlug er Stern wieder für den Physik-Nobelpreis vor.

Standort: [NOB]. Nominierungen Physik für 1940, Dokumentnummer: **[1170/14.02.1939]**

*Inkom den 14.2.1939 Chicago, January 30, 1939*

*Kungl. Vetenskapsakademiens Nobelkommitté für Physik, c/o Mr. H. Pleijel, Stockholm, Sweden.*

*Gentlemen,*

*Several reasons in connection with my moving from John Hopkins University to the University of Chicago; Department of Chemistry, have been the cause of my delay in answering your very honoring question of whom I wish to nominate as a candidate for the Nobel Prize for Physics for 1939. I hope it is not too late to do it yet.*

*As in previous years I would again like to draw the attention of the Nobel Committee to the outstanding importance of the work of Otto Stern on atomic rays. His researches in part with Gerlach and later with other co-workers, on the magnetic movement of atoms and molecules was one of the most basic experiments in the field of quantum theory. The same method applied to find the nuclear momentum of protons and deuterons is the highest importance for the understanding of nuclear forces. According to my impression it would be an omission if Dr. Stern would not be honored with the Nobel Prize.*

*Next I would like to mention Dr. Ernest Lawrence at the University of California for the idea and construction of the cyclotron which is very important apparatus in the study of nuclear research. Lawrence's contribution is not limited to this great success only but he also developed a whole school of research in nuclear physics and made Berkeley one of the important centers for work in the field.*

*Very sincerely yours, James Franck.*

Arthur Compton nominierte für 1940 vier Kandidaten, darunter den Amerikaner Ernest Lawrence, den Bengalesen Meghnad Saha sowie Stern und Gerlach als Paar.

Standort: [NOB]. Nominierungen Physik für 1940, Dokumentnummer: **[1171/25.02.1939]**

*Inkom den 25.2.1939 Chicago, February 8, 1939*

*Gentlemen,*

*I have failed to get into your hands a nomination for the Nobel Prize in Physics for 1939. Permit me, however, to make some comments regarding the various candidates that have come to our attention. I believe that all of these have been formally nominated at one time or other with the appropriate credentials.*

*Among these I should place first Professor E. O. Lawrence of the University of California for his invention of the cyclotron and his study of the physical, chemical and biological effects produced by its radiations. The importance of this invention lies*

*in its effectiveness as a source of neutron rays and artificial radioactive substances. Their abundant production has made possible the carrying through of experiments that could otherwise not have been accomplished. It has required an extraordinary combination of technical skills on the part of Professor Lawrence to carry through the development of the cyclotron and its effective use to the stage where this instrument has become one of the most significant tools of a modern physics laboratory.*
*Second on my list I should place Professor M. N. Saha of the University of Calcutta, whom I recommended for the Prize two years ago because of his study of the ionization of stellar atmospheres. Not only has this work been fundamental to much of the recent developments in astrophysics, but it has also forced the basis of recent physical studies of the thermodynamics of high temperature ionization.*
*I should not rate highly also the work of Professor Otto Stern now of Carnegie Institute of Technology, Pittsburgh, for his remarkable work with molecular rays. This work, part of which was done with Professor Gerlach, has given a new insight into the magnetic characteristics of atoms. His study of the diffraction of molecular beams of helium has als extended the significance of the quantum relation between waves and particles.*

*Yours respectfully Arthur H. Compton*

In seinem Brief vom 5. Dezember 1939 schlug Franck neben Stern (1. Stelle) Otto Hahn und Lise Meitner sowie Dr. De Haas und William Francis Giauque vor, in seinem zweiten Brief vom 30. Januar 1939 ist Stern sein erster und Lawrence sein zweiter Kandidat.

Standort: [NOB]. Nominierungen Physik für 1940, Dokumentnummer: **[1172/23.12.1939]**

*Inkom den 23.12.1939* *Chicago, December 5, 1939*

*Swedish Royal Academy of Science Nobel-Committee for Physics Stockholm 50 Sweden*
*Gentlemen,*

*In answering your very kind inquiry about my opinion of whom I would like to nominate as a candidate for the Nobel Prize for Physics for 1940, I would like to ask you to take the following names into consideration*

*1) Professor Doctor Otto Stern*
*Carnegie Tech in Pittsburgh*

*For his work on atomic rays especially on magnetic momentum of nuclei. I mentioned his name already at earlier occasions and would therefore refer you these.*

*2) Professor Doctor Otto Hahn*
*Kaiser Wilhelm Institut[e] für Chemie*

*together with*

*Professor Doctor Lise Meitner*
*formerly of the same institution and now in*
*Stockholm at the Nobel Institute*

*For their work on radioactivity and especially the work connected with the fissure of heavy nuclei.*

*3) Professor Doctor de Haas*
*Kamerling Onnes Institute of the University of Leyden*

*together with*

*Professor Doctor William Francis Giauque*
*University of California*

*for their work on low temperatures especially the exploration of region of lowest temperature using the magnetic cooling.*

*With best regards*
*Very sincerely yours, James Franck*

In einer gemeinsamen Nominierung schlugen Rudolf Ladenburg, Howard Percy Robertson, Allan Goodrich Shenstone, Eugen Wigner, Albert Einstein und Henry de Wolf Smyth Otto Stern und Isidor Rabi für ihre Pionierarbeiten zur Bestimmung von magnetischen Kernmomenten für den Nobelpreis für Physik des Jahres 1940 vor. Über Sterns Leistungen schrieben sie:

Standort: [NOB]. Nominierungen Physik für 1940, Dokumentnummer: **[1173/13.01.1940]**

*Professor Stern's discovery paved the way for the measurement of other nuclear moments, a knowledge of which is of the highest importance in the solution of the problem of the constitution of matter.*

*Inkom den 13.1.1940* *Princeton, New Jersey, December 21, 1939*
*The Nobel Committee for Physics Swedish Royal Academy of Science Stockholm Sweden*
*Gentlemen,*
*We, the undersigned, have the honor to submit the suggestion that the Nobel Prize for Physics for 1940 be awarded to:*
*Professor Otto Stern, of the Carnegie Institute of Technology, Pittsburgh, Pennsylvania, for his discovery of the anomalous magnetic moment of the proton*

*and to*

*Professor I. I. Rabi, of Columbia University, New York, [New York], for his discovery of the magnetic resonance method, and of the quadrupole moment of the deuteron.*

*Professor Otto Stern is the discoverer of the anomalous magnetic moment of the proton, i. e. of the nucleus of the hydrogen atom. In 1933 he adapted to the study of nuclear magnetic moments the method of molecular beams, which he had previously developed with W. Gerlach for measurement of atomic magnetic moments. In this way he was able to measure the magnetic moment of the proton and found it to be about two and one half times greater than had been expected on the basis of the analogy with the electron. Theoretical research in various fields has been greatly stimulated by that discovery. This is especially true of those field theories which aim at the explanation of the forces acting between protons and neutrons. Professor Stern's discovery paved the way for the measurement of other nuclear moments, a knowledge of which is of the highest importance in the solution of the problem of the constitution of matter.*
*Professor I. I. Rabi is the discoverer of the magnetic resonance method. This is a completely new and ingenious method for the measurement of magnetic moments of nuclei and hyperfine structure levels. In collaboration with his students Professor Rabi confirmed Stern's result concerning the determination to an entirely unexpected degree, and measured also the magnetic moment of more than a dozen other nuclei, with an accuracy of at least one tenth of one per cent. Their data cannot fail to be of fundamental importance for any theory of nuclei. A further and perhaps the most outstanding product of the application of Rabi's method is his discovery of the quadrupole moment of the deuteron.*
*Rudolf Ladenburg, H. P. Robertson, G. Shenstone, Albert Einstein, E. P. Wigner, H. P. Smyth*

Pauli schlug für das Jahr 1940 Otto Stern gemeinsam mit Isidor Rabi vor. Auch Rabi hielt er für preiswürdig, da es ihm gelang, erstmals das elektrische Quadrupolmoment des Deuterons zu messen.

Standort: [NOB]. Nominierungen Physik für 1940, Dokumentnummer: **[1174/13.01.1940]**

*Inkom den 13.1.1940* *Zürich, 3 Jan. 1940*

*Geehrtes Nobelkomitee für Physik,*

*Laut Ihrer Zusendung vom Sept. 1939 fragen Sie mich an, einen Vorschlag für den physikalischen Nobelpreis des Jahres 1940 zu überreichen. Ich schlage vor, den Preis zu gleichen Teilen an*

*Prof. O. Stern, Pittsburgh, Pa. (Carnegie Institute of Technology)*
*Prof. I. I. Rabi, New York (Columbia University)*
*für ihre Untersuchungen über Molekularstrahlen zu verteilen.*

*Ich habe Prof. O. Stern bereits für den Nobelpreis für Physik des Jahres 1938 vorgeschlagen und möchte hinsichtlich der Begründung seiner Verdienste auf meinen damaligen Brief verweisen. Was mich veranlasst, meinen damaligen Vorschlag durch Hinzunahme von Prof. I. I. Rabi an gleichberechtigter Stelle zu modifizieren, ist Rabi's Entdeckung des elektrischen Quadrupolmomentes des Deuterons im Jahr 1939. (Siehe I. I. Rabi u. Mitarbeiter. Phys. Rev. 55 , 316, 1939). Dieses mittels der auf Stern zurückgehenden und von Rabi seit vielen Jahren vollkommneten Molekularstrahl-Methode erhaltene Resultat ist von der grössten Bedeutung für die Theorie der Kernkräfte und der neuen materiellen Elementarteilchen (Mesotronen) und hat diese bereits zu neuen Untersuchungen angeregt.*

*Hochachtungsvoll W. Pauli*

Gregor Wentzel schlug 1940 Stern an erster Stelle und etwas zurückgesetzt Pauli für den Nobelpreis vor. Sehr ausführlich würdigte er die großen Leistungen von Wolfgang Pauli.

Dirk Coster nominiert für 1940 sieben Kandidaten, darunter Otto Hahn und Lise Meitner und er wiederholte seine Nominierung für Stern und Gerlach als Paar.

Standort: [NOB]. Nominierungen Physik für 1940, Dokumentnummer: **[1175/24.01.1940]**

*Inkom den 24.1.1940* *Groningen, den 22. Januari 1940*

*Kungl. Vetenskapsakademiens Nobelkommitté för fysik Stockholm 50.*

*Till svar på Kungl. Svenska Vetenskapsakademien inbjudning att inkomma med förslag till utdelning av Nobelpriset i fysik för 1940 har undertecknade äran att framställa det föl jande:*

*1. I sista tiden har Nobelpriset i fysik i flesta fallen tagit av undersökare som ha bearbtat alldeles nya områder ock upptäckt nya processer, eller som ha påvisat existensen av nya småpartiklar. Om man önskar fortsätta denna vackra tradition, skulle jag föreslå:*

*a. H. Yukawa för upptäckten av det tunga elektron (meson) som har blivit publicerad för första gången i Proc. physic. math. Soc. Jap. 19, 1939 (siden 48).*

*b. O. Hahn och sina medarbetare, särskilt L. Meitner för Kärnans klyfvande. Arbeten ha blivit publicerade i Naturwissenschaftens sista årgånger. (Jag nämnar L. Meitner, oaktat hon ej var närvarande vid egentliga upptäckten, därför att hon har varit med i hela föregående arbeitet, så att resultatet bör anaes också vara hennes om hon icke var med i det sista till följd av tillfälliga omständigheter).*

*2. Om int e endast undersökningar pä alldeles nytt område, men också sådana som med stor fackkunnighet bearbeta ett större me reller mindre avrundat fysiskt ämne, komma I fråga, särskilt när resultaterna äro synnerligt betydliga – så skulle jag föreslå: W. J. de Haas och W. H. Keesom, direktöerna av fysiska Institutionen i Leiden (Holland) för deras arbeten vid låga temperaturer, särekilt detta om fast helium, flytande heliums båda tillståndoch extremt låga temperaturernas förverklingende genom adiabatik demagnetisering. Arbeten ha me rendels blivit publicerade i tidskrift Physica I – VI (1933 – 1939).*

*3. Jag vet icke hur begreppet „äldere arbeten" bör upp-Fattas. Av ie arbeten som inte datera från de allra senaste år, utan att därför künna kalles gamla vill jag i första rummet framhålla:*

*a. W. Pauli för hans upptäckt av det s. k. Pauli-principet, so mär av den största betydelsen för insikten i atomens struktur (publiceral Zeitschrift für Physik 31, 765, 1925 ).*

*b. Vidare komma här i fråga O. Stern, Princeton University, Amerika, och W. Gerlach, München, för experimentellt bevisande av „Richtungsquantelung" hes atomarna i ett magnetiskt fält. (Zeitschrift für Physik, 9, 349, 1922).*

*Högaktningsfult D. Coster*

Gregor Wentzels Nominierungsbrief für den Nobelpreis 1940 lautete:

Standort: [NOB]. Nominierungen Physik für 1940, Dokumentnummer: **[1176/24.01.1940]**

*Inkom den 24.1.1940* *Zürich, 19. Jan. 1940*

*An das Nobelkomitee für Physik, Stockholm*

*Sehr geehrte Herren,*

*Indem ich Ihnen bestens danke für die ehrende Einladung Ihnen einen Vorschlag für den physikalischen Nobelpreis des Jahres 1940 zu überreichen, erlaube ich mir, eingangs an den Vorschlag zu erinnern, den ich Ihnen vor zwei Jahren für die Verleihung des Preises für 1938 unterbreiten durfte, und der als Preisträger Herrn Prof. Dr. Otto Stern, Carnegie Institute of Technology, Pittsburgh, Pennsylvania USA, empfehle, auf Grund seiner Verdienste um die Entwicklung der Molekularstrahlmethode, insbesondere für seine Messung des magnetischen Moments des Protons. Die grosse Bedeutung dieser Untersuchungen hat sich auch in den letzten Jahren wieder bestätigt, z. B. durch die Erfolge, die Stern's Schüler I. I. Rabi und seine Mitarbeiter mit Hilfe der grossenteils von Stern entwickelten experimentellen Methoden erzielen konnten.*

*Sollten die Mitglieder des Nobelkomitees für Physik der Meinung sein, dass diesmal auch ein Physiker theoretischer Richtung für die Auszeichnung durch den Nobelpreis in Betracht käme, so scheint mir Herr Dr. Wolfgang Pauli, Professor für theoretische Physik an der Eidgenössischen Technischen Hochschule Zürich, an erster Stelle diese Ehrung zu verdienen. Zwar liegen die grössten Leistungen Pauli's schon etwa 15 Jahre zurück, sie traten damals, vielleicht unverdienterweise etwas in den Hintergrund gegenüber den glänzenden Erfolgen von … de Broglie,*

*Heisenberg, Schrödinger und Dirac. Während aber die Arbeiten dieser Forscher die Entwicklung der Quantenmechanik einem vorläufigen Abschluss entgegenführten, sind die Hauptarbeiten Pauli's dadurch ausgezeichnet, dass sie Probleme auf lange Sicht stellten und damit die weitere wissenschaftliche Entwicklung in ungewöhnlichem Masse befruchteten. So hat Pauli als erster die Hyperfeinstruktur der optischen Spektrallinien als eine Wirkung des Kernspins erkannt und damit einen Weg zur Erforschung des Baus der Atomkerne erschlossen, der auch gegenwärtig noch mit andern kernphysikalischen Forschungsmethoden unsere Kenntnisse hinsichtlich des Kernbaues wesentlich bereichert hat. Ähnliches gilt von einem anderen Beitrag Pauli's zur Kernphysik, der Aufstellung der sogenannten Neutrino-Hypothese*[a] *des β-Zerfall*[b]*, welche nach wie vor die einzige befriedigende Deutung der β-Umwandlung darstellt; die auf ihr beruhenden quantitativen Theorien Fermi's und anderer kamen zu zahlreichen experimentellen Untersuchungen über die Form der kontinuierlichen β-Spektren und dergleichen Anlass gegeben, die immer noch erweitert und verbessert werden, ebenso wie die Versuche zum Nachweis des Neutrino-Rückstosses am zerfallenden Atomkern. Es kann kein Zweifel sein, dass die -Umwandlung noch auf einige Zeit ein zentrales Problem der Kernphysik bleiben wird, als welches sie von Pauli schon in einem frühen Zeitpunkt erkannt worden ist.*

*Seine fruchtbarste Anregung gab Pauli mit der Entdeckung des nach ihm benannten Ausschlussprinzips. Dieses Prinzip, dessen Gültigkeit für die Elektronen von Pauli zuerst aus spektroskopischen Daten herausgelesen wurde, kann heute hinsichtlich seiner fundamentalen und umfassenden Bedeutung wohl am ehesten mit den Hauptsätzen der Thermodynamik verglichen werden. Auf ihm beruht die Fermi-Dirac'sche Statistik, welcher bekanntlich nicht nur die Elektronen unterworfen sind (es sei an die Metallelektronen erinnert: Pauli's Theorie des Paramagnetismus der Metalle und Sommerfeldsche Theorie der metallischen Leitung etc.) Von grösstem Interesse ist zurzeit das Problem des Zusammenhangs des Ausschlussprinzips mit der Quantentheorie. Zuerst schien das Pauli-Prinzip, obwohl es von Heisenberg und Dirac formal in das System der Wellen- oder Quantenmechanik eingegliedert werden konnte, etwas grundsätzlich Neues, d. h. der Quantenmechanik Fremdes zu sein. Demgegenüber hat sich Pauli in den letzten Jahren immer wieder bemüht mit Hilfe spezifisch quantentheoretischer Ueberlegungen zu erklären, warum Partikeln mit halbzahligem dem Ausschliessungsprinzip, Partikeln mit ganzzahligem Spin dagegen der Bose-Einstein-Statistik unterworfen sind*[5]*. Die vollständigste Antwort auf diese gibt Pauli in seinem noch unpublizierten Bericht zum 8. Solvay-Kongress, der im Oktober letzten Jahres hätte stattfinden sollen und wegen des Krieges verschoben werden musste. Hier stützt sich Pauli auf die Forderung, dass zwei Messungen beliebiger physikalischer Grössen, die gleichzeitig an verschiedenen Orten ausgeführt werden, einander nicht stören dürfen, da ja unendliche Signalgeschwindigkeiten verboten sind. Auf Grund dieses Postulats und mit Hilfe der relativistischen Quantentheorie der Wellenfelder kann Pauli zeigen, dass Partikeln mit ganzzahligem Spin nur nach Bose-Statistik, Partikeln mit halbzahligem Spin dagegen nur nach [dem] Ausschliessungsprinzip quantisiert werden können, da nämlich die Anwendung des Ausschliessungsprinzips auf Teilchen mit ganzzahligem Spin zu direkten mathema-*

*tischen Widersprüchen führt, während im Falle halbzahligen Spins die Forderung, dass die Energie keine negativen Werte annehmen darf, nur im Rahmen der auf dem Pauli-Prinzip beruhenden Dirac'schen Löcherhypothese erfüllt werden kann. Hiermit ist der empirisch wohlbekannte Zusammenhang zwischen Spin und Statistik zum ersten Mal in vollständiger und einwandfreier Weise auf Grundsätze der Relativitäts- und Quantentheorie zurückgeführt. Dieses Ergebnis ist als ein ganz grosser Fortschritt zu werten: gleichzeitig zeigt es, dass das Ausschlussprinzip Pauli's bis heute Gegenstand erfolgreicher physikalischer Forschung geblieben ist. Schliesslich sei es mir erlaubt, auf die sonstigen vielseitigen Verdienste Pauli's um die Entwicklung der theoretischen Physik hinzuweisen, wenn diese auch für Ihre Beurteilung weniger ins Gewicht fallen mögen. Ich erwähne seine Arbeiten über Relativitätstheorie[6], Quantenstatistik[7], Magnetismus und Zeeman-Effekt[2+8], ferner an seine wellenmechanische Theorie des Spin-Elektrons[9], die ein Vorläufer der Dirac'schen relativistischen Wellenmechanik des Elektrons war und als unrelativistische Approximation derselben immer noch viel verwendet wird, und an seine wichtigen Beiträge zur Quanten-Elektrodynamik[10]. Neben diesen veröffentlichten Arbeiten sollen auch die zahlreichen Bemerkungen Pauli's nicht vergessen sein, die sich wie die oben genannte Neutrino-Hypothese, lediglich durch persönliche Mitteilungen verbreitet haben. Unter Pauli's Freunden ist wohl keiner, der seinen Anregungen, Ratschlägen und Kritiken nicht viel zu verdanken hat.*
*In erster Linie ist es aber die Entdeckung des Ausschliessungsprinzips und die daran anknüpfende Erforschung des Zusammenhangs zwischen Statistik und Spin, welche eine Ehrung Pauli's durch die Erteilung des Nobelpreises nach meiner Meinung in hohem Masse gerechtfertigt erscheinen lassen.*

*Mit dem Ausdruck vorzüglicher Hochachtung*

*Ihr sehr ergebener G. Wentzel*

[a] *Naturwissenschaften 12, 741 (1924)*
[b] *Zuerst veröffentlicht durch Fermi; Ricerca Scientifica 2, Nr. 12 (1933) und ZS f. Phys. 58,161 (1934)*
[3] *ZS.f.Phys. 31, S. 765, 1925*
[4] *ZS.f.Phys. 41, S. 81, 1927*
[5] *Pauli und Weisskopf: Helvetica Physica Acta 7, S. 709, 1934 und Pauli: Annales de l'Institut Henri Poincaré 6, S. 137, 1936*
[6] *Encykl. d. mathem. Wissenschaften V, 2.*
[7] *Zs:f. Phys. 18, S. 272, 1923. Pauli und Fierz: ZS.f.Phys. 106, S. 572, 1937*
[8] *Pauli: ZS.f.Phys. 2 S. 301, 1920; 16, S. 155, 1923; 20, S. 371, 1924*
[9] *ZS.f.Phys. 43, S. 601, 1927*
[10] *Jordan und Pauli: ZS.f.Phys. 47, S. 151, 1928, Heisenberg und Pauli: Zs. f. Phys. 56, S. 1, 1929; 59, S. 168, 1930; Pauli und Fierz: Nuovo Cimento März 1938*

Gibbs und Bethe schlugen in ihrem gemeinsamen Antrag Stern und Rabi vor und würdigten Sterns Leistungen so:

Standort: [NOB]. Nominierungen Physik für 1940, Dokumentnummer: **[1177/27.01.1940]**

*For their development of the method of molecular beams and their accurate measurement of magnetic and electric moments of atomic nuclei.*

*The importance of a determination of the spin and the magnetic and electric moments of atomic nuclei for an ultimate understanding of nuclear structure can hardly be overestimated. The discovery by Stern in 1933 that the magnetic moment of the proton is much larger than one nuclear magneton was the first evidence that the proton is not the simple particle it had been supposed to be. The discovery of the quadrupole moment of the deuteron by Rabi in 1939 was the first, and so far the only, evidence that nuclear forces are not simple central forces.*

*Inkom den 27.1.1940* *Rockefeller Hall, January 5, 1940*

*The Nobel-Committee for Physics* *Stockholm 50 (Sweden)*

*Dear Sirs,*

*We have the honor to propose that the Nobel Prize for 1940 be awarded to:*

*Dr. Otto Stern, Research Professor in Physics at the Carnegie Institute of Technology, Pittsburgh,*

*and*

*Dr. Isidor Isaac Rabi, Professor of Physics at Columbia University, New York,*

*For their development of the method of molecular beams and their accurate measurement of magnetic and electric moments of atomic nuclei.*

*The importance of a determination of the spin and the magnetic and electric moments of atomic nuclei for an ultimate understanding of nuclear structure can hardly be overestimated. The discovery by Stern in 1933 (References 10, 11 of the attached bibliography) that the magnetic moment of the proton is much larger than one nuclear magneton was the first evidence that the proton is not the simple particle it had been supposed to be. The discovery of the quadrupole moment of the deuteron by Rabi in 1939 (Reference 15) was the first, and so far the only, evidence that nuclear forces are not simple central forces. The accurate measurements of the magnetic moments of proton and deuteron by Rabi (Reference 15) and of the moment of the neutron by Alvarez and Bloch (to appear in Phys. Rev. Jan. 15, 1940) have demonstrated that the moments of neutron and proton are very nearly additive in the deuteron; and this shows most directly that it is justified to consider protons and neutrons as constituents of the nucleus.*

*Rabi's accurate measurements of the magnetic moments of slightly heavier nuclei, from lithium up to fluorine (References 12 – 14) have given much information about the structure of these nuclei and will prove even more valuable when nuclear theory is more developed. In fact, spin and moment are the only quantities (besides the more energy) characterizing a nuclear energy level which can be measured directly (rather than inferred from collision experiments whose interpretation is always very complicated; and it is to expected that they will play the same role in the interpretation of nuclear structure as spin and Zeeman effect did in the unraveling of atomic spectra.*

*The discovery and development of the molecular beams method, as well as its first application to the measurements of nuclear moments, are due to Stern. The perfection of the method to permit precision measurements of nuclear moments and these measurements themselves of nuclear moments and these measurements themselves are due Rabi. The method dates back to 1921 when Stern devised the method (reference 1) and made the first experiments together with Gerlach (References 2 – 4). These experiments which demonstrated the space quantization were in themselves of greatest importance; but the full value of the method for physical research can only be appreciated now after so many fundamental results have been obtained about atomic nuclei. This would fully justify, in our opinion, the award of the Nobel Prize to Stern so long after his first experiments.*
*The method of molecular beams was constantly improved by Stern in his laboratory in Hamburg, 1924 – 1933 (References 5 – 9). He discovered the diffraction of atoms by reflection from crystals and thus proved the existence of the de Broglie waves for atoms soon after Davisson and Germer had proved it for electrons. It was also in Hamburg that he discovered that the magnetic moment of the protons is between 2 and 3 times the expected value of one nuclear magneton (References 10 – 12).*
*Rabi has developed the method to extreme precision. While in 1921 an accuracy of 10 per cent for the magnetic moment of the electron seemed excellent, Rabi's latest determinations of the proton moment which is a thousand times smaller is accurate to 0.2 per cent. This precision has been achieved by ingenious application of theoretical considerations to the developments of the experimental method, combined with persistent pursuit of investigations which he had recognized as fundamental. The precise determination of molecular magnetic moments, and the discovery of the electric quadrupole moment of the deuteron have been accomplished in the last two years (1938 – 39). Quite recently (Reference 16) Rabi has further developed the method to measure small hyperfine structure intervals with a precision of 0.01 per cent and has shown that the interaction between nuclear spin and electrons can be accurately described by pure magnetic interaction.*

*Respectfully submitted R. C. Gibbs H. A. Bethe*

*Bibliography of Significant Papers by Otto Stern*

*1. Stern, Ein Weg zur experimentellen Prüfung der Richtungsquantelung im Magnetfeld. Z. Physik, 7, 249–253 (1921)*
***2.** Gerlach and Stern, Der experimentelle Nachweis des magnetischen Moments des Silberatoms. Z. Physik, 8, 110–111 (1921)*
***3.** Gerlach and Stern, Der experimentelle Nachweis der Richtungsquantelung im Magnetfeld. Z. Physik, 9, 349–352 (1922)*
*4. Gerlach and Stern, Das magnetische Moment des Silberatoms. Z. Physik, 9, 353–355 (1922)*
*5. Stern, Zur Methode der Molekularstrahlen I. Z. Physik, 39, 751–763 (1926)*
*6. Friedrich Knauer und Otto Stern, Zur Methode der Molekularstrahlen II. Z. Physik, 39, 764–779 (1926)*
*7. Knauer and Stern, Der Nachweis kleiner magnetischer Momente von Molekülen. Z. Physik, 39, 780–786 (1926)*
*8. Stern, Bemerkungen über die Auswertung der Aufspaltungsbilder bei der magnetischen Ablenkung von Molekularstrahlen. Z. Physik, 41, 563–568 (1927)*
*9. Phipps and Otto Stern Über die Einstellung der Richtungsquantelung, Z. Physik, 73, 185–191 (1932)*
*10. Frisch and Stern, Über die magnetische Ablenkung von Wasserstoffmolekülen und das magnetische Moment des Protons I. Z. Physik, 85, 4–16 (1933)*
*11. Estermann and Stern, Über die magnetische Ablenkung von Wasserstoffmolekülen und das magnetische Moment des Protons II. Z. Physik, 85, 17–24 (1933)*
*12. Estermann and Stern, Über die magnetische Ablenkung von isotopen Wasserstoffmolekülen und das magnetische Moment des „Deutons". Z. Physik, 86, 132–134 (1933)*
*13. Estermann and Stern, Magnetic Moment of the Deuteron, Phys. Rev. 45, 761 (1934)*
*14. Estermann, Simpson, and Stern, Magnetic Moment of the Proton, Phys. Rev. 52, 535 (1937)*
*15. Stern, A new method for the measurement of the Bohr magneton. Phys. Rev., 51, 852–854 (1937)*[118]

Eric Hulthén, Mitglied des Nobelkomitees, kam 1940 in seinem ca. 20-seitigen Gutachten zu dem Schluss, dass Stern und Rabi durch ihre hervorragenden Forschungsarbeiten auf dem Gebiet der Molekularstrahltechnik und deren Anwendungen würdige Kandidaten für den Nobelpreis in Physik wären. Obwohl Stern 1940 14-mal vorgeschlagen wurde und schon insgesamt einschließlich 1940 75 Nominierungen erhalten hatte, entschied das Nobelkomitee (Henning Pleijel, Axel E. Lindh, Manne Siegbahn, Carl Wilhelm Oseen und Eric Hulthén) am 5. September 1940, eine mögliche Nobelpreisverleihung an Stern und Rabi ins nächste Jahr zu verschieben.

[118] In der Nominierung von Gibbs und Bethe finden sich noch sehr kurze Lebensläufe von Stern und Rabi und außerdem eine Referenzenliste (16 Papers) über Rabis signifikante Arbeiten.

Friedman [FRIEDMAN2001] schreibt dazu:

Standort: [FRIEDMAN2001] Dokumentnummer: **[1178/00.02.1940]**

*Oseen fand immer Gründe, Stern den Preis nicht zu geben. 1934, zum Beispiel, wies er hin auf die Unterschiede zwischen Sterns Messergebnis und Diracs Vorhersage. Wie in früheren Jahren, Oseen war für Abwarten, ein Warten, das kaum zu rechtfertigen war. Es ist wahr, dass das magnetische Moment des Protons ein Puzzle war, aber Sterns Messung wurde später als richtig bestätigt, aber dies hatte eigentlich nichts mit Sterns früheren Leistungen zu tun. Falls die Unsicherheit und Misstrauen in Sterns letzte Messungen Sterns frühere Leistung getrübt hätte, warum wurde er so oft nominiert? Seine Preiswürdigkeit wurde Jahr für Jahr durch viele Nobelpreisträger bestätigt. Eine überraschende Anerkennung von Sterns Exzellenz kam 1929 von Johannes Stark. Sterns jüdische Abstammung war bekannt wie auch Starks extremer Antisemitismus, Starks Unterstützung der Nazis und Abneigung gegen die Quantentheorie. Doch Stark, wie viele andere, anerkannten die Schönheit und Genialität der Sternschen Experimente. Aber Oseen, „welcher geringschätzender schreiben kann als irgend ein anderer", konnte nicht überzeugt werden. Als Stern den Preis ein Jahrzehnt später erhielt, da war es schon zu spät.... Seine Forschungskarriere war zu Ende.*

Auch 1941 und 1942 wurden keine Nobelpreise für Physik vergeben. Die Nominierungen gingen ab 1940 stark zurück. Aus Deutschland kam für die Jahre 1938 bis einschließlich 1945 kein einziger Vorschlag mehr. Erst in 1946 haben Max von Laue und Max Planck wieder jeweils einen Vorschlag eingereicht.

Für das Jahr 1941 erhält Stern zwei Nominierungen von Carl David Anderson und Gregor Wentzel, die im Inhalt, was Otto Stern betrifft, sich auf die Nominierungen der Vorjahre bezogen.

Standort: [NOB]. Nominierungen Physik für 1941, Dokumentnummer: **[1179/22.01.1941]**

*Inkom den 22.1.1941* *Pasadena, Cal. December 3, 1940.*
*Professor H. Pleijel, Nobelkommittén för Fysik Kungl. Vetenskapsakademien Stockholm, Sweden.*

*Dear Professor Pleijel:*

*I should like to nominate for your consideration for the Nobel Prize for Physics in 1941, O. Stern for the Stern-Gerlach experiment, and I. Rabi for his determination of the magnetic moment of the proton.*

*For your consideration I suggest also for the award in Physics, S. H. Neddermeyer for the discovery of the mesotron. A summary of this work is given in the enclosed article, Review of Modern Physics, 11, 191, (1939).*

*I should like also by suggest for the award in Chemistry, O. Hahn and L. Meitner for their discovery of the fission of uranium, and their work leading to this discovery.*

*Sincerely yours, Carl D. Anderson*

Gregor Wentzel wiederholte seine Nominierung für Stern auch für 1941.

Standort: [NOB]. Nominierungen Physik für 1941, Dokumentnummer: **[1180/27.01.1941]**

*Inkom den 27.1.1941* *Zürich, 17. Januar 1941.*

*An das Nobelkomitee für Physik, Stockholm.*

*Sehr geehrte Herren,*

*Ich danke Ihnen verbindlichst für die mich ehrende Einladung, Ihnen einen Vorschlag für die Erteilung des physikalischen Nobelpreises 1941 zu überreichen. Da durch die Presse bekannt wurde, dass der Preis pro 1940 nicht verteilt wurde, bitte ich Sie, meinen letztjährigen Vorschlag aufrechterhalten und auf diesen verweisen zu dürfen.*

*Mit dem Ausdruck grösster Hochachtung*

*Ihr sehr ergebener G. Wentzel*

Für das Jahr 1943 erhielt Stern drei Nominierungen von Edoardo Amaldi/Rom, Carl David Anderson und Gregor Wentzel. Letztere Nominierung von Wentzel wurde in der älteren veröffentlichten Liste des Nobelarchivs von Elisabeth Crawford (2002) nicht aufgeführt. Die Aufstellung der Nobelpreisnominierungen auf der jetzigen Webseite des Nobelarchivs (2016) enthält jedoch Wentzels Nominierung von 1943. Wenn man diese Nominierung mitzählt, kommt Otto Stern nach offizieller Nobelarchivliste auf insgesamt 82 Nominierungen. Im Jahre 1943 kommt es zu keiner Nobelpreisentscheidung. Die Preisvergabe für 1943 wird erst im September 1944 entschieden.

Amaldi setzte Stern zusammen mit Rabi an die erste Stelle und schrieb:

Standort: [NOB]. Nominierungen Physik für 1943, Dokumentnummer: **[1181/31.10.1942]**

*Inkom den 31.10.1942* *Rome 15th. 10. 1942*

*The Nobel-Committee for Physics Stockholm 50 (Sweden)*

*Dear Sirs,*

*I thank you for the honor of asking me to propose a name for the Nobel Prize for Physics for 1943.*

*I propose O. Stern in Pittsburg[h] U.S.A., and I. I. Rabi in New York U. S. A. for their fundamental contribution and discoveries, by means of the molecular rays method, to the knowledge of the magnetic properties of atoms and nuclei.*

*Prof. O. Stern has given a tremendous impulse to the development of the molecular rays method by which he first was to found direct experimental evidence of special quantization of atoms. Many other fundamental problems of atomic physics have been attacked by O. Stern by this method; we remember the experimental proofs of the maxwellian velocities distribution of molecules and of the diffraction of molecules on crystal surfaces, and the first measurement of the magnetic moments of proton and deuteron.*

*Prof. I. I. Rabi has further developed the molecular rays method attaining the highest degree of experimental refinement. Besides many important experiments on the magnetic moments of atoms, Rabi has developed the resonance method by which he and his associates were able to perform high-precision measurements of a larger number of nuclear magnetic moments. Among the many results we remember the precision measurements of the magnetic moments of proton and deuteron and the discovery of the electric quadrupole moment of the deuteron, which is of fundamental importance for the problem of nuclear forces.*

*With many regards*
*Sincerely yours* *Edoardo Amaldi*

Ebenso wiederholte 1943 Wentzel seine Nominierung für Stern zusammen mit Pauli und schrieb:

Standort: [NOB]. Nominierungen Physik für 1943, Dokumentnummer: **[1182/09.01.1943]**

*Inkom den 9.1.1943* *Prof. G. Wentzel , Physik, Institut der Universität, Zürich.*
*Zürich, 5. Januar 1943*

*An das Nobelkomitee für Physik, Stockholm.* *Betr. Nobelpreis für Physik 1943.*

*Sehr geehrte Herren,*

*Sie beehrten mich abermals mit der Aufforderung, Ihnen einen Vorschlag für den physikalischen Nobelpreis zu überreichen. Da in den letzten Jahren, in denen keine Preiserteilung ausgesprochen wurde, keine überragenden physikalischen Entdeckungen bekannt geworden sind, sehe ich keinen Anlass, meinen letzten ausführlichen Vorschlag, der unter dem 19. Januar 1940 datiert war und der die Namen O. Stern und W. Pauli nannte, abzuändern oder zu erweitern, und ich erlaube mir daher, auf diesen früheren Vorschlag zu verweisen.*

*Bezüglich meines dortigen Berichtes über die Arbeiten von Herrn W. Pauli möchte ich ergänzend bemerken, dass die auf S. 3 meines Schreibens erwähnte Arbeit über den Zusammenhang zwischen Spin und Statistik, die damals erst in einem unpublizierten Solvay-Bericht vorlag, inzwischen im Druck erschienen ist, nämlich in Physical Review 58 , S. 716, 1940.* *Mit dem Ausdruck vorzüglicher Hochachtung*

*Ihr sehr ergebener* *G. Wentzel*

Eine weitere Nominierung für Stern sandte Hannes Alfen und setzte Stern an die zweite Stelle. Er schrieb:

Standort: [NOB]. Nominierungen Physik für 1943, Dokumentnummer: **[1183/16.01.1943]**

*Inkom den 16.1.1943*

*Till Kungl. Vetenskapsakademiens Nobelkommitté för Fysik*

*Som svar på Eder inbjudan att inkoma med förslag till ut-delning av Nobelpriset i fysik för år 1943 får jag anföra föl- jande.*

*Vilka nama, som böra nåmaas, beror i hög grad på hur stor vikt som lägges vid att arbetena skola vara utvörda, eller först beaktade, under sista tiden. Om denna bestämmelae ej anses na avgörande betydelse, blir frågna närmast, vilka nu levande, icke med Nobelpris belönade vetenskapsmån, som ära mest framstände. Enligt min mening ära dessa:*

1. *P.W. Bridgeman Genom sina experimentella undersökningar har han brutit upp ett nytt område inom vetenskapen, de höga tryckens fysik. Detta ligger visserligen något på sidan av de områden som äro mest „aktuella" inom fysiken, men det torde dock ha an så stor betydelse och Bridgemans insats torde vara av en så hög kvalité, att en prisbelöning år mycket välmotiverad.*
2. *O. Stern . Hans undersökninger av molekylstrålar ha varit av avgörande betydelse fär atomteoriens utweckling, och de mycket svära arbetena äro utförda på ett sätt som visar att han är en av världens skickligaste experimentalfysiker.*

*Om däremet den ovan nämada bestämmelsen har avgörande betydelse, måste man i stället göra sig den frågan, vilka de viktigaste händelserna inom fysiken på sista tiden äro. Enligt min mening äro dessa:*

1. *Upptäckten att vissa bestämda kärareaktioner kunna förklara energialstringen i stjärnorna. Detta är ett vackert exempel på hur tvä från början tillsynens vitt skilda vetenskaper, stjärnfysik och kärnfysik, förenas i lösandet av en av fysikens stora gåtor. Resultatet har håtts genom samarbete mellan många fysiker. Bl. A. Gamow, Bethe och Weizsäcker. Om hänsyn tage still deras allmänna vetenskapliga kvalivikationer, torde endast G. Gamow komma ifråga för prisbelöning.*
2. *Konstruktionen av en ny apparat för att åstadkomma mycket energirika elektroner. Det har lyckats D. W. Kerst att i en „induction electron accelerator" accelerera elektroner med ett induktionsfällt. Redan i en rapport i Phys. Rev. 59 p. 110 (jan . 1941) hade han nått 2,35 MeV. Metoden tillåter mycket högre värden, och man torde kunna vänta, att denna apparat I framtidden får en betydelse som kan jåmförnas med cyclotronens. Kerst synes vål ha förtjänat att prisbelönan.*

*Stockholm den 12 januari 1943 Hannes Alfvén*

1944 im Januar noch rechtzeitig vor der „Deadline" der Nominierungsabgabe am 31.01.1944 gingen die Nominierungsbriefe von Manne Siegbahn (der auch Walther Gerlach vorschlug) und Gregor Wentzel (er schlug außerdem Wolfgang Pauli vor) ein. Der Nominierungsvorschlag von Hendrik A. Kramers kam erst am 09.02.1944 an und wurde daher für das Jahr 1945 gezählt. Da die Beratungen über die Nobelpreisvergaben für 1943 und 1944 aber erst einige Zeit später begannen, konnte Kramers Nominierung mit berücksichtigt werden.

Wentzel schrieb 1943:

Standort: [NOB]. Nominierungen Physik für 1944, Dokumentnummer: **[1184/21.01.1944]**

*Inkom den 21.1.1944.* *Zürich, 6. Januar 1944.*
*An das Nobelkomitee für Physik, Stockholm.*
*Betr. Nobelpreis für Physik 1944.*

*Sehr geehrte Herren,*

*Ich muss Sie bitten mich zu entschuldigen, wenn ich mich auch diesmal – wie schon letztes Jahr – ausserstande sehe, Ihnen einen neuen Vorschlag für die Erteilung des Physik-Nobelpreises zu unterbreiten. Es ist mir keine neue physikalische Arbeit bekannt geworden. Die mir des hohen Preises würdig schiene, wozu ich freilich bemerken muss, dass z. B. die amerikanische Literatur seit Mai 1942 nicht mehr in die Schweiz gelangt ist und mir daher nicht zugänglich war.*

*Dagegen möchte ich an meinen früheren Vorschlägen (O. Stern und W. Pauli) festhalten, eventuell auch für den Physikpreis pro 1944, und ich gestatte mir, bezüglich der Begründung auf meine früheren Eingaben (Briefe vom 27. Jan. 1938, 19. Jan. 1940 und 5. Jan. 1943) zu verweisen.*

*In ausgezeichneter Hochachtung*
*Ihr sehr ergebener G. Wentzel .*

Auffallend ist, dass Siegbahns Nominierung keinerlei Begründung enthält. Da er aber ein sehr einflussreiches Mitglied des Nobelkomitees war, konnte er seine Argumente direkt im Nobelkomitee vortragen.

Standort: [NOB]. Nominierungen Physik für 1944, Dokumentnummer: **[1185/31.01.1944]**

*Inkom den 31.1.1944*

*Till Nobelkommiteen för Fysik.*

*Med hänvisning till tidigare väckta förslag får jag härmed till 1943 och 1944 års Nobelpris I fysik föreslå dels Herrar Stern och Gerlach dels herr Rabi.*

*Stockholm 31/1 1944. Manne Siegbahn*

Kramers Nominierungsbrief für 1944 kam erst im Februar 1944 in Stockholm an.

Standort: [NOB]. Nominierungen Physik für 1945, Dokumentnummer: **[1186/09.02.1944]**

*Inkom den 9.2.1944* *27. Januar 1944*

*Til det Kogl. Vetenskaps akademiens*
*Nobelkommitté för Fysik.*

*Med stor Glaede imødekommer jeg Deres aerefulde Opford- ring om at indsende Foreslag til Kandidater for Nobelpraemien for Fysik 1944.*

*Efter min Opfattelse kommer først og fremmest i Betragtning:*
*Wolfgang Pauli for den teoretiske Fysiks Vedkommende og Otto Stern og Otto Hahn for den experimentelle Fysiks Vedkommende. Pauli's berømteOpdagelse af det efter ham opkaldte Udelukkelse-princip daterer allerede fra 1925, men Opdagelsens Historie og dens Betydning for den teoretiske Fysiks senere Udvikling berettiger efter min Mening fultud, at Nobelpraemien bliver ham tilkendt. Jeg behover ikke at forklare Dem naermere hvor hoj Standarden og Betydningen af Pauli's andre Arbejder paa den teoretiske Fysiks Omraade er. Her vil jeg kun erindre om den af ham indførte Opfattelse af et Metal ved lave Temperatur ( enn siden blev verifieret af Keesom), og samtidigt gav han Grundlaget for Sommerfeld's og Bloch's senere Arbejder om Metallernes elektrinke Ledningsevene.*

*Hes Stern taenker jeg naturligvis paa hans smukke Eksperimenter med Molekularstraaler, som han - til trods for alle Vanskeligheder – gennemførte med stor Kraft for at tillvinge sig et Svar paa flere af den moderne Fysiks vigtigste Spergsmaal. Man kunde naturligt taenke sig, at lade hame dele Prisen med Rabi, men i Betragtning af at Tanken som var Grundlaget for det nye hos Rabi igen var blevet inspireret af min Landsmand C. J. Gorter – er Stern's personlige Fortjeneste i Sammenligning saa stor (selv om hans Arbejder naesten altid blev publiceret sammen med andere: først Gerlach, senere Knauer, Estermann, Frisch o;s;v.) at jeg foretraekker at foreslaa Stern allene.*

*I Forhaabning om at jeg med ovenstaaende har vaeret Nobelkomiteen for Fysik behjaelpsom i dens vanskellige Opgave,*

*forbliver jeg med Højagtelse H. A. Kramers.*

## 3.2.2 Die Entscheidung des Nobelkomitees

Am 11. September 1944 besiegelte das Nobelkomitee mit den fünf Unterschriften von Henning Pleijel, Axel E. Lindh, Manne Siegbahn, Carl Wilhelm Oseen und Eric Hulthén, dass der Nobelpreis für Physik für das Jahr 1943 rückwirkend allein an Otto Stern verliehen wird. Isidor Rabi erhielt den Physikpreis für 1944, ebenfalls als alleiniger Preisträger. Eric Hulthén hatte die Gutachten erarbeitet. Die Nobelurkunde würdigt Stern wegen: „*FÖR HANS BIDRAG TILL UTVECKLINGEN AV MOLEKYLSTRALMETTODEN OCH UPPTÄCKETEN AV PROTONENS MAGNE-*

*TISKA MOMENT*" (Für seinen Beitrag zur Entwicklung der Molekularstrahlmethode und der Entdeckung des magnetischen Momentes des Protons). Obwohl das Stern-Gerlach-Experiment die „Sternstunde" aller Stern'schen Pionierexperimente war und Gerlach ohne Zweifel einen sehr großen Beitrag zu diesem Erfolg geleistet hatte und Gerlach dafür 30 Nobelpreisnominierungen für Physik erhalten hatte, wurde Gerlach bei der Preisvergabe nicht berücksichtigt. Im statistischen Mittel waren bis 1951 elf Nominierungen ausreichend, um den Physik-Nobelpreis zu erhalten. Man hätte den Preis teilen oder sogar dritteln können, denn ohne Sommerfelds Hypothese der Richtungsquantelung hätte Stern, so ist zu vermuten, das Stern-Gerlach-Experiment niemals durchgeführt. Obwohl auch Siegbahn als einflussreiches Mitglied des Nobelkomitee Gerlach 1944 mit vorgeschlagen hatte, wurde Gerlach dennoch nicht gewürdigt. Ob diese Entscheidung mit Gerlachs Rolle im Nazisystem als Bevollmächtigter des Reichsmarschalls für Kernphysik zu tun hatte, kann nicht belegt werden. Ab 1943 leitete Gerlach die Fachsparte Physik und die Arbeitsgemeinschaft für Kernphysik im deutschen Reichsforschungsrat. Zunächst war er Bevollmächtigter des Reichsmarschalls für Kernphysik für das deutsche Uranprojekt, ab 1944 Bevollmächtigter für Kernphysik[119].

Gerlach erfährt aber indirekt eine Mitwürdigung seiner Leistungen durch die Nobellaudatio, die von Eric Hulthén am 10.12.1944 im schwedischen Radio gehalten wird.

The Nobel Prize in Physics 1943: Presentation Speech by the Nobel Committee/Professor Eric Hulthén.

Standort: [NOB]. Nominierungen Physik für 1944, Dokumentnummer: **[1187/10.12.1944]**

*I shall start, then, with a reference to an experiment which for the first time revealed this remarkable so-called directional or space-quantization effect. The experiment was carried out in Frankfurt in 1920 by Otto Stern and Walter Gerlach, and was arranged as follows: In a small electrically heated furnace, was bored a tiny hole, through which the vapor flowed into a high vacuum so as to form thereby an extremely thin beam of vapor. The molecules in this so-called atomic or molecular beam all fly forwards in the same direction without any appreciable collisions with one another, and they were registered by means of a detector, the design of which there is unfortunately no time to describe here. On its way between the furnace and the detector the beam is affected by a non-homogeneous magnetic field, so that the atoms - if they really are magnetic - become unlinked in one direction or another, according to the position which their magnetic axes may assume in relation to the field. The*

[119] Nach einer privaten Auskunft von Dr. Joseph Georg Huber, der 2014 mit der Arbeit [HUBER2014] „Walther Gerlach (1889–1979) und sein Weg zum erfolgreichen Experimentalphysiker bis etwa 1925" an der Ludwig-Maximilians-Universität München promoviert hat, ist folgendes belegt: Gemäß einer Abschrift des Fragebogens des „Military Government of Germany" zum Spruchkammerverfahren war Gerlach nie Mitglied in der NSDAP oder einer anderen relevanten nationalsozialistischen Gliederung. Gerlach gibt Mitgliedschaften an in: „NSV" [Nationalsozialistische Volkswohlfahrt], „Deutsche Akademie München", „Reichsluftschutzbund", „Alpenverein", „Rotary Club" und „Verband der Hochschulen". Die Spruchkammer teilte ihm übrigens am 15.10.1947 mit, er sei „von dem Gesetz zur Befreiung von Nationalsozialismus und Militarismus vom 5. März 1946 nicht betroffen". Dies ist eine erstaunliche Tatsache, dass sich Gerlach in dieser herausgehobenen Stellung von den Nazi-Gliederungen fernhalten konnte. Nach Hubers Recherchen hat sein Vater ihm aber immer eingebläut, Einladungen abzulehnen, die er nicht auf gleichem Niveau erwidern konnte, um seine Unabhängigkeit zu bewahren.

*classical conception was that the thin and clear-cut beam would consequently expand into a diffuse beam, but in actual fact the opposite proved to be the case. The two experimenters found that the beam divided up into a number of relatively still sharply defined beams, each corresponding to one of the just mentioned discrete positional directions of the atoms in relation to the field. This confirmed the space-quantization hypothesis. Moreover, the experiment rendered it possible to estimate the magnetic factors of the electron, which proved to be in close accord with the universal magnetic unit, the so-called "Bohr's magneton".*

*When Stern had, so to speak, become his own master, having been appointed Head of the Physical Laboratory at Hamburg in 1923, he was able to devote all his energies to perfecting the molecular beam method. Among many other problems investigated there was a particular one which excited considerable interest. It had already been realized when studying the fine structure of the spectral lines that the actual nucleus of the atom, like the electron, possesses a rotation of its own, a so-called "spin". Owing to the minute size of the nuclear magnet, estimated to be a couple of thousand times smaller than that of the electron, the spectroscopists could only determine its size by devious ways - and that too only very approximately. The immense interest attaching in this connection to a determination of the magnetic factors of the hydrogen nucleus, the so-called proton, was due to the fact that the proton, together with the recently discovered neutron, forms the basic constituent of all the elements of matter; and if these two kinds of particles were to be regarded, like the electron, as true elementary particles, indivisible and uncompounded, then as far as the proton is concerned, its magnetic factor would be as many times smaller than the electron's as its mass is greater than the electron's, implying that the magnetic factor of the proton must be, in round figures, 1,850 times smaller than the electron's. Naturally then, it aroused great interest when, in 1933, Stern and his colleagues made this determination according to the molecular beam method, it being found that the proton factor was about* $2^1/_2$ *times greater than had theoretically been anticipated. Naturally then, it aroused great interest when, in 1933, Stern and his colleagues made this determination according to the molecular beam method, it being found that the proton factor was about* $2^1/_2$ *times greater than had theoretically been anticipated.*

Ins Deutsche übersetzt lautet die Laudatio: *Ich will mit dem Hinweis auf ein Experiment beginnen, das zum ersten Male die so wichtige, sogenannte Raumquantisierung nachweisen konnte. Das Experiment wurde 1920 von Otto Stern und Walther* Gerlach *in Frankfurt durchgeführt. In einem kleinen Elektroofen, in den ein kleines Loch gebohrt war, wurde Dampf (Silber) erzeugt. Dieser Dampf formte im Vakuum einen sehr fein ausgeblendeten Dampfstrahl. Die Moleküle in diesem sogenannten Atom- oder Molekularstrahl flogen alle geradlinig ohne aneinander zu stoßen, sie wurden mit einem Detektor nachgewiesen, der hier aus Zeitgründen nicht beschrieben werden kann. Auf seinem Weg zwischen Ofen und Detektor wurde der Strahl einem inhomogenen Magnetfeld ausgesetzt, sodass die Atome, wenn sie wirklich magnetisch waren, abgelenkt wurden in eine oder die andere Richtung abhängig von der Richtung der Achse ihres inneren Magnetfeldes. Die klassische Vorstellung war, dass der scharf ausgeblendete Strahl aufgeweitet würde isotrop in alle Richtungen. Aber das Gegenteil wurde beobachtet. Die zwei Experimentatoren fanden, dass der Strahl sich in eine Anzahl von relativ scharfen Strahlen teilt, jeder zu einer bestimmten Magnetrichtung der Atome gehörend in Bezug zum äußeren Feld. Dieses bestätigte die Hypothese der Richtungsquantelung. Außerdem konnte man im Experiment das magnetische Moment des Elektrons bestimmen, das in guter Übereinstimmung mit der universellen Einheit, dem Bohr'schen Magneton gefunden wurde.*

*Nachdem Stern 1923 zum Direktor der Physikalischen Chemie in Hamburg berufen worden war, konnte er die Molekularstrahlmethode perfektionieren. Unter den vielen von ihm untersuchten Problemen war eins von ganz besonderem Interesse. Durch Untersuchung der Feinstruktur der Spektrallinien wusste man, dass der Kern rotiert und einen „Spin" haben muss. Entsprechend der Größe des magnetischen Moments des Kerns, einige 1000-mal kleiner als das des Elektrons, die Spektroskopiker konnten für seine Größe nur grobe*

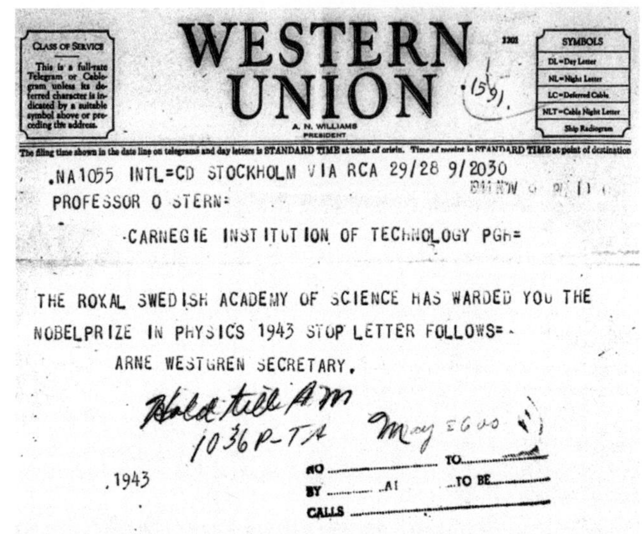

WESTERN UNION

CLASS OF SERVICE
This is a full-rate Telegram or Cablegram unless its deferred character is indicated by a suitable symbol above or preceding the address.

A. N. WILLIAMS
PRESIDENT

SYMBOLS
DL=Day Letter
NL=Night Letter
LC=Deferred Cable
NLT=Cable Night Letter
Ship Radiogram

The filing time shown in the date line on telegrams and day letters is STANDARD TIME at point of origin. Time of receipt is STANDARD TIME at point of destination

.NA1055 INTL=CD STOCKHOLM VIA RCA 29/28 9/2030

PROFESSOR O STERN=

CARNEGIE INSTITUTION OF TECHNOLOGY PGH=

THE ROYAL SWEDISH ACADEMY OF SCIENCE HAS WARDED YOU THE NOBELPRIZE IN PHYSICS 1943 STOP LETTER FOLLOWS=

ARNE WESTGREN SECRETARY.

Hold till Am
1036P-TA

.1943

**Abb. 3.30** 09.11.1944 Telegramm an Stern, dass die „Royal Swedish Academy of Science" Stern den Nobelpreis für Physik des Jahres 1943 verliehen hat

*Abschätzungen liefern. Es bestand riesiges Interesse in der Bestimmung des magnetischen Momentes vom Wasserstoffkern, da das Proton zusammen mit dem kürzlich entdeckten Neutron die Grundbausteine aller Elemente darstellt; und ob diese zwei Arten von Teilchen ähnlich dem Elektron als wahre Elementarteilchen zu betrachten sind, unteilbar und nicht zusammengesetzt, und soweit es das Proton betrifft, sein magnetischer Faktor sovielmal kleiner als seine Masse größer als die des Elektrons ist, in groben Zahlen ca. 1850-mal kleiner als der des Elektrons. Natürlicher Weise war es 1933 von großem Interesse als Stern und seine Kollegen mittels der MSM diese Messung machten und feststellten, dass der Proton Faktor 2,5-mal größer war als theoretisch vorausgesagt.*

Am 9. November 1944 erhielt Otto Stern per Telegramm die Nachricht, dass ihm der Nobelpreis für Physik für das Jahr 1943 verliehen wurde.

Standort: [BAL], BA0016MikrofilmFileNo.720036; Dokumentnummer: **[0578/09.11.1944]**

*"THE ROYAL SWEDISH ACADEMY OF SCIENCE HAS WARDED YOU THE NOBELPRIZE IN PHYSICS 1943 STOP LETTER FOLLOWS = ARNE WESTGREN SECRETARY"*

Am 14.11.1944 wurde der offizielle Brief der Königlichen Wissenschaftsakademie verschickt, in dem Stern um seine Biografie und ein Foto gebeten wurde.

Standort: [BAL], bk0016n8v50; Dokumentnummer: **[0631/14.11.1944]**

*K. VETENSKAPSAKADEMIENS SEKRETERARE*
*Postadress: Stockholm 50*
*Telefon 336360*

*Stockholm the 14th November 1944*

*Dr. Otto Stern*
*Carnegie Institute of Technology*
*Institute for Physics*
*Pittsburgh, Pennsylvania. USA*

*Dear Dr. Stern,*
*I beg to confirm my telegram informing you that the Royal Swedish Academy of Sciences at its meeting November 9th has decided to award you last years Nobel Prise for Physics for your contributions to the development of the* ***molecule radiation method and your discovery of the magnetic moment of the proton.***

*Under normal conditions the anniversary of the desease of Alfred Nobel is celebrated on December 10th and in connection with that occasion the Prises as well as the diplomas and the gold medal are generally delivered to the prise-winners. The war makes it, however, impossible to keep up this tradition and I much regret to have to inform you that the festivities will be suspended this year.*
*According to the Statutes of the Nobel Foundation a public lecture should if possible be delivered here by each prize-winner within six months of the day of commemoration (December 10th). This time, it may, however, be postponed to a later date if that would be more convenient to you. I should be much obliged to you if you would kindly inform me concerning your intention in this respect.*
*An assignation of the Prize will be remitted to you through The National City Bank of New York which will be payable on Dec. 10th. You will receive further information on this matter through our Legation in Washington. The diploma and the Nobel gold medal will be sent by air mail on Dec. 10th to our Legation which will be suggested to cooperate with the authorities of the Carnegie Institute of Technology in arranging a solem presentation of them to you.*
*Finally I beg you kindly to send your photograph as well as your biography (1-2-pages) to Nobelstiftelsen, Sturegatan 14, Stockholm. They will be reproduced in the publication "Les Prix Nobel en 1944".*
*When the war soon will be over the communication across the Atlantic will be normal again and I hope you will the feel inclined to make a voyage to Sweden. It will be a great pleasure to meet you. In the meantime I extend to you the warmest congratulations of our Academy and I am*
*Yours sincerely Arne Westgren*

Stern bedankte sich am 15.12.1944 bei der Stockholmer Königlichen Wissenschaftsakademie für die hohe Ehre, die ihm mit der Preisverleihung zuteil wurde.

Standort: [BAL], bk0016n8k92; Dokumentnummer: **[0663/15.12.1944]**

*December 15, 1944*

*Dr. Arne Westgren,*
*K. Vetenskapsakacademiens,*
*Sekreterare,*
*Stockholm 50, Sweden,*

*Dear Dr. Westgren,*
*Please accept the expression of my deepest gratitude to the Royal Academy for this high honor bestowed on me.*
*At this time, I want to thank you for your kind letter of November 14. I shall be very glad to deliver the public lecture according to the statutes of the Nobel Foundation. Of course, I cannot promise a definite date, because my trip to Stockholm will have to wait for the resumption of normal traveling conditions after the war.*
*I shall send the requested photograph and biography to the Nobelstiftelsen, Stockholm in the near future.*
*Looking forward with great pleasure to meeting you, and thanking you for your congratulations, I am*
*Yours sincerely Otto Stern*

Den offiziellen Nobelvortrag konnte Stern erst am 10.12.1946 in Stockholm halten. Der Nobelpreis bescherte Stern auch in Amerika endlich die Anerkennung, die er verdient hatte, aber jahrelang vor allem in seiner neuen Heimat Pittsburgh vermisst hatte. Wäre der Preis schon 1934 verliehen worden, Sterns Forschung in den USA hätte mit Sicherheit an seine großen Pionierleistungen in Frankfurt und Hamburg anknüpfen können. 1944 war jedoch alles zu spät.

Da in Europa Krieg war, gab es am 10.12.1944 keine Nobelpreisübergabe in Stockholm. Die Übergabe an die vier amerikanischen Nobelpreisträger der Jahre 1943 und 1944 fand im Walldorf-Astoria Hotel in New York statt, wo der schwedische Minister Wollmar Philip Boström die Preise übergab. Das Preisgeld betrug damals 29.000 US-Dollar. Wie man einem Brief an Robert Otto Frisch entnimmt, hat Stern früheren Mitarbeitern einen Teil des Preisgeldes zukommen lassen.

**Abb. 3.31** Nobelpreisübergabe am 10.12.1944 im New Yorker Waldorf-Astoria Hotel an die vier US-Nobelpreisträger: *v.l.* Edward Adelbert Doisy, Medizin 1943, Joseph Erlanger, Medizin 1944, Otto Stern, Physik 1943, Isidor Rabi, Physik 1944 und der schwedische Minister für Auswärtige Angelegenheiten Wollmar Boström. (Bildquelle: Nachlass Stern [BAL], bk0016 Fotogalerie)

### 3.2.3 Glückwunschbriefe

Die Nachricht vom 9. November 1944, dass man Otto Stern rückwirkend den Nobelpreis für Physik des Jahres 1943 verliehen hatte, überraschte Pittsburgh sehr, denn Otto Stern hatte dort zurückgezogen, ja fast im Verborgenen gelebt und gewirkt. Plötzlich war ganz Pittsburgh stolz auf ihn und würdigte auch in den Zeitungen seinen ersten Nobelpreisträger überhaupt. Der Carnegie Alumnus (Ausgabe Dezember 1944, Seite 13) schrieb:

Standort: [ACMU], Personalakte Stern Dokumentnummer: **[0579/09.11.1944]**

*Dr. Stern does not present the appearance of a cloistered scholar. He is a genial gentleman with a fine sense of humor.*

*Looks - the jovial type, fine smile, twinkling eyes*

*Personality and temperament - Reserved among those he does not know well. He has the best traits of the European gentlemen, with all the reserve that goes with it. Among those he knows well he unbends and displays a very definite sense of humor.*

*His best feature physically his finely shaped, delicate, artistic hands. he has been called by many scientists the greatest manipulator of experimental apparatus in the world. He is considered a master of experimental technique and has the rare combination of that and the necessary theoretical knowledge.*

Zur Nobelpreisfeier am Freitag, den 08.12.1944, im University Club in Pittsburgh kamen ca. 300 Gäste, vor allem die in Pittsburgh führende Schicht des Bürgertums, aber auch alte Freunde von Otto Stern aus der Wissenschaft, wie Isidor Rabi von der Columbia University und Physik-Nobelpreisträger des Jahres 1944, Felix Bloch von der Stanford University, T.E. Phipps von der University of Illinois (ein früherer Guggenheim-Fellow von Stern in Hamburg 1930), Rudolf Ladenburg von Princeton, James Franck von der University of Chicago, Nobelpreisträger für Physik des Jahres 1925 und ein alter persönlicher Freund von Stern, Wolfgang Pauli von Princeton, der den Nobelpreis für Physik des Jahres 1945 erhalten sollte und mit Stern eng befreundet war, J. H. van Vleck von der Harvard University, Leo Szilard von der Columbia University, Eugene Wigner von Princeton, Thomas D. Jones von Princeton, der Mathematiker Ernst Hellinger von der North Western University, den Stern schon aus seiner Frankfurter Zeit kannte.

Typisch für Sterns Bescheidenheit war seine Dinner-Rede (vom Englischen ins Deutsche übersetzt):

Standort: [ACMU], Personalakte Stern Dokumentnummer: **[0656/08.12.1944]**

*Ich bin mir bewusst, dass diese Auszeichnung nur zum Teil meine eigene Arbeit betrifft, sondern vor allem die Arbeit von allen Physikern ist. Fortschritt in der Physik kann nur in einer wissenschaftlichen Atmosphäre erzielt werden, wo jeder die Freiheit hat, an seinem eigenen Problem zu arbeiten und seine Ergebnisse mit anderen Wissenschaftlern zu diskutieren. Beide Bedingungen sehe ich in der Zukunft gefährdet. Erstens, die wachsende Bedeutung der Ergebnisse der reinen Forschung für industrielle und militärische Entwicklung wird einen gewissen Grad von Geheimhaltung notwendig machen und wird den freien Austausch von Ideen gefährden. Zweitens, die Basis und die Wurzeln aller wissenschaftlichen Forschung ist die absolute Freiheit, sein eigenes Forschungsproblem zu wählen. Wegen der fundamentalen Bedeutung der Forschungsergebnisse der Wissenschaft für die Anwendung werden die materiellen Ressourcen für Forschung sich auf die Lösung von praktischen Problemen konzentrieren und die Wissenschaftler selbst werden sich scheuen, ihre Forschung auf Probleme zu lenken, die keine Bedeutung für Verteidigung, sozialen und industriellen Fortschritt haben.*

*Wir müssen die richtige Ausgewogenheit zwischen reiner und angewandter Wissenschaft finden. Wir müssen dies tun auch aus dem einzigen Grund, dass ohne eine starke reine Wissenschaft kein Fortschritt in deren Anwendung möglich ist.*

*Aus diesen Gründen bin ich der Königlichen Schwedischen Akademie sehr dankbar, nicht nur für die große Ehre, die mich betrifft, sondern mehr für die große Hilfe für die reine Wissenschaft durch das große Prestige Nobels und der Nobelstiftung.*

Innerhalb weniger Tage erreichten Stern viele Glückwunschbriefe, darunter zahlreiche von Freunden, Kollegen, Pittsburgher Bürgern und Institutionen. Auch von alten Weggefährten, darunter Kollegen und frühere Studenten aus Sterns Frankfurter Zeit, wie der Mathematiker Ernst Hellinger und die früheren Studenten James Brinn vormals Silverstein 1944 aus Lincoln Nebraska und Eric C. Flint vormals Erich Friedländer 1944 in New Jersey lebend, sind im Stern'schen Nachlass Glückwünsche zu finden. Otto Brill, der 1929 bei Stern in Hamburg promoviert hatte, sandte Glückwünsche aus Peru. Die vielen Glückwunschbriefe, die Stern dann Ende 1944 bis Mitte 1945 erreichten, werden im folgenden nach Gruppen geordnet dargestellt (zuerst Verwandte und private Freunde, in der zweiten Gruppe Physikerkollegen und dann Pittsburgher Bürger und Institutionen sowie andere Briefschreiber, die mit einem Nobelpreisträger Kontakt aufnehmen wollten). In den Gruppen sind die Briefe in der zeitlichen Reihenfolge des Verfassens aufgeführt. Die Antwortbriefe und Danksagungen von Stern waren in der Regel sehr kurz und nur solche werden hier aufgeführt, wo Stern noch einen persönlichen Gedanken hinzufügte. Die Antwortbriefe folgen direkt auf den jeweiligen Glückwunschbrief.

Die ersten Briefe kamen von Margarete und Ernst Berl (bis 1933 Chemieprofessor an der Technischen Hochschule in Darmstadt) und nun auch in Pittsburgh lebend. Margarete Berls Glückwünsche wurden sogar am 8.11. vor Ankunft des offiziellen Telegrams aus Stockholm geschrieben, das erst am 09.11.1944 in Pittsburgh ankam.

Standort: [BAL], bk0016n8n93; Dokumentnummer: **[0577/08.11.1944]**

*Nov. 8.44*
*Geehrter Professor Stern!*
*Soeben lese ich in der Zeitung von der großen Ehrung, die Ihnen zuteil geworden ist.*
*Nehmen Sie meine aufrichtigsten Glückwünsche entgegen zur Verleihung des Nobelpreises. Mein Mann ist verreist, dies erklärt, warum seine Gratulation Sie erst später erreichen wird.*
*Mit besten Grüßen Margarete Berl*

Standort: [BAL], bk0016n8n93; Dokumentnummer: **[0604/11.11.1944]**

*11. November 44 z.Z in St. Louis*

*Bester Herr Kollege Stern,*

*Ich freue mich aufrichtigst, daß Ihr vortreffliches Werk mit der Verleihung des Nobelpreises ausgezeichnet wurde. Empfangen Sie meine herzlichsten Wünsche. Ich wollte Sie telegrafisch übermitteln, aber das Telegramm wurde zurück gewiesen. - Ich bin Donnerstag wieder in P. und werde meine Wünsche mündlich wiederholen.*

*Beste Grüße E. Berl*

Dora und Erwin Panofski (1892–1968) schickten Glückwünsche aus Princeton. Stern und die Familie Panofski kannten sich aus der Hamburger Zeit. Der bedeutende Kunsthistoriker Panofski (mütterlicherseits jüdischer Abstammung) hatte bis 1933 an der Universität Hamburg als ordentlicher Professor gewirkt und wurde dann entlassen. 1935 hatte er am Institute for Advanced Study in Princeton eine volle Professur angenommen. Sein Sohn war der berühmte Teilchenphysiker Wolfgang Panofski (1919–2007).

Standort: [BAL], bk0016n8w85; Dokumentnummer: **[0580/10.11.1944]**

*THE INSTITUTE FOR ADVANCED STUDY*
*PRINCETON; NEW JERSEY*
*10. November1944*

*Lieber Herr Stern, Ein Glück kommt ebenso wenig allein wie ein Unglück: erst die Wiederwahl Roosevelt (wir nehmen a priori an, dass Sie nicht für Mr. Devey gestimmt haben), die wir in wirklich netter Weise zusammen mit unseren amerikanischen Freunden in unserem Hause erlebten und reflektierten- und nun die Nachricht von Ihrem Nobel-Preis! Wenn es erlaubt wäre, hätten wir telegraphiert. Aber wir hoffen, daß Sie auch einen bescheiden-handschriftlichen Glückwunsch entgegennehmen werden. Wir sind sehr glücklich und stolz, und wünschen Ihnen von Herzen alles Gute. Bitte geben Sie sich nicht die unnötige Mühe, für dieses Gekritzel zu danken- kommen Sie lieber mal wieder nach Princeton und essen mit uns zu Abend: wenn wir dem Schlachter und dem Liquor Store erzählen können, daß wir einen Nobel Prize Winner erwarten, wird sicher ein Steak und eine Flasche echten Scotch produziert werden!*

*Nochmals alles Gute!*
*In großer Freude,*
*Ihre Dora und Erwin Panofski*

Glückwünsche kamen von Lotte und Arthur Stern, die in New York lebten und nahe Verwandte über Otto Sterns väterliche Linie waren.

Standort: [BAL], BA0016MikrofilmfileNo.710063+4, Dokumentnummer: **[0581/10.11.1944]**

*71 0063 HARPERLEY HALL*
*41 CENTRAL PARK WEST* *10. November 1944*

*Mein lieber Otto,*
*ich brauche Dir nicht zu versichern, wie ungeheuer wir uns über die Dir zuteil gewordene Ehrung gefreut haben.*
*Empfange meine allerherzlichsten Glückwünsche vor läufig auf diesem Wege; ich hoffe, sie Dir recht bald noch persönlich übermitteln zu können, wenn Du wieder einmal in New York bist.*
*Mit vielen herzlichen Grüssen bin ich*
*Deine Lotte*

*Mein lieber Otto,*
*trotzdem mir im allgemeinen nicht zu mangelnder Familiensinn vorgeworfen wird, fühle ich mich als Stern durch die Dir zuteilgewordene große Auszeichnung mit geehrt. Empfange meine aufrichtigsten und innigsten Glückwünsche zu einer Ehrung, die Dir jeder, der Dich kennt, von ganzem Herzen gönnt, und Sie sicherlich niemand mehr verdient hat, als Du.*
*Mit den herzlichsten Grüßen bin ich*
*Dein Arthur*

Standort: [BAL], BA0016Mikrofilmfile No.600038, Dokumentnummer: **[0582/10.11.1944]**

*San Francisco, Calif.* *November 10, 1944*
*Dr. Otto Stern*
*Delighted on hearing of great distinction of Nobel prize award.*
*Siegfried and Margaret Gundelfinger*
*Mill Valley, California*

Die Beziehung des Anwaltes Leonard Levin zu Otto Stern konnte nicht mehr rekonstruiert werden. Da Levin aber Grüße auch an Sterns Schwester übermittelte, liegt es nahe, dass Levin ein früherer persönlicher Freund oder Bekannter aus Breslau oder Berlin war.

Selbstverständlich kamen auch Glückwünsche von Rudolf und Käthe Stern, enge Verwandte von Otto Stern (Rudolfs Großvater und Ottos Vater waren Halbbrüder). Rudolf Stern (1895–1962) war Mediziner und hatte bei Oskar Minkowski in Breslau und Fritz Haber in Berlin studiert. 1930 wurde er in Breslau zum außerordentlichen Professor ernannt, aber schon 1935 wegen der Nürnberger Rassengesetze entlassen. Er emigrierte 1938 in die USA. Nach dem Krieg erhielt er von der deutschen Regierung ab 1939 den Status eines ordentlichen Professors zuerkannt. Rudolf und Otto Stern hatten eine sehr enge, fast brüderliche Verbindung, und Otto Stern hat später bei seinen Europareisen fast immer einen Stopp in New York eingelegt, um Rudolf Stern, Käthe Stern geb. Brieger und deren Kinder Toni und Fritz zu besuchen. Rudolfs Schwester Margarete Stern war die Frau von Fritz Habers Sohn Hermann Haber.

Standort: [BAL], bk0016n8z5j; Dokumentnummer: **[0586/10.11.1944]**

*RUDOLF A. STERN, M.D.*
*7217 34th AVENUE*

*[New York], 10.11.1944*

*Endlich mal ein Grund zum Freuen,*
*endlich lohnt der Zeitung Kauf.*
*Nimm den Glückwunsch, den in Treue*
*wir Dir senden, gnädig auf.*
*platzen sollen all die Goim*[120]
*wenn das Schicksal nimmt sein'n Lauf:*
*Auf molekulare Strahlung*
*Logisch folgt immense Zahlung.*
*An dem Ruhme des Verwandten*
*sonnen sich die Stern-Trabanten*

[120] Goim = Nichtjuden.

Sterns alter Freund und wissenschaftlicher Weggefährte aus der Hamburger Zeit Wolfgang Pauli schrieb:

Standort: [BAL], bk0016n8w4z; Dokumentnummer: **[0587/10.11.1944]**

*Princeton, 10. November 1944*

*Lieber Herr Stern!*
*Ich habe soeben über die Verteilung des Nobelpreises an Sie und Rabi in der Zeitung gelesen und habe mich darüber um so mehr gefreut, als diese Wahl mit meinem eigenen letzten Vorschlag an das Nobelkomitee völlig übereinstimmt.*[121] *Möge Ihnen der Preis auch die Durchführung künftiger Molekularstrahl-Versuche erleichtern!*
*In Erinnerung an die alte Hamburger Dreckeffekt-Wein-Zeit*[122] *und in Ermahnung an Ihr Versprechen, bald nach Princeton oder New York zu kommen mit herzlichen Glückwünschen auch von meiner Frau.*

*Ihr W. Pauli*

Walter Fraenkel (1879–1945) und seine Frau Lili schickten Glückwünsche aus New York. Stern kannte Fraenkel aus seiner Frankfurter Zeit. Fraenkel war 1919 zum außerordentlichen Professor für Metallkunde an der Universität Frankfurt ernannt worden.

Standort: [BAL], bk0016n8q8k; Dokumentnummer: **[0590/10.11.1944]**

*W.H. FRAENKEL*
*44 HIGH STREET*
*PERTH AMBOY, N.J.* *Nov. 10, 1944*

*Lieber Herr Stern,*
*als ich heute aus der Fabrik nach Hause kam, empfing mich meine Frau mit der großen Neuigkeit, die nicht nur die „Times" sondern auch die „Perth Amboy Evening News" brachte und wenig später rief unsere Elisabeth (Bac. of Science. Physik, also Ihre Kollegin!) vom benachbarten New Brunswick an. Sie hatte eine Notiz auch gelesen und mußte ihre freudige Erregung sofort abreagieren.*
*Wir alle gratulieren Ihnen aufs herzlichste. Sie werden soviel Glückwünsche und Zeichen der Mitfreude zu lesen haben, daß wir Ihre Zeit nicht unbillig durch weitere Mitteilungen in Anspruch nehmen wollen. Wir hören wohl mal wieder von einander.*

*Herzlichst Ihre Fraenkels*

[121] Siehe hierzu Paulis Schreiben an das Nobelkomitee vom 3. Januar 1940 (eingegangen am 13.01.1940).
[122] Zum Hamburger Institutsleben s. Pascual Jordan Begegnungen Oldenburg 1971.

Da Stern auf diesen Glückwunsch nicht geantwortet hatte, wurde drei Monate später von Lili Fraenkel vorsichtig nachgefragt, ob der Glückwunsch angekommen wäre.

Standort: [BAL], bk0016n8q8k; Dokumentnummer: **[0685/18.02.1945]**

*W.H. Fraenkel*
*44 High Str, South Perth Amboy, N.J. Februar 18, 1945*
*Prof. Dr. Otto Stern*
*1060 Morewood Ave,*
*Pittsburgh*

*Lieber Herr Professor,*
*Wir haben Ihnen vor Monaten zum Nobelpreis gratuliert - Walter fürchtet, daß Sie unseren Brief nicht erhalten haben. Er nimmt dies an, weil Blumenthal von Ihnen gehört hat. Eine Antwort von Ihnen ist nicht wichtig, aber es täte uns leid, wenn unsere sehr herzliche Gratulation verloren gegangen wäre.*
*Wir haben in den letzten Monaten große Sorgen gehabt. Walter hatte vor drei Monaten einen Herzanfall, er ist seit dem zu Hause. Es wird schon noch längere Zeit dauern, bis er wieder arbeiten kann.*
*Elisabeth ist als Mathematikerin bei Squibt in New Brunswick angestellt, nachdem sie erfolglos eine Stellung als Physikerin gesucht hat.*
*Hoffentlich geht es Ihnen in jeder Beziehung gut. Ihr Bild in der Times war nicht zu gut. Schade, daß Sie nicht mal nach Perth Amboy kommen, wir würden uns sehr über Ihren Besuch freuen.*
*Herzliche Grüße von Walter -*
*Ihre Lili Fraenkel*

Standort: [BAL], BA0016Mikrofilmfile No.720021, Dokumentnummer: **[0593/10.11.1944]**

CARNEGIE INSTITUTE OD TECHNOLOGY
PITTSBURGH; PENNSYLVANIA
MARGARET MORRISON CARNEGIE COLLEGE
CHARLES WATKINS; DIRECTOR

*November 10, 1944*

*Dear Dr. Stern:*
*I wish to congratulate you on the occasion of your receiving the high recognition indicated by the Nobel prize. In rejoicing with you I am sure of expressing the feelings of Dr. Baker who always held you and your research in highest esteem.*
*May you receive this honor in good health and with the prospect of many years in which you enjoy your work and your well earned reward.*
*Sincerely, Charles Watkins*
(masch und handunterschrift)

Standort: [BAL], bk0016n8t9p; Dokumentnummer: **[0594/10.11.1944]**

*LEONARD LEVIN*
*COUNSELLOR AT LAW*
*292 MADISON AVENUE*
*NEW YORK CITY*
*MURRAY HILL 5-1414*

*November 10,1944*

*Dr. Otto Stern*
*1060 Morewood Ave.*
*Pittsburgh, Pa.*

*Dear Dr. Stern:*
*I was very much thrilled but not surprised to learn from the morning newspapers that you had been awarded one of the Nobel prizes. Please add my atom of congratulation to the many, many others you must have received.*
*With kind regards to your sister, and still hoping that you and I will yet cooperate on that book about New York subways, I am*
*Sincerely yours*

*Leonard Levin*

Glückwünsche kamen auch von Eric und Lotte Snyder aus Philadelphia. Eric Snyder war in der Industrie auf dem Gebiet der medizinischen Chemie tätig. Dies offenbart eine Patentrecherche über das Internet.

Standort: [BAL], bk0016n8x74; Dokumentnummer: **[0612/11.11.1944]**

*DR. ERIC G.SNYDER*
*CLIVEDEN HALL*
*601 West Cliveden Avenue*
*PHILADELPHIA, PA.*

*11. November, 1944*

*Lieber Herr Professor:*
*Anlässlich der grossen Ehrung, die Ihnen zuteil geworden ist, möchte ich Ihnen sehr herzlich meine Glückwünsche senden. Wir waren ganz aufgeregt, als wir in der Zeitung zuerst davon sahen, und freuen uns wirklich sehr mit Ihnen. Ich kann mir denken, dass Ihre Schwester Li jetzt noch viel mehr stolz auf Sie ist. Sie pflegte so schon immer zu sagen: „Ja, der Otto!“, und man musste den Ton hören, in dem sie das aussprach!*
*Dass Ihre Schwester eine so schwere Zeit hinter sich hat, tut mir aufrichtig leid. Ihr letzter Brief klang aber viel mutiger, und wir schlossen daraus, dass es ihr jetzt wirklich besser geht.*

*Ich habe hier eine recht interessante Tätigkeit, pharmaceutical research, eigentlich eine Fortsetzung meiner New Yorker Arbeit, nur in viel grösserem Masstabe und mit guten Mitarbeitern und allen erdenklichen Hilfsmitteln. Beruflich kann ich es mir kaum besser wünschen. Wenn das Ganze in New York wäre und nicht in diesem grässlichen Nest Philadelphia, wäre es ideal.*
*Mit sehr herzlichen Grüssen und Wünschen*
*Ihr Eric G. Snyder*

*Sehr sehr herzliche Glückwünsche. Schade, ich kann Sie nicht bitten, zu Marrillenknödeln zu uns zu kommen, aber wenn Sie je nach Philadelphia kommen sollten, lassen Sie es uns bitte wissen*
*Ihre Lotte Snyder*

Der Mathematiker Ernst Hellinger (1883–1950) schickte aus Chicago Glückwünsche (Institute of Technology). Er hatte bei Hilbert studiert und war 1914 an die neu gegründete Universität Frankfurt gekommen, wo er später Otto Stern kennenlernte und auch eng mit Max Born befreundet war. 1935 wurde er in Frankfurt wegen der Nürnberger Rassengesetze amtsenthoben und im KZ-Dachau einige Monate gefangen gehalten. Mit der Hilfe seiner schon in den USA lebenden Schwester, der Hilfe von Richard Courant und Otto Stern (s. Kapitel Nazizeit in Band I) konnte er 1938 in die USA emigrieren.

Standort: [BAL], bk0016n8r83; Dokumentnummer: **[0616/11.11.1944]**
*Evanston, Ernst Hellinger Nov. 11. 1944*

*Lieber Stern,*
*ich hätte nicht gedacht, dass eine Woche zwei so erfreuliche Ereignisse bringen kann. Das zweite sah ich zufällig in der gestrigen Abendzeitung, als ich nach den Berichten über das erste (Roosevelts Wiederwahl) suchte. Und obwohl ich seit Jahren dergleichen erwartete, war ich in diesem Moment doch sehr überrascht. Nehmen Sie daher herzliche Glückwünsche. Ich hoffe, Sie freuen sich über diese Ihre „Nobelung" ebenso wie ich (und viele andere) es tuen. Es ist doch schließlich eine der wenigen menschlichen Anerkennungen, die sich von der allgemeinen Tendenz zum Wertniedergang ziemlich freigehalten hat. Und ich hoffe, die monetären Preisdispositionen werden Ihnen keine zu großen Sorgen machen- wenn Ihnen nicht gar die Kriegssteuer den größeren Teil der Sorge abnimmt. Bleibt nun mir zu wünschen übrig, daß der Krieg wirklich in absehbarer Zeit zu Ende geht, so daß Sie die neue Serie Ihrer Europareisen mit Stockholm beginnen und Ihre Nobelvorlesung (das gibt's doch noch?) halten können.*
*Ich hoffe sehr, daß Ihre Kriegsconferenzen Sie bald mal wieder nach Chicago führen und Ihnen eine Stunde für mich frei lassen. Es gibt ja, weiß Gott, genug, worüber man sich mal wieder unteralten sollte, und was man in einem Briefe lesen nicht erst anfängt.*

*Also schreiben Sie mal eine Zeile und kündigen Sie Ihr Herkommen an. Inzwischen viele Grüße und nochmals meine Gratulation!*

*Wie immer Ihr Ernst Hellinger*

Sterns früherer Hamburger Assistent Robert Schnurmann schickte aus England Glückwünsche und gab einen kurzen Lagebericht.

Standort: [BAL], bk0016n8x2c; Dokumentnummer: **[0617/11.11.1944]**

*Denefield, 12.11. 1944*

*Dear Professor Stern,*
*It was a very happy moment for me when I opened the Manchester Guardian last Friday and read of the award of the Nobel Prize for Physics to you. It is good to see that your great work has found this universal, and highest scientific recognition on which I again congratulate you most sincerely.*
*The appreciation of the Molecular Rays method becomes manifest by the award of a second prize to Rabi.*
*Are you gone to Stockholm to receive you prize in person? If you do, I do hope that you will come to England and give us an opportunity of welcoming you in Manchester.*
*As you probably know I joined an Oil Refinery just over two years ago with the object of creating and running for them a Physics Department. After long and weary battles for laboratory accommodation I got so far that I can now do some reasonable work.*
*Last winter I had a very tough time as my thyroid grand had gone toxic and made an operation necessary; this operation was a complete success. The surgeon was a friend of Bohr's from the days when Bohr had been working here with Rutherford.*
*Please, remember me to your brother and to the Estermanns. With kindest regards for yourself, yours sincerely,*

*Robert Schnurmann*

*P.S. I just hear on the wireless from Sweden that the Nobel Prize will be presented to you in New York.*

*R. Sch.*

Standort: [BAL], bk0016n8x08; Dokumentnummer: **[0620/12.11.1944]**

*Hans Kohn Richards* *Chicago Nov. 12. 44.*
*1519 Fargo Ave.*
*Chicago Ill.*

*Dear Dr. Stern!*
*I assume that you will remember my name, Hans Kohn from Hamburg. I gratuated 1930 in "angewandte Physik", with Dr. Moller and I had worked for some time in your department. You have later signed as Dean my doctor's degree. I want to express now my most sincere congratulations to the Nobel price I have read about in the news reports.*

*At the present time I am in charge of the research dep. as a physicist and am working most of the time with Quartz crystals. As you will note on the head of this letter my name has been changed somewhat to "Hans Kohn Richards" for personal reasons. It may be that I shall have the opportunity to stay in Pittsburgh for a short time on a trip to New York, in that case I hope you will permit me to see you and Dr. Estermann.*
*With the best regards to you and Dr. Estermann*
*I remain very respectfully*
*Yours Hans Kohn Richards*

Friedel und Bernhard Blumenthal übermittelten aus New Jersey ihre Glückwünsche. Der Chemiker Bernhard Blumenthal war dort in der Industrie beschäftigt und befasste sich mit Metalllegierungen.

Standort: [BAL], bk0016n8n93; Dokumentnummer: **[0633/14.11.1944]**
*Bernhard Blumenthal, Perth Anboy, NJ November 14. 1944*

*Hochverehrter Herr Stern,*

*Es geschieht nur ganz selten, dass einer der gewöhnlich Sterblichen Gelegenheit hat, einem mit dem Nobelpreis ausgezeichneten aus Anlass dieser grossen Ehrung seine Glückwünsche zu übermitteln. Der innere Kreis der Physiker wusste auch ohne diese Anerkennung was Sie geleistet haben. Dass Sie nun auch offiziell in den Kreis der ganz Grossen aufgenommen worden sind, und dass Sie die höchste Auszeichnung die einem Wissenschaftler zuteil werden kann, erhalten haben, ist uns eine besondere Freude und Genugtuung. Es ist eine Auszeichnung der höchsten menschlichen Werte, die hier in den Vereinigten Staate einen neuen Boden zum Keimen und Wachsen gefunden haben, und es ist die Verurteilung des moralischen und geistigen Trümmerhaufens von heute, das unser Deutschland war.*
*Mögen Ihnen noch viele gesunde Jahre fruchtbarer Arbeit beschieden sein.*
*Mit den herzlichsten Grüssen für Sie und Ihre Schwester*
*Ihre Friedel und Bernhard Blumenthal*

Auch Otto Sterns Cousine Margarethe Haber geb. Stern sandte zusammen mit ihrem Mann Hermann Haber (s. oben unter Rudolf Stern) Glückwünsche. Margarete war die Schwester von Rudolf Stern. Sie wurde 1901 in Breslau geboren und starb 1947 an „Addison Desease". Hermann Haber, der Sohn von Fritz und Clara Haber geb. Immerwahr, wurde 1902 geboren und nahm sich 1946 in New York das Leben.

Standort: [BAL], bk0016n8r83; Dokumentnummer: **[0634/15.11.1944]**

*Mrs. Margarethe Haber 11/15/44 11 Radnor Road, Great Neck, N.Y.*

*Lieber Otto, Du wirst vermutlich kaum Zeit haben auch um alle Glückwunschbriefe zu öffnen geschweige dann zu lesen. Also werde ich mich kurz fassen. Ich wollte Dir nur sagen wie sehr wir uns gefreut haben, zumal wir wissen daß mein Schwiegervater Dir den Nobelpreis schon zu seinen Lebzeiten „zugesprochen" hatte.*

*Ich bin natürlich furchtbar stolz daß nun auch einer in meiner Familie ist (meines Schwiegervaters Verzweiflung, daß ich immer eine „Stern" geblieben u. nur eine „angeheiratete" Haber geworden bin!)*

Hedwig Lachmann, geb. Hopf (1893–1953), mit Richard Lachmann verheiratet und in Breslau geboren, muss die Familie Stern schon seit der Breslauer Zeit gekannt haben. Sie war jüdischen Glaubens und musste daher auch aus Deutschland emigrieren. Der größte Teil ihrer Familie war nach England emigriert. Hedwigs älteste Schwester wurde jedoch von den Nazis ermordet.

Standort: [BAL], bk0016n8t9p; Dokumentnummer: **[0635/15.11.1944]**

*Lieber Otto,*

*wir haben zwar lange nichts von einander gehört, aber als wir gestern Deine Ernennung zum Nobelpreisträger in der Zeitung lasen, haben wir uns so gefreut, daß wir Dir sofort die herzlichsten Glückwünsche dazu senden müßen. Wie herrlich für Dich, daß Deine Arbeit von der ganzen Welt anerkannt wird. - Wir sind nun schon 4 Jahre in Brasilien und haben uns in Rio gut eingelebt, besonders da - wie Richard Dir schon berichtet hat - Kurt mit seiner Frau auch jetzt hier lebt. Von Edith haben wir auch gute Nachrichten, sie ist fleißig und kann ihre in der T.H. erworbenen Kenntnisse gut verwenden. Gerne möchten wir nun hören, wie es Euch allen geht. Was macht Berthel? Ihr Sohn ist sicher auch beim Militär? Und Lise? Vielleicht schreibt uns eine von beiden einmal, damit wir den Zusammenhang mit der Familie nicht ganz verlieren. Meine Familie ist zum größten Teil in England, wo es ihnen sehr gut geht, nur meine älteste Schwester ist nicht mehr hinausgekommen.*

*Nun mehrmals herzlichste Glückwünsche, lieber Otto und die besten Grüße an Dich, Berthel und Familie und Lise*

*von Deiner Hedwig Lachmann*

Arno Boss (1900–1974), South Pasadena, der mit seiner Familie Otto Stern bei einer Thanksgivingfeier 1941 bei den Estermanns kennengelernt hatte, schickte Glückwünsche aus Kalifornien.

Standort: [BAL], bk0016n8n93; Dokumentnummer: **[0637/16.11.1944]**

*11/16/ 1944*

*Dear Professor Stern,*
*I do not know whether you remember us. Three years ago we celebrated Thanksgiving at the house of your good friends, the Estermanns. So much for introduction. We learned the other day from the Los Angelos Times that the Nobel Prize has been awarded to you. We were really proud and thrilled and wish to convey to you our heatiest congratulations and our best wishes for the future.*
*Sincerely yours,*
*Lieselotte, Arno and Evelyne Boss*

Hanna Meissner und ihr Mann, der Physiker Karl Wilhelm Meissner (1891–1959), sandten Glückwünsche von der Purdue University in Lafayette/Indiana. Er war seit 1927 ordentlicher Professor an der Universität Frankfurt gewesen und 1937 wegen seiner jüdischen ersten Frau aus dem Dienst entlassen worden. Er emigrierte 1938 in die USA, wo er 1941 an die Purdue Universität berufen wurde. Nach dem Tod seiner ersten Frau 1939 heiratete er 1942 Hanna Hellinger, die Schwester von Ernst Hellinger.

Standort: [BAL], bk0016n8v07; Dokumentnummer: **[0646/22.11.1944]**

*Lieber Otto Stern:*
*Wir wollten Ihnen schon seit 2 Wochen schreiben, als wir Ihren Namen sogar in unserem Käseblättchen „Lafayette Journal & Courier" als Nobelpreisträger fanden (sogar richtig geschrieben und ohne Druckfehler). Aber – na Sie wissen ja wie das mit Schreiben so geht – [und Sie brauchen uns keineswegs zu danken] jedenfalls kommen wir mit unseren Glückwünschen nun ein bisschen hinter den vielen Briefen hergehinkt, die Sie nun wohl als negative Folge der grossen Ehrung mit in Kauf nehmen müssen. Wir haben uns riesig gefreut, haben Ihnen zu Ehren eine Flasche (mässigen) Weines getrunken und hoffen sehr, dass Sie uns einmal bei einem Ihrer Chicagoer Besuche der Ehre Ihres Besuches hier (wirklich nur ein Katzensprung von Chicago) würdigen werden. Ich würde Ihnen gern meine Kochkünste vorführen.*
*Ich hörte von Ernst dass Ihre Schwester recht krank war. Ich hoffe, dass alles wieder ganz in Ordnung ist.*
*Uns geht es soweit recht ordentlich. Karl arbeitet viel, ich weniger, werde immer von term zu term im Sociology department mit Unterrichtbeschäftigt. Macht mir viel Spass – und meine Studenten und = innen – dieses term fast nur = innen – fassen die Sache als grosses Gaudi auf and so do I. Daher verstehen wir uns ausgezeichnet.*

*So wir ein Hotelzimmer auftreiben, werden Karl und ich vom 30. II. bis 2. XII. in Chicago sein.(Meeting American Physical Society). Falls Sie da zufällig auch da sind?? Aber es sieht so aus als wenn wir auf der Strasse schlafen müssten. C'est la guerre.*
*Recht herzliche Grüsse und es wäre wirklich nett, Sie mal wieder zu sehen.*
*Ihre Hanna Meissner*

Standort: [BAL], bk0016n8v07; Dokumentnummer: **[0647/22.11.1944]**

*[Lafayette, 22.11.1944]*

*Lieber Herr Stern,*
*auch von mir die herzlichsten Glückwünsche zur Verleihung des Nobelpreises. Hiermit ist ein Wunsch vieler Physiker, schon seit Jahren gehegt, in Erfüllung gegangen. Es wäre schön, wenn wir Sie einmal wieder sehen würden. Heute vor sechs Jahren waren wir in New York zusammen.*
*Ich wünsche Ihnen von Herzen weiteren Erfolg in Ihren Arbeiten und vor allem volle Gesundheit. Hoffentlich ist Ihre Schwester wieder ganz hergestellt. Grüssen Sie sie bitte herzlich von mir.*
*Mit herzlichen Grüssen Ihr K. W. Meissner*

Dr. Eric Flint, vormals Erich Friedländer, übermittelte Stern aus New Jersey seine Glückwünsche. Friedländer hatte 1920 bis 1921 bei Stern in Frankfurt Kollegien besucht.

Standort: [BAL], bk0016n8q8k; Dokumentnummer: **[0648/23.11.1944]**

*Dr. Eric C. Flint Upper Montclair, N.J. 11/23/1944*
*Friedländer*

*Lieber Herr Professor,*
*zu dem lange verdienten Nobelpreis möchte ich Ihnen aufs herzlichste gratulieren/*
*Da der obige Name Ihnen garnichts besagen kann, will ich kurz erklären:*
*Schreiber dieses Briefes hies früher Erich Friedländer, hat als junger Student 1920-1921 beim damaligen Privatdozenten Dr. Stern in Frankfurt-Main ein Colleg über die Relativitätstheorie gehört, später bei Richard Lorenz promoviert, dann 3 Jahre im Haberschen Privatlabor am KWI gearbeitet, wo er die Ehre hatte, Sie wieder zu treffen.*
*Zum letzten Mal traf ich Sie in Paris 1934 im Laboratorium II. rue Pierre Curie, als er für Jean Perrin arbeitete. Seit den letzten 7 Jahren ist er Chemiker bei Hoffmann La-Roche in Rectley N.J.*

*Ich habe mich besonders gefreut mit der Wahl dieses Nobelpreises und wünsche Ihnen noch viele erfolgreiche und zufriedene Jahre in diesem schönen Land.*

*Sollten Sie mal New York und etwas Zeit haben, so würde ich mich sehr freuen, meine Gratulation persönlich zu wiederholen.*

*Mit herzlichem Gruss        Ihr ergebener Erich Flint/ Friedländer*

Aus England kamen Glückwünsche von Amanda und Arno Kruniski. Beide müssen Otto Stern schon zu Lebzeiten von Otto Sterns Mutter (1907 verstorben) gekannt haben, d. h., sie müssen alte Bekannte und Freunde aus der Breslauer Zeit sein.

Standort: [BAL], bk0016n8t0q;        Dokumentnummer: **[0652/29.11.1944]**

*8, Woodland Way*        *29. XI 44*
*Baldrik/Herts*

*Lieber Otto,*
*mit herzlicher Freude haben wir im fernen kleinen Baldrik von dem großen Erfolg gehört, den Du errungen. Leider haben wir weder durch Zeitung noch durch Radio etwas von dem großen Ereignis gehört, oder wir haben den Bericht verpaßt. Na, hoffentlich findet []…. in London in wissenschaftlichen Blättern die Notizen.*
*Nur fürchte ich, lieber Otto, ich werde am Ende davon so wenig verstehen, wie von den Gesetzen der Osmose und von dem kynethischen .[].....*
*Dafür kann ich mir aber umso besser vorstellen, wie tief innerlich befriedigt Du Dich fühlen mußt. Dein Leben, das nun mit bald 4 Jahrzehnten nur der Wissenschaft gehört und seine Erfolge, von der allerhöchsten zuständigen Stelle mit dem ersehntesten Preise gekrönt zu finden.*
*Wie ich Dich kenne, werden Dir das Stehen im Rampenlicht, das Redenhalten müssen und die mancherlei an anderen äußeren Ehrungen eher ein bischen lästig sein. Wenn aber das Erreichen einer schwer umkämpften Gipfelhöhe menschliches Glück bedeutet, dann mußt Du Dich ihm doch jetzt nahe fühlen. Gut vorstellen kann ich mir, wie stolz Bertel + Liese + die ganze Familie in Dir und dem Strahlenglanz des Nobelpreises sich sonnen. Und ich weiß, Du hättest auch gewünscht, daß Vater Stern und Kurt von Deiner lieben Mutter nicht zu sprechen-an all dem hätten teilnehmen können.*
*daß wir uns in unserem Nest ein bisschen mit angestrahlt fühlen wirst Du Dir vorstellen können.*
*Laß Dir von Herzen wünschen, daß Du noch lange daher in Gesundheit und Kraft ein erfolgreicher Kämpfer der Wissenschaft bleiben mögest- allen Nazis zum Trotz!*
*In alter Freundschaft und Herzlichkeit grüßen Dich*
*Bruno und Amanda Kruniski*

Sterns früherer Hamburger Doktorand Lester C. Lewis schickte Glückwünsche aus Lexington:

Standort: [BAL], bk0016n8t61; Dokumentnummer: **[0653/30.11.1944]**

FIRST PARISH CHURCH
LEXINGTON, MASSACHUSETTS Nov.30, 1944

Prof. Otto Stern
Carnegie Institute of Technology

*Dear Professor Stern,*
*Congratulation of the heartiest and life-long kind of becoming the Nobel Prize winner in physics 1943. We Molekularstrahlers have known for years that you and Rabi deserved and would win it; but we are mighty glad to have it come now. Mrs Lewis joins me in congratulations which we hope will be with you for a long, fruitful lifetime as dean of the molecular - beam school. Perhaps another student from your generation as Rabi will again win the prize. We can only regret that not all the Doktorants can be with you and that I am no longer a Molekularstrahler. Please believe me, your leadership as a scientist teacher has been a great thing for me; and science will one day become a major field of mine again.*
*We look forward to seeing you after - oftener after the war; and say- Long live and live to enjoy the prize, the Nobel prize winner! Lester C. Lewis*

Die beiden folgenden Glückwunschbriefe wurden von Familienangehörigen der „Sternlinie“ geschrieben. Ein Teil der Sternfamilie hatte in England eine neue Heimat gefunden. Der zweite Brief (hier ist nur ein kurzer Teil abgedruckt) ist ein langer Brief von Henry Stern, in dem er Otto Stern um Mithilfe bei der Immigration seiner Tochter bittet. Der Brief wird in Band I, Abschnitt 2.2 (Nazizeit) vollständig wiedergegeben.

Standort: [BAL], bk0016n8z0s; Dokumentnummer: **[0666/18.12.1944]**

*Opelika, 18 December 1944*

*Dear Otto,*

..............................................

*My congratulation again to the winning of the Nobel-prize a rare honor indeed and to me as ameber of the Stern family very gratifying.*
*If you decide favorably, meaning that you are willing to write such a letter, you would have to address it to:*
*Visa Section, State Dept, Standard Oil Building, Washington DC.*
*You would have to refer to my application to issue an immigration visa to my sister Ruth Stern, now living at 46 Parkside Drive, Newcastle, Staffsh., England. Ruth was born the 30 July 1922, is single.*
*Thanks a great deal for every thing you can do for my family at this time.*
*Yours very truly Henry G. Stern*

Standort: [BAL], BA0016MikrofilmfileNo.710164, Dokumentnummer: **[0671/25.12.1944]**

*Paul Stern*
*46, Parkside Drive*
*Necastle*
*Staffs.*
*25-12-1944*

*Lieber Otto!*
*Obwohl wir-leider- seit vielen, vielen Jahren von einander nichts gehört haben, möchte ich Dir heut doch sagen, wie sehr ich mich gefreut habe, als ich vor einiger Zeit in den Zeitungen las, dass Dir der Nobel-Preis verliehen wurde. Ich sende Dir zu derwohl verdienten Ehrung meine herzlichsten Glückwünsche- wir sind stolz auf Dich! -Hoffentlich geht es Dir in jeder Beziehung ganz nach Wunsch; auch wir sind hier zufrieden. Da Maria noch zuschreiben will schließe ich für heut mit den herzlichsten Grüssen*

*Dein Paul*

*Lieber Otto!*
*Auch ich habe mich über die Nachricht, daß Dir der Nobel Preis verliehen wurde, sehr gefreut. Ich hoffe sehr mal Gelegenheit zu haben, Dich in Deiner neuen Würde zu sehen u. zu begrüßen.*
*Recht herzliche Grüsse sendet Dir*

*Maria*

Otto Brill hatte 1929 in Hamburg bei Otto Stern promoviert (https://www.chemie.uni-hamburg.de/publikationen/Diss1900.html). Er sandte Glückwünsche aus Peru.

Standort: [BAL], bk0016n8n93; Dokumentnummer: **[0670/21.12.1944]**

*Otto Brill, Arequipa (Peru)* *21.12.1944*

*Dear Mr. Stern,*
*when I learned about you having been awarded by the Nobel prize together with Rabi, I sent you my congratulations by means of my sister in New York, Mrs J. Tyson, as I did not know your address. Just now I got it, and I want to felicitate you to the big success and the public acknowledgement of your method of the investigation of the property of molecules + atoms. From the few news I got, I could not make out, what actually research is responsible for your distinction.*
*As you see from my address, I am now in South America, since 1937 working as a analytic chemist in the big mineral firm of Mauricius Hochschild, and I am here the chief of he lab. of the branch here. In the meantime I learned a lot of mineralogy and are dressing besides my analytic work, but still I am more interested in labor and research work than in managing a mill. But for research there are no possibilities here for lack of material and specially of literature. Since I have com here to South America my only information are the few chemical journals I unscribed. So I ignore what happens in the scientific world. I hope when war is over, that I can make a trip to the U.S. to learn the newest developments and to get up to date.*

*May I ask you a favor? Possibly I will get here the appointment at the university here for lecturing analytic chemistry. And I would be glad if I could refer to your work for my introduction class. But as I told you, I don't know what happened, since you came to the U.S. If it would not make too much trouble for you to tell me, wher I can get respective information about your and Rabis work?*
*With my best wishes for you and further success.*
*I remain yours trueful Otto Brill*

Standort: [BAL], bk0016n8r2s; Dokumentnummer: **[0678/03.01.1945]**

*Dr. F. Hahn Jefe del Instituto Ciminico-Agricola National*

*Republica de Guatemala*
*America Central* *Guatemala, 3 de Jenero (Januar) 1944 5*
*Lieber Herr Stern:*
*Durch die Veröffentlichungen in Science weiss ich, dass Sie den Nobelpreis erhalten haben. Ich habe das immer, wenn ich Kollegen oder Schülern gegenüber auf Ihre Arbeiten zu sprechen kam, als auf die Dauer unvermeidlich hingestellt und freue mich ganz schrecklich, dass ich wieder einmal recht behalten habe. Meine allerherzlichsten Glückwünsche!...........*
*Mit besten Grüssen*
*Ihr F. Hahn*

James Brinn, vormals Silverstein, übermittelte Stern seine Glückwünsche.

Standort: [BAL], bk0016n8n93; Dokumentnummer: **[0683/28.01.1945]**

*Lincoln, Nebr. Jan 28. 1945*

*Sehr geehrter Herr Professor:*

*Sie werden sich meiner wohl nicht mehr erinnern. Ich kam aus Schweden nach Frankfurt a/M in 1919 und studierte unter Prof. Lorenz und Fraenkel und habe dabei auch Sie kennen gelernt. In 1923 kam ich hierher und bin seitdem hier im Lande.*

*Ich möchte vor Allem Ihnen herzlichst zu dem Nobelpreis gratulieren und hoffe dass Sie in diesem Lande noch viele weitere Erfolge haben werden.*

*Auch hoffe ich dass Sie sich hier schon eingelebt haben oder bald einleben werden; und je weiter West man kommt, desto mehr merkt man den Unterschied.*

*Ich möchte gern Prof. Walter Fraenkel (Frankfurt a/M 1919–?) und Prof. F. Hahn (Analytische Chemie Frankfurt a/M 1922–) schreiben; falls sie hier in diesem Lande sind; können Sie mir ihre Adressen vielleicht geben?*

*Mit den besten Grüssen Ihr ergebener James Brinn*

*P.S. Sie hatten mich unter dem Namen Silverstein kennengelernt; als ich amerikanischer Bürger wurde habe ich meinen Namen geändert. D.S.*

Die Physiker hatten über viele Jahre schon damit gerechnet, dass Otto Stern den Nobelpreis für Physik mehr als verdient hätte und eigentlich längst hätte haben sollen. Nicht nur, dass Sterns Leistungen von allen anerkannt wurden, sondern er hatte sich auch durch seine Bescheidenheit nur Freunde gemacht. Als Stern nun endlich den Nobelpreis erhielt, haben sich daher alle Kollegen aufrichtig gefreut. Mit Otto Stern hatte der Richtige den Preis erhalten.

Frühe Glückwünsche kamen von Sterns „Schülern" und dem Nobelpreisträger der Physik von 1944 Isidor I. Rabi, der extrem erfolgreich Otto Sterns „Molecular-Beam"-Methode angewandt und weiterentwickelt hatte.

Standort: [BAL], bk0016n8k92; Dokumentnummer: **[0585/10.11.1944]**

*Physics Department* *Telegram*
*Carnegie Institute of Technology*
*Pittsburgh, Pa.*
*70 0691*
*New York, N.Y.* *November 10, 1944*

*Dr. Otto Stern*
*The Molecular Beam world rejoices in the turn of events.*
*Rabi Columbia Molecular Beam Lab.*

Einer der ersten Gratulanten war Saul Dushman (1883–1954) ein russisch-amerikanischer physikalischer Chemiker. Er emigrierte 1891 in die USA. Nach seiner Promotion 1912 in Toronto ging er zur General Electric Company.

Standort: [BAL], bk0016n8p7h; Dokumentnummer: **[0588/10.11.1944]**

*General Electric Company, Schenectady, NY Nov 10 , 1944*
*Saul Dushman*

*Dear Dr. Stern:*
*I just saw the item in the New York Times about your receiving the Nobel Prize. May I convey to you my sincerest congratulations on the honor which you have so well deserved. I would also like to convey the greetings from the Laboratory of all our men who have met you in the past couple of years.*
*With best wishes, I am*
*Yours very cordially* *Saul Dushman*

Einer der schnellsten Gratulanten unter den Physikerkollegen war der Nobelpreisträger des Jahres 1937 Clinton J. Davisson. Die folgenden Glückwünsche sprechen alle für sich selbst. Im Personenregister werden die Kurzlebensläufe der Gratulanten vorgestellt:

Standort: [BAL], bk0016n8p5d; Dokumentnummer: **[0595/10.11.1944]**

*Nov. 10.1944*

*Dear Dr. Stern, Please accept my hearty congratulations on your winning the Nobel Prize in Physics for 1943. I am very pleased.*

*I hope that proper ceremonies will be arranged, and that we will all be invited to attend. Sincerely yours C. J. Davisson*

Otto Stern hatte Clinton Davisson auch zu seiner Nobelpreisfeier am Freitag, den 08.12.1944, in Pittsburgh eingeladen, an der aber Davisson nicht teilnehmen konnte.

Standort: [BAL], bk0016n8p5d; Dokumentnummer: **[0657/11.12.1944]**

*BELL TELEPHONE LABORATORIES*
*INCORPORATED*
*MURRAY HILL LABORATORY*
*MURRAY HILL; NEW JERSEY*
*SUMMIT 6-6000*

*December 11, 1944*

*Dr. Otto Stern*
*Carnegie Institute of Technology*
*Pittsburgh, Pa.*

*Dear Dr. Stern:*

*I am sorry that I was unable to come to Pittsburgh for the celebration dinner last Friday. Professor Franck told me yesterday it was a grand affair, and I have no doubt it was.*

*And then I missed speaking with you at the luncheon, which I very much regretted. I looked for you, but was told you had been obliged to leave almost at the end of the program. I would have been seen you later at the Astor had I been there, but I did not attend. One in a day is my limit.*

*Congratulations again, and best Wishes,*

*Sincerely yours, C.J. Davisson*

Léon Nicolas Brillouin (1889–1969) war ein französisch-amerikanischer Physiker. Im Zweiten Weltkrieg emigrierte Brillouin in die USA, wo er 1941 eine Gastprofessor an der University of Wisconsin–Madison annahm und 1942 Professor an der Brown University wurde. 1943 bis 1945 forschte er in der Gruppe „Angewandte Mathematik" des Office of Scientific Research and Development. Von 1946 bis 1949 war er Professor an der Harvard University.

Standort: [BAL], bk0016n8n93; Dokumentnummer: **[0596/10.11.1944]**

*Columbia University, Division of War Research, Applied Math. Nov 10. 1944*
*Dear Friend, Hurrah for your Nobel prize! I certainly was delighted when I saw your name again on the paper this morning. Are you never coming to New York? If so, don't miss to call me up.*

*Very sincerely L. Brillouin*

Der Mathematiker Oswald Veblen (1880–1960) sandte aus Princeton seine Glückwünsche.

Standort: [BAL], bk0016n9086; Dokumentnummer: **[0597/10.11.1944]**

*THE INSTITUE FOR ADVANCED STUDY*
*SCHOOL OF MATHEMATICS*
*PRINCETON; NEW JERSEY*
*November 10, 1944*
*Dear Doctor Stern:*
*I was delighted to hear on the radio last night that you had been awarded the Nobel Prize. Heartiest congratulations!*
*Yours sincerely, Oswald Veblen*

Auch Arthur Robert von Hippel (1898–2003), der ebenfalls 1933 aus Deutschland emigrieren musste, sandte Stern seine Glückwünsche.

Standort: [BAL], bk0016n8r83; Dokumentnummer: **[0598/10.11.1944]**

*THE PHYSICS LABORATORIES*
*HARVARD UNIVERSITY*
*CAMBRIDGE 39, MASSASCHUSETTS*
*LABORATORY FOR INSULATION RESEARCH*
*PROFESSOR A. R. VON HIPPEL; DIRECTOR*

*November 10, 1944*

*Professor Otto Stern*
*Carnegie Institute of Technology*
*Pittsburgh, Pennsylvania*

*Dear Professor Stern:*
*It gave us great pleasure to read this morning that you received the long-deserved Nobel Prize. Our whole family sends you best greetings and heartiest congratulations.*

*Sincerely yours, A. von Hippel*

Aus der Schweiz erreichten Stern die Telegramme von Hermann Weyl und Jean Weigle. Hermann Klaus Hugo Weyl (1885–1955) war ein deutscher Mathematiker, Physiker und Philosoph, der wegen seines breiten Interessensgebiets von der Zahlentheorie bis zur theoretischen Physik und Philosophie als einer der letzten mathematischen Universalisten gilt.

Standort: [BAL], bk0016n8k92; Dokumentnummer: **[0583/10.11.1944]**

*67 0327 Telegram*
*Princeton, New Jersey November 10, 1944*
*Dr. Otto Stern*
*The news about the crowning of your noble pate with the Nobel laurels has been received in these quarters with satisfaction and delight.*
*Hermann Weyl*

Jean-Jacques Weigle (1901–1968) war ein Schweizer Molekularbiologe, der von 1931 bis 1948 an der Universität Genf arbeitete. Danach emigrierte er in die USA/ CALTECH.

Standort: [BAL], bk0016n8k92; Dokumentnummer: **[0584/10.11.1944]**

*Cable 67 0327*
*Geneve November 10, 1944*
*Dr. Otto Stern*
*Congratulations. All happy for you here.*
*Jean Weigle*

Da Otto Stern 1944 auch an Kriegsforschung beteiligt war, kamen auch Glückwünsche aus dem „Office of Scientific Research and Development". Diese 1941 gegründete US-Behörde koordinierte die wissenschaftliche Forschung auf militärischem Gebiet.

Standort: [BAL], bk0016n8r83; Dokumentnummer: **[0599/10.11.1944]**

*OFFICE OF EMERGENCY MANAGEMENT*
*OFFICE OF SCIENTIFIC RESEARCH AND DEVELOPMENT*

*64 Floor*
*350 Fifth Avenue*
*New York 1, N.Y.*
*November 10, 1944*

*Professor Otto Stern*
*Carnegie Institute of Technology*
*Pittsburgh, Pennsylvania*

*Dear Professor Stern:*
*I was delighted to see that you have been awarded the 1943 Nobel Prize in Physics, an honor which you richly deserve. Please accept my heartiest congratulations and best wishes for continued success in your work.*
*Sincerely yours, Elmer Hutchinson*

Am 10.11.1944 hat Norman Ramsey während eines Continental-Air-Lines-Fluges handgeschrieben:

Standort: [BAL], bk0016n8x08; Dokumentnummer: **[0603/10.11.1944]**

*Dear Professor Stern,*
*I have just read in the Kansas City Lines while on an official trip of you and Rabi being awarded Nobel Prizes. Needless to say I am delighted to have learned this. Please accept my heartiest congratulations on receiving this much deserved award. I have been sure for a long time that you and Rabi had such an award coming, but this belief of mine has in no way diminished my pleasure in learning of the award. Hurrah for the molecular beam!!!!*
*Norman Ramsey*

Aus Berkeley gratulierten die Physikerkollegen Raymond Birge und Joel Hildebrand. Aus deren Briefen sprach ehrliche Freude, dass Stern jetzt endlich seine verdiente Auszeichnung erhalten habe. Da Stern 1930 in Berkeley ein „Sabbatical" verbracht hatte und man ihm dort die Ehrendoktorwürde verliehen hatte, bestand zu den Kollegen dort eine besondere Beziehung. Birge erzählt in seinem Glückwunschbrief vom 11.11.1944 an Stern eine zum Schmunzeln anregende Anekdote, wie in der Presse Falschmeldungen entstehen können.

Standort: [BAL], bk0016n8n93; Dokumentnummer: **[0607/11.11.1944]**

*University of California*
*Department of Physics, Berkeley* *November 11. 1944*

*Dear Professor Stern,*
*Since the telegraph company is not supposed to accept telegrams of congratulation, I will content myself with a letter.*
*I think you know that in past times, when Dr. Campbell was President of the University and we were asked each year to suggest nominations for the Nobel Prize, we always sent in your name. Hence you can see that we are quite satisfied with the final result, although I presume that this final result is not in any way due to our efforts. You certainly deserve it and I am more than pleased to learn of the award.*
*My first knowledge of this matter came over the telephone Thursday evening from the San Francisco Chronicle. They had just gotten over the wire a dispatch saying that the Nobel Prize in Physics had been awarded to a Mr. Isaac Stern for something about the magnetism of the "prontruns". The editor wanted to know what "prontruns" were and I had to confess that I did not know any more about them he did. I told him that there was an Otto Stern and probably the dispatch referred to him, but we decided to wait for further clarification. Then, about half an hour later, I heard over the regular news broadcast a correct statement of the two awards to you and Professor Rabi.*
*According to the Berkeley Gazette last night, you are intending to live in Berkeley on your retirement. We are, of course, also glad to here that, and I would be interested to know just when the retirement is to occur. Possibly the award of the Nobel Prize will have some influence on that matter.*
*Again congratulating you on this well deserved honor, I am yours sincerely,*
*Raymond T. Birge*

Stern antwortete Birge am 21.11.1944, wo er seine große Zuneigung zu Berkeley bekundete.

Standort: [BAL], bk0016n8n93; Dokumentnummer: **[0643/21.11.1944]**

*November 21, 1944*
*Professor R. T. Birge, Department of Physics, University of Califonia, Berkeley, California*

*Dear Professor Birge:*
*Thank you very much for your kind letter of congratulation.*
*You know how I like Berkeley. However, in the matter of retirement, the Nobel Prize will have some influence, but unfortunately in the wrong direction. It would not look right if I would retire just after receiving the prize.*
*I expect, however, to spend the next summer in Berkeley on account of my health, and am looking forward to seeing you and all my old friends.*
*Very sincerely , O.Stern*

Standort: [BAL], bk0016n8r83; Dokumentnummer: **[0608/11.11.1944]**

*UNIVERSITY OF CALIFORNIA*
*DEPARTMENT OF CHEMISTRY*
*BERKELEY; CALIFORNIA*

*November 11, 1944*

*Professor Otto Stern*
*1060 Morewood Avenue*
*Pittsburgh, Pa.*

*Dear Stern:*
*Heartiest congratulations on the award to you of the Nobel Prize. I had you picked out for this years ago; I am astonished that it took them so long to get around it.*
*With best regards,*
*Cordially , Joel H. Hildebrand*

Ein weiterer Glückwunschbrief kam von dem österreichischen Physik-Nobelpreis-Träger Victor Hess (1883–1964), der 1938 in die USA emigriert war. Hess hatte 1936 den Physik-Nobelpreis verliehen bekommen und lehrte 1944 an der Privatuniversität Fordham in New York City. Interessant ist die Feststellung von Victor Hess, dass er Stern zweimal für den Nobelpreis (1937 und 1938) vorgeschlagen habe. Diese Aussage widerspricht aber der offiziellen Darstellung des Nobelarchivs (The Nobelpopulation 1901–1951), das keinen Vorschlag von Hess für Stern listet.

Standort: [BAL], bk0016n8r83; Dokumentnummer: **[0609/11.11.1944]**

*Physics Department, Fordham University, New York November 11.1944*

*Lieber Kollege Stern,*
*Es ist mir ein Herzensbedürfnis, Ihnen zur wohlverdienten hohen Ehrung durch Verleihung des Nobelpreises für Physik 1943 wärmstens zu gratulieren.*

*Da Telegramme für Glückwünsche nicht erlaubt sind, muss ich Ihnen brieflich gratulieren. Sie haben, wie ich, lange Jahre warten müssen bis die Herren in Stockholm zu Ihrem Entschluss gekommen sind. Die politischen Stroemungen in Schweden moegen mit Schuld gewesen sein. Die Hauptsache ist, dass man Sie endlich anerkannt hat und Ihre bahnbrechenden Arbeiten über die Molekularstrahlen damit entsprechend belohnt wurden. Ich hatte Sie zweimal vorgeschlagen. 1937 und 1938. Das Schoenste ist, dass dieses Jahr sechs Preise in New York selbst durch den schwedischen Gesandten verteilt werden und da werden wir uns natürlich sehen. Ich freue mich darauf und begrüsse Sie bis dahin in herzlicher Freundschaft*

*Ihr Hess*

*PS. Wissen Sie schon, dass ich vor einiger Zeit einen Ruf an das Institute of Advanced Studies in Dublin erhalten habe? Ich bin noch nicht sicher, was ich tun werde.*

Max Born schickte schon am 11.11.1944 seine Glückwünsche aus Edinburgh und freute sich besonders darüber, dass der „Nazi“ Gerlach nicht berücksichtigt wurde[123].

Standort: [BAL], bk0016n8n6f; Dokumentnummer: **[0610/11.11.1944]**

84 Grange Loan, Edinburgh 11.11.1944

*My dear Stern,*

*Yesterday I learned from the newspapers that you have got the Nobel Prize. I need not to tell you how pleased we were. It was a real good news in these sad times. You have been my first candidate every time I have been asked by the Nobel committee. And I feel a particular and rather mean satisfaction that you have not to share the honor with the Nazi Gerlach. - We have learned indirectly, I think via Ladenburg, that you have been ill, in somewhat similar way as I last winter, but that you have recovered by now, I am also quite well again, and as I have got a second lecture in my department I need not too much lecturing and have mostly to do with advanced and research students. We are trying to make sense of the theories of field quantization and I think we are on the right track. I begin to see how the photon- and meson-fields are really two forms of one and the same field, and I hope to extend this to the other fields. We also are getting rid of the nasty divergent integrals in the quantum theory of the fields. You see, I am still interested in rather abstract things of the unification type.*

*My wife is quite well and joins my congratulations. But of course both of us getting old. Our Gustav is an Army Officer, captain, doctor and pathologist in India, but at present down with dysentery at Pvona. Gritli's husband, M. Pryce, whom you may know, is in Canada, and Irene's husband will soon go to Washington. Both grils hope to follow them with their infants. (Each has a boy and a girl). I hope to see*

[123] Ob Gerlach wirklich ein „Nazi“ war, d. h. Mitglied in einer nationalsozialistischen Organisation oder Partei, ist nach privater Auskunft durch Helmut Rechenberg nicht zu belegen. Nach Aussage von Josef Georg Huber [HUBER2014] war Walther Gerlach niemals Mitglied in der NSDAP.

*them before they go.- I know you to be not a grat letter writer and you will have to answer hundreds of congratulations. Therefore do not bother to reply. But I want to tell you that Heidi and I are so very glad about your success.*
*Your old friend M. Born*

Karl Kelchner Darrow (1891–1982) bei Bell in Murray N.J. war von 1941 bis 1967 Sekretär der American Physical Society. Er schickte Glückwünsche aus Chicago.

Standort: [BAL], bk0016n8p4v; Dokumentnummer: **[0611/11.11.1944]**

*Hotels Windermere*
*Chicago*

*November 11, 1944*

*Dear Dr. Stern,*
*My heartiest congratulations!*
*Never was a Nobel prize worthily bestowed. I am very glad that your distinguished work has been so signalized - and glad that it is being continued in this country.*
*Sincerely yours*

*Karl Darrow*

Walter Rudolf Ladenburg (1882–1952) war ein deutscher, nach der Emigration amerikanischer Physiker.

Standort: [BAL], bk0016n8t18; Dokumentnummer: **[0614/11.11.1944]**

*Princeton (N. J.), 11. November 1944*
*Lieber Stern,*
*Ich muss Ihnen doch noch mal schriftlich sagen, wie sehr wir uns gefreut haben, als wir gestern lasen, dass Sie den Nobelpreis erhalten haben. Es war mir keine richtige Überraschung; ich, und so mancher anderer, hatte es nicht anders erwartet.*
*Also: Herzlichen Glückwunsch!*
*Ich hoffe, die freudige Nachricht hat Sie bei guter Gesundheit angetroffen. Und wie geht es Ihrer Schwester? Ihre letzte Nachricht (vor etlichen Wochen) von ihrer Krankheit hat uns sehr erschreckt. Bitte lassen Sie mal wieder von sich oder ihr hören – und wie ist es, wann dürfen wir Sie hier in Princeton erwarten? Wir würden Sie gern etwas feiern – das müssen Sie sich nun schon gefallen lassen – und vielleicht Paulis und Einstein dazu bitten, wenn es Ihnen recht ist. Wie wäre es mit dem 9. Dezember, (am frühen Nachmittag)?*
*Am 10. werden Sie doch jedenfalls in N.Y. sein, wenn Sie schon nicht nach Stockholm fahren und sich den Preis wie sonst üblich von der königlichen Hand überreichen lassen können.*
*Herzliche Grüße von meiner Frau und mir*

*Ihr Rudolf Ladenburg*

Emilio Segrè (1905–1989), der 1930 bei Stern als Fellow in Hamburg gearbeitet hatte, hat 1959 für die Entdeckung des Antiprotons zusammen mit Owen Chamberlain den Nobelpreis für Physik erhalten. Er arbeitete 1944 in Los Alamos im Manhattan-Projekt.

Standort: [BAL], bk0016n8x3x; Dokumentnummer: **[0615/11.11.1944]**

*Santa Fe, 11. November 1944*

*Dear Professor Stern,*
*I have heard that you have received the Nobel prize and I congratulate you most heartily. Since many years I expected every year that you would get it and I rejoice with the spirit of an old friend and pupil.*

*Sincerely yours Emilio Segrè*

Enrico Fermi (1901–1954) war der Lehrer von Emilio Segrè und hatte schon mit Stern in dessen Hamburger Zeit enge wissenschaftliche Kontakte. Für seine kernphysikalischen Untersuchungen mit langsamen Neutronen wurde ihm 1938 der Nobelpreis für Physik verliehen. Er arbeitete 1944 in Los Alamos im Manhattan-Projekt. Fermi schrieb:

Standort: [BAL], bk0016n8q3t; Dokumentnummer: **[0618/12.11.1944]**

*Santa Fe, Post box 1663 November 12 1944*
*Dear Professor Stern:*
*I heard with great pleasure of the news of the award of the Nobel Prize to you. It was indeed an excellent thing and I want to send to you my most hearthfelt congratulations.*
*Yours Enrico Fermi*

Der Österreicher Otto Halpern (1899–1982) war 1928 mit einem Rockefeller-Stipendium zu Werner Heisenberg nach Leipzig gegangen und wechselte 1930 als Professor an die New York University. Während des Krieges arbeitete er in der Radarforschung am MIT in Boston. Am 12. November sandte er seine Glückwünsche an Stern:

Standort: [BAL], bk0016n8r83; Dokumentnummer: **[0619/12.11.1944]**

*HOTEL BRAEMORE*
*466 COMMONWEALTH AVENUE*
*BOSTON 15, MASS:*

*Nov 12, 1944*

*Sehr verehrter Herr Stern,*
*Als ich von Ihrem Nobelpreis las, fiel mir die Bemerkung Hilberts ein, an der Entdeckung [] ist doch eigentlich nur merkwürdig, daß sie so spät erfolgte.*

*Mit besten Glückwünsche*

*Ihr sehr ergebener Otto Halpern*

Jesse Wakefield Beams (1898–1977) von der University of Virginia erforschte im Zweiten Weltkrieg im Manhattan-Projekt die Urananreicherung mittels der Ultrazentrifuge und zeigte deren Funktionsfähigkeit.

Standort: [BAL], bk0016n8n93; Dokumentnummer: **[0621/13.11.1944]**

*Dear Professor Stern,*
*I have just seen a newspaper accout of your receiving the Nobel Prize and want to extend my best congratulations. You have richly deserved this great honor for many years and it is good news that it has now been awarded to you.*
*With best regards, I am sincerely J. W. Beams*
*Rouss Physica Laboratory University of Virginia/Charlottesville*

Edward Uhler Condon (1902–1974) beglückwünschte Stern am 13.11.1944. Condon promovierte in theoretischer Physik bei Birge an der University of Berkeley und arbeitete danach bei Born in Göttingen und Sommerfeld in München. In Göttingen entdeckte er zusammen mit Franck das sogenannte Franck-Condon-Prinzip. Von 1943 bis 1945 arbeitete er zeitweise an der Uranisotopentrennung in Berkeley mit. Aus der intimen persönlichen Anrede „Dear Otto“ ist zu entnehmen, dass Condon und Stern schon vorher befreundet waren (evtl. Göttinger Zeit oder als Condon 1928–1937 in Princeton war).

Standort: [BAL], bk0016n8p39; Dokumentnummer: **[0622/13.11.1944]**

*WESTINGHOUSE*

*ELECTRIC & MANUFACTORING COMPANY*

*Tel. EXBROOK 5353*
*1 MONTGOMERY ST.*
*SAN FRANZISCO; CALIF:*
*Box 528*
*Berkeley, California*
*November 13, 1944*

*Professor Otto Stern*
*Carnegie Institute of Technology*
*Pittsburgh, Pennsylvania*

*Dear Otto,*
*Heartiest congratulations on the Nobel award!*
*I enclose for you a clipping from the Berkeley Gazette from which I learned the news. You will note that it quite proudly claims you as Berkeley boy!*
*What with the recognition of Rabi as well, it was really quite a field day for molecular beams.*
*I have my whole family out here this winter and we are quite comfortably settled. The project is going ahead quite well but has got to the stage where about the only problems left are the hard ones which I am unable to do.*

*I suppose you are still spending a good deal of your time in Chicago but I will address this to Pittsburgh, anyway. If you get out to Berkeley this winter, be sure to look me up. Our home address is 2826 Derby Street, and the phone is Berkeley 6133.*
*Best regards*

*Ed Condon*

Eugene Paul Wigner (1902–1995) war ein ungarisch-amerikanischer Physiker und besuchte in den Jahren 1915 bis 1919 gemeinsam mit John von Neumann das humanistische Lutheraner-Gymnasium in Budapest. Danach studierte er und promovierte 1925 an der Technischen Hochschule Berlin bei Michael Polanyi. Ab 1927 waren Wigner und Hermann Weyl verantwortlich für die Einführung der Gruppentheorie in die Quantenmechanik. Anfang der 1930er-Jahre ging Wigner in die USA und arbeitete seit 1931 an der Princeton University. Ab 1938 bis zu seiner Emeritierung im Jahre 1971 war er dort Professor für Mathematik. 1963 wurde ihm für seine Beiträge zur Kernphysik der Nobelpreis verliehen. Eugene Wigner sandte am 13.11.1944 seinen Glückwunsch an Stern:

Standort: [BAL], bk0016n912d; Dokumentnummer: **[0623/13.11.1944]**

*Dear Professor Stern,*
*It is with more pleasure I can express in this etter that I congratulate you upon your receiving the Nobel prize. Many of us feel that the Nobel Committee surpassed itself when it recognized that the prize might have been awarded to you a long time ago and that it preferred real merit before temporary achievemnt. I sincerely share in your joy and hope that it is not dimmed by the present sad circumstances.*

*Sincerely Eugene P. Wigner*

Linus Pauling (1901–1994) war ein amerikanischer Chemiker. Er erhielt 1954 den Nobelpreis für Chemie für seine Forschungen über die Natur der chemischen Bindung und ihre Anwendung bei der Aufklärung der Struktur komplexer Substanzen. 1946 wurde er Mitglied des Emergency Committee of Atomic Scientists (Vorsitzender war Albert Einstein; die sieben übrigen Mitglieder waren Harold C. Urey, Vice-Chairman, Hans Bethe, T. R. Hogness, Philip M. Morse, Leó Szilárd, Victor Weisskopf und Linus Pauling). 1963 erhielt er für sein großes Engagement im Jahr 1962 den Friedensnobelpreis als besondere Auszeichnung für seinen Einsatz gegen Atomwaffentests.

Standort: [BAL], bk0016n8w85; Dokumentnummer: **[0624/13.11.1944]**

*Pasadena, 13.11.1944*

*Dear Stern:*
*I congratulate you sincerely on the award to you of the Nobel Prize in Physics for 1943. I have long admired your fine work on molecular beams (for which I assume the award was given) as well as your interesting contributions on other*

*fields. I trust that you are well, and I am looking forward to seeing you one of these days. Sincerely yours*

*Linus Pauling*

Maurice Goldhaber (1911–2011) war ein US-amerikanischer Physiker. Der im österreich-ungarischen Lemberg geborene Goldhaber ging in Chemnitz aufs Gymnasium. Goldhaber studierte und arbeitete an der Universität Cambridge in England, wo er 1936 promoviert wurde. 1938 emigrierte er in die USA und wurde ab 1945 Professor an der University of Illinois in Chicago. Ab 1950 arbeitete er am Brookhaven National Laboratory. Goldhaber schrieb am 13. November 1944:

Standort: [BAL], bk0016n8r17; Dokumentnummer: **[0625/13.11.1944]**

*69 0029*
*UNIVERSITY OF ILLINOIS*
*DEPARTMENT OF PHYSICS URBANA*
*Nov 13, 1944*

*Dear Professor Stern,*
*Please accept my heartiest congratulations for the honor so long overdue.*
*Sincerely yours*

*Maurice Goldhaber*

Auch der Nobelpreisträger für Physik des Jahres 1939 Ernest Lawrence sandte Stern seine Telegramm-Glückwünsche:

Standort: [BAL], BA0016MikrofilmfileNo.700073, Dokumentnummer: **[0626/13.11.1944]**

*Telegram*
*Prof. O.Stern*
*Depart. of Physics*
*Carnegie Inst. Tech.*
*Pittsburgh*
*all your friends are delighted of this deserved recognition. We only wonder why it took so long.*

*Corksey Lawrence*

Stern bedankte sich am 28.12.1944 bei Ernest Lawrence mit einem kurzen Brief:

Standort: [BAL], bk0016n8k92; Dokumentnummer: **[0674/28.12.1944]**

*December 28,1944*
*Professor Ernest C. Lawrence*
*W.B. Reynolds! Office*
*P.O. Box 590*
*Knoxville, 5 Tenn.*
*Dear Lawrence:*
*Thank you very much for your letter-telegram. Will you also extend my thanks to Cooksey.*
*I am looking forward to seeing (you) in Berkeley next summer. Best regards*
*Very sincerely yours O. Stern*

Hermann Franz Mark (1895–1992), österreichisch-US-amerikanischer Chemiker, der als einer der wesentlichen Begründer der modernen Polymerwissenschaften gilt, übermittelte seine Glückwünsche. Bereits 1922 lud Fritz Haber H. F. Mark ein, im neu gegründeten Institut für Faserstoffchemie mitzuarbeiten. Nach dem Anschluss Österreichs an Deutschland emigrierte Mark 1938 in die USA. Als Herman Francis Mark trat er 1940 ins „Polytechnic Institute of New York" in Brooklyn ein – zunächst als außerordentlicher Professor, zwei Jahre später schließlich als ordentlicher Professor. 1944 begründete Mark das „Institute of Polymer Research" am „Polytechnic Institute" in Brooklyn. Es ist sehr wahrscheinlich, dass Mark und Stern sich ab 1922 in Habers Institut in Berlin öfters begegnet sind.

Standort: [BAL], bk0016n8v3w; Dokumentnummer: **[0627/13.11.1944]**

*New York, 13.11.1944*
*My dear Professor Stern:*
*You can hardly imagine my delight when I heard that you were awarded the Nobel Prize for physics. Please kindly accept my sincerest congratulations and be sure that all your old friends are now still more proud of you than they were before. I hope to see you in the near future to express my feelings personally.*
*With very best regards and kind wishes, I am*
*Yours very sincerely,*
*H. Mark*

Friedrich Adolf (Fritz) Paneth (1887–1958) studierte von 1906 bis 1910 in Wien und München Chemie. Anschließend an seine Habilitation in Wien war er Professor in Hamburg, Berlin und Königsberg. Nach der Machtübernahme der Nationalsozialisten musste er 1933 seinen Lehrstuhl am Königsberger Chemischen Institut aufgeben und nach London emigrieren. Von 1939 bis 1953 war er Professor an der Universität Durham/England. Dann übernahm er als Direktor am Max-Planck-Institut für Chemie (Otto-Hahn-Institut) in Mainz die Nachfolge von Fritz Straßmann. Stern und Paneth müssen sich in den 1920er-Jahren in Hamburg öfters begegnet sein.

Standort: [BAL], bk0016n8w85; Dokumentnummer: **[0629/14.11.1944]**

*NATIONAL RESEARCH COUNCI*
*CANADA*
*P.O Box 159, Station H. Montreal November 14th, 1944*

*Montreal, 14.11.1944*
*Dear Stern,*
*Ever since I left England for war work here in Canada, I have been hoping that some days my duties would get me to Pittsburgh and thus enable me to look you up. Unfortunately official travels have only brought me on rather hurried trips as far as New York.*
*I need hardly tell you how pleased I was when a few days ago the papers published news of your award. I think everybody acquainted with your work has expected this for quite a number of years. Please accept my heartiest congratulations. It was an additional pleasure to learn that Hevesy was honored at the same time. As far as I know he and his family are at present in Stockholm and I shall try to send him a congratulatory wire.*
*Is there any hope that you may some day to see us here? With kind regards, Yours sincerely*

*F. A. Paneth*

Courant und Stern standen seit 1933 in ständigem sehr engem Kontakt, vor allem um anderen deutschen Emigranten bei der Stellensuche zu helfen (s. Band I, Abschnitt 2.2 „Der Nationalsozialismus und seine Folgen"). Richard Courant (1888–1972) war ein deutsch-amerikanischer Mathematiker. Im Sommer 1933 musste Courant als Jude emigrieren. Nach einem Jahr in Cambridge ging er anschließend nach New York, wo er 1936 Professor wurde.

Standort: [BAL], bk0016n8p2r; Dokumentnummer: **[0630/14.11.1944]**

*November 14, 1944*

*Professor Otto Stern*
*Carnegie Institute of Technology*
*Pittsburgh 13, Pa.*

*Dear Stern:*
*In the first place, my cordial congratulations to you. I just saw, by chance, in the Times that you finally got the Nobel prize. Niels Bohr always thought it was a scandal that you didn't get this recognition long ago but better late then never.*
*For quite a while I have felt rather sad I had lost contact with you. Couldn't we get together some time soon, not only to celebrate the present event but also to discuss some other questions– in particular, some questions of the war work in which I am involved and which may be of scientific interest to you?*
*I was glad to see that Rabi and Hevesy also got the Nobel prize.*
*With cordial regards,*

*Yours R. Courant*

Bemerkenswert ist der Glückwunsch von Rabis Forschergruppe an der Coulumbia University in New York. Mit einem Gedicht und vielen Unterschriften feierten sie Otto Stern und würdigten ihn als Lehrer von Isidor Rabi. In der Tat hat Rabi seinem Mentor während dessen Postdoc-Zeit in Hamburg viel zu verdanken. Rabi hat viele seiner später verwirklichten genialen Anwendungen der Molekularstrahlmethode in Hamburg erlernt. Felix Bloch und seine Frau hatten bei einer Feier bei Rabi diesen Gedichtbrief verfasst.

Standort: [BAL], BA0016MikrofilmfileNo.680138, Dokumentnummer: **[0632/14.11.1944]**

1. *Twinkle, twinkle Otto Stern*
   *how did Rabi so much learn?*
   *He rose in the world so high*
   *Like a diamond in the sky.*
   *Twinkle, twinkle Otto Stern*
   *how did Rabi so much learn?*

2. *The infant cried when he was born:*
   *In Austria I feel forlorn.*
   *And he said: The stupid stork*
   *Should have brought me to New York.*
   *Twinkle, twinkle Otto Stern*
   *how did Rabi so much learn?*

3. *He crossed the sea a baby small*
   *But that didn't hurt at all.*
   *Great was his intelligence*
   *In a certain narrow sense.*
   *Twinkle, twinkle Otto Stern*
   *how did Rabi so much learn?*

4. *Talmud and philosphie*
   *Didn't really sarisfy*
   *So he thought as physicist*
   *He perhaps would not be missed*
   *Twinkle, twinkle Otto Stern*
   *how did Rabi so much learn?*

5. *He together with his team*
   *wiggled the atomic beam*
   *Up and down through slits so fine*
   *Saw the light of reason shine*
   *Twinkle twinkle Otto Stern*
   *How did Rabi so much learn.*

6. *Soon the moments made him*
   *and he said: I'm awfully sorry.*
   *Gentlemen, we have no chance*
   *What we need is resonance.*
   *Twinkle, twinkle Otto Stern*
   *how did Rabi so much learn?*

7. *Well you know, he's always right,*
   *This time he was even bright,*
   *And a quadrupole he found.*
   *Deuterons were no more round*
   *Twinkle twinkle Otto Stern*
   *How did Rabi so much learn.*

8. *At R.L. he said: Why not*
   *Should I be a great big shot?*
   *and again he was quite right*
   *he almost made it, but not quite.*
   *Twinkle twinkle Otto Stern*
   *How did Rabi so much learn.*

9. *So he finally grew wise*
   *Got himself the Nobelprize.*
   *Back to physics now he is*
   *With undreamt possibilities.*
   *Twinkle twinkle Otto Stern*
   *How did Rabi so much learn.*

10. *Twinkle, twinkle Otto Stern*
    *How did rabi so much lear?*
    *He rose in the world so high*
    *like a diamond in the sky.*
    *Twinkle twinkle Otto Stern*
    *How did Rabi so much learn.*

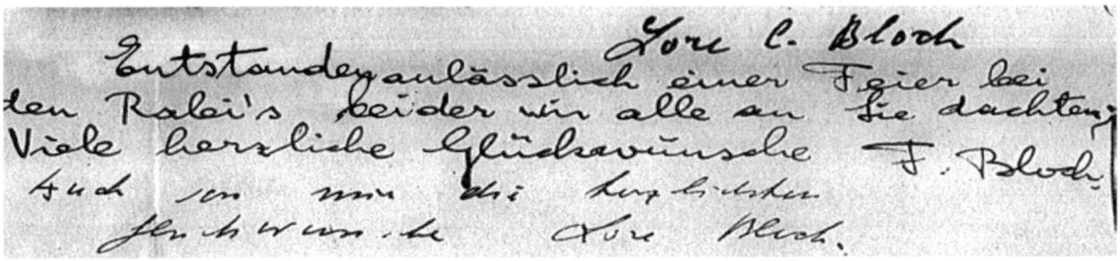
Lore C. Bloch
Entstanden anlässlich einer Feier bei den Rabi's bei der wir alle an Sie dachten.
Viele herzliche Glückwünsche F. Bloch
Auch von mir die herzlichsten Glückwünsche Lore Bloch.

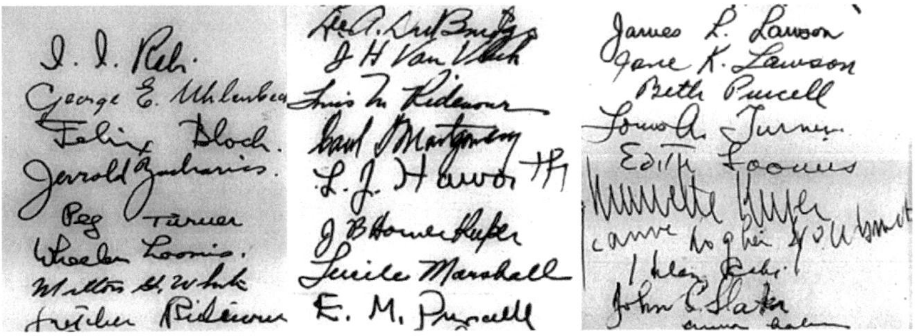

*Entstanden anlässlich einer Feier bei den Rabi's bei der wir alle an Sie dachten. Viele herzliche Glückwünsche F. Bloch*
*Auch von mir die herzlichsten Glückwünsche Lore Bloch*

*Isidor I. Rabi; George E. Uhlenbeck; Felix Bloch; Jerold Zacharias; Reg Turner; Wheeler Loomis; Walton N....; .....; J.H. Van Vleck; Luis Lederman; ... L.J. Haworth; ....; Marshall; E.M. Purcell; James L. Lawson; Jane K. Lawson; Beth Purcell; Louis C. Turner; Edith Loomis; Anette Hugh; Goudsmit; Helen Rabi; John Slater;*

Scott Anderson (1913–2006) war der Gründer des „Anderson Physics Laboratory" in Urbana/Illinois und beschäftigte sich mit Verbindungen von Metallen mit Halogenen.

Standort: [BAL], bk0016n8n1p; Dokumentnummer: **[0636/15.11.1944]**

*THE ANDERSON PHYSICAL LABORATORY*
*602 EAST GREEN STR,*
*CHAMPAIGN*

*Nov. 15, 1944*
*Prof. Otto Stern*
*Carnegie Inst. of Tech.*
*Pittsburgh, Pa.*

*Dear Prof. Stern:*
*Words do not express my pleasure when I read in the paper that you had been awarded the Nobel Prize. They have been long enough in recognizing the outstanding work that you have doe in the field of physics and I am certainly happy that this honor has come to you at this time, It is a fitting tribute to you as a man and as a physicist.*
*Very truly yours,*
*Scott Anderson*

Gilbert Newton Lewis (1875–1946) war ein US-amerikanischer Physikochemiker. Nach dem Studium an der Harvard University arbeitete er bei Wilhelm Ostwald in Leipzig und Walther Nernst in Göttingen, bevor er im Jahr 1901 wieder nach Harvard zurückkehrte. Ab 1912 war er Professor an University of California, Berkeley. Otto Stern hatte Lewis 1931 für den Nobelpreis für Chemie vorgeschlagen.

Standort: [BAL], bk0016n8t5g; Dokumentnummer: **[0638/17.11.1944]**

*Lewis*
*Department of Chemistry,*
*Berkeley, California* *November 17, 1944*

*Professor O. Stern,*
*Carnegie Institute of Technology,*
*Pittsburgh, Pennsylvania*

*Dear Professor Stern:*
*I was delighted when I heard of your new honor, which I believe should have come to you long ago. We are all looking forward with pleasure to having you permanently in Berkeley before very long.*
*With the best wishes, I am*

*Yours sincerely, Gilbert N. Lewis*
(handgeschrieben)

Standort: [BAL], bk0016n8k92; Dokumentnummer: **[0673/28.12.1944]**

*December 28, 1944*

*Professor Gilbert N. Lewis*
*University of California*
*Department of Chemistry*
*Berkeley, California*

*Dear Professor Lewis:*
*Thank you very much for your congratulations of November 17.*
*I remember a few years ago at a dinner in San Francisco how you said, "Well, Stern, we both won't ever get the Nobel Prize." I hope that you are 100 % wrong in this.*
*I am looking forward to seeing you in Berkeley early this summer.*
*Best regards,*
*Very sincerely yours,*

*O.Stern*

Arthur Holly Compton (1892–1962) war ein US-amerikanischer Physiker und Nobelpreisträger. 1920 ging Compton an die Washington University in St. Louis, MO, und wechselte 1923 an die University of Chicago. Von 1942 bis 1945 war Compton im Rahmen des Manhattan-Projekts Leiter der Plutoniumforschungsabteilung. 1927 erhielt er für den von ihm entdeckten „Compton-Effek" den Nobelpreis für Physik. Da Stern während des Krieges an militärischen Forschungsprojekten in Chicago arbeitete, ist zu vermuten, dass beide sich dort oft begegnet sind.

Standort: [BAL], bk0016n8p39; Dokumentnummer: **[0639/18.11.1944]**

*Metallurgical Laboratory*
*P.O. Box 5207*
*Chicago 80, Illinois*
*November 18, 1944*

*Professor Otto Stern*
*Carnegie Institute of Technology*
*Pittsburgh 13, Pennsylvania*

*Dear Dr. Stern:*
*Returning from an extented trip I have just learned of your award of the Nobel Prize. It is a pleasure to send on to you the best greetings and congratulations from all of us in the Laboratory here for this well, deserved honor. Your outstanding work has been fruitful of many important consequences. We are especially pleased that our country is enriched by the addition what you are bringing to us.*
*Yours very sincerely,*
*Arthur H. Compton*

Otto Oldenberg (1888–1983) hatte seit 1926 eine außerordentliche Professur im Institut von James Franck in Göttingen inne. 1929 ging er als „Lecturer" an die Harvard University nach Cambridge/Boston, wo er 1930 eine Professur erhielt. Da er jüdischen Glaubens war, konnte er nach 1933 nicht mehr nach Göttingen zurückkehren. Während des Krieges arbeitete er zusammen mit John H. van Vleck und Otto Stern in einem Kriegsspionageprojekt in Boston mit (s. Abschnitt 2.2 in Band I).

Standort: [BAL], bk0016n8v96; Dokumentnummer: **[0641/19.11.1944]**

*Lieber Herr Stern!* *Nov. 19.*
*Herzliche Glückwünsche auch im Namen meiner Frau!*
*Durch viele Jahre wurde diese Erteilung des Preises von vielen Physikern erwartet. Wir hoffen aber, dass Sie uns wissen lassen, wenn Sie wieder mal nach Cambridge kommen.*
*Schönste Grüsse*
*Ihr Otto Oldenberg*

Kasimir Fajans (1887–1975) war ein polnisch-US-amerikanischer Chemiker. Fajans studierte Chemie in Leipzig und in Heidelberg. 1909 wurde er an der Universität Heidelberg promoviert. Anschließend arbeitete er an der ETH Zürich bei Richard Willstätter und an der Universität Manchester bei Ernest Rutherford, 1917 wurde er außerordentlicher Professor an der Universität München, 1925 dort ordentlicher Professor. Da er Jude war, wurde er 1935 entlassen und emigrierte in die USA. Von 1936 bis 1957 war er Professor an der University of Michigan in Ann Arbor. Fajans entdeckte 1913 gleichzeitig mit Frederick Soddy das Verschiebungsgesetz.

Standort: [BAL], bk0016n8q8k; Dokumentnummer: **[0642/20.11.1944]**

*University of Michigan Ann Harbor, Department of Chemistry, 20.11.1944*
*Kasimir Fajans*
*Lieber Herr Stern,*

*Herzlichen Glückwunsch zum Nobelpreis. Es hat mich aufrichtig gefreut, dass Ihre bahnbrechenden Arbeiten diese grösste Auszeichnung gefunden haben. Es war auch erfreulich zu sehen, dass die Schweden keine Rücksicht mehr auf die Nazis zu nehmen brauchen und die ersten während des Krieges verliehenen Preise drei Wissenschaftlern, die aus Deutschland und Österreich ausgewandert sind, zugedacht haben.*

*Mit herzlichen Grüssen Ihr ergebener K. Fajans*

Standort: [BAL], bk0016n8p4v; Dokumentnummer: **[0644/21.11.1944]**

*The American Physical Society*
*Karl K. Darrow, Secretary* *November 21, 1944*
*DR. O.STERN*
*Carnegie Institute of Technology*
*Pittsburgh, Pa.*

*Dear Dr. Stern:*
*Would you be willing to let some of your glory shine upon the American Physical Society at its New York meeting of January 19 and 20, by giving an address of up to forty-five minutes on the distinguished work which has been so worthily rewarded? You will have to give such an address anyhow on December tenth; you might as well repeat it, with or without amplifications suitable to the somewhat more sophisticated audience. While (thanks to Davisson) I shall have the privilege of hearing you on December tenth, most of those at the January meeting will not have been so fortunate.*
*I require an answer by Monday November 27 if the speech is to be announced in the Bulletin; I hope it will be favorable,*

*Cordially yours, K. K. Darrow*
(maschinengeschrieben mit Handunterschrift)

Guido Beck (1903–1988) war ein theoretischer Physiker und promovierte 1925 bei Hans Thirring an der Universität Wien über die Relativitätstheorie. Ab Februar 1928 war er für vier Jahre der erste Assistent von Werner Heisenberg in Leipzig und 1930/31 in Cambridge bei Ernest Rutherford, danach kurz in Kopenhagen und anschließend in Prag. Es folgten Nachstationen in Kopenhagen, Prag, Kansas, Japan und Odessa, 1943 emigrierte er nach Argentinien.

Standort: [BAL], bk0016n8n93; Dokumentnummer: **[0645/22.11.1944]**

*My dear Professor Stern,*
*Having just read the welcome news that you have been awarded the Nobel price 1943. I want to congratulate you very heartly for the high international distinction which honours not ony your personal work, but the whole branch of investigation which you have so successfully initiated.*
*Believe me to to be, my dear Proessor Stern. very sincerely yours Guido Beck*
*Observatorio Astronomico de la Nacion Argentina Cordoba 22.11.1944*

Standort: [BAL], bk0016n8n93; Dokumentnummer: **[0649/24.11.1944]**

*80 BROAD STREET*
*NEW YORK, NY*
*24. November 1944*

*Dr. Otto Stern*
*Carnegie Institute*
*Pittsburgh, Pennsylvania*
*Dear Dr. Stern:*
*I want to congratulate you on receiving the Nobel Prize. All I can say is that you are certainly deserving of it.*
*With kindest regards, I am,*

*Sincerely, Alfred Bergman*
(maschinengeschrieben mit Handunterschrift)

Lee Alvin DuBridge (1901–1994) war ein amerikanischer Physiker und Erzieher. DuBridge promovierte 1926 an der University of Wisconsin-Madison. Nach 1940 gründete er das Radiation Laboratory am MIT/Boston. Er war Science Advisor der Präsidenten Truman und Eisenhower sowie Nixon.

Standort: [BAL], bk0016n8p7h; Dokumentnummer: **[0650/24.11.1944]**

*Radiation Laboratory, MIT Cambridge* *Nov 24, 1944*

*Dear Professor Stern,*
*I am sure that all physicists have taken great pleasure in the announcement of the award of the 1943 Nobel Prize to you for your brilliant work. I want to add my own personal sincere congratulations to you and to tell you how pleased all of the physicists around the Cambridge area were to receive the good news. We took particular pleasure in the fact that the 1943 Prize went to you and the 1944 Prize to your illustrious student Dr. Rabi.*
*I want to express my sincere regrets at being unable to attend the dinner to be held in your honor in Pittsburgh. I had hoped very much to be able to arrange to come to Pittsburgh for this occasion, but I find it now quite impossible to make it.*

*I intended at this occasion to convey my warm greetings to you personally, but that being impossible, I am taking this method of conveying them to you.*
*With very best wishes, I am*
*Sincerely yours, L.A. DuBridge, Director*

Stern antwortete DuBridge am 28. Dezember 1944:

Standort: [BAL], bk0016n8k92; Dokumentnummer: **[0675/28.12.1944]**

*December 28, 1944*
*Professor L.A. Dubridge, Director*
*Radiation Laboratory*
*Massachusetts Institute of Technology*
*Cambridge, 39, Massuchusetts*

*Dear Professor DuBridge:*
*Thank you very much for your congratulations of November 24.*
*I am very sorry that you could not come to Pittsburgh and that I did not have the opportunity of seeing you. I am looking forward to seeing you in the near future on some other occasion.*
*Best regards,*
*Sincerely yours,*
*Otto Stern*

Auch das „Office of War Information" in New York wollte von dem Ruhm Sterns profitieren und einen Bericht über Nobelpreisträger publizieren. Dazu brauchten sie auch ein Foto Sterns. Die Sekretärin Estelle Campbell kontaktierte Stern am 25. November 1944.

Standort: [BAL], bk0016n9063; Dokumentnummer: **[0651/25.11.1944]**

*Campbell New York*

*UNITED STATES OF AMERICA*
*OFFICE OF WAR INFORMATION*
*224 WEST 57TH STREET*
*NEW YORK 19, N.Y.*

*November 25, 1944*

*Professor Otto Stern*
*Department of Physics*
*Carnegie Institute of Technology*
*Pittsburgh, Pennsylvania*

*Dear Professor Stern:*
*The Office of War Information is doing a story entitled NOBEL PRIZE WINNERS for distribution abroad, and we would like your photograph to accompany the story. We have checked with the various photo agencies, but find that they have no good*

*picture of you. Would you lend us one of your own? We would of course, return it to you as soon as we have copied it.*
*Since there is a deadline on the story, we would appreciate hearing from you at your earliest convenience.*
*Sincerely yours,*
*Estelle Campbell, Acting Chief*
*Picture Service Section Overseas Branch*

Der Chemiker Ladislaus (László) Farkas (1904–1948) hatte in Wien Chemie studiert und wurde 1926 Mitarbeiter von Fritz Haber in Berlin. Er wurde 1933 wegen seiner jüdischen Abstammung entlassen. Mithilfe von Haber konnte er eine Stelle an der University von Cambridge/England erhalten. 1935 ist er nach Israel emigriert und wurde dort Professor an der Hebrew University in Jerusalem. Er starb 1948 bei einem Flugzeugabsturz in Italien. Stern und Farkas müssen sich nach 1926 in Berlin begegnet[124] sein und gekannt haben.

Standort: [BAL], bk0016n8q8k; Dokumentnummer: **[0654/03.12.1944]**

*Professor L. Farkas THE HEBREW UNIVERSITY , JERUSALEM; PALESTINE*
*2. XII. 44*

*Professor Otto Stern*
*Carnegie Institute of Technology,*
*Pittsburgh, Penna.*

*Dear Professor Stern;*
*A few days ago I saw in the local press that you have been awarded the Nobel Prize in Physics. It is with great joy and gratification that I hasten to express to you my heartful congratulations and my best wishes for your further work.*
*After our "excursion" into the field of applied science and investigations on behalf of the war effort, we are now beginning to resume our normal work. But I feel very isolated here since wartime conditions have severed our bonds with the scientific world abroad, and in particular since my brother left for America and I have no possibility to discuss my problems. I am longing to come to America again for a visit, and there seems to be hope that the time is not too far away when this wish will come true.*
*With best wishes for a happy New Year and kindest regards, I am*
*Yours sincerely, L. Farkas*

Der Physiker Bernard Brent (1902–?) (bis 1937 trug er den Namen Bernhard Josephy) war von 1931–1932 als Vertreter von Immanuel Estermann Mitarbeiter Sterns in Hamburg. 1933 emigrierte er in die Niederlande und später in die USA.

[124] http://digitalassets.ushmm.org/photoarchives/detail.aspx?id=1153996.

Standort: [BAL], bk0016n8n70; Dokumentnummer: **[0658/11.12.1944]**

*Montclair N.J. November 11,1944*

*Dr. Otto Stern,*

*Am overjoyed by the news of your having awarded the Nobel Prize. Nobody more deserving could have been chosen. Bernard Brent*

*Dr. Bernard Brent, 127 Essex Avenue, Montclair, N.J.*

*December 11, 1944*

*Dr. Otto Stern*
*Carnegie Institute of Technology*
*Department of Technology*
*Pittsburgh, Pennsylvania*

*Dear Dr. Stern:*

*I am writing you even though I know you are still in New York, but upon your return from this memorable trip, I want to find these words of thanks for lettng me participate in the celebration that was so deservedly offered to you on the occasion of the Nobel Prize award. I am not exaggerating when I say that the time I spent with you and so many other good old friends was one of the most wonderful days I have spent in years.*

*I hope you got the paper I left for you at the Hotel Prince George. It is needless to say that if I can be of any further help in this connection, do not hesitate to call upon me.*

*Mrs. Brent thanks you for your kind regards and returns the same.*

*I am with best regards,*

*Yours sincerely , Bernard Brent*

Fritz Reiche (1883–1969) war ein deutscher theoretischer Physiker. Er emigrierte 1941 in die USA. Ab 1946 war er Professor an der New York University. Reiche arbeitete ab 1918 bis 1921 am Kaiser-Wilhelm-Institut für Physikalische Chemie in Berlin, wo er auch Stern begegnet sein sollte.

Standort: [BAL], bk0016n8x08; Dokumentnummer: **[0660/13.12.1944]**

*Schenectady, N.Y., 13. Dezember 1944*

*Lieber Herr Stern!*

*Mit grösster Freude habe ich gelesen, dass Sie den Nobel-Preis erhalten haben, und möchte nicht versäumen, Ihnen zu dieser grossen und seit langem verdienten Ehrung meine herzlichsten Glückwünsche auszusprechen. Ich hoffe, dass es Ihnen gesundheitlich gut geht.*

*Ich bin, nachdem ich im Herbst meine Stellung am City College verlor, seit dem 1. August hier am Union College tätig, leider nur für 2 terms. Am 1. März werde ich wohl wieder weiter wandern müssen – in meinem Alter keine Annehmlichkeit.*

*Mit vielen herzlichen Grüssen und den besten Wünschen Ihr*

*Fritz Reiche*

Samuel Jackson Barnett (1873–1956) war ein US-amerikanischer Physiker. Barnett promovierte 1898 an der Cornell University. Von 1918 bis 1926 war Barnett am Carnegie Institution for Science und seit 1926 Professor an der University of California, Los Angeles. Barnett behauptet in seinem Glückwunschbrief an Stern, dass auch er Stern für den Nobelpreis vorgeschlagen habe. Diese Behauptung ist nach den Unterlagen des Nobelarchivs unwahr. Barnett hat weder im Fach Physik noch in der Chemie bis 1944 einen Nobelpreisvorschlag eingereicht.

Standort: [BAL], bk0016n8n93; Dokumentnummer: **[0668/19.12.1944]**

*California Institute of Technology*
*Pasadena*

*Norman Bridge Laboratory of Physics* *December 19,1944*

*Professor Otto Stern*
*Carnegie Institute of Technology*
*Pittsburgh 13, Pennsylvania*

*Dear Professor Stern:*
*I was much pleased to learn a little while ago that you had received a Nobel prize in Physics. You have my best congratulations. For many years I have thought you ought to have one. Indeed, as I recalled it, the first time I had the honor of being invited to make nominations for the Nobel prize - more then twenty years ago - I nominated you and Gerlach. I suspect strongly that usually Justice finally arrives, even if she is sometimes slow.*
*This letter would have been written earlier but for the fact that in recent weeks I have been terribly rushed with changing my residence from Westwood to Pasadena. At the end of June, I was retired in accord with the inexorable law at the University of California. This left me free to devote much more of my time to my researches over here-where I do not retire; the time consumed in the travel and the expense involved, and the fact that we can live less expensively here in Westwood (important now that my income is very greatly reduced) made the change imperative. I still maintain an office at the University as Professor Emeritus, but can be here now more of te time.*
*I hope that we shall see you here again before very long. Of course, things are very badly upset by the war; but it will come to an end bye and bye.*
*Sincerely yours,*

*S. J. Barnett*

** I think always either in this world or the next!*

Carl David „Charles“ Anderson (1905–1991) war ein US-amerikanischer Physiker und arbeitete die meiste Zeit seines Lebens am CALTECH in Pasadena. Für die Entdeckung des Positrons erhielt er 1936 den Nobelpreis für Physik.

Standort: [BAL], BA0016MikrofilmfileNo.670675, Dokumentnummer: **[0669/19.12.1944]**

*Carl Anderson* *Dec. 19th*

*Mary Christmas bring you the best of Everything*

*Was very glad to hear the recent announcement- Congratulations --- and a Merry X-mas, too*

*Carl Anderson*

Stern hatte Anderson auch zu seiner Nobelpreisfeier nach Pittsburgh eingeladen, aber auch Anderson musste wie Davisson absagen.

*Bell Telephone Laboratories, Murray Hill Laboratory, NJ Dez. 11. 1944*

*Dear Dr. Stern,*

*I am sorry that I was unable to come to Pittsburgh for the celebration dinner last Friday. Professor Franck told me yesterday it was a great affair, and I have no doubt it was.*

*And then I missed speaking with you at the luncheon, which I very much regretted. I looked for you , but was told you had been obliged to leave almost at the end of the program. I would have seen you later at the Astor had I been there, but I did not attend. One in a day is my limit.*

*Congratulations again, and Best Wishes*

*Sincerely yours C. J. Anderson*

Lise Meitner schrieb am 14.01.1945 aus Stockholm:

Standort: [BAL], bk0016n8v1s; Dokumentnummer: **[0679/14.01.1945]**

*Stockholm, 14.1. 1945*

*Dear Stern,*

*If you only could know how many letters I have written to you- in fancy. When I first learned that you had got the Nobel Prize I (and quite a lot of people) was extremely pleased and I had in view to send a wire. Turning it over in my mind I found a wire might perhaps be a little impersonal and it might be nicer to send a letter. I am very ashamed that I did postpone it from one Day to one other. But I hope you will accept my congratulations even now and you will know that my heart goes with it.*

*I wonder whether you remember that in good old times I used for fun to call you "excellency", you have now got confirmed your excellency by documents.*

*I should like it very much to learn some details about your nowadays life and among other things whether your sister has come to the States. But you are not at all obliged to answer my letter, if you are not inclined to do it.*

*There is nothing to tell about myself. My working conditions are rather poor and [and] I can not help feeling me very isolated, although there are quite a lot of people I am on good terms with. It means, however, very much for me, that Niels wife is now living here, we do speak the same language.*

*I do not know how far you might wish to get some news about the old friends and colleagues. At any rate, I suppose, you will be interested to learn that P. P. Koch has turned into a fanatic nazi and has denounced some of his colleagues. I can not believe that he has done it out of meanness, he must be crazy.*
*I remember so well our last conversation in London. You may imagine how much I since have regretted that I did not stay directly in England. It would have meant to have the possibility to do some helpful work.*
*I hope this year will bring the end of the war and the establishment of peace and security.*
*With many kind regards and good wishes yours Lise Meitner*

Sterns Antwortbrief an Lise Meitner kam mit großer zeitlicher Verzögerung:

Standort: [CCC], MTNR 5116B part 1 Dokumentnummer: **[0703/12.05.1945]**

*Berkeley, 12.5.45*

*Liebe Lise Meitner,*
*über Ihren Brief vom 14. I. habe ich mich ganz besonders gefreut. Seit langer Zeit (6 Jahren!) wollte ich Ihnen dauernd schreiben und immer wieder verschob ich es, ich bin wirklich unmöglich. Aber ich hörte immer von Ihnen, hauptsächlich durch Franck.*
*Daß Sie sich in wissenschaftlicher Beziehung nicht wohl fühlen, kann ich sehr gut verstehen. Trotzdem die äußeren Bedingungen bei mir viel günstiger aussehen, geht's mir halt ebenso. Ich habe jetzt endgültig resigniert. Ich wollte eigentlich noch warten, denn es sieht ja nicht gut aus, so direkt nach dem Nobelpreis, aber mit unserer Verwaltung (Carnegie Inst. of Techn.) ist eben nichts zu machen.*
*Ich gedenke, den Rest meines Lebens als emeritus hier zu verbringen und an einigen theoretischen Sachen zu arbeiten, in die ich mich schon seit vielen Jahren mal gründlich versenken möchte.*
*Meine jüngere Schwester, die mir besonders nahe stand, ist leider kürzlich gestorben. Sie lebte auch hier, und wir hatten uns beide schon so gefreut, wie nett es für uns zusammen in Berkeley sein würde. Was wird mit Deutschland?*
*Ich kann mir gar nichts vorstellen. In absehbarer Zeit (Jahr?) will ich nach Stockholm kommen für meinen Nobelvortrag. Jedenfalls besteht doch jetzt Aussicht, daß wir uns wieder mal sehen, worauf ich mich schon furchtbar freue.*
*Viele herzliche Grüße Ihr Otto Stern*

Gregor Wentzel (1898–1978) war ein deutscher theoretischer Physiker. Wentzel studierte ab 1920 in München bei Arnold Sommerfeld, wo er auch 1921 promovierte. Er wurde 1926 Professor für theoretische Physik an der Universität Leipzig. Wentzel wurde 1928 Nachfolger Erwin Schrödingers an der Universität Zürich und machte Zürich gemeinsam mit Wolfgang Pauli, der im gleichen Jahr Professor an der ETH Zürich wurde, zu einem internationalen Zentrum der theoretischen Physik. Ab 1948 war er bis zu seiner Emeritierung 1969 Professor an der University of Chicago. Wentzel schrieb am 1. Januar 1945 aus Zürich:

Standort: [BAL], bk0016n912d; Dokumentnummer: **[0676/01.01.1945]**

*Lieber Herr Stern,*
*Etwas verspätet aber darum nicht weniger herzlich möchte ich Ihnen zum Nobelpreis gratulieren. Ich habe schon seit langem die Meinung vertreten, daß Ihnen der Preis zukommt auch dem Stockholmer Comitè gegenüber. Umso mehr freut es mich, daß Ihre Leistung jetzt die gebührende Anerkennung gefunden hat.*

John Hasbrouck Van Vleck (1899–1980) war ein US-amerikanischer Physiker, der sich mit Festkörperphysik beschäftigte. Van Vleck erhielt 1977 zusammen mit Nevill F. Mott und Philip Warren Anderson den Nobelpreis für Physik für seine theoretischen Arbeiten zur Elektronenstruktur in magnetischen und ungeordneten Systemen.

Standort: [BAL], bk0016n8r4w; Dokumentnummer: **[0677/02.01.1945]**

*THE PHYSICS LABORATORIES*
*HARVARD UNIVERSITY*
*CAMBRIDGE 36, MASSASCHUSETTS*

*RESEARCH*
*LABORATORY*
*OF PHYSICS* *January 2, 1945*
*Professor Otto Stern*
*Carnegie Institute of Technology*
*Pittsburgh, Pennsylvania*

*Dear Stern:*
*One of my New Year resolutions is to write the letters which I should have sent much earlier. I have remembered that while in Pittsburgh, I failed, is the general excitement, to find an opportunity to thank you for having me as your guest at lunch, as well as at the cocktail party. You really should have been our guest, at lunch, rather than the host, but, in my case, please accept my thanks.*
*My visit to Pittsburgh was the most enjoyable one, and it seems to me that the dinner in your honor was a very satisfactory affair. From what I hear, the dinner at Pittsburgh and that at New York were by no means identical, and I don't think I would have been as much at home with the movie people as with physics.*
*Sincerely*
*J. H. van Vleck*

Von Los Alamos sandten Philip Morrison (1915–2005) und Victor Weisskopf (1908–2002) einen kurzen gemeinsamen handgeschriebenen Glückwunsch (kein Datum feststellbar). Morrison hatte zuvor in Pittsburgh am Carnegie Institut für Technology gearbeitet und der in Wien geborene Weisskopf hatte sich auf Bitten von Oppenheimer am Manhattan-Projekt beteiligt.

*From Santa Fe, New Mexico*
*We are all glad to hear that that which we have so long expected has finally happened.*

*P. Morrison [und] Weisskopf*

Aus Pittsburgh und vor allem von der Führung des Carnegie Institutes of Technology erreichten Stern viele Glückwünsche.

George E. A. Fairley, Direktor des Department of Public Safety und früher Mitarbeiter im Carnegie Institute of Technology, übermittelte Stern seine Glückwünsche und erinnerte an die herausfordernde Art der Zusammenarbeit mit Stern auf dem technischen apparativen Gebiet vieler Stern'scher Experimente.

Standort: [BAL], bk0016n8q8k; Dokumentnummer: **[0589/10.11.1944]**

*City of Pittsburgh November 10, 1944*
*Department of Public Safety*
*George E. A. Fairley, Director*

*Dear Doctor Stern,*
*I wish to offer my sincere congratulations on hearing that you were awarded the Nobel Prize in Physics Research for the year 1943.*
*I remember, well our friendly relations at Carnegie Tech while I held the position of Superintendent of Buildings & Grounds and I have an especially vivid memory of the problem you gave Mr. Orbin and myself in erecting the unbelievably complicated apparatus in your Physics Research section at Tech. I remember that you started off in a small way and before the installation was completed, you had assembled a piece of equipment which I think woud defy any other Physicist in the United States to operate or control.*
*In my many years at Tech I had the interesting pleasure of installing a great many complicated pieces of research equipment but I am sure that your Atom-splitting apparatus took first prize as a complicated research machine.*
*Your award of the Nobel Prize means International fame and certainly would have been appreciated by your patron, Dr. Thomas S. Baker, had he been alive at this time.*
*With kind regards and hoping that at some future time I can have you talk before Pittsburgh Post, Military Engineers Society, of which I happen to be President for the coming year, I beg to remain,*

*Yours very truly George E. A. Fairley Director*

Es gratulierten Otto Stern verschiedene Pittsburgher Institutionen, wie Banken oder die Buhl-Foundation, die Stern schon 1933 mit Forschungsgeldern unterstützt hatte.

Standort: [BAL], bk0016n8r17; Dokumentnummer: **[0591/18.11.1944]**

*THE FORBES NATIONAL BANK*
*OF PITTSBURGH*
*FIFTH AND OAKLAND AVENUE*
*PITTSBURGH; PENNSYLVANIA*
*November 18, 1944*

*Dr. Otto Stern*
*Morewood Gardens*
*1060 Morewood Avenue*
*Pittsburgh 13, Pennsylvania*

*Dear DR. Stern: It is a rare privilege to know a man so capable as to be awarded a Nobel Prize. We congratulate you on this recognition of your work which you so splendidly deserve.*
*Very truly yours,*

*J. N. Garber*

Standort: [BAL], bk0016n8t9p; Dokumentnummer: **[0592/10.11.1944]**

*THE BUHL FOUNDATION*
*FARMERS BANK BUILDING*
*PITTSBURGH*

*OFFICE OF* *November 10, 1944*
*THE DIRECTOR*
*Professor Otto Stern*
*Carnegie Institute of Technology*
*Pittsburgh, Pennsylvania*

*Dear Professor Stern:*
*It is with delight that I congratulate you upon the great honor which has been conferred on you by the administrators of the Nobel awards. The great institution with which you are now associated, I am sure, rejoices, and your adopted city is proud.*
*I can assure that everyone associated in the work of the Buhl Foundation is indebted to you for the opportunity of having participated in a modest way in providing some of the facilities which have been made available for your work in recent years.*
*After Dr. Baker had suggested to the Foundation, a number of years ago, that a laboratory be equipped for your work and Dr. Estermann, it was my privilege to discuss the proposal with a number of well informed American physicists. I think I may properly tell you now that one of our advisors said that he would rank you among the half dozen leading physicists of the world, another said you were certainly among the first ten, while one went so far to express the opinion that you might well receive the Nobel award in physics some day. It is naturally a matter of great satisfaction to know that we had the counsel of man of such prophetic insight.*
*With all good wishes, I am*
*Sincerely yours,*

*Charles F. Lewis*

William Frew, der im Oktober 1943 zum Präsidenten des „Board of Trustees“ des Carnegie Institute of Technology gewählt worden war, schrieb:

Standort: [BAL], bk0016n8q8k; Dokumentnummer: **[0600/10.11.1944]**

*THE CARNEGIE INSTITUTE*
*PITTSBURGH 13, PA.*

*WILLIAM FREW*
*PRESIDENT* *November 10, 1944*

*Dear Dr. Stern:*
*In addition to that I said to you yesterday, I want to add a note to say how delighted all the Trustees whom I have seen today are at the great honor conferred upon you and which incidentally is reflected upon the Carnegie Institute of Technology. It is all the world we laymen know so little about, except to see the marvelous results which develop out of all this research and from which the world so greatly benefits.*
*With best wishes for yourself and for your future efforts, I am*
*Yours very sincerely,*
*William Frew*

Standort: [BAL], bk0016n8n93; Dokumentnummer: **[0601/10.11.1944]**

*From H. Birnbaum, Pittsburgh Nov. 10 -1944*
*Sehr verehrter Herr Professor Stern,*
*die große Ehre, die Ihnen mit der Verleihung des Nobelpreises wiederfahren ist, veranlaßt mich Ihnen die herzlichsten Glückwünsche auszusprechen.*
*Schreiber ist einer, der hier Heimat und etwas Frieden gefunden hat, und ich glaube im Namen der Neueinwanderer zu sprechen, wenn ich auch nicht den Auftrag habe, daß wir uns alle geehrt fühlen, daß Sie der großen Auszeichnung für würdig befunden worden sind und daß Sie in Ihrer großen Bescheidenheit der Welt, soweit sie anständig ist und nicht nazifiziert ist, zeigen konnten, welch ein Segen Neukommer zu ihrer neuen Umgebung sein können.*
*Mit freundlichsten Wünschen für Ihr weiteres Wohlergehen verbleibe ich einer Ihrer Bewunderer.*
*H. Birnbaum*

Standort: [BAL], bk0016n8p7h; Dokumentnummer: **[0602/10.11.1944]**

*Lloyd L. Dines, Pittsburgh*
*Dear Dr. Stern,* *Nov. 10 1944*
*Congratulations on the grand award!*
*I know must feel gratified by the outstanding recognition, and your many friends and colleagues rejoice with you*
*Sincerely Lloyd L. Dines*

Standort: [BAL], bk0016n8r17; Dokumentnummer: **[0605/10.11.1944]**

*WESTINGHOUSE*
*ELECTRIC & MANUFACTORING COMPANY*
*RESEARCH LABORATORIES*
*EAST PITTSBURGH, PA.*

*November 10, 1944*

*Professor O. Stern*
*Carnegie Institute of technology*
*Schenley Park*
*Pittsburgh, Pennsylvania*

*Dear Professor Stern:*
*May I be bold enough to add my congratulations to the many you have undoubtedly received on the occasion of the signal honor that has been accorded you. The Nobel prize is certainly the outstanding award for scientific and intellectual achievement and a veritable badge of immortality. Those who have had the priviledge of knowing you and of being associated with with you,- however remotey, take pride in seeing you numbered thus among the greatest scientists of all time, a tribute that is a most deserved one. Please accept my sincerest good wishes on this memorable occasion.*
*Sincerely,*

*J. W. Goldman*

Standort: [BAL], BA0016MikrofilmfileNo.670669, Dokumentnummer: **[0606/11.11.1944]**

*The University Club*
*Pittsburgh 13, P.A. Nov. 11, 1944*
*Dear Professor Stern,*
*I am so very happy that you have been honored with the Nobel Prize. Many many congratulations. I have just returended to the University of Pittsburgh on Nov. 3 as Westinghouse Research Professor and are looking forward to paying you + Dr. Estermann avisit. Again please accept my sincerest congratulations.*
*Sincerely, J. Allan*

Der dritte Präsident des Carnegie Institute of Technology Robert E. Doherty (1885–1950) sandte seine Glückwünsche. Doherty war von 1936 bis 1950 Präsident und war Thomas Baker nachgefolgt.

Standort: [BAL], bk0016n8p7h; Dokumentnummer: **[0613/11.11.1944]**

*Carnegie Institute of Technology Pittsburgh Nov 11, 1944*

*Dear Professor Stern,*

*In New York yesterday I was delighted to learn of the great honor that has come to you in receiving the Nobel Prize for 1943 and I tried to send you a congratulatory telegram. However I was reminded by Wester Union that I could not do so. So on return this morning I hasten to send my message of hearty congratulations.*

*With all good wishes*

*Sincerely yours Robert E. Doherty*

Eine Reihe von Pittsburgher Bürgern, vermutlich Freunde und Bekannte, gratulierten Stern zu dieser hohen Auszeichnung. Hervorzuheben ist der Brief von Emanuel Friedberg, der Sterns Persönlichkeit in besonderer Weise würdigt:

Standort: [BAL], bk0016n8q8k; Dokumentnummer: **[0628/13.11.1944]**

*E. B. Friedberg*

*E.B. FRIEDBERG,M.D.*
*MEDICAL BUILDING*
*3401 FITH AVENUE*
*PITTSBURGH, PA.*

*Nov. 13, 1944*

*Dr. Otto Stern,*
*Morewood Gardens,*
*Pittsburgh, Pa.*

*Dear Dr. Stern:*
*November 7th, 1944 will linger in my memory as an eventful day, for on that day we learned of the reelection of our great president and for the election of our dear friend Dr. Stern for the Nobel Prize.*
*Permit me to mention that we have sensed from the very moment of meeting Dr. Stern that here was a person of extraordinary graciousness, gentility, modesty, and wisdom, all of which we consider to be attributes of the truly great.*
*With kindest regards and best wishes for a continued happy and productive life, I remain*
*Sincerely yours,*

*Emanuel B. Friedberg*

Last, not least erhielt Stern auch Anfragen nach Autogrammen, Fotos etc., die er auch erfüllte. Ferner gab es Briefe von ausgewanderten Deutschen, die in Stern einen alten Bekannten wiedergefunden zu haben glaubten, was jedoch in keinem Fall zutraf.

Standort: [BAL], bk0016n8r17; Dokumentnummer: **[0662/14.12.1944]**

*Max Gall* *Nyon den 14. Dezember 1944*
*49 rue de Rive*
*Nyon (Vaud)*
*Suisse*

*Herrn Professor Otto Stern*
*Institute de technologie Carnegie*
*Pittsburgh/USA*

*Sehr geehrter Herr Professor!*
*Vor einigen Tagen kam mir durch die Zeitung „la Suisse“ de Geneve zur Kenntnis, dass Herrn Professor Otto Stern der Nobelpreis verliehen wurde. Da ein Herr Dr. Ing. Otto Stern mein lieber Freund war, von dem ich leider seit langen Jahren nichts mehr hörte, hoffe ich Ihn durch diese Zeitungsnachricht wieder gefunden zu haben. Folgende Angaben werden Sie erkennen lassen ob Sie mein alter Freund aus München sind:*
*1.) Der Vater meines Freundes war Brauerei-Direktor in Nürnberg.*
*2.) Sein Schwager, Herr Pabst, war Leiter einer Nürnberger Armaturenfabrik.*
*3.) Herr Otto Stern war Dr. Ing. u. Privatdozent in der Münchener technischen Hochschule,*
*4.) Spaeter ging er in die Privatindustrie ueber.*
*Wir unterhielten waehrend der Jahre 1923 bis 1926 sehr freundschaftliche Beziehungen. Als ich im November 1926 nach Paris uebersiedelte, brachte er mich mit Missis Lehr-Turnbull zusammen auf die Bahn. Die folgende Korrespondenz riss leider 1933 ab.*
*Die Freude vielleicht wieder nach so langen Jahren einen alten Freund zu finden laesst mich Ihre freundliche Antwort mit Ungeduld erwarten.*
*Auf jeden Fall, empfangen Sie sehr geehrter Herr Professor, meine aufrichtigen Glueckwuensche zu Ihrem schoenen Erfolg.*
*Sehr ergeben Ihr W. Gall*

*Fuer den Fall Sie mein alter Freund sind, moechte ich die Gelegenheit benutzen mitzuteilen, dass ich seit 1934 mit einer Französin verheiratet bin u. einen 5 jaehrigen Jungen u. eine einjaehrige Tochter habe. Zur Zeit sind wir in der Schweiz sehr freundlich aufgenommen bis das Naziregime vorueber ist.*[125]

Standort: [BAL], bk0016n8p39; Dokumentnummer: **[0687/29.02.1945]**

*Ch. CORNV. Ingenieur* *Oujda 29.2.1945*
*To Professor Otto Stern c/o Carnegie Institute of Technology, Pittsburgh*
*Ich weiss nicht, ob der Professor Otto Stern dessen Auszeichnung als Nobel Preis Titular Ich eben erfahren habe (Nature Nov. 15th) etwa den alten Freund ist, den ich Kennen gelernt hatte als wir zusammen in den Farbenfabriken Bayer in Elberfeld angestellt waren. Es ist lange, lange her ... in 1907 oder 1908 1810! Ich erinnere mich seiner Versuche für die Extraktion von hy... Bestandteilen aus Drüsen, welche von Pariser „abathoirs“ ankamen ... und so klingen...*

Stern erhielt eine Reihe von Einladungen zu Vorträgen, Kongressen etc., wo man sich mit einem Nobelpreisträger schmücken wollte. Diese Einladungen hat Stern mit der Begründung fehlender Zeit wegen u. a. Kriegsforschung und auch gesundheitlichen Problemen fast alle abgesagt.

[125] Stern vermerkt auf dem Brief: beantw. 30.3.45.

Standort: [BAL], bk0016n8k92; Dokumentnummer: **[0665a/18.12.1944]**

*Charles Wesley Dunn General Counsel 608 Fifth Avenue*

*December 18, 1944*

*Dr. Henry Goldschmiedt*
*Dr. Benno Becker*
*American Society of European Chemists and Pharmacists*
*302 West 91st St.*
*New York, 24, New York*

*Dear Sirs:*

*Thank you very much for your congratulations and your invitation to hold a lecture before your society. However, I am afraid that in the near future I won't have time to follow up your kind invitation.*
*With best regards,*
*Sincerely yours,*

*Otto Stern*

*Telegram*

*Lundy Professor of Anesthesiology. Mayo Foundation. Dr. Chester &Keefer Wade Professor of Medicine. Boston University. Dr. William C Rose Professor of Biochemistry University of Illinois Dr. Edwin J Cohn Professor of Biological Chemistry Harvard University and Dr. Wendell M Stanley Rockefeller Institute for medical Research. You are cordially invited to attend this ceremony and to sit on platform as our honored guest. Please wire collect whether you can do so.*

Unter den Gratulanten war auch der amerikanische Präsident Franklin Roosevelt, der allen US-Preisträgern der Jahre 1943 und 1944 seine Glückwünsche aussprach.

Der Glückwunsch von Präsident Roosevelt lautete:

Standort: [BAL], bk0016 Fotogalerie; Dokumentnummer: **[0655/06.12.1944]**

*Lettre du President des Etats unis D' Amerique*

*The White House, Washington* *December 6, 1944*

*Henry Goddard Leach, Esq.*
*President of the Board*
*The American Scandinavian Foundation*
*116 East 64 Street*
*New York 22, N.Y.*

*Dear Mr. Leach:*

*It is of particular interest to me to learn that two residents of the United States, Professor Otto Stern and Professor Isidor Isaac Rabi, have been selected to receive the 1943 and 1944 Nobel Prizes for Physics. I am also glad to note that the 1943 and 1944 Nobel prizes for Physiology and Medicine are shared by four residents of this country, Professor Hendrik Dam and Professor Edward A. Doisy, Professor Joseph Erlanger and Professor Herbert S. Gasser. Here in America we have always*

*believed that science should be a servant of the people. I am confident that after this war the scientists of all nations will again contribute their talents to a world body of knowledge, useful alike to all people. The Nobel prizes for the last 43 years have fostered this concept that science and art are builders of peace.*
*Your sincerely yours*

*Signed Franklin D. Roosevelt*

Max von Laue am 23.11.1946, Karl Friedrich Bonhoeffer am 05.04.1947 und Hans Jensen am 12.04.1946 holten die Glückwünsche in späteren Briefen nach dem Krieg nach. Im Nachlass findet sich kein Glückwunsch von Albert Einstein. Im Nachlass von Stern gibt es jedoch einen sehr kurzen Brief Einsteins an Stern vom 26.12.1944, wo er indirekt die Friedensaufgaben der Wissenschaftler nach einer Beendigung des Krieges anspricht, jedoch den Nobelpreis von Stern mit keiner Silbe erwähnt. Einige der vorgenannten Wissenschaftler nahmen auch an Sterns Nobelpreisfeier in Pittsburgh teil.

Von Ende November 1944 bis März 1945 bedankte sich Stern bei vielen der Gratulanten, meist mit dem Standardtext: „*Thank you for your kind congratulations which I appreciated and enjoyed very much. Very sincerely yours Otto Stern.*" Bei einigen der Briefe fügte er einen oder zwei Sätze persönlicher Bemerkungen hinzu.

Diese „besonderen" Gratulanten waren u. a. Enrico Fermi/Santa Fe; Richard Tolman/National Defense Research Committee/Washington; Arthur Compton/Chicago; Colonel George E. A. Fairley/City of Pittsburgh; Oswald Veblen/Princeton; Bernhard Blumenthal Perth Amboy/New Jersey; Mr. and Mrs. Marcus Lester Aaron/Pittsburgh; E. U. Condon/Berkeley; Linus Pauling/CALTEC/Pasadena; Scott Anderson/Champain/Illinios; C. F. Lewis/Pittsburgh; J. N. Goldman/Pittsburgh; Mary E. Warga/Pittsburgh; C. J. Davisson/Bell Labs Murray Hill; Saul Dushman/General Electric Schenectady; Hans Kohn Richards/Chicago; E. G. Olds/Pittsburgh; H. Mark/Brooklyn; A. J. Allan/Pittsburgh; A. Silverman/St. Louis; Maurice Goldhaber/Urbana, IL; Elmer Hutchinson/New York; J. W. Beams/Charlottsville; L. Brillouin/New York; G. W. Steart/Iowa City; A. von Hippel/Cambridge, MA; J. Slepian/Pittsburgh; Lloyd L. Dines/Pittsbrugh; Arno Boss/Pasadena; John J. O'Neill/Freeport; M. A. Tuve/Silver Springs; Leonard Lewis/New York; Alfred Bergman/New York; J. T. Tykoeiner/Urbana, IL; C. V. Pollard/Depart. of Germanic Language/Austin; F. A. Paneth/Montreal; L. A. Durbridge/MIT/Cambridge; Gilbert N. Lewis/Berkeley; Joel H. Hildebrand/Berkeley; F. P. Kerschbaum/Dayton; Ernest O. Lawrence/Berkeley; F. R. Moulton/Smithonian/Washington.

### 3.2.4 Weitere Ehrungen als Nobelpreisträger

Stern wurde sofort in den illustren Kreis der amerikanischen Nobelpreisträger aufgenommen, die sich im von Schweden unterstützten „American Nobel Anniversary Committee" zusammengefunden hatten. Stern erhielt am 18. November von diesem Komitee eine Einladung, an der Feier 1944 teilzunehmen. Anfänglich wollte er keine Zusage geben, hat aber dann doch teilgenommen und ein offizielles „Statement" auf dem Treffen abgegeben.

Standort: [BAL], bk0016n8m6x; Dokumentnummer: **[0640/18.11.1944]**

*The American*
*Nobel Anniversary Committee*
*740 West End Avenue - Apt. 31*
*New York 25. N.Y.*

*Nov. 18, 1944*

*Dr.Otto Stern*
*Carnegie Institute of Technology*
*Pittsburgh 13, Pennsylvania*

*Dear Dr. Stern:*
*Referring to our exchange of telegrams, we are very sorry to receive your reply that you are unable to make any decision at this time because of pressing war work. We hope, however, to hear from you in the near future that you will be able to come.*
*All indications are that our observance this December 10th will be the most significant ever. Seventeen of the Nobel Laureates will be with us this year.*
*We wonder if it would be possible for you to give us a short statement, giving us your idea on "Education for Peace." Our forum on this subject is causing a great deal of interest and the national and international news services, also government agencies such as the Office of War Information and Coordinator of International Affairs, are very anxious to get statements from American Nobel Laureates. Of course, they would particularly appreciate a short statement from you.*
*If you would be kind enough to send such a message (about 100 words), it would be very much appreciated.*
*I am enclosing a report on our November 14th meeting with our complete plans for December 10th.*
*With very best regards.*
*Sincerely yours.*

*Hjördis Swenson*

*Chairman*

*P.S. We would appreciate it if you could make your statement available for a special release the week of November 26th.*

*November 27, 1944*
*Mrs. Hjördis Swenson Chairman*
*The American Nobel Anniversary Committee*
*740 West End Avenue - Apt. 31*
*New York 25. N.Y.*
*Dear Mrs. Swenson:*
*Enclosed you will find the statement you asked for in your letter of November 18th.*
*With my best regards I am*
*Sincerely yours*

*Otto Stern*

Standort: [BAL], bk0016n8m6x; Dokumentnummer: **[0664/15.12.1944]**

*Dr. Otto Stern*
*Carnegie Institute of Technology*
*Pittsburgh 13, Pennsylvania*

*Dear Dr. Stern:*
*It was a great pleasure to have you with us for the fourth Nobel Anniversary observance, and we hope that we may have you with us again next December 10th.*
*We have had a great many requests to publish in booklet form the highly significant speeches and statements made on "Education for Peace". May we have permission to print your statement?*
*Please let us know as soon as possible to enable us to get the booklet out by January 1st.*
*With kindest personal regards*
*Sincerely yours, Hjordis Swenson Chairman*
*The American*
*Nobel Anniversary Committee*
*740 West End Avenue - Apt. 31*
*New York 25. N.Y.*
*Dec. 15, 1944*

*List of Nobel Prize winners*
*in the United States*
*(on the left)*
*Literature*
*Pearl E. Buck 1938; Sinclair Lewis 1930; Maurice Maeterlinck 1911; Thomas Mann 1923; Eugene O'Neill 1936; Sigrid Lindsay, 1926*
*Chemistry*
*Peter J.W. Debye 1936; Irvine Langmuir 1932; Harald Clayton Urey 1934*
*Physics*
*Carl David Anderson, 1936; Arthur Holly Compton, 1927; Clinton Joseph Davisson, 1927; Albert Einstein, 1921; Enrico Fermi, 1938; James Franck, 1925; Victor Franz Hess, 1938; Ernest C. Lawrence, 1939, Robert Andrew Millikan, 1923*
*Physiology and Medicine*
*Otto Loewe, 1934, Otto Meyerhof, 1922; George N. Minct, 1934; Thomas Hut Mc 1933; William Paer 1934; George Whipple 1934;*
*Peace*
*Norman Angell 1933; Nicholas Murray Butler, 1931; Charles Gates Dawes 1925*
*Executive Committee*
*Mrs. Hjördis Swenson Chairman; Waldemar Kaempffert Vice Chairman; Nick John Matsoukas Secretary; Jaques F. Ferrand Assist. Secretary; Mrs. Joan Morris Googin Treasurer; Daphne Sediras, Myra Gillett Integration*

Standort: [BAL], bk0016n8k92; Dokumentnummer: **[0665/18.12.1944]**

*December 18, 1944*
*Mrs. Hjorsdis Swenson, Chairman*
*The American Nobel Anniversary Comm.*
*740 East End Ave., Apt.31*
*New York, 25, New York*

*Dear Mrs. Swenson:*
*Thank you very much for your letter of December 15. I, too, enjoyed the Fourth Nobel Anniversary Observance.*
*I gladly give permission to print my short statement.*
*With kindest personal regards,*
*Sincrely yours,*
*Otto Stern*

Standort: [BAL], bk0016n8k92; Dokumentnummer: **[0689/07.03.1945]**

*March 7, 1945*
*Mrs. Hjordis Swenson, Chairman*
*American Nobel Center, Inc.*
*740 West End Avenue*
*New york 25, New York*

*Dear Mrs. Swenson:*
*Thank you very much for your letter of February 21 and for the copy of "Toward a Permanent Peace." I should be very grateful if you would furnish me with two additional copies.*
*I am very much honored by your offer to become an Honorary Member of the American Nobel Center and I accept with pleasure.*
*With best regards I am*
*Yours very sincerely, O. Stern*

Am 16. März 1945 sandte Stern an die Nobelstiftung in Stockholm das gewünschte Foto und einen Lebenslauf.

Standort: [BAL], bk0016n8k92; Dokumentnummer: **[0691/16.03.1945]**

*March 16, 1945*
*Nobelstiftelsen*
*Sturegatan 14*
*Stockholm, Sweden*

*Dear Sirs,*
*On the request of Dr. Arne Westgren, I am sending you, enclosed, my photograph, as well as my autobiography.*
*At the same time, I beg you to excuse the delay due to war time conditions.*
*Yours sincerely,*
*O. Stern*

Am 10. April bestätigte die Nobelsstiftung den Empfang des Fotos und der kurzen Biografie.

Standort: [BAL], bk0016n8v50; Dokumentnummer: **[0694/10.04.1945]**

NOBELSTIFTELSEN Stockholm . April 10th, 1945

STUREGATAN 14

*Dear Professor Stern,*

*We beg to acknowledge the receipt of your kind letter dated March 16th, with the enclosed photo and short biographical note, for which please receive our best thanks. The photo and biography has been forwarded to the editor of "Les Prix Nobel" for insertion in the issue 1944.*

*Expressing our earnest hope that the conditions here in Europe may in teh course of the present year meet with such improvements which will make it easier to undertake a journey, we hope liekwise to have the pleasure of welcoming you in Sweden in a notdistant future.*

*Yours sincerely*
*för NOBELSTIFTELSEN*
*Ragnar Sohlman*
*D. Tiselius*

Im Sommer 1945 wurde Stern als Nobelpreisträger noch zu einem Empfang der Amerikanisch-Skandinavischen Stiftung an Alfred Nobels Geburtstag am 21.10. ins Walldorf-Astoria Hotel nach New York eingeladen.

Standort: [BAL], BA0016MikrofilmfileNo.670628, Dokumentnummer: **[0709/26.07.1945]**

*Professor Dr.*
*Otto Stern*
*Carnegie Institute of Techology,*
*Schenley Park,*
*PITTSBURGH 13, Pa.*
*U.S.A.*

Memo from Date July 26, 1945
Henry Goddard Leach
To Mr. Stern October 21 Nobel's Birthday

*The Nobel Foundation of Sweden has sent to the American-Scandinavian Foundation an official letter of thanks for arranging the ceremony for the presentation of awards to American residents in 1944. They recommend the Birthday of Alfred Nobel, October 21st, as a desirable date for educational exercises in memory of Nobel. Accordingly we have engaged the Grand ballroom of the Walldorf Astoria for luncheon on Sunday, October 21st, at one o'clock. The new Swedish Minister to the United States will be guest-of-honor.*

*This memorandum is being sent to Nobel laureates in the United States, to the Trustees of the American-Scandinavian Foundation, to the Presidents of our sister institutes abroad, the Presidents of our Chapters in several states, the American-Swedish Historical Museum in Pennsylvania, the Augustana Institute of Swedish Cuture in Illinois, and the American Institute of Swedish Arts, Literature and Science in Minnesota, in the thought that they may wish to hold similar functions in their communities. In due course other American educators will be informed and announcements will follow.*
*Meanwhile I trust that you will put this date tentatively on your calender.*
*Henry Goddard Leach*

*Henry Goddard Leach*
*President The American Scandinavian Foundation*

Als der Zweite Weltkrieg 1945 zu Ende gegangen war, wurde Stern am 01.10.1945 von der schwedischen K. Vetenskapakademiens zur Nobelpreisfeier 1945 am 10.12.1945 nach Stockholm eingeladen.

Standort: [BAL], bk0016n8v50; Dokumentnummer: **[0722/01.10.1945]**

K. Vetenskapsakademiens Sekreterare
Postadress: Stockholm 30 *Stockholm the 1st of October 1945*

*Dear Dr. Stern,*
*In competition with the award of Nobel Prizes this year the traditional festival on Nobel's day of death, Dec. 10th, will be held in Stockholm again. On behalf of our Academy I beg to invite you to take part in this festival. If on your presumtive visit to Sweden you should be accomplished by members of your family or some friends, that of course are also included in that invitation. In this case you would oblige me very much by informing me kindly of their names in order that cards may be duly issued to them.*
*I also should be very much obliged to you if you would let me know whether you intend to give, on this occasion a public lecture and what your wishes may be in regard to that lecture which has to trent the subject to which the price has been awarded.*
*Finally, as I presume that you will arrive come before the 10th and that it could be of some interest to you to become aquainted, before the festival, with the other Nobel lauretates present and some of the leading persons in our Academy, Mrs Westgren and I would feel greatly honoured if you would partake together with some scientists of this town in a quiet dinner at our home in the Academy at the 9th of December.*
*Hoping to obtain a favourable answer I look forward to the pleasure of meeting you here in December.*
*Your sincerely*

*Arne Westgren*
(handunterschrieben)

Aus gesundheitlichen Gründen konnte Stern die Reise jedoch nicht antreten und musste absagen. Da er inzwischen seinen Wohnsitz nach Berkeley verlegt hatte, hatte dieser Brief ihn mit Verzögerung erreicht und er konnte erst am 27.10.1945 antworten. Stern schrieb:

Standort: [BAL], bk0016n8v50; Dokumentnummer: **[0723/27.10.1945]**

*I regret very much that it will not be possible for me to accept and come to Stockholm this year. My health has not been quite satisfactory lately. I am hesitating to undertake the trip under the present travel conditions.*

1946 dann war Stern in der Lage, seinen Stockholmbesuch nachzuholen. Am 06.10.1946 teilte er dem Sekretär der K. Vetenskapsakademiens Dr. Arne Westgren mit, dass er jetzt Stockholm besuchen wolle.

Standort: [BAL], bk0016n8v50; Dokumentnummer: **[0730/06.10.1963]**

Copy October 6, 1946

*Dr. Arne Westgren,*
*K. Vetenskapsakdemiens,*
*Sekreterare*
*Stockholm 50, Sweden*

*Dear Dr. Westgren:*
*Last year you were so kind as to invite me in behalf of the Swedish Academy to the traditional Nobel festival, at which occasion I might also give my my Nobel lecture. Unfortunately- as I wrote you-I could not make the trip to Europe at that time.*
*This year I would be glad to come to Stockholm in December and give the public lecture, if that is agreeable to the Academy and does not interfere with your plans. Please, let me know your answer at your earliest convenience, so that I can make my plans accordingly. I secured a reservation on the "Queen Elizabeth", leaving New York, November 29, and intend to stay in Europe for aabout six weeks, I am a bachelor and traveling by myself.*
*Please, be kind enough to interfere me how long the public lecture is supposed to be, and whether I can use slides. As subject of the lecture I propose "Molecular Rays". Looking forward to the pleasure of meeting you in the near future, I am*

*Yours sincerely,*
*Otto Stern*

*P.S. I just received the beautiful book on the Nobelprizes 1940-1944. My best thanks to the Academy.*

Westgren antwortete am 12. Oktober 1946 und schrieb:

Standort: [BAL], bk0016n8v50; Dokumentnummer: **[0734/12.10.1946]**

*I have received your letter of Oct. 6th and am delighted that you will come here and take part in the Nobel festival this year. I hope "Queen Elizabeth" will arrive early enough for you to be here in Stockholm on Dec. 9th. My wife and myself would feel greatly honored if you would partake with some other Nobel laureates and scientists of this town in a quiet dinner at our home in the Academy that day.*
*Your lecture should last about 3/4 - 1 hour and you can very well use slides.*
*You will meet Dr. W.Pauli and probably also Dr. Otto Hahn.*
*It will be agreat pleasure to meet you. Yours sincerely*
*Arne Westgren*

Stern antwortete am 27. Oktober 1946:

Standort: [BAL], bk0016n8v50; Dokumentnummer: **[0735/27.10.1946]**

*Dr. Arne Westgren,*
*K. Vetenskapsakademiens,*
*Secreterare*
*Stockholm 50, Sweden*

*Dear Dr. Westgren:*
*Thank you very much for your prompt reply of October 12. and your kind dinner invitation. I shall be very glad to come. I am pretty sure to be in Stockholm in time as "Queen Elizabeth" is due Southampton on Dec. 4t. I intend to arrive in Stockholm on Dec. 8th.*
*May I take the liberty of asking you to make the Hotel reservation for me. I would like a quiet single room (preferably with bath). Supposing that I can give my lecture soon after Dec. 10, I think the reservation should be for about 5 days. I hope I am not imposing on you too much. Many thanks in advance.*
*I shall be very glad to meet so many of my old friends in Stockholm.*
*Looking forward to meet you and Mrs. Westgren,*
*I am, Yours sincerely*
(Kopie maschinengeschrieben ohne Unterschrift)

Im Brief vom 08.10.1946 informierte Stern auch Bohr über seine Reisepläne und darüber, dass er auf dieser Reise gerne in Kopenhagen Bohr einen Besuch machen wollte.

Standort: [NBA], Briefe Stern Dokumentnummer: **[0731/08.10.1946]**

*Berkeley, Oct. 8, 1946*

*Dear Bohr,*
*It is soon years now that I saw you last and many things happened in the meantime. I would like so much to see you again. I expected to see you at the meetings in Philadelphia and Washington but had to change my plans and I don't know whether*

*you will visit Berkeley. However I intended to go to Europe at the end of November, first to Stockholm - if it is alright with the Swedish Academy which I don't know yet – and from there to Zürich. I could make a stop over in Copenhagen on my way from England to Stockholm or on my way back to Zürich. Will you be in Copenhagen during the first half of December? Please let me know. You don't have to write just tell it to Ladenburg, he will write to me.*
*I have a reservation on the "Queen Elizabeth" sailing Nov. 29. from New York and intend to be in N. Y. from 24. – 29. Nov.*
*I hope very much that you and your family are well. Looking forward to seeing you again, Yours, O. Stern*

Stern brach Ende November 1946 zu seiner Stockholmreise auf und bestieg am 29.11.1946 in New York die „Queen Elizabeth". Er erreichte am 4.12. Southampton. Mit der Fähre fuhr er am 6.12. ab Harwich und betrat am 7.12. in Esbjerg dänischen Boden. Am 8.12. reiste er über Malmö nach Schweden und nahm am 10.12. an der Nobelpreisfeier 1946 teil. Stern hielt am 12.12. seinen Nobelvortrag mit dem Titel: *The Method of Molecular Rays.* Am 16.12. besuchte er auf seiner Rückreise Bohr in Kopenhagen. Von Dänemark reiste er am 21.12. mit dem Flugzeug nach Zürich. Am 24.01.1947 flog er von Zürich aus nach England (Airport Croydon), um am 27.1. wieder mit dem Schiff in die USA zurückzukehren. In New York kam er am 03.02.1947 an.

Erwähnenswert ist noch, dass Stern bis 1965 [NOB] selbst nur 4-mal jemanden für den Nobelpreis nominierte. Im Jahre 1933 schlug er den US Chemiker G. N. Lewis von der University of California in Berkeley vor. 1949 den Physiker Hideki Yukawa (Yukawa wurde 1949 mit dem Nobelpreis ausgezeichnet), 1953 die Physiker George Eugene Uhlenbeck und Samuel Abraham Goudsmit sowie 1961 den Physisker Rudolf Mössbauer (Mössbauer wurde 1961 mit dem Nobelpreis ausgezeichnet).

Sein Vorschlag für den US Chemiker G. N. Lewis von der University of California in Berkeley lautete wie folgt:

Standort: [BAL], bk0016n8v6j; Dokumentnummer: **[0210/18.01.1933]**

*An das Nobel-Komitee für Chemie,* *18.Januar 1933*
*Stockholm 50, Schweden*
*Gemäss der Aufforderung des Nobel-Komitees beehre ich mich, für den chemischen Nobelpreis des Jahres 1933 Herrn Professor G. N. Lewis, University of California, Berkeley, California, vorzuschlagen.*
*Begründung: Abgesehen davon, dass Lewis eine grosse Anzahl sehr wertvoller Arbeiten auf dem Gebiete der Chemie und der physikalischen Chemie ausgeführt hat, möchte ich neinen Vorschlag in erster Linie auf zwei grosse Leistungen von Lewis gründen.*
*1. Lewis hat die chemische Thermodynamik in einer Weise weiter entwickelt, die es gestattet, die experimentellen Ergebnisse in einfacher und direkter Weise theoretisch zu verwerten. Er hat unter diesem Gesichtspunkt selbst und mit seinen Mit-*

*arbeitern eine außerordentlich grosseMenge wertvollen experimentellen Materials beigebracht und aus diese Weise auch die feineren Züge der Erscheinungen klargestellt. Dieser Teil seines Arbeitsgebietes gipfelt in der Entdeckung der Gesetzmässigkeiten der Lösungen starker Elektrolyte, speziell in der Einführung des Begriffs der Ionenstärke und in der Feststellung der dafür geltenden Gesetze. Er hat dabei schon all die Gesetzmässigkeiten gefunden, die in neuerer Zeit durch die theoretischen Arbeiten von Debye und dessen Mitarbeitern ihre theoretische Deutung gefunden haben[126].*
*2. Seine zweite grosse Leistung liegt meiner Ansicht nach in seinen Arbeiten über die Natur der chemischen Valenz. Nachdem er bereits etwa gleichzeitig mit Abegg die Bedeutung der Achterkonfiguration erkannt und später gleichzeitig mit Kossel die darauf begründete Theorie der heteropolaren Bindung entwickelt hatte, hat er darüber hinaus eine Erklärung der homöopolaren Bindung gegeben. ER hat erkannt, dass das Wesentliche dieser Bindung auf der paarweisen Verknüpfung von Elektronen beruht. Auch hier hat er wieder an dem experimentellen Material die grossen, wesentlichen Züge der Erscheinung erkannt, deren theoretische Deutung erst in den letzten Jahren durch die moderene Quantentheorie gegeben worden ist.[127]*
*Das Gesamtwerk von Lewis zeigt, dass er ein ideenreicher und unabhängiger Denker ist, dessen Leistungen für die Entwicklung der Chemie von grösster Bedeutung geworden sind. Ich wüsste niemanden, den ich mit gleichem Recht als Kandidaten für den Nobelpreis vorsclagen könnte.*
*In vorzüglicher Hochachtung*
*(O.Stern)*

Als Eugen Wigner 1963 zusammen mit Maria Goeppert-Mayer und Hans Jensen (Sterns früherer Schüler in Hamburg) der Nobelpreis verliehen wurde, gratulierte Stern Wigner. Wigner bedankte sich am Tag nach der Verleihung aus Stockholm.

Standort: [BAL], bk0016n912d; Dokumentnummer: **[1016/11.12.1963]**

GRAND HOTEL December 11, 1963
STOCKHOLM
*Dear Otto Stern:*
*Your congratulatory telegram on the Nobel award gave me very much pleasure. The prize would not be half as much fun without kind messages such as yours.*
*Sincerely Eugene Wigner*

*Professor Otto Stern*
*759 Cragmont Ave*
*Berkeley 8.*

[126] Siehe hierzu Lewis und Randall, Lehrbuch der Thermodynamik.
[127] Siehe hierzu die Monografie von Lewis: Die Valenz und der Bau der Atome und Moleküle.

1962 wurde Stern auch die Ehre zu Teil, vom damaligen Präsidenten John F. Kennedy zum Dinner ins Weiße Haus eingeladen worden zu sein. Der Präsident schrieb am 31.03.1962:

Standort: [BAL], bk0016n8t0q; Dokumentnummer: **[0961/31.03.1963]**

*The President and Mrs. Kennedy*
*request the pleasure of the company of*
*Dr. Stern*
*at dinner on Sunday, April 29, 1962*
*at eight o'clock.*

Am 05.04.1962 musste Stern aus Gesundheitsgründen die Einladung absagen und er schrieb:

Standort: [BAL], bk0016n8t0q; Dokumentnummer: **[0962/05.04.1962]**

*The Social Secretary*
*The White House*
*Dear Sir:*
*Please convey my sincerest thanks to the president and Mrs Kennedy for the kind invitation to dinner on April 29.*
*I regret very much that I shall not be able to attend. The state of my health does not allow me to take the trip to Washington at that time.*
*Yours sincerely O. Stern*

Der Nobelpreisträger Otto Stern war ein gern gefragter Ehrengast. Weitere Einladungen an den Nobelpreisträger folgten.

Standort: [BAL], bk0016n912d; Dokumentnummer: **[0968/21.09.1962]**

ARTHUR B.KRIM
515 PARK AVENUE
NEW YORK 22, NEW YORK

*September 21, 1962*
*Dr. Otto Stern*
*Carnegie Institute of Technology*
*Pittsburgh, Pennsylvania*

*Dear Dr. Stern:*
*The Annual Dinner of the Weizmann Institute of Sciences will take place on Thursday, December13th, at the Americana of New York.*
*This year's event marks the 10th anniversary of the death of DR. Chaim Weizmann, Founder of the Institute, and Israel's first President.*
*On behalf of the American Committee for the Weizmann Institute of Science, and personally, I express the hope that you will be able to join us as a guest of honor at this Dinner. I am writing you today because I know that your calender requires as much advance notice as possible. You will receive in due course a formal invitation, but I would appreciate it very much if you would let me know at your earliest whe-*

*ther you can fit the date in your schedule. This invitation of course includes Mrs. Stern.*
*Best wishes, Very sincerely yours, Arthur B. Krim*
*Dinner Co chairman*

Standort: [BAL], bk0016n8s3v; Dokumentnummer: **[0971/15.10.1962]**

Development Corporation for Israel
State of Israel Bonds
*Northern California Area*

*Area Manager*
*Louis Stein*
*October 15, 1962*
*Dr. Otto Stern*
*759 Cragmont*
*Berkeley, California*

*Dear Dr. Stern;*
*I am writing this letter inviting you to participate in a program honoring Nobel Laureates in the Bay Area who are concerned with Israel's progress.*
*The Israel Bond Organisation is sponsoring a Dinner on Saturday evening, December 1st, in the Fairmont Hotel. Our guest speaker will be the Hon. Abba Eban, Minister of Education and Culture of the Government of Israel, and the former Ambassador to the United States, who is coming to San Francisco to present to the Nobel Laureates of this area an award symbolizing the recognition of their achievement by the Government of Israel and the citizens of Northern California.*
*The evening will be on behalf of the Israel Bond program whose purpose is to make Israel economically independent in as short a period of time as possible. Many of your colleagues have enthusiastically accepted our invitation to participate in our programbecause of the importance of our project.*
*Professor Felix Bloch, Professor Arthur Kornberg, Professor Robert Hofstadter, Dr. Donald Glaser, Dr. Owen Chamberlain, and Professor Melvin Calvin have already accepted our invitation. Other Nobel Laureates will be invited upon their return from vacations and various educational visits to other cities.*
*By participating with your fellow Laureates in this program, you will help make available to Israel aid which is not only most necessary but which could not be made available in any other way. The community of the Bay Area, reflecting in the honor of the recognition of your achievements, will make substantial additional purchases of Israel Bonds on that most important occasion.*
*The Government of Israel and the Israel Bond Organisation would, indeed, be privileged if you would accept the commendation of our community which I extend to you. I would sincerely appreciate the opportunity of discussing this matter with you personally as I have with the other Laureates and I should like to thank you most warmly for your kind consideration of this request.*
*Very sincerely yours, Louis Stein*
*Area Manager*
(Maschinengeschrieben mit Handunterschrift)

Standort: [BAL], bk0016n8r0p; Dokumentnummer: **[0980/11.12.1962]**

Gustavus Adolphus College

St. Peter, Minnesota

EDGAR M. CARLSON

PRESIDENT

*Dr. Otto Stern December 11, 1962*
*Professor Emeritus*
*Carnegie Institute of Technology*
*Pittsburgh 13, Pennsylvania*

*Dear Dr. Stern:*

*As the Nobel awards are given again this year, you must recall the occasion of your honor with great satisfaction and pleasure. It seems an appropriate time to extend a special invitation to you and your fellow Americans who have been so honored to be honored guests at the dedication of the first American memorial to Alfred Nobel, the Nobel Hall of Science at Gustavus Adolphus College, which is scheduled for May 4, 1963. We are happy to report that a generous gift has made it possible for the College to pay the travel costs and related expenses for all Nobel prize winners now resident in America.*

*Dr. Glen Seaborg, Chairman of the Atomic Energy Commission (Chemistry 1951) will give the dedicatory address at 3:00 P.M., and Dr. Ralph Bunche, Undersecretary of the United Nations (Peace, 1950), will speak at the dedication dinner that evening. Dr. Nils K. Stahle, Director of the Nobel Foundation Board, will come from Stockholm for the occasion.*

*Perhaps a word about American memorial to Alfred Nobel is in order. In 1958, Gustavus Adolphus College received authorization from the Nobel Foundation in Stockholm to build the American memorial to Alfred Nobel, the Nobel Hall of Science. Among the committee of Sponsors were Dr. Ralph J. Bunche, Dr. Arthur H. Compton, Dr. Philip Hench, Dr. Edward C. Kendall, Dr. Glen Seaborg, and Dr. Harold C. Urey, each an esteemed recipient of the Nobel Prize. The Nobel Hall, a carefully conceived $1,500,000 structure, is nearing completion and will be in service the second semester of our academic year. Of special interest will be the Nobel Gallery for which the Nobel Foundation is providing photostatic reproductions of much of the material in their own official records (pictures of prize winners, medallions, citations, and lectures).*

*The Nobel name carries particular significance for Gustavus Adolphus College which was founded by American-Swedish immigrants a century ago and named in honor of Sweden's great hero-king Gustavus II Adolphus. In 1950 the College established the Folke Bernadotte Foundation as a major American memorial to Count Folke Bernadotte. The Nobel Hall of Science will be part of the Bernadotte Quadrangle on the campus.*

*Dr. Philip Hench, the only Nobel prize winner currently resident in Minnesota, joins in extending this invitation to join your fellow Nobel prize recipients in honoring the memory of Alfred Nobel.*

*We hope that you will consider it an opportunity, also, for reunion with that select group who have been signally honored by the Nobel Foundation.*
*The Mayo Foundation and the Mayo Clinic of Rochester, Minnesota, undoubtedly one of the most distinguished centers of research in the world, with which Drs. Hench and Kendall were associated at the time they were awarded the Nobel prize, have asked for the privilege of being your host at luncheon on that day.*
*Please let us know at your earliest convenience whether your schedule will permit you to accept this invitation.*

*Sincerely yours*
*Edgar M. Carlson*
*President*

Auch diese Einladung konnte Stern nicht annehmen.

Standort: [BAL], bk0016n8r0p; Dokumentnummer: **[0986/17.01.1963]**

Gustavus Adolphus College
St. Peter, Minnesota
EDGAR M. CARLSON
PRESIDENT

*Dr. Otto Stern January 17, 1963*
*Professor Emeritus*
*Carnegie Institute of Technology*
*Pittsburgh 13, Pennsylvania*

*Dear Dr. Stern: We thank you for your prompt response to our invitation to be our guest at the dedication of the Alfred Nobel Memorial on May 4. We are sorry that travel outside the country makes it impossible for you to be present. Should there be any change in those plans we want you to know that our invitation still holds good. We would be most happy if you could come at a later time to our campus so that we could show you the Nobel Memorial Hall of Science.*
*As of this date, twenty-four Nobel laureates have indicated their intention to attend, in addition Dr. Tiselius, Chairman of the Board of the Nobel Foundation and also its Director, Nils K. Stahle. You may be interested in the names of those who are planning to come, which is attached.*

*Sincerely yours*
*Edgar M. Carlson*

Am 13.09.1963 erhielt Stern als Nobelpreisträger eine Dinnereinladung des American Committee for the Weizmann Institute of Science. Zu diesem Dinner am 05.12.1963 hatte der damalige Präsident John F. Kennedy seine Teilnahme zugesagt.

Standort: [BAL], bk0016n912d; Dokumentnummer: **[1012/13.09.1963]**

AMERICAN COMMITTEE FOR THE WEIZMANN INSTITUTE OF SCIENCE
515 PARK AVENUE• NEW YORK 22, NEW YORK• PLAZA 2-1300
JOSEPH BRAININ
Executive Vice-President

*September 13, 1963*

*Dr. Otto Stern*
*759 Cragmont Avenue*
*Berkeley 8, California*

*Dear Dr. Stern:*
*The President of the United States has accepted our invitation to be the Guest of Honor and Guest Speaker at our Annual Weizmann Institute Dinner. The date is Thursday, December 5th, and the place is the Americana of New York. (This information is confidential. Although Mr. Kennedy's acceptance is definite, we have been asked to withhold public announcement until such time as the White House will issue the news.)*
*We would feel highly honored if you would be our guest at this function, which is an expression of the international reputation the Weizmann Institute has earned. In due course you will receive a formal invitation. I am giving you advance notice because I am well aware of your many commitments.*
*If your attendance necessitates a special trip to New York we shall, of course, pay your transportation and other expenses.*
*In view of the shortness of time, I would be grateful to you if I could have your response at your earliest convenience.*

*With best wishes*
*Joseph Brainin*
*Joseph Brainin*

Stern hat auch hier aus Gesundheitsgründen absagen müssen. John F. Kennedy (1917–1963) wurde am 22.11.1963 in Dallas ermordet.

Standort: [BAL], bk0016n8m81; Dokumentnummer: **[1014/11.11.1963]**

ROYAL CONSULATE GENERAL OF SWEDEN

*San Francisco, November 11, 1963*

*Dr. Otto Stern*
*759 Cragmont Avenue*
*Berkeley 8, California*

*Dear Dr. Stern: It si a great pleasure for me to invite you, as a Nobel Prize Winner, and your wife, to attend an event commemorating Nobel Day, on December 10, 1963, at the California Academy of Sciences, San Francisco.*
*Dr. George Lindsay, Director of the Academy, and I are happy to have Dr. Thorsten Althin of the Cranbrook Institute of Science at this distinguished gathering of Nobel Prize winners now residing in the State of California.*

*The Nobel day event at the Academy will consist of a short lecture by Dr. Althin, followed by a new Swedish color film, "Galaxy of Elements". Then a Round Table discussion by all Nobel Prize winners present, to be moderated by Dr. Althin and later used as a part of a network television program produced by the Academy on the Nobel Prize is suggested.*
*A reception will follow. A more detailed schedule of events is enclosed.*
*I hope to hear from you at your earliest convenience.*
*Sincerely yours,*
*Per Anger*
*Consul General of Sweden*

*Dear Consul General Per Anger,*
*I thank you very much for inviting me to attend the Nobel Day on Dec. 10.*
*Unfortunately, because of the uncertain state of my health, I am not able to accept your kind invitation.*
*With my best wishes for a successful Nobel Day celebration*
*I am sincerely yours*
*Otto Stern*

Stern wurde öfter zum jährlich stattfindenden Nobelpreisträgertreffen in Lindau eingeladen. Er hatte vor 1968 immer absagen müssen, z. T. aus gesundheitlichen Gründen. Ein anderer Grund war, dass er keinen offiziellen Besuch mehr in Deutschland machen wollte.

Standort: [BAL], bk0016n8s95; Dokumentnummer: **[1036/10.12.1964]**

Kuratorium für die Tagungen der Nobelpreisträger in Lindau

Präsident: Graf Lennart Bernadotte

*Professor Dr. Otto Stern* *10.12.1964*
*759 Cragmont Avenue*
*Berkeley 8, California, USA*

*Dear Professor Stern:*
*I am writing to most heartly request our invitation to participate in the Nobel Prize Winners Conference here in Lindau.*
*Lindau is a little mediaeval town-island, in the Lake of Constance, Western Germany. It is a very quiet and agreeable place, where it is easy to combine a restful stay with some interesting work.*
*I have just started the preparation for the 15th meeting which will be held from June 28th to July 2nd 1965 and will be devoted to physics.*
*I do hope that this time it will be possible for you not only to participate but also to give a paper during the conference.*
*We leave the choice of subject entirely to you, however, the material should, if possible, be so presented as to give not only the specialist, but also the educated layman*

*a glimpse into your field of work and an idea of the path which led you to your scientific results.*
*The Prize Winners have always greatly appreciated the warm atmosphere of these meetings, and during the past 15 years many of them have returned several times, some of tem even every year. Here at Lindau they enjoy meeting old friends from all over the world and young students from many countries of Europe and Overseas.*
*The elder laureates even speak of "The old family gathering of the Nobel Prize Winners".*
*I am enclosing a booklet of 1964 giving you information concerning the purpose of the meetings and their development.*

Auf diesem Originalbrief hat Stern in lateinischen Buchstaben (nicht Sütterlinschrift) am unteren Rand den Entwurf seines kurzen Antwortbriefs mit der Hand geschrieben. Er schrieb:

Standort: [BAL], bk0016n8s95; Dokumentnummer: **[1037/10.12.1964]**

*Sehr geehrter Graf Bernadotte,*
*vielen Dank für Ihre herzliche Einladung zur diesjährigen Nobelkonferenz in Lindau. Leider muß ich ablehnen. Denn der unsichere Stand meiner Gesundheit erlaubt mir nicht zu entscheiden, ob oder wann ich in 1965 nach Europa kommen werde.*
*Mit den besten [Wünschen] für eine erfolgreiche Tagung und herzlichen Grüßen*
*Ihr O. S.*

Standort: [BAL], bk0016n8s95; Dokumentnummer: **[1043/29.01.1965]**

Kuratorium für die Tagungen der Nobelpreisträger in Lindau
Präsident: Graf Lennart Bernadotte

*Professor Dr. Otto Stern* *29. Januar 1965*
*759 Cragmont Avenue*
*Berkeley 8, California, USA*

*Lieber Professor Stern:*
*Herzlichen Dank für Ihren freundlichen Brief vom 4.1.1965.*
*Es tut mir leid, dass Ihre Gesundheit es Ihnen nicht erlaubt nach Lindau zu kommen, wünsche Ihnen aber von Herzen gute Besserung und ein erfolgreiches Jahr.*

*Mit freundlichen Grüssen*
*Ihr*
*Lennart Bernadotte*

Obwohl ein Besuch in Lindau ja auch ein Besuch in Deutschland war, hatte Stern aber eine Art Ausrede parat, denn die Insel Lindau konnte er quasi von der Schweiz aus über den Bodensee erreichen, ohne vorher deutschen Boden betreten zu müssen. Da er ohnehin den Sommer 1968 in Zürich verleben wollte, hat er die Einladung von Graf Bernadotte, dem Besitzer der Insel Mainau, angenommen und hat an der

Konferenz im Juli 1968 teilgenommen. Im Dezember 1967 erreichte ihn die folgende Einladung von Graf Bernadotte.

Standort: [BAL], bk0016n8s95; Dokumentnummer: **[1077/15.12.1967]**

Kuratorium für die Tagungen der Nobelpreisträger in Lindau

Präsident: Graf Lennart Bernadotte

*Professor Dr. Otto Stern* *15.12.1967*
*759 Cragmont Avenue*
*Berkeley 8, California, USA*

*My dear Professor Dr. Stern:*
*I have just begun the preparations for the 18th conference of the Nobel Prize Winners in Lindau, Western Germany, which will be held from July 1st to 5th, 1968, and will be devoted to physics.*
*I already had the pleasure of inviting you to Lindau and now I most heartly repeat this invitation and I do hope that it will be possible for you not only to come but also to give a paper during the meeting.*
*The medieval town-island Lindau in the Lake of Constance is a restful and charming place where you can combine rest with some very interesting work.*
*We leave the choice of subject entirely to you, if possible, the material should be so presented as to give not only the specialist, but also the educated layman a glimpse into your work and a general idea of the path which led you to your scientific results.*
*You will certainly enjoy meeting friends from all over the world and students from many countries of Europe and overseas here in Lindau, and the Prize Winners always greatly appreciated the friendly atmosphere of those meetings.*
*The Kuratorium invites you and a member of your family to be our guests during the conference. If you lecture, we also grant $750 for your personal travelling expense. If you not give a paper, the amount is reduced to $375.*
*I should be very glad, if you as soon as possible could let me know, if you are able to come and if you intend giving a paper.*
*Hoping to see you at the 1968 meeting, I am*
*Yours sincerely*
*Count Lennart Bernadotte*

Sterns Antwortbrief an Bernadotte (Briefentwurf: Anrede in Englisch und lateinischer Schrift, Text in Deutsch und Sütterlin) ist schwierig zu entziffern.

Standort: [BAL], bk0016n8s95; Dokumentnummer: **[1079/10.01.1968]**

*9.1.1968*

*My dear Count Bernadotte,*
*Vielen Dank für Ihre frdl. Einladung zur 19. Konferenz der Nobelpreisträger in Lindau. Ich bitte um Entschuldigung für die späte Antwort, aber die Sache ist etwas kompliziert. Ich beabsichtige schon vorher, den kommenden Sommer in Zürich zu*

*verbringen, das würde also sehr gut passen. Aber ich bin 80 Jahre alt und leide an mehreren der üblichen Alterskrankheiten (Herz, Arthritis). Es ist also äußerst zweifelhaft, ob mein Gesundheitszustand mir erlauben wird, nach Europa zu fahren, oder falls ich in Zürich bin, den Ausflug nach Lindau zu machen. Ich kann ~~auf~~ also nicht versprechen nach Lindau zu kommen.*

*Deshalb erlaube ich mir zu fragen, ob Sie mir gestatten würden, an der Tagung teilzunehmen, [] und soweit es mir möglich ist, möglichst ohne Empfang.*

*Ich werde Ihnen von Zürich Nachricht geben, sobald es mir möglich ist.*
*Mit bestem Dank und Gruß Yours sincerely*

*Otto Stern*

Obwohl Stern dann (nur von Zürich aus anreisend) kaum Reisekosten hatte, bot ihm die US-Botschaft in Bonn vertreten durch ihren „Scientific Attache" W. W. Williams finanzielle Unterstützung an. Der Attache, der selbst schon an den Nobelpreisträgertreffen in Lindau teilgenommen hatte, lobte die Atmosphäre dieser Tagungen sehr. Er schrieb:

Standort: [BAL], bk0016n8s95; Dokumentnummer: **[1081/17.01.1968]**

EMBASSY
OF THE
UNITED STATES OF AMERICA
Bonn/Bad Godesberg, Germany

*Januar 17, 1968*

*Professor Dr. Otto Stern*
*759 Cragmont Avenue*
*Berkeley 8, California, USA*

*My dear Professor Dr. Stern:*
*We have been informed by the Count Lennart Bernadotte, President of the Kuratorium for the Meetings of Nobel Prize Winners in Lindau/Bodensee, that you have been invited to attend this year's Nobel Prize Winners Conference, to be held in Lindau between July first and fifth. I am glad to support this invitation. For the last four years I have been able to be present at the Lindau Conferences and found the meetings to be most interesting and pleasant. In addition to many distinguished scientists from universities and industry, there are in attendance groups of students from various countries. Lectures given by the Nobel Prize Winners are received with great enthusiasm, the social gatherings provide an opportunity for the distinguished guests to meet with their colleagues and also to mix with students. I feel sure that you would find it a worthwhile event should you be able to accept the invitation.*
*Sincerely yours,*
*William W. Williams*
*Scietific Attache*

Standort: [BAL], bk0016n8s95; Dokumentnummer: **[1085/12.02.1968]**

Kuratorium für die Tagungen der Nobelpreisträger in Lindau

Präsident: Graf Lennart Bernadotte

*Professor Dr. Otto Stern* *12.2.1968*
*759 Cragmont Avenue*
*Berkeley 8, California, USA*

*Sehr verehrter Professor Stern!*
*Vielen herzlichen Dank für Ihren so freundlichen Brief vom 9.1.1968.*
*Zu meiner Freude erfahre ich daraus, dass Sie die Absicht haben, im Sommer einige Zeit in Zürich zu verbringen und dass es Ihnen vielleicht möglich wird, eine kleinen Abstecher nach Lindau zu unternehmen.*
*Ich kann Ihnen versichern, dass Ihre Laureaten-Kollegen aus aller Welt und das Kuratorium sich über Ihr Erscheinen sehr freuen würden.*
*Die Atmosphäre unserer Treffen ist recht familiär und beschwingt, gleichzeitig unkompliziert und freundschaftlich. Sie brauchen also nicht zu befürchten einer steifen wissenschaftlichen Sitzung beiwohnen zu müssen.*
*Bitte, lassen Sie mich wissen, ob es Ihnen möglich wird, Anfang Juli zu uns zu stossen.*
*Mit freundlichen Grüssen*
*Ihr*

*Graf Lennart Bernadotte*

Standort: [BAL], bk0016n8s95; Dokumentnummer: **[1099/13.05.1968]**

*Ständiger Arbeitsausschuß für die Tagungen der Nobelpreisträger in Lindau*
*8990 Lindau (Bodensee). Bahnhofplatz. Postfach 11. Telefon (08382) 2222*
*13.5.1968*

*Professor Dr. Otto Stern*
*759, Cragmont Avenue*
*Berkeley 8, Calif., USA*

*Sehr verehrter Herr Professor!*
*Wir freuen uns, Ihnen heute das Einladungsprogramm für die 18. Nobelpreisträgertagung mit Vortragsfolge und gesellschaftlichen Veranstaltungen übersenden zu können.*
*Vielleicht können Sie inzwischen Ihre Sommerreisepläne schon etwas übersehen und an einen Abstecher von Zürich nach Lindau denken.*
*Wenn ja, so geben Sie uns doch bitte Ihre Unterkunftswünsche bekannt, damit wir im Hotel Bad Schachen die Zimmer reservieren können.*
*Ebenso bitten wir Sie, auf dem Anmeldeformular zu vermerken, an welchen gesellschaftlichen Veranstaltungen Sie gerne teilnehmen würden.*
*Selbstverständlich ist alles unverbindlich und Sie können jederzeit Ihre Wünsche zurückziehen oder auch ändern. Wir möchten Sie auf keinen Fall zu einer Entscheidung drängen.*

*Sie wissen, wie sehr wir uns freuen würden, Sie und Ihre Frau Gemahlin in Lindau begrüssen zu dürfen.*
*Mit Ausdruck vorzüglicher Hochachtung*
*STÄNDIGER ARBEITSAUSSCHUSS FÜR DIE TAGUNGEN DER NOBELPREISTRÄGER IN LINDAU*

*Mayr*
(handunterschrieben)

Standort: [BAL], bk0016n8s95; Dokumentnummer: **[1100/11.06.1968]**

*Ständiger Arbeitsausschuß für die Tagungen der Nobelpreisträger in Lindau*
8990 LINDAU(BODENSEE). BAHNHOFSPLATZ:POSTFACH 11 TELEFON 08382 2222

11.6.1968

*Herrn Professor Dr. Otto Stern*
*CH-Zürich*
*Pension Tiefenau*
*Steinwiesenstrasse 8*

*Sehr geehrter Herr Professor!*
*Für Ihre Anmeldung zur diesjährigen Nobelpreisträgertagung danken wir bestens. Ihrem Wunsche entsprechend haben wir Ihnen ein Einbettzimmer im Hotel Schachen reserviert; beiliegend übersenden wir Ihnen die Reservierungsbestätigung.*
*Die Ehrenkarte zum Besuch der Vorträge sowie Karten für die gesellschaftlichen Veranstaltungen werden wir Ihnen rechtzeitig in das Hotel Bad Schachen zustellen.*
*Wir freuen uns, Sie anläßlich der Tagung wieder in Lindau begrüssen zu dürfen und verbleiben*
*mit freundlichen Grüssen*
*i. A. Unterschrift*

*STÄNDIGER ARBEITSAUSSCHUSS FÜR DIE TAGUNGEN DER NOBELPREISTRÄGER IN LINDAU*

Standort: [BAL], bk0016n8s95; Dokumentnummer: **[1101/13.06.1968]**

*Ständiger Arbeitsausschuß für die Tagungen der Nobelpreisträger in Lindau*
8990 LINDAU(BODENSEE). BAHNHOFSPLATZ:POSTFACH 11 TELEFON 08382 2222

13.6.1968

*Herrn Professor Dr. Otto Stern*
*CH-Zürich*
*Pension Tiefenau*
*Steinwiesenstrasse 8*

*Sehr geehrter Herr Professor!*
*Im Nachgang zu unserem Brief vom 11.6.1968 möchten wir Ihnen noch mitteilen, daß nach alter Tradition am Sonntag, den 30. Juni um 19.30 ein zwangloses Abendessen im Hotel Bad Schachen stattfindet, zu dem sich wie immer die Herren Laureaten mit Mitgliedern des Kuratoriums treffen.*

*Wir erlauben uns, Sie zu diesem Abendessen herzlich einzuladen.*
*Mit freundlichen Grüssen*
*i. A. Dorothee Wiederstein*

Stern antwortet auf diesen Brief. Den Entwurf dieser Antwort hat er in lateinischen Buchstaben auf den Einladungsbrief geschrieben. Keine Datumsangabe!

Standort: [BAL], bk0016n8s95; Dokumentnummer: **[1102/00.06.1968]**

*Plötzlich wurde es mir bewusst, dass ich Ihnen selbst garnicht mitgeteilt habe, dass ich jetzt in Zürich bin und Ihre Tagung besuchen will.*
*Es tut mir sehr, sehr leid, dass ich Ihre grosse Liebenswürdigkeit mit solch einer grossen Nachlässigkeit und Ungezogenheit vergolten habe.*
*Ich bitte [mit] in aufrichtiger Reihe [für dies] um Verzeihung, für diese Barbarei [mit aufrichtiger Ergebenheit]*
*Ihr sehr ergebener Otto Stern*
*[Ich beabsichtige Ende Juli Ihnen zu schreiben]*

Nach Beendigung der Tagung bedankte sich das Kuratorium bei Stern für dessen Teilnahme.

Standort: [BAL], bk0016n8s95; Dokumentnummer: **[1103/22.07.1968]**

*Ständiger Arbeitsausschuß für die Tagungen der Nobelpreisträger in Lindau*
8990 LINDAU(BODENSEE). BAHNHOFSPLATZ:POSTFACH 11 TELEFON 08382 2222
22.7.1968

*Herrn Professor Dr. Otto Stern*
*759, Cragmont Avenue*
*Berkeley 8, Calif./USA*

*Sehr verehrter Herr Professor!*
*Nachdem die 18. Tagung der Nobelpreisträger beendet ist, erlauben wir uns im Auftrag von S.H. Graf Lennart Bernadotte, der zur Zeit vereist ist, Ihnen nochmals herzlich für Ihren Besuch zu danken.*
*Wie Sie selbst feststellen konnten, nahm die Tagung einen guten Verlauf und wir sind sicher, daß die Tage in Lindau allen Teilnehmern in guter Erinnerung belieben werden.*
*Wir hoffen, daß Sie gerne an den Aufenthalt in unserer Stadt zurückdenken und würden uns freuen, wenn wir Sie zu einer der nächsten Tagungen wieder hier begrüßen dürften.*
*Mit freundlichen Grüßen*
*Ihr sehr ergebener*
*Mayr*

Zu Sterns 80. Geburtstag gratulierte dann auch das offizielle Deutschland gleich mehrfach, einmal durch den deutschen Generalkonsul in San Francisco und dann mittels Telegramm kam auch der Glückwunsch vom damaligen Bundespräsidenten Heinrich Lübke[128].

Standort: [BAL], bk0016n8q94; Dokumentnummer: **[1086/13.02.1968]**

DER GENERALKONSUL
DER
BUNDESREPUBLIK DEUTSCHLAND

*San Francisco, den 13. Februar 1968*

*Sehr verehrter Herr Professor!*
*In wenigen Tagen feiern Sie Ihren 80. Geburtstag. An diesem feierlichen Ereignis möchte ich Ihnen, auch im Namen meiner Mitarbeiter, unsere allerherzlichsten Glückwünsche aussprechen.*
*Sie blicken an diesem Tage auf ein langes und reiches, von Erfolgen gekröntes Leben zurück. Bis zum heutigen Tage stehen Sie im Dienste der physikalischen Forschung, eines Wissensgebietes, das wie kein anderes unser aller Weltbild veränderte und die Beherrschung der Naturkräfte durch Menschen ermöglichte.*
*Ich hoffe, dass der anliegende Bildband, den wir als Zeichen unserer Verbundenheit anzunehmen bitten, Ihnen in Ihren Musestunden eine kleine Freude bereiten wird.*
*Mit nochmals herzlichen Wünschen*
*Ihr*
*S. von Nostitz* (handunterschrieben)
*Dr. Siegfried von Nostitz*
*Generalkonsul*

Standort: [BAL], bk0016n8q94; Dokumentnummer: **[1091/17.02.1968]**

1128A PST FEB 1768 LA136 KA 464
K SFA544 PDB SAN FRANCISCO CALIF 17 1058A PST
PROFESOR OTTO STERN
759 CRAGMONT AVE BERKELEY CALIF
DAS DEUTSCHE GENERALKONSULAT WURDE UM UEBERMITTLUNG FOLGENDE TELEGRAMS GEBETEN

17.2.1968 Telegram Lübke
1968 FEB 17 AM 8 38
827A PST FEB 17 68 LA094
SYB078 SY WA143 PDB 2 EXTRA TLX WASHINGTON DC 17 1047A EST
HERRN PROFESSOR OTTO STERN
759 CRAGMONT AVE BERKELEY CALIF
ZUR VOLLENDUNG IHRES 80. LEBENSJAHRES MOECHTE ICH IHNEN MEINE BESTEN GLUECKWUENSCHE AUSSPRECHEN: AUCH IN IHREM GEBURTSLAND GEDENKT MAN HEUTE VOLLER VEREHRUNG

[128] Karl Heinrich Lübke (1894–1972) war von 1959 bis 1969 der zweite Bundespräsident der Bundesrepublik Deutschland.

IHRER LANGJAEHRIGEN WISSENSCHAFTLICHEN TAETIGKEIT UND FORSCHUNG DIE ZU BAHNBRECHENDEN ERGEBNISSEN UND ERKENNTNISSEN AUF DEM GEBIET DER PHYSIK GEFUEHRT HABEN. MOEGE IHNEN AUCH WEITERHIN EIN FRUCHTBARES WIRKEN IN GUTER GESUNDHEIT BESCHIEDEN SEIN
HEINRICH LUEBKE PRAESIDENT DER BUNDESREPUBLIK DEUTSCHLAND (21).

Standort: [BAL], bk0016n8q94; Dokumentnummer: **[1119/28.04.1969]**

DEUTSCHES GENERALKONSULAT
GERMAN CONSULATE GENERAL
Pr-Ku
IV 5 - 88

6th Floor International Building
601 California Street
San Francisco, Calif. 94108
*April 28, 1969*

*Prof. Dr. Otto Stern*
*759 Cragmont Ave.*
*Berkeley, Calif, 94708*

*Dear Professor Stern,*
*Your address was given to me by the German Press Office in Bonn who would very much like to have your photograpy.*
*I have tried to reach you over the telephone but did not succeed because your number is not listed. Would you kindly ring up in my office (981 4250, Ex. 42) so that I may be able to speak and explain to you the reasons why I am trying to contact you.*
*Thank you in advance for your kind cooperation.*

*Sincerely yours,*
*Margarete Hütter*
*(Mrs) Margarete Hütter*
*Deputy Consul General*

Standort: [BAL], bk0016n8q94; Dokumentnummer: **[1121/06.05.1969]**

*Deutsches Generalkonsulat*
*German Consulate General*
*Pr Ku IV 5-88*

*6th Ficer International Building*
*601 California Street*
*San Francisco, Calif. 94106*
*6. Mai 1969*

*Herrn Prof. Dr. Otto Stern*
*759 Cragmont Ave.*
*Berkeley, Calif. 94708*

*Sehr geehrter Herr Professor,*
*es war sehr liebenswürdig von Ihnen, mich anzurufen,*
*Anlaß meines Schreibens ist der Wunsch des Presse- und Informationsamtes der Deutschen Bundesregierung in Bonn, eine Fotografie von Ihnen zu besitzen, die zur*

*Vervollständigung des Archivs der Bundesbildstelle des Presse- und Informationsamtes benötigt wird.*
*Ich hoffe, Sie sind bereit, diesem Wunsche stattzugeben, und danke Ihnen schon im voraus für freundliches Bemühen.*
*Mit den besten Wünschen für Ihr Wohlergehen und freundlichen Empfehlungen*
*Ihre Magarete Hütter*
*Generalkonsulin*
(Maschinen und handunterschrieben)

Standort: [BAL], bk0016n912d; Dokumentnummer: **[1120/02.05.1969]**

*INTERNATIONAL SPONSORSHIP COMMITTEE*
*For the 25th ANNIVERSARY OF THE WEIZMANN INSTITUTE OF SCIENCE*

*Dr. Otto Stern* *May 2. 1969*
*759 Cragmont Avenue*
*Berkeley , California*

*Dear Dr. Stern:*
*May we invite you to serve as a member of a Sponsering Committee to mark the 25th Anniversary, in November 1969, of the Weizmann Institute of Science of Rehovot, Israel? As you know, it is devoted to fundamental scientific research whose focus is human advancement. In the 25 year period it has grown to be one of the great research Institutes of the world, unique in its combination of high level teaching and research over a great range of scientific knowledge.*
*A series of functions is being arranged in the Fall of 1969, to continue through the Spring of 1970, in Rehovot and New York, to celebrate the Anniversary; and also to pay tribute to the Institute's President and principal architect, Meyer W. Weisgal, on the occasion of his 75th birthday.*
*The Institute's record of services to science, and through science, to the State of Israel; and its recognition by the international scientific community, notable on its merits, is the more remarkable by reason of its birth and rapid growth in a pioneering country without scientific tradition. In 1967, after a scientists, on which two of us served, concluded that:*
*"The Weitzmann Institute is one of the world's truly eminent scientific research centers in science... It has been a privilege for us to examine at close hand a world famous scientific Institute that has reached such eminence in just 20 years in a pioneering country. It is an achievement that is probably unparalleled in world history."*
*In Rehovot, the Anniversary period will be inaugurated in the Fall of 1969 by a series of scientific workshops, followed by a number of festive programs beginning November 2. In New York, a Dinner on October 21 will honor both the Institute and Meyer Weisgal, to be followed in the Spring by a forum on the role of science in resolving a number of human problems. Participants in this forum, we anticipate, will include Weizmann Institute scientists and others from major centers in the United States and abroad.*

*This deserved tribute to a vital scientific Institute, in which we hope you will join, will provide encouragement in broadening the horizons and potentials of science, including their peaceful objectives. We hope to receive your acceptance at an early moment. The enclosed card is for your convenience.*
*Cordially, Felix Bloch, Robert Hofstadter, Arthur Kornberg, I. I. Rabi, Jerome B. Wiesner Co-Chairmen*

Am 17. August verstarb Otto Stern in Berkeley während eines Kinobesuchs. Er wurde feuerbestattet und seine Asche ruht auf dem Sunset View Cemetery in El Cerrito bei Berkeley/CA.

# Sterns Lebensdaten

Diese Chronologie von Otto Sterns Wirken basiert auf folgenden Quellen:

1. Otto Sterns selbst verfassten Lebensläufen,
2. Sterns Briefen und Sterns Publikationen,
3. Sterns Reisepässen
4. Sterns Züricher Interview 1961
5. Dokumenten der Hochschularchive

(17.02.1888 bis 17.08.1969)

**1888**
Geb. am 17.02. als Otto Stern in Sohrau/Oberschlesien.

> In allen Lebensläufen und Dokumenten findet man immer nur den Vornamen Otto. Im polizeilichen Führungszeugnis ausgestellt am 12.07.1912 vom königlichen Polizeipräsidium Abt. IV in Breslau wird bei Stern ebenfalls nur der Vorname Otto erwähnt. Nur im Emeritierungsdokument des Carnegie Institutes of Technology wird ein zweiter Vorname Otto M. Stern erwähnt.

Vater: Mühlenbesitzer Oskar Stern (1850–1919) und Mutter Eugenie Stern geb. Rosenthal (1863–1907).

> Nach Angabe von Diana Templeton-Killan, der Enkeltochter von Berta Kamm und somit Großnichte von Otto Stern (E-Mail vom 03.12.2015 an Horst Schmidt-Böcking) war Ottos Großvater Abraham Stern.

> Abraham hatte 5 Kinder mit seiner ersten Frau Nanni Freund. Nanni starb kurz nach der Geburt des fünften Kindes. Bald danach heiratete Abraham Berta Bender, mit der er 6 weitere Kinder hatte. Ottos Vater Oskar war das dritte Kind von Berta.

 
H. Schmidt-Böcking, A. Templeton, W. Trageser (Hrsg.), *Otto Sterns gesammelte Briefe – Band 2*, https://doi.org/10.1007/978-3-662-58837-6

Abraham und Nannis erstes Kind war Heinrich Stern (1833–1908). Heinrich hatte 4 Kinder. Das erste Kind war Richard Stern (1865–1911), der Toni Asch heiratete. Deren erstes Kind war Rudi Stern (1895–1962), der die Physikerin Kaethe Brieger (1894–1973) heiratete. Beide sind die Eltern des Historikers Fritz Stern (1926–2016). Rudolf Stern war Mediziner und Wissenschaftler. Er emigrierte kurz vor dem Zweiten Weltkrieg nach New York.

**1892**
Die Familie Stern zog von Sohrau nach Breslau. Am 03.04. wurde Otto Stern in Breslau angemeldet (Polizeiliches Führungszeugnis vom 12.07.1912: Nach diesem Führungszeugnis war er in Breslau bis zum 23.04.1906, dann wieder vom 15.08.1906 bis 01.06.1908, vom 01.09.1908 bis 20.08.1910 und vom 01.09.1910 bis zum 04.05.1912 mit Wohnsitz angemeldet.

Die Geschwister von Otto Stern waren: Berta Stern (1889–1963), Kurt Stern (1892–1938), Lotte Stern (1897–1912) und Elise Stern (1899–1945).

Ab Ostern 1894 besuchte Stern das Johannesgymnasium in Breslau.

**1906**
Am 22.03. erhielt Stern das Zeugnis der Reife.

In Sterns „Königlicher Prüfungskommision" waren: Gymnasialdirektor Geheimer Regierungsrat Laudien, Prof. Dr. Toeplitz, Prof. Dr. Wohlauer, Dr. Schneck, Dr. Gabriel, Oberlehrer Schwarzer
Laudien, Wohlauer, Schneck, Gabriel und Schwarzer konnten nicht identifiziert werden.

Ab 1906 begann Stern mit dem Studium mit Vorlesungen (je ein Semester) in Freiburg und München:

Vorlesungen bei:
- in Freiburg: bei dem Chemiker Conrad Willgerodt.
- in München: bei dem Chemiker Adolph von Baeyer, der 1905 den Nobelpreis in Chemie erhalten hatte, und bei dem Physiker Leo Graetz, den Erfinder der Graetz-Schaltung.
- in Breslau: bei Richard Abegg, der die Elektronenaffinität und Valenzregel eingeführt hatte, Walter Herz in Chemie, Richard Hönigswald in Physik (Schwarzer Strahler), Jacob Rosanes in Mathematik, Clemens Schaefer in klassischer theoretischer Physik und bei dem jungen Otto Sackur in Chemie.

In einigen Biografien über Otto Stern wird Arnold Sommerfeld als einer seiner Lehrer genannt. Stern selbst bestätigt, dass er Vorlesungen bei Sommerfeld gehört hat, aber da er in diesen Vorlesungen nichts verstanden habe, führt er im Anhang seiner Doktorarbeit Sommerfeld nicht als seinen Lehrer auf.

**1907**
1907 starb seine Mutter Eugenie geb. Rosenthal.

**1908**
Am 06.03. bestand Stern das Verbandsexamen in Chemie in Breslau.

Das Verbandsexamen war eine akademische Prüfung im Fach Chemie. Es wurde 1898 eingeführt und bis 1918 an Universitäten verlangt, um praktische und theoretische Grundkenntnisse nachzuweisen. Das Bestehen dieser Prüfung war Voraussetzung, um zur Promotion zugelassen zu werden.

**1912**
Am 06.03. musste sich Stern der mündlichen Doktorprüfung (Rigorosum) in Breslau unterziehen.
Am 13.04. folgte die Promotion in Breslau. Der Betreuer der Dissertationsarbeit war Otto Sackur. Stern wurde auch von Lummer geprüft.

Die Doktorarbeit wurde dreifach publiziert: alle Sternpublikationen siehe [SCHMIDT-BÖCKING2016]
Vorabpublikation:
21.02. Zur kinetischen Theorie des osmotischen Druckes konzentrierter Lösungen und über die Gültigkeit des Henry'schen Gesetzes für dieselben AU Stern, Otto SO Jahresbericht der Schlesischen Gesellschaft für vaterländische Cultur VO 90 I (II. Abteilung: Naturwissenschaften. a. Sitzungen der naturwissenschaftlichen Sektion) PA 1-36 PY 1913 DT B URL (Identisch mit S1)

S1 13.04. Otto Stern, Zur kinetischen Theorie des osmotischen Druckes konzentrierter Lösungen und über die Gültigkeit des Henryschen Gesetzes für konzentrierte Lösungen von Kohlendioxyd in organischen Lösungsmitteln bei tiefen Temperaturen. Dissertation Universität Breslau 1–35 (1912) Verlag: Grass, Barth, Breslau.
S2 16.08. Otto Stern, Zur kinetischen Theorie des osmotischen Druckes konzentrierter Lösungen und über die Gültigkeit des Henryschen Gesetzes für konzentrierte Lösungen von Kohlendioxyd in organischen Lösungsmitteln bei tiefen Temperaturen. Z. Physik. Chem., 81, 441–474 (1913).
S3 Otto Stern, Bemerkungen zu Herrn Dolezaleks Theorie der Gaslöslichkeit, Z. Physik. Chem., 81, 474–476 (1913)

1912 starb seine Schwester Lotte Stern (geb. 1897).
Nach Ostern ging Stern zu Einstein nach Prag.

Dies erfolgte durch Empfehlung Otto Sackurs und durch Fürsprache Fritz Habers bei Einstein. In der Literatur wird auch Arnold Eucken als Vermittler angegeben, Stern erwähnt im Züricher Interview [JOST1961] jedoch nicht Eucken als Vermittler.

Albert Einstein und Otto Stern, Einige Argumente für die Annahme einer Molekularen Agitation beim absoluten Nullpunkt. Ann. Physik, 40, 551–560 (1913) 345 eingegangen am 05.01.1913

Im August kehrte Einstein nach Zürich zurück. Otto Stern begleitete ihn. Ab Wintersemester 1912/13 wurde Stern wissenschaftlicher Mitarbeiter Einsteins (s. SzZE Schulratsarchiv 1912, Protokoll des Präsidenten, 29.10.1912, Nr. 469).

**1913**

Am 26.06. stellte Stern den Antrag auf Habilitation bei Eidgenössischem Schulrat (ETH-Bibliothek, Hochschularchiv, SR3 1913/Nr. 677)

Die Gutachter waren: Albert Einstein und Pierre Weiss beide Physik sowie Emil Baur Phys. Chemie, Antrag 07.07. (SzZE Schulratsarchiv 1913, Akten, Nr. 854).

02.08. Schulratssitzung und Ernennung Otto Sterns zum Privatdozenten für Physikalische Chemie an der ETH-Zürich (s. SzZE Schulratsarchiv 1913, Protokoll des Schweizerischen Schulrates, 02.08.1913, Nr. 110).

Zwei identische Publikationen der Habilitationsschrift:

S4 Otto Stern, Zur kinetischen Theorie des Dampfdrucks einatomiger fester Stoffe und über die Entropiekonstante einatomiger Gase, Physik. Z., 14, 629–632 (1913), eingegangen am 22.05.1913.

S4a Otto Stern, Zur kinetischen Theorie des Dampfdrucks einatomiger fester Stoffe und über die Entropiekonstante einatomiger Gase, Habilitationsschrift Zürich Mai 1913, 154–162, Druck von J. Leemann, Zürich I, oberer Mühlsteg 2.

S5 Albert Einstein und Otto Stern, Einige Argumente für die Annahme einer Molekularen Agitation beim absoluten Nullpunkt. Ann. Physik, 40, 551–560 (1913), eingegangen am 05.01.1913

Vom 02.08. bis Herbst 1914 war Stern Privatdozent an der ETH in Zürich, Physikalische Chemie.
Am 15.11. hielt Stern seine Antrittsvorlesung an der ETH Zürich (um 11 3/4 Uhr) im Chemiegebäude mit dem Titel: Die Bedeutung der Molekulartheorie für die chemische Gleichgewichtslehre.
Im Wintersemester 1913/14 und Sommer Semester 1914 musste er dort Vorlesungen halten.

**1914**

S6 Otto Stern, Zur Theorie der Gasdissoziation. Ann. Physik, 44, 497–524 (1914) 349 eingegangen 27.02.1914

Am 10.11. stellte Stern den Habilitationsantrag (siehe Dokument „*Habilitationsgesuch*“ [0032/10.11.1914], eigentlich Antrag auf eine Umhabilitation von Zürich nach Frankfurt) an der Naturwissenschaftlichen Fakultät der Königlichen Universität Frankfurt.

Die Gutachter waren von Max von Laue und Arthur Schoenflies.

Ab Herbst bis 01.10.1921 war Stern Privatdozent für theoretische Physik in Frankfurt. Sein Kriegsdienst begann am 18.12. und endete mit Kriegsende Nov. 1918.

**1915**

Am 20.01. erhielt Stern die Mitteilung der Naturwissenschaftlichen Fakultät Frankfurt, dass er jetzt als Privatdozent für theoretische Physik zugelassen wurde (offiziell ab 28.06. nach Einwilligung des königlichen Kommissars).
Am 21.04. stellte er schon einen Antrag auf Beurlaubung wegen Kriegsdienst. Er war bis ca. 01.07. am Flieger- und Luftschiffhafen Frankfurt stationiert.
Offiziell wurde Stern erst am 22.11. auf sein Gesuch hin als Privatdozent an der ETH Zürich vom schweizerischen Schulrat entlassen [ETHZ].

**1916**

Ab ca. Juli 1915 bis August 1916 war Stern als Wetterbeobachter in Lomsha/Polen tätig, in dieser Zeit überlebt Stern den Absturz seines Wetterflugzeuges (Aussage von Alan Templeton, Großneffe von Otto Stern).

Er verfasste dort aus „Langeweile“ [JOST1961] zwei Publikationen über Entropieprobleme.

S7 Otto Stern, Die Entropie fester Lösungen. Ann. Physik, 49, 823–841 (1916) 354, eingegangen am 10.02.1916.
S8 Otto Stern, Über eine Methode zur Berechnung der Entropie von Systemen elastisch gekoppelter Massenpunkte. Ann. Physik, 51, 237–260 (1916) 356, eingegangen am 02.08.1916.

**1917**

Seit ca. Herbst war Stern zur Kriegsforschung bei Walther Nernst an der Universität Berlin abkommandiert (Projekte z. B. Verflüssigung von Ölen) (nach Züricher Interview).

Während dieser Zeit wurde Stern auch in Belgien zum Aufbau von Physikal. Labors eingesetzt (laut Zürich Interview).

Stern hielt sich im Januar bei der Minenwerferabteilung in Markendorf bei Jüterborg und im März auf der Maschinenbeschaffungsstelle in Lüttich sowie im Juni auf der Maschinenbeschaffungsstelle in Antwerpen auf (diese Informationen entstammen Feldpostkarten [BAL], die Stern seiner Familie schrieb).

**1918/1919**

Ab erste Hälfte 1918 führte Otto Stern im Institut von Walther Nernst zusammen mit Max Volmer Grundlagenforschung durch (3 Publikationen mit Volmer)

S10 Otto Stern und Max Volmer, Über die Abklingungszeit der Fluoreszenz. Physik. Z., 20, 183–188 (1919), eingegangen Berlin 02.01.1919.

S11 Otto Stern und Max Volmer. Sind die Abweichungen der Atomgewichte von der Ganzzahligkeit durch Isotopie erklärbar. Ann. Physik, 59, 225–238 (1919) eingereicht 07.01.1919 aus dem Phys. Chem. Institut der Univ. Berlin, Durchführung Aug. bis Nov. 1919 (s. S11), eingegangen Berlin 07.01.1919.

S12 Otto Stern, Zusammenfassender Bericht über die Molekulartheorie des Dampfdrucks fester Stoffe und Berechnung chemischer Konstanten. Z. Elektrochem., 25, 66–80 (1919), eingegangen am 03.11.1919 von Berlin, Schlüterstr. 37.

S13 Otto Stern und Max Volmer. Bemerkungen zum photochemischen Äquivalentgesetz vom Standpunkt der Bohr-Einsteinschen Auffassung der Lichtabsorption. Zeitschrift für wissenschaftliche Photographie, Photophysik und Photochemie, 19, 275–287 (1920) Frankfurt und Berlin, eingegangen 12.11.1919.

Am 31.01. starb Sterns Vater Oskar Stern in Berlin/Charlottenburg.
Im Februar Rückkehr nach Frankfurt wegen Vorlesungsverpflichtung. (Beginn der Vorlesungen des Zwischensemesters am 03.02.)
Am 06.08. Ernennung zum Professor an der Universität Frankfurt durch den Minister für Wissenschaft, Kunst und Volksbildung in Berlin.

S9 Max Born und Otto Stern, Über die Oberflächenenergie der Kristalle und ihren Einfluss auf die Kristallgestalt. Sitzungsberichte, Preußische Akademie der Wissenschaften, 48, 901–913 (1919), ausgegeben am 04.12.1919.

S15 Otto Stern, Zur Molekulartheorie des Paramagnetismus fester Salze. Z. Physik, 1, 147–153 (1920), eingegangen 30.12.1919.

**1920**

1919 bis 1920 Messung der Maxwellschen Geschwindigkeitsverteilung von Atomstrahlen, die durch Verdampfung bei der Temperatur $T$ entstehen.
Im April Besuch und Teilnahme am sogenannten „Bonzenfreien" Kolloquium in Berlin-Dahlem.
19.–25.09. Teilnahme an der DPG-Tagung in Bad Nauheim.

> Otto Stern hielt einen Vortrag über seine Messungen der Maxwell'schen Geschwindigkeitsverteilung von Atomstrahlen, Teilnehmer der Tagung waren damals Arnold Sommerfeld, Max Born, W. Hallwachs, Gustav Mie, Alfred Landé, Pieter Debye, Walther Nernst, Wolfgang Pauli, Paul Ewald, Otto Hahn, Heinrich Rausch von Traubenberg, Friedrich Dessauer, Wilhelm Lenz, Gustav Hertz, Wilhelm Ostwald, H. Diels, W. Grotrian, Robert Wichard Pohl, Erich Hückel, Heinrich Rubens, James Franck, Carl Ramsauer, Philipp Lenard, Max Planck, Albert Einstein u. a.

S14 Otto Stern, Eine direkte Messung der thermischen Molekulargeschwindigkeit, Physik. Z., 21, 582–582 (1920), Vortrag auf der 86. Naturforscherversammlung und 1. DPG-Tagung Bad Nauheim vom 19.–25.09.1920.
S16 Otto Stern, Eine direkte Messung der thermischen Molekulargeschwindigkeit. Z. Physik, 2, 49–56 (1920), eingereicht 27.04.1920.
S17 Otto Stern, Nachtrag zu meiner Arbeit: „Eine direkte Messung der thermischen Molekulargeschwindigkeit", Z. Physik, 3, 417–421 (1920), eingereicht 22.10.1920.

Ab 1920 zusammen mit Walther Gerlach Aufbau und Durchführung des Stern-Gerlach-Experimentes (Gerlach kam am 01.10. als Assistent zu Richard Wachsmuth).

**1921**

S18 Otto Stern, Ein Weg zur experimentellen Prüfung der Richtungsquantelung im Magnetfeld. Z. Physik, 7, 249–253 (1921), eingegangen 26.08.1921.
S19 Walther Gerlach und Otto Stern, Der experimentelle Nachweis des magnetischen Moments des Silberatoms. Z. Physik, 8, 110–111 (1921), eingegangen am 18.11.1921

28.09. Mitteilung an Universität Frankfurt über Ruferteilung der Universität Rostock sowie Rufannahme am 03.11.1921.
01.10.1921 bis 31.12.1922 planmäßiger a. o. Professor für theoretische Physik an der Uni Rostock.
20.10. Stern wurde für das WS1921/22 durch das Mecklenburgsche Schweriner Ministerium für Unterricht zum kommissarischen Leiter des Physikalischen Instituts an der Uni Rostock ernannt.
Trotz Wechsel nach Rostock wurden die Experimente mit Gerlach bis April 1922 weitergeführt. Stern kam nur in den Ferien (Weihnachtsferien 1921 und Osterferien 1922) nach Frankfurt.
29.11. Vereidigung in Rostock
Am 04./05.11. erster erfolgreicher Versuch in Frankfurt durch Gerlach für Nachweis eines magnetischen Momentes von Silberatomen: Aufweitung im Magnetfeld. Ergebnis: Silberatom hat ein magnetisches Moment, Größe ca. 1 Bohr'sches Magneton.

**1922**

In der Nacht vom 07.02. auf 08.02. wurde erstmals in Frankfurt eine Dublettaufspaltung für Silberatome beobachtet. Dies ist das berühmte „Stern-Gerlach-Experiment" mit dem Nachweis des „Stern-Gerlach-Effektes". Dies war der erste experimentelle Beweis für die Quantisierung der atomaren Drehimpulse und für sogenannte Richtungsquantelung in Atomen überhaupt.

S20 Walther Gerlach und Otto Stern, Der experimentelle Nachweis der Richtungsquantelung im Magnetfeld. Z. Physik, 9, 349–352 (1922), eingegangen am 01.03.1922.

S21 Walther Gerlach und Otto Stern, Das magnetische Moment des Silberatoms. Z. Physik, 9, 353–355 (1922), eingegangen am 01.04.1922.

S22 Otto Stern, Über den experimentellen Nachweis der räumlichen Quantelung im elektrischen Feld. Physik. Z., 23, 476–481 (1922) vermutlich DPG Tagung, Arbeit ist in Rostock entstanden.

08.11. Rufannahme in Hamburg (dokumentiert durch Sterns Brief an Universität Rostock).
13.11. Bestätigung der Rufannahme nach Hamburg durch persönliche Erklärung bei der Hamburger Hochschulbehörde.
27.11. Ernennung zum ordentlichen Professor in Hamburg durch Senatsbeschluss.
27.12. Mitteilung der Entlassung in Rostock zum 01.01.1923.

**1923**
26.01. Vereidigung in Senatssitzung der Universität Hamburg.

S23 Immanuel Estermann und Otto Stern, Über die Sichtbarmachung dünner Silberschichten auf Glas. Z. Physik. Chem., 106, 399–402 (1923); die Versuche dazu wurden im Sommer 1922 in Rostock durchgeführt, eingegangen am 28.07.1923.

07. bis 08.07. Besuch der Gautagung in Göttingen.
16. bis 22.09. Teilnahme an der Tagung der Deutschen Physikalischen Gesellschaft in Bonn.

**1924**

S26 Walther Gerlach und Otto Stern, Über die Richtungsquantelung im Magnetfeld. Ann. Physik, 74, 673–699 (1924), eingegangen am 26.03.1924.

S25 Otto Stern, Zur Theorie der elektrolytischen Doppelschicht. Z. Elektrochemie, 30, 508–516 (1924), eingegangen am 21.08.1924.

21. bis 27.09. Teilnahme an der Tagung der Deutschen Naturforscher und Ärzte in Innsbruck.

**1925**

S24 Otto Stern, Über das Gleichgewicht zwischen Materie und Strahlung. Z. Elektrochem., 31, 448–449 (1925)

Anfang Oktober Teilnahme an der Tagung der Faraday-Society (Bereich Physikalische Chemie) in Oxford mit publiziertem Beitrag S27.

**1926**

S27 Otto Stern, Transformation of atoms into radiation. Transactions of the Faraday Society, 21, 477–478 (1926)

Diese Publikation ist fast identisch mit Sterns Publikation S24.
21. bis 26.06. Teilnahme an der Tagung in Zürich über die Probleme des Magnetismus.
19. bis 26.09. Teilnahme an der Tagung der Deutschen Physikalischen Gesellschaft zusammen mit der Tagung der Deutschen Naturforscher und Ärzte in Düsseldorf.

S28 Otto Stern, Zur Methode der Molekularstrahlen I. Z. Physik, 39, 751–763 (1926), eingegangen 08.09.1926.
S29 Friedrich Knauer und Otto Stern, Zur Methode der Molekularstrahlen II. Z. Physik, 39, 764–779 (1926), eingegangen 08.09.1926.
S30 Friedrich Knauer und Otto Stern, Der Nachweis kleiner magnetischer Momente von Molekülen. Z. Physik, 39, 780–786 (1926), eingegangen 08.09.1926.
S31 Otto Stern, Bemerkungen über die Auswertung der Aufspaltungsbilder bei der magnetischen Ablenkung von Molekularstrahlen. Z. Physik, 41, 563–568 (1927), eingegangen 22.12.1926.
S32 Otto Stern, Über die Umwandlung von Atomen in Strahlung. Z. Physik. Chem., 120, 60–62 (1926), eingegangen 01.10.1925.

**1927**
Juli „Gremiumstagung" in Hamburg.
11. bis 20.09. Teilnahme an der internationalen Tagung in Como zum 100. Todestag von Alessandro Volta. (Atti del Congresso Internationale dei Fisici, Como 11–20 Settembre 1927). Proceedings herausgeben von Nicola Zanichelli/Bologna mit Sterns Beitrag (in Deutsch): Versuche an Molekularstrahlen, S. 117–118.
Stern trug hier erstmals über seine Atomstrahlinterferenzexperimente vor.

> Dort gab es lebendige Diskussionen zwischen Niels Bohr und Werner Heisenberg über die neue Quantentheorie. In diesen Diskussionen ging es um grundsätzliche Fragen der philosophischen Interpretation der quantenmechanischen Messgrößen. Heisenberg hatte gerade sein berühmtes Paper über die „Unschärfe-Relation" veröffentlicht. Bohr trug hier seine neuen Deutungen (sogenannte Kopenhagener Interpretation) über Kausalität und Statistik in der Quantenwelt vor. Der Welle-Teilchen-Dualismus spielte eine große Rolle. Neben den beiden vorgenannten waren Max Born, Wolfgang Pauli, Enrico Fermi, Marconi, Hendrik Kramers und viele andere Pioniere der neuen Quantenphysik anwesend. Albert Einstein nahm an dieser Tagung nicht teil.
> Zusammen mit der etwas später 1927 stattfindenden Solvay-Konferenz in Brüssel ist diese Como-Konferenz in der Geschichte der Quantenmechanik berühmt geworden wegen ihrer Diskussion über die Interpretation der neuen Quantentheorie. Stern nahm an der Solvay-Konferenz nicht teil.

**1928**

16. bis 21.05. Teilnahme an der Hauptversammlung der Deutschen Bunsengesellschaft für physikalische Chemie in München.

S34 Georg von Hevesy und Otto Stern, Fritz Habers Arbeiten auf dem Gebiet der Physikalischen Chemie und Elektrochemie. Naturwissenschaften, 16, 1062–1068 (1928), vermutlich zum 60. Geburtstag von Fritz Haber am 09.12.1928.

S36 Friedrich Knauer und Otto Stern, Intensitätsmessungen an Molekularstrahlen von Gasen. Z. Physik, 53, 766–778 (1929), eingegangen am 24.12.1928.

21.06. Einladung zu einem dreimonatigen Gastaufenthalt an die Universität Berkeley/CA.

**1929**

S33 Friedrich Knauer und Otto Stern, Über die Reflexion von Molekularstrahlen. Z. Physik, 53, 779–791 (1929), eingegangen am 24.12.1928. Über diese Arbeit hat Stern in Como vorgetragen. Darin wurde die Reflexion der Atomstrahlen an Oberflächen nachgewiesen, aber noch keine Interferenzen beobachtet.

S35 Otto Stern, Erwiderung auf die Bemerkung von D. A. Jackson zu John B. Taylors Arbeit: „Das magnetische Moment des Lithiumatoms", Z. Physik, 54, 158 (1929), eingegangen am 11.02.1929.

S37 Otto Stern, Beugung von Molekularstrahlen. Naturwissenschaften, 17, 391–391 (1929) 20.04.1929 ab Hamburg, Erster Nachweis der Interferenzen.

11.01. Absage des Gastaufenthaltes in Berkeley an Hochschulbehördc.
12.04. Ruf auf ein Ordinariat für Physikalische Chemie an der Universität Frankfurt durch das Preußisches Ministerium für Wissenschaft, Kunst und Volksbildung zum 01.10.1929, Nachfolge Richard Lorenz.
22.04. Erneuerung der Einladung auf Gastaufenthalt in Berkeley.
14.05. Der Universitätssenat der Universität Hamburg unterstützte in seiner Sitzung Sterns Forderungen und ermächtigte Prof. Blaschke, der Hochschulbehörde nochmals eindringlich klarzumachen, welchen Wert die Hamburger Universität auf das Verbleiben von Stern in Hamburg legte.
12.07. Bleibeverhandlungen wurden mit einem sehr positiven Vertrag für Stern abgeschlossen.
15.07. Otto Stern teilte der Universität Frankfurt mit, dass er den Ruf nach Frankfurt nicht annehmen wollte.

S38 Friedrich Knauer und Otto Stern, Bemerkung zu der Arbeit von H. Mayer „Über die Gültigkeit des Kosinusgesetzes der Molekularstrahlen." Z. Physik, 60, 414–416 (1930), eingegangen 14.12.1929.

S40 Immanuel Estermann und Otto Stern, Beugung von Molekularstrahlen. Z. Physik, 61, 95–125 (1930), eingegangen 14.12.1929.

**1930**

Von Mitte Januar bis Mitte April Gastaufenthalt an der Universität Berkeley.
Verleihung der Ehrendoktorwürde (LL.D.) an Otto Stern durch die Universität Berkeley/CA.
Angebot Max von Laues an Stern auf eine Direktorenstelle im Kaiser-Wilhelm-Institut für Physik in Berlin. Stern lehnt aber ab, da er soeben erfolgreich in Hamburg Bleibeverhandlungen geführt hatte.

S39 Otto Stern, Beugungserscheinungen an Molekularstrahlen. Physik. Z., 31, 953–955 (1930).

Teilnahme an der Sechsten Solvay-Konferenz 20. bis 25.10. in Brüssel.

Teilnehmer: Edouard Herzen, Emile Henrion, Jules-Emile Verschaffelt, Charles Manneback, Aime Cotton, Jaques Errera, Otto Stern, Auguste Piccard, Walther Gerlach, Charles Galton Darwin, Paul Dirac, Edmond Henri Georges Bauer, Pjotr Leonidowitsch Kapitza, Leon Brillouin, Hendrik Anthony Kramers, Peter Debye, Wolfgang Pauli, Jakow Dorfman, John H. van Vleck,Enrico Fermi, Werner Heisenberg, Theophile de Donder, Pieter Zeeman, Pierre-Ernest Weiss, Arnold Sommerfeld, Marie Curie, Paul Langevin, Albert Einstein, Owen Willans Richardson, Blas Cabrera, Niels Bohr, Wander Johannes de Haas

**1931**

19. bis 22.05. Teilnahme an der Physikertagung in Zürich (Thema: Kernphysik).
14. und 15.02. Teilnahme an der Tagung der Deutschen Physikalischen Gesellschaft (Gauverein Niedersachsen) in Hannover.

S41 Thomas Erwin Phipps und Otto Stern, Über die Einstellung der Richtungsquantelung, Z. Physik, 73, 185–191 (1932), eingegangen 09.09.1931.
S42 Immanuel Estermann, Otto Robert Frisch und Otto Stern, Monochromasierung der de Broglie-Wellen von Molekularstrahlen. Z. Physik, 73, 348–365 (1932), eingegangen 22.09.1931. Auf den Tagungen in Hannover, Göttingen und Zürich wurde über Ergebnisse dieser Arbeit vorgetragen. Verhandl. der Deutschen Physik. Gesellschaft 12, 18 (1931).

12.07. Teilnahme an der DPG-Tagung in Göttingen.

Verhandl. der Deutschen Physik. Gesellschaft 12, 41 (1931)

20.–24.05. Teilnahme an der Tagung „Physikalische Vortragswoche" der Eidgenössischen Technischen Hochschule in Zürich Phys. Zs. 32, 670 (1931) Molekularstrahlprobleme.

S43 Immanuel Estermann, Otto Robert Frisch und Otto Stern, Versuche mit monochromatischen de Broglie-Wellen von Molekularstrahlen. Physik. Z., 32, 670–674 (1931) Auf der Tagung in Zürich wurde über Ergebnisse dieser Arbeit vorgetragen.

1931 Teilnahme an der Kernphysiktagung in Rom (Volta-Konferenz) Oktober: Pauli postuliert dort das Neutrino. Antiteilchenexistenz wurde theoretisch vorausgesagt.

Teilnehmer: Heisenberg, Bohr. Millikan, Debye, Compton, Pauli, Curie, Fermi, Marconi, u. a.

**1932**

S44 Otto Robert Frisch, Thomas Erwin Phipps, Emilio Segrè und Otto Stern, Process of space quantisation. Nature, 130, 892–893 (1932).

15.–17.07. Teilnahme an der Tagung des Gauvereins der DPG in Kiel.

S45 Otto Robert Frisch und Otto Stern, Die spiegelnde Reflexion von Molekularstrahlen. Naturwissenschaften, 20, 721 (1932), eingegangen am 07.08.1932.

**1933**
15. bis 26.04., Reiseantrag ohne Zielangabe.

S46 Otto Robert Frisch und Otto Stern, Anomalien bei der spiegelnden Reflexion und Beugung von Molekularstrahlen an Kristallspaltflächen I. Z. Physik, 84, 430–442 (1933), eingegangen am 28.04.1933.
S47 Otto Robert Frisch und Otto Stern, Über die magnetische Ablenkung von Wasserstoffmolekülen und das magnetische Moment des Protons I. Z. Physik, 85, 4–16 (1933), eingegangen 27.05.1933.

28.06. bis 01.07. Teilnahme und Vortrag beim Kongress über Fragen der Kältephysik und der Kernphysik an der Eidgenössischen Technischen Hochschule Zürich:

S48 Otto Stern, Vorträge über die Kernphysik und die kosmische Strahlung. Helv. Phys. Acta 6, 426 (1933).
S49 Otto Robert Frisch und Otto Stern, Über die magnetische Ablenkung von Wasserstoffmolekülen und das magnetische Moment des Protons. Leipziger Vorträge 5, 36–42 (1933), Verlag: S. Hirzel, Leipzig.
S50 Otto Robert Frisch und Otto Stern, Beugung von Materiestrahlen. Handbuch der Physik XXII. II. Teil. 313–354 (1933), Verlag: Julius Springer Berlin.
S51 Immanuel Estermann, Otto Robert Frisch und Otto Stern, Magnetic moment of the proton. Nature, 132, 169 (1933) Juli 1933.
S52 Immanuel Estermann und Otto Stern, Über die magnetische Ablenkung von Wasserstoffmolekülen und das magnetische Moment des Protons II. Z. Physik, 85, 17–24 (1933), eingegangen 12.07.1933.
S53 Immanuel Estermann und Otto Stern, Eine neue Methode zur Intensitätsmessung von Molekularstrahlen. Z. Physik, 85, 135–143 (1933), eingegangen am 20.07.1933.

S54 Immanuel Estermann und Otto Stern, Über die magnetische Ablenkung von isotopen Wasserstoffmolekülen und das magnetische Moment des „Deutons“[1]. Z. Physik, 86, 132–134 (1933), eingegangen am 19.08.1933.

Am 29.06. Entlassung der drei Assistenten von Otto Stern (Immanuel Estermann, Otto Robert Frisch und Robert Schnurmann) wegen ihrer Zugehörigkeit zum mosaischen Glauben.
Am 29.06. Telegramm Sterns aus Zürich an Landesschulbehörde Abteilung Hochschulwesen Universität Hamburg zu Händen von Herrn Professor Rein; Antrag auf Entlassung aus dem Staatsdienst zum 01.10.1933.
30.06.1933 nachfolgender Brief an die Landesschulbehörde Abteilung Hochschulwesen z. Hd. von Herrn Prof. Dr. Gustav Adolf Rein:

> *Hierdurch bestätige ich der Landesschulbehörde ergebenst meine telegraphisch ausgesprochene Bitte, mich zum 1. Oktober 1933 aus dem Staatsdienst zu entlassen.*

Sterns Antrag auf Entlassung hatte eine Vorgeschichte. Otto Stern wusste, dass er in Nazideutschland keine Zukunftsperspektive für seine Forschung hatte. Daher hatte er schon mit anderen Forschungsinstituten im Ausland (Carnegie Institute of Technology in Pittsburgh/USA sowie Lindemann/England, der Universität in Jerusalem und der Stanford University) Kontakte geknüpft.
Kontaktperson zum Carnegie Institute of Technology in Pittsburgh war dessen Präsident Thomas S. Baker.
Baker kam am 06.01.1933 mit dem Schiff in Hamburg an, hielt dort am 07.01. eine Rede, anschließend hielt er Reden in Berlin, Heidelberg, München etc. [s. Personalakte Sterns im Archiv des Carnegie Mellon Institutes in Pittsburgh, Bericht im Carnegie Magazin vom 01.11.1944] [ACMU].

Baker hat am 12.07. Stern nochmals in Hamburg getroffen [s. Brief von Stern vom 13.07.1933 an den Engländer Lindemann [0225]]. Am 20.06. stellte Stern bei Rein (Leiter der Abt. Hochschulwesen in der Landesunterichtsbehörde) einen Reiseantrag zum Besuch einer Tagung in Zürich (28.06. bis 01.07.). Dabei ahnte Rein offensichtlich schon, dass Stern seine Auswanderung vorbereitete. [s. handschriftliche Notiz von Rein vom 23.06.1933, Staatsarchiv Hamburg, Personalakte Stern].

Am 18.07. schickte Baker von Paris aus Stern an dessen Privatanschrift in Hamburg, Hofweg 9, das formale Angebot für eine Forschungsprofessor am Carnegie Institute of Technology.
Am 05.08. teilte Stern per Telegramm und am 08.08. per Brief Baker mit, dass er das Angebot annehme. Baker schrieb sofort am 05.08. zurück und bestätigte die Zusage.

[1] Der „Schwere Wasserstoff-Kern“ „Deuteron“ wurde anfänglich auch als „Deuton“ bezeichnet.

Das Angebot galt auch für Immanuel Estermann, der sich in einem Brief vom 07.08. bei Baker dafür bedankte.
Am 12.07. fand schon in Hamburg die Fakultätssitzung statt, in der die Nachfolge von Stern in Hamburg besprochen wurde [Staatsarchiv Hamburg, Personalakte Stern].
Am 18.09. informierte Stern die Landesunterichtsbehörde Hamburg, dass er vom 19.09. bis 30.09.1933 verreisen werde.
Wie aus der Personalakte Sterns im Archiv der Carnegie Mellon University in Pittsburgh zu ersehen ist, reiste Stern offensichtlich mit der Bahn (Schlafwagen) über Dänemark nach England.
Von dort (England) schrieb er am 23.09. in einem Brief an Baker, dass er nach Besuchen in Paris und Zürich am 29.09. mit der Minetonka der Red Star Line von Antwerpen nach New York fahren werde. Die Familie Estermann stieg am 30.09. in Southampton zu. Am 06. oder 07.10. ankerte das Schiff New York. Anfang Oktober 1933 erreichten Stern und Estermann Pittsburgh.
Anfang Oktober erhielt Stern $ 25.000 Forschungsmittel von der Buhl Foundation sowie eine Förderung vom Emergency Committee in Aid of Displaced German Scholars.
Am 06.07. wurde in Hamburg der Antrag Sterns auf Entlassung vom Präses der Landesunterrichtsbehörde Hochschulwesen zum 01.10. d. J. genehmigt.
Am 01.10. Entlassung Sterns aus dem Hochschuldienst Hamburgs.
Am 28.12. wurde Otto Stern von der American Physical Society zum Fellow ernannt.

**1934**

Anfang Juni bis 15.09. Reise Sterns nach Europa (nicht Deutschland), Er besuchte die Städte Zürich, Paris etc. [s. Briefe Sterns an Max Born vom 14.09.1934 und an Baade vom 02.05.1934 sowie Brief von Demuth „Notgemeinschaft Deutscher Wissenschaftler im Ausland" vom 03.08.1934 an Stern].

S55 Immanuel Estermann und Otto Stern, Magnetic moment of the deuton. Nature, 133, 911 (1934) vorgetragen und eingereicht Mai 1934.
S56 Otto Stern, Bemerkung zur Arbeit von Herrn Schüler: Über die Darstellung der Kernmomente der Atome durch Vektoren. Z. Physik, 89, 665 (1934), eingegangen 17.05.1934.

**1935**

19. bis 21.04. Teilnahme an der Konferenz in Washington über theoretische Physik.
Vom 07.11. bis zum 10.11. besuchte Max von Laue Stern in Pittsburgh und hielt dort mehrere Vorträge. Seine Gesprächspartner in Pittsburgh waren außerdem Estermann und Berl.

S57 Otto Stern, Remarks on the measurement of the magnetic moment of the proton. Science, 81, 465 (1935) Mai 1935

**1936**
Vom 13. bis 15.01. besuchte Wolfgang Pauli Stern in Pittsburgh und hielt Vorträge.
03.04. Ernennung zum Mitglied der Dänischen Wissenschaftsakademie (Det Kongelige Danske Videnskabernes Selskab) der „naturvidenskapelig-mathematiske Klasse“
Mai bis Juni Reise nach London und Kopenhagen.
7. bis 12.09. Teilnahme an der Harvard Tercentury Conference an der Harvard University, Vortrag Sterns: On the derivation of Nuclear Moments from measurements on Molecules (69 0075) (Vorträge von Einstein, Bohr, Heisenberg, Compton, Millikan, Eddington etc.)

**1937**
Am 23. und 24.02. besuchte Bohr Stern in Pittsburgh. Er hielt zwei Vorträge: Problems of Atomic Nuclei und Causality in Atomic Physics.
20.07. bis Ende September Stern besuchte Europa (Weyduyne/Belgien und Kopenhagen, keine Einreise nach Deutschland). Teilnahme an der September Konferenz von Bohr in Kopenhagen. Teilnehmer Heisenberg, Bohr, Pauli, Stern, Meitner u. a.

S58 Immanuel Estermann, Oliver C. Simpson und Otto Stern, Magnetic deflection of HD molecules (Minutes of the Chicago Meeting, November 27–28, 1936), Phys. Rev. 51, 64 (1937).
S59 Otto Stern, A new method for the measurement of the Bohr magneton. Phys. Rev., 51, 852–854 (1937) Mai 1937, eingegangen am 08.03.1937.
S60 Otto Stern, A molecular-ray method for the separation of isotopes (Minutes of the Washington Meeting, April 29, 30 and May 1, 1937), Phys. Rev. 51, 1028 (1937).
S61 J. Halpern, Immanuel Estermann, Oliver C. Simpson und Otto Stern, The scattering of slow neutrons by liquid ortho- and parahydrogen. Phys. Rev., 52, 142 (1937) Juli 1937.
S62 Immanuel Estermann, Oliver C. Simpson und Otto Stern, The magnetic moment of the proton. Phys. Rev., 52, 535–545 (1937) eingereicht am 09.07.1937.

**1938**
01.12. Entlassung aus der Gesellschaft der Wissenschaften zu Göttingen.
Dez. Bruder Kurt Stern (geb. 1892) in New York gestorben.

S63 Immanuel Estermann, Oliver C. Simpson und Otto Stern, The free fall of molecules (Minutes of the Washington, D. C. Meeting, April 28–30, 1938), Phys. Rev. 53, 947–948 (1938).

**1939**
Am 08.03. wird Otto Stern amerikanischer Staatsbürger.
Mitte Juli bis Ende August Europareise Sterns (s. Brief an Laue [105/08.07.1939] und Brief [107/25.07.1939]) (Stationen der Reise: Amsterdam, 16.07.; Oxford; 17.07. London; 20.07. Amsterdam; 21.07.–26.07. Kopenhagen mit Spritztour nach Danzig; 27.07. London).

**1942/43**
Am 31.08.1942 Abschiedsbrief von Paula Stern/Wiesbaden (Stiefmutter von Otto Stern). Am 04.02.1943 starb Sterns Stiefmutter Paula Stern in Theresienstadt.

Paula Stern lebte zusammen mit ihren Schwestern Clara Stern und Emmy Feldheim zwischen 1936 und ihrer Deportation 1942 in der Wallauer Straße 13 in Wiesbaden. Claras Vermögen wurde im Juli 1938 beschlagnahmt, 1942 erbat sie die Freigabe von monatlich 300 Reichsmark, da sie ihre inzwischen ebenfalls mittellos gewordene Schwester Paula, ihre Stieftochter Emmy und deren Tochter Ruth unterstützte. Die Schwestern wurden schließlich ebenfalls am 01.09.1942 nach Theresienstadt deportiert, Clara war 75, Paula 74 und Emmy 72 Jahre alt. Paula starb am 04.02., Emmy am 19.02. und Clara am 12.06.1943 im Lager.

1939 bis 1945 Mitarbeit von Otto Stern in der militärischen Forschung der USA.
Am 31.08.1943 Einladung zur Mitarbeit bei American Defense Harvard Group.

**1944**

S64 Immanuel Estermann, Oliver C. Simpson und Otto Stern, Deflection of a beam of Cs atoms by gravity (Meeting at Pittsburgh, Pennsylvania, April 28 and 29, 1944), Phys. Rev. 65, 346 (1944)

11.09. Entscheidung des Nobelkommittees: Nobelpreis der Physik 1943 wird an Otto Stern verliehen (einziger Preisträger).
11.11. Stern erhält Mitteilung über Nobelpreisverleihung.
08.12. Nobelpreisbanquett in Pittsburgh
10.12. Nobelpreisverleihung durch den schwedischen Minister Wollmar Boström im New Yorker Waldorf-Astoria Hotel (zusammen mit Rabi, Nobelpreis für Physik 1944).

**1945**
01.03. „Certification for effective service for the National Defence Research Committee“ durch „Office of Scientific Research and Development of the United States of America“
24.04. Aufnahme in die National Academy of Sciences of the United States of America
1945 starb Schwester Elise Stern (geb. 1899) in New York
06.08.1945 „Certification of participation on the production of the Atomic Bomb“ durch „War Department of the United States of America“
Emeritierung von Otto Stern zum Ende des akademischen Jahres 1944/45, (Beschluss des „Executive Committee of Trustees“ des Carnegie Institute of Technology am 04.04., Brief vom 09.04.1945)
Übersiedlung nach Berkeley/CA

**1946**

Am 19.04. wurde Otto Stern zum Mitglied der American Philosophical Society ernannt.

Am 29.11. fuhr Stern mit Schiff „Queen Elizabeth" von New York nach Southampton England. Am 12.12. hielt Stern seine offizielle Nobelpreisrede in Stockholm. Danach besuchte er Niels Bohr in Kopenhagen. Über Weihnachten wohnte er im Schlosshotel Garni in Zürich. Am 15., 17. und 20.01.1947 hielt er Vorträge in Basel (Basler Chemische Gesellschaft) sowie in Zürich und Genf. Am 24.01.1947 Flug von Zürich nach London und am 29.01.1947 von Southampton mit „Queen Elizabeth" zurück nach New York.

S65 Immanuel Estermann, Oliver C. Simpson und Otto Stern, The free fall of atoms and the measurement of the velocity distribution in a molecular beam of cesium atoms. Phys. Rev., 71, 238–249 (1947), eingegangen 29.11.1946.

S66 Otto Stern, Die Methode der Molekularstrahlen, *Chimia* 1, 91 (1947)

S67 Immanuel Estermann, Samuel N. Foner und Otto Stern, The mean free paths of cesium atoms in helium, nitrogen, and cesium vapor. Phys. Rev., 71, 250–257 (1947), eingegangen 29.11.1946.

**1947**

Am 17.09. fährt Stern mit dem Schiff von New York nach Southampton, Ankunft am 23.09. in England, am 25.09. über Harwich nach Esbjerg (Ankunft am 26.09.). Teilnahme an einer Konferenz in Kopenhagen mit Teilnehmern u. a. Kramers, Weisskopf, Pais, Rosenfeld, Peierls, Blackett, Placzeck, Wheeler, Klein u. a.

Am 02.10. Flug nach Zürich. Am 26.10. Einreise nach Frankreich. Am 17.11. Flug von Zürich nach England (Northholt) und am 19.11. von Southhampton mit Schiff nach New York, Ankunft in New York am 25.11.

**1948**

S68 Otto Stern, Nobelvortrag: The method of molecular rays. In: *Les Prix Nobel en 1946,* ed. by M. P. A. L. Hallstrom et al, 123–30. Stockholm, Imprimerie Royale. P. A. Norstedt & Soner. (1948)

S69 Immanuel Estermann, W. J. Leivo und Otto Stern, Change in density of potassium chloride crystals upon irradiation with X-rays. Phys. Rev., 75, 627–633 (1949), eingegangen am 20.04.1948.

Am 07.11. ab New York nach Europa, am 26.01.1949 Ausreise über Basel/Elsass und Rückreise nach USA.

**1949**

Europareise: am 05.09. Ankunft in Rotterdam, 11.09. Einreise Basel/Elsässer Bahnhof, 26.10. Ausreise Basel/Elsässer Bahnhof, 29.10. mit Schiff von Rotterdam nach USA.

S70 Otto Stern, On the term k lnn in the Entropy. Rev. of Mod. Phys., 21, 534–535 (1949) Juli 1949.

**1950/51**

Europareise: am 05.12.1950 Ankunft in LeHavre, am 07.12.1950 ist er bei Aachen in britische Zone eingereist und hat damit seit 1933 erstmals wieder deutschen Boden betreten. Am 07.12. reist er über Flensburg nach Kopenhagen, am 12.12. über Malmö nach Schweden und am 15.12. ist er wieder bei Malmö ausgereist. Am 17.12. ist er bei Flensburg nach Deutschland und am 08.12. über den Badischen Bahnhof/Basel in die Schweiz (vermutlich im Januar 1951 wieder nach Kopenhagen) gereist. Am 07.02.1951 wieder von Dänemark über Flensburg zurück nach Deutschland. Am 07.02. über Zevenaar nach Rotterdam. Mit Schiff am 10.02.1951 Rückkehr nach USA. Ankunft in New York 19.02.1951.

**1952/53**

Europareise: 30.09.1952 Ankunft in Rotterdam, über Belgien und Frankreich am 01.10. Einreise in die Schweiz über Basel/Elsässer Bahnhof, Weihnachten 1952 in St. Moritz, am 08.01. über Basel/Badischer Bahnhof und Venlo nach Rotterdam. Am 10.01. auf Schiff in Rotterdam, am 19.01.1953 Ankunft in New York.

**1954**

Europareise: Am 18.03. ab San Francisco. Am 22.03. an New York und am 29.03. mit „Empress of Scotland“ nach Liverpool. Am 05.04. Ankunft in Liverpool, am 06.04. über Harwich nach Esbjerg (07.04.), 08.04. Ankunft in Bromma/Stockholm, 11.04. Ankunft Kopenhagen/Kastrup, 12.04. Einreise nach Deutschland, 13.04. Einreise in die Schweiz, 11.07. Einreise nach Deutschland, 11.07. Ausreise nach Holland/Venlo, am 13.07. mit Schiff ab Rotterdam.

**1955**

Europareise: Am 19.09. Ankunft in Zürich/Flugplatz. Am 25.10. ab Zürich mit Flugzeug nach Stuttgart und weiter nach Berlin (dies ist der erste Besuch Sterns in Deutschland nach 1933, wo er nachweislich Freunde wieder in Deutschland besucht). In Berlin trifft er Max Volmer und dessen Frau sowie Max von Laue. Am 29.10. mit Flugzeug zurück nach Zürich (s. Brief an Lotte Volmer vom 06.10.1955), am 05.01.1956 ab Zürich Flughafen nach England/Bournemouth, am 07.01. ab Liverpool mit Schiff und Ankunft in Canada am 13.01.1956.

**1957**

Europareise: Ab Mitte März bis Mitte Juli in Europa, Ankunft in Bremerhaven und Besuch von Max Born in Bad Pyrmont, 24.03. Einreise in die Schweiz Basel/Badischer Bahnhof, 24.04. Besuch in München, um Lise Meitner zu treffen. Otto Stern lehnt es aber ab, in München Walther Gerlach zu treffen. Am 09.07. mit Schiff ab Rotterdam zurück in die USA (siehe Briefe Sterns an Meitner [0911], [0913] und [0914])

**1958**
Am 17.02. hat Otto Stern seinen 70. Geburtstag. Nach Aussage von Liselotte Templeton (private Mitteilung an HSB) besuchten an diesem Tage Wolfgang Pauli und Max von Laue Otto Stern in Berkeley.
13.10. Ankunft in Southampton, 15.10. Flug von London nach Zürich, 15.12. Pauli gestorben. Teilnahme an Gedenkfeier in Zürich, 30.01.1959 Rückkehr nach New York.

**1960**
Europareise: Am 02.05. Ankunft in Zürich, 03.07. Rückflug von London nach New York.
19.11. Verleihung der Ehrendoktorwürde für Naturwissenschaften durch die ETH Zürich (Stern aber wegen Krankheit nicht selbst anwesend).

**1961/62**
Europareise: Am 19.10.1961 Flug von San Franzisco nach New York. Am 24.10. per Schiff von New York nach Bremerhaven. Ankunft in Bremerhaven am 30.10. Am 31.10. Einreise in die Schweiz Basel/Badischer Bahnhof.
Im Dezember vier Tage Aufenthalt in Wien und im Januar eine Woche im Engadin. Am 09.03.1962 von Zürich nach London und am 12.03. weiter nach Baltimore per Flugzeug. Stern trifft in London Otto Robert Frisch und Lise Meitner.

S71 Otto Stern, On a proposal to base wave mechanics on Nernst's theorem. Helv. Phys. Acta, 35, 367–368 (1962), eingegangen am 20.02.1962

**1963**
Europareise: Am 19.03. Flug von San Francisco nach New York. Am 23.03. mit „S.S. United States" von New York nach Bremerhaven. Ankunft am 30.03. in Zürich, am 31.03. Besuch von Lise Meitner. Stern bleibt bis Ende Juni in Zürich. Am 21. bis 23.06. Treffen mit Jordan in Zürich. Am 26.06. Rückreise über London. Mit Schiff (Southampton) Rückkehr in die USA. Ankunft in New York am 02.07.
Am 10.12. starb Sterns Schwester Berta Kamm geb. Stern (geb. 1889) in Berkeley.

**1964**
Europareise: Ab Juni Aufenthalt in Zürich. Rückflug am 25.06. von London nach New York.

S72 Otto Stern, The method of molecular rays. Nobel lectures Dec. 12, 1946 / Physics 8–16 (1964), Verlag: World Scientific, Singapore identisch mit S68.

**1965/66**
Europareise: Vom 29.07.1965 bis ca. 20.02.1966 in Zürich, Otto Stern ist dauernd krank. Am ca. 21.02.1966 Flugreise zurück in die USA.

**1968**

Am 17.02. Sterns 80. Geburtstag. Glückwünsche kommen u. a. von Emilio Segrè und Hans Jensen sowie Bundespräsident Lübke.
Stern nimmt am Nobelpreisträgertreffen (01.07.–05.07.) in Lindau teil. Die Physik steht 1968 im Mittelpunkt des Treffens. Stern reiste aus Zürich an.

> 22 Nobelpreisträger und ca. 480 junge Wissenschaftler trafen sich in Lindau zum 18-ten Treffen der Nobellaureaten. Dieses Treffen war der Physik gewidmet. Anwesende Nobelpreisträger waren: Werner Heisenberg, Julian Schwinger, Paul Dirac, William Bragg, Aleksandr M. Prochorov, Gustav Hertz, George Paget Thomson, Rudolf Ludwig Mössbauer, Willis Eugene Lamb, Ilia Frank, Robert Sanderson Mulliken, Ernest Walton, Isidor Isaac Rabi, Robert Hofstadter, Walter Houser Brattain, Maria Goeppert-Mayer, Feodor Lynen, Otto Stern, Charles Hard Townes, Eugen Paul Wigner.

Am 27.10. starb Lise Meitner in Cambridge.

**1969**

Otto Stern starb am 17.08. in Berkeley während eines Kinobesuches.

# Chronologie und Herkunft der Briefe

## Briefchronologie

| Nr. | Datum | Bd. | Kap. | Seite | Absender | Empfänger | Fundst. |
|---|---|---|---|---|---|---|---|
| **0003** | 05.12.1911 | II | 3.1.1 | 2 | Stodola | O. Stern | BAL |
| **0006** | 30.10.1912 | II | 3.1.1 | 3 | Sackur | O. Stern | BAL |
| **0007** | 02.05.1913 | II | 3.1.1 | 5 | Sackur | O. Stern | BAL |
| **0011** | 20.07.1913 | II | 3.1.1 | 6 | Pohl | O. Stern | BAL |
| **0014** | 31.08.1913 | II | 3.1.1 | 7 | Pohl | O. Stern | BAL |
| **0016** | 08.11.1913 | II | 3.1.1 | 8 | Paneth | O. Stern | BAL |
| **0017** | 27.11.1913 | II | 3.1.1 | 10 | Paneth | O. Stern | BAL |
| **0018** | 00.00.1914 | II | 3.1.1 | 11 | Stodola | O. Stern | BAL |
| **0019** | 06.05.1914 | II | 3.1.1 | 11 | Eucken | O. Stern | BAL |
| **0020** | 04.06.1914 | II | 3.1.1 | 12 | Einstein | O. Stern | EIN |
| **0021** | 21.06.1914 | II | 3.1.1 | 13 | Bodenstein | O. Stern | BAL |
| **0022** | 23.06.1914 | II | 3.1.1 | 14 | Landé | O. Stern | BAL |
| **0023** | 24.06.1914 | II | 3.1.1 | 14 | Fokker | O. Stern | BAL |
| **0024** | 20.07.1914 | II | 3.1.1 | 14 | Stodola | O. Stern | BAL |
| **0025** | 22.07.1914 | II | 3.1.1 | 15 | Paneth | O. Stern | BAL |
| **0026** | 25.07.1914 | II | 3.1.1 | 17 | Paneth | O. Stern | BAL |
| **0027** | 25.07.1914 | II | 3.1.1 | 18 | Hevesy | O. Stern | BAL |
| **0028** | 28.07.1914 | II | 3.1.1 | 19 | Paneth | O. Stern | BAL |
| **0029** | 28.08.1914 | II | 3.1.1 | 20 | Paneth | O. Stern | BAL |
| **0031** | 22.10.1914 | II | 3.1.1 | 21 | Paneth | O. Stern | BAL |
| **0038** | 22.01.1915 | II | 3.1.1 | 21 | O. Stern | Meitner | CCC |
| **0041** | 13.04.1915 | II | 3.1.1 | 21 | Laue | O. Stern | BAL |
| **0045** | 01.05.1915 | II | 3.1.1 | 22 | Laue | O. Stern | BAL |
| **0047** | 21.06.1915 | II | 3.1.1 | 22 | Laue | O. Stern | BAL |
| **0049** | 12.07.1915 | II | 3.1.1 | 23 | Laue | O. Stern | BAL |
| **0050** | 24.09.1915 | II | 3.1.1 | 24 | Laue | O. Stern | BAL |
| **0052** | 15.10.1915 | II | 3.1.1 | 24 | Laue | O. Stern | BAL |

| Nr. | Datum | Bd. | Kap. | Seite | Absender | Empfänger | Fundst. |
|---|---|---|---|---|---|---|---|
| **0055** | 27.11.1915 | II | 3.1.1 | 25 | Laue | O. Stern | BAL |
| **0059** | 27.01.1916 | II | 3.1.1 | 25 | Laue | O. Stern | BAL |
| **0060** | 28.01.1916 | II | 3.1.1 | 31 | Born | O. Stern | BAL |
| **0061** | 15.02.1916 | II | 3.1.1 | 32 | Einstein | O. Stern | BAL |
| **0062** | 15.02.1916 | II | 3.1.1 | 33 | Einstein | O. Stern | BAL |
| **0063** | 07.03.1916 | II | 3.1.1 | 38 | Eggert | O. Stern | BAL |
| **0064** | 10.03.1916 | II | 3.1.1 | 34 | Einstein | O. Stern | BAL |
| **0065** | 11.03.1916 | II | 3.1.1 | 26 | Laue | O. Stern | BAL |
| **0066** | 13.03.1916 | II | 3.1.1 | 36 | O. Stern | Einstein | BAL |
| **0067** | 25.03.1916 | II | 3.1.1 | 39 | Nernst | O. Stern | BAL |
| **0068** | 27.03.1916 | II | 3.1.1 | 38 | Einstein | O. Stern | BAL |
| **0069** | 31.03.1916 | II | 3.1.1 | 27 | Laue | O. Stern | BAL |
| **0071** | 21.04.1916 | II | 3.1.1 | 28 | Laue | O. Stern | BAL |
| **0072** | 25.04.1916 | II | 3.1.1 | 40 | Herzfeld | O. Stern | BAL |
| **0073** | 27.04.1916 | II | 3.1.1 | 29 | Laue | O. Stern | BAL |
| **0074** | 22.05.1916 | II | 3.1.1 | 41 | Reiche | O. Stern | BAL |
| **0075** | 02.07.1916 | II | 3.1.1 | 44 | Fajans | O. Stern | BAL |
| **0076** | 05.10.1916 | II | 3.1.1 | 45 | Paneth | O. Stern | BAL |
| **0077** | 07.11.1916 | II | 3.1.1 | 29 | Laue | O. Stern | BAL |
| **0078** | 15.11.1916 | II | 3.1.1 | 45 | Herzfeld | O. Stern | BAL |
| **0079** | 03.01.1917 | II | 3.1.1 | 30 | Laue | O. Stern | BAL |
| **0084** | 30.11.1918 | II | 3.1.1 | 30 | Laue | O. Stern | BAL |
| **0085** | 23.12.1918 | II | 3.1.1 | 31 | Laue | O. Stern | BAL |
| **0086** | 01.03.1919 | II | 3.1.2 | 101 | O. Stern | Landé | SBB |
| **0088** | 01.06.1919 | II | 3.1.2 | 101 | Franck | O. Stern | BAL |
| **0096** | 28.04.1920 | II | 3.1.1 | 46 | Ehrenfest | O. Stern | BAL |
| **0098** | 11.05.1920 | II | 3.1.1 | 47 | Ehrenfest | O. Stern | BAL |
| **0104** | 30.07.1920 | II | 3.1.2 | 103 | Grotian | O. Stern | BAL |
| **0105** | 19.10.1920 | II | 3.1.1 | 48 | Planck | O. Stern | BAL |
| **0106** | 22.02.1921 | II | 3.1.2 | 108 | Born/O. Stern | Franck | SBB |
| **0107** | 20.10.1921 | II | 3.1.2 | 111 | Einstein | KWI | ABMPG |
| **0112** | 24.11.1921 | II | 3.1.2 | 113 | Pauli | O. Stern | BAL |
| **0114** | 00.00.1922 | II | 3.1.2 | 119 | Einstein | Born | EIN |
| **0115** | 00.02.1922 | II | 3.1.2 | 115 | Hilbert | O. Stern | BAL |
| **0117** | 17.02.1922 | II | 3.1.2 | 117 | Pauli | Gerlach | DMA |
| **0129** | 24.01.1923 | II | 3.1.2 | 124 | O. Stern | Landé | SBB |
| **0135** | 16.01.1924 | II | 3.1.2 | 125 | O. Stern | Gerlach | DMA |
| **0137** | 16.11.2024 | II | 3.1.2 | 125 | O. Stern | Gerlach | DMA |
| **0138** | 23.02.1925 | II | 3.1.2 | 126 | Gerlach | O. Stern | BAL |
| **0140** | 21.09.1925 | II | 3.1.1 | 48 | Baade | O. Stern | BAL |
| **0148** | 21.01.1928 | II | 3.1.2 | 128 | Einstein | O. Stern | BAL |
| **0149** | 21.01.1928 | II | 3.1.2 | 131 | Einstein | Ehrenfest | EIN |
| **0158** | 10.10.1928 | II | 3.1.1 | 50 | O. Stern | Polanyi | UCL |
| **0166** | 06.05.1929 | II | 3.1.1 | 51 | Pauli | O. Stern | BAL |

| Nr. | Datum | Bd. | Kap. | Seite | Absender | Empfänger | Fundst. |
|---|---|---|---|---|---|---|---|
| **0169** | 29.05.1929 | II | 3.1.1 | 52 | Pauli | O. Stern | BAL |
| **0190** | 00.00.1931 | II | 3.1.2 | 141 | Rabi | O. Stern | BAL |
| **0192** | 03.06.1931 | II | 3.1.2 | 142 | Rabi | O. Stern | BAL |
| **0196** | 12.09.1931 | II | 3.1.2 | 193 | Lawrence | O. Stern | BAL |
| **0197** | 19.09.1931 | II | 3.1.2 | 132 | Phipps | O. Stern | BAL |
| **0198** | 20.10.1931 | II | 3.1.2 | 146 | Goudsmit | O. Stern | BAL |
| **0200** | 02.11.1931 | II | 3.1.2 | 194 | O. Stern | Lawrence | BAL |
| **0201** | 02.11.1931 | II | 3.1.2 | 195 | O. Stern | Lawrence | BAL |
| **0202** | 15.12.1931 | II | 3.1.2 | 144 | L. C. Lewis | O. Stern | BAL |
| **0203** | 18.01.1932 | II | 3.1.2 | 196 | Lawrence | O. Stern | BAL |
| **0204** | 18.01.1932 | II | 3.1.2 | 143 | Rabi | O. Stern | BAL |
| **0206** | 15.05.1932 | II | 3.1.2 | 148 | Bethe | O. Stern | BAL |
| **0208** | 09.06.1932 | II | 3.1.2 | 133 | Phipps | O. Stern | BAL |
| **0209** | 13.12.1932 | II | 3.1.2 | 144 | Rabi | O. Stern | BAL |
| **0210** | 18.01.1933 | II | 3.2.4 | 409 | Nobelstiftung | O. Stern | BAL |
| **0211** | 04.02.1933 | II | 3.1.2 | 150 | Wilk | O. Stern | BAL |
| **0212** | 16.02.1933 | II | 3.1.2 | 152 | Haber | O. Stern | BAL |
| **0213** | 20.02.1933 | II | 3.1.2 | 152 | O. Stern | Haber | BAL |
| **0217** | 23.06.1933 | II | 3.1.2 | 151 | Bloch | O. Stern | BAL |
| **0222** | 06.07.1933 | II | 3.1.2 | 153 | G. N. Lewis | O. Stern | BAL |
| **0230** | 07.08.1933 | II | 3.1.2 | 153 | O. Stern | G. N. Lewis | BAL |
| **0251** | 14.10.1933 | II | 3.1.2 | 155 | G. N. Lewis | O. Stern | BAL |
| **0263** | 08.11.1933 | II | 3.1.2 | 196 | O. Stern | Lawrence | BAL |
| **0264** | 20.11.1933 | II | 3.1.2 | 197 | Lawrence | O. Stern | BAL |
| **0273** | 14.12.1933 | II | 3.1.2 | 155 | O. Stern | G. N. Lewis | BAL |
| **0275** | 19.12.1933 | II | 3.1.2 | 162 | Frisch | O. Stern | BAL |
| **0276** | 21.12.1933 | II | 3.1.2 | 173 | Slater | O. Stern | BAL |
| **0279** | 03.01.1934 | II | 3.1.1 | 57 | Urban | O. Stern | BAL |
| **0280** | 23.01.1934 | II | 3.1.1 | 57 | O. Stern | Urban | BAL |
| **0282** | 08.01.1934 | II | 3.1.2 | 156 | O. Stern | Taylor | BAL |
| **0283** | 08.01.1934 | II | 3.1.2 | 156 | O. Stern | Urey | BAL |
| **0285** | 09.01.1934 | II | 3.1.2 | 197 | O. Stern | Lawrence | BAL |
| **0287** | 10.01.1934 | II | 3.1.2 | 157 | Urey | O. Stern | BAL |
| **0289** | 11.01.1934 | II | 3.1.2 | 157 | Taylor | O. Stern | BAL |
| **0291** | 15.01.1934 | II | 3.1.2 | 164 | Landé | O. Stern | BAL |
| **0295** | 23.01.1934 | II | 3.1.1 | 58 | Urban | O. Stern | BAL |
| **0297** | 26.01.1934 | II | 3.1.2 | 160 | G. N. Lewis | O. Stern | BAL |
| **0299** | 03.02.1934 | II | 3.1.1 | 58 | Urban | O. Stern | BAL |
| **0300** | 05.02.1934 | II | 3.1.2 | 160 | O. Stern | G. N. Lewis | BAL |
| **0301** | 05.02.1934 | II | 3.1.2 | 168 | Farkas | O. Stern | BAL |
| **0302** | 06.02.1934 | II | 3.1.2 | 198 | Lawrence | O. Stern | BAL |
| **0304** | 13.02.1934 | II | 3.1.2 | 158 | O. Stern | Taylor | BAL |
| **0305** | 14.02.1934 | II | 3.1.2 | 158 | Taylor | O. Stern | BAL |
| **0307** | 20.02.1934 | II | 3.1.2 | 159 | O. Stern | Taylor | BAL |

| Nr. | Datum | Bd. | Kap. | Seite | Absender | Empfänger | Fundst. |
|---|---|---|---|---|---|---|---|
| **0308** | 20.02.1934 | II | 3.1.2 | 199 | O. Stern | Lawrence | BAL |
| **0314** | 05.03.1934 | II | 3.1.2 | 171 | Zabel | O. Stern | BAL |
| **0316** | 15.03.1934 | II | 3.1.2 | 199 | Lawrence | O. Stern | BAL |
| **0317** | 15.03.1934 | II | 3.1.2 | 169 | Ladenburg | O. Stern | BAL |
| **0320** | 23.03.1934 | II | 3.1.2 | 170 | Inglis | O. Stern | BAL |
| **0321** | 26.03.1934 | II | 3.1.2 | 161 | O. Stern | G. N. Lewis | BAL |
| **0322** | 26.03.1934 | II | 3.1.2 | 159 | O. Stern | Taylor | BAL |
| **0323** | 27.03.1934 | II | 3.1.2 | 171 | O. Stern | Zabel | BAL |
| **0324** | 27.03.1934 | II | 3.1.2 | 164 | O. Stern | Rabi | BAL |
| **0325** | 29.03.1934 | II | 3.1.2 | 166 | Rabi | O. Stern | BAL |
| **0326** | 30.03.1934 | II | 3.1.2 | 172 | Zabel | O. Stern | BAL |
| **0327** | 12.04.1934 | II | 3.1.2 | 172 | Zabel | O. Stern | BAL |
| **0330** | 23.04.1934 | II | 3.1.2 | 161 | O. Stern | G. N. Lewis | BAL |
| **0331** | 23.04.1934 | II | 3.1.2 | 166 | O. Stern | Rabi | BAL |
| **0332** | 24.04.1934 | II | 3.1.2 | 170 | O. Stern | Inglis | BAL |
| **0333** | 25.04.1934 | II | 3.1.2 | 183 | Koettnitz | O. Stern | BAL |
| **0337** | 01.05.1934 | II | 3.1.2 | 173 | Breit | O. Stern | BAL |
| **0345** | 15.05.1934 | II | 3.1.2 | 166 | O. Stern | Rabi | BAL |
| **0357** | 22.06.1934 | II | 3.1.2 | 184 | Kratzenstein | O. Stern | BAL |
| **0375** | 12.09.1934 | II | 3.1.2 | 185 | Simon | O. Stern | BAL |
| **0376** | 14.09.1934 | II | 3.1.2 | 185 | O. Stern | Born | SBB |
| **0381** | 24.09.1934 | II | 3.1.2 | 186 | Frisch | O. Stern | BAL |
| **0386** | 04.10.1934 | II | 3.1.2 | 166 | Rabi | O. Stern | BAL |
| **0390** | 12.10.1934 | II | 3.1.2 | 167 | O. Stern | Rabi | BAL |
| **0394** | 24.10.1934 | II | 3.1.2 | 187 | Darrow | O. Stern | BAL |
| **0395** | 27.10.1934 | II | 3.1.2 | 187 | O. Stern | Darrow | BAL |
| **0411** | 23.12.1934 | II | 3.1.2 | 167 | Rabi | O. Stern | BAL |
| **0412** | 00.00.1935 | II | 3.1.2 | 211 | Libby | O. Stern | BAL |
| **0414** | 03.01.1935 | II | 3.1.2 | 174 | Slater | O. Stern | BAL |
| **0415** | 08.01.1935 | II | 3.1.2 | 176 | O. Stern | Slater | BAL |
| **0417** | 09.01.1935 | II | 3.1.2 | 188 | Lark-Horovitz | O. Stern | BAL |
| **0420** | 19.01.1935 | II | 3.1.2 | 188 | Lark-Horovitz | O. Stern | BAL |
| **0424** | 30.01.1935 | II | 3.1.2 | 189 | Rabi | O. Stern | BAL |
| **0428** | 04.02.1935 | II | 3.1.2 | 190 | Boorse | O. Stern | BAL |
| **0429** | 06.02.1935 | II | 3.1.2 | 190 | Fraser | O. Stern | BAL |
| **0431** | 13.02.1935 | II | 3.1.2 | 189 | Rabi | O. Stern | BAL |
| **0433** | 18.02.1935 | II | 3.1.2 | 191 | Cockroft | O. Stern | BAL |
| **0438** | 05.03.1935 | II | 3.1.2 | 200 | Ladenburg | O. Stern | BAL |
| **0448** | 02.04.1935 | II | 3.1.2 | 192 | Cockroft | O. Stern | BAL |
| **0456** | 30.04.1935 | II | 3.1.2 | 192 | Rockefeller | O. Stern | BAL |
| **0458** | 14.05.1935 | II | 3.1.2 | 213 | Rabi | O. Stern | BAL |
| **0462** | 22.07.1935 | II | 3.1.2 | 193 | Fermi | O. Stern | BAL |
| **0463** | 22.09.1935 | II | 3.1.2 | 203 | Laslett | O. Stern | BAL |
| **0464** | 30.09.1935 | II | 3.1.2 | 203 | O. Stern | Laslett | BAL |
| **0465** | 01.10.1935 | II | 3.1.2 | 204 | Lawrence | O. Stern | BAL |

| Nr. | Datum | Bd. | Kap. | Seite | Absender | Empfänger | Fundst. |
|---|---|---|---|---|---|---|---|
| **0466** | 02.10.1935 | II | 3.1.2 | 205 | Laslett | O. Stern | BAL |
| **0467** | 08.10.1935 | II | 3.1.2 | 205 | Laslett | O. Stern | BAL |
| **0468** | 11.10.1935 | II | 3.1.2 | 200 | Ladenburg | O. Stern | BAL |
| **0469** | 16.10.1935 | II | 3.1.2 | 206 | Laslett | O. Stern | BAL |
| **0470** | 18.10.1935 | II | 3.1.2 | 207 | O. Stern | Lawrence | BAL |
| **0471** | 25.10.1935 | II | 3.1.2 | 208 | O. Stern | Laslett | BAL |
| **0472** | 29.10.1935 | II | 3.1.2 | 209 | Laslett | O. Stern | BAL |
| **0473** | 30.10.1935 | II | 3.1.2 | 201 | Ladenburg | O. Stern | BAL |
| **0475** | 04.11.1935 | II | 3.1.2 | 212 | O. Stern | Libby | BAL |
| **0478** | 23.11.1935 | II | 3.1.2 | 202 | Ladenburg | O. Stern | BAL |
| **0482** | 17.12.1935 | II | 3.1.2 | 212 | Sigma Pi | O. Stern | BAL |
| **0484** | 05.01.1936 | II | 3.1.2 | 202 | Ladenburg | O. Stern | BAL |
| **0494** | 10.03.1936 | II | 3.1.2 | 202 | O. Stern | Ladenburg | BAL |
| **0496** | 02.04.1936 | II | 3.1.2 | 213 | Rabi | O. Stern | BAL |
| **0499** | 08.04.1936 | II | 3.1.2 | 214 | O. Stern | Rabi | BAL |
| **0503** | 29.05.1936 | II | 3.1.2 | 214 | Estermann | O. Stern | BAL |
| **0504** | 16.06.1936 | II | 3.1.2 | 215 | Estermann | O. Stern | BAL |
| **0505** | 07.10.1936 | II | 3.1.2 | 215 | Fraser | O. Stern | BAL |
| **0510** | 04.12.1936 | II | 3.1.2 | 210 | O. Stern | Hildebrand | BAL |
| **0512** | 09.12.1936 | II | 3.1.2 | 176 | Slater | O. Stern | BAL |
| **0513** | 12.12.1936 | II | 3.1.2 | 177 | O. Stern | Slater | BAL |
| **0516** | 14.01.1937 | II | 3.1.2 | 216 | O. Stern | Laue | UAF |
| **0524** | 21.03.1937 | II | 3.1.2 | 216 | O. Stern | Laue | UAF |
| **0526** | 02.04.1937 | II | 3.1.2 | 177 | O. Stern | Slater | BAL |
| **0527** | 09.04.1937 | II | 3.1.2 | 178 | Slater | O. Stern | BAL |
| **0528** | 12.04.1937 | II | 3.1.2 | 179 | O. Stern | Slater | BAL |
| **0529** | 15.04.1937 | II | 3.1.2 | 180 | Slater | O. Stern | BAL |
| **0530** | 17.04.1937 | II | 3.1.2 | 180 | O. Stern | Slater | BAL |
| **0531** | 19.04.1937 | II | 3.1.2 | 181 | O. Stern | Slater | BAL |
| **0532** | 20.04.1937 | II | 3.1.2 | 181 | Slater | O. Stern | BAL |
| **0536** | 31.05.1937 | II | 3.1.2 | 217 | O. Stern | Laue | UAF |
| **0537** | 16.06.1937 | II | 3.1.2 | 219 | Hulsvitt | O. Stern | BAL |
| **0538** | 28.06.1937 | II | 3.1.2 | 224 | Hulsvitt | O. Stern | BAL |
| **0541** | 06.10.1937 | II | 3.1.1 | 55 | Einstein | O. Stern | EIN |
| **0542** | 15.10.1937 | II | 3.1.2 | 217 | Dunning | O. Stern | BAL |
| **0543** | 20.10.1937 | II | 3.1.2 | 218 | O. Stern | Dunning | BAL |
| **0549** | 04.05.1938 | II | 3.1.2 | 182 | O. Stern | Slater | BAL |
| **0550** | 19.05.1938 | II | 3.1.2 | 225 | Stein | O. Stern | BAL |
| **0551** | 28.09.1938 | II | 3.1.2 | 210 | G. N. Lewis | O. Stern | BAL |
| **0577** | 08.11.1944 | II | 3.2.3 | 351 | Margarete Berl | O. Stern | BAL |
| **0578** | 09.11.1944 | II | 3.2.2 | 346 | Nobelstiftung | O. Stern | BAL |
| **0579** | 09.11.1944 | II | 3.2.3 | 349 | Alumnus |  | ACMU |
| **0580** | 10.11.1944 | II | 3.2.3 | 352 | Panowski | O. Stern | BAL |
| **0581** | 10.11.1944 | II | 3.2.3 | 352 | L. + A. Stern | O. Stern | BAL |
| **0582** | 10.11.1944 | II | 3.2.3 | 353 | Gundelfinger | O. Stern | BAL |

| Nr. | Datum | Bd. | Kap. | Seite | Absender | Empfänger | Fundst. |
|---|---|---|---|---|---|---|---|
| **0583** | 10.11.1944 | II | 3.2.3 | 370 | Weyl | O. Stern | BAL |
| **0584** | 10.11.1944 | II | 3.2.3 | 370 | Weigle | O. Stern | BAL |
| **0585** | 10.11.1944 | II | 3.2.3 | 367 | Rabi | O. Stern | BAL |
| **0586** | 10.11.1944 | II | 3.2.3 | 353 | R.+K. Stern | O. Stern | BAL |
| **0587** | 10.11.1944 | II | 3.2.3 | 354 | Pauli | O. Stern | BAL |
| **0588** | 10.11.1944 | II | 3.2.3 | 367 | Dushman | O. Stern | BAL |
| **0589** | 10.11.1944 | II | 3.2.3 | 394 | Fairley | O. Stern | BAL |
| **0590** | 10.11.1944 | II | 3.2.3 | 354 | Fraenkel | O. Stern | BAL |
| **0591** | 18.11.1944 | II | 3.2.3 | 395 | Forbes Natl. Bk | O. Stern | BAL |
| **0592** | 10.11.1944 | II | 3.2.3 | 395 | Buhl Found. | O. Stern | BAL |
| **0593** | 10.11.1944 | II | 3.2.3 | 355 | Watkin | O. Stern | BAL |
| **0594** | 10.11.1944 | II | 3.2.3 | 356 | Levin | O. Stern | BAL |
| **0595** | 10.11.1944 | II | 3.2.3 | 368 | Davisson | O. Stern | BAL |
| **0596** | 10.11.1944 | II | 3.2.3 | 369 | Brillouin | O. Stern | BAL |
| **0597** | 10.11.1944 | II | 3.2.3 | 369 | Veblen | O. Stern | BAL |
| **0598** | 10.11.1944 | II | 3.2.3 | 369 | von Hippel | O. Stern | BAL |
| **0599** | 10.11.1944 | II | 3.2.3 | 370 | Hutchinson | O. Stern | BAL |
| **0600** | 10.11.1944 | II | 3.2.3 | 396 | Frew | O. Stern | BAL |
| **0601** | 10.11.1944 | II | 3.2.3 | 396 | Birnbaum | O. Stern | BAL |
| **0602** | 10.11.1944 | II | 3.2.3 | 396 | Dines | O. Stern | BAL |
| **0603** | 10.11.1944 | II | 3.2.3 | 371 | Ramsey | O. Stern | BAL |
| **0604** | 11.11.1944 | II | 3.2.3 | 351 | E. Berl | O. Stern | BAL |
| **0605** | 10.11.1944 | II | 3.2.3 | 397 | Goldman | O. Stern | BAL |
| **0606** | 11.11.1944 | II | 3.2.3 | 397 | Allan | O. Stern | BAL |
| **0607** | 11.11.1944 | II | 3.2.3 | 371 | Birge | O. Stern | BAL |
| **0608** | 11.11.1944 | II | 3.2.3 | 372 | Hildebrand | O. Stern | BAL |
| **0609** | 11.11.1944 | II | 3.2.3 | 372 | Hess | O. Stern | BAL |
| **0610** | 11.11.1944 | II | 3.2.3 | 373 | Born | O. Stern | BAL |
| **0611** | 11.11.1944 | II | 3.2.3 | 374 | Darrow | O. Stern | BAL |
| **0612** | 11.11.1944 | II | 3.2.3 | 356 | Snyder | O. Stern | BAL |
| **0613** | 11.11.1944 | II | 3.2.3 | 397 | Doherty | O. Stern | BAL |
| **0614** | 11.11.1944 | II | 3.2.3 | 374 | Ladenburg | O. Stern | BAL |
| **0615** | 11.11.1944 | II | 3.2.3 | 375 | Segrè | O. Stern | BAL |
| **0616** | 11.11.1944 | II | 3.2.3 | 357 | Hellinger | O. Stern | BAL |
| **0617** | 11.11.1944 | II | 3.2.3 | 358 | Schnurmann | O. Stern | BAL |
| **0618** | 12.11.1944 | II | 3.2.3 | 375 | Fermi | O. Stern | BAL |
| **0619** | 12.11.1944 | II | 3.2.3 | 375 | Halpern | O. Stern | BAL |
| **0620** | 12.11.1944 | II | 3.2.3 | 358 | Kohn Richards | O. Stern | BAL |
| **0621** | 13.11.1944 | II | 3.2.3 | 376 | Beams | O. Stern | BAL |
| **0622** | 13.11.1944 | II | 3.2.3 | 376 | Condon | O. Stern | BAL |
| **0623** | 13.11.1944 | II | 3.2.3 | 377 | Wigner | O. Stern | BAL |
| **0624** | 13.11.1944 | II | 3.2.3 | 377 | Pauling | O. Stern | BAL |
| **0625** | 13.11.1944 | II | 3.2.3 | 378 | Goldhaber | O. Stern | BAL |
| **0626** | 13.11.1944 | II | 3.2.3 | 378 | Lawrence | O. Stern | BAL |
| **0627** | 13.11.1944 | II | 3.2.3 | 379 | Mark | O. Stern | BAL |

| Nr. | Datum | Bd. | Kap. | Seite | Absender | Empfänger | Fundst. |
|---|---|---|---|---|---|---|---|
| **0628** | 13.11.1944 | II | 3.2.3 | 398 | Friedberg | O. Stern | BAL |
| **0629** | 14.11.1944 | II | 3.2.3 | 380 | Paneth | O. Stern | BAL |
| **0630** | 14.11.1944 | II | 3.2.3 | 380 | Courant | O. Stern | BAL |
| **0631** | 14.11.1944 | II | 3.2.2 | 347 | Nobelstiftung | O. Stern | BAL |
| **0632** | 14.11.1944 | II | 3.2.3 | 381 | Bloch | O. Stern | BAL |
| **0633** | 14.11.1944 | II | 3.2.3 | 359 | Blumenthal | O. Stern | BAL |
| **0634** | 15.11.1944 | II | 3.2.3 | 360 | M. Haber | O. Stern | BAL |
| **0635** | 15.11.1944 | II | 3.2.3 | 360 | Lachmann | O. Stern | BAL |
| **0636** | 15.11.1944 | II | 3.2.3 | 382 | S. Anderson | O. Stern | BAL |
| **0637** | 16.11.1944 | II | 3.2.3 | 361 | Boss | O. Stern | BAL |
| **0638** | 17.11.1944 | II | 3.2.3 | 383 | G. N. Lewis | O. Stern | BAL |
| **0639** | 18.11.1944 | II | 3.2.3 | 384 | A. H. Compton | O. Stern | BAL |
| **0640** | 18.11.1944 | II | 3.2.4 | 402 | Amer. Nobel | O. Stern | BAL |
| **0641** | 19.11.1944 | II | 3.2.3 | 384 | Oldenberg | O. Stern | BAL |
| **0642** | 20.11.1944 | II | 3.2.3 | 385 | Fajans | O. Stern | BAL |
| **0643** | 21.11.1944 | II | 3.2.3 | 372 | O. Stern | Birge | BAL |
| **0644** | 21.11.1944 | II | 3.2.3 | 385 | Darrow | O. Stern | BAL |
| **0645** | 22.11.1944 | II | 3.2.3 | 386 | Beck | O. Stern | BAL |
| **0646** | 22.11.1944 | II | 3.2.3 | 361 | Hanna Meissner | O. Stern | BAL |
| **0647** | 22.11.1944 | II | 3.2.3 | 362 | K.W. Meissner | O. Stern | BAL |
| **0648** | 23.11.1944 | II | 3.2.3 | 362 | Flint/Friedländer | O. Stern | BAL |
| **0649** | 24.11.1944 | II | 3.2.3 | 386 | Bergman | O. Stern | BAL |
| **0650** | 24.11.1944 | II | 3.2.3 | 386 | DuBridge | O. Stern | BAL |
| **0651** | 25.11.1944 | II | 3.2.3 | 387 | War Office | O. Stern | BAL |
| **0652** | 29.11.1944 | II | 3.2.3 | 363 | Kruniski | O. Stern | BAL |
| **0653** | 30.11.1944 | II | 3.2.3 | 364 | L. C. Lewis | O. Stern | BAL |
| **0654** | 03.12.1944 | II | 3.2.3 | 388 | Farkas | O. Stern | BAL |
| **0655** | 06.12.1944 | II | 3.2.3 | 400 | Präs. Roosevelt | O. Stern | BAL |
| **0656** | 08.12.1944 | II | 3.2.3 | 350 | O. Stern | Banquetrede | ACMU |
| **0657** | 11.12.1944 | II | 3.2.3 | 368 | Davisson | O. Stern | BAL |
| **0658** | 11.12.1944 | II | 3.2.3 | 389 | Brent | O. Stern | BAL |
| **0660** | 13.12.1944 | II | 3.2.3 | 389 | Reiche | O. Stern | BAL |
| **0661** | 14.12.1944 | II | 3.1.2 | 226 | Pauli | O. Stern | BAL |
| **0662** | 14.12.1944 | II | 3.2.3 | 398 | Gall | O. Stern | BAL |
| **0663** | 15.12.1944 | II | 3.2.2 | 348 | O. Stern | Nobelstiftung | BAL |
| **0664** | 15.12.1944 | II | 3.2.4 | 403 | Americ. Nobel | O. Stern | BAL |
| **0665** | 18.12.1944 | II | 3.2.4 | 404 | O. Stern | Americ. Nobel. | BAL |
| **0665a** | 18.12.1944 | II | 3.2.3 | 400 | O. Stern | Americ. Soc. | BAL |
| **0666** | 18.12.1944 | II | 3.2.3 | 364 | H. Stern | O. Stern | BAL |
| **0668** | 19.12.1944 | II | 3.2.3 | 390 | Barnett | O. Stern | BAL |
| **0669** | 19.12.1944 | II | 3.2.3 | 391 | Carl Anderson | O. Stern | BAL |
| **0670** | 21.12.1944 | II | 3.2.3 | 365 | Brill | O. Stern | BAL |
| **0671** | 25.12.1944 | II | 3.2.3 | 365 | Paul+Mar. Stern | O. Stern | BAL |
| **0673** | 28.12.1944 | II | 3.2.3 | 383 | G. N. Lewis | O. Stern | BAL |
| **0674** | 28.12.1944 | II | 3.2.3 | 379 | O. Stern | Lawrence | BAL |

| Nr. | Datum | Bd. | Kap. | Seite | Absender | Empfänger | Fundst. |
|---|---|---|---|---|---|---|---|
| **0675** | 28.12.1944 | II | 3.2.3 | 387 | O. Stern | DuBridge | BAL |
| **0676** | 01.01.1945 | II | 3.2.3 | 393 | Wentzel | O. Stern | BAL |
| **0677** | 02.01.1945 | II | 3.2.3 | 393 | van Vleck | O. Stern | BAL |
| **0678** | 03.01.1945 | II | 3.2.3 | 366 | Hahn | O. Stern | BAL |
| **0679** | 14.01.1945 | II | 3.2.3 | 391 | Meitner | O. Stern | BAL |
| **0683** | 28.01.1945 | II | 3.2.3 | 366 | Friedländer | O. Stern | BAL |
| **0685** | 18.02.1945 | II | 3.2.3 | 355 | L. Fraenkel | O. Stern | BAL |
| **0687** | 29.02.1945 | II | 3.2.3 | 399 | Corny | O. Stern | BAL |
| **0689** | 07.03.1945 | II | 3.2.4 | 404 | O. Stern | Americ. Nobel. | BAL |
| **0691** | 16.03.1945 | II | 3.2.4 | 404 | O. Stern | Nobelstiftung | BAL |
| **0694** | 10.04.1945 | II | 3.2.4 | 405 | Nobelstiftung | O. Stern | BAL |
| **0695** | 12.04.1945 | II | 3.1.2 | 227 | Oldenberg | O. Stern | BAL |
| **0703** | 12.05.1945 | II | 3.2.3 | 392 | O. Stern | Meitner | CCC |
| **0709** | 26.07.1945 | II | 3.2.4 | 405 | Amer. Nobel | O. Stern | BAL |
| **0713** | 08.08.1945 | II | 3.1.2 | 227 | Estermann | O. Stern | BAL |
| **0720** | 17.09.1945 | II | 3.1.2 | 228 | Bacon | O. Stern | BAL |
| **0721** | 22.09.1945 | II | 3.1.2 | 229 | Foner | O. Stern | BAL |
| **0722** | 01.10.1945 | II | 3.2.4 | 406 | Nobelstiftung | O. Stern | BAL |
| **0723** | 27.10.1945 | II | 3.2.4 | 407 | O. Stern | Nobelstiftung | BAL |
| **0730** | 06.10.1946 | II | 3.2.4 | 407 | O. Stern | Nobelstiftung | BAL |
| **0731** | 08.10.1946 | II | 3.2.4 | 408 | O. Stern | N. Bohr | BAL |
| **0734** | 12.10.1946 | II | 3.2.4 | 408 | Nobelstiftung | O. Stern | BAL |
| **0735** | 27.10.1946 | II | 3.2.4 | 408 | O. Stern | Nobelstiftung | BAL |
| **0755** | 08.01.1947 | II | 3.1.2 | 231 | A. Bohr | O. Stern | BAL |
| **0757** | 21.01.1947 | II | 3.1.2 | 232 | O. Stern | A. Bohr | NBA |
| **0766** | 16.05.1947 | II | 3.1.2 | 233 | N. Bohr | O. Stern | BAL |
| **0766a** | 20.05.1947 | II | 3.1.2 | 235 | N. Bohr | O. Stern | BAL |
| **0767** | 25.05.1947 | II | 3.1.1 | 58 | Pauli | O. Stern | BAL |
| **0770** | 27.06.1947 | II | 3.1.1 | 59 | Pauli | O. Stern | BAL |
| **0772** | 09.08.1947 | II | 3.1.1 | 60 | O. Stern | N. Bohr | NBA |
| **0777** | 00.09.1947 | II | 3.1.1 | 61 | A. Bohr | O. Stern | BAL |
| **0779** | 04.09.1947 | II | 3.1.2 | 235 | Estermann | O. Stern | BAL |
| **0786** | 31.10.1947 | II | 3.1.1 | 63 | O. Stern | N. Bohr | NBA |
| **0788** | 07.11.1947 | II | 3.1.1 | 64 | O. Stern | Hellmann | BAL |
| **0789** | 12.11.1947 | II | 3.1.1 | 64 | Hellman | O. Stern | BAL |
| **0790** | 13.11.1947 | II | 3.1.1 | 64 | N. Bohr | O. Stern | BAL |
| **0791** | 19.11.1947 | II | 3.1.1 | 65 | N. Bohr | O. Stern | BAL |
| **0791a** | 19.11.1947 | II | 3.1.1 | 66 | N. Bohr | O. Stern | BAL |
| **0797** | 30.12.1947 | II | 3.1.2 | 236 | Knauer | O. Stern | BAL |
| **0800** | 17.02.1948 | II | 3.1.2 | 238 | MIT Rabi | O. Stern | BAL |
| **0811** | 22.09.1948 | II | 3.1.2 | 239 | Estermann | O. Stern | BAL |
| **0817** | 02.12.1948 | II | 3.1.2 | 239 | O. Stern | Estermann | BAL |
| **0818** | 09.12.1948 | II | 3.1.2 | 242 | Pais | O. Stern | BAL |
| **0819** | 11.12.1948 | II | 3.1.2 | 240 | Estermann | O. Stern | BAL |
| **0820** | 22.12.1948 | II | 3.1.2 | 240 | Estermann | O. Stern | BAL |

| Nr. | Datum | Bd. | Kap. | Seite | Absender | Empfänger | Fundst. |
|---|---|---|---|---|---|---|---|
| **0821** | 28.12.1948 | II | 3.1.2 | 241 | O. Stern | Estermann | BAL |
| **0822** | 07.01.1949 | II | 3.1.2 | 241 | Estermann | O. Stern | BAL |
| **0823a** | 29.03.1949 | II | 3.1.2 | 243 | Pais | O. Stern | BAL |
| **0827** | 11.10.1949 | II | 3.1.1 | 68 | Pauli | O. Stern | BAL |
| **0828** | 23.02.1950 | II | 3.1.1 | 70 | O. Stern | Pauli | BAL |
| **0830** | 20.12.1950 | II | 3.1.1 | 71 | O. Stern | A. Bohr | NBA |
| **0831** | 17.01.1951 | II | 3.1.1 | 72 | A. Bohr | O. Stern | NBA |
| **0836** | 15.10.1952 | II | 3.1.1 | 72 | Pauli | O. Stern | BAL |
| **0837** | 17.10.1952 | II | 3.1.1 | 74 | Pauli | O. Stern | BAL |
| **0839** | 18.11.1952 | II | 3.1.1 | 75 | Fierz | O. Stern | BAL |
| **0886** | 09.02.1956 | II | 3.1.1 | 75 | Simon | O. Stern | BAL |
| **0891** | 17.06.1956 | II | 3.1.1 | 77 | Pauli | O. Stern | BAL |
| **0892** | 18.06.1956 | II | 3.1.1 | 78 | Pauli | O. Stern | BAL |
| **0894** | 22.06.1956 | II | 3.1.1 | 79 | O. Stern | Pauli | BAL |
| **0895** | 01.07.1956 | II | 3.1.1 | 80 | Pauli | O. Stern | BAL |
| **0896** | 05.07.1956 | II | 3.1.2 | 243 | Ramsey | O. Stern | BAL |
| **0898** | 12.07.1956 | II | 3.1.1 | 83 | O. Stern | Pauli | BAL |
| **0899** | 15.07.1956 | II | 3.1.1 | 84 | Pauli | O. Stern | BAL |
| **0900** | 17.07.1956 | II | 3.1.1 | 86 | Pauli | O. Stern | BAL |
| **0902** | 20.08.1956 | II | 3.1.1 | 88 | Pauli | O. Stern | BAL |
| **0903** | 10.09.1956 | II | 3.1.1 | 91 | Pauli | O. Stern | BAL |
| **0904** | 06.10.1956 | II | 3.1.2 | 244 | Brookh. Tagg | O. Stern | BAL |
| **0905** | 02.12.1956 | II | 3.1.3 | 247 | Estermann | O. Stern | BAL |
| **0906** | 05.12.1956 | II | 3.1.3 | 247 | O. Stern | Estermann | BAL |
| **0915** | 10.05.1957 | II | 3.1.1 | 91 | Pauli | O. Stern | BAL |
| **0921** | 00.06.1959 | II | 3.1.2 | 245 | Heidelbg Konf. | O. Stern | BAL |
| **0923** | 21.01.1960 | II | 3.1.1 | 93 | O. Stern | Enz | BAL |
| **0935** | 21.01.1961 | II | 3.1.1 | 92 | Franca Pauli | O. Stern | BAL |
| **0939** | 30.05.1961 | II | 3.1.1 | 94 | Pais | O. Stern | BAL |
| **0940** | 20.06.1961 | II | 3.1.1 | 95 | O. Stern | Pais | BAL |
| **0942** | 27.06.1961 | II | 3.1.1 | 95 | Pais | O. Stern | BAL |
| **0943** | 10.08.1961 | II | 3.1.1 | 95 | Pais | O. Stern | BAL |
| **0946** | 05.10.1961 | II | 3.1.1 | 96 | O. Stern | Pais | BAL |
| **0950** | 01.11.1961 | II | 3.1.1 | 96 | Pais | O. Stern | BAL |
| **0959** | 26.03.1962 | II | 3.1.3 | 248 | AIP History | O. Stern | BAL |
| **0960** | 27.03.1962 | II | 3.1.3 | 250 | N. Bohr | Kuhn | BAL |
| **0961** | 31.03.1962 | II | 3.2.4 | 411 | Kennedy | O. Stern | BAL |
| **0962** | 05.04.1962 | II | 3.2.4 | 411 | O. Stern | Kennedy | BAL |
| **0963** | 16.05.1962 | II | 3.1.3 | 249 | Kuhn | O. Stern | BAL |
| **0964** | 30.07.1962 | II | 3.1.3 | 251 | Kuhn | O. Stern | BAL |
| **0965** | 01.08.1962 | II | 3.1.3 | 252 | O. Stern | Kuhn | BAL |
| **0966** | 02.08.1962 | II | 3.1.3 | 252 | Kuhn | O. Stern | BAL |
| **0967** | 21.09.1962 | II | 3.1.3 | 255 | Library of Cong | O. Stern | BAL |
| **0968** | 21.09.1962 | II | 3.2.4 | 411 | Weitzmann Inst. | O. Stern | BAL |

| Nr. | Datum | Bd. | Kap. | Seite | Absender | Empfänger | Fundst. |
|---|---|---|---|---|---|---|---|
| **0971** | 15.10.1962 | II | 3.2.4 | 412 | Foundat. Israel | O. Stern | BAL |
| **0978** | 27.11.1962 | II | 3.1.3 | 253 | Kuhn | O. Stern | BAL |
| **0979** | 05.12.1962 | II | 3.1.3 | 255 | O. Stern | Kuhn | BAL |
| **0980** | 11.12.1962 | II | 3.2.4 | 413 | Adolphus Coll | O. Stern | BAL |
| **0986** | 17.01.1963 | II | 3.2.4 | 414 | Adolphus Coll | O. Stern | BAL |
| **0987** | 04.02.1963 | II | 3.1.1 | 97 | Jordan | O. Stern | BAL |
| **0993** | 13.03.1963 | II | 3.1.1 | 98 | O. Stern | Jordan | SBB |
| **0994** | 20.03.1963 | II | 3.1.1 | 98 | Jordan | O. Stern | SBB |
| **0995** | 09.04.1963 | II | 3.1.3 | 256 | L. C. Lewis | O. Stern | BAL |
| **0997** | 16.04.1963 | II | 3.1.1 | 98 | O. Stern | Jordan | SBB |
| **1004** | 06.06.1963 | II | 3.1.1 | 99 | O. Stern | Jordan | SBB |
| **1008** | 13.06.1963 | II | 3.1.1 | 99 | O. Stern | Jordan | SBB |
| **1012** | 13.09.1963 | II | 3.2.4 | 415 | Israel Found. | O. Stern | BAL |
| **1014** | 11.11.1963 | II | 3.2.4 | 415 | Swedish Cons. | O. Stern | BAL |
| **1015** | 13.11.1963 | II | 3.1.3 | 257 | Bohrmodell | O. Stern | BAL |
| **1016** | 11.12.1963 | II | 3.2.4 | 410 | Wigner | O. Stern | BAL |
| **1031** | 14.06.1964 | II | 3.1.3 | 259 | Frisch | O. Stern | BAL |
| **1036** | 10.12.1964 | II | 3.2.4 | 416 | Nobel Lindau | O. Stern | BAL |
| **1037** | 10.12.1964 | II | 3.2.4 | 417 | O. Stern | Nobel Lindau | BAL |
| **1039** | 00.00.1965 | II | 3.1.3 | 264 | O. Stern | O. Klein | BAL |
| **1040** | 20.01.1965 | II | 3.1.3 | 264 | Rabi | O. Stern | BAL |
| **1041** | 29.01.1965 | II | 3.1.3 | 264 | Rabi | O. Stern | BAL |
| **1042** | 29.01.1965 | II | 3.1.3 | 265 | O. Stern | Rabi | BAL |
| **1043** | 29.01.1965 | II | 3.2.4 | 417 | Nobel Lindau | O. Stern | BAL |
| **1045** | 23.05.1965 | II | 3.1.3 | 265 | Born | O. Stern | BAL |
| **1046** | 31.05.1965 | II | 3.1.3 | 266 | O. Stern | Frisch | BAL |
| **1055** | 20.10.1965 | II | 3.1.3 | 266 | McMillan | O. Stern | BAL |
| **1056** | 23.11.1965 | II | 3.1.3 | 267 | McMillan | O. Stern | BAL |
| **1057** | 00.12.1965 | II | 3.1.3 | 267 | O. Stern | McMillan | BAL |
| **1063** | 20.05.1966 | II | 3.1.3 | 268 | Kusch | O. Stern | BAL |
| **1064** | 24.05.1966 | II | 3.1.3 | 268 | Kusch | O. Stern | BAL |
| **1065** | 00.06.1966 | II | 3.1.3 | 269 | O. Stern | Kusch | BAL |
| **1066** | 15.07.1966 | II | 3.1.3 | 269 | M. J.Klein, | O. Stern | BAL |
| **1077** | 15.12.1967 | II | 3.2.4 | 418 | Nobel Lindau | O. Stern | BAL |
| **1079** | 09.01.1968 | II | 3.2.4 | 418 | O. Stern | Nobel Lindau | BAL |
| **1081** | 17.01.1968 | II | 3.2.4 | 419 | US Botschaft | O. Stern | BAL |
| **1083** | 12.02.1968 | II | 3.1.3 | 273 | Carnegie Inst. | O. Stern | BAL |
| **1084** | 12.02.1968 | II | 3.1.3 | 274 | Carnegie Inst. | O. Stern | BAL |
| **1085** | 12.02.1968 | II | 3.2.4 | 420 | Nobel Lindau | O. Stern | BAL |
| **1086** | 13.02.1968 | II | 3.2.4 | 423 | BRD Konsulat | O. Stern | BAL |
| **1088** | 16.02.1968 | II | 3.1.3 | 274 | Segrè | O. Stern | BAL |
| **1090** | 17.02.1968 | II | 3.1.3 | 270 | LBNL Gruppe | O. Stern | BAL |
| **1091** | 17.02.1968 | II | 3.2.4 | 423 | BRD Lübke | O. Stern | BAL |
| **1092** | 17.02.1968 | II | 3.1.3 | 271 | Züricher Zeitg | | BAL |
| **1093** | 17.02.1968 | II | 3.1.3 | 275 | F. Stern | O. Stern | BAL |

| Nr. | Datum | Bd. | Kap. | Seite | Absender | Empfänger | Fundst. |
|---|---|---|---|---|---|---|---|
| **1094** | 21.02.1968 | II | 3.1.3 | 275 | Jensen | O. Stern | BAL |
| **1096** | 24.02.1968 | II | 3.1.3 | 276 | Westphal | O. Stern | BAL |
| **1097** | 04.03.1968 | II | 3.1.3 | 276 | Pais | O. Stern | BAL |
| **1099** | 13.05.1968 | II | 3.2.4 | 420 | Nobel Lindau | O. Stern | BAL |
| **1100** | 11.06.1968 | II | 3.2.4 | 421 | Nobel Lindau | O. Stern | BAL |
| **1101** | 13.06.1968 | II | 3.2.4 | 421 | Nobel Lindau | O. Stern | BAL |
| **1102** | 00.06.1968 | II | 3.2.4 | 422 | O. Stern | Nobel Lindau | BAL |
| **1103** | 22.07.1968 | II | 3.2.4 | 422 | Nobel Lindau | O. Stern | BAL |
| **1116** | 20.02.1969 | II | 3.1.3 | 277 | Alvarez | O. Stern | BAL |
| **1119** | 28.04.1969 | II | 3.2.4 | 424 | BRD Konsulat | O. Stern | BAL |
| **1120** | 02.05.1969 | II | 3.2.4 | 425 | Weitzmann Inst. | O. Stern | BAL |
| **1121** | 06.05.1969 | II | 3.2.4 | 424 | BRD Konsulat | O. Stern | BAL |
| **1128** | 26.10.1923 | II | 3.2.1 | 282 | Einstein | | EIN |
| **1129** | 27.10.1923 | II | 3.2.1 | 283 | Einstein | Nobelstiftung | NOB |
| **1130** | 05.01.1925 | II | 3.2.1 | 284 | Wagner | Nobelstiftung | NOB |
| **1131** | 22.01.1927 | II | 3.2.1 | 285 | Born+Franck | Nobelstiftung | NOB |
| **1132** | 10.12.1927 | II | 3.2.1 | 287 | Franck | Nobelstiftung | NOB |
| **1133** | 21.01.1928 | II | 3.2.1 | 288 | W. Wien | Nobelstiftung | NOB |
| **1134** | 26.01.1928 | II | 3.2.1 | 290 | Weiss | Nobelstiftung | NOB |
| **1135** | 11.02.1928 | II | 3.2.1 | 291 | Stark | Nobelstiftung | NOB |
| **1136** | 06.12.1928 | II | 3.2.1 | 292 | Campbell | Nobelstiftung | NOB |
| **1137** | 06.12.1928 | II | 3.2.1 | 293 | Franck | Nobelstiftung | NOB |
| **1138** | 24.11.1929 | II | 3.2.1 | 295 | Campbell | Nobelstiftung | NOB |
| **1139** | 18.01.1930 | II | 3.2.1 | 296 | Franck | Nobelstiftung | NOB |
| **1140** | 27.12.1930 | II | 3.2.1 | 297 | Campbell | Nobelstiftung | NOB |
| **1141** | 10.01.1931 | II | 3.2.1 | 298 | Laue | Nobelstiftung | NOB |
| **1142** | 24.01.1931 | II | 3.2.1 | 298 | Born | Nobelstiftung | NOB |
| **1143** | 24.01.1931 | II | 3.2.1 | 301 | Franck | Nobelstiftung | NOB |
| **1144** | 29.01.1931 | II | 3.2.1 | 301 | Planck | Nobelstiftung | NOB |
| **1145** | 12.12.1931 | II | 3.2.1 | 302 | Heisenberg | Nobelstiftung | NOB |
| **1146** | 09.01.1932 | II | 3.2.1 | 303 | Franck | Nobelstiftung | NOB |
| **1147** | 09.01.1932 | II | 3.2.1 | 304 | Hund | Nobelstiftung | NOB |
| **1148** | 30.12.1932 | II | 3.2.1 | 306 | Wachsmuth | Nobelstiftung | NOB |
| **1149** | 28.01.1933 | II | 3.2.1 | 307 | Franck | Nobelstiftung | NOB |
| **1150** | 16.10.1933 | II | 3.2.1 | 308 | Loeb | Nobelstiftung | NOB |
| **1151** | 18.11.1933 | II | 3.2.1 | 309 | Raman | Nobelstiftung | NOB |
| **1152** | 09.12.1933 | II | 3.2.1 | 310 | Laue | Nobelstiftung | NOB |
| **1153** | 23.12.1933 | II | 3.2.1 | 310 | Coster | Nobelstiftung | NOB |
| **1154** | 13.01.1934 | II | 3.2.1 | 312 | Birge | Nobelstiftung | NOB |
| **1155** | 17.01.1934 | II | 3.2.1 | 313 | Planck | Nobelstiftung | NOB |
| **1156** | 20.01.1934 | II | 3.2.1 | 313 | Deissmann | Nobelstiftung | NOB |
| **1157** | 23.01.1934 | II | 3.2.1 | 314 | Campbell | Nobelstiftung | NOB |
| **1158** | 23.01.1934 | II | 3.2.1 | 315 | Schweidler | Nobelstiftung | NOB |
| **1159** | 31.01.1934 | II | 3.2.1 | 316 | Pringsheim | Nobelstiftung | NOB |

| Nr. | Datum | Bd. | Kap. | Seite | Absender | Empfänger | Fundst. |
|---|---|---|---|---|---|---|---|
| **1160** | 31.01.1934 | II | 3.2.1 | 317 | N. Bohr | Nobelstiftung | NOB |
| **1161** | 31.01.1934 | II | 3.2.1 | 318 | O. Klein | Nobelstiftung | NOB |
| **1162** | 18.01.1936 | II | 3.2.1 | 320 | Campbell | Nobelstiftung | NOB |
| **1163** | 25.01.1936 | II | 3.2.1 | 321 | Weiss | Nobelstiftung | NOB |
| **1164** | 27.01.1937 | II | 3.2.1 | 322 | Franck | Nobelstiftung | NOB |
| **1165** | 12.01.1938 | II | 3.2.1 | 322 | Pauli | Nobelstiftung | NOB |
| **1166** | 22.01.1938 | II | 3.2.1 | 324 | C. Anderson | Nobelstiftung | NOB |
| **1167** | 30.01.1938 | II | 3.2.1 | 324 | Wentzel | Nobelstiftung | NOB |
| **1168** | 28.01.1939 | II | 3.2.1 | 325 | Ornstein | Nobelstiftung | NOB |
| **1169** | 30.01.1939 | II | 3.2.1 | 326 | C. Anderson | Nobelstiftung | NOB |
| **1170** | 14.02.1939 | II | 3.2.1 | 327 | Franck | Nobelstiftung | NOB |
| **1171** | 25.02.1939 | II | 3.2.1 | 327 | Compton | Nobelstiftung | NOB |
| **1172** | 23.12.1939 | II | 3.2.1 | 328 | Franck | Nobelstiftung | NOB |
| **1173** | 13.01.1940 | II | 3.2.1 | 329 | Ladenburg | Nobelstiftung | NOB |
| **1174** | 13.01.1940 | II | 3.2.1 | 330 | Pauli | Nobelstiftung | NOB |
| **1175** | 24.01.1940 | II | 3.2.1 | 331 | Coster | Nobelstiftung | NOB |
| **1176** | 24.01.1940 | II | 3.2.1 | 332 | Wentzel | Nobelstiftung | NOB |
| **1177** | 27.01.1940 | II | 3.2.1 | 335 | Gibbs, Bethe | Nobelstiftung | NOB |
| **1178** | 00.02.1940 | II | 3.2.1 | 338 | Friedman | | |
| **1179** | 22.01.1941 | II | 3.2.1 | 338 | Anderson | Nobelstiftung | NOB |
| **1180** | 27.01.1941 | II | 3.2.1 | 339 | Wentzel | Nobelstiftung | NOB |
| **1181** | 31.10.1942 | II | 3.2.1 | 339 | Amaldi | Nobelstiftung | NOB |
| **1082** | 09.01.1943 | II | 3.2.1 | 340 | Wentzel | Nobelstiftung | NOB |
| **1183** | 16.01.1943 | II | 3.2.1 | 341 | Alven | Nobelstiftung | NOB |
| **1184** | 21.01.1944 | II | 3.2.1 | 342 | Wentzel | Nobelstiftung | NOB |
| **1185** | 31.01.1944 | II | 3.2.1 | 342 | Siegbahn | Nobelstiftung | NOB |
| **1186** | 09.02.1944 | II | 3.2.1 | 343 | Kramers | Nobelstiftung | NOB |
| **1187** | 10.12.1944 | II | 3.2.2 | 344 | Hulthén | Nobelstiftung | NOB |

# Kurzbiografien

Die folgenden Kurzbiografien sind aus allgemein zugänglichen biografischen Referenzquellen, u. a. auch Wikipedia, zusammengestellt und sollen dem Leser kurze biografische Hintergrundinformation zu dem im Text vorkommenden Personen bieten. Für die Richtigkeit der Informationen wird keine Gewähr übernommen.

Luis Walter **Alvarez** (1911–1988) war ein amerikanischer Physiker und Nobelpreisträger. 1937 konnte er erstmals den sog. Elektroneneinfang nachweisen, den 1935 Hideki Yukawa vorausgesagt hatte. 1939 bestimmte er gemeinsam mit Felix Bloch das magnetische Moment des Neutrons, wozu sie einen Strahl langsamer Neutronen erzeugen mussten. Ebenfalls 1939 entdeckte er das 1934 von Mark Oliphant vorhergesagte Wasserstoff-Isotop Tritium (später wichtig für die Kern-Fusion). Während des Zweiten Weltkrieges arbeitete er an der Entwicklung der Atombombe und des Radars mit. Am MIT „Radiation Lab", wo er 1940 seine Arbeit für das Militär begann, entwickelte er drei Radarsysteme. Nach dem Krieg entwickelte er den Protonen-Linearbeschleuniger in Berkeley, der ab 1947 im Einsatz war. Außerdem war er in Berkeley Mitentwickler der ersten Synchrotrone. Ab 1950 wandte er sich der Detektor-Entwicklung zu. Alvarez erhielt 1968 den Nobelpreis für Physik „für seinen entscheidenden Beitrag zur Elementarteilchenphysik, insbesondere seine Entdeckung einer großen Anzahl von Resonanzzuständen, ermöglicht durch seine Entwicklung von Techniken für die Wasserstoff-Blasenkammer und in der Datenanalyse".

Hannes Olof Gösta **Alfvén** (1908–1995) war ein schwedischer Physiker. Er erhielt 1970 den Nobelpreis für „seine grundlegenden Leistungen und Entdeckungen in der Magnetohydrodynamik mit fruchtbaren Anwendungen in verschiedenen Teilen der Plasmaphysik". 1937 bekam er eine Stelle am Nobel-Institut für Physik in Stockholm, 1940 wurde er am Königlichen Institut für Technologie zum Professor für elektromagnetische Theorie und elektrische Messungen berufen. Alfvén war unter anderem Mitglied der Königlich Schwedischen Akademie der Wissenschaften (Stockholm); er war außerdem einer der wenigen Wissenschaftler seiner Zeit, welche gleichzeitig Mitglied der amerikanischen und der sowjetischen Akademie der Wissenschaften waren.

Edoardo **Amaldi** (1908–1989) war ein italienischer Physiker. Nach dem Diplom 1929 ging er nach Leipzig zu Peter Debye, wo er über Röntgenspektren von Flüssigkeiten arbeitete. Nach seiner Rückkehr nach Rom veröffentlichte er 1932 eine Arbeit über die Rotationsspektren des Ammoniakmoleküls, in der quantenmechanische Auswahlregeln bestätigt wurden (nach Edward Teller und Placzek). 1936 besuchte er die USA, um sich das notwendige Wissen für den Aufbau eines Cockcroft-Walton-Beschleunigers zu verschaffen. 1938 wurde Edoardo Amaldi auf den Lehrstuhl für Experimentalphysik in Rom berufen, den er 41 Jahre lang innehatte. Amaldi war einer der Gründer des Istituto Nazionale di Fisica Nucleare (INFN), dessen Präsident er wurde, weiterhin war er Präsident der INFN-Laboratorien von Frascati sowie des Europäischen Kernforschungszentrums (CERN) in Genf. Amaldi beschäftigte sich mit Molekül-, Kern- und Teilchenphysik. Er veröffentlichte auch theoretische Arbeiten, z. B. zur Theorie magnetischer Monopole und der Gravitationswellen. Als angesehenes Mitglied der Accademia Nazionale dei Lincei engagierte sich Amaldi in der Pugwash-Bewegung und in der ISODARCO (International School On Disarmament And Research on COnflicts) für die nukleare Abrüstung. 1964 wurde Amaldi in die Gelehrtenakademie Leopoldina gewählt.

Carl David „Charles“ **Anderson** (1905–1991) war ein US-amerikanischer Physiker und Nobelpreisträger. Anderson erwarb 1930 am California Institute of Technology (Caltech) seinen Doktorgrad mit einer Arbeit über die Verteilung der Elektronenemission in kosmischen Gasen unter Einwirkung von Röntgenstrahlung. Bereits zwei Jahre später gelang Anderson als Mitarbeiter von Robert Andrews Millikan am Caltech der Nachweis des von Paul Dirac 1929 postulierten Positrons mithilfe der Wilson-Kammer. Gemeinsam mit Seth Neddermeyer wies er 1932 nach, dass hochenergetische Gammastrahlung bei der Durchdringung von Materie die Emission von Positronen bewirkt. Damit war das erste Beispiel von Antimaterie gefunden worden. Für seine Entdeckung des Positrons erhielt er 1936 den Nobelpreis für Physik, zusammen mit Victor Franz Hess für dessen Arbeiten, die 1912 in Wien zur Entdeckung der kosmischen Strahlung geführt hatten.

Max **Apt** (1869–1957) war ein deutscher Chemiker und Vetter von Otto Stern. Er war Mitbegründer des Centralvereins deutscher Staatsbürger jüdischen Glaubens Berlin (1898) und der Handelshochschule Berlin (1906). Er arbeitete von 1903 bis 1920 als Syndikus der „Korporation der Kaufmannschaft Berlin“ und war Mitglied der Deutschen Demokratischen Partei (DDP). 1938 vertrat er die Jüdische Gemeinde zu Berlin auf der Konferenz von Evian. Apt emigrierte 1939 nach Großbritannien und kehrte 1954 nach Berlin zurück, wo er verschiedene Funktionen in der Jüdischen Gemeinde ausübte. Er starb am 16.12.1957 in Berlin.

Svante **Arrhenius** (1859–1927) war ein schwedischer Physikochemiker und Nobelpreisträger. Er wurde am 19.02.1859 in Uppsala geboren. Nach dem Schulabschluss begann Arrhenius sein Studium der Naturwissenschaften an der Universität von Uppsala. 1881 ging er nach Stockholm. 1884 promovierte er und ging dann zuerst zu Wilhelm Ostwald nach Riga und dann zu 1886 zu Friedrich Kohlrausch nach Würzburg. Schließlich führte ihn 1887 sein Weg zu Ludwig Boltzmann nach Graz und van't Hoff nach Amsterdam. 1888 ging er wieder zu Ostwald, der inzwischen in Leipzig lehrte. 1895 wurde er Professor in Stockholm. Das große Forschungsgebiet von Arrhenius bildete die elektrolytische Dissoziation. 1903 erhielt er den Nobelpreis für Chemie. Er starb am 02.10.1927 in Stockholm.

Amadeo **Avogadro** (1776–1856) war ein italienischer Physiker. Avogadro wurde am 09.08.1776 in Turin geboren und stammte aus einer alten Juristenfamilie, weshalb er auch zuerst Jura und dann ab 1800 Mathematik und Physik studierte. 1809 wurde er Professor für Naturphilosophie in Vercelli. Hier stellte er seine Molekularhypothese auf. 1820 wurde er Professor für mathematische Physik in Turin. Avogadros Forschungen beschäftigten sich mit dem Zusammenhang der elektrochemischen Spannungsreihe und der Affinität der Elemente, der spezifischen Wärme von Gasen und Atom- und Molvolumina. Sein Bestreben war es, die chemischen Eigenschaften der Verbindungen durch physikalische Eigenschaften zu beschreiben. Nach ihm sind das Avogadro-Gesetz und die Avogadro-Konstante benannt. Er starb am 09.07.1856 in Turin.

Wilhelm Heinrich Walter **Baade** (1893–1960) war ein deutscher Astronom und Astrophysiker. Nach seiner Promotion 1919 in Göttingen und seiner Anstellung an der Hamburger Sternwarte im Jahre 1920 arbeitete er 1926/27 an verschiedenen US-Observatorien, u. a. am Mount-Wilson-Observatorium. 1928 wurde er in Hamburg habilitiert. Im Jahre 1931 erhielt Baade einen Ruf an das Mount-Wilson-Observatorium. Durch Bestimmung von Entfernungen im Universum konnte er feststellen, dass das Universum doppelt so groß und alt ist, wie vorher angenommen. Ab 1951 war Baade korrespondierendes Mitglied der Bayerischen Akademie der Wissenschaften und ab 1959 hatte er die Gauß-Professur an der Universität Göttingen inne.

Ernst Emil Alexander **Back** (1881–1959) war ein deutscher Physiker. Nach dem Studium der Rechtswissenschaften begann er in Tübingen das Physikstudium. Zusammen mit Friedrich Paschen erstellte er ab 1920 die genauesten Energietabellen von Photonenübergängen im Magnetfeld (Zeeman-Effekt) und entdeckte hier den sog. Paschen-Back-Effekt. 1929 wurde er Ordinarius an der Universität Hohenheim.

Richard Josef **Bär** (Baer) (1892–1940) war ein Schweizer Physiker. Weihnachten 1940 plante er, mit seiner Familie (Frau Ellen Bär-Lohnstein) in die USA zu emigrieren. Richard Bär verstarb jedoch vorher, sodass seine Familie alleine nach Princeton auswanderte. Ellen Bär heiratete später den Mathematiker Hermann Weyl. Ellen Weyl war mit Stern eng befreundet.

Adolf von **Baeyer** (1835–1917) war ein deutscher Chemiker und Nobelpreis-Träger. Er wurde am 31.10.1835 in Berlin geboren, wo er auch zur Schule ging und danach an der Friedrich-Wilhelms-Universität in Berlin Mathematik und Physik studierte. Er ging dann an die Universität Heidelberg und studierte bei Robert Bunsen Chemie. 1858 promovierte er bei August Kekulé und wurde 1859 Privatdozent an der Friedrich-Wilhelms-Universität. 1860 habilitierte er sich in Berlin und wurde dann 1866 außerordentlicher Professor an der Friedrich-Wilhelms-Universität in Berlin. Ab 1872 war er Professor in Straßburg. 1875 ging er als Nachfolger von Justus von Liebig an die LMU München. Adolf von Baeyer entwickelte die erste Indigosynthese. Für seine Verdienste um die Entwicklung der organischen Chemie und der chemischen Industrie durch seine Arbeiten über die organischen Farbstoffe und hydroaromatischen Verbindungen erhielt 1905 den Nobelpreis für Chemie. Er starb am 20.08.1917 in Starnberg.

Thomas Stockham **Baker** (1871–1939) war ein amerikanischer Erzieher und Wissenschaftler. Er studierte u. a. in Leipzig und lehrte Deutsch an der John Hopkins University in Baltimore. 1919 übernahm er eine Verwaltungsstelle am Carnegie Institute of Technology in Pittsburgh und wurde dort 1922 der zweite Präsident des Institutes. Aus gesundheitlichen Gründen musste er 1935 zurücktreten und starb 1939.

John **Bardeen** (1908–1991) war ein amerikanischer theoretischer Physiker. Er promovierte 1936 bei Eugene Wigner. Für seine Leistungen bei der Transistorentwicklung bei den Bell-Labs (1945–51) erhielt er 1956 den Nobelpreis für Physik. 1951 wechselte er an die University of Illinois in Urbana-Champaign. Er blieb dort bis 1975 und arbeitete auf dem Gebiet der Supraleitung. Für seine Arbeiten auf dem Gebiet der Supraleitung wurde ihm 1972 zum zweiten Mal der Nobelpreis für Physik verliehen.

Heinrich Georg **Barkhausen** (1881–1956) war ein deutscher Physiker. Nach ihm ist der Barkhausen-Effekt benannt, der auf magnetischen Eigenschaften von Festkörpern beruht.

R. Bowling **Barnes** war ein amerikanischer Physiker. Er publizierte mit dem Frankfurter Physiker Marianus Cerny (1896–1985) eine gemeinsame Arbeit: R. Bowling Barnes und Marianus Cerny, Messungen am NaCl und KCL im Spektralbereich ihrer ultraroten Eigenschwingungen, Z. Phys. 72 (1931), 447–461.

Edmond **Bauer** (1880–1963) war ein französischer Physiker. Er war Assistent bei Jean Perrin und Mitarbeiter von Paul Langevin and Marie Curie. 1945 wurde er Professor für physikalische Chemie an der Sorbonne in Paris.

Emil **Baur** (1873–1944) war ein schweizerischer Physikochemiker und Professor an der Eidgenössischen Technischen Hochschule in Zürich.

Guido **Beck** (1903–1988) war ein deutsch-argentinischer theoretischer Physiker. Er studierte Physik an der Universität Wien und promovierte 1925 bei Hans Thirring über ein Thema der Relativitätstheorie. Ab Februar 1928 war er für vier Jahre erster Assistent bei Heisenberg in Leipzig. 1930/31 arbeitete er in Cambridge bei Rutherford und danach bei Bohr in Kopenhagen. Nach Aufenthalten in Prag, Kansas/USA, Odessa/Sowjetunion, Frankreich, Portugal etc. emigrierte er 1943 nach Argentinien. Ab 1951 wirkte er in Brasilien, um 1962 wieder nach Argentinien zu gehen. Er arbeitete auf dem Gebiet der Kernphysik.

Benjamin **Bederson** (*1921) ist ein amerikanischer Physiker. Er wurde am 15.11.1921 in New York geboren. Er war von 1944 bis 1946 Mitglied der Spezial-Ingenieur-Abteilung (Special Engineering Detachment) der U.S. Army im Los Alamos Laboratory beim Bau der amerikanischen Atombombe (Manhatten Project). Bederson war am Bau eines speziellen Typs der Atombombe, der Implosionsbombe, beteiligt. In späteren Jahren war er Professor an der New York University.

Henri Bernard **Beer** (1909–1994) war ein niederländischer Erfinder, der am 07.04.1909 in Amsterdam geboren wurde. Beer hatte keine akademische Ausbildung. Er arbeitete aber an mehreren Forschungslaboratorien in Belgien, Deutschland, England und den Niederlanden und war Erfinder oder Miterfinder von über 700 Erfindungen, für die er auch Patente erhielt. Seine Interessen waren weit gestreut und gingen von der Energieübertragung bis zur Agrartechnik. Er starb 1994.

Ernst **Berl** (1877–1946) war ein österreichischer Chemiker und Professor für technische und makromolekulare Chemie. 1919 wurde er als Ordinarius für technische Chemie und Elektronenchemie an die Technische Hochschule in Darmstadt berufen. Im Juli 1933 verließ Ernst Berl Deutschland und nahm einen Ruf am Carnegie Institute of Technology in Pittsburgh, PA an.

Arnold **Berliner** (1862–1942) war ein deutscher Physiker. Er studierte Physik an der Universität Breslau und promovierte 1886. Er wurde später Herausgeber der Zeitschrift die „Naturwissenschaften“. 1935 zwangen die Nazis ihn, diesen Posten aufzugeben. Bevor man ihn als Jude deportieren konnte, nahm er sich 1942 das Leben.

Gustaf *Lennart* Nicolaus Paul **Bernadotte**, Graf von Wisberg (1909–2004) war ein schwedischer Adliger, der auf der Insel Mainau residierte. Er ist ein Nachfahre von Jean Baptiste Bernadotte (1763–1844), Marschall von Frankreich, der 1818 als Karl XIV. Johann König von Schweden wurde und der Begründer des schwedischen Königshauses Bernadotte ist. Graf Lennart Bernadotte war der einzige Sohn von Prinz Wilhelm von Schweden (1884–1965) und der russischen Großfürstin Marija Pawlowna Romanowa (1890–1958). Durch seine Heirat mit der bürgerlichen Fabrikantentochter Karin Nissvandt (1911–1991) am 20.02.1932 verzichtete er durch Austritt aus dem schwedischen Königshaus auf eine mögliche Thronfolge. Internationale Bedeutung erlangte Graf Bernadotte durch seine Umgestaltung der Insel

Mainau zur Blumeninsel, die jährlich von Millionen Touristen besucht wird und, dass er – angeregt durch die beiden Lindauer Ärzte Franz Karl Hein und Gustav Parade – durch seine guten Beziehungen zum schwedischen Nobelkomitee der Initiator der Nobelpreisträgertagung in Lindau am Bodensee wurde, die erstmals 1951 stattfand.

Hans Albrecht **Bethe** (1906–2005) war ein deutsch-US-amerikanischer Physiker und Nobelpreisträger. Er promovierte 1928 bei Sommerfeld. Bis zum Jahre 1933 erhielt Bethe Lehrpositionen in Frankfurt am Main und Stuttgart. 1932/33 vertrat er das Extraordinariat für Theoretische Physik an der Eberhard Karls Universität Tübingen. Diese Stelle verlor er mit der Machtübernahme der Nationalsozialisten, weil seine Mutter Anna, Tochter des Medizinprofessors Abraham Kuhn, jüdischer Abstammung war. Er emigrierte im Oktober 1933 nach Großbritannien, wo er 1933/34 die Position eines Dozenten an der Universität Manchester innehatte. Im Februar 1935 wurde er Assistenzprofessor an der Cornell-Universität in Ithaca und im Sommer 1937 Professor. Bis zu seinem Lebensende blieb er mit einigen Unterbrechungen dort. Im Zweiten Weltkrieg ging er zuerst an das Radiation Laboratory am MIT, um am Mikrowellenradar zu arbeiten. Anschließend ging Bethe an das Los Alamos Scientific Laboratory, wo er, von Oppenheimer berufen, als Leiter der theoretischen Abteilung an der Entwicklung der ersten Atombombe mitwirkte. 1941 wurde Bethe Staatsbürger der USA. Bethe starb in Ithaca im Alter von 98 Jahren. Er war der letzte Überlebende aus einer großen Reihe von Physikern aus der stürmischen Zeit der Physik Anfang des 20. Jahrhunderts. Bethe war ein Pionier der Anwendung der Quantenmechanik auf verschiedensten Gebieten der Physik. Hans Bethe untersuchte 1930 die Bremsung von Elektronen in Materie und die Bremsstrahlung relativistischer Elektronen (Bethe-Heitler-Formel, 1934), einer der frühen Anwendungen der Quantenelektrodynamik (QED). Bethe erwarb sich schon in den 1930er-Jahren einen Ruf als führender Kernphysiker. Seinen Nobelpreis bekam er für eine Arbeit zur Energieerzeugung in Sternen aus dem Jahr 1939. Er erkannte, dass die in Sternen wie der Sonne ablaufenden Kernreaktionsketten, die Wasserstoff zu Helium verschmelzen, über Kohlenstoffkerne als Katalysatoren ablaufen. Dieser Zyklus wird Bethe-Weizsäcker-Zyklus genannt.

Raymond Thayer **Birge** (1887–1980) war ein amerikanischer Physiker. Nach einigen Jahren Tätigkeit an der Universität in Syracuse wurde er als Professor an die Universität in Berkeley berufen und blieb dort bis zu seiner Emeritierung im Jahre 1955. Er gilt als Architekt des Aufbaues des dortigen Physikdepartments und ihm gelang es, renommierte Wissenschaftler, wie z. B. Oppenheimer oder Lawrence, zu berufen.

Patrick Maynard Stuart **Blackett** (1897–1974) war ein englischer Physiker. Für die Weiterentwicklung der Wilsonkammer und der damit gemachten Entdeckungen auf dem Gebiet der Kernphysik (z. B. Höhenstrahlung) wurde ihm 1948 der Nobelpreis für Physik verliehen.

Wilhelm Johann Eugen **Blaschke** (1885–1962) war ein österreichischer Mathematiker. Er kam 1919 nach Hamburg, das er zu einem Zentrum der Mathematik machte. Dort blieb er bis zu seiner Emeritierung 1953. 1927/28 war er Rektor der Universität Hamburg.

Walker **Bleakney** (1901–1992) war ein amerikanischer Physiker. Er gilt als Miterfinder des Massenspektrometers und arbeitete auf dem Gebiet der Atom- und Molekülphysik sowie der Strömungslehre. Er war Dekan des Physics Department an der Princeton University und Leiter des Princeton „Ballistic Projects" während des Zweiten Weltkrieges.

Felix **Bloch** (1905–1983) war ein schweizerisch-amerikanischer Physiker jüdischer Herkunft. Er erhielt 1952 den Nobelpreis. 1929 war Bloch Assistent bei Wolfgang Pauli an der ETH Zürich. Nach einigen Zwischenstationen wurde er 1931 Assistent bei Werner Heisenberg in Leipzig. Nach der Machtergreifung der Nationalsozialisten ging er zurück in die Schweiz und 1934 an die Stanford-Universität, wo er bis 1971 blieb. Er übernahm dort den Lehrstuhl für theoretische Physik. 1939 wurde er amerikanischer Staatsbürger. Ab dem Sommer 1942 arbeitete Bloch im Manhattan-Projekt in Los Alamos, wozu er von Robert Oppenheimer eingeladen worden war, den er noch aus Berkeley kannte. Anschließend gelangen ihm wichtige Arbeiten zum Ferromagnetismus und die Messung der magnetischen Momente von Atomkernen. 1946 entdeckte er unabhängig von Edward Mills Purcell und zusammen mit William Webster Hansen und Martin Packard die Kernspinresonanz. 1952 erhielt Bloch zusammen mit Edward Mills Purcell für diese Entdeckung den Nobelpreis für Physik. Bloch war 1954 bis 1955 Generaldirektor des CERN in Genf.

Max **Bodenstein** (1871–1942) war ein deutscher Physikochemiker. Von 1900 bis 1906 war er Mitarbeiter von Ostwald in Leipzig und wurde 1906 außerordentlicher Professor an der TH Berlin. 1908 wurde er zum Ordinarius an die TH Hannover berufen. Bodenstein gilt als der Begründer der chemischen Kinetik. 1923 kehrte er als Nachfolger von Nernst nach Berlin zurück.

Harald **Bohr** (1887–1951) war ein dänischer Mathematiker und der Bruder von Niels Bohr. Er studierte wie sein Bruder Niels in Kopenhagen und war dort ab 1910 Dozent und ab 1915 Professor an der Technischen Hochschule. 1930 wurde er an die Universität Kopenhagen berufen, wo er das Mathematische Institut gründete.

Niels Hendrik David **Bohr** (1885–1962) war ein dänischer Atomphysiker. Bohr war ab 1911 Mitarbeiter von Ernest Rutherford am Cavendish Laboratory in Cambridge (England). 1913 entwickelte er aufbauend auf den Rutherford'schen Vorstellungen und der Quantenhypothese von Max Planck das Bohr'sche Atommodell. 1914 wurde er Dozent an der Universität Manchester. Ab 1916 war er Professor und ab 1920 Direktor des Institutes für Theoretische Physik in Kopenhagen. 1918 formulierte Niels Bohr erstmals das Korrespondenzprinzip. 1921 fand er eine theoretische Erklärung für den Aufbau des Periodensystems der Elemente, indem er die Atomhülle als aus Elektronenschalen aufgebaut ansah (Bohr'sches Aufbauprinzip). Für seine Verdienste um die Erforschung der Struktur der Atome und der von ihnen ausgehenden Strahlung erhielt er 1922 den Nobelpreis für Physik. 1926/27 formulierte er zusammen mit Werner Heisenberg (1901–1976) die sog. „Kopenhagener Deutung" der Quantentheorie.

Ludwig **Boltzmann** (1844–1906) war ein österreichischer Physiker und Mathematiker. Boltzmann wurde am 20.02.1844 in Wien geboren. In Linz ging er zur Schule. Hier machte er am Akademischen Gymnasium 1863 sein Abitur und studierte dann an der Universität Wien Mathematik und Physik. 1866 wurde Boltzmann der Assistent von Josef Stefan (1835–1893), des Direktors des Physikalischen Institutes der Universität Wien. Hier wurde er auch zum Doktor der Philosophie promoviert und lehrte dann an der Universität Wien als Privatdozent bis zum 31.07.1869. Von 1869 bis 1873 war er Professor in Graz und übernahm dann das Ordinariat für Mathematik an der Universität Wien bis 1876. In diesem Jahr kehrte er an die Universität Graz zurück. Ein Ruf nach Berlin als Nachfolger von Gustav Kirchhoff (1824–1887), den Boltzmann 1888 erhielt, scheiterte und so blieb er bis 1890 an der Universität Graz, um im gleichen Jahr an die LMU München zu wechseln, wo er bis 1894 lehrte. 1894 übernahm Boltzmann das Ordinariat für Theoretische Physik an der Universität Wien, das er bis 1900 innehatte. Dann begann von 1900 bis 1902 seine Zeit an der Universität Leipzig. Die wissenschaftlichen Auseinandersetzungen, die er hier mit Wilhelm Ostwald (1853–1932) um die Energetik hatte, belasteten ihn schwer, und es zeigten sich bei Boltzmann Anzeichen eines Nervenleidens und Suizidgedanken. 1902 kehrte Boltzmann nach Wien zurück und wurde am 01.10.1902 zum ordentlichen Professor für theoretische Physik an der Universität Wien ernannt. Diese Professur vertrat er bis zu seinem Tod 1906. Boltzmann war ein bedeutender Forscher auf dem Gebiet der Thermodynamik und neben Josiah Willard Gibbs (1839–1903) ein Mitbegründer der statistischen Physik. Er war ein Verfechter des atomistischen Gedankens und verteidigte die objektive Existenz von Atomen gegenüber Angriffen von Ernst Mach (1838–1916) und Wilhelm Ostwald. Boltzmanns wohl bedeutendste Leistung, neben vielen anderen physikalischen Forschungsergebnissen, stellt die Fassung der Entropie dar, die er mit der thermodynamischen Wahrscheinlichkeit verband. Unter einem schlechten Gesundheitszustand und Depressionen leidend, die ihm eine Ausübung seiner Lehrverpflichtungen unmöglich machten, nahm er sich am 05.09.1906 in Duino bei Triest das Leben.

Karl Friedrich **Bonhoeffer** (1899–1957) war ein deutscher Chemiker. 1922 wurde er in Berlin bei Walther Nernst promoviert. Von 1923 bis 1930 war er Assistent bei Fritz Haber am KWI für Physikalische und Elektrochemie in Berlin-Dahlem. 1929 entdeckte er zusammen mit Paul Harteck die Wasserstoffmodifikationen Ortho- und Parawasserstoff. Im Jahr 1930 wurde Bonhoeffer ordentlicher Professor für physikalische Chemie an der Universität Frankfurt.

**Boorse** war ein Mitarbeiter Frasers in Cambridge und wollte zu Stern nach Pittsburgh wechseln. Er verfügte über ausgezeichnete Erfahrung im Bau von Wasserstoffverflüssigungsanlagen. Stern suchte einen solchen Fachmann, aber trotz Unterstützungsbrief von Rabi konnte Stern für ihn keine Stelle in Pittsburgh besorgen.

Gudmund **Borelius** (1889–1985) war ein schwedischer Physiker. Er promovierte 1915 an der Universität Lund mit dem Thema: Undersökningar av gränspotentialer. Das Arbeitsgebiet von Borelius bildete die technische Physik. Von 1922 bis 1955 war er Professor an der Kungliga Tekniska Högskolan (Königliche Technische Hochschule) in Stockholm. Die KTH verleiht auch die Boreliusmedaille für technische Physik. Zu Borelius s. z. B. den Brief von Schnurmann an Stern vom 20.10.1933.

Elisabeth **Bormann** (1895–1986) war eine österreichische Physikerin. Zusammen mit Max Born bestimmte sie in Frankfurt mithilfe der Stern'schen Molekularstrahlmethode erstmals die freie Weglänge neutraler Atome beim Durchgang durch Gase. (Max Born und Elisabeth Bormann, Eine direkte Messung der freien Weglänge neutraler Atome. Phys. Zeitschr. 21 (1920) 582).

Max **Born** (1882–1970) war ein deutscher theoretischer Physiker. Ab 1904 arbeitete Born in Göttingen in der Arbeitsgruppe des Mathematikers David Hilbert (1862–1943). 1906 promovierte er bei dem Mathematiker Carl Runge (1856–1927) mit einer Arbeit aus dem Bereich der angewandten Mathematik, die den Titel trägt: „Untersuchungen über die Stabilität der elastischen Linie in Ebene und Raum unter verschiedenen Grenzbedingungen“. 1909 ging Born nach Cambridge, um sich bei Joseph John Thomson (1856–1940) mit der modernen Experimentalphysik vertraut zu machen. Im gleichen Jahr habilitierte er sich an der Universität Göttingen mit einer Arbeit, die den Titel trägt: „Die Theorie des starren Elektrons in der Kinematik des Relativitätsprinzips“. Ab dem 23.10.1909 wirkte er als Privatdozent an der Universität Göttingen. Ein weiteres Forschungsfeld war die Theorie atomarer Kristallgitter und die Volumenformen von Atomen (zusammen mit Alfred Landé). Hierüber veröffentlichte er 1915 das Buch „Dynamik der Kristallgitter“. Seine erste Professur erhielt Born am 15.01.1915 an der Friedrich-Wilhelms-Universität in Berlin als außerordentlicher Professor für theoretische Physik. Durch einen Tausch der Lehrstühle, von Laue ging von Frankfurt am Main nach Berlin und Born kam nach Frankfurt, wurde Born 1919 ordentlicher Professor für theoretische Physik an der Universität Frankfurt. Born blieb zwar nur bis 1921, trotzdem war seine Zeit in Frankfurt am Main eine fruchtbare Phase seines physikalischen Schaffens. 1921 wurde Born nach Göttingen berufen. Hier entwickelte er unter anderem zusammen mit Wolfgang Pauli, Werner Heisenberg, Pascual Jordan und Friedrich Hund große Teile der modernen Quantenmechanik. Die Born-Oppenheimer-Näherung in der Molekülphysik (1928) und die Born'sche Näherung in der Streutheorie wurden von ihm entwickelt. Bedingt durch die nationalsozialistische Machtübernahme, musste Born wegen seiner jüdischen Abstammung 1933 nach England emigrieren. Hier arbeitete er zuerst in Cambridge, bis er 1936 einen Lehrstuhl in Edinburgh erhielt. 1948 wurde ihm die Max-Planck-Medaille und 1950 die Hughes-Medaille verliehen. 1954 wurde ihm der Nobelpreis für Physik für seine grundlegenden Forschungen in der Quantenmechanik, besonders für seine statistische Interpretation der Wellenfunktion, verliehen. Born war verheiratet mit Hedwig Born, geborene Ehrenberg (1891–1972). 1954 kehrten Born und seine Frau nach Deutschland zurück.

Satyendranath **Bose** (1894–1974) war ein indischer Physiker, der wichtige Beiträge zur mathematischen und statistischen Physik lieferte. Insbesondere ist seine Zusammenarbeit mit Albert Einstein zur Gasförmigkeit der elektromagnetischen Strahlung anerkannt worden (Ideales Bosegas). Bose verfasste im Alter von 27 Jahren, als er an der University of Dhaka arbeitete, einen kurzen Artikel über die Quantenstatistik der Photonen, den er an Einstein zur Begutachtung sandte.

Wollmar Filip **Boström** (1878–1956) war ein schwedischer Diplomat. Seit 1903 diente er als Minister für Auswärtige Angelegenheiten und war von 1925 bis 1945 als schwedischer Minister in Washington tätig.

Walther Wilhelm Georg **Bothe** (1891–1957) war ein deutscher Physiker. In der Zeit von 1908 bis 1913 studierte er Physik, Mathematik, Chemie und Musikwissenschaften an der Friedrich-Wilhelms-Universität in Berlin. Nach einer bestandenen Lehramtsprüfung wurde er Assistent von Hans Geiger (1882–1945) am Radioaktiven Laboratorium der Physikalisch Technischen Reichsanstalt (PTR). Bothe war Schüler von Max Planck (1858–1947) und wurde mit einer theoretischen Arbeit 1914 zum Dr. phil. promoviert. Nach seiner Rückkehr aus der Kriegsgefangenschaft 1920 wurde Bothe der Nachfolger von Geiger an der PTR und hatte dieses Amt bis 1930 inne. Mit Hans Geiger entwickelte er ab 1924 die Koinzidenzmethode, mit der er in Zusammenarbeit mit Werner Kolhörster (1887–1946) in den Jahren von 1928 bis 1929 den Korpuskularcharakter der kosmischen Strahlung nachweisen konnte. 1925 habilitierte er sich bei Planck. 1929 wurde er Privatdozent und außerplanmäßiger Professor, ab 1930 ordentlicher Professor an der Universität Gießen. 1930 gelang ihm der Nachweis der künstlichen Kern-Gammastrahlung. 1932 ging Bothe als Nachfolger von Philipp Lenard (1862–1947) an die Universität Heidelberg, trat aber bereits 1933 von seinem Ordinariat zurück und wurde 1934 zum Leiter des Institutes für Physik des KWI für medizinische Forschung ernannt, eine Position, die er bis zu seinem Tod 1957 inne hatte. Nach dem Zweiten Weltkrieg baute er das erste deutsche Zyklotron und erhielt 1954 für seine Arbeiten zur kosmischen Strahlung und über Kernumwandlungen zusammen mit Max Born (1882–1970) den Nobelpreis für Physik.

Sir William Lawrence **Bragg** (1890–1971) war ein britischer Physiker und Sohn von Sir William Henry Bragg (1862–1942) und wurde am 31.03.1890 in Adelaide (Australien) geboren. Bragg besuchte dort das St. Peter's College und studierte dann an der University of Adelaide Mathematik. Nach Beendigung seines Studiums 1908 ging er nach Großbritannien und studierte am Trinity College in Cambridge. 1914 wurde er Dozent am Trinity College und von 1915 bis 1919 erfolgte seine Militärzeit in der britischen Armee, wo er als technischer Berater für Schallmessung in der Kartenabteilung des militärischen Hauptquartiers in Frankreich tätig war. Von 1937 bis 1938 war er Professor für Physik in Manchester und zugleich Direktor des National Physical Laboratory in Manchester. Von 1938 bis 1953 war er Professor für Experimentalphysik in Cambridge (Cavendish-Professor). 1953 wechselte er zur Royal Institution of Great Britain in London über, an der er bis zu seinem Ruhestand 1966 blieb. Bragg wurde durch Veröffentlichungen von Max von Laue (1879–1960) über seine Beugungsversuche von Röntgenstrahlen an Kristallen angeregt. Von 1912 bis 1914 arbeitete er mit seinem Vater an der Untersuchung von Kristallen mit Röntgenstrahlen. 1912 fand er die Bragg-Gleichung. Zusammen mit seinem Vater erhielt er 1915 den Nobelpreis für Physik.

Walter Houser **Brattain** (1902–1987) war ein US-amerikanischer Physiker. Seine Ausbildung als Physiker erhielt er am Whitman College und an der University of Orgeon. Von 1928 bis 1929 war er Physiker am National Bureau of Standards. Brattain promovierte 1929 an der University of Minnesota und ging dann zu den Bell Laboratories. Von 1941 bis 1943 forschte er an der Columbia University. 1967 bis 1972 war er Gastprofessor am Whitman College und von 1951 bis 1952 an der Harvard University. Von 1960 bis 1968 war er für die amerikanische Marine tätig, blieb aber bis zu seinem Ruhestand 1967 Angestellter der Bell Laboratories. Das Arbeitsgebiet von Brattain bildete die Oberflächenphysik von Festkörpern. 1956 erhielt er zusammen mit William B. Shockley (1910–1989) und John Bardeen (1908–1991) den Nobelpreis für Physik.

Gregory **Breit** (1899–1981) war ein russisch-amerikanischer Kernphysiker. Er wurde am 14.07.1899 in Nikolajew (Russland) geboren. 1915 emigrierte Breit in die USA und studierte an der Johns Hopkins University. 1923 wurde er Assistant Professor an der University of Minnesota. Von 1924 bis 1929 war er an der Carnegie Institution in Washington, DC. 1928 hatte er einen Gastaufenthalt an der ETH in Zürich. Ab 1929 war er Professor an der New York University. Hier machte er bedeutende Arbeiten zur Quantentheorie wechselwirkender relativistischer Elektronen und 1932 bis 1933 zur Quantentheorie der Dispersion, über den Aufbau der Atomkerne und die Theorie der Kernkräfte. Ab 1934 war er Professor an der University of Wisconsin in Madison. Zusammen mit Eugene Paul Wigner (1902–1995) erarbeitete er 1936 das für die Deutung zahlreicher Kernreaktionen wichtige Konzept des Zwischenkerns. 1942 bis 1945 war er am amerikanischen Atombomben-Projekt (Manhattan-Projekt) beteiligt. Von 1947 bis 1968 wirkte er an der Yale University in New Haven, CT, anschließend in Buffalo, NY.

Percy Williams **Bridgman** (1882–1961) war ein amerikanischer Physiker, der 1946 den Nobelpreis für seine Arbeiten auf dem Gebiet der Physik hoher Drucke erhielt.

Otto **Brill** (1903–1967) hatte 1929 mit der Arbeit „Über die Bildung von Niederschlägen durch Molekularstrahlen" bei Otto Stern in Hamburg promoviert. 1937 ist er nach Peru ausgewandert.

Léon **Brillouin** (1889–1969) war ein französisch-amerikanischer Physiker, der am 07.08.1889 in Sèvres, Seine-et-Oise geboren wurde. Er war der Sohn des Physikers Marcel Louis Brillouin (1854–1948) und dessen Ehefrau Charlotte Mascart. Sein Physikstudium an der Universität Paris beendete er 1921 mit einer Dissertation über das Thema: „La théorie des solides et les quanta". Die Promotionsprüfung legte er bei Marie Curie (1867–1934) und Jean Perrin (1870–1942) ab. 1928 wurde Brillouin Professor für Physik an der Universität Paris und hielt bis 1931 auch Vorlesungen an der École Supérieure d'Èlectricité über Radiotechnik. Von 1932 bis 1939 wirkte er am Collège de France. 1939 bis 1940 war er der Direktor des französischen Rundfunks. Nach der Niederlage Frankreichs ging Brillouin in die USA und wurde 1941 Gastprofessor an der University of Wisconsin in Madison. 1942 wurde er Professor an der Brown University Providence (Rhode Island). Von 1943 bis 1945 arbeitete er in einer Forschungsgruppe für Angewandte Mathematik des Office of Scientific Research and Development. 1946 wechselte er zur Harvard University, wo er bis 1949 blieb. Im gleichen Jahr ging er als Direktor für Electronic Education zu IBM. 1952 wurde er Forschungsdirektor am Watson Scientific Computing Laboratory von IBM. Schließlich wurde er Adjunct Professor of Physics an der Columbia University in New York. International Anerkennung gewann er durch seine Arbeiten zur Festköperphysik und Informationstheorie.

Louis-Victor Pierre Raymond **de Broglie** (1892–1987) war ein französischer Physiker. Er gehörte zur französischen Adelsfamilie der Broglies und war der jüngere Bruder des Experimentalphysikers Maurice de Broglie. De Broglie gilt als einer der bedeutendsten Physiker des 20. Jahrhunderts. Für seine Entdeckung der Wellennatur des Welle-Teilchen-Dualismus in seiner Dissertation „Recherches sur la théorie des quanta" und der daraus resultierenden Theorie der Materiewellen erhielt er 1929 den Nobelpreis für Physik.

Eduard **Buchner** (1860–1917) war ein deutscher Chemiker und Nobelpreisträger. Er wurde am 20.05.1860 in München geboren, wo er auch die Schule besuchte und 1877 sein Studium an der LMU in München begann. Gleichzeitig besuchte er in den Jahren 1878 bis 1881 anorganische Praktika an der Technischen Universität München bei Emil Erlenmeyer. Durch seinen Kontakt zu einer Konservenfabrik kam er erstmals mit Gärungsprozessen in Berührung, durch die seine bedeutenden Untersuchungen zu biochemischen Gärungsprozessen veranlasst wurden. In der Zeit von 1882 bis 1884 forschte er über Spaltpilze und den Einfluss von Sauerstoff bei Gärungsprozessen. 1883 bis 1884 setzte er sein Studium an der LMU fort, wo er im Hauptfach organische Chemie bei Adolf von Baeyer (1835–1917) und Theodor Curtius (1857–1928) studierte. 1888 wurde Buchner von Baeyer promoviert und 1891 habilitierte sich bei ihm mit einer Arbeit „Über Synthesen von

Pyrazol-, Pyrazolin- und Trimethylenderivaten mittels Diazoessigäther – Ein Beitrag zur Kenntnis der ringförmigen Atombindung". Im Herbst 1893 ging er zu Curtius an die Universität Kiel, wo er als Privatdozent lehrte. Schließlich erhielt er 1896 den Ruf als außerordentlicher Professor für analytische und pharmazeutische Chemie an der Universität Tübingen. Hier entstand auch seine erste Arbeit zur alkoholischen Gärung ohne Hefezellen, für die er 1907 den Nobelpreis für Chemie erhielt. 1898 erhielt er einen Ruf als Ordinarius für Chemie von der Landwirtschaftlichen Hochschule in Berlin. In Berlin veröffentlichte er eine zweite Arbeit zur zellfreien Gärung. 1909 wurde er zum Mitglied der Leopoldina gewählt und folgte einem Ruf als Ordinarius für Chemie an die Universität Breslau. 1911 nahm er einen Ruf an die Universität in Würzburg an. Nach Ausbruch des Ersten Weltkrieges meldete sich Buchner zur Armee und wurde 1915 Major. Da der Universitätsbetrieb im Chemischen Institut der Universität Würzburg sehr unter der Abwesenheit Buchners litt, erreichte die Universität für ihn eine Freistellung, sodass er im März 1916 aus dem Kriegsdienst wieder entlassen wurde. Nach dem Kriegseintritt der USA meldete sich Buchner aber im April 1917 wieder freiwillig und befehligte eine bayerische Munitionskolonne. Am 11.08.1917 wurde er bei Focsani in Rumänien schwer verwundet und starb zwei Tage später. Er war ursprünglich der Doktorvater von Otto Stern, wurde aber wegen seines Wechsels nach Würzburg von Biltz vertreten.

Eberhard **Buchwald** (1886–1975) war ein deutscher Physiker. Buchwald wurde 1886 als Sohn des Breslauer Professors der Medizin Alfred Buchwald und seiner Ehefrau Marie, geborene Lauterbach, geboren. Nach dem Abitur studierte Buchwald zunächst an der schlesischen Friedrich-Wilhelms-Universität in Breslau Physik. 1909 wurde er von Otto Lummer an der Universität in Breslau promoviert und hier habilitierte er sich auch 1917. Nach dem Ersten Weltkrieg wurde er Privatdozent und 1921 außerordentlicher Professor. Von 1923 bis 1945 war er ordentlicher Professor für theoretische Physik an der TH Danzig. Nach dem Zweiten Weltkrieg war er bis zu seiner Emeritierung 1954 Professor an der Friedrich-Schiller-Universität in Jena. Er starb am 14.08.1975 in Warin in Mecklenburg.

Emil Arnold **Budde** (1842–1921) war ein deutscher Physiker. Nach ihm wurde der „Budde"-Effekt benannt (s. hierzu: Max von Laue, Nachruf auf Emil Arnold Budde, In: Verhandlungen der Deutschen Physikalischen Gesellschaft 1921, 66–68).

Heinrich **Byk** (1845–1923) war ein österreichischer Chemiker. Byk wurde am 07.07.1845 als Sohn des Bankiers Samuel Alexander Byk in Brody (Galizien) geboren, das damals zu Österreich-Ungarn gehörte. 1850 zog Byk mit seiner Familie nach Berlin und 1859 nach Leipzig. Hier besuchte er die Thomasschule und machte sein Abitur. Danach studierte er an den Universitäten Heidelberg und Leipzig Naturwissenschaften. 1870 wurde er an der Universität Leipzig von Hermann Kolbe promoviert. 1873 zog er nach Berlin und gründete hier die Firma Dr. Heinrich Byk, die mit pharmazeutischen, fotografischen und technischen Produkten handelte. Byk starb am 02.07.1923 in Berlin.

William Wallace **Campbell** (1862–1938) war ein amerikanischer Astronom. Er war ab 1891 Mitarbeiter am Lick-Observatorium nahe der Stadt San Jose bei San Francisco und von 1901 bis 1923 war er dort Direktor und Professor. Danach war er von 1923 bis 1930 Präsident der University of California. Er befasste sich mit Sternspektroskopie, z. B. Radialgeschwindigkeit von Sternen und Entdeckung von Doppelsternen mit spektroskopischen Methoden. Er leitete auch mehrere Sonnenfinsternisexpeditionen. 1931–1935 war er Präsident der National Academy of Sciences. Er hat Otto Stern einige Male für den Nobelpreis für Physik vorgeschlagen.

Sir James **Chadwick** (1891–1974) war ein englischer Physiker. Für die Entdeckung des Neutrons 1932 wurde Chadwick 1935 der Nobelpreis verliehen. Chadwick arbeitete zwei Jahre bei Ernest Rutherford am Physical Laboratory in Manchester, wo er sich mit verschiedenen Problemen der Radioaktivität befasste. Kurz vor Ausbruch des Ersten Weltkrieges ging er als Mitarbeiter zu Hans Geiger an die Physikalisch-Technische Reichsanstalt in Berlin-Charlottenburg. Nach der Rückkehr nach England und Rutherfords Übernahme der Leitung des Cavendish-Laboratoriums wurde er 1919 dessen enger Mitarbeiter und assistierender Direktor des Instituts. 1932 gelang Chadwick durch den Beschuss von Berylliumatomen mit Alphateilchen der experimentelle Nachweis für die Existenz des Neutrons. Seine Untersuchungen waren wichtige Vorarbeiten für Fermi sowie Hahn und Straßmann zur Entdeckung der Neutronen induzierten Spaltung von Kernen des Elements Uran. Chadwick widmete sich in der Folge dem Aufbau eines Zyklotrons an der Universität Liverpool. 1943 ging Chadwick in die USA, um am Manhattan-Projekt mitzuarbeiten. Er leitete dort die britische Mission beim Manhattan-Projekt und blieb bis 1946. Er hatte großen Anteil an der britischen Entscheidung zur Beteiligung am Aufbau des europäischen Kernforschungszentrums CERN.

Rudolf **Clausius** (1822–1888) war ein deutscher Physiker. Clausius wurde am 02.01.1822 in Köslin geboren. Er machte in Stettin sein Abitur und studierte ab 1840 in Berlin Mathematik und Physik. 1847 promovierte er in Halle bei Johann Salomo Christoph Schweigger und war dann bis 1850 am Friedrichswerderschen Gymnasium in Berlin als Lehrer für Physik und Mathematik tätig. Danach wurde er Professor für Physik an der Königlichen Artillerie- und Ingenieurschule in Berlin und Privatdozent an der Friedrich-Wilhelms-Universität in Berlin. 1855 ging er an das Eidgenössische Polytechnikum in Zürich (heute ETH). 1867 ging er an die Universität Würzburg und 1869 nach Bonn. Neben bedeutenden Arbeiten zu der sich in der damaligen Zeit herausbildenden neuen Wärmelehre, gilt Clausius als Entdecker des zweiten Hauptsatzes der Thermodynamik. Er starb am 24.08.1888 in Bonn.

Victor W. **Cohen** (1911–1974) war ein amerikanischer Physiker am Brookhaven National Laboratory. An der Columbia University arbeitete er mit dem Physik-Nobelpreis-Träger Isidor Isaak Rabi zusammen und bestimmte mit ihm erstmals den Kernspin von Natrium.

Arthur Holly **Compton** (1892–1962) war ein US-amerikanischer Physiker. 1920 erhielt Compton einen Ruf der Washington University in St. Louis, Missouri. Compton untersuchte um 1922 die Streuung von monochromatischen Röntgenstrahlen an Kristallen und beobachtete dabei, dass Elektronen frei gesetzt werden und die Strahlung zu längeren Wellenlängen verschoben ist. Compton hatte hiermit den später nach ihm benannten Compton-Effekt entdeckt. 1927 wurde er für diese Entdeckung mit dem Nobelpreis für Physik ausgezeichnet. Er wechselte 1923 an die University of Chicago. Von 1942 bis 1945 war Compton im Rahmen des Manhattan-Projektes Leiter der Plutoniumforschungsabteilung. Nach dem Zweiten Weltkrieg kehrte er nach Saint Louis zurück.

Karl Taylor **Compton** (1887–1954) war ein amerikanischer Physiker und der älteste Bruder von Arthur Compton. Er promovierte 1912 an der Princeton Universität und wurde dort 1919 „Full Professor". Von 1930 bis 1948 war er Präsident des MIT in Boston. Während des Krieges war er dort stark in die Kriegsforschung involviert und beriet auch amerikanische Präsidenten.

Edward Uhler **Condon** (1902–1974) war ein US-amerikanischer Physiker und wurde am 02.03.1902 in Alamogordo (New Mexico) geboren. Er fand 1927 eine wellenmechanische Begründung des 1926 von James Franck (1882–1964) aufgestellten Prinzips, mit dessen Hilfe sich Aussagen über die Wahrscheinlichkeit von Übergängen zwischen verschiedenen Schwingungszuständen eines Moleküls machen lassen. Das Prinzip bezieht sich auf den Fall, dass sich neben dem Schwingungszustand auch die elektronische Anregung des Moleküls ändert. Diese Gesetzmäßigkeit nennt man das Franck-Condon-Prinzip. 1928 konnte er den Alpha-Zerfall von Atomkernen mit dem quantenmechanischen Tunneleffekt erklären. Er war von 1928 bis 1937 Professor an der Princeton University und von 1945 bis 1951 Direktor des National Bureau of Standards. 1946 wurde er Präsident der American Physical Society und 1953 der American Association for the Advancement of Science. Von 1956 bis 1963 war er Professor an der Washington University in St. Louis, dann in Boulder. Ab 1966 leitete Condon ein Forschungsteam, das sich auf Ersuchen der US-Luftwaffe mit dem UFO-Problem beschäftigte. Die Ergebnisse des Condon Committee lösten unterschiedliche Reaktion aus, da Condon in seinem abschließenden Bericht angab, alle UFO-Phänomene natürlich erklären zu können, was von vielen Fachkollegen nicht akzeptiert wurde. Condon lieferte viele bedeutende Forschungsergebnisse zur quantentheoretischen Behandlung von Atom- und Molekülspektren. Er starb am 26.03.1974 in Boulder, CO.

Dirk **Coster** (1889–1950) war ein niederländischer Physiker. Von 1913 bis 1919 studierte er Physik an der Universität Leiden und promovierte dort 1922. Anschließend arbeitete er bei Karl Manne Siegbahn an der Universität Lund und bei Niels Bohr in Kopenhagen. Von 1924 bis 1949 lehrte er Experimentalphysik an der Universität Groningen. Gemeinsam mit George de Hevesy entdeckte er 1923 das Element Hafnium durch Röntgenspektroskopie in einem Zirkoniummineral.

Aimé **Cotton** (1869–1951) war ein französischer Physiker, der am 09.10.1869 in Bourg-en-Bresse geboren wurde. Er besuchte dort das Gymnasium (Lycée) und eine spezielle mathematische Abteilung am Lycée „Blais Pascal" in Clermont-Ferrand. 1899 trat er in die École normale supérieure (die „Höhere Normalschule") ein, die ein Hochschultyp in Frankreich und den frankophonen Ländern ist. Bei seinem Abschluss 1893 gewann er den physikalischen Wissenschaftspreis. An der École normal supérieure bereitete er sich auch auf seine Doktorarbeit vor, die er 1896 verteidigte und die den Titel „Forschungen über die Absorption und Dispersion des Lichtes von Substanzen, die zur optischen Rotation fähig sind" (Cotton-Effekt) trug. 1907 entdeckte er mit Henri Mouton (1869–1935) den Cotton- Mouton-Effekt, der auch als magnetische Doppelbrechung bezeichnet wird. Der Cotton-Mouton-Effekt bildet das Analogon zum elektrooptischen Kerr-Effekt. Ab 1910 war er Professor in Toulon und ab 1920 in Paris. 1923 wurde er in die Französische Akademie der Wissenschaften gewählt. 1938 wurde er Präsident dieser Akademie.

Richard Threlkeld **Cox** (1898–1991) war ein amerikanischer Physiker. Er studierte ab 1915 Physik an der Johns Hopkins University. 1920 machte er seinen Bachelor und 1924 wurde er promoviert. Seine Dissertation trägt den Titel „A Study of Pfund's Pressure Gauge". Von 1924 bis 1943 lehrte er an der New York University und kehrte dann an die Johns Hopkins University zurück. Seine Arbeitsgebiete waren die Wahrscheinlichkeitstheorie, die Elektronenstreuung und die Entladungen elektrischer Aale. Seine bedeutendste Leistung bildet das Theorem von Cox, das sich mit den logischen Grundlagen der Wahrscheinlichkeit beschäftigt.

Carl Julius **Cranz** (1858–1945) war ein deutscher Physiker und Mathematiker. Ab 1904 war er Professor an der militärtechnischen Akademie in Berlin-Charlottenburg und Leiter des Laboratoriums für Ballistik.

Andrew **Crommelin** (1865–1939) war ein irisch-britischer Astronom. Er wurde am 06.02.1865 in Irland geboren. Schon als Kind wanderte seine Familie nach England aus. Er arbeitete dann am Royal Greenwich Observatory und nahm an mehreren Sonnenfinsternisexpeditionen teil. Crommelin war ein Kometenexperte. Nach ihm wurde ein Mond- und ein Marskrater sowie der Asteroid Crommelin benannt. Er starb am 20.09.1939 in Großbritannien.

Nils Gustaf **Dalén** (1869–1937) war ein schwedischer Ingenieur. Er erhielt 1912 den Nobelpreis für Physik „für seine Erfindung selbstwirkender Regulatoren, die in Kombination mit Gasakkumulatoren zur Beleuchtung von Leuchttürmen und Leuchtbojen verwendet werden".

Charles Galton **Darwin** (1887–1962) war ein englischer Physiker und wurde am 19.12.1887 in Cambridge geboren. Er schloss 1910 sein Studium der Mathematik am Trinity College in Cambridge ab und wurde dann zeitweise Mitarbeiter von Ernest Rutherford (1871–1937) und Niels Bohr (1885–1962) in Manchester, wo er sich mit Fragen der Atomphysik beschäftigte. Unter der Anleitung von Henry Mosley (1887–1915) beschäftigte er sich ab 1912 mit der Röntgenbeugung. 1914 entwickelte er unabhängig von Peter Paul Ewald (1888–1985) eine dynamische Theorie der Röntgenstreuung (Röntgenstrahlinterferenzen) an Kristallgittern. Während des Ersten Weltkrieges befasste sich Darwin bei den Royal Engineers mit ballistischen Problemen und war ab 1919 Lecturer und Fellow des Christ Church College in Cambridge. Hier entwickelte er mit Ralph Howard Fowler (1889–1944) die Darwin-Fowler-Methode zur Berechnung von Mittelwerten und Schwankungen in statistischen Gesamtheiten. Nach einem Gastaufenthalt am California Institute of Technology wurde er 1924 Professor an der Universität Edinburgh, an der bis 1936 blieb. Darwin war der erste, der 1928 mit der neuen relativistischen Quantenmechanik von Paul Adrien Maurice Dirac (1902–1984) die Feinstruktur des Wasserstoffatoms behandelte (Darwin-Term). 1936 wurde er Master des Christ College in Cambridge und von 1938 bis 1949 Direktor des National Physical Laboratory in Cambridge. Während des Zweiten Weltkrieges war er bei der Koordinierung des Atombombenprojektes der Alliierten (USA und Großbritannien) beteiligt. Darwin beschäftigte sich in seinen wissenschaftlichen Arbeiten mit Optik und statistischer Mechanik.

Sheldon **Datz** (1927–2001) war ein amerikanischer Chemiker und Physiker. Er wurde am 27.07.1927 in New York City geboren. Nach seinem Schulabschluss studierte Datz an der Columbia University und hatte dann ab 1951 bis zu seinem Tode mehrere Positionen am Oak Ridge National Laboratory inne. 1960 promovierte er über ein Thema aus der physikalischen Chemie an der University of Tenessee. Sein Forschungsgebiet bestand in der Untersuchung der elektronischen Eigenschaften von Kristallen, die er mit hochenergetischen Ionen beschoss. Sheldon Datz starb am 15.08.2001 in Oak Ridge, TN.

Clinton Joseph **Davisson** (1881–1958) war ein US-amerikanischer Physiker. Davisson erhielt 1937 den Nobelpreis für die experimentelle Bestätigung der von de Broglie vorhergesagten Wellennatur von Elektronenstrahlen. Die Experimente hatte er zusammen mit Lester Halbert Germer durchgeführt. Er war von September 1911 bis April 1917 im Physik-Department am Carnegie Institute of Technology in Pittsburgh tätig, im Juni 1917 nahm er für die Zeit des Krieges eine Stelle in der Ingenieurabteilung der Western Electric Company (den späteren Bell Telephone Laboratories) in New York City an. Er wurde 1946 bei den Bell Telephone Laboratories nach 29 Dienstjahren pensioniert und war von 1947 bis 1949 Visiting Professor für Physik an der University of Virginia in Charlottesville, VA.

Peter **Debye** (1884–1966) war ein niederländischer Physiker und theoretischer Chemiker. Er studierte an der RWTH Aachen Elektrotechnik und war in Aachen Student von Arnold Sommerfeld, der ihn nach seinem Wechsel 1906 an die LMU München mitnahm. Debye arbeitete dort im Bereich der theoretischen Physik und wurde 1908 promoviert mit einer Arbeit über Strahlungsdruck. 1910 folgte die Habilitation. Im Jahr darauf wurde er Professor für theoretische Physik an der Universität Zürich als Nachfolger von Albert Einstein, wo er zwei Jahre blieb. Es folgten Professuren an der Universität Utrecht ab 1912, ab 1913 an der Universität Göttingen, ab 1920 an der ETH Zürich, ab 1927 an der Universität Leipzig und ab 1934 an der Friedrich-Wilhelms-Universität in Berlin. Seit 1935 war Debye Direktor des KWI für Physik in Berlin-Dahlem. Zwischen 1936 und 1939 war er auch Mitglied des Senats der Kaiser-Wilhelm-Gesellschaft. Als Vorsitzender der Deutschen Physikalischen Gesellschaft (DPG), was er 1937 bis 1939 war, sah sich Debye 1938 genötigt, in einem Rundschreiben die verbliebenen jüdischen Mitglieder zum Austritt aufzufordern. Als das nationalsozialistische Regime von Debye die Annahme der deutschen Staatsbürgerschaft verlangte, lehnte er dies ab; er ließ sich beurlauben, ging mit Frau und Sohn 1940 in die USA und lehrte ab 1940 an der Cornell University in Ithaca, NY. 1941 wurde er US-Staatsbürger, sodass er danach an kriegswichtiger Forschung über Kunststoffe beteiligt sein konnte. Auch nach dem Krieg setzte er die Polymerforschung fort. 1952 ging er an der Cornell University offiziell in den Ruhestand, forschte dort aber weiter bis zu seinem Tod.

Max **Dehn** (1878–1952) war ein deutscher Mathematiker. Von 1921 bis 1939 war er Professor in Frankfurt. Er emigrierte über Norwegen in die USA.

Gustav Adolf **Deißmann** (1866–1937) war ein deutscher evangelischer Theologe, Papyrologe und Ökumeniker.

Max Ludwig Henning **Delbrück** (1906–1981) war ein deutsch-amerikanischer Biophysiker. 1969 wurde ihm der Nobelpreis für Medizin verliehen.

Otto **Diels** (1876–1954) war ein deutscher Chemiker und Nobelpreisträger. Er wurde am 23.01.1876 in Hamburg geboren. Diels besuchte das Joachimsthalsche Gymnasium in Berlin und studierte dann an der Friedrich-Wilhelms-Universität in Berlin bei Emil Fischer (1852–1919) Chemie. 1899 schloss er sein Studium ab und wurde mit der Dissertation „Zur Kenntnis der Cyanurverbindungen“ am 19.07.1899 in Berlin promoviert. 1904 erfolgte die Habilitation und 1906 erhielt er den Titel Professor. 1913 wurde er außerordentlicher Professor an der Friedrich-Wilhelms-Universität in Berlin und 1916 erfolgte die Ernennung zum ordentlichen Professor und Direktor des Chemischen Institutes der Christian-Albrechts-Universität in Kiel. Von 1925 bis 1926 war er auch Rektor der Christian-Albrechts-Universität. Diels leitete das Institut für Chemie bis 1945. Seine hauptsächlichen Arbeitsgebiete bildeten die Konstitution der Steroide, die Dehydrierungsreaktionen mit Selen, α-Diketone, Urethane und Kohlenstoffsuboxid. Mit seinem Schüler Kurt Alder (1902–1958) erhielt er 1950 den Nobelpreis für Chemie für die Entdeckung der Diels-Alder-Reaktion.

Paul Adrien Maurice **Dirac** (1902–1984) war ein britischer Physiker. Eine seiner wichtigsten Leistungen ist die Herleitung der sog. Dirac-Gleichung im Jahre 1928, in der Einsteins spezielle Relativitätstheorie und die Quantenphysik erstmals zusammengebracht werden konnten. Damit legte er die Grundlagen für den späteren

Nachweis von Antimaterie. 1933 wurde ihm dafür der Nobelpreis für Physik verliehen.

Robert E. **Doherty** (1885–1950) war ein amerikanischer Elektroingenieur. Er war ab 1935 bis 1950 Präsident des Carnegie Institutes of Technology in Pittsburgh.

Edward Adelbert **Doisy** (1893–1986) war ein US-amerikanischer Biochemiker und Hochschullehrer an der Saint Louis University. Für seine Entdeckung der chemischen Natur des Vitamins K erhielt er 1943 gemeinsam mit Henrik Dam den Nobelpreis für Medizin.

Friedrich **Dolezalek** (1873–1920) war ein österreichisch-ungarischer bzw. deutscher Chemiker für physikalische Chemie an der TH Berlin.

Théophile Ernest **de Donder** (1872–1957) war ein belgischer Physiker und Physikochemiker. Er wurde am 19.08.1872 in Brüssel geboren und wollte – wie sein Vater – Volksschullehrer werden. Er bildete sich wissenschaftlich weiter und erhielt schließlich 1899 von der Universität Brüssel den Doktorgrad für Physik, ohne jemals eine Vorlesung besucht zu haben. Erst spät wurde er Professor in Brüssel und konnte den Schuldienst aufgeben. Die Arbeitsgebiete de Donders waren die allgemeine Relativitätstheorie und die Thermodynamik, hier besonders die Thermodynamik von Nichtgleichgewichtsprozessen. Mit Albert Einstein (1879–1955) stand de Donder in freundschaftlichem Gedankenaustausch. Der bedeutendste Schüler de Donders, der auch seine Forschungen fortführte, war der Physikochemiker Ilya Prigogine (1917–2003), der 1977 den Nobelpreis für Chemie erhielt.

Jakov Grigorevich **Dorfman** (1898–1974) war ein russischer Physiker. Er wirkte im späteren Leningrad und hatte 1923 die para- und ferromagnetischen Resonanzerscheinungen vorhergesagt und war seit 1930 Leiter des magnetischen Laboratoriums in Leningrad. Dorfmann beteiligte sich auch am 6. Solvaykongreß 1930 in Brüssel, wo er u. a. auch Wolfgang Pauli kennenlernte. Er starb am 04.11.1974 in Moskau (s. hierzu: Karl von Meyenn (Hrsg.), W. Pauli, Wissenschaftlicher Briefwechsel mit Bohr, Einstein, Heisenberg u. a., Band II: 1930–1939, New York, Heidelberg, Berlin: Springer (1985), 87).

Louis Dominique Joseph Armand **Dunoyer** de Segonzac (1880–1963) war ein französischer Physiker. Ihm gelang es 1911, den ersten Atomstrahl im Vakuum zu erzeugen.

Saul **Dushman** (1883–1954) war ein russisch-amerikanischer Chemiker.

Carl Henry **Eckart** (1902–1973) war ein US-amerikanischer Physiker und Ozeanograph, der am 04.05.1902 in St. Louis, MI geboren wurde. Eckart studierte an der Washington University in St. Louis. 1923 schloss er sein Studium mit dem Master ab und wurde 1925 an der Princeton University promoviert. Von 1925 bis 1927 war er am California Institute of Technology und 1927 bis 1928 bei Arnold Sommerfeld (1868–1951) an der LMU München. Von 1928 bis 1946 war er Professor an der University of Chicago. 1930 veröffentlichte Eckhart mit Eugene Paul Wigner (1902–1995) das sog. Wigner-Eckhart-Theorem. Es ist ein Hilfsmittel für die Berechnung der Matrixelemente eines Tensoroperators, wenn dessen Symmetrieeigenschaften bekannt sind. Während des Zweiten Weltkrieges beschäftigte er sich mit Unterwasserschall. Von 1946 bis 1952 war er dann Direktor des Marine Physical Laboratory an der University of California und von 1948 bis 1951 Direktor der Scripps Institution of Oceanography. Er war von 1963 bis 1965 Präsident des Akademischen Senates der University of California und wurde 1965 der Vice Chancellor for Academic Affairs der University of California. Bis zu seiner Emeritierung 1971 blieb er Professor für Geophysik am Scripps Institute.

Sir Arthur Stanley **Eddington** (1882–1944) war ein britischer Astrophysiker. Ihm gelang es 1919, die von Einstein in der allgemeinen Relativitätstheorie vorausgesagte Gravitationsfeldablenkung von Licht nachzuweisen.

John Emil Max **Eggert** (1891–1973) war ein deutscher physikalischer Chemiker.

Hans **Ehrenberg** (1922–2004) war ein deutscher Kernphysiker und wurde am 13.09.1922 in Bonn geboren. Nach dem Abitur in Aachen begann Ehrenberg ab Herbst 1940 sein Studium der Physik an der RWTH in Aachen. Nach einer Unterbrechung seines Studiums durch den Zweiten Weltkrieg setzte er sein Studium bei Richard Becker, Hans Kopfermann und Wolfgang Paul (Physik-Nobelpreis 1989) in Göttingen fort. 1950 schloss er sein Studium mit dem Diplom ab. 1952 promovierte er mit einer Dissertation mit dem Titel: „Isotopenanalyse an Bleierzen in Mineralien“. Danach ging er als Assistent von Paul an das physikalische Institut der Universität Bonn und war hier maßgeblich an der Entwicklung des 500-MeV-Elektronen-Synchrotrons beteiligt. 1956/57 hatte Ehrenberg einen Auslandsaufenthalt am High Energy Physics Laboratory der Stanford University bei dem Nobelpreisträger Robert Hofstadter. Hier bestimmte er erstmals den magnetischen Formfaktor des Neutrons. 1958 habilitierte er sich in Bonn und wechselte 1961 an die Universität Mainz als Nachfolger von Herwig Schopper. Hier ließ er einen 300-MeV-Elektronenlinearbeschleuniger (Mainzer Mikrotron MAMI) für weitere Forschungen auf dem Gebiet der Kern- und Hochenergiephysik bauen. 1990 wurde er emeritiert. Er starb am 19.11.2004 in Mainz.

Paul **Ehrenfest** (1880–1933) war ein österreichischer Physiker und wurde am 18.01.1880 in Wien geboren. Schüler und Doktorand von Boltzmann. 1907 bis 1912 in St. Petersburg. Ab 1912 Professor für theoretische Physik und Nachfolger von H. A. Lorentz in Leiden.

Albert **Einstein** (1879–1955) war ein deutsch-amerikanischer theoretischer Physiker. Von 1901 bis zu seinem Tode besaß er auch die Staatsbürgerschaft der Schweiz. 1905 publizierte er drei Arbeiten (1. über den Photoeffekt, 2. über die Brown’sche

Molekularbewegung und 3. seine spezielle Relativitätstheorie), die zu den wichtigsten Veröffentlichungen des 20. Jahrhunderts zählen. Seine Forschungen zur Struktur von Materie, Raum und Zeit sowie dem Wesen der Gravitation veränderten maßgeblich das physikalische Weltbild. Auch zur Quantenphysik leistete er wesentliche Beiträge. „Für seine Verdienste um die theoretische Physik, besonders für seine Entdeckung des Gesetzes des photoelektrischen Effekts“ erhielt er den Nobelpreis des Jahres 1921. 1933 verließ er Deutschland und hat es bis zu seinem Tode nie mehr betreten.

Anton Freiherr von **Eiselsberg** (1860–1939) war einer der bedeutendsten Chirurgen. Er war ab 1893 Professor für Medizin an der Universität Utrecht und ab 1896 an der Universität in Königsberg, bevor er von 1901 bis 1931 die I. Chirurgische Universitätsklinik Wien als Direktor leitete.

Walter Maurice **Elsasser** (1904–1991) war ein deutsch-amerikanischer Physiker der am 20.03.1904 in Mannheim geboren wurde. Er studierte an den Universitäten Heidelberg, München und Göttingen. 1925 nahm er einen Versuch zur Beugung und Interferenz von Elektronen an Kristallgittern vor, um die Wellennatur des Elektrons zu demonstrieren. Dieser Versuch, der de Broglies Hypothese stützte, wurde dann 1927 von Clinton Joseph Devisson (1881–1958) und Lester Halbert Germer (1896–1971) durchgeführt. Der Davisson-Germer-Versuch der Elektronenbeugung an Kristallen bewies den Wellen-Teilchen-Dualismus der von Elektronen durch die Beobachtung der Interferenz ihrer Materiewellen. 1927 promovierte er in Göttingen mit der Dissertation „Zur Theorie der Stoßprozesse bei Wasserstoff“. Es begann seine Zeit als Assistent. 1927 ging er nach Leiden zu Paul Ehrenfest (1880–1933), dann wechselte er an die ETH nach Zürich und arbeitete bei Max von Laue (1879–1960) in Berlin. Von 1928 bis 1930 war er Assistent an der TH Berlin. 1929 erhielt er eine Einladung an das Physikalische Institut in Charkow und war dann von 1930 bis 1933 Assistent von Erwin Madelung (1881–1972) an der Universität in Frankfurt am Main. Von 1933 bis 1936 war er am Institut Henri Poincare in Paris. Da für ihn ein wissenschaftliches Arbeiten in Deutschland nicht mehr möglich war, emigrierte er 1936 in die USA, wo er am California Institute of Technology eine neue Wirkungsstätte fand. In diesem Jahr konnte er auch die Neutronenbeugung nachweisen. 1939 schuf er die Dynamotheorie des Erdmagnetismus. Ab 1941 war er am meteorologischen Observatorium der Harvard University tätig. Im Zweiten Weltkrieg war er ab 1942 am Laboratorium der US Army in Fort Monmouth tätig. 1950 veröffentlichte er bedeutende Arbeiten zur Magnetohydrodynamik des Erdkerns. Weitere Arbeitsgebiete von Walter Elsasser waren die Quantenmechanik und Biophysik. Sein ganzes Leben lang war er an biologischen Problemen interessiert und forschte nach dem Zusammenhang von Leben und Materie. Er starb am 14.10.1991 in Baltimore, MD.

Julius Johann Phillipp Ludwig **Elster** (1854–1920) war ein deutscher Physiker. Elster arbeitete zusammen mit Hans Friedrich Geitel auf den Gebieten der Meteorologie, Atomphysik und speziell des lichtelektrischen Effektes. 1893 erfanden Elster und Geitel die Fotozelle. Elster war seit 1892 Mitglied der Leopoldina. 1902 wurde er zum auswärtigen Mitglied der Göttinger Akademie der Wissenschaften gewählt. 1915 wurde ihm die Ehrendoktorwürde der Technischen Hochschule Braunschweig verliehen.

Paul Sophus **Epstein** (1883–1966) war ein russisch-amerikanischer Physiker. Er arbeitete als theoretischer Professor am California Institute of Technology.

Joseph **Erlanger** (1874–1965) war ein amerikanischer Physiologe, der für die Entdeckung unterschiedlicher Arten von Nervenfasern im Jahre 1944 zusammen mit Herbert Spencer Gasser den Nobelpreis für Physiologie oder Medizin erhielt.

Immanuel **Estermann** (1900–1973) war ein deutsch-amerikanischer Atomphysiker. Er studierte physikalische Chemie in Hamburg und wurde dort 1921 bei Max Vollmer promoviert. 1923 wurde er ein enger Mitarbeiter von Otto Stern in Rostock und blieb es bis 1945. Mit der Machtergreifung der Nationalsozialisten verlor er als Jude seine Assistentenstelle an der Universität Hamburg. Er emigrierte 1933 in die USA an das Carnegie Institute of Technology in Pittsburgh (zusammen mit Otto Stern), wo er Associate Professor und nach dem Zweiten Weltkrieg Professor wurde. 1951 ging er an das Office of Naval Research, zunächst als Berater und Leiter der Abteilung Materialwissenschaften, ab 1959 als deren wissenschaftlicher Direktor in London. 1964 ging er nach Israel, wo er Lidow Professor für Festkörperphysik am Technion wurde. Estermann starb 1973 in Haifa.

Arnold **Eucken** (1884–1950) war ein deutscher Physikochemiker er wurde am 03.07.1884 in Jena geboren. Eucken studierte an der Christian-Albrechts-Universität in Kiel, wechselte dann an die Universität Jena und schließlich an die Friedrich-Wilhelms-Universität in Berlin. Hier arbeitete er bei Walther Nernst (1884–1941) und wurde 1907 mit der Dissertation „Über den stationären Zustand zwischen polarisierten Wasserstoffelektroden" promoviert. 1911 habilitierte er sich in Kiel. Zur Übernahme eines Lehrstuhles an der Universität Breslau, den er bereits 1915 übernehmen sollte, kam es, bedingt durch den Ersten Weltkrieg, erst 1919. 1930 ging er als Nachfolger von Gustav Tammann (1861–1938) an die Georg-August-Universität in Göttingen. Hier wirkte er bis 1950 als Ordinarius. Euckens wissenschaftliche Leistungen liegen auf dem Gebiet der physikalischen und der technischen Chemie. Er führte genaue Bestimmungen der spezifischen Wärme und der Leitfähigkeit von Festkörpern und Gasen durch und konnte experimentell die Gültigkeit des von Peter Debye (1884–1966) gefundenen $T^3$-Gesetzes und den 3. Hauptsatz der Thermodynamik (Nernst'scher Wärmesatz) bestätigen. Arnold Eucken starb am 16.06.1950 in Seebruck am Chiemsee durch Freitod.

Peter Paul **Ewald** (1888–1985) war ein deutscher Physiker und wurde am 23.01.1888 in Berlin geboren. Ewald studierte in München Physik und wurde mit der Dissertation „Dispersion und Doppelbrechung von Elektronengittern (Kristallen)" 1912 von Arnold Sommerfeld (1868–1951) promoviert. 1918 habilitierte er sich mit der

Arbeit „Die Kristalloptik der Röntgenstrahlen“. 1921 wurde er außerordentlicher Professor an der TH Stuttgart und arbeitete hier eng mit Richard Glocker (1890–1978) zusammen. Ewald war der erste, der in Fortsetzung der bedeutenden Arbeiten von Max von Laue (1879–1960) über die Röntgeninterferenzen der Kristalle eine theoretische Grundlage hierfür lieferte und Einzelheiten der Röntgenstreuungsversuche von Max von Laue verständlich machte. Er begründete auch die dynamische Theorie der Röntgeninterferenzen, die auch auf andere Strahlungsarten angewendet werden konnte. Von 1932 bis 1933 war er Rektor der Technischen Hochschule Stuttgart. Im April 1933 trat Ewald von allen Ämtern zurück und verließ 1938 Deutschland für immer. Der theoretische Physiker und Nobelpreis-Träger Hans Bethe (1906–2005) heiratete Ewalds Tochter Rose. Ewald starb am 22.08.1985 in Ithaca, NY.

Kasimir (Kazimierz) **Fajans** (1887–1975) war ein polnisch-deutsch-amerikanischer Physikochemiker. Von 1904 bis 1909 studierte er Chemie in Leipzig und in Heidelberg, wo er auch promovierte. Weitere Stationen waren die ETH in Zürich (bei Richard Willstätter) und die Universität Manchester (bei Ernest Rutherford). 1913 wurde Fajans in Karlsruhe habilitiert, und 1917 ging er als außerordentlicher Professor an die LMU München, wo er 1925 zum ordentlichen Professor für physikalische Chemie ernannt wurde. 1918 wurde er deutscher Staatsbürger. 1932 wurde er Direktor des Instituts für Physikalische Chemie. Da Fajans Jude war, wurde er 1935 in München entlassen. Er emigrierte in die USA und war von 1936 bis 1957 Professor an der University of Michigan in Ann Arbor. 1942 nahm er die amerikanische Staatsbürgerschaft an. Fajans entdeckte 1913 gleichzeitig mit Frederick Soddy das Verschiebungsgesetz. Im gleichen Jahr isolierte er aus Uran das Isotop mit der Massenzahl 234 des Elementes Protactinium.

Ladislaus **Farkas** (1904–1948) war ein ungarischer Physikochemiker und wurde am 10.05.1904 in Dunaszerdahely in Ungarn geboren. Nach seinem Schulabschluss nahm er von 1922 bis 1924 ein Studium der Chemie an der Technischen Hochschule in Wien auf und ging dann an die TH Berlin, wo er am 27.04.1928 mit der Dissertation „Der Reaktionsmechanismus des photochemischen Jodwasserstoffzerfalls“ promoviert wurde. Gleich nach seiner Promotion bekam er eine Stelle bei Fritz Haber (1868–1934) am KWI für Physikalische Chemie in Berlin. 1933 wurde er entlassen, weil er jüdischer Abstammung war. 1936 erhielt er an der Hebräischen Universität in Jerusalem eine Professur für Physikalische Chemie. Ladislaus Farkas starb bei einem Flugzeugabsturz in der Nähe von Rom am 31.12.1948.

Enrico **Fermi** (1901–1954) war ein italienisch-amerikanischer Physiker und einer der großen Pioniere der Kernphysik. Ab 1926 war er Professor für theoretische Physik in Rom. 1934 wandte sich Fermi der Experimentalphysik zu. Mithilfe von freien Neutronen untersuchte er Kernumwandlungsprozesse von Transuranen. Fermi emigrierte 1938 in die USA und arbeitete dort sehr aktiv im „Manhattan-Projekt“ mit. Das erste Transuran konnte er 1942 nachweisen. 1938 erhielt Fermi für seine kernphysikalischen Arbeiten den Nobelpreis. Fermi konnte 1942 mit dem Reaktor an der

University of Chicago erstmals eine kritische Kernspaltungskettenreaktion in Gang setzen. Im Sommer 1944 ging Fermi nach Los Alamos in das geheime Atomforschungslabor der USA und wurde Berater von Robert Oppenheimer. Fermi spielte eine wichtige Rolle bei Entwicklung und Bau der ersten Atombomben. Nach dem Zweiten Weltkrieg beschäftigte sich Fermi wieder mit der Grundlagenforschung im Kernforschungszentrum an der Universität Chicago.

Markus **Fierz** (1912–2006) war ein Schweizer Physiker. Für seine Beiträge zur Quantentheorie etc. erhielt er 1979 die Max-Planck-Medaille und 1989 die Einstein-Medaille.

Eric Charles **Flint** (siehe Erich **Friedländer**)

Adriaan Daniel **Fokker** (1887–1972) war ein niederländischer Physiker. Nach dem Studium an den Universitäten Delft und Leiden bei Hendrik Lorentz ging er zu Einstein (nach Zürich) und zu Rutherford und Bragg. Mit Max-Planck entdeckte er die Fokker-Planck-Gleichung. Später wurde er Professor in Leiden.

Paul Darwin **Foote** (1888–1971) war ein Elektronikingenieur mit physikalischem Interesse. Anfang der 1930er-Jahre kam er nach Pittsburgh und übernahm dort eine führende Stelle in der Ölindustrie.

James **Franck** (1882–1964) war ein deutsch-amerikanischer Physiker, der ab 1916 Professor in Berlin war. Von 1918 bis 1920 war er Abteilungsleiter im KWI für Physikalische Chemie in Berlin-Dahlem. 1920 wechselte er – wie Max Born – nach Göttingen, wo er bis zu seiner Emigration 1933 blieb. 1925 erhielt er zusammen mit Gustav Hertz (1887–1975) für den 1913 ausgeführten Franck-Hertz-Versuch den Nobelpreis für Physik. 1935 emigrierte er in die USA und war von 1935 bis 1938 Professor an der John Hopkins University in Baltimore und von 1938 bis zu seiner Emeritierung 1947 Professor für physikalische Chemie in Chicago. Er arbeitete seit 1942 im Manhattan-Projekt mit, wo er sich mit metallurgischen Problemen befasste. Nach dem Tod seiner ersten Frau war er in zweiter Ehe mit seiner früheren Assistentin Hertha Sponer verheiratet. Stern und Franck hatten sich schon während des Ersten Weltkrieges in Berlin bei Fritz Haber kennengelernt und waren lebenslang eng befreundet. Er ist auch bekannt durch den sog. Franck-Report, als er versuchte, den Präsidenten der USA vom Einsatz der Atombombe im Krieg gegen Japan abzubringen.

Ilya Mikhailovich **Frank** (1908–1990) war ein russischer Physiker. Zusammen mit Pavel Cherenkov und Igor Tamm entdeckte er in Moskau die sog. „Cherenkov-Strahlung", für die alle drei 1958 den Nobelpreis für Physik erhielten.

Ronald George Juta **Fraser** (1899–1985) war ein britischer Physiker. Ende der 1920er-Jahre war er Postdoc bei Otto Stern in Hamburg. Er arbeitete in den 1930er-Jahren bei Imperial Chemical Industries und an der Universität Cambridge. Nach dem Zweiten Weltkrieg war er für die physikalische Forschung in der britischen Besatzungszone zuständig und förderte die Göttinger Physiker. Er förderte die Gründung einer DPG in der britischen Zone und war maßgeblich an der Neugründung der Physikalisch-Technischen Reichsanstalt in Braunschweig beteiligt. Er war der Erste, der den Beweis erbrachte, dass die Aufspaltung des Ag-Strahles im Stern-Gerlach-Experiment auf den Elektronenspin zurückzuführen war. 1949 wurde er Ehrenmitglied der DPG.

Erwin Finlay **Freundlich** (1885–1964) war ein deutscher Astrophysiker. Er wurde am 29.05.1895 in Wiesbaden geboren. Erwin Finlay Freundlich hatte eine schottische Mutter, Ellen Elizabeth Finlayson, und einen deutschen Vater. Nach dem Schulbesuch in Wiesbaden ging er an die Universität Göttingen und promovierte hier 1910 bei Felix Klein. Danach wurde er Assistent an der Berliner Sternwarte. Freundlich wurde hauptsächlich durch seine Versuche der Messung der Lichtablenkung durch die Schwerkraft bekannt, die von Einstein vorausgesagt worden war. Der Nachweis dieser Ablenkung erwies sich aber als sehr schwierig. Nach dem Ersten Weltkrieg wurde Freundlich der Leiter des Sonnenobservatoriums in Potsdam (Einstein-Turm). 1933 musste Freundlich wegen seiner jüdischen Abstammung Deutschland verlassen und ging in die Türkei, wo er zusammen mit dem Frankfurter Astronomen Wolfgang Gleißberg das Astronomische Institut an der Universität Istanbul leitete. 1937 ging er an die Universität in Prag, wo er bis 1939 blieb, und dann an die Universität St. Andrews in Schottland ging. Nach seiner Pensionierung kehrte Freundlich nach Deutschland zurück und lehrte an der Mainzer Universität als Honorarprofessor. Er starb am 24.07.1964 in seiner Heimatstadt Wiesbaden.

Erich **Friedländer** (1901–1997) war ein deutsch-amerikanischer Chemiker. Er besuchte das Goethe Gymnasium in Frankfurt am Main und begann 1920 sein Studium der Chemie an der Universität Frankfurt. Er promovierte 1930 bei Richard Lorenz in Frankfurt und wechselte ins KWI für Physikalische Chemie nach Berlin. 1933 musste er als Jude emigrieren, zunächst nach Frankreich, dann in die Schweiz und 1940 in die USA. Hier nahm er den Namen „Eric Charles Flint“ an. 1944 gratulierte er Stern zu dessen Nobelpreis und lebte damals in Upper Montclair im Staate New Jersey.

Robert Marc **Friedman** (*1955) ist Professor für Geschichte der Physik an der Universität Oslo. 1978 hat er an der John Hopkins University promoviert. Von 1989 bis 1997 war er Professor am Dept. of History & Science an der Univ. of Calif, San Diego, und von 1997 bis 2000 Senior Researcher am Forum for University History der University of Oslo. Von 2000 bis 2009 war er Professor of History of Science an der Univ. of Oslo. Seit 2010 war er wieder Professor of History of Science am Inst. for arkeologi, konservering & historie, an der Universität Oslo. In dieser Zeit verbrachte er längere Gastaufenthalte in den USA und Deutschland.

Walter **Friedrich** (1883–1963) war ein deutscher Biophysiker. Er wurde 1911 bei Röntgen in München promoviert. 1912 wies er auf Vorschlag von Max von Laue zusammen mit seinem Doktoranden Paul Knipping erstmals durch Streuung der röntgenschen „X-Strahlen" an Kristallen die Interferenzeigenschaften dieser Strahlung nach. Laue wurde für diese Entdeckung der Physik-Nobelpreis des Jahres 1914 verliehen. Diese Kleinwinkelstreumethode von Röntgenstrahlung wurde später zu einer wichtigen Untersuchungsmethoden für Molekülstrukturen in der Biophysik.

Otto Robert **Frisch** (1904–1979) war ein österreichisch-britischer Physiker und Neffe von Lise Meitner. 1922 begann er sein Physikstudium an der Universität Wien und promovierte 1926. Nach mehrjährigem Aufenthalt an der Physikalisch-Technischen Reichsanstalt in Berlin erhielt er bei Otto Stern am Institut für Physikalische Chemie in Hamburg eine Anstellung und war hier an mehreren Pionierexperimenten zur Untersuchung zur Kernstruktur von Protonen und Deuteronen beteiligt. Nach der Machtübernahme Hitlers emigrierte er im Sommer 1933 nach London an das Birkbeck College, wo er beim Physiker Patrick Maynard Stuart Blackett über die Technologie der Nebelkammer und über künstliche Radioaktivität arbeitete. Ab 1934 arbeitete er fünf Jahre in Kopenhagen bei Niels Bohr an Fragen der Kernphysik, insbesondere der Neutronenphysik. Meitner und Frisch stellten als Erste die Hypothese auf, dass in Otto Hahns Experimenten eine Spaltung des Uranatoms in zwei Teile, also eine „Kernspaltung", erfolgt sein müsse. Frisch beobachtete als Erster die energiereichen Bruchstücke durch ein physikalisches Experiment am 13.01.1939 in Kopenhagen und bestätigte so die Kernspaltung.

Wendell Hinkle **Furry** (1907–1984) war ein Doktorand von Ernest Lawrence (1901–1958) in Berkeley und hat später als theoretischer Physiker auf dem Gebiet der Kernphysik (Mesonen) gearbeitet.

Dennis **Gábor** (1900–1979) war ein ungarischer Ingenieur, der 1971 den Nobelpreis für Physik für die Erfindung der Holografie erhielt. Er lebte von 1920 bis 1933 in Deutschland, danach emigrierte er nach England. Dennis Gábor war Gründungsmitglied des Club of Rome.

Wolfgang Max Paul **Gaede** (1878–1945) war ein deutscher Physiker und Pionier bei der Entwicklung von Vakuumpumpen.

George Anthony **Gamow** (1904–1968) war ein russisch-amerikanischer Physiker. Er trug wesentlich zur Kernphysik und zur Urknalltheorie bei und sagte 1948 mit seiner Arbeitsgruppe die kosmische Hintergrundstrahlung voraus. An der George Washington University in Washington, DC arbeitete er mit Edward Teller und Ralph Alpher zusammen. Beispielsweise führte er in Zusammenarbeit mit Teller 1934 bis 1936 Gamow-Teller-Übergänge in die Theorie des Betazerfalls ein. Seine Arbeiten über die Theorien des Alphazerfalls von Atomkernen (Tunneleffekt), der thermonuklearen Reaktionen, der Entstehung der Sterne und der Elemente (Alpher-Bethe-Gamow-Theorie) sowie des Betazerfalls sind wichtige Arbeiten der Kernphysik.

Ernst Johann **Gehrcke** (1878–1960) war ein deutscher Physiker. Gehrcke zählte neben Paul Weyland, Philipp Lenard und Johannes Stark zu den bekanntesten Physikern, die die Relativitätstheorie ablehnten. Gehrcke war von 1901 bis 1946 Mitarbeiter der Physikalisch-Technischen Reichsanstalt in Berlin.

Hans **Geiger** (1882–1945) war ein deutscher Physiker. Er studierte ab 1902 Physik und Mathematik in Erlangen und München und wurde dann bei Eilhard Wiedemann (1852–1928) mit der Dissertation „Strahlungs-, Temperatur- und Potentialmessungen in Entladungsröhren mit starken Strömen" promoviert. Er ging dann nach Manchester und wurde zuerst Assistent von Arthur Schuster (1851–1934) und ab 1907 von Ernest Rutherford (1871–1937). 1912 ging er zurück nach Deutschland – er galt nun als international anerkannter Fachmann auf dem Gebiet der Radioaktivität – und wurde Mitarbeiter der Physikalisch-Technischen Reichsanstalt in Berlin-Charlottenburg. 1924 habilitierte er sich. 1925 wurde er Professor in Kiel. 1929 wechselte er nach Tübingen. 1936 wurde er Direktor des Physikalischen Instituts der TH Berlin. Hans Geiger starb am 24.09.1945 in Potsdam. Bekannt wurde er vor allem durch den Geiger-Zähler.

Walther **Gerlach** (1889–1979) war ein deutscher Physiker. Er promovierte 1912 bei Friedrich Paschen in Tübingen und habilitierte sich dort 1916. Seit 1917 war er Privatdozent an der Georg-August-Universität Göttingen und kam 1919 nach einem kurzen Aufenthalt in der Industrie an die Universität Frankfurt, wo er 1921 außerordentlicher Professor wurde. 1921/22 führte er zusammen mit Otto Stern den sog. Stern-Gerlach-Versuch zum Nachweis der Richtungsquantelung durch. Ab 1925 ging Gerlach als Ordinarius als Nachfolger Paschens nach Tübingen. 1929 erhielt Gerlach den Lehrstuhl für Experimentalphysik an der LMU München, den er bis zur Emeritierung 1957 innehatte. Ab 1943 leitete er die Fachsparte Physik und die Arbeitsgemeinschaft für Kernphysik im Reichsforschungsrat und war Bevollmächtigter des Reichsmarschalls für Kernphysik für das deutsche Uranprojekt, ab 1944 war er Bevollmächtigter für Kernphysik. Er war von 1948 bis 1951 Rektor der LMU und von 1949 bis 1951 auch der erste Präsident der Fraunhofer-Gesellschaft sowie von 1956 bis 1957 Präsident der Deutschen Physikalischen Gesellschaft (DPG).

Lester Halbert **Germer** (1896–1971) war ein amerikanischer Physiker. Zusammen mit Clinton Davisson wies er 1927 erstmals experimentell die Welleneigenschaften von Elektronenstrahlen nach.

William Francis **Giauque** (1895–1982) war ein amerikanischer Chemiker. Giauque erhielt 1949 den Nobelpreis „für seinen Beitrag zur chemischen Thermodynamik, insbesondere für seine Untersuchungen über die Eigenschaften bei extrem tiefen Temperaturen".

R. C. **Gibbs** (1878–?) war ein amerikanischer Physiker. Zu seinen wissenschaftlichen Arbeiten gehören Untersuchungen zur Kernstruktur (magnetische Momente). Ab 1934 arbeitete er an der Cornell University z. T. in Kooperation mit Hans Bethe.

Er war bis 1946 Chairman des „Physics Departments“. 1946 hat er sich emeritieren lassen.

Josiah Willard **Gibbs** (1839–1903) war ein amerikanischer Physiker und hat zusammen mit Ludwig Boltzmann die statistische Mechanik begründet.

James J. **Gibson** (1904–1979) war ein amerikanischer Psychologe. Gibson lehrte von 1929 bis 1949 am Smith College und von 1949 bis zu seinem Tode an der Cornell University. Sein Arbeitsgebiet war die Wahrnehmungspsychologie.

Maria **Goeppert-Mayer** (1906–1972) war eine deutsch-amerikanische Physikerin und Nobelpreis-Trägerin. Sie studierte Physik in Göttingen und wurde 1930 von Max Born (1882–1970) mit der Arbeit „Über Elementarakte mit zwei Quantensprüngen“ promoviert. Sie heiratete den Mitarbeiter von James Franck (1882–1964) Joseph Edward Mayer (1904–1983) und ging mit ihm 1930 in die USA. Maria Goeppert-Mayer lehrte von 1930 bis 1939 an der Johns Hopkins University und von 1939 bis 1946 an der Columbia University. 1946 wurde sie ordentliche Professorin an der University of Chicago. Ab 1960 lehrte sie an der University of California. Die große Leistung von Maria Goeppert-Mayer bestand darin, dass sie für die sog. magischen Zahlen eine Erklärung fand. Mit Hans Daniel Jensen (1907–1973) – der unabhängig von ihr ebenfalls eine Erklärung für die magischen Zahlen fand und damit eine Deutung der Stabilität von Atomkernen geben konnte (Schalenmodell) – erhielt sie 1963 den Nobelpreis für Physik.

Henry **Goldman** (1857–1937) war ein amerikanischer Bankier, Philantrop und Kunstsammler und wurde am 21.09.1857 in Philadelphia geboren. Er war der Sohn von Marcus Goldmann, des Gründers des Bankhauses Goldman und Sachs, eines in Deutschland geborenen und in die USA ausgewanderten Bankiers. Henry Goldman hat sich große Verdienste erworben, als er in der Notzeit der beginnenden Inflation 1922 bei der Finanzierung des Stern-Gerlach-Experimentes half. Er starb am 04.04.1937 in New York.

Walter **Gordon** (1893–1939) promovierte 1921 an der Friedrich-Wilhelms-Universität in Berlin, seit 1926 war er wissenschaftlicher Hilfsarbeiter an der Universität Hamburg, 1929 Habilitation, 1930 wurde er nichtbeamteter außerordentlicher Professor, 1933 wurde ihm gekündigt und die Lehrbefugnis entzogen. Er emigrierte nach Schweden, wo er am Institut für Mechanik und Mathematische Physik in Stockholm wirkte.

Cornelis Jacobus **Gorter** (1907–1980) war ein holländischer Physiker. Er arbeitete auf den Gebieten der Tieftemperaturphysik und magnetischen Eigenschaften von Festkörpern. Er forschte an der Universität Groningen und wurde 1940 zu Nachfolger von Pieter Zeeman an die Universität Amsterdam berufen. 1946 ging er nach Leiden als Nachfolger von W. H. Keesom.

Samuel Abraham **Goudsmit** (1902–1978) war ein niederländisch-amerikanischer Physiker. Zusammen mit George Uhlenbeck postulierte er 1925 die Existenz des Elektronenspins. Ab 1932 war er Professor an der University of Michigan. Nach dem Krieg war er 1946 bis 1948 Professor an der Northwestern University und ging dann 1948 als Senior Scientist an das Brookhaven National Laboratory, wo er bis zu seiner Pensionierung 1970 blieb. Goudsmit war im Zweiten Weltkrieg 1941 bis 1946 am Radiation Laboratory des MIT und gegen Ende des Krieges als leitender Wissenschaftler bei der Alsos-Mission. Er nahm in Hechingen die Gruppe um Werner Heisenberg gefangen und brachte sie anschließend nach Farm Hall in England.

Karl **Grandin** ist der Direktor des „Center for History of Science" innerhalb der „Royal Swedish Academy of Sciences". Die Protokolle der Nobelpreisentscheidungen und die Nominierungsbriefe der Nominatoren unterstehen seiner Aufsicht.

Lars O. **Grondahl** (1881–1968) war ein amerikanischer Elektroingenieur (zahlreiche Patente) in Pittsburgh.

Walter **Grotrian** (1890–1954) war ein deutscher Astronom und Astrophysiker. Grotrian habilitierte sich 1921 an der Universität Potsdam und war dort Privatdozent. 1922 ging er als Observator an das Potsdamer Astrophysikalische Observatorium, das damalige Einstein-Institut. Ab 1927 war er als Professor an der Friedrich-Wilhelms-Universität in Berlin tätig und ab 1932 am Einstein-Institut. Im Zweiten Weltkrieg war Grotrian Major und ab 1941 Geschäftsführer der DPG. Seine Arbeitsgebiete waren die Astrospektroskopie und ihre Anwendung zur Erklärung astrophysikalischer Phänomene und die Sonnenphysik.

Werner **Güttinger** (1925–2013) ist ein deutscher theoretischer Physiker. Er wurde am 23.07.1925 in Heidenheim geboren. Er war Doktorand von Heisenberg und wurde von ihm 1953 mit der Arbeit „Über die distributionsanalytische Behandlung der Quantenfeldtheorie" promoviert. Güttinger war dann an der LMU und am MPI für Physik in München tätig. 1971 wurde er Professor für Physik an der Universität Tübingen.

Allvar **Gullstrand** (1862–1930) war ein schwedischer Mediziner und erhielt den Nobelpreis für Medizin „für seine Arbeiten über die optischen Eigenschaften des Auges" für das Jahr 1911. 1894 bis 1913 war er der erste Professor für Augenheilkunde an der Universität Uppsala. 1914 erhielt er eine personengebundene Professur für physikalische und physiologische Optik an der Universität Uppsala, die er bis zu seiner Emeritierung 1927 bekleidete. 1905 wurde er Mitglied der Königlich Schwedischen Akademie der Wissenschaften.

Vilhelm Carlheim-**Gyllensköld** (1859–1934) war ein schwedischer Physiker. Von 1910 an war er Mitglied im Nobelkommittee der schwedischen Wissenschaftsakademie.

Wander Johannes de **Haas** (1878–1960) war ein niederländischer Physiker und Mathematiker. 1911 ging er nach Berlin, wo er den Magnetismus untersuchte. Als wissenschaftlicher Mitarbeiter an der dortigen Physikalisch-Technischen Reichsanstalt kam es zur Zusammenarbeit mit Albert Einstein, welche 1915 zum Nachweis des sog. Einstein-de-Haas-Effektes führte. 1917 wurde er Professor für Physik an der TH Delft, 1922 dann an der Universität Groningen und 1925 an der Universität Leiden. Dort wurde er Nachfolger seines Doktorvaters und Direktor des Kamerlingh-Onnes-Instituts.

Fritz **Haber** (1868–1934) war deutscher Chemiker und Nobelpreis-Träger. Nach dem Abitur und einer kaufmännischen Lehre studierte Haber ab 1886 Chemie in Heidelberg bei Wilhelm Bunsen (1811–1899) und wechselte dann an die TH Berlin zu August Wilhelm von Hofmann (1818–1892). 1891 wurde er bei Carl Liebermann (1842–1914) mit einer Dissertation „Über einige Derivate des Piperonals" in organischer Chemie promoviert. Haber setzte sein Studium an der ETH in Zürich und dann in Jena fort. 1894 wurde er Assistent am Institut für Physikalische Chemie an der TH Karlsruhe. 1896 habilitierte er sich und wurde dann 1898 außerordentlicher Professor für technische Chemie in Karlsruhe. 1905 bis 1908 entwickelte er mit Carl Bosch (1874–1940) das Haber-Bosch-Verfahren, für das er 1918 der Nobelpreis für Chemie erhielt. 1911 wurde Haber zum Direktor des KWI für Physikalische Chemie und Elektrochemie in Berlin-Dahlem ernannt, das heutige Fritz-Haber-Institut der Max-Planck-Gesellschaft. Bei Ausbruch des Ersten Weltkrieges meldete sich Haber freiwillig und ermöglichte durch seine Kriegsforschungen den Einsatz von Giftgasen. Mit Max Born (1882–1970) entwickelte er den Born-Haber-Prozeß. Wegen seiner jüdischen Abstammung emigrierte er 1933 nach Großbritannien. Er starb 1934 in Basel.

Hermann **Haber** (1902–1946) war ein deutscher Chemiker und der Sohn von Fritz Haber und Clara Haber (1870–1915), geborene Immerwahr. Hermann Haber war mit **Margarete (Marga) Haber** (1901–1947), geborene Stern, der Schwester von Rudolf Stern (Vetters von Otto Stern) verheiratet. Er verübte am 09.11.1946 in New York Suizid.

Friedrich Lazarus **Hahn** (1888–1975) war ein deutscher Chemiker. Er wurde 1911 mit der Dissertation „Synthese einiger α-Aminoketone" in Berlin promoviert. 1933 emigrierte er über Frankreich, Ecuador und Guatemala nach Mexiko.

Otto Emil **Hahn** (1879–1968) war ein deutscher Chemiker. Er gilt als einer der Pioniere der Radiochemie. Zwischen 1905 und 1921 entdeckte er zahlreiche Isotope (1917 das Element Proaktinium) und 1909 den Rückstoßeffekt beim radioaktiven Zerfall. Für die Entdeckung und den radiochemischen Nachweis der Kernspaltung im Jahre 1938 wurde ihm 1945 der Nobelpreis für Chemie für das Jahr 1944 verliehen. Seit 1912 war Hahn wissenschaftliches Mitglied und von 1928 bis 1946 Direktor des KWI in Berlin. Von 1928 bis 1936 war er Senator der Kaiser Wilhelm Instituts Gesellschaft (KWG). Anfang 1934 erklärte Hahn aus Solidarität mit entlassenen jüdischen Kollegen seinen Austritt aus dem Lehrkörper der Friedrich-Wilhelms-Universität in Berlin. Von 1946 bis 1948 war Hahn der letzte Präsident der KWG sowie Gründer und von 1948 bis 1960 erster Präsident der aus der KWG hervorgegangenen Max-Planck-Gesellschaft. Nach 1945 gehörte er zu den schärfsten Gegnern der Aufrüstung mit Atomwaffen.

Otto **Halpern** (1899–1982) war ein österreichischer theoretischer Physiker. Er besuchte das Gymnasium in Wien und studierte dann an der Universität Wien bei Hans Thirring (1888–1976) von 1918 bis 1922 theoretische Physik. 1922 wurde er mit der Dissertation „Zur Photophorese" von Thirring promoviert und war dann sein Assistent. 1926 wollte er sich habilitieren, was aber aus antisemitischen Gründen verhindert wurde. Mit einem Rockefeller-Stipendium ging er 1928/29 zu Werner Heisenberg an die Universität Leipzig. Von Leipzig wechselte er 1930 nach New York und wurde an der New York University Professor. Er arbeitete hier mit Gregory Breit (1899–1981) über Neutronenphysik und wurde 1934 Breits Nachfolger. Im Zweiten Weltkrieg arbeite er in der Radarforschung. Nach dem Krieg ging er an das Lawrence Radiation Laboratory in Berkeley.

Eduard **Haschek** (1875–1947) war ein österreichischer Physiker. Ab 1912 war er außerordentlicher, seit 1929 ordentlicher Professor an der Universität Wien. Unmittelbar nach dem Anschluss Österreichs erhielt Haschek am 22.04.1938 Berufsverbot und Hausverbot an der Universität.

Fritz **Hasenöhrl** (1874–1915) war ein österreichischer Physiker und wurde am 30.11.1874 in Wien geboren. Nach seiner Matura begann er sein Studium der Mathematik und der Physik an der Universität Wien. 1896 promovierte er bei Franz-Serafin Exner. 1899 habilitierte er sich und erhielt die venia legendi an der Universität Wien. 1906 wurde außerordentlicher Professor an der TH Wien. Im gleichen Jahr, nach dem Tode von Ludwig Boltzmann, wurde er dessen Nachfolger an der Universität Wien. Um die Jahrhundertwende begann in der Physik ein Paradigmenwechsel, ein Wechsel von der Mechanik zur Elektrodynamik als Grundlage der Physik. Physiker wie Max Abraham und Hendrik Antoon Lorentz u. a. führten den Begriff der elektromagnetischen Masse ein, der als Grundlage für ein elektromagnetisches Weltbild diente. Auch Hasenöhrl arbeitete in dieser Richtung. Sein Beitrag war eine Formel, die als Vorläufer der Einstein'schen Masse-Energie-Äquivalenz gelten kann. Hasenöhrl fiel im Ersten Weltkrieg am 07.10.1915 bei Vielgereuth in Tirol.

Robert James **Havighurst** (1900–1991) war ein amerikanischer Physiker. Er arbeitete als Postdoc an der Harvard University auf dem Gebiet der Struktur er Atome. 1928 wurde er „Experimental educator" und erhielt eine Professur für Erziehung an der University of Chicago. 1965 wurde er Mitglied in der „National Academy of Education". Seine Erziehungsmethoden hatten einen großen Einfluss auf das amerikanische Erziehungssystem.

Otto **Haxel** (1909–1998) war ein deutscher Physiker. Er studierte Ingenieurwissenschaften und technische Physik an der TH München. 1933 wurde er in Tübingen von Hans Geiger (1882–1945) mit der Dissertation „Protonenemission von Aluminium angeregt durch α-Strahlen von Radium C und Thor C" promoviert. 1936 wurde er bei Geiger Oberassistent an der TH in Berlin-Charlottenburg und habilitierte sich 1936 mit der Arbeit „Die Kernspektren der leichten Elemente". Während des Zweiten Weltkrieges war Haxel Mitarbeiter am deutschen Uranprojekt. Haxel war nach dem Krieg Mitarbeiter am MPI für Physik in Göttingen und wurde 1947 Professor an der Universität Göttingen. 1949 war er mit Hans E. Suess (1909–1993) und Hans D. Jensen (1907–1973) an der Formulierung des Schalenmodells des Atomkerns beteiligt. Ab 1950 baute er an der Universität Heidelberg das II. Physikalische Institut auf. 1956 wirkte er an der Gründung des Kernforschungszentrums Karlsruhe mit und war von 1970 bis 1975 dessen wissenschaftlich-technischer Direktor.

Erich **Hecke** (1887–1947) war ein deutscher Mathematiker. Hecke studierte Mathematik und Naturwissenschaften zunächst an den Universitäten Breslau, Berlin und später bei Hilbert in Göttingen. 1912 habilitierte er sich in Göttingen. 1915 erhielt er eine Professur in Basel und kam dann 1918 nach Göttingen zurück. Ab 1919 war er Ordinarius in Hamburg. Während des Zweiten Weltkriegs war er wegen seiner offen zur Schau getragenen antinationalsozialistischen Haltung ständig in Gefahr verhaftet zu werden. Hecke war Otto Stern freundschaftlich verbunden. Ab dem 14.05.1945 war er Dekan der Math.-Nat.-Fakultät in Hamburg.

John Lewis **Heilbron** (*1934) ist ein amerikanischer Wissenschaftshistoriker. Er wurde am 17.03.1934 in San Francisco geboren. Heilbrons Arbeitsgebiete sind die Physik- und Astronomiegeschichte. Nach seinem Studium der Physik an der University of California in Berkeley promovierte er 1964 bei Thomas S. Kuhn in Physikgeschichte. Heilbron war zu dieser Zeit auch Mitarbeiter des Projektes „Sources for the History of Quantum Physics". 1964 wirkte er als Assistant Professor an der University of Pennsylvania und wurde dann 1967 ordentlicher Professor an der University of California in Berkeley, wo er ab 1973 auch die Stelle des Direktors der Abteilung für Wissenschafts- und Technikgeschichte innehatte. Heilbron wurde 1994 emeritiert.

Werner Karl **Heisenberg** (1901–1976) war ein deutscher theoretischer Physiker. Er promovierte 1923 bei Sommerfeld. 1925 gelang es ihm erstmals, durch Vergleich der Kinematik von klassischen und Quantensystemen die Eigenwerte einer Quantenmessung in Operatorform zu definieren und damit mittels Matrizen zu berechnen. Diese Quantentheorie, genannt Matrizenmechanik (unter Mithilfe von Born und Jordan entstanden) ist identisch mit den Lösungen der 1926 von Schrödinger hergeleiteten sog. „Schrödingergleichung". 1927 konnte Heisenberg auf ähnliche Weise zeigen (Vergleich kinematischer Messgrößen und Eigenwerte), dass die Präparationsgenauigkeit einer Messung im Orts- und Impulsraum durch die sog. „Unschärferelation" begrenzt wird. Die Ausgangsparameter (wie Ort und

Impuls) sind in einer Messung von Quantenteilchen auf dem atomaren Präzisionsniveau immer nur statistisch einstellbar. Mit nur 26 Jahren wurde Heisenberg 1927 als Professor an die Universität Leipzig berufen. 1932 wurde ihm für seine Matrizenmechanik und Unschärferelation der Nobelpreis für Physik verliehen. Von 1942 bis 1945 leitete Heisenberg das KWI für Physik in Berlin und war an führender Stelle im deutschen Atombombenprojekt involviert. Nach dem Kriege wurde er 1946 Direktor des MPI in Göttingen und ab 1958 Direktor des MPI für Physik in München. Zu seinen Schülern gehören: Felix Bloch, Edward Teller, Rudolf Peierls, Guido Beck, Erich Bagge, u. a. Enge Mitarbeiter waren Carl Friedrich Weizsäcker, Friedrich Hund und Wolfgang Pauli.

Walter Heinrich **Heitler** (1904–1981) war ein deutscher Physiker. Einer seiner Lehrer war Arnold Sommerfeld. Er promovierte 1926 bei Karl Herzfeld in München. 1926 bis 1927 war er Rockefeller Stipendiat bei Bohr in Kopenhagen. Danach wechselte er zu Schrödinger nach Zürich und formulierte dort zusammen mit Fritz London ein Modell der kovalenten Bindung, das für die Entwicklung der Valenzstrukturtheorie der Molekülbindung eine wichtige Grundlage wurde. 1933 musste er nach England emigrieren und leitete dort zusammen mit Hans Bethe die Bethe-Heitler-Formel zur Beschreibung der Wechselwirkung schneller geladener Teilchen mit Materie ab. 1941 verhalf ihm Schrödinger zu einer Professur am „Dublin Institute for Advanced Studies" und 1949 wurde er Professor an der Universität Zürich. 1968 wurde ihm die Max-Planck-Medaille verliehen.

Ernst David **Hellinger** (1883–1950) war ein deutscher Mathematiker. Er studierte Mathematik an den Universitäten Heidelberg, Breslau und Göttingen bei David Hilbert. Schon im Studium freundete er sich mit Max Born an. In seiner Doktorarbeit von 1907 entwickelte er einen neuen Typ Integral, das sog. Hellinger-Integral. Später entwickelte er zusammen mit Hilbert die Hilbert-Hellinger-Theorie. 1914 wurde er Professor in Frankfurt. 1936 wurde er als Jude von den Nationalsozialisten in den Zwangsruhestand versetzt. Auch nach der Reichspogromnacht 1938 weigerte er sich zu fliehen und wurde am 13.11.1938 verhaftet und ins Konzentrationslager Dachau deportiert. Nach Fürsprache einflussreicher Freunde wurde er nach sechs Wochen aus dem Konzentrationslager entlassen, unter der Bedingung, dass er emigrieren würde. Im Februar 1939 emigrierte Hellinger in die USA.

Karl Ferdinand **Herzfeld** (1892–1978) war ein österreichischer Physiker. Er studierte in Wien, Zürich und Göttingen. Er wurde 1914 an der Universität Wien von Friedrich Hasenöhrl (1874–1915) mit der Dissertation „Zur Elektronentheorie der Metalle" promoviert. Er war dann Assistent bei Arnold Sommerfeld (1868–1951) und Kasimir Fajans (1887–1975) an der LMU München und wurde 1925 außerordentlicher Professor an der LMU München. 1926 war er als Gastprofessor an der Johns Hopkins University in Baltimore, MD. Hier wurde er dann angestellt und blieb bis 1937, dann wechselte er zur Catholic University of America in Washington, DC.

Richard **Herzog** (1911–1999) war ein österreichischer Physiker. Er wurde am 13.03.1911 in Wien geboren. Er war ein Schüler von Felix Ehrenhaft und Josef Mattauch. Sein Hauptarbeitsgebiet war die Massenspektrometrie. Herzog war in Wien Assistent am Physikalischen Institut und arbeitete eng mit Josef Stetter zusammen, der aktiv am deutschen Uranprojekt beteiligt war. 1950 wurde Herzog Professor an der Universität Wien. 1953 emigrierte er in die USA und erwarb 1958 die US-Staatsbürgerschaft. Hier wirkte er zuerst am Air Force Cambridge Research Center in Bedford, MA und dann bei der Geophysics Corporation of America ebenfalls in Bedford. Ab 1973 war er Chefwissenschaftler für Weltraumphysik und dann bis zu seiner Emeritierung 1978 Professor für Physik und Astronomie an der University of Southern Mississippi in Hattiesburg. Er starb am 26.09.1999.

Victor Franz **Hess** (1883–1964) war ein österreichischer Physiker. Für die Entdeckung der kosmischen Strahlung erhielt er 1936 zusammen mit Carl David Anderson den Nobelpreis für Physik. Nach dem Anschluß Österreichs wurde Hess 1938 fristlos entlassen. Noch im selben Jahr emigrierte er mit seiner jüdischen Frau in die USA. An der Fordham University in New York konnte er seine Forschungen fortsetzen.

Georg Karl von **Hevesy** (1885–1966) war ein ungarischer Physikochemiker. Hevesy arbeitete ab 1910 bei Ernest Rutherford (1871–1937) in Manchester (England) und ab 1913 bei Friedrich Adolf Paneth (1887–1958) am Institut für Radiumforschung in Wien. Hier entwickelte er mit Paneth die Hevesy-Paneth-Methode, eine Isotopen- oder Indikatormethode zur radioaktiven Markierung von Stoffen und der Verfolgung ihres Weges in Organismen. 1923 entdeckte er mit Dirk Coster (1889–1950) das Hafnium. Nach einer Lehrtätigkeit in Budapest von 1920 bis 1926 wurde er Mitarbeiter von Niels Bohr in Kopenhagen und schließlich 1926 Professor in Freiburg i. Br., wo er bis 1934 blieb. Nach seiner Emigration 1934 arbeitete er von 1934 bis 1943 wieder am Institut von Niels Bohr in Kopenhagen. 1943 erhielt er den Nobelpreis für Chemie für die Entwicklung der Indikatormethode. Von 1943 bis 1956 war er Professor in Stockholm. Er starb 1966 in Freiburg i. Br.

David **Hilbert** (1862–1943) war ein deutscher Mathematiker. Er studierte von 1880 bis 1885 Mathematik an der Universität Königsberg. Hier wurde er auch 1885 mit der Dissertation „Über invariante Eigenschaften specieller binärer Formen, insbesondere der Kugelfunctionen“ promoviert. Er habilitierte sich dann und wurde 1893 ordentlicher Professor an der Universität Königsberg. 1895 erhielt er einen Ruf an die Universität Göttingen, die zum Hauptwirkungsort seines wissenschaftlichen Arbeitens werden sollte. Hilberts Arbeiten umfassen fast alle Gebiete der Mathematik und ihrer Grundlagen. Auch auf dem Gebiet der theoretischen Physik leistete er Hervorragendes. Hier sind vor allem seine Arbeiten zur allgemeinen Relativitätstheorie zu nennen. Hilbert wurde 1930 emeritiert.

Joel Henry **Hildebrand** (1881–1983) war ein amerikanischer Chemiker. Hildebrand studierte ab 1899 Chemie und Physik an der University of Pennsylvania und danach an der Friedrich-Wilhelms-Universität in Berlin unter anderem bei Jacobus Henricus van't Hoff und Walther Nernst. Später lehrte an der University of Pennsylvania. 1913 wurde er von Gilbert Newton Lewis an die University of California, Berkeley, eingeladen, wo er Instructor, 1918 Associate Professor und 1919 Professor wurde. 1949 bis 1951 war er Dekan der Fakultät für Chemie.

Arthur Robert von **Hippel** (1898–2003) war ein deutscher Materialwissenschaftler und Physiker. Er war mit Dagmar Franck, der Tochter von James Franck, verheiratet. 1936 emigrierte er in die USA und wurde Professor am MIT in Boston.

Salomon **Hirzel** (1804–1877) war ein Schweizer Verleger, der am 13.02.1804 in Zürich geboren wurde. Hirzel ging bei dem Berliner Verleger Georg Andreas Reimer in die Lehre und heiratete dessen Tochter Anna 1830. In diesem Jahr übernahm er mit seinem Schwager Karl August Reimer die Weidmannsche Buchhandlung in Leipzig. Am 01.01.1853 gründete er den S. Hirzel Verlag, der bis heute besteht und seinen Firmensitz in Stuttgart hat. Hirzel starb am 08.02.1877 in Halle an der Saale.

Otto **Hönigschmid** (1878–1945) war ein deutscher Chemiker. Hönigschmid wurde am 13.03.1878 in Horowitz in Böhmen in der damaligen Österreich-Ungarischen Monarchie geboren. Sein Abitur machte er in Prag und studierte dann von 1897 bis 1901 an der Prager Universität Chemie. 1901 wurde er von Guido Goldschmidt promoviert, bei dem er dann auch Assistent wurde. Von 1904 bis 1906 arbeitete er in Paris. 1908 habilitierte er sich in Prag. 1911 wurde er Professor an der Deutschen Technischen Hochschule in Prag. 1918 an der LMU München. Seine wissenschaftlichen Arbeiten beschäftigen sich hauptsächlich mit der Entwicklung präziser Methoden zur Bestimmung der Atommasse. Er verstarb am 14.10.1945 in München.

Richard **Hönigswald** (1875–1947) war ein östereichisch-deutsch-amerikanischer Philosoph auf dem Gebiet des realistischen Kritizismus. Er studierte und promovierte an der Universität Halle. 1906 ging er als Privatdozent an die Universität Breslau und wurde 1910 dort Titularprofessor. Am 10.06.1916 wurde Hönigswald dann Nachfolger von William Stern und 1919 zum ordentlichen Professor ernannt. 1929 nahm Hönigswald einen Ruf an die LMU München an. 1933 wurde er als konvertierter Jude zwangsemeritiert. Hönigswald lebte danach zurückgezogen als Privatgelehrter in München. 1938 wurde ihm sein Doktorgrad aberkannt und er wurde für kurze Zeit in Dachau arrestiert. 1939 gelang es ihm mit der Hilfe von Freunden, über die Schweiz in die USA zu emigrieren, konnte aber dort keine Anstellung finden. Nach Kriegsende knüpfte Hönigswald wieder Kontakte nach Deutschland und wurde Mitherausgeber des „Archivs für Philosophie“.

Jacobus Henricus **van't Hoff** (1852–1911) war ein niederländischer Chemiker. Vant'Hoff wurde am 30.08.1852 in Rotterdam geboren. Hier besuchte er auch die Schule und machte das Abitur. Ab 1871 studierte er an der Universität Leiden Mathematik und ab 1872 Chemie bei August Kekulé in Bonn und ab 1873 bei

Adolphe Wurtz in Paris. 1874 wurde er von Eduard Mulder an der Universität Utrecht promoviert. 1877 wurde er Lektor am Fachbereich Chemie der Universität Amsterdam und 1878 Professor. Seine wissenschaftlichen Arbeiten erregten bald die Aufmerksamkeit von Svante Arrhenius und Wilhelm Ostwald. Van't Hoff begründete mit Wilhelm Ostwald 1887 die *Zeitschrift für physikalische Chemie.* Van't Hoff, Wilhelm Ostwald und Walther Nernst waren die Begründer der physikalischen Chemie als einer eigenständigen Wissenschaft. 1901 erhielt van't Hoff als erster Chemiker den Nobelpreis für seine Entdeckung der Gesetze der chemischen Dynamik und des osmotischen Druckes in Lösungen. Er starb am 01.03.1911 in Berlin.

Robert **Hofstadter** (1915–1990) war ein amerikanischer Physiker und Nobelpreis-Träger. Er promovierte 1938 an der Princeton University. Während des Zweiten Weltkrieges arbeitete er an Geschossen für die Flugabwehr. An der Princeton University lehrte er auch von 1946 bis 1950. Dann ging er an die Stanford University in Palo Alto, CA, wo er bis 1985 blieb. Hofstadter wurde vor allem durch seine Streuversuche mit hochenergetischen Elektronen an leichten Atomkernen berühmt (Hofstadter-Versuche). Zusammen mit Rudolf Mössbauer (1929–2011) erhielt er 1961 den Nobelpreis für Physik für seine Pionierarbeiten zur Elektronenstreuung an Atomkernen.

Ludwig **Hopf** (1884–1939) war ein deutscher theoretischer Physiker. Er war ein früher Mitarbeiter Einsteins in Zürich und für eine kurze Zeit in Prag. 1933 emigrierte er wegen seiner jüdischen Abstammung nach England.

Edwin **Hubble** (1889–1953) war ein amerikanischer Astronom. Er studierte Physik und Astronomie in Chicago und beendete sein Studium 1913. Dann wurde er 1914 Assistent am Yerkes-Observatorium der Universität von Chicago. Ab 1919 arbeitete er am Mount-Wilson-Observatorium bei Pasadena. Hier konnte er 1923 den Nachweis erbringen, dass der Andromedanebel weit außerhalb unserer Galaxis liegt. Von großer Bedeutung für die Forschungen von Hubble war sein Assistent Milton Humason (1891–1972), der die Rotverschiebung der Galaxien nachweisen konnte. Hubble war der erste, der einen Zusammenhang zwischen der Rotverschiebung und der Entfernung der Galaxien erkannte. Der belgische Priester Georges Lemaitre (1894–1966) vertrat bereits 1927 – zwei Jahre vor Hubble – die Auffassung, dass die nachgewiesene Rotverschiebung als eine Expansion des Weltalls zu interpretieren sei, die in voller Übereinstimmung mit der allgemeinen Relativitätstheorie Albert Einsteins sei. Hubbles Arbeitsgebiete waren die Klassifikation der Spiralgalaxien, die Expansion des Weltalls und die Hubble-Konstante der galaktischen Kosmologie.

Vernon Willard **Hughes** (1921–2003) war ein amerikanischer Physiker. Er wurde am 28.05.1921 in Kankakee, IL geboren. Er studierte an der Columbia University in New York und promovierte hier 1950 bei Isidor Isaac Rabi. Von 1952 bis 1954 war er Assistant Professor an der University of Pennsylvania und von 1954 bis

1991 Professor an der Yale University. Hughes beschäftigte sich hauptsächlich mit Atom- und Teilchenphysik und war für seine Präzessionsmessungen bekannt. 1978 erhielt er den Davisson-Germer-Preis für Atomphysik. Am Brookhaven National Laboratory führte er ab 1982 Präzisionsmessungen zum anomalen magnetischen Moment des Myons aus. Er starb am 25.03.2003 in New York.

Eric **Hulthén** (1891–1972) war ein schwedischer Physiker. Er wurde 1923 an der Universität Lund von Manne Siegbahn (1886–1978) mit der Dissertation „Über die Kombinationsbeziehungen unter den Bandenspektren" promoviert und war dann bis 1927 an der Universität Lund Dozent. Er erhielt dann ein Stipendium und war von 1925 bis 1927 an der Michigan State University. Von 1927 bis 1928 war er bei Niels Bohr (1885–1962) in Kopenhagen. Von 1929 bis zu seiner Emeritierung 1959 war er Professor für Experimentalphysik an der Universität in Stockholm. Hulthén war ab 1931 Mitglied der Schwedischen Akademie der Wissenschaften und von 1929 bis 1957 Mitglied des Nobelkomitees für Physik.

Friedrich Hermann **Hund** (1896–1997) war ein deutscher Physiker. Er leistete bedeutende Beiträge zur Entwicklung der Atomphysik. Nach ihm sind die Hund'schen Regeln benannt. 1928 ordentlicher Professor für theoretische Physik in Rostock. 1929 wurde er als Professor für mathematische Physik (Nachfolger von Gregor Wentzel) an die Universität Leipzig berufen, wo auch Heisenberg wirkte. Als Heisenberg 1942 nach Berlin ging, übernahm Hund das Direktorat am Leipziger Physik-Institut. 1943 erhielt er wie kurz zuvor Pascual Jordan die Max-Planck-Medaille. 1946 wechselte er als Professor an die Universität Jena, wo er 1948 Rektor war. In Jena kam es zu Konflikten mit den sowjetischen Besatzungsdienststellen, bei denen er sonst in hohem Ansehen stand. 1949 erhielt er den Nationalpreis der DDR. Hund wurde 1951 Professor in Frankfurt am Main als Nachfolger von Erwin Madelung. Nach einer Gastprofessur 1956 an der University of Maryland war er ab 1957 als Professor für theoretische Physik wieder in Göttingen tätig. 1964 wurde Friedrich Hund emeritiert. 1926/27 entdeckte und beschrieb er den später sog. Tunneleffekt (dessen Entdeckung meist George Gamow zugeschrieben wird) zuerst bei optisch isomeren Molekülen. In der Molekülphysik und -spektroskopie unterscheidet man nach Hund die sog. Hund'schen Kopplungsfälle (a) bis (e), je nach der Art und Weise, in der die verschiedenen quantenmechanischen Drehimpulse (Elektronenspin, Bahndrehimpuls, Rotation) zum Gesamtdrehimpuls koppeln (Vektoraddition). In Leipzig verbreiterte Hund sein Arbeitsfeld und wandte sich auch der Kernphysik zu. Unabhängig von Eugene Wigner untersuchte er 1937 als erster eine angenäherte SU (4)-Symmetrie in den Kernspektren (die sich bei Spin- und Isospininvarianz der Kernkräfte ergibt).

David Rittenhouse **Inglis** (1905–1995) war ein amerikanischer Physiker und Professor für Physik an der University of Massachusetts, wo er auch 1931 promoviert wurde. Während des Zweiten Weltkrieges war er Mitarbeiter beim Bau der amerikanischen Atombombe in Los Alamos (Manhattan Project). Nach dem Krieg war er der Leiter der Abteilung für theoretische Kernphysik am Argonne National Laboratory in Illinois. Er trat nach 1945 für Abrüstung und Frieden ein und beschäftigte sich mit alternativen Energien (z. B. der Windenergie).

Gustav **Jäger** (1865–1938) war ein österreichischer Physiker. Er machte 1879 auf dem Gymnasium in Eger seine Matura und studierte dann an der Universität Wien Physik. Wo er auch 1888 mit der Dissertation „Die elektrische Leitfähigkeit von Salzlösungen" promoviert wurde. 1891 war er Privatdozent am Institut für Theoretische Physik und Assistent von Josef Stefan (1835–1893) und dann bei Ludwig Boltzmann (1844-1906). 1897 wurde er außerordentlicher Professor für theoretische Physik an der Universität Wien und 1905 wurde er ordentlicher Professor an der TH Wien. Hier begleitete er auch von 1915 bis 1916 das Amt des Rektors. 1918 wurde er Direktor des Instituts für theoretische Physik der Universität Wien und 1920 Direktor des 2. Physikalischen Instituts. 1934 wurde er emeritiert. Jägers Arbeitsgebiete waren u. a. die kinetische Gastheorie und ihre Anwendungen. Er war ein Wegbereiter der Molekulartheorie.

Julius Wagner-**Jauregg** (1857–1940) war ein österreichischer Psychiater. Für die Entdeckung der therapeutischen Bedeutung der Malariatherapie zur Behandlung der progressiven Paralyse erhielt er 1927 den Nobelpreis für Medizin, weitere Arbeitsbereiche waren die Behandlung von Psychosen, der Syphilis und von Schilddrüsenerkrankungen.

Hans Daniel **Jensen** (1907–1973) war ein deutscher Physiker, seit 1941 war er außerordentlicher Professor an der TH Hannover. 1949 wurde er Ordinarius für theoretische Physik an der Universität Heidelberg. Er entwickelte zusammen mit Otto Haxel und Hans Eduard Suess unabhängig von Maria Goeppert-Mayer das Schalenmodell des Atomkerns. Dafür erhielt er 1963 den Nobelpreis für Physik.

Abram Fjodorowitsch **Joffe** (1880–1960) war ein russischer theoretischer Physiker. Er gilt als einer der Begründer der modernen Physik in Russland. Nach dem Studium in St. Petersburg ging er zu Röntgen nach München. 1905 promovierte er bei Röntgen. 1906 kehrte er nach St. Petersburg zurück. 1914 wurde er an die Universität in St. Petersburg berufen und begründete 1916 sein berühmtes Physikseminar. Er war 1918 Mitbegründer des „Röntgen- und Radiologischen Instituts", aus dem später das nach ihm benennte „Joffe-Institut" hervorging. Er blieb dessen Direktor bis 1950, als er aufgrund der damaligen antisemitischen Kampagnen aus dem Amt gedrängt wurde. Während des Zweiten Weltkriegs war er am Aufbau eines Radarsystems um Leningrad beteiligt. Joffes Arbeitsgebiet war die Festköperphysik. Joffe galt für Generationen von russischen Physikern als Leitfigur. Er erhielt zahlreiche russische und internationale Ehrungen.

Georg **Joos** (1894–1959) war ein deutscher Physiker. Nach dem Abitur studierte er an der TH Stuttgart Ingenieurwesen und nach dem Ersten Weltkrieg Physik an der Universität Tübingen. 1920 wurde er mit der Dissertation „Untersuchungen über die Frage, wie die Beeinflussung von Absorptionslinien durch ein fremdes, indifferentes Gas von dessen Dichte abhängt" promoviert. Von 1921 bis 1924 war er Assistent bei Jonathan Zenneck (1871–1959) an der TH München. Hier habilitierte er sich 1922 mit der Arbeit „Theorie des Elektronenröhrengenerators". 1924 war Joos Dozent an der Universität Jena. 1925 wurde er Professor für theoretische Physik und Direktor des Physikalischen Instituts. 1935 wurde er der Nachfolger von James Franck (1882–1964) in Göttingen. Die Beziehung von Joos zum NS waren ambivalent. 1938 wurde er ehrenamtlich in das Hauptamt für Technik berufen und war für den NS-Bund deutscher Technik tätig, aber Auseinandersetzungen mit dem NS-Dozentenbund führten dazu, dass er seine Professur aufgab und Chefphysiker in den Carl-Zeiss-Werken in Jena wurde. Nach dem Zweiten Weltkrieg wurde er 1946 an die TH München berufen und half mit, das Physikalische Institut wieder aufzubauen, an dem er bis zu seinem Tode 1959 blieb.

Pascual **Jordan** (1902–1980) war ein deutscher theoretischer Physiker, der zusammen mit Werner Heisenberg und Max Born als der Vater der Matrizenmechanik (Quantenmechanik) gilt. Pascual Jordan wirkte maßgeblich an der Entwicklung und mathematischen Formulierung der Quantenmechanik mit. Er kam 1923 an die Universität Göttingen und promovierte 1924 bei Max Born. Die mathematische Formulierung der neuen Matrizenmechanik kam dabei hauptsächlich von Jordan, der vorher Assistent von Richard Courant gewesen war. 1926 wurde er Privatdozent in Hamburg und erhielt dann 1929 eine außerordentliche Professur an der Universität Rostock, die 1935 in eine ordentliche Professur umgewandelt wurde. Nach Ende des Zweiten Weltkriegs verhinderte seine positive Einstellung zum Nationalsozialismus seine weitere Hochschultätigkeit. Erst nach der Entnazifizierung 1947 erhielt er zunächst auf Empfehlung Wolfgang Paulis eine Gastprofessur in Hamburg. 1953 wurde er dort ordentlicher Professor bis zu seiner Emeritierung im Jahre 1971. Von 1957 bis 1961 war Jordan Mitglied des Deutschen Bundestages für die CDU. Bemerkenswert war seine ablehnende Stellungnahme 1957 gegen die „Göttinger Achtzehn" zur Frage der atomaren Bewaffnung der Bundeswehr.

Res **Jost** (1918–1990) war ein Schweizer theoretischer Physiker. Sein Hauptarbeitsgebiet war die Quantenfeldtheorie. 1984 wurde ihm die Max-Planck-Medaille verliehen.

Eduard **Justi** (1904–1986) war ein deutscher Physiker. Er studierte Physik, Chemie, Mathematik und Geologie an den Universitäten Marburg, Kiel und Berlin. 1929 wurde er in Marburg mit der Dissertation „Über die kalorimetrische Absolutmessung des elektrolytischen Leitvermögens für hochfrequenten Wechselstrom" promoviert. Dann war er bis 1949 an der Physikalisch-Technischen Reichsanstalt in Berlin tätig. 1935 habilitierte er sich und war dann 1939 als Dozent und ab 1942 als außerplanmäßiger Professor an der Friedrich-Wilhelms-Universität in Berlin tätig. 1944 wurde er an die Universität in Posen versetzt und war dann von 1946 bis 1974 Professor für technische Physik an der TH Braunschweig. Seine Arbeitsgebiete waren die Tieftempertaturphysik, die Thermodynamik und die Direktumwandlung von Energie (Brennstoffzelle, Solartechnik etc.).

Hartmut Paul **Kallmann** (1896–1978) war ein deutscher Physiker. Kallmann begann 1916 ein Studium der Chemie an der TH Berlin-Charlottenburg, danach der Physik an der Friedrich-Wilhelms-Universität. 1920 wurde er bei Max Planck promoviert. Er lehrte und forschte von 1920 bis 1933 sowie von 1945 bis 1948 am KWI für Physikalische Chemie und Elektrochemie (dem Institut Fritz Habers) und der Friedrich-Wilhelms-Universität in Berlin, überlebte mithilfe seiner Frau und von Carl Bosch (I. G. Farben) die Hitlerzeit in Berlin. 1948 emigrierte er in die USA und unterrichtete seit 1950 an der New York University. Er war Inhaber von rund 70 Patenten. Kallmann entdeckte das Szintillationsverfahren zum Zählen von Alphateilchen.

Berta **Kamm**, geb. Stern (1889–1963) war die älteste der drei Schwestern Otto Sterns. 1938 musste auch sie mit ihrer Familie (Ehemann und zwei Kinder) in die USA, nach Berkeley emigrieren.

Walter Joseph **Kamm** (1886–1954) war der Ehemann von Berta Kamm.

Dieter Max **Kamm** war der Sohn der Eheleute Berta und Walter Kamm.

Heike **Kammerlingh Onnes** (1853–1926) war ein niederländischer Physiker und Nobelpreisträger. Kammerlingh Onnes wurde am 21.09.1953 in Groningen geboren. Hier besuchte er auch die Schule und begann 1870 sein Studium an der Universität Groningen. Von 1871 bis 1873 studierte er an der Universität Heidelberg bei Gustav Robert Kirchhoff und Robert Wilhelm Bunsen. 1879 wurde er promoviert. 1882 wurde er zum Professor für Experimentalphysik in Leiden berufen. 1903/04 wurde er auch Rektor dieser Universität. Das Hauptarbeitsgebiet von Kammerlingh Onnes war die Verflüssigung von Gasen. 1911 entdeckte er die Supraleitung. 1913 erhielt er den Nobelpreis für Physik. Er starb am 26.02.1926 in Leiden.

Pjotr Leonidowitsch **Kapitza** (1894–1984) war ein russischer Physiker und Nobelpreisträger. Nach dem Schulabschluss studierte er in St. Petersburg und von 1921 bis 1934 bei Ernest Rutherford (1871–1937) in Cambridge. Ab 1934 war er in Moskau. Er wirkte als Direktor an dem für ihn gegründeten Akademie-Institut für Physikalische Probleme (später: Kapitza-Institut). Bedeutung erlangte Kapitza u. a. durch seine Arbeiten zur Tieftemperaturphysik. Mit A. A. Penzias (*1933) und R. W. Wilson (*1936) erhielt er 1978 den Nobelpreis für Physik für seine grundlegenden Erfindungen und Entdeckungen in der Tieftemperaturphysik.

Jacobus Cornelius **Kapteyn** (1851–1922) war ein niederländischer Astronom. Er wurde am 19.01.1851 in Barneveld geboren und arbeitete bahnbrechend auf dem Gebiet der Fixsternastronomie. 1896 gründete er in Groningen das Kapteyn-Laboratorium, das eine zentrale astronomische Forschungsstelle für Untersuchungen über den Aufbau des Milchstraßensystems bildete. Er starb am 18.06.1922 in Amsterdam.

Theodore **von Karmán** (1861–1963) war ein ungarischer Physiker und Luftfahrttechniker. Er wurde am 11.05.1881 in Budapest geboren. Von 1898 bis 1902 studierte er an der TU in Budapest. 1903 arbeitete er als Hochschulassistent. Durch ein Stipendium konnte er 1906 zu Ludwig Prandtl und Felix Klein an die Universität Göttingen wechseln. Hier wurde er 1908 promoviert und 1910 habilitiert. In den Jahren 1911/12 veröffentlichte von Karmán seine berühmte Arbeit über die sog. Karmánschen Wirbelstraßen. In Göttingen entstand auch, durch die Zusammenarbeit mit Max Born, das Born-von-Karmán-Modell. 1913 erhielt er einen Ruf an die TH Aachen, wo er das Institut für Mechanik und flugtechnische Aerodynamik leitete. Hier entstanden viele bedeutende Arbeiten und wurden bedeutende Flugversuche durchgeführt. 1926 ging er an das California Institute of Technology. Anfangs pendelte von Karmán noch zwischen Deutschland und den USA. 1934 wurde er aber aus dem Staatsdienst aufgrund seiner jüdischen Abstammung entlassen. In Pasadena gründete von Karmán das Jet Propulsion Laboratory und wurde Berater der US-Airforce. 1942 gründete er die Aerojet General Corporation, die zu einem führenden Unternehmen in der Herstellung von Raketentechnologie wurde. Von Karmán starb am 07.05.1963 bei einem Kuraufenthalt in Aachen.

Walter **Kaufmann** (1871–1947) war ein deutscher Physiker. Kaufmann war der Sohn des Bankiers Albert Kaufmann und seiner Ehefrau Bertha, geborene Samuel, und wurde am 05.06.1871 in Elberfeld geboren. Hier besuchte er auch das Gymnasium und zog dann mit seiner Familie nach Berlin, wo er am Königlichen Wilhelms-Gymnasium 1890 die Reifeprüfung ablegte. Ab 1890/91 studierte er dann Maschinenbau an den TH Berlin und München. Er wechselte dann zur Physik und studierte ab 1892 Physik an den Universitäten Berlin und München. An der LMU München wurde er 1894 promoviert. Ab 1896 war er Assistent an den Physikalischen Instituten der Universitäten in Berlin und Göttingen. 1899 habilitierte er sich und erhielt 1907 den Ruf als ordentlicher Professor für Experimentalphysik und Leiter des Physikalischen Institutes der Universität Königsberg. 1922/23 war er auch Rektor der Königsberger Universität. Aufgrund seiner jüdischen Abstammung wurde Kaufmann 1935 in den Ruhestand versetzt. Nach dem Zweiten Weltkrieg lehrte er wieder an der Universität Freiburg i. Br. Kaufmanns Name ist hauptsächlich mit dem erstmaligen Nachweis der Zunahme der trägen Masse des Elektrons mit wachsender Geschwindigkeit verbunden. Damit leistete er einen wichtigen Beitrag zur Entwicklung der Relativitätstheorie. Er starb am 01.01.1947 in Freiburg.

Willem Hendrik **Keesom** (1876–1956) war ein niederländischer Physiker. Ab 1923 war er Professor für Experimentalphysik in Leiden, wo er der Nachfolger von Kamerlingh Onnes in dessen Laboratorium wurde. Sein Hauptarbeitsgebiet war die Tieftemperaturphysik. Im Jahr 1926 erfand er eine Methode, Helium durch Druck zu verfestigen, was seinem Lehrer Kamerlingh-Onnes, der Helium 1908 erstmals verflüssigte, nicht gelungen war.

Edwin Crawford **Kemble** (1889–1984) war ein amerikanischer Physiker. Ab 1906 studierte er Physik an der Ohio Wesleyan University und an der Case School of Applied Science. Seinen Bachelorabschluss machte er 1911. Er ging dann als Instructor an das Carnegie Institute of Technology und wurde 1917 mit dem Thema „Studies in the Application of the Quantum Hypothesis to the Kinetic Theory of Gases and to the Theory of their Infrared Absorption Bands" von Percy Williams Bridgeman (1882–1961) an der Harvard University promoviert. Nach einer kurzen Tätigkeit in der Industrie ging Kemble wieder zu Bridgeman als Instructor an die Harvard University. 1924 wurde er Assistant Professor, 1927 Associate Professor. Von 1927 bis 1928 hatte Kemble ein Guggenheim-Stipendium und verbrachte diese Zeit bei Max Born (1882–1970) in Göttingen und Arnold Sommerfeld (1868–1951) in München. Von 1930 bis zu seiner Emeritierung 1957 war er Professor für Physik an der Harvard University.

Werner Josef **Kern** (1906–1985) war ein deutscher Chemiker. Kern war der Sohn von Konrad Kern und seiner Ehefrau Anna Maria, geb. Haungs, und wurde am 09.02.1906 in Tiengen (heute Waldshut-Tiengen) geboren. Er studierte von 1924 bis 1928 an den Universitäten Freiburg i. Br. und Heidelberg. 1930 wurde er von Hermann Staudinger promoviert. Bald darauf erfolgte die Habilitation. Von 1939 bis 1945 arbeitete Kern für die Farbwerke Hoechst. 1945 wurde er Privatdozent an der Universität in Freiburg. 1946 wurde er Professor an der Johannes-Gutenberg-Universität in Mainz, an der er bis zu seiner Emeritierung 1974 lehrte. Kern war einer der bedeutendsten Pioniere auf dem Gebiet der präparativen makromolekularen Chemie. Er starb am 18.01.1985.

Donald William **Kerst** (1911–1993) war ein amerikanischer Physiker. Er arbeitete auf dem Gebiet der Teilchenbeschleuniger. Ab 1943 beteiligte er sich am Manhattanprojekt. Zusammen mit Tihiro Ohkawa entwickelte er die ersten torodialen Plasmasysteme mithilfe des magnetischen Einschlusses.

Gustav **Kirchhoff** (1824–1887) war ein deutscher Physiker. Er studierte 1842 bis 1847 Mathematik und Physik an der Universität Königsberg bei Franz Neumann (1898–1895) und Friedrich Julius Richelot (1808–1875). Er arbeitete von 1850 an der Universität Breslau und ging dann von 1854 bis 1875 an die Universität Heidelberg. Von 1875 bis 1886 war er Professor für theoretische Physik an der Friedrich-Wilhelms-Universität in Berlin. Kirchoffs Arbeitsgebiet war die Elektrizitätslehre, um deren Erforschung er sich große Verdienste erwarb (Kirchhoffsche Regeln), aber auch das Emissions- und Absorptionsvermögen des Lichtes bei glühenden Körpern (Kirchhoffsches Strahlungsgesetz).

Gerhard **Klages** (1915–2017) war ein deutscher Physiker. Nach dem Abitur studierte Klages an der Friedrich-Wilhelms-Universität in Berlin Physik und schloss sein Studium 1942 mit der Promotion über das Thema: „Dispersion von Ultrakurzwellen in polaren Flüssigkeiten mit mehreren Relaxationszeiten" ab. 1946 habilitierte er sich für Experimentalphysik und wurde dann 1947 an die Universität Mainz berufen. Hier blieb er bis zu seiner Pensionierung 1980. Sein Hauptarbeitsgebiet bildete die Mikrowellenphysik, die er in Mainz etablierte und zur Bestimmung der elektrischen und geometrischen Struktur von Molekülen anwendete. Auf dem Gebiet der dielektrischen Spektroskopie erlangte Klages Labor mit seinen Untersuchungen Weltruhm. Er starb am 07.09.2017 in Mainz.

Martin Jesse **Klein** (1924–2009) war ein amerikanischer Physiker und Wissenschaftshistoriker und wurde am 25.06.1924 in New York geboren. Klein ging in New York zur Schule, studierte an der Columbia University Physik und wechselte dann zum MIT. Hier promovierte er 1948 in theoretischer Physik. Am Case Institute of Technology in Cleveland, OH war er ab 1948 als Professor für Physik tätig. 1952/53 ging er zu Erwin Schrödinger an das Institute for Advanced Studies in Dublin. 1958/59 war er am Lorentz-Institut in Leiden, wo er die gesammelten Werke von Paul Ehrenfest herausgab. Ab 1967 lehrte er als Professor für Physikgeschichte an der Yale University. Als Physiker beschäftigte Klein sich hauptsächlich mit statistischer Mechanik und der Theorie dünner ferromagnetischer Schichten. Er starb am 28.03.2009 in Chapel Hill, NC.

Oskar Benjamin **Klein** (1894–1977) war ein schwedischer Physiker. Klein wurde bereits in jungen Jahren Mitarbeiter von Svante Arrhenius am Nobelinstitut. 1923 erhielt er den Ruf an die University of Michigan, kam jedoch bereits 1925 nach Kopenhagen zurück und wurde 1926 Dozent an der Universität Lund. 1930 folgte er Erik Ivar Fredholm als Professor der Physik an der Universität Stockholm. Zusammen mit Theodor Kaluza entwickelte er die Kaluza-Klein-Theorie, eine Erweiterung der allgemeinen Relativitätstheorie um Elektromagnetismus. Zusammen mit Hannes Alfvén entwickelte er die Klein-Alfvén-Kosmologie, mit Walter Gordon die Klein-Gordon-Gleichung der relativistischen Quantenmechanik, mit Yoshio Nishina die Klein-Nishina-Formel. Das Kleinsche Paradoxon bezeichnet das im Vergleich zum nichtrelativistischen Verhalten (Schrödingergleichung mit Potentialbarriere) paradoxe Verhalten von Lösungen der Diracgleichung. Die Universität Stockholm und das Nobelkomitee vergibt ihm zu Ehren die Oskar-Klein-Medaille mit zugehöriger Vorlesung.

Friedrich **Knauer** (1897–1979) war ein deutscher Physikochemiker. Nach dem Abitur studierte er von 1918 bis 1924 an der Universität Göttingen und der TH Hannover Physik und wurde dann 1923 mit einer Dissertation über Elektrotechnik promoviert. Er war dann bis 1924 Assistent bei Robert Wichard Pohl (1884–1976) an der Universität Göttingen und ging dann zu Stern an das Institut für Physikalische Chemie in Hamburg. 1932 wurde er Assistent und 1933 habilitierte er sich und wurde Privatdozent. 1939 wurde er zum nichtplanmäßigen Professor an der Universität Hamburg ernannt und arbeitete dann ab 1940 in der Gruppe von Paul Harteck (1902–1985) am deutschen Nuklearprojekt mit. Sein besonderes Interesse galt der Neutronendiffusion in Uran. Nach 1945 arbeitete er bis 1963 weiter am Institut für Physikalische Chemie in Hamburg und leitete das Institut in der Abwesenheit als kommissarischer, später als stellvertretender Geschäftsführer.

Adolf **Kneser** (1862–1930) war ein deutscher Mathematiker. Er wuchs in Rostock auf und ging dann 1879 an die dortige Universität. Knesers Patenonkel war der Physiker und Wissenschaftshistoriker Johann Christian Poggendorff (1796–1877). Durch ihn kam er wohl zur Physik und veröffentlichte seine erste Arbeit über Akustik in Rostock. Sein Mathematikstudium setzte er in Berlin fort. Nach einem kurzen Aufenthalt an der Universität Heidelberg wurde er von Ernst Kummer (1810–1893) und Leopold Kronecker (1823–1891) 1884 mit der Dissertation „Irreduktibilität und Monodromiegruppe algebraischer Gleichungen" promoviert. Er habilitierte sich an der Universität in Marburg und ging 1899 als außerordentlicher Professor an die Universität Dorpat (damals 1893–1918 hieß sie Juriew) in Russland. Diese Universität ernannte ihn 1900 zum ordentlichen Professor für angewandte Mathematik. Im gleichen Jahr ging er an die Bergakademie nach Berlin und 1905 an die Universität Breslau. Hier blieb er bis zu seiner Emeritierung 1928. Seine Arbeitsgebiete waren die algebraische Geometrie und die Analysis.

Hans **Kopfermann** (1895–1963) war ein deutscher Physiker. 1913 begann er das Studium der Physik an den Universitäten Erlangen und Berlin. Bei Ausbruch des Ersten Weltkrieges 1914 meldete er sich freiwillig zur Armee. Nach dem Ersten Weltkrieg setzte er sein Studium an den Universitäten Erlangen und Göttingen fort. 1923 wurde er von James Franck (1882–1964) promoviert und gingen dann zu Rudolf Ladenburg (1882–1952) an das KWI für Physikalische Chemie und Elektrochemie in Berlin-Dahlem. Die Habilitation erfolgte 1932. Danach ging er für ein Jahr zu Niels Bohr (1885–1962) nach Kopenhagen. 1933 wurde er Oberassistent bei Gustav Hertz (1887–1975) in Berlin und wurde zum nichtbeamteten außerplanmäßigen Professor ernannt. 1937 wurde er ordentlicher Professor und Nachfolger von Heinrich Rausch von Traubenberg (1880–1944) an der Universität Kiel. 1941 wurde er Mitglied der NSDAP, setzte sich aber in den Jahren 1940 bis 1942 mit Wolfgang Finkelnburg (1905–1967) für die Anerkennung der modernen theoretischen Physik und gegen die „Deutsche Physik" ein (sog. „Münchner Religionsgespräche"). 1942 ging er nach Göttingen und 1953 als Direktor des I. Physikalischen Instituts an die Universität Heidelberg.

Hendrik Anthony **Kramers** (1894–1952) war ein niederländischer Physiker. Er studierte ab 1912 Physik in Leiden, wo er sich auch promovierte. In Kopenhagen war er Mitarbeiter von Niels Bohr und ab 1924 Privatdozent für Theoretische Physik an der Universität Göttingen. In diesem Jahr veröffentlichte er auch zusammen mit Niels Bohr und John C. Slater seine berühmte Arbeit über die Quantentheorie der Strahlung. 1926 wurde er Professor für theoretische Physik an der Universität in Utrecht. 1934 wurde er der Nachfolger von Paul Ehrenfest an der Universität Leiden.

Marius **Kratzenstein** wurde 1910 in Hamburg geboren und begann sein Studium im Oktober 1928 an der Universität Hamburg. Er hörte Vorlesungen bei Artin, Estermann, Goos, Gordon, Hecke, Koch, Lenz, Möller, Minkowski, Rabe, Remy, Riebesell und Stern. Nachdem Otto Stern zum 01.10.1933 entlassen wurde, übernahm sein Nachfolger Paul Harteck die weitere Betreuung. Hartecks Begutachtung der Kratzensteinschen Arbeit, die das Datum 12.07.1934 trägt, ergab als Note ein „gerade noch gut", aber Kratzenstein erhielt in einer der vier mündlichen Prüfungen ein „ungenügend", sodass er alle Prüfungen am 26.01.1935 wiederholen musste. Beim zweiten Anlauf war er erfolgreich und erhielt nunmehr als Gesamtnote „gut". Seine Doktorarbeit zu Untersuchungen über die „Wolke" bei Molekularstrahlversuchen wurde in der Zeitschrift für Physik (93 (1935), S. 279–291) veröffentlicht. Danach wirkte Kratzenstein in Freiburg. Im Jahre 1953 war er bei der in Berlin ansässigen Firma „Technopan Röntgen, Röntgenapparate und elektromedizinische Geräte" tätig.

Ralph **Kronig** (1904–1995) war ein amerikanischer Physiker und wurde am 10.03.1904 in Dresden geboren. Kronig, der Sohn amerikanischer Eltern, besuchte in Dresden die Schule. In den USA studierte er an der Columbia University Physik und promovierte hier 1925. Kronig hatte guten Kontakt zu seinen europäischen Physikerkollegen und schon als Student im Januar 1925, als er bei Alfred Landé in Tübingen arbeitete, schlug er die Einführung des Elektronenspins zur Erklärung des Pauli'schen Ausschließungsprinzips vor. Insbesondere die Kritik von Wolfgang Pauli führte aber dazu, dass er eine Veröffentlichung seiner Idee unterließ und somit Goudsmit und Uhlenbeck 1925 ihm zuvorkamen und damit als die Entdecker des Spins gelten. Kronig war ab 1927 Assistant Professor an der Columbia University. Ab 1939 bis zu seiner Emeritierung 1969 war er Professor für theoretische Physik und zeitweise auch Rektor an der TH van Delft. Er starb am 16.11.1995 in Zeist.

Richard Johann **Kuhn** (1900–1967) war ein österreichischer Chemiker und Nobelpreisträger. Er wurde am 03.12.1900 in Wien geboren, wo er auch die Schule besuchte. 1918 begann er sein Chemiestudium an der Universität Wien und wechselte dann an die LMU in München. Hier wurde er 1922 von Richard Willstätter promoviert. 1925 habilitierte er sich und wurde 1925 Privatdozent. 1929 wurde er Mitarbeiter der Kaiser-Wilhelm-Gesellschaft und 1930 Leiter der Chemieabteilung des KWI für medizinische Forschung in Heidelberg, dessen Direktor er 1937 wurde. Für seine Arbeiten über Carotinoide und Vitamine erhielt er 1938 den Nobelpreis für Chemie. Nach dem Zweiten Weltkrieg lehrte Kuhn in den USA und kehrte dann 1953 nach Deutschland zurück, wo er wieder Direktor an seinem früheren Institut, das jetzt den Namen Max-Planck-Institut für medizinische Forschung trug, wurde. Er starb am 31.07.1967 in Heidelberg.

Polykarp **Kusch** (1911–1993) war ein deutsch-amerikanischer Physiker und Nobelpreis-Träger. Er wurde am 26.01.1911 in Blankenburg im Harz geboren. Seine Eltern wanderten 1912 in die USA aus. Nach dem Erwerb seines Bachelor- und Masterabschlusses promovierte Kusch 1936 an der University of Illinois und wurde im gleichen Jahr Assistent an der University of Minnesota. 1937 ging er an die Columbia-University. Hier war er auch im Zweiten Weltkrieg in der Militärforschung tätig. Von 1941 bis 1942 war er als Entwicklungsingenieur bei der Firma Westinghouse Electric beschäftigt und arbeitete dann von 1944 bis 1946 für die Bell Laboratories. Ab 1949 war er Professor an der Columbia-University und arbeitete hier mit Isidor Isaak Rabi zusammen. Kuschs Hauptarbeitsgebiete waren die Molekülspektroskopie, die Massenspektrometrie sowie die magnetische Kernspinresonanz. 1955 erhielt er zusammen mit Willis Eugene Lamb den Nobelpreis für Physik. Kusch starb am 20.03.1993 in Dallas, TX.

Walter Rudolf **Ladenburg** (1882–1952) war ein deutscher, nach seiner Emigration ein amerikanischer Physiker. Er promovierte bei Wilhelm Conrad Röntgen. Im Ersten Weltkrieg leitete er die von ihm gegründete Schallmessabteilung der Artillerie-Prüfungskommission in Berlin. Zu dem wissenschaftlichen Stab der Abteilung gehörten zunächst Max Born, damals Extraordinarius in Berlin, und dann Borns Schüler Alfred Landé sowie Fritz Reiche, Erwin Madelung und Erwin Wätzmann. 1924 übernahm Ladenburg die Abteilung für Atomphysik am KWI für Physikalische Chemie und Elektrochemie (seit 1948: Fritz-Haber-Institut der Max-Planck-Gesellschaft) in Berlin-Dahlem. Hier gelang ihm 1928 der erste experimentelle Nachweis der stimulierten Emission von Strahlung, welche Albert Einstein zwölf Jahre zuvor in die Quantentheorie der Strahlung eingeführt hatte. 1932 folgte er einem Ruf an die Universität Princeton, NJ und leitete dort das Palmer Physical Laboratory.

Willis Eugene **Lamb** (1913–2008) war ein amerikanischer Physiker und Nobelpreisträger. 1930 bis 1934 studierte er an der University of California in Berkeley Chemie. 1938 wurde er von J. Robert Oppenheimer mit der Dissertation „Über die elektromagnetischen Eigenschaften von Kernsystemen" promoviert. Dann ging er an die Columbia University und wurde hier 1945 Assistant Professor, 1947 Associate Professor und schließlich 1948 zum ordentlichen Professor berufen. 1951 wechselte er zur Stanford University, 1953 bis 1954 war er Professor an der Harvard University, von 1956 bis 1962 an der University of Oxford und an der Yale University in New Haven. Seit 1974 wirkte Lamb als Professor an der University of Arizona, wo er 2002 emeritiert wurde. Seine große Leistung war die experimentelle Untersuchung des Effektes der sog. Lamb-Verschiebung (Lamb-Shift), die er zusammen mit Normann Kroll (1922–2004) erklärte. 1955 wurde er mit dem Nobelpreis für Physik – den er sich mit Polykarp Kusch (1911–1993) teilte – für die Entdeckung der Feinstruktur des Wasserstoffspektrums ausgezeichnet.

Ernst **Lamla** (1888–1986) war ein deutscher Physiker. Er studierte bei Max Planck (1858–1947) in Berlin Physik und wurde von ihm 1912 mit der Dissertation „Über die Hydrodynamik des Relativitätsprinzips" promoviert. Für kurze Zeit war er Assistent am Institut für Theoretische Physik der Friedrich-Wilhelms-Universität in Berlin und wurde dann Mathematik- und Physiklehrer. 1933 wurde er aus politischen Gründen entlassen. Nach dem Zweiten Weltkrieg zog er nach Göttingen – wo auch sein alter Lehrer Max Planck lebte – und leitete in Göttingen das Staatliche Gymnasium. Er wurde 1954 in den Ruhestand versetzt.

Cornelius **Lanczos** (1893–1974) war ein ungarischer Mathematiker und Physiker. Nach dem Besuch der Schule und dem Erwerb der Hochschulreife begann er 1910 in Budapest Mathematik und Physik zu studieren. Nach Abschluss seines Studiums 1915 war er Assistent am Polytechnikum und wurde dann 1921 von Rudolf Ortvay (1885–1945) an der Universität in Szeged mit der Dissertation „Die funktionentheoretischen Beziehungen der Maxwellschen Äthergleichungen" promoviert. Nach seiner Promotion ging er an die Universität Freiburg und war dann 1924 als Assistent von Erwin Madelung (1881–1972) an der Universität Frankfurt am Main. Nach seiner Habilitation in Frankfurt war er 1928 bis 1929 der Assistent von Albert Einstein (1879–1955) in Berlin. 1931 war er Gastprofessor an der Purdue University in West Lafayette, IN. Lanczos wurde noch 1932 außerordentlicher Professor in Frankfurt, blieb aber an der University in West Lafayette und ging dann 1946 zu Boeing nach Seattle. 1949 ging er zum National Bureau of Standards der USA in Los Angeles. Auf Einladung von Erwin Schrödinger (1887–1961) ging er 1952 an das Institute for Advanced Study in Dublin. Lanczos war häufig Gastwissenschaftler an amerikanischen oder ausländischen Universitäten. Der Goethe-Universität blieb er bis zu seinem Tod 1974 freundschaftlich verbunden.

Alfred **Landé** (1888–1975) war ein deutscher theoretischer Physiker. Er studierte bei Arnold Sommerfeld in München und wurde 1913 Assistent von David Hilbert in Göttingen, wodurch er Max Born kennenlernte. 1914 promovierte er bei Sommerfeld. Von 1914 bis 1922 war er dann in Frankfurt am Main am Institut für Theoretische Physik bei Max Born. Hier konnte er in der Zeit vom Dezember 1920 bis April 1921 eine Erklärung des anomalen Zeeman-Effektes geben und er entdeckte den Landé'schen g-Faktor. Er war der erste, der halbzahlige Spins und den g-Faktor 2 in die Quantenphysik einführte (s. Alfred Landé, Z. Phys. 5 (1921), 231–241 und 7 (1921), 398–405). Dadurch war er auch in der Lage, als erster theoretischer Physiker den 1922 in Frankfurt durchgeführten Stern-Gerlach-Versuch richtig zu deuten. Außerdem ist die Born-Landé-Gleichung zur Hälfte nach ihm benannt. Ab 1922 wirkte Landé als Professor an der Universität Tübingen und ab 1931 bis zu seinem Tode als Professor an der Universität in Columbus, OH.

Paul **Langevin** (1872–1946) war ein französischer Physiker. Er war ab 1909 Professor am Collège de France und von 1926 bis 1946 Direktor des physikalisch-chemischen Instituts der Sorbonne in Paris. Seine Arbeitsgebiete waren u. a. der Magnetismus, die kinetische Gastheorie und die Moderierung von Neutronen.

Irving **Langmuir** (1881–1957) war ein amerikanischer Chemiker, Physiker und Nobelpreisträger. Nach seinem Abschluss im Fachbereich Bergbau an der Columbia-University 1903 ging er zu Walther Nernst an das Institut für Physikalische Chemie in Göttingen. Hier wurde er 1906 promoviert. Danach lehrte er an mehreren wissenschaftlichen Institutionen. Auf Langmuir gehen mehrere Erfindungen zurück. 1932 erhielt er für seine Arbeit im Bereich der Oberflächenchemie (Langmuir-Effekt) den Nobelpreis für Chemie. Die Bezeichnung Plasma geht auf Langmuir zurück

(1928). Da der Plasmazustand durch weitere Energiezufuhr aus dem gasförmigen Aggregatzustand erzeugt werden kann, wird er auch der vierte Aggregatzustand genannt.

**Otto Laporte** (1902–1971) war ein deutsch-amerikanischer Physiker. Er begann sein Studium 1920 in Frankfurt und promovierte 1924 bei Sommerfeld, wo er mit Heisenberg, Pauli, Wentzel, Herzfeld, Ewald u. a. zusammen war. Als Rockefeller Stipendiat ging er 1924 in die USA zum National Buro of Standards und nahm 1935 die amerikanische Staatsbürgerschaft an. 1926 ging er an die University of Michigan, wo er 1945 „Full Professor" wurde. Sein Arbeitsgebiet war die Strömungsmechanik. Seit 1972 verleiht die American Physical Society den „Otto Laporte-Preis".

Karl **Lark-Horovitz** (1892–1958) war ein österreichisch-amerikanischer Physiker und wurde am 20.07.1892 in Wien geboren. Er studierte ab 1911 an der Universität Wien Chemie und Physik und wurde 1919 in Physik promoviert. 1925 erhielt er ein Rockefeller-Stipendium, mit dem er nach Toronto, an die University of Chicago, das Rockefeller Institute in New York und die Stanford University ging. Ab 1929 wirkte er als Professor an der Purdue University, wo er die Physikalische Fakultät aufbaute und insbesondere die Kernphysik förderte. 1935 erhielt er den Preis der American Association of Physics Teacher. Lark-Horovitz holte auch Julian Schwinger (1918–1994), Cornelius Lanczos (1893–1974) und Karl Wilhelm Meissner (1891–1959) an die Purdue University und Victor Weisskopf (1908–2002) und Lothar Nordheim (1899–2002) als Gastprofessoren. Zu Gastvorträgen lud er berühmte Kollegen wie J. Robert Oppenheimer (1904–1967), Emilio Segrè (1905–1989) und Wolfgang Pauli (1900–1958) ein. Sein Hauptarbeitsgebiet war die Festkörperphysik. Lark-Horovitz war ein Pionier der Halbleiterforschung. Er starb am 14.04.1958 in West Lafayette, IN.

Jakob Johann **Laub** (1884–1962) war ein österreichischer Physiker, der in Galizien (damals Österreich-Ungarn) geboren wurde. Er studierte an den Universitäten Wien, Krakau und Göttingen, wo er auch bei David Hilbert, Woldemar Voigt, Walther Nernst, Karl Schwarzschild und Hermann Minkowski Vorlesungen hörte. 1907 promovierte er an der Universität Würzburg. 1909 wurde Laub Mitarbeiter von Philipp Lenard an der Universität Heidelberg. 1911 wanderte er nach Argentinien aus. Nach der Übernahme der argentinischen Staatsbürgerschaft 1920 trat er in den diplomatischen Dienst ein. Von 1920 bis 1925 war Laub Geschäftsträger im Vice-Consular-Büro in München, ab 1925 Vizekonsul in Breslau, ab 1933 bis 1937 Generalkonsul in Hamburg. Von 1937 bis 1939 war er Botschafter in Warschau und wurde im September 1939 nach Argentinien abberufen. 1947 kehrte er nach Europa zurück. Bekannt wurde er vor allem durch seine Zusammenarbeit und Korrespondenz mit Albert Einstein in der frühen Phase der speziellen Relativitätstheorie. In seiner neuen Heimatstadt Freiburg (Schweiz) geriet er in wirtschaftliche Not und verkaufte deswegen einen Teil seiner Korrespondenz mit Einstein.

Max von **Laue** (1879–1960) war ein deutscher Physiker. Von Laue studierte an den Universitäten Straßburg, Göttingen, München und Berlin Physik und Mathematik. 1903 promovierte er bei Max Planck in Berlin über die Theorie der Interferenzen an planparallelen Platten und übernahm 1905 bei seinem Doktorvater eine Assistentenstelle. Nach seiner Habilitation 1906 beschäftigte er sich mit der Relativitätstheorie Albert Einsteins und konnte 1907 durch Anwendung des relativistischen Additionstheorems das Fizeau-Experiment im Sinne der Relativitätstheorie deuten. 1909 kam er als Privatdozent an das Institut für Theoretische Physik der LMU München. 1912 entdeckte er zusammen mit Walter Friedrich und Paul Knipping die Beugung von Röntgenstrahlen an Kristallen. Damit war nachgewiesen, dass sich Röntgenstrahlung wie eine Welle ausbreitet. Außerdem konnte aus den Beugungsmustern erstmals auf die Kristallstruktur geschlossen werden. Für diese Arbeit erhielt von Laue 1915 den Nobelpreis für Physik des Jahres 1914. Im Oktober 1914 war er auf den Lehrstuhl für Theoretische Physik an der neu gegründeten Universität Frankfurt am Main berufen worden. 1919 kehrte von Laue von Frankfurt als Professor an die Friedrich-Wilhelms-Universität in Berlin zurück. Ebenfalls 1919 beginnt seine Tätigkeit am KWI für Physik, in dem er 1922 als Vertreter Albert Einsteins die Position des stellvertretenden Direktors übernimmt. Während der Herrschaft des Nationalsozialismus trat er für Albert Einstein und gegen die „Deutsche Physik" ein (etwa bereits auf der Tagung der DPG im September in Berlin). 1943 wurde er vorzeitig emeritiert. Nach dem Krieg lieferte er wichtige Beiträge zum Aufbau der Max-Planck-Gesellschaft.

Ernest Orlando **Lawrence** (1901–1958) war ein amerikanischer Physiker. 1928 wurde er auf eine Stelle als Associate Professor für Physik an der University of California, Berkeley berufen, die 1930 in eine ordentliche Professur umgewandelt wurde. 1936 wurde er Direktor des Strahlungslabors. Nach ersten Arbeiten über das Ionisationspotential von Metalldämpfen erfand Lawrence 1929 das Zyklotron, das er nutzte, um verschiedene Elemente mit beschleunigten Teilchen zu beschießen. Durch den Teilchenbeschuss wurden in seltenen Fällen vollkommen neue Elemente sowie Hunderte zuvor unbekannte radioaktive Isotope der bekannten Elemente erzeugt. Lawrence war während des Zweiten Weltkrieges maßgeblich an der Entwicklung der Atombombe beteiligt, nach dem Krieg setzte er sich für einen Atomteststopp ein. 1939 wurde ihm für seine Beiträge zur Ionenbeschleunigerentwicklung der Nobelpreis für Physik verliehen.

Adrien-Marie **Legendre** (1752–1833) war ein französischer Mathematiker. Er wurde am 18.09.1752 in Paris geboren. Legendre kam aus einem wohlhabenden Hause und wurde 1770 am Collège Mazarin promoviert. Bis zur Französischen Revolution 1789 lebte er als Privatgelehrter. Nur in der Zeit von 1775 bis 1780 lehrte er an der Pariser Militärakademie. 1782 gewann er den Preis der Berliner Akademie der Wissenschaften für die Bestimmung der Bahn eines Geschosses mit Berücksichtigung des Luftwiderstandes. Mehrere Arbeiten auf den unterschiedlichsten Gebieten der angewandten Mathematik verschafften ihm die Anerkennung von Lagrange, Laplace und vielen anderen bedeutenden Mathematikern und Physikern der damaligen

Zeit. Legendre verlor während der Französischen Revolution seinen gesamten Besitz und musste sich nach einer Arbeit umsehen. 1795 lehrte er an der École normale supérieure. 1808 wurde zum lebenslangen Vorsteher der Universität ernannt. 1812 wurde er der Nachfolger von Lagrange im Bureau des Longitudes, 1815 Ehrenmitglied in der Kommission für öffentlichen Unterricht. 1832 wurde er Mitglied der American Acadamy of Arts and Sciences. Nach einem Streit mit der Regierung strich man ihm seine Pension und er starb verarmt am 10.01.1833 in Paris.

Philipp **Lenard** (1862–1947) war ein deutscher Physiker und Nobelpreisträger, der in Preßburg (Bratislava) in der damaligen Habsburgermonarchie aufwuchs und 1880 in Budapest und Wien Naturwissenschaften studierte. Mit einer Unterbrechung setzte er 1883 seine Studien an der Universität in Heidelberg fort. 1886 wurde er hier mit der Dissertation „Über die Schwingungen fallender Tropfen" promoviert. Ab 1889 war er Assistent bei Georg Quinke (1834–1924) im physikalischen Institut in Heidelberg. 1881 wurde er Assistent bei Heinrich Hertz (1857–1894) in Bonn, wo er sich auch habilitierte. In Bonn beschäftigte er sich auch erstmals mit Experimenten mit Kathodenstrahlen, für die er berühmt werden sollte (Lenard-Fenster). Lenards Versuche trugen wesentlich dazu bei, den Korpuskularcharakter der Kathodenstrahlen nachzuweisen. Die Priorität an der Entdeckung des Elektrons wurde aber J. J. Thomson (1856–1940) zugesprochen, ebenso die Entdeckung der X-Strahlen (Röntgen-Strahlen) durch W. C. Röntgen (1845–1923), der von Lenard beraten worden war und dem er geholfen hatte. Beides erbitterte Lenard zutiefst. Er konnte auch den lichtelektrischen Effekt experimentell klären. Die theoretische Deutung gelang Albert Einstein (1879–1955) 1905. 1905 erhielt er den Nobelpreis für Physik für seine Arbeiten über die Kathodenstrahlen. 1907 wurde Lenard der Nachfolger von Quincke und Direktor des physikalischen Institutes. Der verlorene Erste Weltkrieg und das Aufkommen der modernen Physik ließen Lenard zu einem überzeugten Nationalsozialisten und zum Begründer und Propagator der „Deutschen Physik" werden. Im Dritten Reich wurde Lenard vielfach geehrt. So wurde z. B. 1935 das Physikalische Institut der Universität Heidelberg in Philipp-Lenard-Institut umbenannt. Er starb 1947.

Wilhelm **Lenz** (1888–1957) war ein deutscher theoretischer Physiker und war seit 1921 Professor an der Universität Hamburg bis zu seiner Emeritierung. Seine Schüler in Hamburg waren Ernst Ising, Wolfgang Pauli, Hans Jensen u. a.

Alfred **Leu** hat 1925 in Hamburg bei Otto Stern mit der Arbeit „Versuche über die Ablenkung von Molekularstrahlen im Magnetfeld" promoviert. Er hat noch bis 1928 oder länger als sog. „Seniorstudent" bei Stern mitgearbeitet. Weitere Lebensdaten konnten nicht gefunden werden.

Gilbert Newton **Lewis** (1875–1946) war ein amerikanischer Chemiker. Er promovierte 1899 an der Harvard University und ging danach nach Deutschland. Von 1905 bis 1912 war er Professor am MIT in Boston. 1912 ging er an die University of California in Berkeley, wo er dann als Professor und Dekan des Chemie-Departments sein ganzes Leben verbrachte. Er ist der Entdecker der „Co-valenten Bindung" (Theorie) in der Chemie und wurde dafür auch 41-mal für den Nobelpreis vorgeschlagen (1931 auch von Stern). Den Nobelpreis erhielt er jedoch nie. Außerdem arbeitete er auf den Gebieten der Thermodynamik (Lewis-Zahl, die das Verhältnis des Wärmeübergangs durch Diffusion zum Wärmeübergang durch Wärmeleitung angibt), der Fluoreszenz und der Theorie der Strahlung Schwarzer Körper. 1933 stellte er als erster „Schweres Wasser" (enthält statt einem Proton als Kern das Deuteron) her.

Lester C. **Lewis** (1902–?) war ein amerikanischer Physiker. 1930 war er als „Charles A. Coffin Fellow" Mitarbeiter bei Stern in Hamburg und promovierte dort 1931 mit der Arbeit „Die Bestimmung des Gleichgewichts zwischen den Atomen und den Molekülen eines Alkalidampfes mit einer Molekularstrahlmethode". Nach Anstellung in der Industrie (Papierfabrik in Ohio) wurde er später Kurator und „Executive Director" für „Physical Sciences" am Smithsonian Museum in Washington.

Axel Edvin **Lindh** (1888–1960) war ein schwedischer Physiker. Er promovierte 1922 an der Universität Lund. Er wurde später Professor an der TH Göteborg und an der Universität Uppsala. Seit 1934 gehörte er dem Nobelkomitee für Physik an.

Leonard Benedict **Loeb** (1891–1978) war ein amerikanischer Chemiker. 1916 promovierte er bei Millikan in Chicago. Danach arbeitete er am National Bureau of Standards und nahm am Ersten Weltkrieg teil. Nach Aufenthalten bei Rutherford in Manchester und Chicago wurde er 1923 auf eine Professur für Physik an die Universität Berkeley berufen und 1929 zum Full-Professor ernannt.

Fritz **London** (1900–1954) und sein Bruder Heinz (1907–1970) waren beide Physiker und arbeiteten nach ihrer Emigration 1933 bei Franz Simon im Bereich der Tieftemperaturphysik.

Hendrik Antoon **Lorentz** (1853–1928) war ein niederländischer theoretischer Physiker und wurde am 18.07.1853 in Arnheim geboren. Lorentz ging nach seinem Schulabschluss an die Universität Leiden und schloss 1871 sein Studium der Mathematik und Physik ab. In seiner Heimatstadt Arnheim fand er eine Anstellung als Lehrer. 1875 promovierte er und erhielt 1878 die Professur für Theoretische Physik an der Universität Leiden. Lorentz kommt das Verdienst zu, die mathematischen Grundlagen der speziellen Relativitätstheorie von Albert Einstein gelegt zu haben. Von großer Bedeutung sind auch seine Beiträge zur Elektronentheorie. Nach ihm wurden die Lorentz-Transformation und die Lorentz-Kraft benannt. Er starb am 04.02.1928 in Haarlem.

Richard **Lorenz** (1863–1929) war Professor für physikalische Chemie an der Universität Frankfurt am Main. Er wurde am 14.03.1863 in Wien geboren. Hier erwarb er die Hochschulreife und promovierte an der Universität Wien 1888. Er wirkte dann in Göttingen am Institut für Physikalische Chemie und Elektrochemie bei Walther Nernst. In Göttingen wurde er auch Privatdozent. 1896 erfolgte die Berufung zum Professor für Physikalische Chemie und Elektrochemie an das Eidgenössische Polytechnikum in Zürich. Lorenz blieb bis 1910 in Zürich und wechselte dann nach Frankfurt am Main, wo er zuerst als Professor an der Akademie für Sozial- und Handelswissenschaften wirkte und dann ab 1914 ordentlicher Professor für Physikalische Chemie war. Lorenz war auch der Gründer des Institutes für Physikalische Chemie und Metallurgie an der neugegründeten Frankfurter Universität. Er starb am 26. Juni 1929 in Frankfurt am Main.

Otto **Lummer** (1860–1925) war ein deutscher Physiker. Nach dem Abitur 1880 studierte er an verschiedenen Universitäten in Deutschland. 1884 wurde er Assistent von Hermann von Helmholtz (1821–1894) in Berlin. Hier arbeitete er an der Physikalisch-Technischen Reichsanstalt und wurde 1894 zum Professor ernannt. Ab 1904 war er Professor an der Universität Breslau. Lummer konstruierte zusammen mit Wilhelm Wien (1864–1928) 1895 den ersten „Schwarzen Körper" und konnte mit diesem die Strahlungsgesetze von Stefan-Boltzmann, Wien und Planck bestätigen.

Ernst Waldfried Josef Wenzel **Mach** (1838–1916) war ein österreichischer Physiker und Philosoph und wurde am 18.02.1838 in Chirlitz bei Brünn in Mähren geboren. Die Schulbildung wurde Ernst Mach bis zu seinem 15. Lebensjahr durch seinen Vater, der Lehrer war, vermittelt, dann ging er auf das Gymnasium und machte hier seine Matura. Ab 1855 studierte er Mathematik und Naturwissenschaften an der Universität Wien. 1859/60 schloss er sein Studium mit einer Dissertation ab. 1861 habilitierte er sich an der Universität Wien und wirkte dann als Privatdozent. Eine Professur an dieser Universität bekam er nicht, deshalb ging er als Mathematikprofessor an die Universität Gratz, wo er bis 1867 lehrte, ab 1866 als Ordinarius für Physik. 1867/68 erhielt er einen Ruf an die Karl-Ferdinands-Universität in Prag, an der er bis 1895 wirkte. In Prag entstanden nicht nur seine klassischen Arbeiten zur Physik und zur Sinnesphysiologie, sondern auch seine philosophischen Arbeiten zum Positivismus, die ihn zu einem Mitbegründer und Wegbereiter des Empiriokritizismus machen. Mach starb am 19.02.1916 in Vaterstetten (Bayern).

Ettore **Majorana** (1906–1938) war ein italienischer Physiker. Er wurde am 05.08.1906 in Catania (Sizilien) geboren, wo er auch zur Schule ging und 1923 sein Abitur machte. Er studierte an der Universität Rom zuerst Ingenieurwissenschaften. 1927 ging Majorana an das Institut für Experimentelle Physik zu Enrico Fermi. 1937 erfolgte die Ernennung zum Professor an der Universität Neapel. Seine wichtigsten Arbeiten beschäftigten sich mit der Kernphysik und der relativistischen Quantenmechanik. Das Verschwinden von Ettore Majorana Ende März 1938 bleibt rätselhaft und ist bis heute nicht aufgeklärt.

Harrie **Massey** (1908–1983) [ab 1960: Sir Harrie Stewart Wilson Massey] war ein australischer theoretischer Physiker. Er wurde am 16.05.1908 in St. Kilda (bei Melbourne) geboren. Massey studierte ab 1924 Physik, Chemie und Mathematik, ging 1929 an das Cavendish Laboratorium der Universität Cambridge zu Ernest Rutherford und schloss 1930 sein Studium mit dem Master in Physik ab. 1932 wurde er dort von Ralph Fowler promoviert. 1938 wurde er Professor für Mathematik am University College London und 1950 Professor für Physik. Ab 1973 erhielt er am University College auch die Professur für Astrophysik. Massey arbeitete hauptsächlich auf dem Gebiet der Atomphysik und der atmosphärischen Physik und leistete bedeutende Beiträge zur britischen Weltraumforschung. Er starb am 27.11.1983 in Cambridge.

Edwin Mattison **McMillan** (1907–1991) war ein amerikanischer Physiker. Er wurde am 18.09.1907 in Redondo Beach, CA geboren. McMillan studierte am California Institute of Technology. Hier machte er auch seinen Bachelor und seinen Master und ging dann zur Princeton University, wo er 1932 bei Edward Condon promovierte. Nach seiner Promotion wechselte er zur University of California in Berkeley, wo er sich mit der Messung des magnetischen Impulses von Protonen mit der Teilchenstrahlmethode beschäftigte. Er ging dann an das Berkeley Radiation Laboratory, wo er Kernreaktionen und ihre Zerfallsprodukte untersuchte und auch an der Entwicklung des Zyklotrons beteiligt war. McMillan war der erste Wissenschaftler, dem es 1940 am Zyklotron in Berkeley gelang, das Transuranelement Neptunium künstlich herzustellen. 1946 wurde er ordentlicher Professor, nachdem er vorher schon Stellen als Assistant Professor innehatte. Für seine Arbeiten auf dem Gebiet der Transuranelemente erhielt er zusammen mit Glenn T. Seaborg den Nobelpreis für Chemie. McMillan starb am 07.09.1991 in El Cerrito, CA.

Erwin **Madelung** (1881–1972) war ein deutscher Physiker. Er verbrachte seine Kindheit und Jugend in Bonn, Rostock und Straßburg. In Straßburg machte er sein Abitur und studierte dann in Kiel, Zürich und Straßburg Physik. 1905 wurde er mit der Dissertation „Über Magnetisierung durch schnellverlaufende Ströme und die Wirkungsweise des Rutherford-Marconischen Magnetdetektors" von Hermann Theodor Simon (1870–1918) in Göttingen promoviert. 1912 habilitierte er sich in Göttingen. 1918 wurde er zum Professor ernannt. 1921 wurde er der Nachfolger von Max Born (1882–1970) auf dem Lehrstuhl für Theoretische Physik in Frankfurt am Main, den er bis 1949 innehatte. Seine Arbeitsgebiete waren die Atomphysik und die Quantenmechanik. 1926 formulierte er, vor Louis de Broglie (1875–1960) und David Bohm (1917–1992), eine deterministische Version der nichtrelativistischen Quantenmechanik und war damit ein Vorläufer der „De-Broglie-Bohm-Theorie" oder „Bohmschen Mechanik".

Hermann Franz **Mark** (1895–1992) war ein österreichisch-amerikanischer Chemiker, der als Pionier der modernen Polymerwissenschaften gilt.

Charles Max **Mason** (1877–1961) war ein amerikanischer Mathematiker und Physiker. Er promovierte bei Hilbert in Göttingen und wurde dann Physikprofessor in Wisconsin. Im Ersten Weltkrieg entwickelte er Verfahren der U-Bootortung mittels

Schall. Mason war dann von 1925 bis 1929 Präsident der University of Chicago und war von 1929 bis 1936 Präsident der Rockefeller Foundation. Als deren Präsident förderte er besonders die Umsiedlung der von den Nationalsozialisten von der Universität Göttingen vertriebenen Mathematiker.

Hans Ferdinand **Mayer** (1895–1908) war ein deutscher Physiker. Mayer studierte ab 1915 Mathematik, Physik und Astronomie in Karlsruhe und Heidelberg. 1920 promovierte er bei Lenard „Über das Verhalten von Molekülen gegenüber freien langsamen Elektronen". Ab 1922 war er bei der Berliner Siemens & Halske A.G. und beschäftige sich mit der störungsfreien Informationsübertragung in Kabelverbindungen über große Entfernungen. Im Jahre 1938 wurde er dort zum Direktor ernannt. 1943 wurde Mayer aus politischen Gründen zu KZ-Haft verurteilt und überlebte im KZ durch Fürsprache von Werner von Siemens u. a. wegen seiner wichtigen kriegstechnischen Kenntnisse wurde ihm im KZ ein eigenes Forschungslabor eingerichtet. Nach dem Krieg ging er in die USA und lehrte als Professor für Nachrichtentechnik an der Cornell University. 1950 kehrte er nach Deutschland zu Siemens zurück.

Robert Franklin **Mehl** (1898–1976) war ein amerikanischer Metallurg und Direktor des Metal Research Laboratory des Carnegie Institute of Technology in Pittsburgh.

Lise **Meitner** (1878–1968) war eine österreichische Kernphysikerin. 1907 war sie Mitarbeiterin von Otto Hahn in Berlin geworden und arbeitete über 30 Jahre mit Hahn zusammen. 1918 erhielt Lise Meitner erstmals eine eigene radiophysikalische Abteilung mit angemessenem Gehalt und wurde Leiterin der physikalisch-radioaktiven Abteilung des KWI für Chemie. 1926 wurde sie außerordentliche Professorin für experimentelle Kernphysik an der Friedrich-Wilhelms-Universität in Berlin. 1938, als Deutschland Österreich annektierte, wurde Lise Meitner deutsche Staatsbürgerin und war dadurch als gebürtige Jüdin in besonderer Weise gefährdet und emigrierte nach Stockholm. Hier veröffentlichte sie im Februar 1939 zusammen mit ihrem Neffen Otto Frisch die erste physikalisch-theoretische Erklärung der Kernspaltung, die ihr Kollege Otto Hahn und dessen Assistent Fritz Strassmann im Dezember 1938 entdeckt und mit radiochemischen Methoden nachgewiesen hatten. Ab 1947 leitete Lise Meitner die kernphysikalische Abteilung des Physikalischen Instituts der Hochschule in Stockholm. 1960 übersiedelte Lise Meitner zu ihrem Neffen Otto Robert Frisch nach Cambridge. Sie wurde über 40-mal für den Nobelpreis vorgeschlagen, hat ihn aber nie verliehen bekommen.

Karl Wilhelm **Meissner** (1891–1959) war ein deutsch-amerikanischer Physiker. Karl Wilhelm Meissner studierte in Tübingen und München Physik. Bei Paschen hat er 1915 promoviert. Ab 1916 wurde er wissenschaftlicher Assistent bei Edgar Meyer in Zürich. 1925 ging Meissner zu Wachsmuth nach Frankfurt. Nach der Emeritierung des Lehrstuhlinhabers für Astronomie, Martin Brendel, wurde Meissner 1927 zum ordentlichen Professor für Astronomie an der Universität Frankfurt berufen. Nach der Emeritierung von Wachsmuth 1932 wurde Meissner zum ordentlichen Professor für Experimentalphysik und Direktor des Physikalischen Instituts berufen. Meissner wurde am 1937 entlassen und emigrierte in die USA. 1941 wurde er an der Purdue University zum Professor ernannt. 1959 brach Meissner zu einer Europareise auf. Während der Überfahrt starb er an Herzversagen.

Karl von **Meyenn** (1937– ) ist ein deutscher Physiker und Physikhistoriker. Er studierte an der Universität Santiago de Chile Physik und wurde 1971 mit der Dissertation „Der Order-Disorder-Übergang in $NaNO_2$“ bei Siegfried Flügge in Freiburg i. Br. promoviert. Danach lehrte er an der Pontificia Universidad Católica de Chile. 1975 wechselte er zu Armin Hermann (1933– ) an den Lehrstuhl für Geschichte der Naturwissenschaften und Technik der Universität Stuttgart. Von 1985 bis 1990 war er Professor für Wissenschaftsgeschichte an der Universitat Autonoma de Barcelona. 1991 ging er an das MPI für Physik in München und war dann ab 2000 am Institut für Theoretische Physik in Ulm. Seit 1975 bis heute ist Karl von Meyenn der Herausgeber des wissenschaftlichen Briefwechsels von Wolfgang Pauli.

Edgar **Meyer** (1879–1960) war ein deutscher Physiker. 1912 nahm Meyer einen Ruf als Extraordinarius für Theoretische Physik an der Universität Tübingen an, wo er bis zum Wintersemester 1915/16 blieb. Danach nahm Meyer einen Ruf an die Universität Zürich als Ordinarius für Experimentalphysik und Direktor des Physikalischen Instituts an. Diese Stellung hatte Meyer bis zu seiner Emeritierung im Jahr 1949 inne.

Hans Heinrich **Meyer** (1894–1978) wurde 1924 an der Universität Hamburg wissenschaftlicher Hilfsarbeiter bei Koch. 1925 promovierte er dort und legte 1931 seine Habilitation ab. 1939 wurde er Dozent und 1946 wissenschaftlicher Rat.

Stefan **Meyer** (1872–1949) war ein österreichischer Physiker und Pionier der Erforschung der Radioaktivität. Er lehrte an der Universität Wien als Professor für Physik, wirkte maßgeblich an Aufbau und Leitung des Wiener Instituts für Radiumforschung sowie bei der internationalen Radium-Standard-Kommission mit.

Albert Abraham **Michelson** (1852–1931) war ein amerikanischer Physiker deutscher Herkunft. Nach Abschluss seines Studiums 1873 ging er 1881 nach Deutschland und führte in Potsdam sein berühmtes Experiment zur Messung der Lichtgeschwindigkeit in Bezug zum „Äther“ aus. Er konnte zeigen, dass die Lichtgeschwindigkeit unabhängig von einem möglichen „Äthermedium“ ist. Dieses Ergebnis war eine extrem wichtige Grundlage für die Entdeckung der speziellen Relativitätstheorie. 1887 wiederholte Michelson zusammen mit Eduard Morley dieses Experiment in Cleveland und konnte das Potsdamer Ergebnis bestätigen. 1907 wurde Michelson als erstem Amerikaner dafür der Nobelpreis der Physik verliehen. 1889 wurde er Professor an der Clark University in Worcester, MA und ab 1892 an der University of Chicago.

Robert Andrews **Millikan** (1868–1953) war ein amerikanischer Physiker und Nobelpreisträger. Er begann sein Studium in Ohio und studierte zuerst Mathematik und Griechisch und widmete sich dann dem Studium der Physik, das er mit dem Abschlussexamen als Physiklehrer beendete. 1895 wurde er an der Columbia University promoviert. Danach ging er nach Deutschland und vertiefe sein Physikstudium an den Universitäten Berlin und Göttingen. 1896 kehrte er in die USA zurück, wurde Assistent bei Albert A. Michelson (1852–1931) und 1910 Professor für Physik an der University of Chicago. 1909 begannen seine Forschungen zur Bestimmung der elektrischen Ladung von Elektronen. Es gelang ihm, die Ladung zu bestimmen, und 1910 veröffentlichte er seine erste Arbeit darüber. Die Bestimmung der elektrischen Elementarladung begründete Millikans Ruhm und seine Auszeichnung mit dem Nobelpreis für Physik 1923.

Rudolph **Minkowski** (1895–1976) war ein deutsch-amerikanischer Astrophysiker. Er arbeitete bis 1934 an der Universität Hamburg und emigrierte dann mithilfe von Otto Stern und Walter Baade in die USA. 1922 kam er ans Physikalische Staatslabor der Universität Hamburg, wo er 1926 Privatdozent wurde und 1930 Professor. Er war in Hamburg mit dem Astronomen Walther Baade befreundet. Ab 1935 ging er auf Vermittlung von Baade an das Mount Wilson Observatorium in den USA, wo er bis zu seiner Pensionierung 1960 blieb. Er wurde 1961 mit der „Bruce Medal“ ausgezeichnet.

Rudolf Ludwig **Mössbauer** war ein deutscher Physiker und Entdecker des sog. Mössbauer-Effektes. Er promovierte 1958 bei Meyer-Leibnitz am MPI für Medizinische Forschung in Heidelberg und untersuchte dabei die Resonanzabsorption von $\gamma$-Strahlung in Kernen. Sein Verfahren lieferte eine extrem hohe Auflösung, sodass man mit dem „Mössbauer-Effekt“ fundamentale Grundlagen der Quantenphysik erstmals vermessen konnte. Für dieses Verfahren erhielt er 1961 den Nobelpreis für Physik. Ab 1964 bis zu seiner Emeritierung 1997 war er Professor an der TU München.

Nevill Francis **Mott** (1905–1996) war ein englischer Physiker. Mott wurde am 30.09.1905 als Sohn von Charles Francis Mott und seiner Ehefrau Lilian Mary, geborene Reynolds, in Leeds geboren. Beide Eltern waren Forscher am Cavendish-Laboratorium in Cambridge. Nevill Francis Mott ging am Clifton College in Bristol zur Schule. Am St. John's College in Cambridge studierte er Mathematik und Physik. 1933 wurde er Professor für theoretische Physik an der Universität Bristol. 1954 erhielt er eine Berufung an die Universität Cambridge, wo er bis 1971 blieb. Das Hauptarbeitsgebiet von Mott bildete die Festkörperphysik. Bekannt wurde er durch die Mott-Streuung. 1977 erhielt er zusammen mit Philip Warren Anderson und John H. van Vleck den Nobelpreis für Physik für seine grundlegenden Beiträge zur Elektronenstruktur in magnetischen und ungeordneten Systeme. Er starb am 08.08. in Milton Keynes.

Robert Sanderson **Mulliken** (1896–1986) war ein amerikanischer Physiker. 1966 wurde ihm für seine Arbeiten zur „Orbitaltheorie" der chemischen Bindungen der Nobelpreis für Chemie verliehen. Besonderen Einfluss auf seine Arbeiten hatte Friedrich Hund (Hund-Mullikan-Theorie). 1928 ging er als Associate Professor an die University of Chicago, wo er 1931 eine volle Professur erhielt. Im Zweiten Weltkrieg leitete er 1942 bis 1945 das Information Office für das „Plutonium Project" der Universität.

Walther **Nernst** (1864–1941) war ein deutscher Physiker und Chemiker. Er studierte u. a. bei Hans Heinrich Landolt und Richard Börnstein in Berlin und ab 1886 bei Ludwig Boltzmann. 1887 promovierter er bei Friedrich Kohlrausch in Würzburg und arbeitete dort auch mit Swante Arrhenius zusammen. 1889 habilitierte sich Nernst bei Wilhelm Ostwald in Leipzig. 1891 wurde er in Göttingen apl. Professor und dann 1895 dort Ordinarius. 1905 wechselte er nach Berlin, wo er bis zu seinem Tod geblieben ist. Er war Rektor der Friedrich-Wilhelms-Universität in Berlin und auch von 1922 bis 1924 Präsident der Physikalisch-Technischen Reichsanstalt in Berlin. Nernst leistete fundamental wichtige Beiträge zur Thermo- und Elektrochemie. 1920 wurde ihm dafür der Nobelpreis für Chemie verliehen. 1905 formulierte er in seiner Vorlesung den 3. Hauptsatz der Thermodynamik (Nernst Theorem) und zeigte, dass am absoluten Temperaturnullpunkt die Entropie auch den Wert Null annimmt.

John **von Neumann** (1903–1957) war ein ungarisch-amerikanischer Mathematiker. Er leistete bedeutende Beiträge zur mathematischen Logik, Funktionsanalysis und Quantenmechanik. Er besuchte in Budapest das humanistische deutschsprachige Lutheraner Gymnasium zusammen mit Eugene Wigner. Er studierte zunächst von 1921 bis 1923 Chemieingenieurwesen in Berlin und dann an der ETH Zürich. 1926/27 arbeitete er zusammen mit David Hilbert in Göttingen. Von Neumann war von 1928 bis 1933 (jüngster) Privatdozent der Friedrich-Wilhelms-Universität in Berlin und im Sommersemester 1929 an der Universität Hamburg, wo er Stern begegnet sein muss. Von Neumann verfasste eines der ersten mathematisch durchdachten Bücher über die Quantenmechanik. Mit Wigner veröffentlichte von Neumann 1928/29 eine Reihe von Arbeiten über die Anwendung der Gruppentheorie in den Atomspektren. Im Herbst 1929 wurde er an die Princeton University in New Jersey eingeladen. Ab 1933 wirkte er am Institute of Advanced Studies in Princeton und ab 1943 am Manhattan-Projekt in Los Alamos. Auch an der Weiterentwicklung der amerikanischen Wasserstoffbombe war von Neumann beteiligt. Später hat er wichtige Beiträge zur Entwicklung des Computers geleistet.

William Aaron **Nierenberg** (1919–2000) war ein amerikanischer Physiker. Er wurde am 13.02.1919 in New York geboren. Hier studierte er auch Physik und machte 1942 seinen Abschluss als Master. Im Zweiten Weltkrieg war er Mitarbeiter von Harold Urey beim Manhattan-Projekt, wo er über Urananreicherungsmethoden arbeitete. 1947 promovierte er an der Columbia University in New York. 1954 wurde er Professor an der University of California in Berkeley. Nierenberg war an der

Gründung der Hudson Laboratories beteiligt und dann Direktor dieser Institution. Er galt als Spezialist für Fragen der Marine (speziell für U-Boote) und war von 1958 bis 1960 im Beratungsgremium des amerikanischen Präsidenten. Er starb am 10.09.2000 in La Jolla, CA.

Alfred **Nobel** (1833–1896) war ein schwedischer Chemiker und Erfinder. Er besuchte von 1841 bis 1842 die Schule in Stockholm und wurde dann durch Privatlehrer erzogen. 1842 kam er nach St. Petersburg. Nobel absolvierte ein Physik- und Chemiestudium. Er beherrschte bereits im Alter von 17 Jahren fünf Sprachen und reiste in viele Länder darunter Deutschland, Frankreich und die USA. In Paris lernte er den Entdecker des Nitroglycerins Ascanio Sobrero (1812–1888) kennen. 1859 ging er zurück nach Schweden. 1866 erreichte er die Stabilisierung von Nitroglycerin durch Kieselgur. Dieses Verfahren ließ er sich 1867 patentieren und erwarb durch diese Erfindung ein Vermögen. Der neue Sprengstoff konnte auch für Kriegszwecke genutzt werden, was Nobel aber ablehnte. Er verfolgte eine pazifistische Linie und hatte einen umfangreichen Briefwechsel mit der späteren Friedensnobelpreisträgerin Bertha von Suttner. Nobel erwarb mit seiner Erfindung ein großes Vermögen und gründete eine Stiftung. Die Zinsen aus seinem Vermögen sollten in jedem Jahr an die Wissenschaftler vergeben werden, die durch ihre Forschungen der Menschheit den größten Nutzen erbracht haben. Für die Vergabe des Preises sollte die Schwedische Akademie der Wissenschaften zuständig sein. Nobel hatte am Ende seines Lebens 355 Patente. Mit der Vergabe des Nobel-Preises ist sein Name für immer verbunden.

Emmy **Noether** (1882–1935) war eine deutsche Mathematikerin. Sie besuchte die Schule in Erlangen und machte in Nürnberg ihr Abitur. Emmy Noether lebte zu einer Zeit, als es noch nicht normal war, dass Frauen studierten. Ihr gelang es dennoch, sich in Erlangen für Mathematik zu immatrikulieren. Hier wurde sie auch 1907 von Paul Gordan (1837–1912) mit der Dissertation „Über die Bildung des Formensystems der ternären biquadratischen Form" promoviert. Sie ging dann an die Universität Göttingen, hatte aber große Schwierigkeiten, sich zu habilitieren und als akademische Lehrerin wirken zu können. 1919 konnte sie sich schließlich als erste Frau in Deutschland in Mathematik habilitieren. 1922 bekam sie eine außerordentliche Professur. 1928 bis 1929 übernahm sie eine Gastprofessur in Moskau und schließlich 1930 in Frankfurt am Main. 1933 verlor sie ihre Lehrbefugnis und emigrierte in die USA. Ab 1934 hielt sie Vorlesungen am Institute for Advanced Study in Princeton und war am Bryn Mawr College in Bryn Mawr, PA tätig, wo sie auch verstarb. Emmy Noether lieferte grundlegende Beiträge zur Mathematik und theoretischen Physik. Das Noether-Theorem trägt ihren Namen. Es macht eine Aussage über die Verbindung zwischen Symmetrien von physikalischen Naturgesetzen und Erhaltungsgrößen.

Lothar Wolfgang **Nordheim** (1899–1985) war ein amerikanischer theoretischer Physiker deutscher Herkunft.

Giuseppe **Occhialini** (1907–1993) war ein italienischer Physiker. Er wurde am 05.12.1907 in Fossombrone geboren. Er studierte an der Universität Florenz Physik und machte hier 1929 seinen Abschluss. Ab 1931 war er dann am Cavendish-Laboratorium in Cambridge und arbeitete mit Patrick Blackett zusammen. 1934 kehrte er nach Italien zurück, ging aber dann nach Brasilien und wirkte von 1937 bis 1944 an der Universität von São Paulo. 1944 ging er nach Großbritannien. Dort begann eine Zusammenarbeit mit Cecil Powell in Bristol. Occhialini verbesserte hier eine Methode, die Powell entwickelt hatte, nämlich die Verwendung von photographischen Emulsionen als Teilchendetektoren. 1948 ging er an die Universität Brüssel, 1950 wurde er Professor in Genua und ab 1952 lehrte er an der Universität Mailand. Zusammen mit Cecil Powell (Physik-Nobelpreis 1950) und César Lattes entdeckte er 1947 das Pi-Meson. Er starb am 30.12.1993 in Mailand.

Otto **Oldenberg** (1888–1983) war ein deutsch-amerikanischer Physiker. Er wurde in Berlin geboren. Er promovierte 1913 in Göttingen über das Thema: „Spektroheliographische Untersuchungen am Lichtbogen." Er arbeitete dann am Physikalischen Institut der LMU München auf dem Gebiet der Spektroskopie (Feinstruktur und Zeemaneffekt der Balmerserie). Er emigrierte wegen seiner jüdischen Abstammung 1935 (?) in die USA und erhielt eine Professur an der Harvard University in Cambridge, MA.

Julius Robert **Oppenheimer** (1904–1967) war ein amerikanischer theoretischer Physiker deutscher Abstammung, der vor allem während des Zweiten Weltkriegs für seine Rolle als wissenschaftlicher Leiter des Manhattan-Projekts bekannt wurde. Robert Oppenheimer gilt als „Vater der Atombombe". Nach dem Krieg setzte sich Oppenheimer gegen ein nukleares Wettrüsten zwischen der Sowjetunion und den Vereinigten Staaten ein. Die „Sicherheitsgarantie" der United States Atomic Energy Commission (USAEC) und damit seine Beraterfunktion für geheime Projekte der US-Regierung wurde ihm 1954 entzogen, da er sich weigerte, die Wasserstoffbombe zu bauen.

Leonard Salomon **Ornstein** (1880–1941) war ein niederländischer Physiker. 1914 wurde er Nachfolger von Peter Debye als Professor für Physik an der Universität Utrecht. Nach der deutschen Besetzung 1940 war er als Jude stark gefährdet, weigerte sich trotz Angeboten von Freunden aber, das Land zu verlassen. Er wurde wie alle Juden in den Niederlanden aus öffentlichen Ämtern entfernt und durfte sogar sein Labor in Utrecht nicht mehr betreten. Ornstein isolierte sich daraufhin aus der Öffentlichkeit und starb wenig später.

Carl Wilhelm **Oseen** (1879–1944) war ein schwedischer theoretischer Physiker. Von 1909 bis 1933 war Oseen Professor für Mechanik und mathematische Physik an der Universität Uppsala. 1921 wurde er Mitglied der Königlich Schwedischen Akademie der Wissenschaften sowie 1933 Vorstand des Nobelinstitutes, das vorher unter Svante Arrhenius seinen Schwerpunkt in physikalischer Chemie hatte und sich mit Oseen auf theoretische Physik ausrichtete. 1921 schlug er Albert Einstein für den Nobelpreis vor.

Wilhelm **Ostwald** (1853–1932) war ein deutsch-baltischer Chemiker und Naturphilosoph. Er war Nobelpreisträger und gilt als einer der Mitbegründer der physikalischen Chemie. Ostwald war ein außergewöhnlich vielseitiger Forscher. 1881 wurde er Professor in Riga. 1887 bis 1906 lehrte er an der Universität Leipzig. Seine Naturphilosophie, die er als „Energetik" bezeichnete, führte ihn zu einem naturwissenschaftlichen Monismus. Er war auch zeitweise Vorsitzender der monistischen Bewegung. 1909 erhielt er den Nobelpreis für Chemie für seine grundlegenden Arbeiten zur Katalyse, chemische Gleichgewichte und Reaktionsgeschwindigkeiten.

Abraham **Pais** (1918–2000) war ein niederländischer Physiker. Er ging in Amsterdam zur Schule und begann 1935 mit dem Studium der Physik, Chemie und Mathematik an der Universität Amsterdam. 1940 beendete er sein Studium und wurde dann Assistent bei Leon Rosenfeld (1904–1974). Die Besetzung der Niederlande durch die Deutsche Wehrmacht brachte für Pais erhebliche Schwierigkeiten mit sich, so war z. B. eine akademische Anstellung bzw. seine Promotion fraglich geworden. Dennoch gelang es ihm 1941 promoviert zu werden. Er tauchte dann unter, lebte zwei Jahre im Untergrund und wurde im März 1945 von der Gestapo verhaftet. Da eine Deportation zu diesem Zeitpunkt nicht mehr erfolgen konnte, wurde er bald wieder freigelassen. Da Niels Bohr (1885–1962) auf die Arbeiten von Pais aufmerksam geworden war, konnte er nach dem Krieg in Kopenhagen arbeiten. 1946 war er Assistent von Bohr. 1947 ging er an das Institute for Advanced Study in Princeton und arbeitete mit J. Robert Oppenheimer (1904–1967) und lernte Albert Einstein (1879–1955) kennen. 1963 wurde er Professor für theoretische Physik an der Rockefeller University. Pais war Quantenfeldtheoretiker. Sein Arbeitsgebiet war die Teilchenphysik. Er war ein großer Kenner der Physikgeschichte und einer der führenden Einstein-Biografen.

Friedrich Adolf „Fritz" **Paneth** (1887–1958) war ein deutsch-österreichischer Physiker und Chemiker. Er studierte von 1906 bis 1910 in Wien und München Chemie. Nach einem Aufenthalt bei Soddy in Glasgow habilitierte er sich in Wien und war später Professor in Hamburg, Berlin und Königsberg. 1993 emigrierte er nach England. Von 1939 bis 1953 war er Professor an der University of Durham. 1953 kehrte er nach Deutschland zurück und wurde an das MPI in Mainz berufen (Nachfolger von Strassmann).

Erwin **Panofsky** (1892–1968) war ein deutscher Kunsthistoriker, der 1934 mit seiner Familie in die USA emigrierte. Ab Sommersemester 1910 studierte Panofsky zunächst Jura, dann Kunstgeschichte, Geschichte und Philosophie. Im Jahr 1920 habilitierte er sich an der Universität Hamburg. und wurde dort 1927 ordentlicher Professor. 1933 wurde er als Jude entlassen. 1935 nahm er einen Ruf an das Institute of Advanced Studies in Princeton an. Stern und Panofsky kannten sich aus Hamburg. In den USA hatten sie weiter engen persönlichen Kontakt.

Wolfgang Kurt Hermann **Panofsky** (1919–2007) war ein deutsch-amerikanischer Physiker. Panofsky war der Sohn des Kunsthistorikers Erwin Panofsky. Wegen der Verfolgung der Juden durch die Nationalsozialisten emigrierte die Familie Panofsky in die USA. 1942 wurde er am CALTECH promoviert. Von 1945 bis 1951 war er Assistenz-Professor an der University of California in Berkeley und danach bis zur Emeritierung Professor an der Stanford University. Wolfgang Panofsky war entscheidend am Aufbau des SLAC beteiligt (Stanford Accelerator).

Friedrich **Paschen** (1865–1947) war ein deutscher Physiker. Er studierte von 1884 bis 1888 an den Universitäten von Berlin und Straßburg, wo er 1888 bei August Kundt (1839–1894) promovierte. Anschließend war er als Assistent bei Johann Wilhelm Hittorf an der damaligen Akademie in Münster und als Privatdozent an der TH Hannover beschäftigt. 1901 wurde er ordentlicher Professor an der Universität Tübingen Unter seiner Leitung wurde Tübingen ein Zentrum spektroskopischer Forschung. Die Erforschung der Spektrallinien und ihr serienweiser Aufbau lieferte die Basis für den Einblick in die inner-atomare Dynamik. Er entdeckte 1912 zusammen mit Ernst Back den nach ihnen benannten in starken magnetischen Feldern auftretenden Paschen-Back-Effekt. Ab 1924 war Friedrich Paschen Präsident der von Werner von Siemens und Hermann von Helmholtz ins Leben gerufenen Physikalisch-Technischen Reichsanstalt, der heutigen Physikalisch-Technischen Bundesanstalt.

Franziska „Franca" **Pauli**, geb. Bertram (1901–1987) war die zweite Ehefrau von Wolfgang Pauli.

Wolfgang **Pauli** (1900–1958) war ein österreichischer theoretischer Physiker. Pauli war einer der bedeutendsten Physiker des 20. Jahrhunderts. In München war er Schüler von Arnold Sommerfeld. Von 1923 bis 1928 war er Professor in Hamburg, wo er eng mit Otto Stern und Wilhelm Lenz (1888–1957) zusammenarbeitete. 1928 wechselte er nach Zürich. Von 1935 bis 1936 und von 1940 bis 1946 war er Gastprofessor in Princeton, NJ und erhielt 1946 die amerikanische Staatsbürgerschaft. Im gleichen Jahr kehrte er nach Zürich zurück. Mit seinem Namen sind wesentliche Leistungen in der modernen Physik verbunden. Für die Aufstellung des Pauli-Prinzips erhielt er 1945 den Nobelpreis für Physik. Pauli starb 1958 in Zürich.

Linus Carl **Pauling** (1901–1994) war ein amerikanischer Chemiker. Er erhielt 1954 den Nobelpreis für seine Forschungen über die Natur der chemischen Bindung und ihre Anwendung bei der Aufklärung der Struktur komplexer Substanzen. 1946 wurde er Mitglied des „Emergency Committee of Atomic Scientists", dessen Vorsitzender Albert Einstein war. Unter den anderen sieben Mitgliedern waren Hans Bethe, Harold Urey und Leo Szilard. 1958 übergaben Pauling und seine Frau der US-Regierung eine Petition der UNO, die mehr als 11.000 Wissenschaftler unterzeichnet hatten. Dies führte dazu, dass Kennedy und Chruschtschow 1963 ein Testverbot unterschrieben haben. 1963 erhielt er für sein großes Engagement im

Jahr 1962 den Friedensnobelpreis als besondere Auszeichnung für seinen Einsatz gegen Atomwaffentests. Pauling ist damit neben Marie Curie der bislang einzige Träger zweier unterschiedlicher Nobelpreise.

George B. **Pegram** (1876–1958) war ein amerikanischer Physiker. Er wuchs in Trinity, NC auf und machte 1885 einen Abschluss an der Duke University (früher Trinity College) in Physik. 1903 wurde er promoviert und 1918 ordentlicher Professor. Von 1913 bis 1945 war er der Vorsitzende des Fachbereichs Physik der Columbia University. Ab 1930 forschte er mit John R. Dunning (1907–1975) über die Eigenschaften von Neutronen und machte sich ab 1940 mit Enrico Fermi (1901–1954) und Marcus Oliphant (1901–2000) Gedanken über die Möglichkeit einer Atombombe. In der technischen Abteilung des Manhattan-Projektes spielte George B. Pegram eine führende Rolle.

Rudolph Ernst **Peierls** (1907–1995) war ein deutsch-britischer Physiker. Er studierte ab 1926 bei Arnold Sommerfeld in München und ab 1928 bei Werner Heisenberg in Leipzig, wo er promovierte. Bei Wolfgang Pauli in Zürich und in Leipzig entstanden die wichtigen Arbeiten von Peierls zur Festkörperphysik, teilweise in Zusammenarbeit mit Felix Bloch. Sein Interesse galt auch der Kernphysik. 1933 befand er sich gerade als Rockefeller-Stipendiat in Cambridge und beschloss, nicht mehr nach Deutschland zurückzukehren. 1937 erhielt er eine Professur an der Universität Birmingham, wo er im Laufe der folgenden Jahrzehnte eine eigene Schule der theoretischen Physik aufbaute.

Thomas E. **Phipps** (1896–1990) war ein amerikanischer Physiker. Nach der Promotion 1921 ging er 1928 zu Otto Stern und baute ein Drei-Stufen-Stern-Gerlach-Experiment auf, wie es Einstein in einem Brief an Stern 1928 vorgeschlagen hatte. Er wirkte später an der University of Urbana.

Auguste **Piccard** (1884–1962) war ein Schweizer Physiker (Experimentalphysik) und Erfinder. Er ist der Zwillingsbruder des Chemikers Jean-Felix Piccard und Vater von Jacques Piccard. Bertrand Piccard ist sein Enkel.

George **Placzek** (1905–1955) war ein tschechischer Physiker. Er studierte Physik in Prag und Wien und promovierte 1928. Von 1932 bis 1939 forschte und lehrte er in Kopenhagen, Charkow, Paris, Jerusalem und an der Cornell University in Ithaca. Zusammen mit Peierls und Bohr erarbeitete er eine Theorie von neutroneninduzierten Kernreaktionen (Bohr-Peierls-Placzek-Theorem). Ab 1943 leitete er die Theorieabteilung in Chalk River/Kanada und ging 1945 ans Los Alamos National Laboratory. 1948 wurde er Mitglied des Institute of Advanced Studies in Princeton.

Max Karl Ernst Ludwig **Planck** (1858–1947) war ein deutscher theoretischer Physiker. Er gilt als Begründer der Quantenphysik. 1900 gelang es ihm, die Photonenverteilung bzw. Lichtverteilung eines „Hohlraumstrahlers" (Schwarzer Strahler) erstmals exakt theoretisch zu beschreiben. Dabei entdeckte er, dass Licht von den Oszillatoren in der Wand des Hohlraums in diskreten Quanten absorbiert und emittiert wird, wo die Energie jedes Photons gleich der Schwingungsfrequenz $\nu$ mal einer universellen Konstanten ist. Diese universelle Konstante wird heute die Planck'sche Konstante (auch Planck'sches Wirkungsquantum) genannt, und sie ist die fundamental wichtigste Größe für die dynamische Quantisierung der Atom- und Molekülstruktur. Für die Entdeckung des Planck'schen Wirkungsquantums erhielt er 1919 den Nobelpreis für Physik des Jahres 1918.

Henning **Pleijel** (1873–1962) war ein schwedischer Physiker. Er studierte Philosophie an der Universität Uppsala und schloss 1904 sein Studium ab. 1906 wurde er in Philosophie promoviert und wurde dann auch Dozent für Mechanik und mathematische Physik an der Universität Uppsala. 1914 wurde er Professor für theoretische Elektrotechnik an der Königlichen Technischen Hochschule in Stockholm. Von 1922 bis 1927 war er auch Rektor dieser Hochschule. Nach dem Tod von Henrik Söderbaum (1862–1933) – er war ständiger Sekretär der Königlich Schwedischen Akademie der Wissenschaften von 1923 bis 1933 – übernahm diese Stellung Henning Pleijel bis 1943.

Robert Wichard **Pohl** (1884–1976) war ein deutscher Physiker. Pohl machte 1903 sein Abitur in Hamburg und studierte in Heidelberg Naturwissenschaften. Er ging dann nach Berlin, um Physik zu studieren, und arbeitete bereits 1904 bei Emil Warburg (1846–1931) am Physikalischen Institut. 1906 wurde er von ihm mit der Dissertation „Über die Zersetzung von Ammoniak und Bildung von Ozon durch stille elektrische Entladung" promoviert. 1912 habilitierte er sich. 1916 erhielt Pohl einen Ruf als außerordentlicher Professor an die Universität Göttingen. 1920 wurde er in Göttingen Ordinarius für Experimentalphysik und Direktor des 1. Physikalischen Instituts. Für Göttingen begann jetzt die Blütezeit der Göttinger Physik, mit Pohl, James Franck (1882–1964) als Direktor des 2. Physikalischen Instituts und Max Born (1882–1970) als Direktor des Instituts für Theoretische Physik. Bedeutung erlangte Pohl vor allem als herausragender akademischer Lehrer der Experimentalphysik.

Michael **Polanyi** (1891–1976) war ein ungarisch-englischer physikalischer Chemiker. Von 1926 bis 1933 war er Professor am KWI für Physikalische Chemie in Berlin und emigrierte 1933 nach England.

Ernst **Pringsheim** (1859–1917) war ein deutscher Physiker. Er studierte an mehreren deutschen Universitäten und wurde schließlich 1882 mit der Dissertation „Über das Radiometer" an der LMU promoviert. Er habilitierte sich und war dann von 1896 bis 1905 Professor an der Friedrich-Wilhelms-Universität in Berlin, wo er mit Otto Lummer (1860–1925) zusammenarbeitete. Das Arbeitsgebiet von Pringsheim war die Optik.

Peter **Pringsheim** (1881–1963) war ein deutscher Physiker. Wie sein Vater schlug er als Physiker eine akademische Laufbahn ein. Er promovierte 1906 an der LMU

München mit einer Doktorarbeit über Gasentladungen bei Wilhelm Conrad Röntgen. Nach dem Studium arbeitete Peter Pringsheim bei Eduard Riecke in Göttingen und J. J. Thomson im englischen Cambridge. Von Thomson erhielt Pringsheim die Anregung, sich mit den lichtelektrischen Verhalten der Alkalimetalle zu beschäftigen.

Alexander Michailowitsch **Prochorow** (1916–2002) war ein sowjetischer Physiker. Obwohl in Australien geboren, studierte er bei Wladimir Fock an der Universität von St. Petersburg. Er promovierte 1946 mit einer theoretischen Arbeit über Frequenzstabilisierung. 1955 entwickelte er mit Basow das Verfahren des optischen Pumpens und somit das Maser-Prinzip. 1964 erhielt er zusammen mit Basow und Townes für diese Arbeiten den Nobelpreis für Physik.

Karl **Przibram** (1878–1973) war ein österreichischer Physiker. Ab 1912 arbeitete er am Wiener Institut für Radiumforschung. Nach dem Anschluss Österreichs an das nationalsozialistische Deutschland verlor er seine Professur an der Universität Wien und überlebte den Krieg in Belgien. 1946 kehrte er als ordentlicher Universitätsprofessor an die Universität Wien zurück.

Edward Mills **Purcell** (1912–1997) war ein amerikanischer Physiker und Nobelpreisträger. Er wurde am 30.08.1912 in Taylorville, IL geboren. Nach seinem Schulabschluss studierte er an der Purdue University und an der Harvard University, wo er 1938 promovierte. Er ging dann von 1941 bis 1946 ans MIT. 1949 wurde er Professor für Physik an der Harvard University. Edward Mills Purcell entdeckte unabhängig von Felix Bloch 1945 die Kernspinresonanz (NMR), die die Grundlage für die Entwicklung der Kernspinresonanzspektroskopie (NMR-Spektroskopie) bildet. 1952 erhielt er zusammen mit Felix Bloch den Nobelpreis für Physik für seine Arbeiten zur Kernspinresonanzspektroskopie. Er starb am 07.03.1997 in Cambridge, MA.

Isidor Isaac **Rabi** (1898–1988) war ein in Österreich geborener, amerikanischer Physiker. 1928 arbeitete er für ca. 1 Jahr im Institut von Otto Stern in Hamburg, wo er sich in die Molekularstrahlmethode einarbeiten konnte. Nach Rückkehr in die USA (zuerst an der Columbia University in New York und danach am MIT in Boston) konnte er so die Auflösungen für Kernspinmessungen entscheidend verbessern und viele neue Anwendungsgebiete für die Molekularstrahltechnik erschließen. 3-stufige Stern-Gerlach-Apparaturen benutzend implementierte er in die Stern'sche Apparatur die Photon-Resonanzabsorption. Für diese Beiträge wurde ihm 1944 der Nobelpreis für Physik verliehen. Zahlreiche Schüler von ihm wurden, ebenfalls die Molekularstrahlmethode benutzend, mit dem Nobelpreis ausgezeichnet. Rabi hatte einen großen Einfluss auf die amerikanische Wissenschaftspolitik.

C. V. [Chandrasekhara Venkata] **Raman** (1888–1970) war ein indischer Physiker und Nobelpreisträger. Raman wurde vor allem bekannt für die experimentelle Entdeckung der Ramanstreuung (inelastische Streuung des Lichtes). Das daraus abgeleitete Verfahren der Ramanspektroskopie ist eine der wichtigsten Untersuchungsmethoden der Molekül- und Festkörperphysik. 1930 wurde ihm für seine Arbeiten der Nobelpreis für Physik verliehen.

Norman **Ramsey** (1915–2011) war ein amerikanischer Physiker und Nobelpreisträger. Er begann 1931 ein Ingenieurstudium an der Columbia University, wechselte aber dann zur Mathematik. 1935 machte er den Bachelor in Mathematik und ging dann an die Universität Cambridge (England), wo er den Bachelor in Physik erwarb. Dann ging er zurück an die Columbia University und wurde von Isidor Isaac Rabi (1898–1988) 1940 promoviert. Nach der Promotion ging er als Fellow der Carnegie Institution nach Washington, DC. Während des Zweiten Weltkrieges beschäftigte er sich mit Radarforschung. Ab 1943 war er an der Entwicklung der amerikanischen Atombombe (Manhattan-Projekt) beteiligt. Mit Molekularstrahlexperimenten beschäftigte er sich, zusammen mit Rabi und seiner Arbeitsgruppe, nach dem Zweiten Weltkrieg an der Columbia University. Hier untersuchte er die Hyperfeinstruktur im Spektrum des Wasserstoffatoms. Ramsay und Rabi waren beide maßgebliche Initiatoren bei der Gründung des Brookhaven National Laboratory. An der Harvard Universität, wo Ramsey 1947 Professor wurde, baute er ein Molekularstrahllabor auf und entwickelte die „separated oscillatory field method“ für Magnetresonanzexperimente. Mit Daniel Kleppner (*1932) entwickelte er einen Wasserstoff-Maser, mit dem er Präzissionsmessungen zur Hyperfeinstruktur machen konnte. Daraus entwickelten Ramsey und seine Mitarbeiter die erste Atomuhr. Ramsey erhielt für die Weiterentwicklung der Atomstrahlresonanzmethode und seine präzisen Zeit- und Frequenzmessungen zusammen mit Hans-Georg Dehmelt (1922–2017) und Wolfgang Paul (1913–1993) den Nobelpreis für Physik.

Fritz **Reiche** (1883–1969) war ein deutscher theoretischer Physiker, der 1907 bei Planck promoviert hatte. Gegen Ende des Ersten Weltkrieges war er Mitarbeiter Habers im KWI für Physikalische Chemie. Hier begegnete er auch Otto Stern. Von 1921 bis 1933 war er Ordinarius für theoretische Physik an der Universität Breslau. Da er Jude war, wurde er 1993 entlassen. Nach Gastaufenthalten an verschiedenen Universitäten konnte er dann 1941 in die USA emigrieren.

Pieter Johannes **van Rhijn** (1886–1960) war ein niederländischer Astronom. Er wurde am 24.03.1886 in Gouda geboren. Er studierte an der Universität Groningen und war später Direktor des Kapteyn Astronomical Instituts in Groningen. Von 1932 bis 1958 war er Präsident der Internationalen Astronomischen Union. Er starb am 09.05.1960 in Groningen.

Owen Willans **Richardson** (1879–1959) war ein englischer Physiker. Für die Entdeckung des „Glühelektrischen Effektes“ wurde ihm 1928 der Nobelpreis für Physik verliehen.

Ernst Hermann **Riesenfeld** (1877–1957) war ein deutsch-schwedischer Chemiker. Er besuchte das Gymnasium in Breslau und machte 1897 sein Abitur. Dann studierte er Naturwissenschaften in Heidelberg und ab 1899 in Göttingen. Hier beschäftigte er sich mit physikalischer Chemie und wurde mit der Dissertation „Ueber elektrolytische Erscheinungen und elektromotorische Kräfte an der Grenzfläche zweier Lösungsmittel“ von Walther Nernst (1864–1941) promoviert. 1913 ging er als Professor nach Freiburg i. Br. und 1920 wurde er Professor an der Friedrich-Wilhelms-Universität in Berlin. 1933 verlor als Jude seine Professur und emigrierte 1934 nach Schweden. Hier war er bis 1952 am Nobel-Institut für Physikalische Chemie. Riesenfelds Dissertation stellte eine Pionierarbeit auf dem Gebiet der Elektrochemie an Grenzflächen nichtmischbarer Flüssigkeiten dar.

Howard Percy **Robertson** (1903–1961) war ein amerikanischer Mathematiker und Physiker. Nach Promotion 1925 am CALTECH ging er als Postdoc nach Göttingen und zu Sommerfeld nach München. Ab 1947 hatte er eine Professur für mathematische Physik am CALTECH inne.

Wilhelm Conrad **Röntgen** (1845–1923) war ein deutscher Physiker. Er entdeckte am 08.11.1895 im Physikalischen Institut der Universität Würzburg die nach ihm benannten Röntgenstrahlen. Für diese Entdeckung erhielt er 1901 als erster Physiker überhaupt den Nobelpreis. Seine Entdeckung revolutionierte unter anderem die medizinische Diagnostik und führte zu weiteren wichtigen Erkenntnissen des 20. Jahrhunderts, z. B. der Entdeckung und Erforschung der Radioaktivität.

Franklin Delano **Roosevelt** (1882–1945) war von 1933 bis zu seinem Tod 1945 der 32. Präsident der Vereinigten Staaten. Er gehörte der Demokratischen Partei an. Nach seiner ersten Amtszeit wurde er 1936, 1940 und 1944 jeweils mit deutlichen Mehrheiten wiedergewählt – er war damit der einzige Präsident der USA, der länger als zwei Wahlperioden amtierte. Unter seiner Präsidentschaft wurde die Sozialversicherung eingeführt.

Nathan **Rosen** (1909–1995) war ein amerikanischer Physiker und wurde am 22.03.1909 in New York geboren. Rosen studierte am MIT, wo er seinen Bachelor in Elektrotechnik und seinen Master in Physik machte. 1932 promovierte er am MIT bei John C. Slater. Nach seiner Promotion war er an der University of Michigan und an der Princeton University, wo er sich mit theoretischer Molekülphysik beschäftigte. Rosen hatte sich schon in seiner Masterarbeit mit Gravitationsphysik beschäftigt, sodass es in Princeton zu einem Kontakt zu Albert Einstein kam, dessen Assistent er von 1934 bis 1936 am Institute for Advanced Study wurde. Durch eine Empfehlung von Einstein erhielt er eine Professur für theoretische Physik an der Universität Kiew in der ehemaligen Sowjetunion. Ab 1941 lehrte er an der University of North Carolina und ging dann nach Israel. Hier wirkte er ab 1953 am Technion in Haifa. Berühmt wurde er durch das Einstein-Podolsky-Rosen-Paradoxon (EPR-Paradoxon), ein Gedankenexperiment, das er zusammen mit Albert Einstein und Boris Podolsky 1935 verfasste und das unter dem Titel „Can Quantum-Mechanical Description of Physical Reality Be Considered Complete?“ veröffentlicht wurde. Rosen starb am 18.12.1995 in Haifa.

Heinrich **Rubens** (1865–1922) war ein deutscher Physiker. Er verbrachte seine Kindheit und Jugend in Wiesbaden und in Frankfurt am Main. An der Wöhlerschule in Frankfurt machte er sein Abitur und begann 1884 an der TH Darmstadt und in Berlin das Studium der Elektrotechnik, wechselte aber 1885 zur Physik und setzte sein Studium 1886 in Straßburg fort. Mit August Kundt (1839–1894), bei dem er schon in Straßburg Vorlesungen gehört hatte, ging er nach Berlin und wurde sein Assistent. Von Kundt wurde er auch 1889 mit der Dissertation „Die selective Reflexion der Metalle" an der Friedrich-Wilhelms-Universität in Berlin promoviert. Er habilitierte sich 1892 dort und wurde Privatdozent. Ab 1895 war er außerordentlicher Professor für Physik. 1900 wurde er zum ordentlichen Professor an der TH Berlin-Charlottenburg ernannt. 1903 ging er an die Militärtechnische Akademie in Berlin und 1906 wurde er der Nachfolger von Paul Drude (1863–1906) als Professor für Physik und Direktor des Physikalischen Institutes der Friedrich-Wilhelms-Universität in Berlin. Das Arbeitsgebiet von Rubens war die elektromagnetische Strahlung. 1900 konnte er durch Messungen, die er zusammen mit Ferdinand Kurlbaum (1857–1927) ausführte, den Nachweis erbringen, dass das Wiensche Strahlungsgesetz für den langwelligen Bereich nicht zutrifft. Diese Messungen zur Strahlung Schwarzer Körper waren von großer Bedeutung für die Entwicklung der jungen Quantentheorie.

Ernest **Rutherford** (1871–1937) war ein neuseeländischer Physiker, der 1908 den Nobelpreis erhielt. 1902 stellte er die Hypothese auf, dass chemische Elemente durch radioaktiven Zerfall in Elemente mit niedrigerer Ordnungszahl übergehen. Er teilte 1903 die Radioaktivität in Alphastrahlung, Betastrahlung sowie Gammastrahlung nach der positiven, negativen oder neutralen Ablenkung der Strahlenteilchen in einem Magnetfeld auf und führte den Begriff der Halbwertszeit ein. Diese Arbeit wurde 1908 mit dem Nobelpreis für Chemie ausgezeichnet. Sein bekanntester Beitrag zur Atomphysik ist das Rutherfordsche Atommodell, das er 1911 aus seinen Streuversuchen von Alphateilchen an Goldfolie ableitete. Rutherford zusammen mit Hans Geiger wies erstmals 1917 experimentell nach, dass durch Bestrahlung mit Alphateilchen ein Atomkern (in seinem Falle Stickstoff) in einen anderen (in seinem Falle in das nächstschwerere Element Sauerstoff) umgewandelt werden kann. Bei diesen Experimenten entdeckte er das Proton. 1919 ging er als Professor nach Cambridge, wo er Direktor des Cavendish-Laboratoriums war.

Otto **Sackur** (1880–1914) war ein deutscher Physiker und Chemiker. Sackur arbeitete sowohl experimentell als auch theoretisch. Er promovierte 1901 bei Richard Abegg in Breslau über das Verhalten starker Elektrolyte. Nach der Habilitation in Breslau wurde er dort 1905 Privatdozent und 1911 Titular-Professor. 1912 ging er zu Fritz Haber ans KWI für Physikalische Chemie und Elektrochemie in Dahlem, wo er 1913 Abteilungsleiter wurde. Sackur kam bei einer Explosion im Labor Fritz Habers in Dahlem ums Leben, bei dem er an geheimen Arbeiten für den ab 1915 erstmals erfolgten Giftgaseinsatz im Ersten Weltkrieg sowie an Forschungen über Sprengstoffe beteiligt war. Er entwickelte zur gleichen Zeit wie Hugo Tetrode (um 1912) die Sackur-Tetrode-Gleichung zur Berechnung der Entropie einatomiger idealer Gase nach der klassischen statistischen Mechanik. Bei der Anpassung seiner Formel an die Messdaten für Quecksilberdampf machte er 1913 die bedeutende Entdeckung, dass für die „Größe der Phasenraumzelle“ für jede der drei Koordinaten genau die Planck'sche Konstante *h* gewählt werden muss, um Übereinstimmung mit den Daten zu erzielen.

Meghnad **Saha** FRS (1893–1956) war ein indischer Astrophysiker. Die nach ihm benannte Saha-Gleichung beschreibt die chemischen und physikalischen Bedingungen in Sternen.

Paul Hermann **Scherrer** (1890–1969) war ein Schweizer Physiker. Er wurde am 03.02.1890 in St. Gallen geboren. Nach seinem Schulabschluss studierte Scherrer zunächst Biologie (Botanik) an der ETH Zürich und wechselte dann zur Physik und Mathematik. 1912 setzte er seine Studien an der Universität Königsberg fort und ging dann an die Universität Göttingen. In Göttingen entwickelte er 1916 zusammen mit Peter Debye das sog. Debye-Scherrer-Verfahren zur experimentellen Strukturbestimmung von Kristallen. Er promovierte auch bei Debye und wirkte dann ab 1918 als Privatdozent an der Universität Göttingen. 1920 wurde er Professor für Experimentalphysik an der ETH Zürich. Ab 1930 arbeitete er verstärkt auf dem Gebiet der Kernphysik. Scherrer war nach dem Zweiten Weltkrieg entscheidend an der Gründung des Kernforschungszentrums CERN bei Genf beteiligt. 1960 wurde er emeritiert. Scherrers Hauptarbeitsgebiete waren die Röntgen- und Höhenstrahlung, der Magnetismus und die Kernphysik. Er starb am 25.09.1969 in Zürich.

Adolf **Schmidt** (1893–1971) war Mechaniker am Institut für Theoretische Physik in Frankfurt am Main bei Max Born und hatte wesentlichen Anteil an der technischen Realisierung des 1922 von Walther Gerlach und Otto Stern durchgeführten Stern-Gerlach-Versuches zur Überprüfung der Richtungsquantelung in Silberatomen.

Robert **Schnurmann** (1904–1995) war ein deutsch-englischer Chemiker und bis 1933 Assistent bei Otto Stern in Hamburg. Von 1935 bis 1937 arbeitete er in Stockholm, um dann nach Cambridge (England) zu gehen. Schnurmann ist bis zu seinem Tod am 01.04.1995 in England geblieben. Er war vom 01.10.1933 bis 31.12.1934 am Physikalischen Institut der TH Stockholm beschäftigt und wechselte zum 01.02.1935 zu Fraser ans Physical Chemistry Laboratory in Cambridge. Nach den Unterlagen des Chemischen Instituts der Universität Hamburg blieb er dort bis 1939. Von 1939 bis 1942 war er bei der London Midland and Scottish Railway Company, Research Laboratory, Derby, angestellt und ab 1943 bis 1956 war er Chief Physicist im Physics Department von Manchester Oil Refinery, Ltd., Manchester.

Arthur Moritz **Schoenflies** (1853–1928) war ein deutscher Mathematiker. Er veröffentlichte 1891 das Buch „Kristallographie und Kristallstruktur“.

Walter **Schottky** (1886–1976) war ein deutscher Physiker. Er wurde am 23.07.1886 in Zürich geboren. Schottky besuchte die Gymnasien in Marburg und Steglitz. Ab 1904 begann er dann sein Physikstudium an der Friedrich-Wilhelms-Universität in Berlin. Hier promovierte er 1912 bei Max Planck und ging dann an die Universität Jena zu Max Wien. Um sich zu habilitieren, ging er von 1914 bis 1916 wieder an die Berliner Friedrich-Wilhelms-Universität und wechselte danach zur Firma Siemens & Halske. Er habilitierte sich schließlich 1920 an der Universität Würzburg. Von 1923 bis 1927 war er Professor für theoretische Physik an der Universität Rostock. Danach ging er wieder zu Siemens & Halske in Berlin und betrieb hier Grundlagenforschung in der Halbleiterphysik und Elektronik. Während des Zweiten Weltkrieges ging er nach Pretzfeld (Landkreis Forchheim Oberfranken), wo er ein Siemens-Labor leitete und bis zu seinem Tod blieb. Nach Schottky wurde der Schottky-Effekt, die Schottky-Diode, die Schottky-Barriere, die Schottky-Leerstellen, die Schottky-Anomalie und die Schottky-Gleichung benannt. Er starb am 04.03.1976 in Forchheim.

Erwin Rudolf Josef Alexander **Schrödinger** (1887–1961) war ein österreichischer Physiker. Schrödinger gilt als einer der Begründer der Quantenmechanik und erhielt für die Entdeckung neuer produktiver Formen der Atomtheorie gemeinsam mit Paul Dirac 1933 den Nobelpreis. Nach seiner Kriegsteilnahme am Ersten Weltkrieg folgte er Berufungen nach Jena (1920), Stuttgart (1920), Breslau (1921) und Zürich (1922). In Zürich vertrat er den Lehrstuhl für Theoretische Physik. Hier formulierte er auch die nach ihm benannte Schrödinger-Gleichung. 1927 ging Schrödinger nach Berlin, wo er die Nachfolge von Max Planck an der Friedrich-Wilhelms-Universität antrat. 1936 kehrte er nach Österreich zurück, um in Graz an der dortigen Universität zu lehren. Am 26.08.1938 wurde er schließlich wegen „politischer Unzuverlässigkeit" entlassen. Schrödinger ging nach Dublin, wo er ab 1940 wirkte und Direktor der Schule für Theoretische Physik des Dublin Institute for Advanced Studies war. 1956 kehrte er nach Wien zurück. Hier lehrte er bis zu seinem Tod am Institut für Theoretische Physik der Universität Wien.

Wilhelm **Schütz** (1900–1972) war ein deutscher Physiker. Er promovierte 1923 an der Universität Frankfurt am Main bei Gerlach und wurde später Professor an der Universität Jena.

Egon **Schweidler** (1873-1948) war ein österreichischer Physiker. Von 1911 bis 1926 leitete er den Lehrstuhl für Experimentalphysik an der Universität Innsbruck, wo er 1924 Dekan und 1925/26 Rektor war. 1926 kehrte er im Rahmen seiner Berufung auf das Ordinariat am II. Physikalischen Institut der Universität Wien zurück. Dort wirkte er zugleich als Sekretär (1929–1933), Generalsekretär (1933–1938) und Vizepräsident (1939–1945) der Österreichischen Akademie der Wissenschaften. 1933 wurde er auch zum Vorsitzenden der DPG gewählt.

Julian Seymour **Schwinger** (1918–1994) war ein amerikanischer Physiker. 1939 hat er an der Columbia University bei Rabi promoviert und wechselte dann zu Oppenheimer nach Berkeley. Während des Krieges arbeitete er am MIT in Boston an der Radarentwicklung mit. Dabei entwickelte er die Theorie der Wellenausbreitung, wobei die Lippmann-Schwinger-Gleichung entdeckt wurde. Nach dem Krieg war sein Hauptforschungsgebiet die Quantenelektrodynamik. Zusammen mit Richard Feynman und Shin'ischiro Tomanaga wurde ihm dafür 1965 der Nobelpreis in Physik verliehen. Er lehrte von 1945 bis 1972 an der Harvard University.

Glenn T. **Seaborg** (1912–1999) war ein amerikanischer Chemiker. Er promovierte 1937 an der University of California in Berkeley und wurde dort 1945 Professor für Chemie. An den Beschleunigeranlagen des Lawrence Berkeley Laboratory gelang es ihm, durch Beschuss sehr schwerer Ionen auf schwere Elemente neue Elemente von Transuranen herzustellen. Für diese Arbeiten wurde er schon 1951 mit dem Nobelpreis für Chemie ausgezeichnet.

Fredrick Hanley **Seares** (1873–1964) war ein amerikanischer Astronom. Er wurde am 17.05.1873 in Cassopolis, MI geboren. Seine Eltern zogen 1887 nach Kalifornien. An der University of California in Berkeley machte er seinen Abschluss und ging 1899 zunächst an die Friedrich-Wilhelms-Universität in Berlin und anschließend an die Sorbonne in Paris. 1901 kehrte er in die USA zurück und war dann Professor für Astronomie an der University of Missouri. Ab 1909 gehörte er dann dem Mount-Wilson-Observatorium an. Die wissenschaftliche Arbeit von Seares lag auf dem Gebiet der präzisen Messung von Helligkeiten und Farben von Sternen mithilfe der Stellarphotographie. Er starb am 20.07.1964 in Honolulu, HI.

Emilio **Segrè** (1905–1989) war ein italo-amerikanischer Physiker und Nobelpreisträger. Er studierte zuerst Ingenieurwissenschaften in Rom. Ab 1927 wechselte er zur Physik. Sein Physikstudium schloss er 1928 mit einer Promotion bei Enrico Fermi (1901–1954) ab. Ab 1939 arbeitete er bei Otto Stern (1888–1969) in Hamburg und bei Pieter Zeeman (1865–1943) in Amsterdam. 1932 bis 1936 war er Assistenzprofessor an der Universität Rom. Von 1936 bis 1938 wurde er Direktor der Physiklaboratorien an der Universität Palermo. 1938 emigrierte er in die USA, da die faschistische Regierung antisemitische Gesetze erlassen hatte, die für Segrè als Jude ein weiteres Verbleiben in Italien unmöglich machten. Durch Ernest O. Lawrence (1901–1958) erhielt er eine Assistentenstelle in Strahlenlabor an der Universität in Berkeley. Von 1943 bis 1946 war Segrè Mitarbeiter beim amerikanischen Atombombenprojekt (Manhattan-Projekt) und Gruppenleiter am Los Alamos National Laboratory. Von 1946 bis 1972 war er Physikprofessor in Berkeley. 1959 erhielt er mit Owen Chamberlain (1920–2006) den Physik-Nobelpreis für die Entdeckung des Antiprotons. 1974 nahm er an der Universität Rom eine Stelle als Professor für Kernphysik an.

Harlow **Shapley** (1885–1972) war ein amerikanischer Astronom. Er wurde am 02.11.1885 in Nashville, TN geboren. 1913 promovierte er an der Princeton University und arbeitete dann ab 1914 am Mount-Wilson-Observatorium. Von 1921 bis 1952 war er Direktor des Harvard-College-Observatoriums. Shapley bestimmte erstmals die Größe der Milchstraße. Seiner Ansicht nach war die Milchstraße die einzige Galaxie im Universum („Big-Galaxy-Hypothese“, 1915). Diese These wurde 1923 von Edwin Hubble zugunsten der sog. „Weltinseltheorie“, wonach die Milchstraße eine unter vielen Galaxien ist, widerlegt. Shapley machte auch Untersuchungen von Galaxienhaufen und Entfernungsbestimmungen von Sternen mithilfe der Photometrie. Er starb am 20.10. in Boulder, CO.

Allen Goodrich **Shenstone** (1893–1980) war ein kanadischer Physiker und promovierte an der University in Princeton. Von 1925 bis 1962 war er Professor an der University of Toronto. Sein Arbeitsgebiet war die Atomphysik.

George Hiram **Shortley** (1910–?) war ein amerikanischer Physiker und Co-Autor des Standardwerkes über Atomspektren (Edward Uhler Condon und George Hiram Shortley, The Theory of Atomic Spectra, Cambridge 1935).

Howard **Shugart** (1931–2016) war ein amerikanischer Physiker. Er wurde am 21.09.1931 in Orange, CA geboren. Er studierte Physik am California Institute of Technology und promovierte 1957 an der University of California in Berkeley. 1959 wurde er in Berkeley Professor für Physik. Ab 1965 war er der Leiter der Atomstrahlengruppe (Atomic Beams Group) am Lawrence Berkeley Laboratory. Er starb am 01.04.2016 in Santa Barbara, CA.

Karl Manne Georg **Siegbahn** (1886–1978) war ein schwedischer Physiker. Er wurde 1924 mit dem Nobelpreis für Physik „für seine röntgenspektroskopischen Entdeckungen und Forschungen“ ausgezeichnet.

Franz Eugen **Simon** (1893–1956) war ein deutsch-englischer Physiker, der die Methode der Isotopentrennung von $^{235}$Uran entwickelte und somit einen wesentlichen Beitrag zur Entwicklung der ersten Atombombe leistete. Nach einer schweren Verletzung im Ersten Weltkrieg promovierte er in Berlin bei Nernst auf dem Gebiet der Tieftemperaturphysik. Zu seinen weiteren akademischen Lehrern zählten Planck, von Laue und Haber. 1931 wurde er Direktor des Physikalischen Instituts an der TH Breslau. Da er Jude war, verließ er 1933 Deutschland und wurde Mitarbeiter von Frederic Lindemann am Clarendon Laboratorium in Oxford. Nach Kriegsende wurde er zum Professor für Thermodynamik am Christ Church College in Oxford ernannt. Er machte dieses Institut zu einem weltweit führenden Institut auf dem Gebiet der Tieftemperaturphysik. Er erhielt hohe Auszeichnungen. 1956, kurz vor seinem Tod, wurde er Nachfolger von Frederic Lindemann als Direktor des Clarendon Laboratoriums.

O. C. **Simpson** war ein Mitarbeiter Otto Sterns in Pittsburgh. Er wurde später (nach 1960) der Direktor der „Solid State Science Division im Argonne Natl. Laboratory in Chicago“.

John Clarke **Slater** (1900–1976) war ein amerikanischer theoretischer Physiker. Slater leistete grundlegende Beiträge zur modernen Quantentheorie. Er befasste sich neben theoretischer Atom- und Molekülphysik mit der Anwendung der Quantenmechanik in der Festkörperphysik. Nach ihm benannt sind z. B. die Slater-Determinante, das Hartree-Fock-Slater-Verfahren etc. Von 1930 bis 1960 arbeitete er am MIT in Boston.

Henry DeWolf „Harry" **Smyth** (1898–1986) war ein amerikanischer Physiker. Von 1926 bis 1966 war er „Faculty Member" des Physik Departments in Princeton. Während des Krieges hatte er großen Einfluß auf die militärische Forschung. Nach dem Krieg war ein Gegner der weiteren Aufrüstung. Dafür wurde ihm 1968 der „Peace Award" verliehen.

Arnold Johannes Frederick **Soddy** (1877–1956) war ein englischer Chemiker. Er studierte bei Ernest Rutherford. Dort beschäftige er sich mit Radioaktivität. Soddy erhielt 1921 „für seine Beiträge zur Kenntnis der Chemie der radioaktiven Stoffe und seine Untersuchungen über das Vorkommen und die Natur der Isotope" den Nobelpreis für Chemie.

Arnold **Sommerfeld** (1868–1951) war ein deutscher theoretischer Physiker. Sommerfeld gelang es 1916, die Feinstruktur der atomaren Zustände zu erklären, in dem er das Bohr'sche Atommodell so erweiterte, dass er Ellipsenbahnen einführte und die Bewegung der Elektronen auf diesen klassischen Bahnen relativistisch berechnete. Dabei wurde er von Karl Schwarzschild und Wilhelm Lenz entscheidend unterstützt. Lenz war es eigentlich, der in Sommerfelds Theorie die wichtige Feinstrukturkonstante entdeckte. Im gleichen Jahr postulierte Sommerfeld zusammen mit seinem Schüler Pieter Debye die Existenz der Richtungsquantelung, was Otto Stern und Walther Gerlach motivierte, deren Existenz experimentell zu beweisen und darüber hinaus zum ersten experimentellen Nachweis der Drehimpulsquantisierung von Elektronen in Atomen führte. Sommerfeld war einer der größten Lehrer auf dem Gebiet der Quantenphysik. Heisenberg, Pauli, Bethe u. a. waren seine Schüler. Er wurde 81-mal für den Nobelpreisvorgeschlagen, hat ihn aber nie erhalten.

Hertha **Sponer** (1895–1968) war eine deutsche Physikerin und die zweite Ehefrau von James Franck.

Johann(es) Nikolaus **Stark** (1874–1957) war ein deutscher Physiker. 1913 wies er die heute als Stark-Effekt bezeichnete Aufspaltung der Spektrallinien in starken elektrischen Feldern nach. Dafür wurde ihm 1919 der Nobelpreis für Physik verliehen. 1920 ging er an die Universität Würzburg. Da ein Habilitationsversuch einer seiner Schüler scheiterte, legte er aus Protest seine Professur nieder und gründete mit seinem Nobelpreisgeld ein eigenes privates Institut. Als exponierter Nazi wurde Stark im Mai 1933 von Reichsinnenminister Wilhelm Frick zum Präsidenten der

Physikalisch-Technischen Reichsanstalt nach Berlin berufen, und zwar von Friedrich Paschen, der als Antinazi bekannt war. 1934 wurde er auch Präsident der DFG.

Elise **Stern** (1899–1945) war die jüngste Schwester Otto Sterns.

Fritz Richard **Stern** (1926–2016) war ein amerikanischer Historiker, in Breslau geboren. Fritz Stern erhielt seinen Vornamen bei der Taufe nach seinem Paten, dem Chemiker und Nobelpreisträger Fritz Haber. Zusammen mit seinen Eltern Rudolf und Käthe Stern emigrierte er 1938 in die USA: 1953 promovierte er an der Columbia University und wurde dort 1963 „Full Professor". 1997 wurde er emeritiert. Seit 1954 war Fritz Stern Gastprofessor an der FU Berlin und hatte seit 1966 eine ständige Gastprofessur an der Universität in Konstanz. 1987 hielt Stern als erster ausländischer Staatsbürger im Deutschen Bundestag die Festrede zum 17.06.

Käthe (Catherine) **Stern,** geb. Brieger, (1894–1973) war eine deutsch-amerikanische Montessori-Pädagogin und ausgebildete Physikerin. Sie war die Ehefrau von Rudolf Stern und Mutter von Fritz Stern. „In letzter Minute" emigrierte die Familie Stern in die USA. Dort arbeitete Käthe Stern mit Max Wertheimer zusammen.

Richard **Stern** (1865–1911) war ein deutscher Arzt und der Vater von Rudolf Stern. Stern war seit 1900 Leiter der Universitätspoliklinik zu Breslau und veröffentlichte zahlreiche Schriften.

Rudolf **Stern** (1895–1962) war ein deutsch-amerikanischer Mediziner und Sohn von Otto Sterns Vetter Richard Stern (deren beide Väter waren Halbbrüder). Rudolf Stern arbeitete ab 1923 für zwei Jahre bei Fritz Haber in Berlin auf dem Gebiet der kolloidalen Chemie. Er war verheiratet mit Käthe Brieger und musste 1938 in die USA emigrieren. Seine Schwester Marga heiratete Fritz Habers Sohn. Rudolfs Sohn war der Historiker Fritz Stern.

Aurel Boreslav **Stodola** (1859–1942) war Ingenieur für Maschinenbau und Maschinenentwicklung. Er war seit 1892 Professor an der ETH Zürich. Durch seine Beschäftigung mit philosophischen Fragen hatte er auch Kontakt zu Albert Einstein und Albert Schweitzer.

Karl **Strecker** (1858–1934) war ein deutscher Physiker und Elektrotechniker. Strecker wurde am 26.03.1858 als Sohn des Fabrikanten Wilhelm Strecker und seiner Ehefrau Wilhelmine, geb. Scholz, in Mainz geboren. Strecker begann ab 1877, an der Eberhard-Karls-Universität in Tübingen Physik zu studieren, und ging dann an die Universität Heidelberg. 1881 beendete er an der Universität Straßburg sein Studium mit der Promotion. 1866 Habilitation an der TH Berlin-Charlottenburg. Ab 1892 hatte er den Lehrstuhl für Elektrotelegraphie an der TH Berlin-Charlottenburg inne. 1913 wurde er ordentlicher Professor und 1923 Honorarprofessor an der Naturwissenschaftlich-Mathematischen Fakultät der Universität Heidelberg. Er starb am 24.08.1934 in Heidelberg.

Hans Eduard **Suess** (1909–1993) war ein österreichisch-deutscher Kernphysiker. Nach dem Krieg war er zusammen mit Haxel und Jensen an der Entwicklung des Kernschalenmodels beteiligt. 1950 emigrierte er in die USA und war zuletzt Professor of Chemistry an der University of California in La Jolla.

Leo **Szilard** (1898–1964) war ein ungarisch-amerikanischer Physiker, der seit 1919 in Berlin studierte und arbeitete. In jungen Jahren beschäftige er sich sehr intensiv mit der Thermodynamik und der Bedeutung des „Maxwell'schen Dämons" (Ref. Szilard Maschine). Als Jude musste 1933 aus Deutschland emigrieren und ging über England in die USA (1938). In den USA war sein Arbeitsgebiet die Kernphysik. Zusammen mit Fermi arbeitete er am Aufbau eines Kernreaktors. Zusammen mit Einstein überzeugte er den US-Präsidenten Roosevelt, dass es nötig sei, vor den Deutschen eine Atombombe zu besitzen.

Hugh Stott **Taylor** (1890–1974) war ein englischer Chemiker. Er verbrachte seine Kindheit und Jugend in St. Helens (England). Hier besuchte er auch das Gymnasium und studierte dann in Liverpool, wo er 1910 sein Studium abschloss. Er arbeitete dann an seiner Dissertation und verbrachte ein Jahr am Nobel-Institut in Stockholm bei Svante Arrhenius (1859–1927) und an der TH Hannover bei Max Bodenstein (1871–1942). 1914 wurde er an der Universität Liverpool promoviert und ging dann als Dozent an die Universität Princeton, wo er auch 1915 Assistant Professor wurde. Die Ernennung zum Professor für physikalische Chemie erfolgte 1922. In der Folgezeit wurde er auch Institutsdirektor für die Abteilung Chemie an der Universität Princeton, die er von 1926 bis 1951 leitete. Taylor war auch von 1948 bis 1958 Dekan an der Graduate School in Princeton. Sein Arbeitsgebiet war die Katalyseforschung.

Alan **Templeton** (*1960) ist der Sohn von Liselotte und David Templeton und Großneffe von Otto Stern.

David **Templeton** (1920–2010) war ein bekannter Wissenschaftler auf dem Gebiet der Biophysik (Proteinstrukturuntersuchung mittels Synchrotronstrahlung).

Diana **Templeton-Killen** (*1950) ist die Tochter von Liselotte und David Templeton und Großnichte von Otto Stern.

Liselotte **Templeton**, geb. Kamm (1918–2009) war die Tochter von Berta Kamm und damit die einzige Nichte von Otto Stern. Sie war eine bekannte Wissenschaftlerin auf dem Gebiet der Biophysik (Proteinstrukturuntersuchung mittels Synchrotronstrahlung).

Hugo **Tetrode** (1895–1931) war ein niederländischer Physiker. Parallel mit Otto Sackur (1880–1914) entwickelte er 1911 die Sackur-Tetrode-Gleichung zur Beschreibung der Entropie in idealen Gasen.

Jean **Thibaud** (1901–1960) war ein französischer Physiker. Er wurde am 12.05.1901 in Lyon geboren. Er studierte nach seinem Schulabschluss Elektrotechnik und promovierte dann 1924 bei Maurice de Broglie, dem älteren Bruder des Physik-Nobelpreisträgers Louis de Broglie. Er galt als Experte für Röntgenstrahlen und wurde in Paris Direktor des Labors für Röntgenstrahlen. 1933 ging er nach Lyon zurück und wurde hier 1940 Professor. Thibaud entwickelte bereits vor Ernest Orlando Lawrence in Paris 1930 ein Zyklotron. Er starb im Mai 1960 in Lyon.

Hans **Thirring** (1888–1976) war ein österreichischer Physiker und Politiker (SPÖ). Hans Thirring promovierte 1911 bei Friedrich Hasenöhrl in Wien über ein thermodynamisches Thema. 1921 wurde er dort außerordentlicher und 1927 ordentlicher Professor und war bis 1938 Vorstand des Wiener Institutes. Thirring war in Österreich auch politisch tätig, so wurde er 1957 bis 1963 für die SPÖ in den Bundesrat entsandt. Er setzte sich weiter stark für die Friedensbewegung ein und propagierte die als Thirring-Plan bekannt gewordene Idee der einseitigen Abrüstung Österreichs.

George Paget **Thomson** (1892–1975) war ein englischer Physiker und Nobelpreisträger. Thomsons Vater war der Physiker und Nobelpreisträger Joseph John Thomson (1856–1940). Er ging in Cambridge zur Schule. Sein Vater unterrichtete ihn in Mathematik und Physik am Trinity College in Cambridge. Nach dem Ersten Weltkrieg erhielt er eine Stelle an der Universität Cambridge und ging dann an die Universität in Aberdeen. Hier entdeckte er 1927, unabhängig von dem amerikanischen Physiker Clinton Joseph Davisson (1881–1958), die Elektronenbeugung am Kristallgitter, was einen Beweis für die Theorie der Materiewellen von Louis de Broglie (1892–1987) bedeutete. 1937 erhielten Davisson und Thomson für ihre Forschungen den Nobelpreis für Physik.

Charles Hard **Townes** (1915–2015) war ein amerikanischer Physiker. Er gilt als der Erfinder des Masers und Lasers. Zusammen mit Nikolay Basov und Alexander Prokhorov wurde ihm 1964 dafür der Nobelpreis der Physik verliehen. Er war auch wissenschaftspolitisch sehr aktiv und Berater fast aller Präsidenten seit Truman. Er wurde 1950 zum Professor an die Columbia University in New York berufen, von 1961 bis 1967 war er Professor am MIT in Boston und ab 1967 Professor an der University of California in Berkeley.

Heinrich Freiherr Rausch von **Traubenberg** (1880–1944) war ein deutscher Physiker. Seit 1931 war er Ordinarius an der Universität Kiel. Da seine Frau Jüdin war, wurde er 1937 entlassen. Durch die Hilfe Otto Hahns konnte er am KWI in Berlin weiterarbeiten, er starb aber 1944 an einem Herzanfall. Seine Frau überlebt das Konzentrationslager Theresienstadt nur durch den persönlichen Einsatz von Otto Hahn.

Max Theodor **Trautz** (1880–1960) war ein deutscher Physikochemiker. Trautz wurde am 19.03.1880 in Karlsruhe geboren und war der Sohn des Oberkirchenrates

Theodor Trautz. In Karlsruhe besuchte er das Gymnasium und begann 1898 mit dem Chemiestudium. Er schloss sein Studium 1903 mit der Promotion an der Universität Leipzig ab und war dann Assistent an der Universität in Freiburg i. Br. 1905 habilitierte er sich und wurde dann 1910 außerordentlicher Professor für physikalische Chemie an der Universität Heidelberg. Hier wurde er auch 1927 ordentlicher Professor und Direktor des Instituts für Physikalische Chemie und Elektrochemie. 1934 wurde er an die Universität Rostock berufen und war dann von 1936 bis 1945 ordentlicher Professor für anorganische Chemie an der Universität Münster. Bekannt wurde er vor allem durch seine Arbeiten zur chemischen Kinetik. Mit William Lewis begründete er die Stoßtheorie chemischer Reaktionen. Trautz starb am 19.08.1960 in Karlsruhe.

George Eugene **Uhlenbeck** (1900–1988) war ein niederländisch-amerikanischer Physiker, der zusammen mit Samuel Goudsmit 1925 den Elektronenspin entdeckt hat.

Harold Clayton **Urey** (1893–1981) war ein amerikanischer Chemiker (physikalische Chemie). Er studierte bei Gilbert Lewis in Berkeley und promovierte 1923. Anschließend ging er nach Kopenhagen. Nach Aufenthalten an der Johns Hopkins University und der Columbia University wurde er später Professor an der University of Chicago. Für seine Entdeckung des Deuteriums wurde ihm 1934 der Nobelpreis für Chemie verliehen.

Oswald **Veblen** (1880–1960) war ein amerikanischer Mathematiker. Seit 1905 arbeitete er an der Princeton University und wurde dort 1926 Professor. Als Gastprofessor besuchte er auch verschiedene deutsche Universitäten (Göttingen, Berlin, Hamburg). Ab 1932 war er Professor am neu gegründeten „Institute for Advanced Studies“ und unterstützte dort die Aufnahme zahlreicher Emigranten (Einstein, Weyl und von Neumann) aus Europa.

John Hasbrouck Van **Vleck** (1899–1980) war ein US-amerikanischer Physiker, der sich mit Festkörperphysik beschäftigte. Van Vleck erhielt 1977 zusammen mit Nevill F. Mott und Philip W. Anderson den Nobelpreis für Physik „für die grundlegenden theoretischen Leistungen zur Elektronenstruktur in magnetischen und ungeordneten Systemen“. Er wurde oft als Vater der modernen Theorie des Magnetismus bezeichnet und war in den 1920er-Jahren ein Pionier der Quantenmechanik in den USA.

Lotte **Volmer**, geb. Pusch war eine deutsche Chemikerin und die Ehefrau von Max Volmer.

Max **Volmer** (1885–1965) war ein deutscher Chemiker. 1920 wurde er außerordentlicher Professor für physikalische Chemie an der Universität Hamburg und 1922 als Ordinarius an die TH Berlin berufen. Ab 1945 arbeitete er an der Atombombenentwicklung in der Sowjetunion. Nach seiner Rückkehr 1955 wurde er Präsident der

Deutschen Akademie der Wissenschaften zu Berlin. In der Nazizeit war er einer der Aufrichtigen, der dem Zeitgeist nicht folgte. Seit 1918 war er ein enger persönlicher Freund von Otto Stern.

Alessandro Giuseppe Antonio Anastasio **Volta** (1745–1827) war ein italienischer Physiker. Er ist ein Pionier der Elektrizitätslehre und entwickelte die erste elektrische Batterie (Voltasche Säule). Er erfand ein sehr empfindliches Spannungsmessgerät, das kleinste Strommengen messen konnte. Ihm zu Ehren wurde die Einheit der elektrischen Spannung „Volt" genannt.

Johannes Diderik **van der Waals** (1837–1923) war ein niederländischer Physiker und Nobelpreisträger und wurde am 23.11.1837 in Leiden geboren. Nach seinem Schulabschluss war er in Leiden als Lehrer tätig und besuchte in den Jahren von 1862 bis 1865 Vorlesungen und Seminare an der Universität Leiden. Er war dann 1864 in Deventer und 1866 in Den Haag als Lehrer tätig. 1873 promovierte er und war dann von 1877 bis 1908 Professor an der Universität Amsterdam. 1910 erhielt er den Nobelpreis für Physik für seine Arbeiten über die Zustandsgleichung der Gase und Flüssigkeiten. Er starb am 08.03.1923 in Amsterdam.

Richard **Wachsmuth** (1868–1941) war ein deutscher Physiker. Er studierte Physik an der Ruprecht-Karls-Universität Heidelberg, der Friedrich-Wilhelms-Universität Berlin und der Universität Leipzig. 1893 trat er seine erste Stelle bei der Physikalisch-Technische Reichsanstalt an. Von 1898 bis 1905 lehrte er als außerordentlicher Professor für Physik an der Universität Rostock. 1907 wurde er Dozent beim Physikalischen Verein in Frankfurt am Main. 1908 übernahm er eine Professur für Experimentalphysik an der Akademie und wurde 1913/14 deren letzter Rektor. Ab 1911 spielte Wachsmuth zusammen mit dem Frankfurter Oberbürgermeister Franz Adickes eine maßgebliche Rolle bei der Gründung der Universität Frankfurt und wurde 1914 durch den preußischen Kultusminister zum Gründungsrektor der Königlichen Universität zu Frankfurt am Main berufen. Wachsmuth war von 1914 bis zu seiner Emeritierung 1932 ordentlicher Professor für Experimentalphysik und Direktor des Physikalischen Institutes.

Ernst **Wagner** (1876–1928) war Mediziner und Physiker und einer der Würzburger Nachfolger Wilhelm Conrad Röntgens.

Julius **Wagner-Jauregg** (1857–1940) war ein österreichischer Psychiater. Für seine Entdeckung der Malariatherapie zur Behandlung von progressiver Paralyse erhielt er 1927 den Nobelpreis für Medizin. Seine Arbeitsgebiete waren die Behandlung von Psychosen, der Syphilis und von Schilddrüsenerkrankungen.

Ernest Thomas Sinton **Walton** (1903–1995) war ein irischer Physiker. 1922 machte er seinen Diplomabschluss am Trinity College in Dublin. Danach ging er an das Cavendish Laboratorium in Cambridge zu Rutherford. Zusammen mit John Cockroft entwickelte er einen Ionenbeschleuniger, den sog. Cockroft-Walton-Beschleuniger.

Mit beschleunigten Protonen konnten erstmals Kernreaktionen nachgewiesen werden. Für diese Leistungen wurden Cockroft und Walton 1951 der Physik-Nobelpreis verliehen. 1946 wurde Walton am Trinity College zum Professor ernannt.

Emil Gabriel **Warburg** (1846–1931) war ein deutscher Physiker. 1872 wurde er an die neu gegründete Universität von Straßburg berufen. 1876 übernahm Warburg mit nur 29 Jahren in Freiburg i. Br. das Ordinariat für Physik. Die Entdeckung und theoretische Deutung der magnetischen Hysterese (1880) gehört zu den wissenschaftlich bedeutendsten Leistungen Warburgs. Nach dem frühen Tod von August Kundt erhielt der 48-jährige Warburg 1894 einen Ruf nach Berlin. 1895 wurde Warburg ordentliches Mitglied der Preußischen Akademie der Wissenschaften. Nachdem er 1905 sein Amt als Ordinarius an der Friedrich-Wilhelms-Universität in Berlin niedergelegt hatte, übernahm er die Leitung der Physikalisch-Technischen-Reichsanstalt, die er bis 1922 innehatte. Mit 76 Jahren trat Warburg am 01.04.1922 in den Ruhestand.

Otto **Warburg** (1883–1970) war ein deutscher Biochemiker und Nobelpreisträger. Sein Vater war der Physiker Emil Warburg (1846–1931). Er ging in Berlin zur Schule und machte 1901 sein Abitur. Anschließend studierte er Naturwissenschaften in seiner Geburtsstadt Freiburg i. Br. Wobei er den Schwerpunkt seiner Studien auf das Studium der Chemie legte. Dieses Studium der Chemie setzte er 1903 in Berlin fort. Ab 1905 studierte er auch Medizin an den Universitäten Berlin, München und Heidelberg. 1906 wurde er von Emil Fischer (1852–1919) in Chemie promoviert. 1911 wurde er von Ludolf von Krehl (1861–1937) in Heidelberg in Medizin promoviert. 1912 habilitierte er sich in Physiologie an der Universität Heidelberg. Von 1921 1923 war er außerordentlicher Professor für Physiologie an der Friedrich-Wilhelms-Universität in Berlin. 1930 gründete er das KWI für Zellphysiologie in Berlin-Dahlem, dessen erster Direktor er auch wurde und es bis 1967 blieb. 1931 erhielt er für die Entdeckung der Natur und der Funktion des Atmungsferments den Nobelpreis für Physiologie oder Medizin. Obwohl Warburg jüdischer Abstammung war, gelang es ihm, im Dritten Reich bis zum Kriegsende seine Stellung zu behalten. 1946 wurde er Mitglied der Deutschen Akademie der Wissenschaften zu Berlin und Professor des jetzt neugegründeten MPI für Zellphysiologie (früher KWI für Zellphysiologie). Warburgs Arbeitsgebiete waren die mitochondriale Atmungskette, die Photosynthese der Pflanzen und die Tumorforschung.

Karl **Weierstraß** (1815–1897) war ein deutscher Mathematiker. Er wurde am 31.10.1815 in Ostenfelde bei Ennigerloh im Münsterland geboren. Er besuchte das Gymnasium in Paderborn und studierte dann von 1834 bis 1838 Rechtswissenschaften und Finanzwesen an der Rheinischen Friedrich-Wilhelms-Universität in Bonn. Ab 1838 studierte er Mathematik und Physik. Weierstraß unterrichtete dann 1841/42 als Lehrer an einem Gymnasium in Münster. Er arbeitete in dieser Zeit intensiv an der Theorie der Abelschen Funktionen, die er 1854 in der mathematischen Fachzeitschrift veröffentlichte und die ihm als unmittelbare Folge die Ehrendoktorwürde der Universität Königsberg einbrachte. 1856 wurde er Professor an der Friedrich-Wilhelms-Universität in Berlin. Weierstraß starb am 19.02.1897 in Berlin.

Pierre-Ernest **Weiss** (1865–1940) war ein elsässischer Physiker. 1887 schloss er als Jahrgangsbester am Zürcher Polytechnikum sein Ingenieurstudium ab. Im darauffolgenden Jahr ging er an die École normale supérieure in Paris. In Frankreich begann er, sich mit Physik zu befassen. 1895 ging er an die Universität Rennes, 1899 an die von Lyon und 1902 wurde er an das Polytechnikum in Zürich berufen. Dort erhielt er ein Labor zur Untersuchung von magnetischen Phänomenen. 1908 war er Mitbegründer der Schweizerischen Physikalischen Gesellschaft. 1919 wurde er Leiter des Physikalischen Instituts der Universität Straßburg. 1926 wurde er an der Pariser Akademie aufgenommen. Weiss legte die Grundlagen des Para- und Ferromagnetismus und für die Temperaturabhängigkeit der Magnetisierung. Er entdeckte die Weiss'schen Bezirke und die quantenhaften Eigenschaften der magnetischen Momente in den Atomen. Außerdem entwickelte er das Curie-Gesetz von Pierre Curie weiter zum nach ihm mitbenannten Curie-Weiss-Gesetz. Mit seinem Freund Heike Kamerlingh Onnes befasste er sich mit Magnetismus bei sehr tiefen Temperaturen.

Victor Frederick **Weisskopf** (1908–2002) war ein östereichisch-amerikanischer Physiker. Er studierte bei Max Born von 1928 bis 1931 in Göttingen und ging danach zu Heisenberg nach Leipzig und zu Schrödinger nach Wien sowie zu Bohr nach Kopenhagen und Dirac nach Cambridge. Als Jude musste er 1937 in die USA emigrieren. Auf Bitten von Oppenheimer arbeitete er auch am Manhattan-Projekt mit. Nach dem Krieg wurde er Professor am MIT in Boston.

Carl Friedrich Freiherr von **Weizsäcker** (1912–2007) war ein deutscher Physiker, Philosoph und Friedensforscher. Als wissenschaftlicher Mitarbeiter des KWI für Physik beschäftigte sich von Weizsäcker in den 1930er-Jahren mit der Bindungsenergie von Atomkernen (Bethe-Weizsäcker-Formel, Tröpfchenmodell; 1935) und den Kernprozessen, die im Inneren von Sternen Energie liefern (Bethe-Weizsäcker-Zyklus; 1937/1938). 1936 lieferte er die erste zutreffende Deutung von Kernisomeren als verschiedene metastabile Zustände des Atomkerns. 1945 gehörte von Weizsäcker zu den durch die Alliierten im Rahmen der Alsos-Mission in Farm Hall (Südengland) und später in Alswede internierten deutschen Wissenschaftlern. Über philosophische Aspekte der Quantentheorie arbeitete von Weizsäcker seit 1931.

Gregor **Wentzel** (1898–1978) war ein deutscher theoretischer Physiker. Wentzel studierte in Freiburg i. Br. und Greifswald und ab 1920 in München bei Arnold Sommerfeld, wo er auch Wolfgang Pauli und Werner Heisenberg traf und 1921 promovierte. 1922 habilitierte er sich in München und wurde 1926 Professor für theoretische Physik an der Universität Leipzig. Wentzel wurde 1928 Nachfolger Erwin Schrödingers an der Universität Zürich und machte Zürich gemeinsam mit Wolfgang Pauli, der im gleichen Jahr Professor an der ETH Zürich wurde, zu einem internationalen Zentrum der theoretischen Physik. 1933 erschien sein Artikel „Wellenmechanik der Stoß- und Strahlungsvorgänge“ im Handbuch der Physik. Seine „Einführung in die Quantentheorie der Wellenfelder“ von 1943 war bis zur Revolutionierung der Quantenfeldtheorie durch Richard Feynman, Julian Schwinger und andere, die Ende der 1940er-Jahre einsetzte, das führende Lehrbuch. Während des Krieges übernahm er die Vorlesungen von Wolfgang Pauli an der ETH. Ab 1948 war er bis zu seiner Emeritierung 1969 Professor an der University of Chicago (danach als Professor emeritus bis zu seinem Tod).

Alfred **Werner** (1866–1919) war ein deutscher Chemiker und Nobelpreisträger. Er wurde am 12.12.1866 in Mülhausen im Elsass geboren. Werner war schon als Schüler sehr an der Chemie interessiert und besuchte, während er seinen Wehrdienst in Karlsruhe leistete, Vorlesungen über Chemie an der TH Karlsruhe. 1886/87 ging er in die Schweiz und studierte an der ETH Zürich Chemie. 1889 erwarb er sein Diplom in technischer Chemie. Er promovierte 1890 bei Arthur Hantzsch in organischer Chemie und ging dann für ein Jahr an das Collège de France nach Paris. Nach seiner Rückkehr nach Zürich habilitierte er sich an der ETH und wurde dort Privatdozent und später Professor. 1895 wurde er Schweizer Staatsbürger. Einen Ruf an die Universität Würzburg 1910 lehnte er ab. Werner gilt als Begründer der Komplexchemie. 1913 erhielt er den Nobelpreis für Chemie „auf Grund seiner Arbeit über die Bindungsverhältnisse der Atome im Molekül, wodurch er ältere Forschungsgebiete geklärt und neue erschlossen hat, besonders im Bereich der anorganischen Chemie“. Er starb am 15.11.1919 in Zürich.

Professor A. **Westgren** war 1945 der „Chairman of the Nobel Committee for Chemistry of the Royal Swedish Academy of Sciences“.

Wilhelm Heinrich **Westphal** (1882–1978) war ein deutscher Physiker. Er war ein bekannter Autor von Hochschulbüchern und populärwissenschaftlichen Schriften sowie Herausgeber wissenschaftlicher Werke. Er promovierte 1908 mit einer Arbeit über Elektronenstrahlen. Nach dem Ersten Weltkrieg wurde er Professor an der Friedrich-Wilhelms-Universität in Berlin. 1928 wurde er Professor an der TH Berlin. 1955 wurde er dort emeritiert.

Hermann Klaus Hugo **Weyl** (1885–1955) war ein deutscher Mathematiker, Physiker und Philosoph, der wegen seines breiten Interessensgebiets von der Zahlentheorie bis zur theoretischen Physik und Philosophie als einer der letzten mathematischen Universalisten gilt.

Wilhelm Carl Werner Otto Fritz Franz **Wien** (1864–1928) war ein deutscher Physiker. Sein Arbeitsgebiet war die Wärmestrahlung (Wiensches Verschiebungs- und Strahlungsgesetz). Für diese Arbeiten erhielt er 1911 den Nobelpreis für Physik. Ab 1900 war er Nachfolger von Conrad Röntgen als Professor in Würzburg, ab 1919 dann an der LMU in München.

Eugene Paul **Wigner** (1902–1995) war ein ungarischer theoretischer Physiker. Wigner wurde in einer jüdischen Familie geboren und besuchte in den Jahren 1915 bis 1919 gemeinsam mit John von Neumann das humanistische Lutheraner-Gymnasium in Budapest. Er promovierte 1925 an der TH Berlin bei Michael Polanyi. Hier lernte er Albert Einstein und Leó Szilárd kennen. Wigner und Hermann Weyl waren verantwortlich für die Einführung der Gruppentheorie als mathematische Methode in die Quantenmechanik. Wigner emigrierte in die USA und arbeitete seit 1931 in Princeton. Von 1937 bis 1971 war er Professor für Mathematik an der Princeton University. Im Jahre 1963 wurde ihm der Nobelpreis für Physik verliehen.

Charles Thomson Rees **Wilson** (1869–1959) war ein schottischer Physiker und Nobelpreisträger. Er wuchs in Parish Glencorse in Schottland auf und ging nach dem Tod seines Vaters 1873 nach Manchester. Er besuchte dort eine Privatschule und erhielt dann am Owen's College seine weitere Ausbildung. 1888 ging er nach Cambridge an das Sidney Sussex College, wo er 1892 seinen Abschluss machte. Er studierte zunächst Biologie, da er Arzt werden wollte, wandte sich aber in Cambridge immer mehr physikalischen und chemischen Fragestellungen zu, sodass er schließlich nach seinem Studium am Cavendish Laboratory arbeitete. 1896 baute er einen Vorläufer der Nebelkammer und experimentierte mit ihr mit Röntgenstrahlen. 1900 wurde er Fellow am Sidney Sussex College, wo er Vorlesungen hielt und Versuche vorführte. 1911 konnte er mit einer weiterentwickelten Nebelkammer die Spuren einzelner Alpha- und Beta-Teilchen fotografisch nachweisen. 1913 wurde er zum metereologischen Beobachter am Observatorium für Sonnenphysik ernannt. Ab 1918 hielt er Vorlesungen in Metereologie und übernahm auch die Vorlesungen für Fortgeschrittene in praktischer Physik am Cavendish Laboratory. 1925 erfolgte die Ernennung zum Professor für Naturphilosophie. 1927 erhielt er, zusammen mit Arthur Compton (1892–1962), dem Entdecker des Compton-Effektes, den Nobelpreis für Physik.

Robert Williams **Wood** (1868–1955) war ein amerikanischer Physiker. Er gilt als einer der Pioniere der Infrarot- und Ultraviolettstrahlungsforschung und wurde dafür viele Male für den Nobelpreis vorgeschlagen. Nach seinem Schulabschluss machte er 1891 seinen Bachelor in Chemie an der Harvard University und ging dann 1892 an die University of Chicago. Von 1894 bis 1896 arbeitete er zusammen mit Heinrich Rubens an der Friedrich-Wilhelms-Universität in Berlin und ging dann nach seiner Rückkehr in die USA an das MIT. Ab 1897 wirkte er an der University of Wisconsin. Von 1901 bis zu seinem Tode war er Professor für Experimentalphysik an der Johns Hopkins University in Baltimore, MD. Wood arbeitete hauptsächlich auf dem Gebiet der Wellenoptik. Er ist der Entdecker des Wood-Effektes. Er starb am 11.08.1955 in Amityville, NY.

Jan Stephan **Wojtaszewski** war ein polnischer Chemiker. Er promovierte 1913 an der naturwissenschaftlich-mathematischen Fakultät der Universität Freiburg

(Schweiz) mit der Dissertation: „Über das Ausfällen einiger radioaktiver Stoffe aus wässrigen Lösungen".

Erwin **Wrede** (1894–?) war ein deutscher Physiker, der 1927 bei Otto Stern in Hamburg promovierte mit der Arbeit „Über die Ablenkung von Molekularstrahlen elektrischer Dipolmoleküle im inhomogenen elektrischen Feld von Wasserstoffatomstrahlen im inhomogenen Magnetfeld".

Hideki **Yukawa** (1907–1981) war ein japanischer theoretischer Physiker. Er promovierte an der Universität in Kyoto. 1935 publizierte er seine Mesonen-Theorie und erklärte damit die Wechselwirkung zwischen Protonen und Neutronen. 1940 wurde er Professor in Kyoto und 1940 an der Columbia University in New York. 1949 wurde ihm für seine Arbeiten über die Elementarteilchen der Nobelpreis für Physik verliehen. 1970 wurde er an der Kyoto Universität emeritiert.

Jerrold Reinach **Zacharias** (1905–1986) war ein amerikanischer Atomphysiker. Er wurde am 23.01.1905 in Jacksonville, FL geboren. Nach seinem Schulabschluss studierte er Physik und ging dann ans MIT. Während des Zweiten Weltkrieges arbeitete er sowohl am Strahlenlabor („Rad Lab") des MIT und am Manhattan-Projekt. Zacharias entwickelte die erste brauchbare Atomuhr. Er starb am 16.07.1986.

Pieter **Zeeman** (1865–1943) war ein niederländischer Physiker. An der Universität Leiden untersuchte er die Lichtemission von Atomen im Magnetfeld und beobachtete eine mit dem Magnetfeld zunehmende Linienverschiebung. Für diesen Effekt (nach ihm Zeeman-Effekt genannt) wurde ihm 1902 der Nobelpreis für Physik verliehen.

Clarence Melvin **Zener** (1905–1993) war ein amerikanischer Physiker. Er entdeckte 1934 den sog. „Zener"-Effekt (Tunneln von Elektronen vom Valenz- zum Leitungsband unter hohen elektrischen Feldstärken). Für diese Entdeckung erhielt er hohe Auszeichnungen und wurde 1959 auch Mitglied der „National Academy of Sciences".

Carl **Zickermann** (1908–?) war ein deutscher Physiker. Er war der letzte Doktorand von Otto Stern in Hamburg. Das Thema seiner Dissertation lautete: „Adsorption von Gasen an festen Oberflächen bei niedrigsten Drucken".

Richard **Zsigmondy** (1865–1929) war ein österreichischer Chemiker. Zsigmondy wurde am 01.04.1865 in Wien geboren. Er studierte ab 1883 an der TH Wien und an der LMU München Naturwissenschaften, wo er auch 1889 promovierte. 1891/92 war er Privatassistent von August Kundt am Physikalischen Institut der Friedrich-Wilhelms-Universität in Berlin. 1893 habilitierte er sich an der TH Graz und arbeitete dann 1897 bis 1900 bei den Glaswerken Schott in Jena als wissenschaftlicher Mitarbeiter. Von 1900 bis 1907 war er Privatgelehrter und wurde dann

Leiter des Institutes für Anorganische Chemie in Göttingen. 1919 wurde er ordentlicher Professor und blieb in dieser Stellung bis 1929. Bekannt wurde er durch seine Forschungen auf dem Gebiet der Kolloidchemie. Zsigmondy verstarb am 23.09.1929 in Göttingen.

# Korrespondentenverzeichnis

Erläuterungen:
Spalte 3 Geb.–gest.: NEB bedeutet nicht ermittelbar; Spalte 5 Briefe: erste Zahl: Anzahl der Briefe des Autors an Stern, zweite Zahl: Anzahl der Briefe des Autors über Stern an Dritte, dritte Zahl: Anzahl der Briefe Sterns an den Autor.

| Nummer | Korrespondent | Geb.-gest. | Fundst. | Briefe |
|---|---|---|---|---|
| **1** | Alven, Hannes Olof Gösta | 1908–1995 | NOB | 0,1;0 |
| **2** | Alvarez, Luiz Walter | 1911–1988 | BAL | 1,0;0 |
| **3** | Allan, J. | NEB | BAL | 1,0;0 |
| **4** | Amaldi, Edoardo | 1908–1989 | NOB | 0,1;0 |
| **5** | Anderson, Carl David Charles | 1905–1991 | BAL | 1,3;1 |
| **6** | Anderson, S. | NEB | BAL | 1,0;1 |
| **7** | Baade, Wilhelm Heinrich Walter | 1893–1960 | BAL | 1,0;0 |
| **8** | Bacon, James F. | NEB | BAL | 1,0;0 |
| **9** | Barnett, Samuel Jackson | 1898–1956 | BAL | 1,0;0 |
| **10** | Beams, J.W. | NEB | BAL | 1,0;0 |
| **11** | Beck, Beck | 1903–1988 | BAL | 1,0;0 |
| **12** | Bergman | NEB | BAL | 1,0;0 |
| **13** | Berl, Ernst | 1898–1946 | BAL | 1,0;0 |
| **14** | Berl, Margarete | NEB | BAL | 1,0;0 |
| **15** | Bethe, Hans Albrecht | 1906–2005 | BAL | 1,1;0 |
| **16** | Birge, Raymond Thayer | 1887–1980 | BAL | 1,1;1 |
| **17** | Birnbaum, H. | NEB | BAL | 1,0;0 |
| **18** | Bloch, Felix | 1905–1983 | BAL | 2,0;0 |
| **19** | Blumenthal, Friedel+Bernhard | NEB | BAL | 1,0;0 |
| **20** | Bodenstein, Max | 1871–1942 | BAL | 1,0;0 |
| **21** | Bohr, Aage | 1922–2009 | BAL | 3,0;2 |
| **22** | Bohr, Niels Henrik David | 1885–1962 | NOB | 5,2;3 |
| **23** | Boorse | NEB | BAL | 1,0;0 |
| **24** | Boss, Liselotte | NEB | BAL | 1,0;0 |
| **25** | Born, Max | 1882–1970 | BAL | 3,2;1 |

| Nummer | Korrespondent | Geb.-gest. | Fundst. | Briefe |
|---|---|---|---|---|
| **26** | Breit, Gregory | 1899–1981 | BAL | 1,0;0 |
| **27** | Brent, Bernard | NEB | BAL | 1,0;0 |
| **28** | Brill, Otto | 1903–1967 | BAL | 1,0;0 |
| **29** | Brillouin, Leon | 1889–1969 | BAL | 1,0;0 |
| **30** | Campbell, Estelle | NEB | NOB | 1,0;0 |
| **31** | Campbell, William Wallace | 1862–1938 | NOB | 0,5;0 |
| **32** | Cockroft, John | 1897–1967 | BAL | 2,0;0 |
| **33** | Compton, Arthur Holly | 1892–1962 | NOB | 1,1;0 |
| **34** | Condon, Edward Uhler | 1902–1954 | BAL | 1,0;0 |
| **35** | Corny, Ch. | NEB | BAL | 1,0;0 |
| **36** | Coster, Dirk | 1889–1950 | NOB | 0,2;0 |
| **37** | Courant, Richard | 1888–1972 | BAL | 1,0;0 |
| **38** | Darrow, Karl Kelchner | 1891–1982 | BAL | 3,0;1 |
| **39** | Davisson, Clinton Joseph | 1881–1958 | BAL | 2,0;0 |
| **40** | Deißmann, Gustav Adolf | 1866–1937 | NOB | 0,1;0 |
| **41** | Dines, Lloyd Lyne | 1885–1964 | BAL | 1,0;0 |
| **42** | Doherty, Robert E. | 1885–1950 | BAL | 1,0;0 |
| **43** | DuBridge, Lee Alvin | 1901–1994 | BAL | 1,0;1 |
| **44** | Dunning, John Ray | 1907–1975 | BAL | 1,0;1 |
| **45** | Dushman, Saul | 1883–1954 | BAL | 1,0;0 |
| **46** | Eggert, John Emil Max | 1891–1973 | BAL | 1,0;0 |
| **47** | Ehrenfest, Paul | 1880–1933 | BAL | 2,0;0 |
| **48** | Einstein, Albert | 1879–1955 | EIN | 7,5;1 |
| **49** | Enz, Charles Paul | 1925– | BAL | 0,0;1 |
| **50** | Estermann, Immanuel | 1900–1973 | BAL | 8,0;3 |
| **51** | Eucken, Arnold | 1884–1950 | BAL | 1,0;0 |
| **52** | Fairley, George E.A. | NEB | BAL | 1,0;0 |
| **53** | Fajans, Kasimir | 1887–1975 | BAL | 2,0;0 |
| **54** | Farkas, Ladislaus | 1904–1948 | BAL | 2,0;0 |
| **55** | Fermi, Enrico | 1901–1954 | BAL | 2,0;0 |
| **56** | Fierz, Markus | 1912–2006 | BAL | 1,1;0 |
| **57** | Flint/Friedländer, Erich | NEB | BAL | 1,0;0 |
| **58** | Fokker, Adriaan Daniel | 1887–1972 | BAL | 1,0;0 |
| **59** | Foner | NEB | BAL | 1,0;0 |
| **60** | Fraenkel, W.H. | NEB | BAL | 1,0;0 |
| **61** | Fraenkel, Lilli | NEB | BAL | 1,0;0 |
| **62** | Franck, James | 1882–1964 | BAL | 1,10;0 |
| **63** | Fraser, Ronald George Juta | 1899–1985 | BAL | 2,0;0 |
| **64** | Frew, William N. | 1854–1915 | BAL | 1,0;0 |
| **65** | Friedberg, Emanuel B. | NEB | BAL | 1,0;0 |
| **66** | Friedmann | NEB | BAL | 1,0;0 |
| **67** | Frisch, Otto Robert | 1904–1979 | BAL | 3,0;1 |
| **68** | Gall, Max | NEB | BAL | 1,0;0 |
| **69** | Garber, J.N. | NEB | BAL | 1,0;0 |
| **70** | Gerlach, Walther | 1889–1979 | BAL | 1,0;2 |

| Nummer | Korrespondent | Geb.-gest. | Fundst. | Briefe |
|---|---|---|---|---|
| **71** | Goldhaber, Maurice | 1911–2011 | BAL | 1,0;0 |
| **72** | Goldman, J.W. | NEB | BAL | 1,0;0 |
| **73** | Goudsmit, Samuel Abraham | 1902–1978 | BAL | 1,0;0 |
| **74** | Grotian, Walter | 1890–1954 | BAL | 1,0;0 |
| **75** | Gundelfinger | NEB | BAL | 1,0;0 |
| **76** | Haber, Fritz | 1868–1934 | BAL | 1,0;1 |
| **77** | Haber, Hermann | 1902–1946 | BAL | 1,0;0 |
| **78** | Haber, Margarete | 1901–1947 | BAL | 1,0;0 |
| **79** | Hahn, Friedrich Lazarus | 1888–1975 | BAL | 1,0;0 |
| **80** | Halpern, Otto | 1899–1982 | BAL | 1,0;0 |
| **81** | Heisenberg, Werner Karl | 1901–1976 | NOB | 0,1;0 |
| **82** | Hellinger, Ernst David | 1883–1950 | BAL | 1,0;0 |
| **83** | Hellmann | NEB | BAL | 1,0;1 |
| **84** | Herzfeld, Karl Ferdinand | 1892–1978 | BAL | 2,0;0 |
| **85** | Hess, Viktor Franz | 1883–1964 | BAL | 1,0;0 |
| **86** | Hevesy, von Georg Karl | 1885–1966 | BAL | 1,0;0 |
| **87** | Hilbert, David | 1862–1943 | BAL | 1,0;0 |
| **88** | Hildebrand, Joel Henry | 1881–1983 | BAL | 1,0;1 |
| **89** | Hippel, von Arthur Robert | 1898–2003 | BAL | 1,0;0 |
| **90** | Hulsvitt | NEB | BAL | 2,0;0 |
| **91** | Hulthen, Eric | 1891–1972 | NOB | 0,1;0 |
| **92** | Hund, Friedrich Hermann | 1896–1997 | NOB | 0,1;0 |
| **93** | Hutchinson, Elmer | NEB | BAL | 1,0;0 |
| **94** | Inglis, David Rittenhouse | 1905–1995 | BAL | 1,0;1 |
| **95** | Jensen, Hans Daniel | 1907–1973 | BAL | 1,0;0 |
| **96** | Jordan, Pascual | 1902–1980 | BAL | 2,0;4 |
| **97** | Kennedy, John Fitzgerald | 1917–1963 | BAL | 1,0;1 |
| **98** | Klein, Oskar Benjamin | 1894–1977 | BAL | 0,1;1 |
| **99** | Klein, Martin J. | 1924–2009 | BAL | 1,0;0 |
| **100** | Knauer, Friedrich Wilhelm | 1897–1979 | BAL | 1,0;0 |
| **101** | Koettnitz | NEB | BAL | 1,0;0 |
| **102** | Kohn Richards, Hans | NEB | BAL | 1,0;0 |
| **103** | Kramers, Hendrik Anthony | 1894–1952 | NOB | 1,0;0 |
| **104** | Kratzenstein, Marius | 1910–? | BAL | 1,0;0 |
| **105** | Kruniski | NEB | BAL | 1,0;0 |
| **106** | Kuhn, Thomas | 1922–1996 | BAL | 4,0;2 |
| **107** | Kusch, Polykarp | 1911–1993 | BAL | 2,0;1 |
| **108** | Lachmann, Hedwig | NEB | BAL | 1,0;0 |
| **109** | Ladenburg, Walter Rudolf | 1882–1952 | BAL | 7,1;1 |
| **110** | Landé, Alfred | 1888–1975 | BAL | 2,0;2 |
| **111** | Lark-Horovitz, Karl | 1892–1958 | BAL | 2,0;0 |
| **112** | Laslett | NEB | BAL | 5,0;2 |
| **113** | Laue, von Max | 1879–1960 | BAL | 16,2;3 |
| **114** | Lawrence, Ernest Orlando | 1901–1958 | BAL | 7,0;6 |
| **115** | Levin, Leonard | NEB | BAL | 1,0;0 |

| Nummer | Korrespondent | Geb.-gest. | Fundst. | Briefe |
|---|---|---|---|---|
| **116** | Lewis, Gilbert Newton | 1875–1946 | BAL | 6,0;5 |
| **117** | Lewis, Lester C. | 1919–? | BAL | 3,0;0 |
| **118** | Libby, Willard Frank | 1908–1980 | BAL | 1,0;1 |
| **119** | Loeb, Leonard Benedict | 1891–1978 | NOB | 0,1;0 |
| **120** | Mark, Hermann Franz | 1895–1992 | BAL | 1,0;0 |
| **121** | McMillan, Edwin Mattison | 1907–1991 | BAL | 2,0;1 |
| **122** | Meissner, Hanna | NEB | BAL | 1,0;0 |
| **123** | Meissner, Karl Wilhelm | 1882–1974 | BAL | 1,0;0 |
| **124** | Meitner, Lise | 1878–1968 | BAL | 1,0;3 |
| **125** | Morrison, P. | NEB | BAL | 1,0;0 |
| **126** | Nernst, Walther | 1864–1941 | BAL | 1,0;0 |
| **127** | Oldenberg, Karl | 1864–1967 | BAL | 1,0;0 |
| **128** | Ornstein, Leonard Salomon | 1904–1941 | NOB | 0,1;0 |
| **129** | Pais, Abraham | 1918–2000 | BAL | 7,0;2 |
| **130** | Paneth, Friedrich Adolf Fritz | 1887–1958 | BAL | 9,0;0 |
| **131** | Panowski, Erwin | 1892–1968 | BAL | 1,0;0 |
| **132** | Pauli, Wolfgang | 1900–1958 | BAL | 18,3;4 |
| **133** | Pauli, Franca | 1901–1987 | BAL | 1,0;0 |
| **134** | Pauling, Linus Carl | 1901–1994 | BAL | 1,0;0 |
| **135** | Phipps, Thomas E. | 1896–1990 | BAL | 2,0;0 |
| **136** | Planck, Max | 1858–1947 | BAL | 1,2;0 |
| **137** | Pohl, Robert Wichard | 1884–1976 | BAL | 2,0;0 |
| **138** | Polanyi, Michael | 1891–1976 | UCL | 0,0;1 |
| **139** | Pringsheim, Ernst | 1859–1917 | NOB | 0,1;0 |
| **140** | Rabi, Isidor Isaac | 1898–1988 | BAL | 13,2;6 |
| **141** | Raman, C.V. | 1888–1970 | NOB | 0,1;0 |
| **142** | Ramsey, Norman | 1915–2011 | BAL | 2,0;0 |
| **143** | Reiche, Fritz | 1883–1969 | BAL | 2,0;0 |
| **144** | Roosevelt, Franklin Delano | 1882–1945 | BAL | 1,0;0 |
| **145** | Sackur, Otto | 1880–1914 | BAL | 2,0;0 |
| **146** | Schnurmann, Robert | 1904–1995 | BAL | 1,0;0 |
| **147** | Schweidler Egon | 1873–1948 | NOB | 0,1;0 |
| **148** | Segrè, Emilio | 1905–1989 | BAL | 2,0;0 |
| **149** | Siegbahn, Kar Manne Georg | 1886–1981 | NOB | 0,1;0 |
| **150** | Simon, Franz Eugen | 1893–1956 | BAL | 2,0;0 |
| **151** | Slater, John Clarke | 1900–1976 | BAL | 6,0;7 |
| **152** | Snyder, Eric+Lotte | NEB | BAL | 1,0;0 |
| **153** | Stein | NEB | BAL | 1,0;0 |
| **154** | Stark, Johannes Nikolaus | 1874–1957 | NOB | 0,1;0 |
| **155** | Stern, Fritz | 1926–2016 | BAL | 1,0;0 |
| **156** | Stern, H. | NEB | BAL | 1,0;0 |
| **157** | Stern, Käthe | 1894–1973 | BAL | 1,0;0 |
| **158** | Stern, Paul+Marie | NEB | BAL | 1,0;0 |
| **159** | Stern, Rudolf | 1895–1966 | BAL | 2,0;0 |
| **160** | Stern, Lotte+Arthur | NEB | BAL | 1,0;0 |

| Nummer | Korrespondent | Geb.-gest. | Fundst. | Briefe |
|---|---|---|---|---|
| **161** | Steyer, H. Cuyford | NEB | BAL | 1,0;0 |
| **162** | Stodola, Aurel Boreslav | 1859–1942 | BAL | 3,0;0 |
| **163** | Taylor, Hugh Stott | 1890–1974 | BAL | 2,0;4 |
| **164** | Urban, Frank | NEB | BAL | 3,0;1 |
| **165** | Urey, Harold Clayton | 1893–1981 | BAL | 1,0;1 |
| **166** | Veblen, Oswald | 1880–1960 | BAL | 1,0;0 |
| **167** | van Vleck, Johann Hasbrouck | 1899–1980 | BAL | 1,0;0 |
| **168** | Wachsmuth, Richard | 1968–1941 | NOB | 0,1;0 |
| **169** | Wagner, Ernst | 1876–1928 | NOB | 0,1;0 |
| **170** | Watkins, Charles | NEB | BAL | 1,0;0 |
| **171** | Weigle, Jean Jacques | 1901–1968 | BAL | 1,0;0 |
| **172** | Weiss, Pierre-Ernest | 1865–1940 | NOB | 0,2;0 |
| **173** | Weisskopf, Victor F. | 1908–2002 | BAL | 1,0;0 |
| **174** | Wentzel, Gregor | 1898–1978 | BAL | 1,5;0 |
| **175** | Westphal, Wilhelm | 1882–1978 | BAL | 1,0;0 |
| **176** | Weyl, Hermann Klaus Hugo | 1885–1955 | BAL | 1,0;0 |
| **177** | Wien, Wilhelm C. W. O. F. | 1864–1928 | NOB | 0,1;0 |
| **178** | Wigner, Eugene Paul | 1902–1995 | BAL | 2,0;0 |
| **179** | Wilk | NEB | BAL | 1,0;0 |
| **180** | Zabel, Rolland | NEB | BAL | 3,0;1 |
| **181** | Adolphus College | | BAL | 2,0;0 |
| **182** | AIP History | | BAL | 1,0;0 |
| **183** | Alumnus Pittsburgh | | ACMU | 1,0;1 |
| **184** | American Nobel | | BAL | 3,0;2 |
| **185** | BRD Konsulat | | BAL | 3,0;0 |
| **186** | BRD Lübke | | BAL | 1,0;0 |
| **187** | Brookhaven Tagg | | BAL | 1,0;0 |
| **188** | Buhl Foundation | | BAL | 1,0;0 |
| **189** | Carnegie Mitarbeiter | | BAL | 1,0;0 |
| **190** | Carnegie Präsident | | BAL | 1,0;0 |
| **191** | Forbes Natl. Bank | | BAL | 1,0;0 |
| **192** | 50 Jahre Bohrmodell | | BAL | 1,0;0 |
| **193** | Heidelberg Konf. | | BAL | 1,0;0 |
| **194** | Israel Foundation | | BAL | 2,0;0 |
| **195** | LBNL Gruppe | | BAL | 1,0;0 |
| **196** | Library of Congress | | BAL | 1,0;0 |
| **197** | Nobelstiftung | | BAL | 6,0;5 |
| **198** | Nobel Lindau | | BAL | 8,0;3 |
| **199** | Rockefeller Stiftung | | BAL | 1,0;0 |
| **200** | Sigma Pi | | BAL | 1,0;0 |
| **201** | Swedish Consulate SFO | | BAL | 1,0;0 |
| **202** | US Botschaft | | BAL | 1,0;0 |
| **203** | War Office | | BAL | 1,0;0 |
| **204** | Weitzmann Institut | | BAL | 2,0;0 |
| **205** | Züricher Zeitung | | BAL | 1,0;0 |

# Literatur


[ABRAHAM1904] M. Abraham, Die Grundhypothesen der Elektronentheorie. Phys. Zeitschr. 5 (1904), 576–579; derselbe, Zur Theorie der Strahlung und des Strahlungsdruckes. Ann. d. Phys. 14 (1904), 236–287

[BADINO2013] M. Badino and B. Friedrich, Putting the Quantum to Work: Otto Sackur's Pioneering Exploits in the Quantum Theory of Gases, Traditions and Transformations in the History of Quantum Physics, ed. by S. Katzir, Ch. Lehner, J. Renn, Edition Open Access (2013), 61–85

[BOHR1913] N. Bohr, On the Constitution of Atoms and Molecules. I. Phil. Mag. 26 (1913) 1; *and* On the Constitution of Atoms and Molecules. II. Phil. Mag. 26 (1913) 476

[BORN1919] M. Born und O. Stern, Über die Oberflächenenergie der Kristalle und ihren Einfluss auf die Kristallgestalt. Sitzungsberichte, Preußische Akademie der Wissenschaften, 48 (1919), 901–913

[BORN1920] M. Born und E. Bormann, Eine direkte Messung der freien Weglänge neutraler Atome. Phys. Zeitschr. 2 (1920), 578–582

[BORN1975] M. Born, Mein Leben, Die Erinnerungen des Nobelpreisträgers, Nymphenburgerverlagshandlung GmbH (1975)

[DARWIN1928] C. G. Darwin. Proc. Roy. Soc. 117 (1928), 258

[DEBYE1916] P. Debye, Quantenhypothese und Zeeman-Effekt. Nachrichten von der Gesellschaft der Wissenschaften zu Göttingen, Mathematisch-Physikalische Klasse. (1916) 142–153

[DIRAC1928] P. A. M. Dirac, The quantum theory of the electron. Proc. Roy. Soc. 117 (1928), 610–624; und 118 (1928), 351 (Dirac-Gleichung, Spin)

[DUNOYER1911] L. Dunoyer, Le Radium 8 (1911), 142

[EINSTEIN1913] A. Einstein und O. Stern, Einige Argumente für die Annahme einer Molekularen Agitation beim absoluten Nullpunkt. Ann. d. Phys. 40 (1913), 551–560

[EINSTEIN1922] A. Einstein und P. Ehrenfest, Z. Phys. 11 (1922), 31–34

[ESTERMANN1949] I. Estermann, W. J. Leivo und O. Stern, Change in density of potassium chloride crystals upon irradiation with X-rays. Phys. Rev. 75 (1949), 627–633

[EWALD1962] Interview with M. Born by P. P. Ewald at Born's home (Bad Pyrmont, West Germany) June 1, 1960, Niels Bohr Library & Archives, American Institute of Physics, College Park, MD USA, www.aip.org/history/ohilist/LINK

[FAJANS1913] K. Fajans und P. Beer, Das Verhalten der Radioelemente bei Fällungsreaktionen. Berichte der Deutschen chemischen Gesellschaft, 46 (1913), 3486–3497 https://doi.org/10.1002/cber.191304603130

[FRASER1927] R. G. J. Fraser, Proc. Roy. Soc. A 114 (1927), 212

[FRASER1931] R. G. J. Fraser, Molecular Rays, Cambridge: Cambridge University Press (1931); derselbe, Molecular Beams, London: Methuen, (1937)

[FRIEDMAN2001] R. M. Friedman, The Politics of Excellence: Behind the Nobel Prize in Science. New York Times Books (2001)

[FRIEDRICH2003] B. Friedrich and D. Herschbach, Physics Today 56 (2003), 53

[FRISCH1933] O. R. Frisch und E. Segrè, Über die Einstellung der Richtungsquantelung. Z. Phys. 80 (1933), 610–616

[FRISCH1979] O. R. Frisch, What Little I Remember, Cambridge: Cambridge University Press (1979)

[GERLACH1921] W. Gerlach und O. Stern, Der experimentelle Nachweis des magnetischen Moments des Silberatoms. Z. Phys. 8 (1921), 110–111

[GERLACH1922] W. Gerlach und O. Stern, Der experimentelle Nachweis der Richtungsquantelung im Magnetfeld. Z. Phys. 9 (1922), 349–352

[GERLACH1924] W. Gerlach und O. Stern, Über die Richtungsquantelung im Magnetfeld. Ann. d. Phys. 74 (1924), 673–699

[GERLACH1925] W. Gerlach, Über die Richtungsquantelung im Magnetfeld II. Ann. d. Phys. 76 (1925), 163–197

[GERLACH1960] Vortrag W. Gerlach, Über die Entwicklungen atomistischer Vorstellungen. Physikalischer Verein Frankfurt, 2. März 1960, http://www.physikalischer-verein.de

[GERLACH1969] W. Gerlach, Physikalische Blätter 25 (1969), 412–413

[GÜTTINGER1932] P. Güttinger, Z. Physik 73 (1932), 169

[HALPERN1937] J. Halpern, I. Estermann, O. C. Simpson und O. Stern, The scattering of slow neutrons by liquid ortho- and para-hydrogen. Phys. Rev. 52 (1937), 142

[HEISENBERG1922] W. Heisenberg, Zeit. Phys. 8 (1922), 273

[HEISENBERG1925] W. Heisenberg, Z. Phys. 33 (1925), 879; M. Born und P. Jordan, Z. Phys. 34 (1925), 858 (1925) und M. Born, W. Heisenberg und P. Jordan, Z. Phys. 35 (1926), 557–615

[HEISENBERG1927] W. Heisenberg, Über den anschaulichen Inhalt der quantentheoretischen Kinematik und Mechanik, Z. Phys. 43/3 (1927), 172–198

[HEITLER1926] W. Heitler, Zwei Beiträge zur Theorie konzentrierter Lösungen. Ann. d. Phys. 80/4 (1926), 629–671

[HEVESY1913] G. von Hevesy und F. Paneth, The solubility of lead sulphide and lead chromate. Z. Anorg. Chem. 82 (1913), 322

[HEVESY1914] G. von Hevesy, Zur Elektrochemie des Poloniums. Wien 1914; derselbe, Zur Frage der isotopen Elemente. Wien 1914

[HUBER2014] J. G. Huber, Walther Gerlach (1888–1979) und sein Weg zum erfolgreichen Experimentalphysiker bis etwa 1925. PhD-Diss. (6. August 2014), LMU München

[JOST1961] O. Stern tape-recording Folder »ST-Misc.«, 1961 at E.T.H. Zürich by R. Jost, ETH-Bibliothek Zürich, Archive, http://www.sr.ethbib.ethz.ch/

[KELLOG1936] J. M. B. Kellog, I. I. Rabi, and J. R. Zacharias, The Gyromagnetic Properties of the Hydrogens. Phys. Rev. 50 (1936), 472

[KNAUER1926] F. Knauer und O. Stern, Zur Methode der Molekularstrahlen II. Z. Phys. 39 (1926), 764–779

[KUHN1962] Interview with Dr. O. Stern by T. S. Kuhn at Stern's Berkeley home, May 29 & 30, 1962, Niels Bohr Library & Archives, American Institute of Physics, College Park, MD USA, www.aip.org/history/ohilist/LINK

[KUHN1963] Interview with Dr. I. I. Rabi by Thomas S. Kuhn at his New York home, December 8, 1963 Niels Bohr Library & Archives, American Institute of Physics, College Park, MD USA, www.aip.org/history/ohilist/LINK

[LANDÉ1921] A. Landé, Z. Phys. 5 (1921), 231–241

[LANDÉ1921a] A. Landé, Z. Phys. 7 (1921), 398–405

[LANDÉ1923] A. Landé, Schwierigkeiten in der Quantentheorie des Atombaues, besonders magnetischer Art. Phys. Z. 24, (1923), 442

[LANDÉ1923a] A. Landé, Termstruktur und Zeemaneffekt der Multipletts. Z. Phys. 15 (1923), 189–205

[LANDÉ1929] A. Landé, Naturwiss. 17 (1929), 634

[LANDÉ1933] A. Landé, Phys. Rev. 44 (1933), 1028–1029

[MAJORANA1932] E. Majorana, Nuevo Cim. 9 (1932), 43

[MEYENN1979] W. Pauli, Wissenschaftlicher Briefwechsel mit Bohr, Einstein, Heisenberg u. a., Band I: 1919–1929 New York, Heidelberg, Berlin: Springer (1979)

[MEYENN1993] W. Pauli, Wissenschaftlicher Briefwechsel mit Bohr, Einstein, Heisenberg u. a., Band III: 1940–1949, New York, Heidelberg, Berlin: Springer

[MEYENN1996] W. Pauli, Wissenschaftlicher Briefwechsel mit Bohr, Einstein, Heisenberg u. a., Band IV, Teil 1: 1950–1952, New York, Heidelberg, Berlin: Springer

[MOTZ1936] L. Motz and M. E. Rose, On Space Quantization in Time Varying Magnetic Fields. Phys. Rev. 50 (1936), 348

[PHIPPS1932] T. E. Phipps und O. Stern, Über die Einstellung der Richtungsquantelung. Z. Phys. 73 (1932), 185–191

[PLANCK1899] M. Planck, Über irreversible Strahlungsvorgänge. Sitzungsberichte der Königlich Preußischen Akademie der Wissenschaften zu Berlin. Verl. d. Kgl. Akad. d. Wiss., Erster Halbband 1899, 479–480

[POPPER1989] K. R. Popper, Quantum theory and the Schism in Physics – From the "Postscript to the Logic of Scientific Discovery". Abingdon: Routledge (1989); derselbe, The Logic of Scientific Discovery, Hutchinson

[RABI1929] I. I. Rabi, Zur Methode der Ablenkung von Molekularstrahlen. Z. Phys. 54 (1929), 190–197

[RABI1936] I. I. Rabi, On the process of space quantization. Phys. Rev. 49 (1936), 323

[RABI1937] I. I. Rabi, Space Quantization in a Gyrating Magnetic Field. Phys. Rev. 51 (1937), 652

[RABI1938] I. I. Rabi et al. Phys. Rev. 53 (1938), 318

[RABI1938a] I. I. Rabi et al. Phys. Rev. 53 (1938), 495

[RABI1939] I. I. Rabi, S. Millman, P. Kusch, and J. Zacharias. The Molecular Beam Resonance Method for Measuring Nuclear Magnetic Moments. The Magnetic Moments of ${}^{3}Li^{6}$, ${}^{3}Li^{7}$, and ${}^{9}F^{19}$. Phys. Rev. 55/6 (1939), 526–535

[RAMSEY1949] N. F. Ramsey, Phys. Rev. 76 (1949), 996

[RAMSEY1956] N. F. Ramsey, Molecular Beams. Oxford: Oxford University Press (1956)

[RAMSEY1983] N. F. Ramsey, History of Atomic Clocks. Journal of Research of NBS 88 (1983), 301

[RIDGEN1988] I. I. Rabi has told to J. S. Rigden. Z. Phys. D 10 (1988), 119

[SACKUR1911] O. Sackur, Ann. d. Phys. 36 (1911), 958–980

[SACKUR1912] O. Sackur, Die Bedeutung des elementaren Wirkungsquantums für die Gastheorie und die Berechnung der chemischen Konstanten. In: Festschrift Walter Nernst, ed. by Wilhelm Knapp Halle (1912), 405–423

[SACKUR1912a] O. Sackur, Ann. d. Phys. 40 (1912), 67–86

[SCHMIDT-BÖCKING2011] H. Schmidt-Böcking and K. Reich, Biographie über Otto Stern, Herausgegeben von der Goethe Universität Frankfurt, Societäts-Verlag 2011; und J. P. Toennies, H. Schmidt-Böcking, B. Friedrich und J. C. A. Lower. Ann. d. Phys. 523/12 (2011), 1045–1070

[SCHMIDT-BÖCKING2016] H. Schmidt-Böcking, K. Reich, A. Templeton, W. Trageser und V. Vill (Hrsg.), Otto Sterns Veröffentlichungen Band I: Sterns Veröffentlichungen von 1912 bis 1916, Band II: Sterns Veröffentlichungen von 1916 bis 1926, Band III: Sterns Veröffentlichungen von 1926 bis 1933, Band IV: Sterns Veröffentlichungen von 1933 bis 1962 und Mitarbeiter von 1925 bis 1929 und Band V: Veröffentlichungen der Mitarbeiter von 1929 bis 1935. Heidelberg: Springer (2016)

[SCHRÖDINGER1926] E. Schrödinger, Ann. d. Phys. 79 (1926), 361, 489, 734 und 81 (1926), 109

[SCHÜTZ1969] W. Schütz, Physikalische Blätter, 25 (1969), 343–345

[SCHWINGER1937] J. Schwinger, Phys. Rev. 51 (1937), 648

[SEGRÈ1993] E. Segré, A Mind Always in Motion, The Autobiography of Emilio Segré. Berkeley: University of California Press (1993)

[SOMMERFELD1916] A. Sommerfeld, Phys. Zeit. 17 (1916), 491–507

[STERN1912] O. Stern, Zur kinetischen Theorie des osmotischen Druckes konzentrierter Lösungen und über die Gültigkeit des Henryschen Gesetzes für konzentrierte Lösungen von Kohlendioxyd in organischen Lösungsmitteln bei tiefen Temperaturen. Dissertation Universität Breslau 3–37, Breslau: Grass, Barth (1912)

[STERN1912a] O. Stern, Zur kinetischen Theorie des osmotischen Druckes konzentrierter Lösungen und über die Gültigkeit des Henryschen Gesetzes für konzentrierte Lösungen von Kohlendioxyd in organischen Lösungsmitteln bei tiefen Temperaturen. Z. Physik. Chem. 81 (1913), 441–474

[STERN1913] O. Stern, Zur kinetischen Theorie des Dampfdrucks einatomiger fester Stoffe und über die Entropiekonstante einatomiger Gase. Physik. Z. 14 (1913), 629–632

[STERN1914] O. Stern, Zur Theorie der Gasdissoziation. Ann. d. Phys. 44 (1914), 497–524

[STERN1916] O. Stern, Die Entropie fester Lösungen. Ann. d. Phys. 49 (1916), 823—841

[STERN1916a] O. Stern, Über eine Methode zur Berechnung der Entropie von Systemen elastische gekoppelter Massenpunkte. Ann. d. Phys. 51 (1916), 237–260

[STERN1920] O. Stern, Eine direkte Messung der thermischen Molekulargeschwindigkeit. Physik. Z. 21 (1920), 582–582

[STERN1920a] O. Stern, Eine direkte Messung der thermischen Molekulargeschwindigkeit. Z. Phys. 2 (1920), 49–56

[STERN1920b] O. Stern, Nachtrag zu meiner Arbeit: „Eine direkte Messung der thermischen Molekulargeschwindigkeit". Z. Phys. 3 (1920), 417–421

[STERN1921] O. Stern, Ein Weg zur experimentellen Prüfung der Richtungsquantelung im Magnetfeld. Z. Phys. 7 (1921), 249

[STERN1926] O. Stern, Zur Methode der Molekularstrahlen I. Z. Phys. 39 (1926), 751–763

[STERN1949] O. Stern, On the term $k \ln n$ in the entropy. Rev. of Mod. Phys. 21 (1949), 534–535

[STERN1962] O. Stern, On a proposal to base wave mechanics on Nernst's theorem. Helv. Phys. Acta 35 (1962), 367–368

[SZILARD1929] L. Szilard, Über die Entropieverminderung in einem thermodynamischen System bei Eingriffen intelligenter Wesen. Z. Phys. 53 (1929), 840–856

[TETRODE1912] H. Tetrode, Die chemische Konstante der Gase und das elementare Wirkungsquantum. Ann. d. Phys. 39 (1912), 255–256

[UHLENBECK1925] G. E. Uhlenbeck and S. A. Goudsmit, Naturwissenschaften 47 (1925), 953

[ZEEMAN1896] P. Zeeman: On the influence of Magnetism on the Nature of the Light emitted by a Substance. Philosophical Magazine 43 (1897), 226; zuvor als „Over den Invloed eener Magnetisatie op den Aard van het door een Stof uitgezonden Licht" in: Verhandlungen der Königlichen Niederländischen Akademie, Amsterdam (1896)

# Personenverzeichnis

**C**



**D**



**E**

# Stichwortverzeichnis